U0351606

高端装备关键基础理论及技术丛书·传动与控制

先进流体动力控制

Advanced Fluid Power Control

郭生荣　闫耀保　著

上海科学技术出版社

图书在版编目(CIP)数据

先进流体动力控制 / 郭生荣，訚耀保著. —上海：上海科学技术出版社，2017.6

（高端装备关键基础理论及技术丛书. 传动与控制）

ISBN 978-7-5478-3484-8

Ⅰ.①先… Ⅱ.①郭…②訚… Ⅲ.①液压传动系统—流体动力学—研究 Ⅳ.①TH137

中国版本图书馆 CIP 数据核字(2017)第 047033 号

先进流体动力控制

郭生荣 訚耀保 著

上海世纪出版股份有限公司
上 海 科 学 技 术 出 版 社 出版
（上海钦州南路 71 号 邮政编码 200235）

上海世纪出版股份有限公司发行中心发行
200001 上海福建中路 193 号 www.ewen.co
上海中华商务联合印刷有限公司印刷

开本 787×1092 1/16 印张 26.75 插页 4
字数：720 千
2017 年 6 月第 1 版 2017 年 6 月第 1 次印刷
ISBN 978-7-5478-3484-8/TH·65
定价：150.00 元

内容提要

本书论述了极端环境下的流体动力控制理论和应用技术。内容主要包括：流体动力控制技术演变过程，工作介质（液压油、燃油、煤油、气体等），液压蓄能器与系统案例，飞行器电液伺服控制技术，飞机液压能源系统及其温度控制技术，海洋波浪能摆式能量转换元件，液压泵，非对称液压阀与非对称液压缸匹配控制，喷嘴挡板式电液伺服阀，射流管电液伺服阀，极端温度、振动、冲击、离心环境下电液伺服阀分析方法、数学模型、优化设计方法以及耐极端环境的诸措施。书后附有我国电液伺服阀、液压泵系列产品典型结构。本书力图内容翔实，图文并茂，深入浅出，侧重系统性、专业性、前沿性，理论和实践紧密结合，重大工程案例资料丰富、翔实。

本书可供从事重大装备、重点领域整机和武器系统流体动力控制装置与元件的研究、设计、制造、试验和管理的科技人员阅读，也可供高等工科院校航空、航天、舰船、机械、能源、海洋、交通等相关专业的师生参考。

前言

从流体动力控制学科的发展历史看，2 000 余年来，经历了从发现流体静力学规律到发明水压机，从发明液压元件到开发高端动力装置，然后再到一般工业应用的创新实践过程。人类发明了各种飞行器，如飞机、导弹、火箭、航天飞机，形成了流体动力控制和燃气控制的理论体系和关键技术，尤其是解决了复杂极端环境下电液伺服控制的应用技术，也对未来更加复杂环境下工作的电气液伺服控制提出了更加苛刻的服役要求与期待。先进流体动力控制，是指极端温度、极端尺寸、极端环境(振动、冲击、离心环境)下以流体作为工作介质的高端装备动力控制系统及其元件。国外高端流体动力控制系统和元件，主要由国家和行业团体来组织研究与开发，并形成国家整体制造能力。例如对于电液伺服元件，美国空军在 1950 年前后组织 40 余家机构联合攻关，形成了电液伺服系统产品和涉密国防科技报告，并已装备于航空、航天、舰船领域。后来，欧美学者归纳并出版了仅有的几部流体动力控制著作。

高端装备高新技术，处于价值链的高端和产业链的核心环节。核心基础零部件(元器件)已经成为我国先进装备研制过程中急需重点突破的瓶颈。针对国内外流体动力控制著作较少，高端装备一直被国外垄断，尤其是我国高端液压件、密封件严重依赖进口的现状，本书作者结合多年来从事重大装备和武器系统研制过程中形成的实践成果，包括所承担的国家重点基础研究发展计划(973 计划)、国家高技术研究发展计划(863 计划)、国家科技支撑计划、国家自然科学基金、航空科学基金等项目研究成果，系统地总结了先进流体动力控制的基础理论与实践案例，涉及流体传动与控制科技史、新型工作介质、能源与舵机、系统与元件、极端环境下服役性能等。全书共分为 13 章。第 1 章着重阐述先进流体动力控制的内涵及其演变过程，主要介绍世界上飞机、导弹、火箭、航天飞机、舰船流体动力控制技术的产生背景及过程、创新历史。第 2 章介绍液压油、磷酸酯液压油、喷气燃料(燃油)、航天煤油、自然水(淡水与海水)、压缩气体、燃气介质等的成分和性质。第 3 章介绍蓄能器的结构与原理、极端温度下的特性，着重介绍蓄能器系统的典型案例。第 4、5 章阐述飞行器电液伺服控制技术，包括电液控制技术科技史、弹性 O 形圈密封技术、飞行器能源系统与舵机系统、飞机液压系统温度控制技术。第 6 章介绍海洋波浪能摆式能量转换装置案例。第 7 章阐述液压泵及其热力学模型。第 8 章介绍非对称液压阀控非对称液压缸动力机构,包括非对称液压阀、液压缸、动力机构特性与实践案例。第 9、10 章阐述喷嘴挡板式电液伺服阀与射流管伺服阀的形成过程、数学模型、基本特性,以及零偏零漂产生机理与抑制措施、优化设计方法与设计案例。第 11 章介绍电液伺服阀优化设计。第 12、13 章介绍电液伺服阀在极端温度、振动、冲击和离心环境下的数学建模方法,以及耐极端环境的诸措施和工艺方法等案例。本书旨在为我国重大装备和武器系统的研究、设计、制造、试验和管理的专业技术人员提供有益的前沿性基础理论和实践材料,也希望为我国高端流体控制系统与元件的自主创新起到一定的促进作用。

本书由郭生荣研究员(南京机电液压工程研究中心)、訚耀保教授(同济大学)根据多年来的实践经验和科学研究成果系统地凝练撰写而成。第 1～5、7 章由郭生荣撰写;第 6、8～13 章由訚耀保撰写。在本书出版过程中得到了上海科学技术出版社、上海市教育委员会和上海市新闻出版局"上海高校服务国家重大战略出版工程"的大力支持和帮助。同济大学訚耀保教授研究室博士生、硕士生参加了资料整理工作。

限于作者水平,书中难免有不妥和错误之处,恳请读者批评、指正。

著　者

2017 年 1 月 10 日

目　录

第 1 章
绪　论

1.1　概述

从流体动力控制学科的历史看，2 000 余年来，人们在长期的探索过程中，经历了从发现流体静力学规律到发明水压机，从发明液压元件到开发高端动力控制装置，再到一般工业应用的过程。古希腊哲学家阿基米德（前 287—前 212）从洗澡中悟出了浮力定律，1627 年才传入中国。法国人帕斯卡（Blaise Pascal）1646 年演示了著名的裂桶试验，1654 年发现了流体静压力可传递力和功率的帕斯卡原理。英国人约瑟夫·布拉曼（Joseph Braman）1795 年发明了水压机。这期间大约 2 000 年，人们开始认识科学原理和知识，摸索机械技术并逐步形成人们使用的工具，尤其是能代替人力的动力装置，可以称为流体动力控制的启蒙阶段。

近代历史上，欧美各国发明的典型液压元件相继问世。首先是液压泵和液压马达的诞生，然后发明了溢流阀并用于控制液压能源的压力，发明蓄能器用于吸收和稳定液压能源的压力波动，实现稳定的流量或压力输出。1911 年英国人 H. S. Hele-Shaw 申请了初期的径向柱塞泵与马达专利（H. S. Hele-Shaw，美国专利 US1077979，1911—1913），提出在传动轴与径向柱塞组件之间设置偏心量，当传动轴转动时，形成柱塞和缸体之间的容腔体积变化从而实现配油过程。1935 年和 1960 年瑞士人 Hans Thoma 在德国分别发明了斜轴式轴向柱塞泵（Hans Thoma，美国专利 US2155455，1935—1939）和斜盘式轴向柱塞泵（Hans Thoma，美国专利 US3059432，1960—1962）。从此，人们可以实现机械能与液压能之间的转换，液压能源装置与流体动力控制元件也应运而生。1931 年美国人 H. F. Vickers 发明了先导式溢流阀（H. F. Vickers，美国专利 US2053453，1931—1936），同时将溢流阀用于实现双泵合流的液压速度控制系统（H. F. Vickers，美国专利 US1982711，1931—1934）。1934 年，H. F. Vickers 将双级溢流阀用于压力控制系统，控制液压泵出口压力（H. F. Vickers，美国专利 US2102865，1934—1937）。1942 年，美国人 Jean Mercier 提出了一种采用天然橡胶气囊的皮囊式蓄能器，给飞行器油箱提供压力，实现油箱增压（Jean Mercier，美国专利 US2387598，1942—1945）。

20 世纪 50 年代，电液伺服元件和增压油箱相继问世，极大地促进了流体动力控制在高端场合的应用。鉴于飞机与火箭特殊工况需求，人们发明了增压油箱及挤压式能源装置并用于闭式系统，保证液压泵入口压力在 0.2～0.5 MPa，拓展了飞行器、行走机械等极端颠簸状态下的应用。第二次世界大战前后，由于军事用途和宇宙开发的需要，美国空军组织 40 余家早期机构开发和研制了各种形式的单级电液伺服阀和双级电液伺服阀，撰写各种内部研究报告，并详细记录了美国 50 年代电液伺服阀研制和结构演变的过程，这期间电液伺服阀的新结构多、新产品多、应用机会多,涉及电液伺服元件新结构、新原理、各单位试制产品,以及各类电液伺服元件的数学模型、传递函数、功率键合图、大量的实验数据。1955—1962 年先后总结了 8 份电液伺服阀和电液伺服机构的国防科技报告,详细记载了美国空军这一时期各种电液伺服阀的研究过程、原理、新产品及其应用情况,由于涉及军工顶级技术和宇航技术机密,保密期限长达 50 年。电磁铁新材料(如镍铝合金磁性材料、稀土合金磁性材料)和线圈原理的出现,催生了力矩马达的问世;烧结陶瓷技术与材料用于过滤器,使得两级喷嘴挡板电液伺服阀成为现实。电液伺服阀控液压缸动力机构,最早用于飞机操纵系统、导弹舵机系统、火箭伺服机构,形成了高端流体动力控制装置。之后,液压伺服系统开始广泛应用于机床、材料处理、移动设备、塑料、钢板、矿业、石油开采、汽车、工程机械等民用领域,并且作为民用领域的高性能流体动力控制装置与高端液压元件。闭环流体伺服驱动技术用于机器自动化,实现更高的精度、更快的响应和更简单的调节。纵观世界流体动力控制器件的发明史,经历了从原理到元件、从复杂高端到一般工业基础件的发展过程。

1.2　导弹舵机系统技术

1.2.1　导弹技术的发展

导弹采用电液伺服控制或燃气控制舵面偏转,从而控制飞行方向,它还采用液压伺服控制天线机构,其涉及飞行器的多种复杂极端环境和电液伺服控制的基础理论与应用技术。图 1.1 所示为飞行器伺服舵机系统结构框图,该伺服舵机系统按照电气指令输出被控运动量,系统包含能源发生装置、能源转换装置、能源分配装置。图 1.2 所示为液压舵机系统构成图。通过电液伺服阀控制作动器来控制舵面,通过作动器压力反馈和控制舵面位置反馈,实现舵面的输出控制。导弹的起源与火药和火箭的发明密切相关。火药与火箭是由中国人发明的。南宋时期,不迟于 12 世纪中叶,火箭技术开始用于军事,出现了最早的军用火箭。约在 13 世纪,中国火箭技术传入阿拉伯地区及欧洲国家。18、19 世纪火箭武器进展不大,直到 1926 年,美国才第一次发射了一枚无控液体火箭。20 世纪 30 年代,电子、高温材料及火箭推进剂技术的发展,为火箭武器注入了新的活力。30 年代末,德国开始火箭、导弹技术的研究,并建立了较大规模的生产基地,1939 年发射了 A-1、A-2、A-3 导弹,并很快将研制这种小型导弹的经验应用到 V-1、V-2 导弹上。1944 年 6—9 月德国向英国伦敦发射了 V-1、V-2 导弹。第二次世界大战后期,德国还研制了"莱茵女

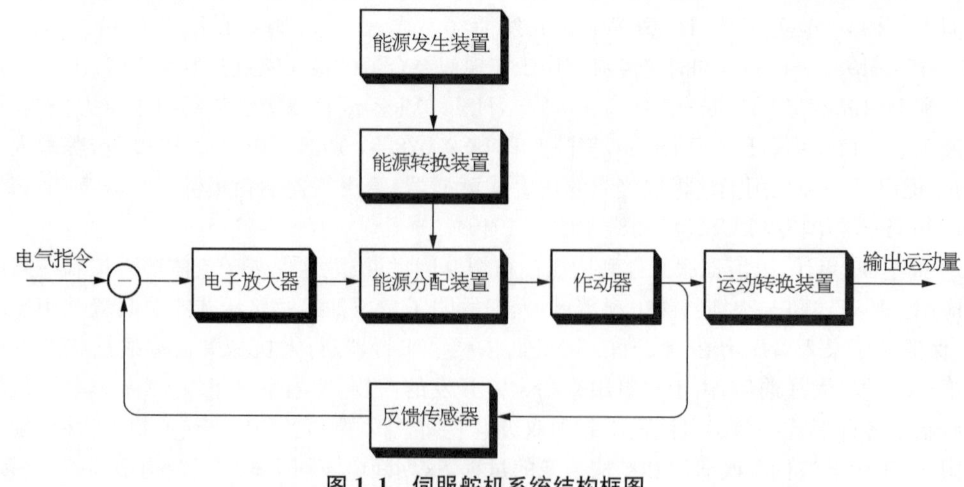

图 1.1　伺服舵机系统结构框图

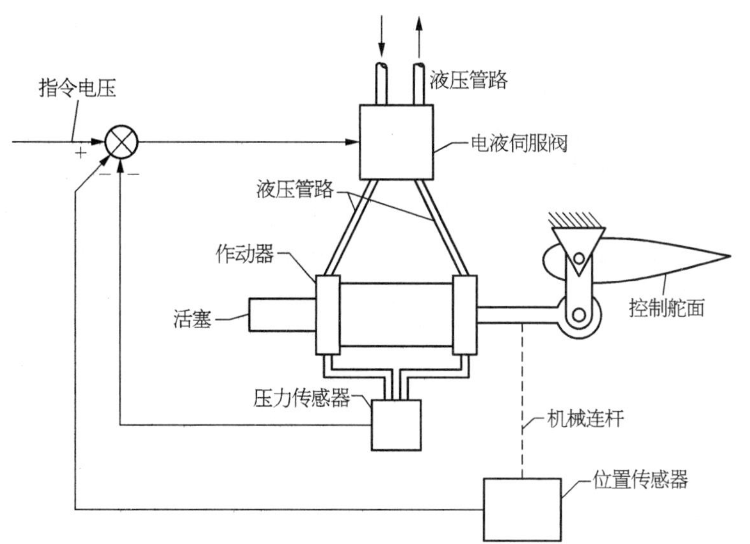

图 1.2　液压舵机系统构成图

儿”等多种地空导弹，以及 X－7 反坦克导弹和 X－4 有线制导空空导弹，但均未投入作战使用。

第二次世界大战后到 50 年代初，导弹处于早期发展阶段。各国从德国的 V－1、V－2 导弹在第二次世界大战的作战使用中，意识到导弹对未来战争的作用。战后不久，美国、苏联、瑞士、瑞典等国恢复了自己在第二次世界大战期间已经进行的导弹理论研究与试验活动。英国、法国也分别于 1948 年和 1949 年重新开始导弹的研究工作。自 50 年代初起，导弹得到了大规模的发展，出现了一大批中远程液体弹道导弹及多种战术导弹。1953 年美国在朝鲜战场曾使用电视遥控导弹，但这时期的导弹命中精度低、结构质量大、可靠性差、造价高昂。

20 世纪 60 年代初到 70 年代中期，由于科学技术的进步和现代战争的需要，导弹进入改进性能、提高质量的全面发展时期。战略弹道导弹采用了较高精度的惯性器件，使用了可储存的自燃液体推进剂和固体推进剂，采用地下井发射和潜艇发射，发展了集成式多弹头和分导式多弹头，大大提高了导弹的性能。巡航导弹采用了惯性制导、惯性-地形匹配制导和电视制导及红外制导等制导技术，采用效率高的涡轮风扇喷气发动机和比威力高的小型核弹头，大大提高了巡航导弹的作战能力。战术导弹采用无线电制导、红外制导、激光制导和惯性制导，发射方式也发展为车载、机载、舰载等多种，提高了导弹的命中精度、生存能力、机动能力、低空作战性能和抗干扰能力。70 年代中期以来，导弹进入全面更新阶段。为提高战略导弹的生存能力，一些国家着手研究小型单弹头陆基机动战略导弹和大型多弹头铁路机动战略导弹，增大潜地导弹的射程，加强战略巡航导弹的研制。发展应用“高级惯性参考球”制导系统，进一步提高导弹的命中精度，研制机动式多弹头。以陆基洲际弹道导弹为例，从 1957 年 8 月 21 日苏联发射了世界第一枚 SS－6 洲际弹道导弹以来，世界上一些大国共研制了 20 多种型号的陆基洲际弹道导弹。多年来共经历了三个发展阶段。在此期间，战术导弹的发展出现了大范围更新换代的新局面。其中几种以攻击活动目标为主的导弹，如反舰导弹、反坦克导弹和反飞机导弹，发展更为迅速，约占 70 年代以来装备和研制的各类战术导弹的 80%以上。

导弹自第二次世界大战问世以来，受到各国普遍重视，得到很快发展。导弹的使用，使战争的突然性和破坏性增大，规模和范围扩大，进程加快，从而改变了过去常规战争的时空观念，给现代战争的战略战术带来巨大且深远的影响。导弹技术是现代科学技术的高度集成，它的发展既依赖于科学与工业技术的进步，同时又推动科学技术的发展，因而导弹技术水平成为衡量一个国家军事实力的重要标志之一。20 世纪 80 年代末以来，世界形势发生了巨大变化。新的国际形势、新的军事科学理论、新的军事技术与工业技术成就，必将为导弹武器的发展开辟新的途径。未来的战场将具有高度立体化(空间化)、信息化、电子化及智能化的特点，新武器也将投入战场。为了适应这种形势的需要，导弹正向精确制导化、机动化、隐形化、智能化、微电子化的更高层次发展。战略导弹中的洲际弹道导弹的发展趋势是：采用车载机动(公路和铁路)发射，以提高生存能力；提高命中精度，以直接摧毁坚固的点目标；采用高性能的推进剂和先进的复合材料，以提高"推进-结构"水平；寻求反拦截对策，并在导弹上采取相应措施。20 世纪 90 年代末、21 世纪初，美国、俄罗斯服役的部分洲际弹道导弹性能将得到很大的提高。从战术导弹的发展趋势看，采用精确制导技术，提高命中精度；携带多种弹头，包括核弹头和多种常规弹头(如子母弹头等)，提高作战灵活性和杀伤效果；既能攻击固定目标，也能攻击活动目标；提高机动能力与快速反应能力；采用微电子技术，电路功能集成化、小型化，提高可靠性；实现导弹武器系统的系列化、模块化、标准化；简化发射设备，实现侦察、指挥、通信、发射控制、数据处理一体化。

1.2.2 导弹的组成

导弹通常由战斗部(弹头)、弹体结构系统、动力装置推进系统和制导系统四部分组成。

1) 导弹推进系统　为导弹飞行提供推力的整套装置，又称导弹动力装置。它主要由发动机和推进剂供应系统两大部分组成，其核心是发动机。导弹发动机有很多种，通常分为火箭发动机和吸气喷气发动机两大类。前者自身携带氧化剂和燃烧剂，因此不仅可用于在大气层内飞行的导弹，还可用于在大气层外飞行的导弹；后者只携带燃烧剂，要依靠空气中的氧气，所以只能用于在大气层内飞行的导弹。火箭发动机按其推进剂的物理状态可分为液体火箭发动机、固体火箭发动机和固-液混合火箭发动机。吸气喷气发动机又可分为涡轮喷气发动机、涡轮风扇喷气发动机以及冲压喷气发动机。此外，还有由火箭发动机和吸气喷气发动机组合而成的组合发动机。发动机的选择要根据导弹的作战使用条件而定。战略弹道导弹因其只在弹道主动段靠发动机推力推进，发动机工作时间短，且需在大气层外飞行，应选择固体或液体火箭发动机；战略巡航导弹因其在大气层内飞行，发动机工作时间长，应选择燃料消耗低的涡轮风扇喷气发动机(也可以使用冲压喷气发动机)。战术导弹要求机动性能好和快速反应能力强，大多选择固体火箭发动机。但在空面导弹、反舰导弹和中远程空空导弹中也逐步推广使用涡轮喷气/涡轮风扇发动机和冲压喷气发动机。

2) 导弹制导系统　按一定导引规律将导弹导向目标，控制其质心运动和绕质心运动以及飞行时间程序、指令信号、供电、配电等各种装置的总称。其作用是适时测量导弹相对目标的位置，确定导弹的飞行轨迹，控制导弹的飞行轨迹和飞行姿态，保证弹头(战斗部)准确命中目标。导弹制导系统有四种制导方式：①自主式制导。制导系统装于导弹上，制导过程中不需要导弹以外的设备配合，也不需要来自目标的直接信息，就能控制导弹飞向目标。如惯性制导，大多数地地弹道导弹采用自主式制导。②寻的制导。由弹上的导引头感受目标的辐射或反射能量，自动形成制导指令，控制导弹飞向目标。如无线电寻的制导、激光寻的制导、红外寻的制导。这种制导方式制导精度高，但制导距离较短，多用于地空、舰空、空空、空地、空舰等导弹。③遥控制导。由弹外的制导站测量，向导弹发出制导指令，由弹上执行装置操纵导弹飞向目标。如无线电指令制导、无线电波束制导和激光波束制导等，多用于地空、空空、空地和反坦克导弹等。④复合制导。在导弹飞行的初始段、中间段和末段，同时或先后采用两种以上制导方式的制导称为复合制导。这种制导可以增大制导距离，提高制导精度。

3) 导弹弹头　导弹毁伤目标的专用装置，亦称导弹战斗部。它由弹头壳体、战斗装药、引爆系统等组成，有的弹头还装有控制、突防装置。战斗装药是导弹毁伤目标的能源，可分为核装药、普通装药、化学战剂、生物战剂等。引爆系统用于适时引爆战斗部，同时还保证弹头在运输、储存、发射和飞行时的安全。弹头按战斗装药的不同可分为导弹常规弹头、导弹特种弹头和导弹核弹头，战术导弹多用常规弹头，战略导弹多用核弹头。核弹头的威力用 TNT 当量表示。每枚导弹所携带的弹头可以是单弹头或多弹头，多弹头又可分为集束式、分导式和机动式。战略导弹多采用多弹头，以提高导弹的突防能力和攻击多目标的能力。

4）导弹弹体结构系统　用于构成导弹外形、连接和安装弹上各分系统且能承受各种载荷的整体结构。

几十年来，航天系统各种导弹的舵面控制均采用液压舵机、燃气舵机或者电动舵机，目前多数采用液压舵机。例如，某导弹液压舵机由燃气发生器带动燃气涡轮驱动液压泵或者通过电机泵，提供弹上液压能源或电源，采用液压伺服机构来接收自动驾驶仪发送来的信号，控制舵面偏转，从而控制飞行器的飞行方向，使导弹按一定轨道稳定飞行或者将导弹引向目标。

1.3　火箭飞行控制技术

1.3.1　火箭的原理

看似复杂的火箭，其原理其实非常简单，早在 17 世纪牛顿就很清晰地描述了它：如果你以一定速度向后抛出一定质量的物体，你就会受到一个反作用力的推动，向前加速。简单的火箭甚至早在牛顿提出这一公式前几百年就在中国发明出来并得到了应用，这既包括军用的火药箭，也包括人们节日庆典的烟花。火箭是靠火箭发动机向前推进的。火箭发动机点火以后，推进剂（液体或固体燃料加氧化剂）在发动机燃烧室里燃烧，产生大量高压气体；高压气体从发动机喷管高速喷出，对火箭产生反作用力，使火箭沿气体喷射的反方向前进。火箭推进原理依据的是牛顿第三定律：作用力和反作用力大小相等，方向相反，作用在一条直线上。一个扎紧的充满空气的气球一旦松开，空气就从气球内往外喷，气球则沿反方向飞出，其道理是一样的。固体推进剂是从底层向顶层或从内层向外层快速燃烧的；而液体推进剂是用高压气体对燃料与氧化剂储箱增压，然后用涡轮泵将燃料与氧化剂输送进燃烧室。推进剂的能量在发动机内转化为燃气的动能，形成高速气流喷出，产生推力。

地球是人类的摇篮，人们不会永远停留在摇篮里。为了追求光明和探索空间，开始要小心翼翼地飞出大气层，然后再征服太阳周围的整个空间（齐奥尔科夫斯基）。人们在射击时会感觉到当子弹射出枪口时枪身会向后移动。这个力量很大，有时会使人跌倒。这就是经常说的牛顿第三定律的体现，即“两个物体之间的作用力和反作用力总是大小相等，方向相反，作用在一条直线上”。火箭的发射就是利用这一原理。火箭内储存大量的燃料和氧化剂，燃料和氧化剂起反应，也就是说燃烧的时候，会产生高压气体，火箭就是利用这些高压气体喷出后产生的反作用力飞行的。火箭与飞机都储存有大量的燃料，但是火箭与飞机的发动机有很大的不同，飞机发动机要吸入空气，利用空气中的氧气燃烧；但火箭不同，火箭所需的氧化剂并非来自空气，而是来自火箭内部。这是火箭与飞机飞行时很重要的区别。因此，飞机不能在没有空气的地方飞行，而火箭在没有空气的地方也能飞行。

1.3.2　火箭的历史

火箭是中国古代的重大发明之一。公元 969 年，中国已经发明了火药（火药是在唐代发明的）。北宋军官岳义方、冯继升造出了世界上第一个以火药为动力的飞行兵器——火箭。这种火箭由箭身和药筒组成。药筒用竹、厚纸制成，内充火药，前端封死，后端引出导火绳，点燃后，火药燃烧产生的气体向后喷出，以气体的反作用力把火箭推向前，飞行中杀伤敌兵。一种最早的原始火箭在工作原理上与现代火箭没有什么不同。12 世纪中叶，原始的火箭被人们改进后，广泛地用于战争。如 1161 年宋军与金兵的“采石之战”中所使用的“霹雳炮”，其实就是一种火箭兵器。

当时在中国民间广为流行的能高飞的“火流星”(亦称“起火”),实际上就是世界上第一种观赏性火箭。元、明之后,即13世纪以后,中国的火箭兵器在战争中有了很大发展,并发明了许多与现代火箭类型相近的火箭形式。中国是火箭诞生的故乡,在中国科学技术馆的“中国古代传统技术”展厅里,就展出着“火龙出水”“神火飞鸦”和“一窝蜂”等中国古代火箭的复原模型,它们充分展现了古代中国人民的杰出智慧和卓越才能。中国古代还曾有过火箭载人飞行的尝试。据史书记载,14世纪末,明代一勇敢者万户坐在装有47个当时最大的火箭的椅子上,双手各持一大风筝,试图借助火箭的推力和风筝的升力实现飞行的梦想。尽管这次试验是一次失败的悲剧,但万户被公认为尝试利用火箭飞行的世界第一人。13世纪中叶,中国的火箭技术被传入欧洲及世界其他地区。到了这时,德意志的艾伯特斯·麦格诺才在欧洲首次记述了关于制作火箭的技术。欧洲人最早使用火箭兵器,是在1379年意大利的帕多亚战争和1380年的威尼斯之战中。

近代将火箭用于战争开始于英国人康格列夫。1807年英军围攻丹麦哥本哈根,发射了康格列夫制造的火箭,烧毁了城内的大部分建筑,使城市一半化为平地。据说在滑铁卢与拿破仑大战中英军也使用了这种火箭。使用火箭进行宇宙航行,俄国的齐奥尔科夫斯基是理论上的奠基人。他首次说明了火箭推进的理论,奠定了日后研制远程火箭的基础。1957年10月4日,苏联发射了人类第一颗人造卫星史普尼克。1958年1月31日,美国也成功发射了人造地球卫星探险者1号。1961年4月12日,苏联成功发射了世界上第一艘载人宇宙飞船,加加林成为世界上第一名宇航员。此后,美国人格伦也乘飞船完成了绕地球轨道的飞行。这些重大的宇宙飞行都是以火箭技术的发展为前提的,火箭就是人类走向太空的“桥梁”。

1.3.3 火箭的分类

火箭可按照不同方式分类:①按照级数分为单级火箭和多级火箭;②按能源分为化学火箭、核火箭、电火箭以及光子火箭等,化学火箭又分为液体推进剂火箭、固体推进剂火箭和固液混合推进剂火箭;③按用途分为卫星火箭、布雷火箭、气象火箭、防雹火箭以及各类军用火箭等;④按有无控制分为有控火箭和无控火箭;⑤按结构形式分为串联火箭和并联火箭;⑥按射程分为近程火箭、中程火箭、远程火箭和洲际火箭等。

(1) 多级火箭:由多级组成的火箭。由于单级火箭在实际运用上很难实现宇宙飞行所必需的宇宙速度,因此需要采用多级火箭来解决这一问题。多级火箭的一子级在发射点火后就开始工作,工作结束后与整个火箭分离,再由二子级继续将有效载荷推向太空,以此类推,直至把有效载荷送入预定轨道。多级火箭一般由2~4级组成。

(2) 固体火箭:用固体火箭发动机推进的火箭。固体火箭发动机由固体推进剂、药柱、燃烧室壳体、喷管和点火装置组成。目前最常用的固体推进剂是由氧化剂(主要是高氯酸铵)、燃料(同时也是黏合剂)和轻金属(如铝粉)等组成的复合推进剂。

(3) 液体火箭:用液体火箭发动机推进的火箭。它的动力装置包括推进剂储箱和液体火箭发动机两部分。液体火箭发动机由推力室、推进剂输送系统和发动机控制系统等组成。

(4) 探空火箭:在近太空进行探测、科学试验的火箭,一般不设控制系统,是30~200 km高空的有效探测工具。探空火箭通常按研究对象或用途分类,如地球物理火箭、气象火箭、生物火箭、技术试验火箭和防雹火箭等。

(5) 新能源火箭:包括电火箭、核能火箭和太阳能火箭。

1.3.4 运载火箭

运载火箭(launch vehicle)是由多级火箭组成的航天运输工具,其用途是把人造地球卫星、载人飞船、空间站、空间探测器等有效载荷送入预定轨道。20世纪50年代末，一些国家在战略导弹的基础上发展了许多运载火箭，最初主要用于发射政府和军用的有效载荷，如美国的雷神、宇宙神、德尔它、侦察兵，苏联的卫星号、东方号、联盟号、闪电号，以及中国的长征一号。20世纪90年代，国际航天发射市场方兴未艾，美国、俄罗斯和乌克兰、欧空局、日本、印度和中国均在已有火箭基础上推出军民两用运载火箭，以色列也在1988年成功发射了沙维特火箭。它们是目前具备自主发射能力的一些国家和组织，其他国家卫星的发射都是利用它们的运载火箭。运载火箭一般由2～4级组成，每一级都包括箭体结构、推进系统和飞行控制系统。末级有仪器舱，内装制导与控制系统、遥测系统和发射场安全系统。级与级之间靠级间段连接。有效载荷装在仪器舱的上面，外面套有整流罩。

许多运载火箭的第一级外围捆绑有助推火箭，又称零级火箭。助推火箭可以是固体或液体火箭，其数量根据运载能力的需要来选择。推进剂大多采用液体双组元推进剂。第一、二级多用液氧和煤油或四氧化二氮和混肼为推进剂，末级火箭采用高能的液氧和液氢推进剂。制导系统大多用自主式全惯性制导系统。运载火箭在专门的发射中心发射。运载火箭的主要技术指标有运载能力、入轨精度和可靠性。运载能力是指运载火箭能够送入预定轨道的有效载荷的质量。它随着预定轨道的高度和倾角的增大而减小。因此，在表示运载能力时通常都应同时说明轨道高度和倾角。例如，中国长征二号F运载火箭的运载能力是：向近地点高度200 km、远地点高度350 km、倾角42°的轨道发射时，有效载荷的最大质量为8 t。火箭的入轨精度主要取决于控制系统的精度和采用的控制方法。火箭通常从专门的发射场发射，也有用机载发射和海上平台发射的。一般情况下，火箭从地面垂直起飞，第一级火箭工作完毕后脱落，第二、三级依次接替工作，直到末级火箭工作完毕，火箭进入预定轨道，调整姿态，末级火箭与航天器脱离，完成其使命。

目前在役的火箭有美国的宇宙神5和德尔它4系列、俄罗斯的质子号和联盟号系列、乌克兰的旋风号和天顶号、欧洲的阿里安5系列、日本的H系列、印度的卫星运载火箭、以色列的沙维特火箭和中国的长征系列运载火箭等。上述火箭中的最大近地轨道运载能力达到22 t，最大同步转移轨道运载能力达到13 t。此外，为满足政府、军用和商用小型有效载荷的快速发射需求，美国和俄罗斯还用退役的导弹改造和研制了一些小型运载火箭，如美国的飞马座、金牛座、米诺陶和法尔肯，俄罗斯的起跑号、隆声号、第聂伯、波浪号、飞箭号和静海号等。21世纪初，美国为执行重返月球、载人登陆火星等深空探测任务，开始研制阿瑞斯1和阿瑞斯5火箭。阿瑞斯5是重型载货运载火箭，近地轨道运载能力将达到125 t，近月轨道运载能力将达55 t。

据报道，中国正在研制的重型运载火箭包括大推力液氧煤油发动机和大推力固体助推器两种方案。采用两级半构型(两级芯级捆绑助推器构型)，重型火箭芯级直径为9 m。动力方面有两条途径：660 t级推力液氧煤油发动机＋200 t级推力氢氧发动机和千吨级推力固体助推器＋200 t级推力氢氧发动机。两种构型的重型火箭长度达到100 m级，火箭起飞重量达到4 000 t级，起飞推力达到5 000 t级，近地轨道运载能力将超过130 t。

目前，运载火箭姿态控制系统执行机构大多采用液压伺服机构，由气瓶输出气源带动气动叶片驱动液压泵或者电机泵产生液压能源，通过电液伺服阀控液压缸组成液压执行机构。伺服机构接收横法向导引信号和姿态控制信号来摆动发动机，使其推力方向产生偏斜，利用推力的横向分力，产生一定的控制力和控制力矩，控制火箭的飞行状态。执行机构由电磁阀门及电爆器件、舵机、姿态喷管、摇摆发动机及控制摇摆发动机运动的伺服机构等组成，按照信号命令，使发动机点火，关机，纠正飞行路线和姿态的偏差，使火箭级间分离和有效载荷分离等。

1.4 航天飞机控制技术

1957年，苏联率先发射世界上第一颗人造地球卫星，1961年又将第一名宇航员送上太空。美国紧随其后推出"阿波罗登月计划"。之后,苏联在1967—1981年共发射40艘"联盟"号系列载人飞船,发射"进步"号系列货运飞船,实现了低地球轨道的长期载人空间科学实验,极大地刺激了美国宇航界。美国共制造了6架航天飞机,从1981年航天飞机首飞成功以来,共完成了135次飞行,搭载过355名宇航员,飞行超过8亿km行程,运送过1 750 t货物,这也是美国航天飞机30多年来的显赫成绩。

航天飞机(space shuttle,又称太空梭或太空穿梭机)是可重复使用的、往返于太空和地面之间的航天器,其结合了飞机与航天器的性质。它既能代替运载火箭把人造卫星等航天器送入太空,也能像载人飞船那样在轨道上运行,还能像飞机那样在大气层中滑翔着陆。航天飞机为人类自由进出太空提供了很好的工具,它大大降低了航天活动的费用,是航天史上的一个重要里程碑。

第一架航天飞机"开拓者"号(也称"企业"号、"进取"号)只用于测试,一直未进入轨道飞行和执行太空任务。

第二架航天飞机"哥伦比亚"号于1981年4月12日首次发射,机舱长18 m,能装运36 t重的货物。航天飞机外形像一架大型三角翼飞机,机尾装有三个主发动机和一个巨大的推进剂外储箱,里面装着几百吨重的液氧、液氢燃料。它附在机身腹部,供给航天飞机燃料进入太空轨道;外储箱两边各有一枚固体燃料助推火箭。整个组合装置重约2 000 t。在返航时,它能借助气动升力的作用,滑行上万千米的距离,然后在跑道上水平降落。与此同时,在滑行中,它还能向两侧方向做2 000 km的机动飞行,以选择合适的着陆场地。每次飞行最多可载8名宇航员,飞行时间7～30天。"哥伦比亚"号共进行了28次飞行,2003年2月1日返回地面过程中于空中解体坠毁。

第三架航天飞机"挑战者"号重约7.88万kg(78.8 t),1983年4月4日首航,在1986年1月28日执行第10次太空任务时,因为右侧固态火箭推进器(solid rocket booster, SRB)上面的一个O形密封环失效,导致一连串的连锁反应,在升空后73 s时,爆炸解体坠毁。

第四架航天飞机"发现"号重约7.7万kg(77 t),1984年8月30日首航,之后27年创下执行39次太空任务、飞行2.37亿km、绕地球轨道5 830圈、在太空中累计停留365天的最高纪录,在美国6架航天飞机中"出勤率"最高。

第五架航天飞机"亚特兰蒂斯"号重约7.77万kg(77.7 t),1985年10月3日首航,进行了18次飞行。2011年7月8日,"亚特兰蒂斯"号航天飞机在肯尼迪发射中心成功升空,执行为期12天的任务,开始它以及整个航天飞机团队的最后一次飞行,于2011年7月21日5时57分在佛罗里达州肯尼迪航天中心安全着陆,结束其"谢幕之旅",至此美国30年航天飞机时代结束。

第六架航天飞机"奋进"号重约7.74万kg(77.4 t),1992年5月7日首航,接替"挑战者"号,高36.6 m,宽23.4 m,造价超过20亿美元。截至2010年2月共进行了24次飞行,在太空度过280天9小时,绕行地球4 429圈,总飞行距离高达103 149 636 mile(1 mile＝1 609.344 m)。2011年5月16日完成其最后一次太空之旅。最新"奋进"号航天飞机的改良重点在于:具有直径40 ft(1 ft＝0.304 8 m)的新型减速伞,能够缩短航天飞机落地后的减速滑行距离约1 000 ft(近300 m),而成为2 000 ft的滑行总长;一些配合延伸绕行期限改装所需的管线与电路连接,因而能够将航天飞机绕地球运行的任务期限延长至28天;升级版的航电系统,包括较先进的通用任务计算机,改良的惯性量测单元,策略性飞行导航系统,强化版的主任务控制器,多路转换器/多路分解器,固态跟星仪,与一套改良过的鼻轮转向机构;一套改良版的辅助动力系统(auxiliary power unit, APU),用来提供航天飞机液压系统所需的动力。

航天飞机设计极为复杂,包含3 000多个重要的分系统和超过300万个零部件,只要其中一个分系统或关键零部件出问题,就可能导致重大事故。2003年"哥伦比亚"号失事,就是由于发射过程中外储箱脱落的保温泡沫材料击中了航天飞机的左翼,从而酿成悲剧。航天飞机升空时的重量比火箭大许多,所以加速度较小,一般是$3g$(火箭是$4g$～$4.5g$)。航天飞机集火箭、卫星和飞机的技术特点于一身，能像火箭那样垂直发射进入空间轨道，又能像卫星那样在太空轨道飞行，还能像飞机那样再入大气层滑翔着陆，是一种新型的多功能航天飞行器。作为迄今为止人类建造的最为复杂的机器，航天飞机的实际发射成功率达到了 98.5%，这是许多一次性运载火箭都无法企及的目标。

1.5 先进流体动力控制技术

1.5.1 概述

人类发明了各种飞行器，如导弹、火箭、航天飞机、飞机，这些飞行器在发展过程中形成了流体动力控制和燃气控制的理论体系和关键技术，尤其是解决了在飞行器的多种复杂极端环境下电液伺服控制的基础理论与应用技术，也对未来更加复杂环境条件下工作的飞行器电气液伺服控制提出了更加苛刻的要求和期待。

流体动力控制的典型应用舵机系统有电子气动伺服机构、机电伺服机构、电液伺服机构三类。如图 1.3 所示为航空航天等领域典型舵机能源级别与动态特性图。导弹、火箭、航天飞机、飞机设计时，可以根据能源和动态特性要求来选择合适的舵机系统。高性能驱动系统一般希望高宽带宽频率响应、低分辨率和高刚度，同时满足振动、冲击、加速度、温度、电磁兼容等环境要求。电液伺服机构与机电伺服机构和电子气动伺服机构相比，具有更高性能，因此电液伺服机构已用于各种任务的舵机系统。气动伺服机构采用超高压压缩气体或者热燃气作为能源，元器件成本较低。气动伺服机构或电磁伺服机构的连续驱动功率远低于电液伺服机构，可以满足低功率和低动态响应的使用要求。表 1.1 所示为航空航天等领域流体动力控制系统的元件类型，由能源装置、能源转换装置、能源调节装置、伺服电子器件、作动器和运动转换器件等部分构成，涉及液压泵、过滤器、增压油箱、电池、电机、作动器等核心基础元件。

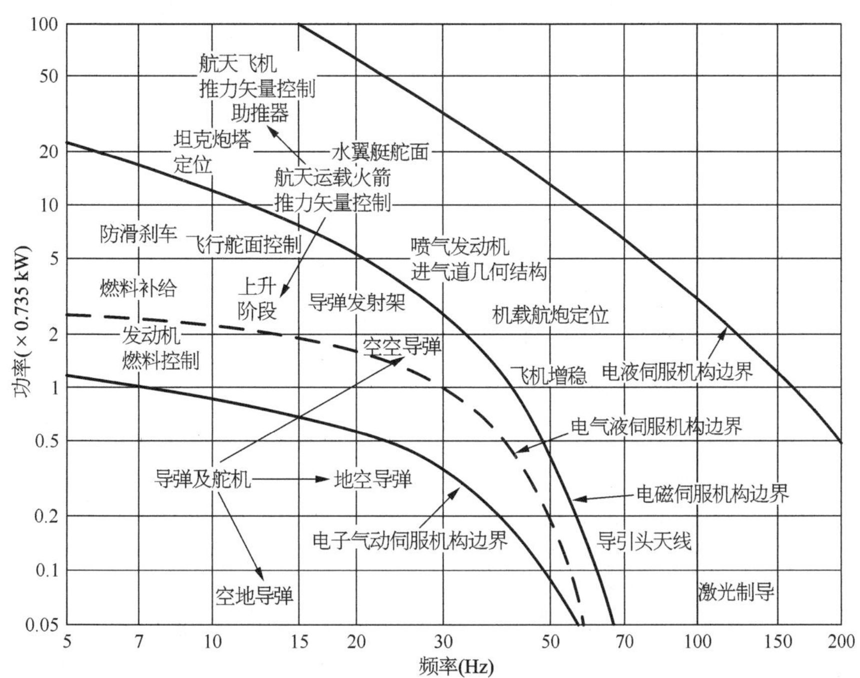

图 1.3 航空航天等领域典型舵机能源级别与动态特性图

表 1.1　航空航天等领域流体动力控制系统的元件类型

技术＼元件	能源装置	能源转换装置	能源调节装置	伺服电子器件：命令	伺服电子器件：反馈传感器	伺服电子器件：调制器驱动	作动器	运动转换器件：直线输出	运动转换器件：旋转输出
电液（EH）	发动机	泵{定排量/变排量}	伺服阀{一级/两级/三级}	{模拟/或/数字}	{电子/或/机械}	{均衡的/或/PWM}	单活塞{三通阀/四通阀}	不必要	曲轴臂
	电池	电机和泵					双推活塞{三通阀/四通阀}	N/A	摇臂
	燃气发生器{固体/或/液体（可节流）}	涡轮泵{离心/或/活塞}					液压马达{齿轮/叶片/活塞}	滚珠丝杠	齿轮
电气液（EPH）	冷气瓶	{低压调节器和增压油箱/或/低压调节器和自由活塞泵}	{双电磁阀/或/伺服阀}	{模拟/或/数字}	电子	{PWM/或/均衡的}	单活塞{三通阀/四通阀}	不必要	曲轴臂
	气体发生器	燃气调节阀和增压油箱					双推活塞{三通阀/四通阀}	N/A	摇臂
电动静液（EHS）	发动机	{交流电动机和整流器/或/直流电动机}	固态电子功率开关	{模拟/或/数字}	电子	{PWM/或/PWM+均衡的}	电动机驱动双向泵{活塞}	不必要	曲轴臂
							电动机驱动双向泵{液压马达}	N/A	齿轮
电磁（EM）	发动机	交流电动机和整流器	固态电子功率开关	{模拟/或/数字}	电子	{PWM/或/PWM+均衡的}	有刷直流电机 固定磁铁 旋转线圈 换向器	滚珠丝杠	齿轮
	电池	{没有/或/电压递升}					无刷直流电机 固定线圈 旋转磁铁 转子位置 传感器		
	燃气发生器{液体/或/固体}	涡轮发电机和整流器							
电气（EP）	发动机排气 或 冷气瓶	低压调节器	{双电磁阀/或/三稳态阀}	{模拟/或/数字}	电子	PWM	三通阀{单活塞}	不必要	曲轴臂
							三通阀{双推活塞}	N/A	摇臂

注：PWM—脉冲宽度调制；N/A—不适用。

1.5.2 国外研究现状

国外高端流体动力控制系统和元件，主要由国家和行业组织联合研究、开发并形成国家制造能力，并已装备到本国核心装备。例如电液伺服元件，美国空军在 1950 年前后组织 40 余家机构联合研制，形成了系列电液伺服元件产品，并已装备航空航天领域。当时归纳凝练了一系列包括元件与系统的数学模型、传递函数、功率键合图，大量实践和实验结果等内容丰富的科技报告。由于涉及国防，美国空军将这些科技报告设置了保密 50 年的期限。目前，美国的电液伺服元件水平至少领先世界上其他国家 30 年。

高性能流体动力控制随着航空、航天、舰船以及军事用途而诞生。航空航天飞行器、舰船、重大装备往往需要承受各种环境极端的考验，甚至要求长期在各种极端环境下正常工作。所指的极端环境包括极端环境温度、极端工作介质温度、特殊流体、极端尺寸与极端空间、振动、冲击、加速度、辐射、高压、高速重载等特殊服役环境。一般来说，地面电子器件的环境温度要求在－20～55 ℃或者－50～60 ℃。在常规地面液压系统中，一般要求液压油的温度控制在 80 ℃以下或者 105 ℃以下。但是，某些航空航天飞行器的地面试验或者遥测数据显示，液压系统的实测油液温度达－40～160 ℃，运载火箭电液伺服机构的油液温度甚至达到 250 ℃。美国空军科技报告显示，1958 年美国电液伺服元件的高温试验温度就已经达到 340 ℃(650 ℉)。美国较早时期的一种喷嘴挡板两级电液伺服阀(Moog 公司，1800 型，1957)，可以在油液温度 204.4 ℃(400 ℉)时正常工作。这一时期的电液伺服阀如双直管喷嘴式两级电液伺服阀(Cadillac Gage 公司，FC－200 型，1957)，设计使用油温为 149 ℃(300 ℉)。油液温度的界限已经远远超出人们目前的常规想象。

航空产品的安全性准则要求各部件和分系统一次故障工作，二次故障安全。按照飞机系统可靠性准则，对于全液压作动的电传飞控系统，液压能源系统的供压故障概率应小于 1×10^{-10} 。液压能源系统为飞机的各液压用户提供液压能源。按照适航标准 CCAR25 要求，飞机在所有发动机都失效的情况下仍可操纵，对机载液压部件提出了更高的要求。为此，波音 787、空客 A380 等飞机配置冲压空气涡轮发动机(RAT)，在所有发动机都失效的情况下，RAT 利用飞机惯性和周围空气阻力作为动力进行工作，带动液压能源系统驱动电动泵向飞控系统供压，使飞机处于可操纵状态。长距离、极限环境下飞机机载液压元件的可靠工作至关重要。

防空导弹的自动驾驶仪舵面控制和导引头天线伺服机构多采用液压能源和先进流体动力控制技术、高端液压元件。如美国霍克导弹采用液压舵机控制舵面偏转；苏联 S－300 导弹最初采用燃气舵机，后改为液压舵机；美国爱国者防空导弹采用电动变量泵液压舵机；美国麻雀系列导弹则采用固体燃气发生器驱动气液蓄压器式导引头液压能源和氮气驱动气液蓄压器式驾驶仪液压能源；英国海标枪舰空导弹采用燃气马达驱动式液压舵机；意大利阿斯派德三军通用防空导弹采用燃气涡轮泵电液能源驱动驾驶仪液压舵机和天线液压伺服机构。导弹舵面液压能源与液压舵机、导引头天线伺服机构、长征系列火箭液压伺服机构等飞行器采用大量的高端液压元件，主要有液压泵、单向阀、溢流阀、安全阀、减压阀、闭式自增压油箱、电磁阀、流量控制阀、液压舵锁、过滤器、电液伺服阀、作动器、蓄压器、储气瓶、传感器、自封接头、液压管件及附件等，此外还有燃气发生器、燃气涡轮、电机、反馈电位计等。液压部件采用功率质量比高的紧凑整机结构和高性能的电液伺服阀和附件，液压舵机或伺服机构输出功率大而质量小，具有优良的动态特性，适应性和可靠性高。因此，几十年来，绝大多数导弹和火箭都采用液压能源和液压伺服机构，或者冷气能源、燃气能源和气压伺服机构；同时，正是由于导弹和宇航事业的需要，各国航天技术工作者进行了多年大量的研究工作，竞相研制出各种小型化、轻量化、高性能的高端流体动力控制元件，这些技术已经很成熟、可靠。

1.5.3 我国研究与发展现状

我国航天科技工作者在导弹、长征系列运载火箭、航天载人飞船运载火箭的液压能源、液压舵机、伺服机构上不断取得关键技术突破。导弹液压舵机方面，上海航天技术研究院、中国运载火箭技术研究院、中国航天二院等经过40余年的技术攻关，已研制出装备国防的各种导弹舵机液压能源与舵面伺服机构，其小型化、轻量化、功率大，技术成熟可靠，已达到世界先进水平。例如，某快速反应导弹在接收工作指令后，0.8 s以内其液压能源与伺服机构即达到正常工作状态，高温高速燃气涡轮控制转速高达120 000 r/min，液压泵转速高达14 000 r/min，系统压力达到24 MPa，同时伺服机构正常控制舵面偏转；而整个闭式系统液压油总容积仅仅不到150 ml，系统油温在−40～160 ℃都能正常工作。运载火箭方面，中国运载火箭技术研究院和上海航天技术研究院研制出了集成化、整体化和机电一体化的高可靠性长征系列伺服机构及其流体控制元件，该系列伺服机构已趋完善，长征系列运载火箭已达到世界一流水平；推力矢量伺服控制、多余度伺服控制等方面近年也取得了进展。例如中国运载火箭技术研究院研制的载人航天飞船运载火箭伺服机构，采用多余度技术，成功地实现了推力矢量控制液压伺服机构0.999 9的高可靠度。电液伺服器件的研究与应用前沿离不开航天技术的发展。火箭、导弹、载人飞船等飞行器发射是一项复杂且高风险的系统工程，导弹或火箭液压能源及伺服机构技术难度大，可靠性和安全性要求极高，例如CZ-2F火箭的可靠性指标要求为0.97，对宇航员的安全性要求为0.997，分配到伺服子系统时，单机的可靠性指标要求接近0.999 9。为了满足此类苛刻的要求，我国的航天科技人员提出了“多数表决，故障吸收”三余度伺服控制系统方案，应用于载人航天运载火箭CZ-2F和神舟五号的发射，突破了国外余度伺服控制技术的封锁。

未来的环境友好型重大装备、飞行器涉及诸多目前未知的流体动力控制理论，流体动力控制的性能和机制是复杂多样的，包括如高加速度、高温、高压、高速重载、辐射等极端环境复合作用下，能否正常工作以及如何工作。为此，探讨极端环境下目前未知的流体动力控制诸关键基础问题，为未来更加苛刻、复杂工况下工作的航空器流体控制提供急需的、目前未知的基础理论将具有重要的科学意义和应用前景。我国对流体动力控制用基础件尤其是高端液压元件重要地位的认识较晚，长期缺乏机理研究和工匠制作工艺的传统文化探索。在高端液压元件产品领域，甚至工程机械的液压元件关键基础件上，几乎被美国、德国、日本等机械强国所垄断。在高端液压件、气动元件、密封件领域，目前我国仍需大量进口。从发展现状看，我国高端产品的技术对外依存度高达50%以上，95%的高档数控系统、80%的芯片、几乎100%的高档液压件、密封件和发动机都依靠进口。为此，2015年5月8日，国务院正式颁布《中国制造2025》，实施制造强国战略第一个十年的行动纲领，已经将核心基础零部件（元器件）列为工业强基工程的核心部分与工业基石。

参考文献

[1] 郭生荣，卢岳良. 液压能源系统压力脉动分析及抑制方法研究[J]. 液压与气动，2011(11)：49-51.
[2] 郭生荣，王晚晚. 液力调速装置基本特性的仿真研究[J]. 流体传动与控制，2011(6)：11-15.
[3] 郭生荣，卢岳良. 直轴式恒压泵的脉动分析与研究[J]. 机床与液压，2003(3)：206-207.
[4] 訚耀保. 极端环境下的电液伺服控制理论及应用技术[M]. 上海：上海科学技术出版社，2012.
[5] 訚耀保. 高端液压元件理论与实践[M]. 上海：上海科学技术出版社，2017.
[6] 訚耀保. 极端环境下飞行器电液伺服阀特性研究[R]. 国家自然科学基金资助项目结题报告(50775161)，2011.1.20.
[7] 訚耀保. 射流伺服阀流场分析[R]. 航空科学基金项目结题报告(20120738001)，2014.9.30.

[8] 訚耀保. 液压产品几何参数、工艺方法与产品性能之间的映射关系研究[R]. 航空科学基金项目结题报告(20090738003),2012. 9. 21.
[9] 訚耀保. 飞行器舵机系统关键基础理论研究[R]. 上海市浦江人才计划(A类)总结报告(06PJ14092),2008. 9. 30.
[10] 訚耀保. 偏转板射流伺服阀和射流管伺服阀的基础理论研究[R]. 国家自然科学基金资助项目进展报告(51475332),2015. 12. 20.
[11] 訚耀保. 气阻气容的气动非对称性机理与高速气动控制的基础研究[R]. 国家自然科学基金资助项目结题报告(51175378),2015. 12. 19.
[12] 訚耀保. 45 MPa 以上的氢气增压、压力控制和调节技术研究[R]. 国家高技术研究发展计划(863 计划) 课题验收报告(2007AA05Z119),2010. 6. 30.
[13] 訚耀保. 燃料电池汽车车载超高压减压阀组集成设计理论研究[R]. 上海市白玉兰科技人才基金总结报告(2008B110),2009. 5. 28.
[14] 訚耀保,等. 地下连续墙与复杂地层桩基础施工关键装备研发与产业化[R]. 国家科技支撑计划总结报告(2011BAJ02B06 - 05),2016. 5. 4.
[15] 訚耀保,李长明,江金林. 三维离心环境下的电液伺服阀特性分析[J]. 机械工程学报,2015,51(2): 169 - 177.
[16] 訚耀保,李长明. 对称负重合型气动伺服阀零位流动状态分析[J]. 航空学报,2015,36 (11): 3724 - 3733.
[17] 訚耀保,黄帅,王康景,等. 大直径气动潜孔锤动力学过程分析[J]. 中南大学学报(自然科学版),2014, 45(3): 721 - 726.
[18] 訚耀保,付嘉华,金瑶兰. 射流管伺服阀前置级冲蚀磨损数值模拟[J]. 浙江大学学报,2015, 49(12): 2252 - 2260.
[19] 訚耀保,王玉. 射流管伺服阀前置级压力特性[J]. 航空动力学报,2015,30(12): 3058 - 3064.
[20] 訚耀保,范春红山,张曦. Dynamic stiffness spring analysis foe feedback spring pole in a jet pipe electro-hydraulic servovalve [J]. 中国科学技术大学学报,2012,42(9): 699 - 705.
[21] 訚耀保,张鹏,岑斌. 偏转板射流伺服阀前置级流场分析[J]. 中国工程机械学报,2015,13(1): 1 - 7.
[22] 刘洪宇,张晓琪,訚耀保. 振动环境下双级溢流阀的建模与分析[J]. 北京理工大学学报, 2015,35(1): 13 - 18.
[23] 訚耀保,原佳阳,傅俊勇. 先导阀前腔串加阻尼孔的新型双级溢流阀特性分析[J]. 吉林大学学报,2016 (1): 1 - 8.
[24] Yin Y B. Analysis and modeling of a compact hydraulic poppet valve with a circular balance piston [C] //Proceedings of the SICE Annual Conference, SICE 2005 Annual Conference in Okayama, 189 - 194, Society of Instrument and Control Engineers (SICE), Tokyo, Japan, 2005.
[25] Yin Y B, Li C M, Peng B X. Analysis of pressure characteristics of hydraulic jet pipe servo valve [C] // Proceedings of the 12th International Symposium on Fluid Control, Measurement and Visualization (FLUCOME2013), November 18 - 23, 2013, Nara, Japan: 1 - 10.
[26] Yin Y B, Fu J H, Yuan J Y, et al. Erosion wear characteristics of hydraulic jet pipe servovalve [C] // Proceedings of 2015 Autumn Conference on Drive and Control, The Korean Society for Fluid Power & Construction Equipment, 2015. 10. 23: 45 - 50.
[27] 訚耀保,孟伟. 喷嘴挡板伺服阀的喷嘴挡板间隙的一种间接测量方法: CN101694378A [P]. 2010 - 04 - 14.
[28] 訚耀保. 带平衡活塞固定节流器单级溢流阀机理与特性分析[J]. 上海航天,1995,12(3): 14 - 17.
[29] 訚耀保,陈振华. 液压舵机系统功率匹配设计[J]. 自动驾驶仪与红外技术,1995(80): 37 - 41.
[30] Hele-Shaw H S, Martineau F L. Pump and motor: US1077979 [P]. 1913 - 11 - 11.
[31] Thoma H. Hydraulic motor and pump: US2155455 [P]. 1939 - 4 - 25.
[32] Thoma H. Axial piston hydraulic units: US3059432 [P]. 1962 - 10 - 23.
[33] Vickers H F. Liquid relief valve: US2053453 [P]. 1936 - 6 - 9.

[34] Vickers H F. Combined fluid control and relief valve: US2102865 [P]. 1937 - 12 - 21.
[35] Vickers H F. Combined rapid traverse and slow traverse hydraulic system: US1982711 [P]. 1934 - 12 - 4.
[36] Mercier J. Oleopneumatic storage device: US2387598 [P]. 1945 - 10 - 23.
[37] Sullwold R H. Pressurized reservoir for cavitation-free supply to pump: US2809596 [P]. 1957 - 10 - 15.
[38] Kiekhaefer E C. Pressurized chain saw oiling system: US2605787 [P]. 1952 - 8 - 5.
[39] Boyar R E, Johnson B A, Schmid L. Hydraulic servo control valves (Part 1 A summary of the present state of the art of electrohydraulic servo valves) [R]. WADC Technical Report 55 - 29, United States Air Force, 1955.
[40] Johnson B. Hydraulic servo control valves (Part 3 State of the art summary of electrohydraulic servo valves and applications) [R]. WADC Technical Report 55 - 29, United States Air Force, 1956.
[41] Johnson B A, Axelrod L R, Weiss P A. Hydraulic servo control valves (Part 4 Research on servo valves and servo systems) [R]. WADC Technical Report 55 - 29, United States Air Force, 1957.
[42] Axelrod L R, Johnson D R, Kinney W L. Hydraulic servo control valves (Part 5 Analog simulation, pressure control, and high-temperature test facility design) [R]. WADC Technical Report 55 - 29. United States Air Force, 1958.
[43] Kinney W L, Schumann E R, Weiss P A. Hydraulic servo control valves (Part 6 Research on electrohydraulic servo valves dealing with oil contamination, life and reliability, nuclear radiation and valve testing) [R]. WADC Technical Report 55 - 29. United States Air Force, 1958.
[44] Deadwyler R. Two-stage servovalve development using a first-stage fluidic amplifier [R]. Harry Diamond Laboratories, US Army Materiel Development and Readiness Command, ADA092011, 1980.
[45] Thayer W J. Electropneumatic servoactuation an alternative to hydraulics for some low power applications [R]. MOOG Inc. Technical Bulletin 151,1984.
[46] Blackburn J F, Reethof G, Shearer J L . Fluid power control [M]. MIT Press, 1960.
[47] Viersma T J. Analysis, synthesis and design of hydraulic servosystems and pipelines [M]. The Netherlands: Elsevier Scientific Publishing Company, Deft University of Technology, 1980.
[48] 屠守锷. 液体弹道导弹与运载火箭(电液伺服机构,电液伺服机构制造技术)[M]. 北京: 中国宇航出版社,1992.

第 2 章
工 作 介 质

不同用途的电液伺服系统为适应整机的服役环境而采用不同的工作介质，电液伺服阀、作动器、传感器等部件需要在不同的工作介质下实现必要的服役性能。如飞行器液压系统往往采用储气瓶储存气体，发射或飞行时通过电爆活门接通，给增压油箱气腔或蓄能器供气；导弹控制舱舵机系统采用燃气涡轮泵液压能源系统，以缓燃火药作为能源，其燃烧后产生约 1 200 ℃的高温燃气介质，通过燃气调节阀控制燃气的压力和流量，从而实现稳定的燃气涡轮液压泵液压能源和电源供给。本章着重介绍液压系统、气动系统包括燃气系统的工作介质。根据整机的功能与环境要求，液压与气动系统使用的主要工作介质包括：液压油、磷酸酯液压油、喷气燃料（燃油）、航天煤油、自然水（淡水与海水）、压缩空气和燃气发生剂。

2.1 液压油

航空液压油和抗磨液压油是目前广泛使用的液压介质。

1）液压油主要牌号　我国生产和使用的航空液压油主要有 3 个牌号：10 号航空液压油、12 号航空液压油和 15 号航空液压油。其中 10 号航空液压油是 20 世纪 60 年代初参照苏联的航空液压油研制的，在飞机上使用较多，使用成熟；12 号航空液压油生产困难，目前已经较少使用；15 号航空液压油应用于飞机发动机液压系统、导弹与火箭的舵机和电液伺服机构。

2）工作介质性能

（1）10 号航空液压油（SH 0358—1995）：

工作温度（℃）	−55～125
密度（25 ℃）（kg/m³）	≤850
运动黏度（mm²/s）	
50 ℃	≥10
−50 ℃	≤1 250
闪点（闭口，℃）	≥92
凝点（℃）	≤−70
酸值（mgKOH/g）	≤0.05
水分（mg/kg）	≤60

（2）12 号航空液压油（Q/XJ 2007—1987）：

工作温度（℃）	−55～125
密度（25 ℃）（kg/m³）	≤850

运动黏度(mm²/s)

150 ℃	≥3
50 ℃	≥12
−40 ℃	≤600
−54 ℃	≤3 000
闪点(闭口,℃)	≥100
凝点(℃)	≤−65
酸值(mgKOH/g)	≤0.05

(3) 15 号航空液压油(GJB 1177A—2013):

工作温度(℃)	−55～120
密度(25 ℃)(kg/m³)	833.3
运动黏度(mm²/s)	
100 ℃	≥4.9
40 ℃	≥13.2
−40 ℃	≤600
−54 ℃	≤2 500
闪点(闭口,℃)	≥82
凝点(℃)	≤−60
固体颗粒污染物(个/100 ml)	
5～15 μm	10 000
16～25 μm	1 000
26～50 μm	150
51～100 μm	20
>100 μm	5
水分(质量分数,%)	≤0.01

(4) YB-N 68 号抗磨液压油(GB 2512—1981):

工作温度(℃)	−55～120
密度(25 ℃)(kg/m³)	833.3
运动黏度(mm²/s)	
50 ℃	37～43
40 ℃	61.2～74.8
闪点(开口,℃)	>170
凝点(℃)	<−25

(5) L-HM 46 号抗磨液压油(ISO 11158, GB 11118.1—2011):

工作温度(℃)	−55～120
密度(25 ℃)(kg/m³)	833.3
运动黏度(mm²/s)	
40 ℃	41.4～50.6
黏度指数	≥95
闪点(开口,℃)	≥185
倾点(℃)	≥−9

3）特点与应用

（1）主要特点。

① 黏度大。在零上温度时，黏度随温度的变化率较大，即黏-温特性较差，对伺服阀的喷嘴挡板特性、射流特性、节流特性影响较大。航空液压油黏-温特性较好。

② 低温下黏度较高，易增加伺服阀滑阀副等运动件阻力。

③ 润滑性好。

④ 剪切安定性较好。

⑤ 密度值较大。

（2）应用。冶金和塑料行业等地面设备液压伺服系统、各类工程机械液压伺服系统采用抗磨液压油和普通矿物质液压油；各类飞行器液压系统上电液伺服阀一般采用15号航空液压油等作为工作介质。

（3）使用注意事项。因与液压油相容性问题，液压元件及管道内密封件胶料不能使用乙丙橡胶、丁基橡胶。

2.2 磷酸酯液压油

1）磷酸酯液压油主要牌号　磷酸酯液压油主要牌号有：Skydrol LD－4（SAE as 1241）、4611、4613－1、4614。

2）工作介质性能

工作温度（℃）	－55～120	
（4614磷酸酯液压油可在较高温度下使用）		
密度（25 ℃）（kg/m^3）	1.000 9	
运动黏度（mm^2/s）		
38 ℃	11.42	
100 ℃	3.93	
（4613－1	50 ℃	14.23）
（4614	50 ℃	22.14）
闪点（℃）	171	
燃点（℃）	182	
弹性模量（MPa）	2 650	

3）特点与应用

（1）主要特点。

① 抗燃性好。

② 氧化安全性好。

③ 润滑性好。

④ 密度大。

⑤ 黏度较大。在零上温度时，黏度随温度变化的变化率较大，即黏-温特性较差，这对伺服阀的喷嘴挡板特性、射流特性、节流特性影响较大。

⑥ 抗燃性好。

（2）应用。民用飞机、地面燃气轮机液压系统上电液伺服系统采用磷酸酯液压油作为工作介质。

（3）使用注意事项。因与磷酸酯液压油相容性问题，液压元件及管道内密封件胶料目前应选取 8350、8360－1、8370－1、8380－1、H8901 三元乙丙橡胶，以及氟、硅等橡胶，不能使用丁腈橡胶、氯丁橡胶。

2.3 喷气燃料(燃油)

喷气燃料(jet fuel)，即航空涡轮燃料(aviation turbine fuel，ATF)，是一种应用于航空飞行器(包括商业飞机、军用飞机和导弹等)燃气涡轮发动机(gas-turbine engine)的航空燃料；通常由煤油单一组成或煤油与汽油混合而成，俗称航空煤油。

1) 喷气燃料主要牌号

(1) 典型美国牌号。

① Jet A/Jet A－1(煤油型喷气燃料)/ASTM Specification D1655。自 20 世纪 50 年代以来，Jet A 型喷气燃料就在美国和部分加拿大机场使用；但世界上的其他国家(除苏联采用本国 TS－1 标准以外)均采用 Jet A－1 标准：Jet A－1 标准是由 12 家石油公司依据英国国防部标准 DEFSTAN 91－91 和美国试验材料协会标准 ASTM Specification D1655(即 Jet A 标准)为蓝本而制定的联合油库技术规范指南。

② Jet B(宽馏分型喷气燃料)/ASTM Specification D6615－15a。相比 Jet A 喷气燃料，Jet B(由约 30%煤油和 70%汽油组成)在煤油中添加了石脑油(naphtha)，增强了其低温时的工作性能(凝点≤－60 ℃)，常用于极端低温环境下。

③ JP－5(军用煤油型喷气燃料，高闪点)/MIL－DTL－5624 a 和 British Defence Standard 91－86。最早于 1952 年应用于航空母舰舰载机上，由烷烃、环烷烃和芳香烃等碳氢化合物构成。

④ JP－8(军用通用型喷气燃料)/MIL－DTL－83133 和 British Defence Standard 91－87。于 1978 年由北大西洋公约组织(NATO)提出(NATO 代号 F－34)，现在广泛应用于美国军方(飞机、加热器、坦克、地面战术车辆以及发电机等)。JP－8 与商业航空燃料 Jet A－1 类似，但其中添加了腐蚀抑制剂和防冻添加剂。

(2) 中国牌号。

① RP－3(3 号喷气燃料，煤油型)/GB 6537—2006。中国的 3 号喷气燃料是 20 世纪 70 年代为了出口任务和国际通航的需要而开始生产的，产品标准也是当初的石油部标准 SY 1008，它于 1986 年被参照采用 ASTM D1655 标准(即 Jet A－1 标准)制定的国家强制标准 GB 6537 所替代。中国的 3 号喷气燃料与国际市场上通用的喷气燃料 Jet A－1 都属于民用煤油型涡轮喷气燃料。

② RP－5(5 号喷气燃料，普通型或专用试验型)/GJB 560A—1997。中国石油炼制公司出口用高闪点航空涡轮燃料，性质与美国 JP－5 类似，闪点不低于 60 ℃，适应舰艇环境的要求，主要用于海军舰载机；但其实际使用性能不如 RP－3。

③ RP－6(6 号喷气燃料，重煤油型)/GJB 1603—1993。RP－6 是一种高密度型优质喷气燃料，主要用于满足军用飞机的特殊要求。

2) 工作介质性能

(1) Jet A/Jet A－1(美国煤油型喷气燃料)：

密度(15 ℃)(kg/m^3)	820/804
运动黏度(mm^2/s)	
－20 ℃	≤8
冰点(℃)	－40/－47
闪点(℃)	38

比能(MJ/kg)	43.02/42.80
能量密度(MJ/L)	35.3/34.7
最大绝热燃烧温度(℃)	2 230(空气中燃烧 1 030)

(2) JP-5(美国军用煤油型高闪点喷气燃料):

密度(15 ℃)(kg/m^3)	788～845
运动黏度(mm^2/s)	
−20 ℃	≤8.5
冰点(℃)	−46
闪点(℃)	≥60
比能(MJ/kg)	42.6

(3) RP-3(中国 3 号喷气燃料,煤油型):

密度(20 ℃)(kg/m^3)	786.6
运动黏度(mm^2/s)	
20 ℃	1.55
−20 ℃	3.58
冰点(℃)	−47
闪点(℃)	45
腐蚀性(铜片腐蚀+100 ℃,2h/级)	1a 级占 84%
固体颗粒污染物(mg/L)	0.31

3) 特点与应用

(1) 主要特点。

① 黏度小。

② 润滑性差。

③ 热安定性较差,易受铜合金的催化作用对材料带来热稳定性不利影响,增加油液的恶化率。

④ 有一定的腐蚀性,易腐蚀与燃油接触的铜合金、镀镉层等。

⑤ 冰点较高,低温下易出现絮状物。

(2) 应用。各型亚声速和超声速飞机、直升机发动机及辅助动力,导弹、地面燃气轮机、坦克、地面发电机等的电液伺服系统采用喷气燃料作为工作介质。

(3) 使用注意事项。

① 以喷气燃料(煤油)为工作介质的液压系统,其内部与燃油接触的零件不得采用纯铜以及青铜、黄铜等铜合金。

② 与燃油接触的零件不得采用镀镉、镀镍等镀层工艺。

③ 与燃油接触的运动副零部件不宜采用钛合金。

④ 考虑到黏度小的特点,电液伺服系统动静态试验测试设备中应采用适合燃油介质的流量测试计或频率测试油缸。

2.4 航天煤油

航天煤油是一种液态火箭推进剂(liquid rocket propellant),与喷气燃料外观相似,但组成和性质不同:喷气燃料燃烧用氧取自周围的大气,其燃烧温度不超过 2 000 ℃;而航天煤油的氧化剂(通常为液氧)需要火箭本身携带,燃烧时温度可达 3 600 ℃。

1) 航天煤油主要牌号

(1) 美国航天煤油牌号：美国 RP-1(火箭液体推进剂)/MIL-P-25576A。RP-1 是美国专为液体火箭发动机生产的一种煤油，它不是单一化合物，而是符合美国军用规格(MIL-P-25576A)要求的精馏分，其中芳香烃和不饱和烃含量很低，馏程范围在 195～275 ℃，有优良的燃烧性能和热稳定性，是液体火箭中应用很广的一种液体燃料；Saturn V、Atlas V 和 Falcon、the Russian Soyuz、Ukrainian Zenit 以及长征 6 号等火箭均采用 RP-1 煤油作为第一级燃料。

(2) 我国近年来研制了高密度、低凝点、高品质的大型火箭发动机用煤油，目前尚未制定国家标准，还没有相应牌号。

2) 工作介质性能　美国 RP-1(火箭液体推进剂)主要性能：

密度(25 ℃)(kg/m^3)	790～820
运动黏度(mm^2/s)	
−34 ℃	16.5
20 ℃	2.17
100 ℃	0.77
闪点(℃)	43
冰点(℃)	−38
颗粒物(mg/L)	≤1.5
弹性模量理论值(MPa)	1 400～1 800

3) 特点与应用

(1) 主要特点。

① 黏度很低，渗透性强，容易泄漏，造成液压系统容积损失增加。

② 润滑性差，支撑能力不强，容易导致相对运动表面材料的直接接触，造成混合摩擦甚至干摩擦。

③ 闪点低，摩擦过程中对于静电防爆等要求要特殊考虑。

④ 有一定的腐蚀性，易腐蚀与燃油接触的铜合金、镀铬层等。

(2) 应用。火箭推力矢量控制液压系统中的工作介质。直接采用加压的燃油进入液压伺服机构，不再配备电机泵等能源装置。

(3) 使用注意事项。

① 航天煤油能与一些金属材料发生氧化还原反应，这些材料包括碳钢、不锈钢、铝、铜、镍、钛等金属及其合金；而钒、钼、镁等金属对煤油的氧化有抑制作用。

② 液压元件及管路中的密封元件应选用氟橡胶、氟硅橡胶、丙烯酸酯橡胶、丁腈橡胶和聚硫橡胶等耐煤油介质性能较好的材料；避免选用丁苯橡胶、丁基橡胶、聚异丁烯橡胶、乙丙橡胶、硅橡胶和顺丁橡胶等在煤油中易老化的材料。

③ 考虑到黏度小的特点，电液燃油伺服阀动静态试验测试设备中应采用适合煤油介质的流量测试计或频率测试油缸。

④ 航天煤油闪点较低，暴露在空气中可能产生燃烧爆炸，采用煤油作为介质时，所有液压设备和管道均应良好密封；同时储罐、容器、管道和设备均应接地，接地电阻不超过 25 Ω。

2.5　自然水(淡水与海水)

以矿物油作为液压传动介质的传统液压行业受到了环境保护的制约，而以自然水(含淡水和海水)作为工作介质的新型液压行业具有无污染、安全和绿色等优点，可以很好地解决环境问题。

1）工作介质性能

（1）淡水：

工作温度(℃)	3～50
密度(25 ℃)(kg/m^3)	1 000
运动黏度(mm^2/s)	
5 ℃	1.52
25 ℃	0.80
50 ℃	0.55
90 ℃	0.32
冰点(℃)	0
弹性模量(MPa)	2 400
比热[kJ/(kg·℃)]	约4.2

（2）海水：

工作温度(℃)	3～50
密度(25 ℃)(kg/m^3)	1 025
运动黏度(mm^2/s)	
50 ℃	约0.6
冰点(℃)	−1.332～0
弹性模量(MPa)	2 430

2）特点与应用

（1）主要特点。

① 价格低廉，来源广泛，无须运输仓储。

② 无环境污染。

③ 阻燃性、安全性好。

④ 黏温、黏压系数小。

⑤ 黏度低、润滑性差。

⑥ 导电性强，能引起绝大多数金属材料的电化学腐蚀和大多数高分子材料的化学老化，使液压元件的材料受到破坏。

⑦ 汽化压力高，易诱发水汽化，导致气蚀。

（2）应用。水下作业工具及机械手；潜器的浮力调节，以及舰艇、海洋钻井平台和石油机械的液压传动；海水淡化处理及盐业生产；冶金、玻璃工业、原子能动力厂、化工生产、采煤、消防等安全性高的环境；食品、医药、电子、造纸、包装等要求无污染的工业部门。

（3）使用注意事项。水液压系统中，摩擦副配合偶件的液体润滑条件差、电化学腐蚀严重（特别是海水中大量的电解质加速了电化学腐蚀速度）；为提高液压元件使用寿命，相对运动表面应进行喷涂陶瓷材料、镀耐磨金属材料（铬、镍等）、激光熔覆等处理。

水压传动无法在低于0 ℃的环境下工作。

2.6 压缩气体（空气、氮气、惰性气体）

1）工作介质性能

（1）空气：

密度(kg/m³)

0 ℃,0.101 3 MPa,不含水分(基准状态)	1.29
20 ℃,0.1 MPa,相对湿度 65%(标准状态)	1.185

动力黏度($\times 10^{-6}$ Pa·s)(受压力影响较小)

−50 ℃	14.6
0 ℃	17.2
100 ℃	21.9
500 ℃	36.2

液化　临界温度为−140.5 ℃,临界压力为 3.766 MPa

比热[kJ/(kg·℃)]　约 1.01

导热系数[W/(m·℃)]　2.593(20 ℃)

(2) 氮气:

密度(kg/m³)

0 ℃,0.101 3 MPa,不含水分(基准状态)	1.251
20 ℃,0.1 MPa,相对湿度 65%(标准状态)	1.14

动力黏度($\times 10^{-6}$ Pa·s)(受压力影响较小)

0 ℃	16.6
50 ℃	18.9
100 ℃	21.1

液化　临界温度为−146.9 ℃,临界压力为 3.39 MPa

2) 特点与应用

(1) 主要特点。

① 可随意获取,且无须回收储存。

② 黏度小,适于远距离输送。

③ 对工作环境适应性广,无易燃易爆的安全隐患。

④ 具有可压缩性。

⑤ 压缩气体中的水分、油污和杂质不易完全排除干净,对元件损害较大。

(2) 应用。石油加工、气体加工、化工、肥料、有色金属冶炼和食品工业中具有管道生产流程的比例调节控制系统和程序控制系统;交通运输中,列车制动闸、货物包装与装卸、仓库管理和车辆门窗的开闭等。

(3) 使用注意事项。压缩气体不具有润滑能力,在气动元件使用前后应当注入气动润滑油,以提高其使用寿命;压缩机出口应当加装冷却器、油水分离器、干燥器、过滤器等净化装置,以减少压缩气体中的水分和杂质对气动元件的损害。

2.7 燃气发生剂

燃气发生器中的“燃气发生剂”点火燃烧后,产生高温高压的燃气;通过某种装置例如燃气涡轮、推力喷管、涡轮及螺杆机构、叶片马达等,将燃气的能量直接转变成机械能输出。

1) 燃气发生剂　在固体推进剂中,一般将燃温低于 1 900 ℃、燃速小于 19 mm/s 的低温缓燃推进剂称为燃气发生剂。20 世纪 40 年代以来,国外首先研制了双基气体发生剂,随后研制了硝酸铵(AN)型气体发生剂;70 年代还开发了 5-氨基四唑硝酸盐(5-ATN)型气体发生剂和含硫酸铵(AS)的对加速力不敏感型推进剂;80 年代以来,出现了具有更高性能的气体发生剂,它们比过去的燃气发生剂更清洁,残渣更少,燃速调节范围更宽,如无氯"清洁"复合气体发生剂(如硝酸铵 ANS - HTPB 推进剂)、平台型气体发生剂、聚叠氮缩水甘油醚(GAP)高性能气体发生剂等。典型燃气发生剂的优缺点见表 2.1。

表 2.1 典型燃气发生剂的优缺点

气体发生剂类型	优 点	缺 点
硝酸铵(AN)型	残渣很少,燃烧产物无腐蚀性,燃温低(约 1 200 ℃)	燃速低(6.89 MPa 下约2.54 mm/s),不能很快产生大量气体,达到所需压力,吸湿性大
5 - 氨基四唑硝酸盐(5 - ATN)型	残渣少,燃速可调范围大(6.89 MPa 下 9~20 mm/s),燃温低	—
平台型	压强指数低,$n \leqslant 0$,对加速力不敏感	燃烧产物有腐蚀性气体 HCl
聚叠氮缩水甘油醚(GAP)	比冲高,燃温适中	压强指数高

2) 特点与应用

(1) 主要特点。

① 功率质量比大,固体推进剂单位质量含较高的能量。

② 储存期间(固态形式)安全、无泄漏。

③ 相对于普通气动系统,工作状态的燃气温度较高、压力较大。

(2) 应用。适用于一次性、短时间内工作的飞行器装置(如导弹、火箭)姿态控制,如各种军用作战飞机(如 B - 52 轰炸机)和飞机的应急系统(如紧急脱险滑门、紧急充气系统)、导弹上的伺服机构、MX 导弹各级上的燃气涡轮、弹体滚控用的燃气活门以及发射车的竖立装置等。

(3) 使用注意事项。

① 燃气中存在固体火药和燃烧残渣,因此燃气介质的伺服控制系统应采用抗污染能力强的射流管阀。

② 考虑到导弹、火箭等飞行器携带的燃料质量有严格限制,需选用耗气量小的膨胀型燃气叶片马达作为执行机构。

③ 由于燃气温度极高,气动元件(包括密封件)应采用耐高温材料。

参考文献

[1] 訚耀保. 极端环境下的电液伺服控制理论及应用技术[M]. 上海: 上海科学技术出版社,2012.

[2] 訚耀保. 高速气动控制理论和应用技术[M]. 上海: 上海科学技术出版社,2014.

[3] 訚耀保. 极端环境下飞行器电液伺服阀特性研究[R]. 国家自然科学基金资助项目结题报告(50775161),2011.1.20.

[4] 訚耀保. 飞行器舵机系统关键基础理论研究[R]. 上海市浦江人才计划(A 类)总结报告(06PJ14092),2008.9.30.

[5] 訚耀保. 燃料电池汽车车载超高压减压阀组集成设计理论研究[R]. 上海市白玉兰科技人才基金总结报告(2008B110),2009.5.28.

[6] 閆耀保. 45 MPa 以上的氢气增压、压力控制和调节技术研究[R]. 国家高技术研究发展计划(863 计划)课题验收报告(2007AA05Z119),2010. 6. 30.
[7] 国家军用标准. GJB 1401—1992 空空导弹制导和控制舱通用规范[S]. 航天工业总公司,1992.
[8] 国家军用标准. GJB 2364—1995 运载火箭通用规范[S]. 航天工业总公司,1995.
[9] 中国石油化工股份公司科技开发部. SH 0358—1995(2005)10 号航空液压油[S]. 石油产品行业标准汇编 2010,北京:中国石化出版社,2011.
[10] 国家质量监督检验检疫总局中国国家标准化管理委员会. GB 6537—2006 3 号喷气燃料[S]. 中华人民共和国国家标准,北京:中国标准出版社,2007.
[11] 国防科学技术委员会. GJB 560A—1997 高闪点喷气燃料规范[S]. 国家军用标准,1997.
[12] 国防科学技术委员会. GJB 1603—1993 大比重喷气燃料规范[S]. 国家军用标准,1993.
[13] 国防科学技术委员会. GJB 2376—1995 宽馏分喷气燃料规范[S]. 国家军用标准,1995.
[14] 马瀚英. 航天煤油[M]. 北京:中国宇航出版社,2003.
[15] 李明. 国内外喷气燃料产品标准的比较[J]. 中国标准化,2000,21(11):23-24.
[16] 邓康清,陶自成. 国外气体发生剂研制动向[J]. 固体火箭技术,1996(3):34-40.
[17] 朱忠惠,陈孟荦. 推力矢量控制伺服系统[M]. 北京:中国宇航出版社,1995.
[18] 杨华勇,周华,路甬祥. 水液压技术的研究现状与发展趋势[J]. 中国机械工程,2000,11(12):1430-1433.
[19] Coordinating Research Council Inc. Handbook of aviation fuel properties [M]. 1983.
[20] 乔应克,鲁国林. 导弹弹射用低温燃气发生剂技术研究[C]//中国宇航学会固体火箭推进年会,2005.

第 3 章

液压蓄能器系统

本章介绍液压蓄能器的结构与原理、蓄能器系统的典型应用案例，以及极端温度环境下的飞行器液压蓄能器与气瓶特性。

3.1 液压蓄能器

3.1.1 液压蓄能器的分类、原理及功用

3.1.1.1 液压蓄能器的分类和原理

采用可压缩流体的气动系统通过压缩气体存储能量。在气动系统中，通常采用压缩空气储藏罐和高压气瓶。但是，在液压系统中，能量传输介质即液压油的压缩性较低。通常，液压油的体积弹性模量为 1～2 GPa。因此，液压油不易直接储存能量。体积 1 L、压力 15 MPa 的液压油储存的压缩性能量大约为 80 J，而 1 L 相同压力的压缩气体储存的能量为 28 kJ。因此，在液压回路中需要使用储能器件，通常使用蓄能器。蓄能器主要分为三种类型：重力加载型、弹簧加载型和充气加载型，见表 3.1。

表 3.1 液压蓄能器的基本类型

重力加载型	弹簧加载型	充气加载型(带分离元件)		
		活塞	气囊	薄膜
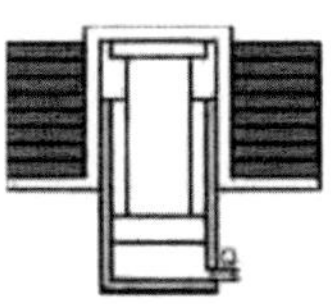	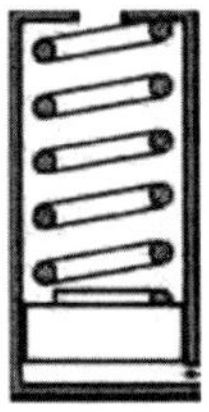	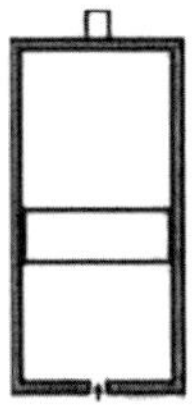	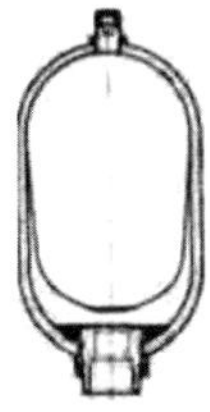	

1) 重力加载型蓄能器　又称重锤式蓄能器，储存能量的形式为活塞和负载的重力势能。液体的排出靠重锤，通过向蓄能器下腔供油的方式可以使活塞和负载向上运动。由于活塞移动引起的液压油压力变化值很小，可以忽略。因此这种类型的蓄能器提供的油液压力是恒定的。这种结构工作可靠，寿命长，维护方便；但体积大，重量重，频率响应差。

2) 弹簧加载型蓄能器　储存能量的形式为弹簧的弹性势能。放出液体时，弹簧压活塞，将液体排出。通过向蓄能器一腔中供油的方式，使弹簧压缩。蓄能器输出的油液压力是变化的。

随着弹簧的释放，蓄能器压力逐渐减小，因为弹簧力在逐渐减小。蓄能器压力与其容腔内油液的体积成正比。与其他形式相比所用压力较低，容量也较小。

由活塞的力平衡方程，可得弹簧加载型蓄能器的压力为

$$p = k\left(\frac{x_0}{A} + \frac{V}{A^2}\right) \tag{3.1}$$

式中 A——活塞面积(m^2)；
k——弹簧刚度(N/m)；
p——压力(Pa)；
V——蓄能器中的油液体积(m^3)；
x_0——弹簧预压缩量(m)。

尽管蓄能器结构简单易于制造，可以使用标准化的液压缸筒，但是重力加载型和弹簧加载型蓄能器仍然没有广泛使用。这是因为它们的响应较慢、尺寸较大且工作受限。

3）充气加载型蓄能器　使用最为广泛，一般在油腔上方充入氮气等高压气体。当液压油不是易燃液压油时，也可采用空气。根据油气分隔面的情况，可以将充气加载型蓄能器分为以下四类：活塞式、气囊式、隔膜式和没有油液分离元件的蓄能器。油气直接接触型蓄能器仅可以在油液不完全充满的情况下工作。

带有分离元件的充气加载型蓄能器由带有两个腔室的钢瓶组成，两腔内分别装液压油和高压氮气，可预先通过充气截止阀向气室内充入高压氮气，在蓄能器中没有液压油的情况下进行蓄能器充气过程。油室和气室完全分离，在工作过程中，将液压油压入油腔。当油液压力大于充气压力时，液压油进入蓄能器，气体体积减小，压力增大。当油液压力等于气体压力时，达到稳态平衡。在高压气体的作用下，油腔的油液也保持高压。分离充气式蓄能器，一般充以氮气，用皮囊或活塞等与液体隔开，因此气体不会溶解至液体中。这种形式蓄能器的最大优点是频率响应高，此外气体容易封住，维护简单。当然，结构要复杂一些，其中皮囊用久后易破损。非分离式蓄能器，一般是充气式，在这里气体与液体直接接触，优点是结构简单；缺点是气体容易溶解于油中，而且所溶解的气体与绝对压力成正比，因此蓄能器中要定期补充气体。

以气体作为研究对象，假设气体处于绝热过程，气体压缩性状态方程为

$$p_0 V_0^n = p_1 V_1^n = p_2 V_2^n = const \tag{3.2}$$

式中 p_0——蓄能器充气压力，即气体压力(Pa)；
p_1——系统最小压力(Pa)；
p_2——系统最高压力(Pa)；
V_0——蓄能器大小，压力为 p_0 时充气气体的体积(m^3)；
V_1——压力为 p_1 时的气体体积(m^3)；
V_2——压力为 p_2 时的气体体积(m^3)。

按照气体压缩过程的类型，指数 n 的值为 1～1.4。对于等温过程，$n=1$；对于多变过程，$1<n<1.4$；对于绝热过程，$n=\gamma=1.4$。在绝对温度下，需要考虑气体压缩过程。如果压缩过程是缓慢的，气体温度维持恒定，则该过程是等温过程且气体的压力和体积可由下式得到

$$p_0 V_0 = p_1 V_1 = p_2 V_2 = const \tag{3.3}$$

3.1.1.2　液压蓄能器的功用

蓄能器的主要功用包括以下几点：

(1) 作为辅助液压源，即所谓二次液压源。某些液压系统中，在短期内需要大流量，而一般情况下所需流量并不大时，用泵站加蓄能器可减小泵的容量，降低能量消耗。

(2) 作为泄漏的补充。在一定的时间内需要保持足够压力时，如机床夹具在使用时间内需要有一定压力夹紧工件，为了防止有关部分泄漏而降低压力，采用蓄能器是一种简便方法。

(3) 作为紧急用液压源。在停电等情况下或发生事故时，有些系统如静压轴承等不允许油压立即消失，这时可装蓄能器，以便在短时间内维持一定压力。

(4) 吸收系统冲击压力脉动及脉动压力。液压执行机构负载的波动及泵的流量脉动引起的压力脉动等都可以借助蓄能器来吸收。

(5) 输送与泵站所用液体不同的另一种液体(如防燃液体)或有毒气体等。

3.1.2 蓄能器的容量

如图 3.1 所示，蓄能器通常工作在最小压力 p_1 和最大压力 p_2 之间。

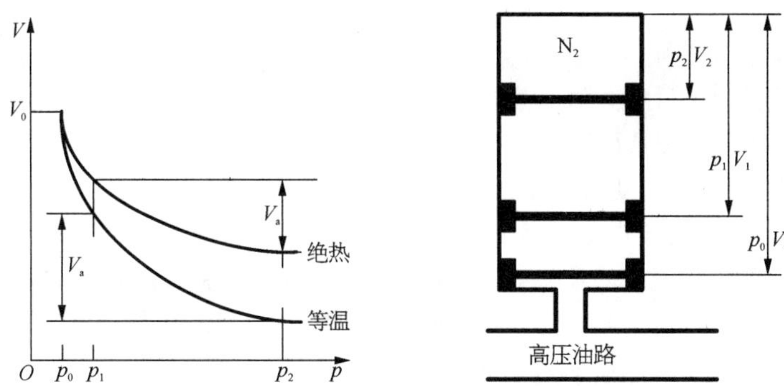

图 3.1 液压蓄能器工作压力范围内气体体积变化图

蓄能器的体积容量 V_a 定义：在压力 p 等于最小压力 p_1 或最大压力 p_2 时，吸入或排出蓄能器的油液的体积。

对于多变过程，有

$$V_a = V_1 - V_2 = V_0\left[\left(\frac{p_0}{p_1}\right)^{\frac{1}{n}} - \left(\frac{p_0}{p_2}\right)^{\frac{1}{n}}\right] \tag{3.4}$$

对于等温过程，有

$$V_a = V_1 - V_2 = V_0\left(\frac{p_0}{p_1} - \frac{p_0}{p_2}\right) \tag{3.5}$$

为保证蓄能器在工作压力范围内都能够有效工作，充气压力 p_0 应低于最小工作压力 p_1。如果不满足这个要求，当蓄能器的工作压力小于 p_0 时，压缩气体膨胀而充满整个腔室，蓄能器停止工作。因此，充气压力一般选在以下范围

$$p_0 = (0.7 \sim 0.9)p_1 \tag{3.6}$$

无论出于何种原因，如果系统压力大于或等于最小系统工作压力，则蓄能器液体容量变化量即充液体积的表达式为

$$V_a = V_1 - V_2 = V_0\left[1 - \left(\frac{p_0}{p_2}\right)^{\frac{1}{n}}\right] \tag{3.7}$$

3.1.3 蓄能器的结构和工作原理

1) 活塞式蓄能器 活塞式蓄能器是一个内部被活塞和密封圈分成两个腔室的圆柱状结构，其原理图如图 3.2 所示。这种形式的蓄能器可以工作在一个很高的压缩比（p_2/p_0）。此外，在工作过程中，液压油可以完全充满腔室而不需要担心毁坏油气分离元件。

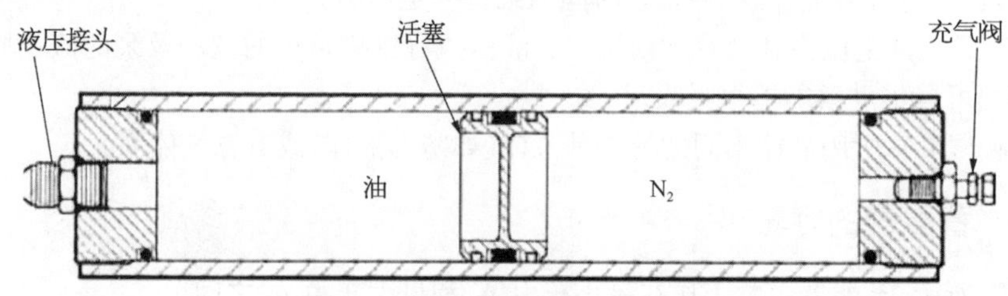

图 3.2 活塞式蓄能器的典型结构

活塞式蓄能器有如下缺点：

(1) 活塞的质量和密封圈会降低蓄能器的响应性。

(2) 活塞密封圈会磨损从而导致压缩气体泄漏。

因此，活塞式蓄能器需要更频繁地检查气体压力。

2) 气囊式蓄能器 气囊式蓄能器采用气囊作为一个弹性分离元件，隔离液压油和压缩气体。气囊通过集成的硫化充气阀连接在缸筒内，它可以通过蓄能器缸筒上的开口移除或由集成的液压阀替代。当油口不进油时，气囊中充满压缩气体，气囊慢慢伸展直至与缸筒壁相接触。

气囊材料可以承受很高的压应力，但是抵抗剪切应力和拉应力的能力很弱。因此，为了避免气囊在油口连接位置受挤压，可采取以下两种方式：

(1) 利用一个半球形钢板关闭油口，在钢板上开设多个直径很小的圆孔让油液自由流动。圆孔的直径必须足够小，使得作用在气囊壁上的剪切应力小于许用剪切应力值，如图 3.3 所示。

(2) 当气囊充气时，在油口位置使用一个蘑菇形状的安全阀保护气囊，如图 3.4 和图 3.5 所示。

图 3.3 带有多孔盘保护的气囊式蓄能器

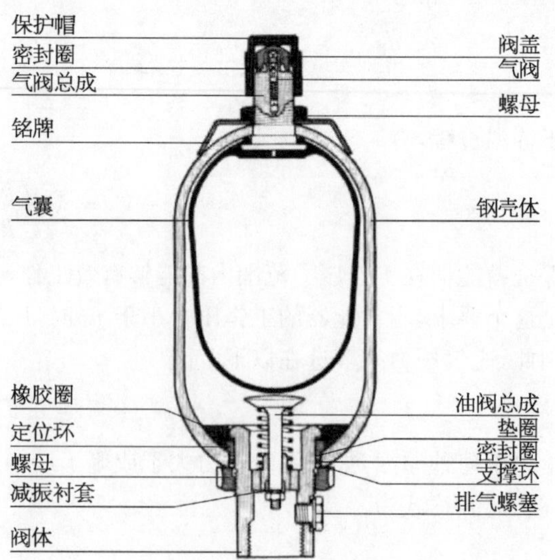

图 3.4 带有蘑菇形状安全保护阀的气囊式蓄能器结构

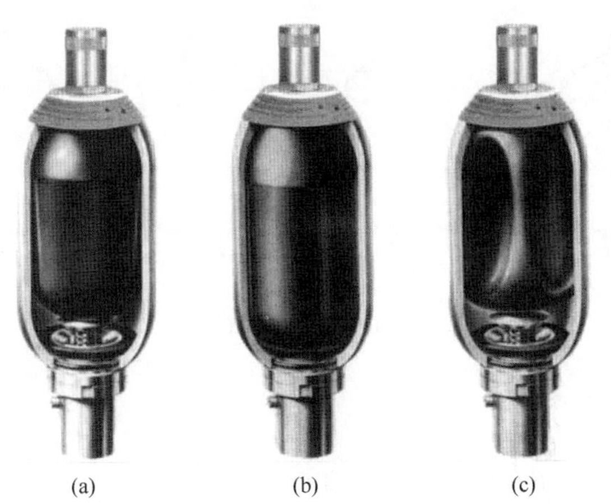

图 3.5 带有蘑菇形状安全保护阀的气囊式蓄能器工作过程

(a) 未充气状态；(b) 充气状态；(c) 液体流入/流出状态

当液压系统以高于充气压力的某个压力向蓄能器注油时，油液进入蓄能器，压缩气囊中的气体体积减小，如图 3.5 所示。只要气囊不被破坏，气囊式蓄能器内部张力很稳定。采取以下预防措施可以避免气囊损坏：

(1) 最小工作压力 p_1 应大于充气压力 p_0。在这种条件下，蓄能器正常工作时，气囊不会接触到挤压保护元件。

(2) 应避免气囊的过度变形，如图 3.5 所示。因此，应该限制气体最大压缩率：$p_2/p_0 < 4$。如果最大工作压力 p_2 不大于最小工作压力 p_1 的 3 倍，即 $p_2 \leqslant 3p_1$，可以避免气囊过度屈曲。

蓄能器的容量是指充气式蓄能器在充气压力下的体积，该体积由气体体积而不是液压油流量决定。蓄能器的流量仅仅由压力条件和系统阻尼决定。对于较低的系统阻尼和较高的蓄能器压力，流量可能会很高。根据蓄能器的尺寸对最大流量进行限制来提高气囊的寿命。例如，一个容量为 1 L 的蓄能器允许进入和流出蓄能器的液压油流量可达 240 L/min，而一个容量为 50 L 的蓄能器最高允许流量只有 900 L/min。

3) 隔膜式蓄能器　隔膜式蓄能器的隔膜夹在压力容器壁之间，作为液压油和气体的弹性分隔元件，如图 3.6 所示。该膜使用焊接（不可更换）或螺钉（可更换）的方式固定在压力容器上。在隔膜基础上固定一个关闭的按钮（板），当隔膜充分扩张之后，这个按钮用来堵塞与管道相连的入口。在压力状态为 $p < p_0$ 时，用这种方式可以保护隔膜不被挤压到管道入口。这种形式的蓄能器的原理如图 3.7 所示。蓄能器的流量不超过 40 L/min，以确保隔膜的使用寿命。

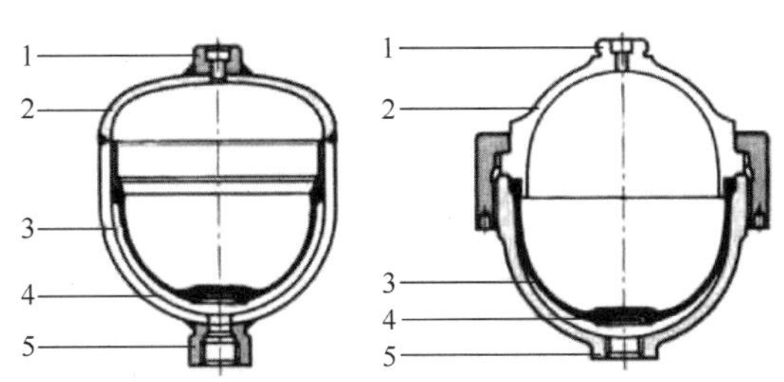

图 3.6 隔膜式蓄能器

1—充气口；2—蓄能器瓶身；3—隔膜；4—阀门开关；5—油口

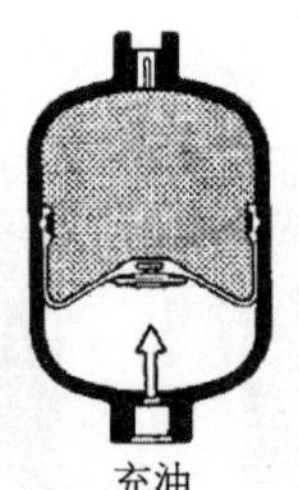

图 3.7　隔膜式蓄能器的工作原理

3.1.4　蓄能器的应用

在液压系统中安装蓄能器可以实现多种功能，主要应用有：

(1) 能量储存：① 储备能量；② 提供瞬时大流量，减小液压泵的尺寸和驱动功率；③ 泵卸载；④ 减小安置在距离泵较远的致动器的反应时间。

(2) 维持压力恒定，补偿泄漏导致的油液损失。

(3) 油液热补偿。

(4) 平滑压力和流量脉动。

(5) 载重汽车的悬架系统。

(6) 吸收液压冲击。

(7) 汽车悬架系统中的液压弹簧。

3.1.4.1　能量储存

1) 理论背景　使用液压蓄能器，可以减小液压泵的尺寸，满足系统有间歇运动时的流量需求或者系统工作循环中有短时间大流量的需求。在系统需求流量较低时，给蓄能器充能，在系统需要高流量时蓄能器放能。当达到最大压力时，蓄能器可以给泵分流。当压力等级降到最低值时，蓄能器将泵和系统相连，然后蓄能器重新充能。在这种情况下，蓄能器可以作为系统液压能的主要来源。

蓄能器作为能量储存元件时，主要分析由蓄能器引起的总存储能量和有用能量的数学表达式。当压力从 p_0 增加到 p_2 时，液压蓄能器中的总能量逐渐增加存储在压缩气体中。能量的表达式为

$$dE = -p dV \tag{3.8}$$

式中，负号表示储存的能量随气体体积的减小而增大。考虑到多变压缩过程，则

$$pV^n = p_0 V_0^n = p_1 V_1^n = p_2 V_2^n \tag{3.9}$$

$$V^n dp + npV^{n-1} dV = 0 \text{ 或者 } dV = -\frac{V}{np} dp \tag{3.10}$$

$$V = \left(\frac{p_0}{p}\right)^{\frac{1}{n}} V_0 \Rightarrow dV = -\frac{V_0 p_0^{1/n}}{np^{(n+1)/n}} dp \tag{3.11}$$

因此

$$E = \frac{V_0 p_0^{1/n}}{n} \int_{p_0}^{p_2} p^{-1/n} dp \tag{3.12}$$

或者

$$E = \frac{V_0 p_0^{1/n}}{n-1} \left[p_2^{(n-1)/n} - p_0^{(n-1)/n}\right] \tag{3.13}$$

该式表明,储存的能量受充气压力 p_0 的影响很大。当 $p_0=0$ 或 $p_0=p_2$ 时,储存能量 $E=0$。当储存的能量达到最大值时,充气压力值 p_0 可以由以下计算式得到。

对于最大存储能量
$$\frac{dE}{dp_0}=0$$

或者
$$\frac{p_0}{p_2}=n^{-n/(n-1)} \tag{3.14}$$

对于绝热过程,$n=1.4$,$p_0=0.308p_2$,此时储存的能量达到最大值。由式(3.14)和式(3.13),可得最大储存能量为

$$E_{max}=\frac{V_0 p_2}{n^{n/(n-1)}} \tag{3.15}$$

定义 $\overline{E}=E/E_{max}$ 和 $\overline{p}_0=p_0/p_2$,在多变的气体压缩过程中,可以推导出无量纲的能量表达式为

$$\overline{E}=\frac{n^{n/(n-1)}}{n-1}\,\overline{p}_0{}^{1/n}\left[1-\overline{p}_0{}^{(n-1)/n}\right] \tag{3.16}$$

等温压缩过程中,$n=1$,蓄能器中储存的总能量式为

$$pV=p_0V_0=p_2V_2 \tag{3.17}$$

$$pdV+Vdp=0 \tag{3.18}$$

$$dV=-\frac{p_0V_0}{p^2}dp \tag{3.19}$$

$$E=-\int_{p_0}^{p_2}pdV=p_0V_0\ln(p_2/p_0)=-V_0p_2\frac{p_0}{p_2}\ln\left(\frac{p_0}{p_2}\right)=-V_0p_2\,\overline{p}_0\ln(\overline{p}_0) \tag{3.20}$$

对于最大能量

$$\frac{dE}{d\,\overline{p}_0}=0\text{ 或者 }\ln(\overline{p}_0)=-1;\ \overline{p}_0=1/e \tag{3.21}$$

由式(3.20)和式(3.21),可以得到最大能量的表达式为

$$E_{max}=p_2V_0/e\text{ 和 }\overline{E}=E/E_{max}=-e\,\overline{p}_0\ln(\overline{p}_0) \tag{3.22}$$

图 3.8 所示为多变过程和等温压缩过程时,蓄能器中储存的总能量随压力的变化曲线。当 $\overline{p}_0=0.308\sim0.37$ 时,蓄能器中的总能量可达最大值,与压缩过程有关。当蓄能器作为储备能源或紧急瞬时能源时,选择合适的工作参数传递最大能源是很重要的。

最小工作压力应足够驱动液压马达和液压缸。蓄能器传递的有效能量可以由下式计算得到

$$E_e=p_1(V_1-V_2) \tag{3.23}$$

对于多变压缩过程,蓄能器有效能量的表达式为

$$E_e=p_1V_1\left[1-\left(\frac{p_1}{p_2}\right)^{1/n}\right] \tag{3.24}$$

当 $dE_e/dp_1=0$,或者

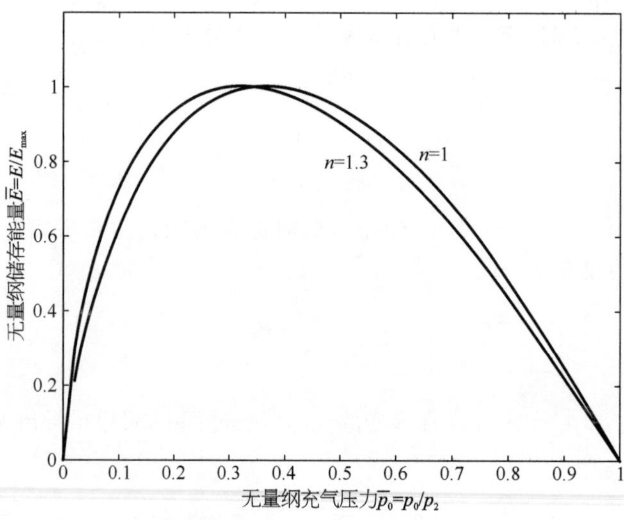

图 3.8　蓄能器中的总能量随压力变化曲线

$$p_1 = \left(\frac{n}{n+1}\right)^n p_2 \text{ 或 } p_1 = 0.47 p_2 \tag{3.25}$$

因为 $n = \gamma = 1.4$ 时，蓄能器有效能量达到最大值。因此

$$E_{emax} = p_2 V_1 \frac{n^n}{(n+1)^{n+1}} \tag{3.26}$$

$$\overline{E}_e = \frac{(n+1)^{n+1}}{n^n} \bar{p}_1 (1 - \bar{p}_1{}^{1/n}) \tag{3.27}$$

对于等温过程，$n = 1$。由式(3.25)和式(3.27)，当 $p_1 = 0.5p_2$ 时，有效能量可达最大值，此时

$$\overline{E}_e = p_1 V_1 \left(1 - \frac{p_1}{p_2}\right) \tag{3.28}$$

因此

$$E_{emax} = 0.5 p_1 V_1 \tag{3.29}$$

$$\overline{E}_e = 4\, \bar{p}_1 (1 - \bar{p}_1) \tag{3.30}$$

$$\overline{E}_e = \overline{E}_e / E_{emax} \text{ 且 } \bar{p}_1 = p_1 / p_2 \tag{3.31}$$

图 3.9 所示为多变过程和等温压缩过程时，蓄能器中储存的有效能量随最小工作压力与最大工作压力的比值的变化曲线。当 $\bar{p}_1 = 0.47 \sim 0.5$ 时，有效能量可达到最大值，与压缩过程有关。

2) 瞬时能源　在一些要求较为苛刻的应用场合，需要安装冗余的液压能供给装置来保证工作的可靠性。安装一个合适尺寸的液压蓄能器是一种解决方法，在液压系统的正常工作阶段给蓄能器充能；在紧急状况下释放能量，提供瞬时液压能源，如图 3.10 所示。

3) 补偿大流量　液压系统处于间歇性的工况，会在短时间内需要较大的流量，通常推荐使用大流量液压泵。驱动泵所需的电机需要很大的功率，泵的几何容积和驱动功率由下式决定

$$V_g = Q_{max} / n\eta_V \tag{3.32}$$

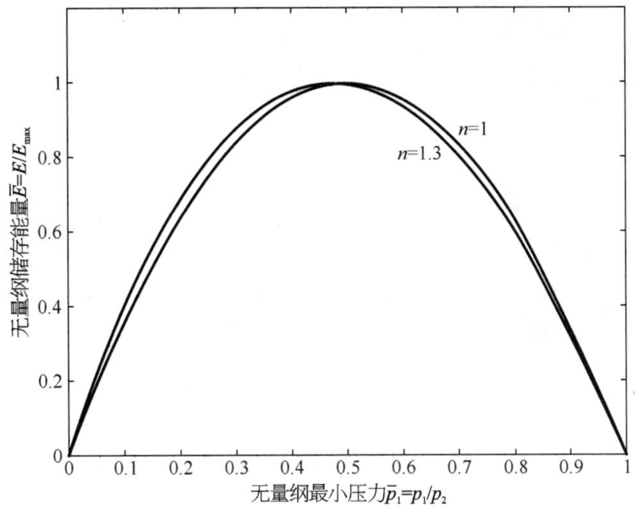

图 3.9　蓄能器有效能量随最小工作压力与最大工作压力的比值 p_1/p_2 的变化曲线

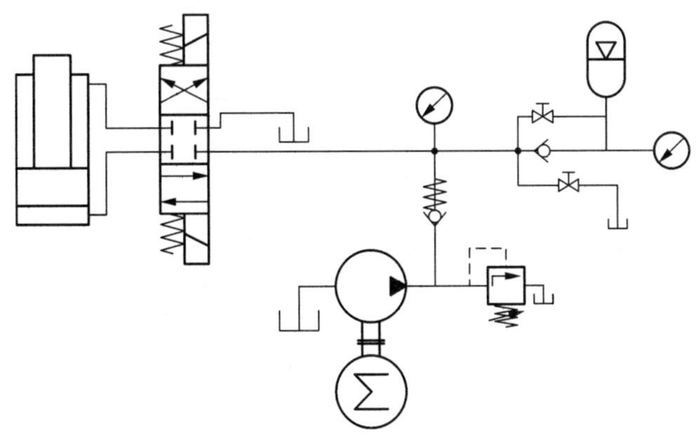

图 3.10　液压蓄能器作为储备能量来源的应用

$$N = Q_{max} p / \eta_T \tag{3.33}$$

式中　n——泵的转速(r/s)；

N——泵的驱动功率(W)；

p——泵的出口压力(Pa)；

Q_{max}——最大流量(m^3/s)；

V_g——泵的几何容积(m^3/r)；

η_V——泵的容积效率；

η_T——泵的总效率。

通过安装合适尺寸的液压蓄能器，可以减小泵的尺寸和驱动功率。在系统需求流量较小的阶段可以给蓄能器充能。在系统需求流量较大的阶段，泵和蓄能器同时向液压系统输入流量。图 3.11 给出了典型的液压循环应用。

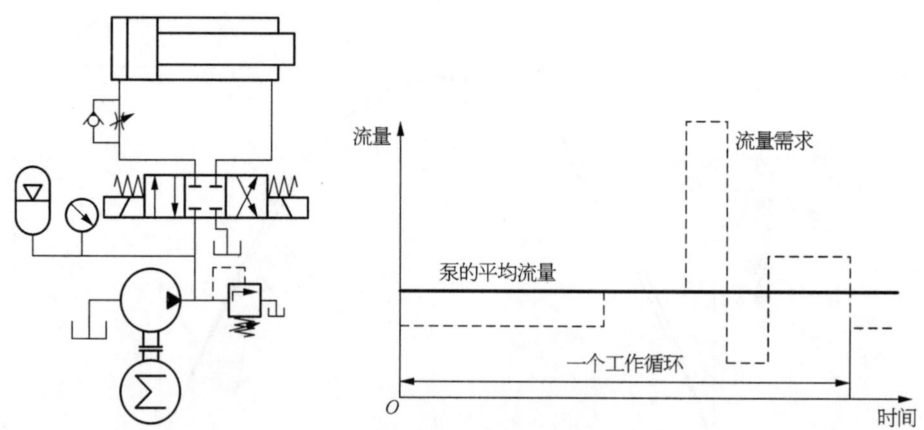

图 3.11　使用蓄能器来补偿流量需求的工作循环

例 3.1　某液压系统工作一个周期的循环时间为 60 s，图 3.12 所示为一个工作循环内的流量需求。

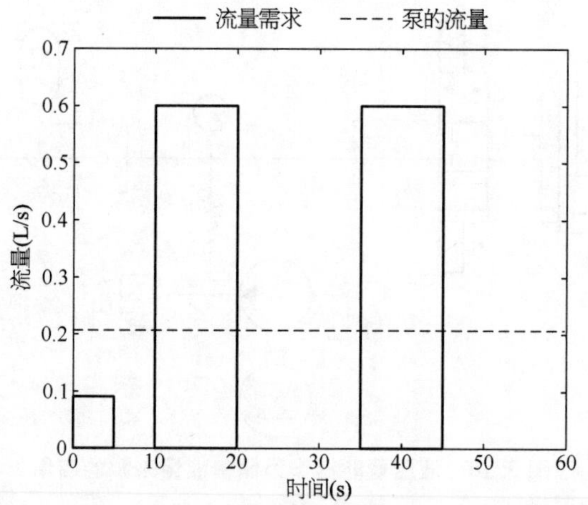

图 3.12　系统流量需求和泵的平均流量

在工作循环中，泵最小输出压力为 14 MPa，流量由流量控制阀控制。该系统有一个固定的容积式泵，泵的流量可以分为两种情况：①仅仅使用泵作为液压能量供给元件；②如果使用液压蓄能器来满足短时间流量补偿的需求，当最大允许压力为 21 MPa 时，计算合适的蓄能器尺寸。

结果：

(1) 仅仅使用液压泵作为液压能量供给元件时，液压泵可以供给的额定流量为 0.6 L/s，大于系统需要的最高流量。液压泵的加载压力为 14 MPa。系统需要的液压功率为

$$N = 0.6 \times 10^{-3} \times 14 \times 10^{6} = 8\,400(\mathrm{W})$$

(2) 当使用蓄能器时，液压泵的流量可以计算如下：在一个工作循环中，需要的总的液压油体积为

$$0.09 \times 5 + 2 \times 0.6 \times 10 = 12.45(\mathrm{L})$$

循环时间 60 s,推荐使用泵的流量为 12.45/60 = 0.207 5 L/s。

在安装蓄能器时,泵和蓄能器的流量和应该大于系统所需的最大流量。蓄能器中油液体积的变化(ΔV_0)可以根据表 3.2 的方法计算,其说明如图 3.13 所示。

表 3.2 一个工作循环内蓄能器中油液体积变化

阶段(s)	体 积 变 化	$\sum\Delta V_0$
0~5	泵流量大于需要的流量。多余的泵流量 (0.207 5−0.09 = 0.117 5 L/s) 供给蓄能器。在该阶段结束时,蓄能器获得的流量为 0.117 5 × 5 = 0.587 5 L	0.587 5 L
5~10	泵的所有流量进入蓄能器。在该阶段结束时,蓄能器获得的流量为 0.207 5 × 5 = 1.037 5 L	1.625 L
10~20	泵的流量低于系统需求的流量。蓄能器补偿流量差值,蓄能器提供的流量为 0.6−0.207 5 = 0.392 5 L/s 。在该阶段结束时,蓄能器损失的流量为 0.392 5 × 10 = 3.925 L	−2.3 L
20~35	泵的所有流量供给蓄能器。在该阶段结束时,蓄能器获得的流量为 0.207 5 × 15 = 3.112 5 L	0.812 5 L
35~45	泵的流量低于系统需求的流量。蓄能器补偿流量差值,蓄能器供给的流量值为 0.6 − 0.207 5 = 0.392 5 L/s 。在该阶段结束时,蓄能器损失的流量为 0.392 5 × 10 =3.925 L	−3.112 5 L
45~60	泵的所有流量供给蓄能器。在该阶段结束时,蓄能器获得的流量为 0.207 5 × 15 = 3.112 5 L	0

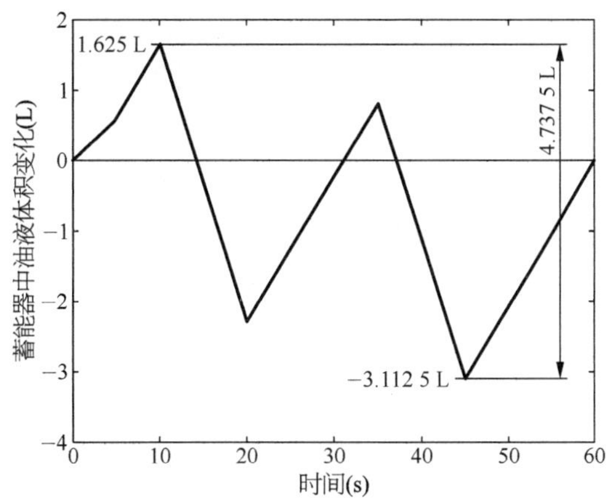

图 3.13 一个工作循环中液压蓄能器中的油液体积变化

在一个完整的工作循环中,蓄能器中油液体积的最终变化为 0,因为在工作循环完成时,泵补给了循环中蓄能器提供的油液体积。蓄能器中油液体积最大变化量为

$$V_a = 1.625 - (-3.112\,5) = 4.737\,5(\text{L})$$

这是所用的蓄能器的体积容量，是在最大压力(21 MPa)和最小压力(14 MPa)之间时，蓄能器排出的油液体积。蓄能器的充气压力为 $0.9\times 14 = 12.6$ MPa。

蓄能器的尺寸可以由下式计算

$$V_0 = V_a \Big/ \left[\left(\frac{p_0}{p_1}\right)^{1/n} - \left(\frac{p_0}{p_2}\right)^{1/n} \right]$$

$$V_0 = \frac{4.375}{\left(\frac{126}{140}\right)^{1/1.3} - \left(\frac{126}{210}\right)^{1/1.3}} = 17.78(\mathrm{L})$$

因此，该应用中可以选择 20 L 的蓄能器。

4) 泵卸荷　液压泵主要为蓄能器供能。系统中装有蓄能器安全阀，当蓄能器中的压力达到最大值 p_2 时，泵的流量可以通过该阀溢流回油箱。此时，泵卸荷，蓄能器为系统工作提供液压能。当系统中有执行机构动作时，蓄能器中的油液体积减小，压力降低。当系统压力降到最小值 p_1 时，蓄能器安全阀切断泵的回油路，将液压泵的流量供给蓄能器充能。在系统中安装单向阀使蓄能器只能向液压系统提供能量。在这种情况下，泵大多数时间都在空载运行。

5) 减少作动器的响应时间　某些液压系统中液压缸安装在离液压能源较远的位置。因为传输管路较长，这些液压缸的反应时间往往较长。可以通过在液压缸附近安置蓄能器的方法来减少液压缸的响应时间，如图 3.14 所示。蓄能器可以在作动器两次连续动作之间的间隔时间内充能。在作动器响应时，蓄能器向液压缸方向释放液压能。

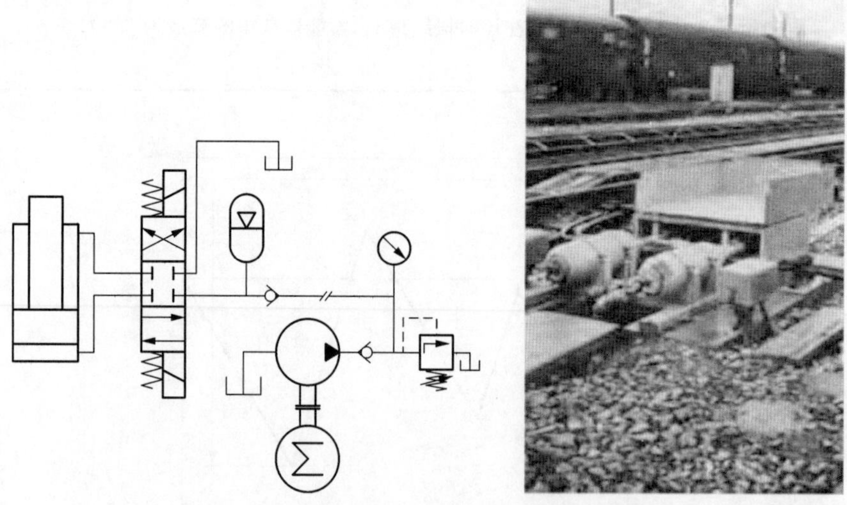

图 3.14　蓄能器用于减少作动器的响应时间

3.1.4.2　保持恒压

在某些应用中，需要在循环中某个阶段的某条支路上维持压力恒定。在系统中安装蓄能器，可以在满足恒压要求的情况下绕过泵甚至关掉驱动电机而使元器件工作。

图 3.15 所示为使用蓄能器保持恒压的例子。蓄能器中的压缩气体可以保持液压缸中的压力恒定并且补偿泄漏。蓄能器的尺寸由允许压降、应用压力的时间段和补充内泄漏决定。

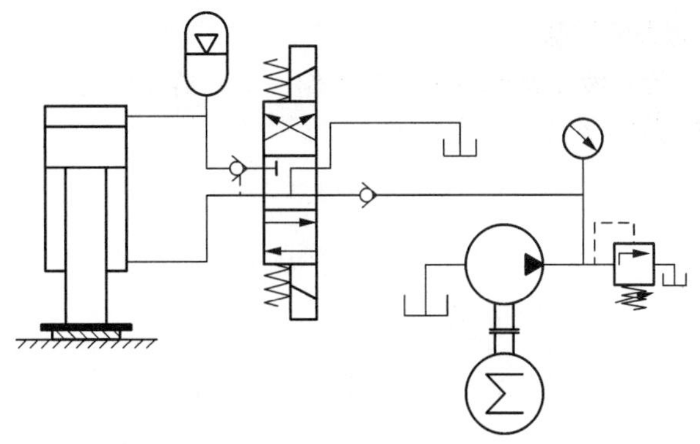

图 3.15 保持压力恒定、补偿泄漏和热膨胀的液压蓄能器的应用

3.1.4.3 热补偿

液压系统正常工作时，液压作动器采用液压或机械方式制动。当使用液压制动时，一定体积的液压油被封闭在液压缸或管道中。如果液压油温度急剧上升，由于体积热膨胀和油液压缩性，封闭容腔内的油液压力也会急剧升高。忽略液压缸和管道材料的体积膨胀量，所产生的压力增量为

$$\Delta p = \alpha B \Delta T \tag{3.34}$$

式中 α——油液热膨胀系数(K^{-1})；

B——油液体积弹性模量(Pa)；

ΔT——温度增量(K)；

Δp——产生的压力增量(Pa)。

例 3.2 某条支路上的液压缸被液压制动。油缸受到的温度增量为 50 K，液压油膨胀系数为 $6\times10^{-4}K^{-1}$，油液体积弹性模量为 1.4 GPa。假设液压缸和油管壁为刚性，可以预测所产生的压力增量为

$$\Delta p = \alpha B \Delta T = 6\times10^{-4}\times1.4\times10^{9}\times50 = 42\times10^{6}(\text{Pa}) = 42(\text{MPa})$$

在液压系统中使用减压阀或液压蓄能器可以防止压力的急剧上升。安装液压蓄能器可以补偿油热膨胀引起的液压油体积的变化，如图 3.15 所示。

考虑到温度增量为 ΔT 时，长度 L 和截面积 A 之间存在线性关系，由于温度升高而产生的油液体积膨胀为 $V_a = AL\alpha\Delta T$。该体积为蓄能器需要补偿的由于油液热膨胀引起的体积变化的体积容量。参考式(3.4)，假设为气体多变过程，需要的蓄能器尺寸为

$$V_0 = \frac{AL\alpha\Delta T}{(p_0/p_1)^{1/n} - (p_0/p_2)^{1/n}} \tag{3.35}$$

在考虑液压管道材料的热膨胀时，该式可变为

$$V_0 = \frac{AL(\alpha - \alpha_P)\Delta T}{(p_0/p_1)^{1/n} - (p_0/p_2)^{1/n}} \tag{3.36}$$

式中 α_P——管道材料体积热膨胀系数(K^{-1})。

3.1.4.4 平滑压力脉动

液压系统中使用的容积式液压泵会产生流量脉动。流量脉动会导致相当大的压力脉动，从而使液压泵或马达在动作过程中产生振动和冲击。某些应用场合需要供给无脉动的液压能源，在这种情况下，可以使用蓄能器，它可以被当作一个容器元件。蓄能器和输电线路电容一样，可

以被当作低通滤波器，滤去流量脉动。

1）液压蓄能器的液容　液压蓄能器可以被当作一个容器元件，其容量可以由下式计算。

对于气体多变压缩过程，$pV_g^n = p_0V_0^n = const$ 。

$$V_g^n\mathrm{d}p + npV_g^{n-1}\mathrm{d}V_g = 0 \tag{3.37}$$

$$\mathrm{d}V_g = -(V_g/np)\mathrm{d}p \tag{3.38}$$

$$V_g + V_L = V_0 = const \tag{3.39}$$

$$\mathrm{d}V_g/\mathrm{d}t = -\mathrm{d}V_L/\mathrm{d}t = -q \tag{3.40}$$

$$q = \frac{V_g}{np}\frac{\mathrm{d}p}{\mathrm{d}t} \tag{3.41}$$

或者

$$C_A = \frac{V_g}{np} = \frac{V_0 p_0^{1/n}}{np^{(n+1)/n}} \tag{3.42}$$

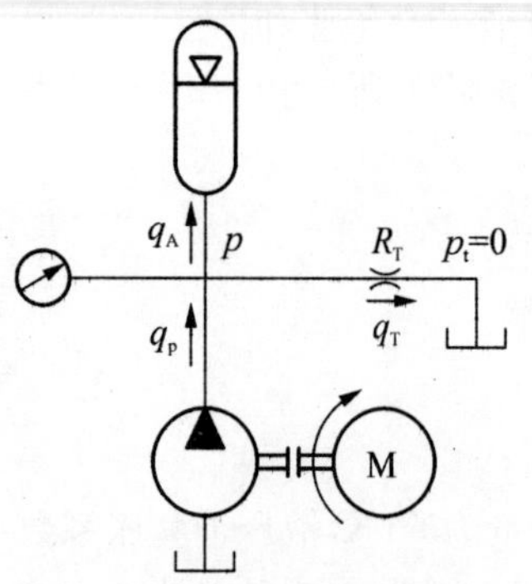

图 3.16　使用蓄能器作为压力振荡阻尼

式中　V_g——气体体积(m^3)；

C_A——蓄能器的液容(m^3/Pa)。

2）平稳压力和流量脉动　图 3.16 所示为在液压泵的出口安装蓄能器来平滑由液压泵的流量脉动引起的压力脉动。

假设回油压力为 0，忽略惯性作用和传输线承载力，该系统的负载流量为

$$q_T = C_d A_T \sqrt{2p/\rho} \tag{3.43}$$

假设初始状态为 0，则上式可以是线性的，即

$$q_T = \frac{\mathrm{d}q_T}{\mathrm{d}p}\Delta p = p/R_T \tag{3.44}$$

式中　R_T——节流元件阻力(Pa·s/m^3)；

q_T——通过节流阀的流量(m^3/s)；

A_T——节流面积(m^2)；

p——压力(Pa)；

ρ——油液密度(kg/m^3)。

$$q_p = q_T + q_A \tag{3.45}$$

$$q_A = C_A\frac{\mathrm{d}p}{\mathrm{d}t} \tag{3.46}$$

$$p = q_T R_T \tag{3.47}$$

考虑到蓄能器的作用，将式(3.45)～式(3.47)进行拉普拉斯变换，可得

$$\frac{p(s)}{Q_p(s)} = \frac{R_T}{R_T C_A s + 1} = R_T G(s) \tag{3.48}$$

$$G(s) = \frac{1}{Ts+1}\text{ 且 } T = R_T C_A \tag{3.49}$$

根据假设可知，变换后的与液压泵的出口流量压力脉动相关的函数 $G(s)$ 是一阶传递函数，

其频率响应如图 3.17 所示。从该曲线中可以看出，输入信号对高频组件阻尼较大，而对低频组件阻尼较小或允许通过，或没有较大的量级变化。在这种情况下，蓄能器的作用相当于低通滤波器。

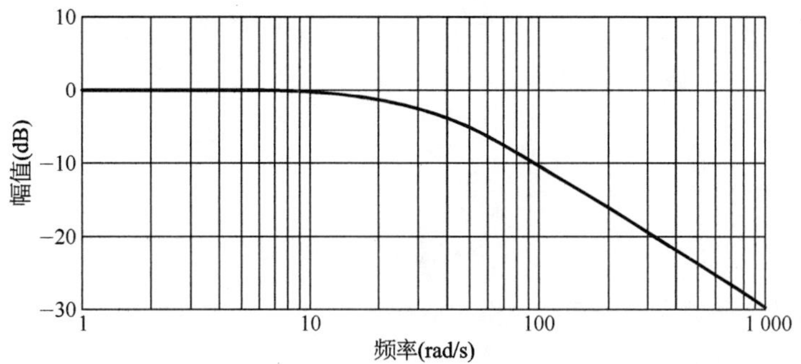

图 3.17　使用蓄能器作为压力振荡阻尼时的频率响应

在蓄能器入口引入一个节流孔，如图 3.18 所示，当泵的出口至蓄能器的管道较短时，线上的惯性作用可以忽略不计。因此，忽略蓄能器入口线路上的惯性和承载能力，该系统可以用下式表示。

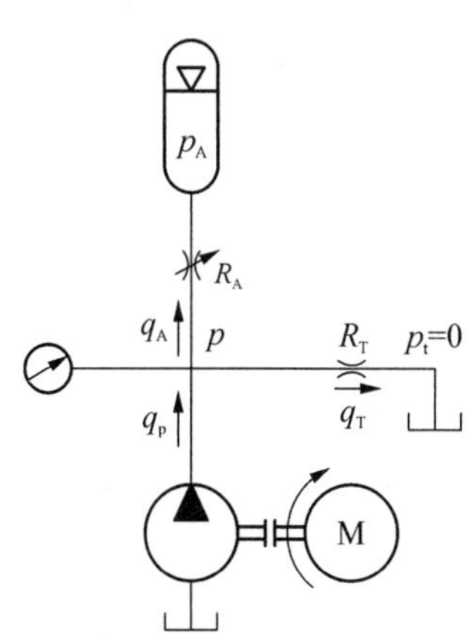

图 3.18　使用带有入口节流孔的蓄能器的压力脉动阻尼

液压泵出口容腔处的流体连续性方程为

$$q_p - q_A - q_T = \frac{V_p}{B}\frac{dP}{dt} = C_p\frac{dp}{dt} \tag{3.50}$$

式中　C_p——泵的出口线路的液压承载能力(m^5/N)。

通过蓄能器入口节流孔的流量为

$$q_A = \frac{p - p_A}{R_A} \tag{3.51}$$

式中　R_A——蓄能器入口节流孔的阻力(Pa)。

又有

$$q_A = C_A\frac{dp_A}{dt} \tag{3.52}$$

通过回油口的流量为

$$q_T = \frac{p}{R_T} \tag{3.53}$$

将式(3.50)～式(3.53)进行拉普拉斯变换后，可得

$$\frac{p(s)}{Q_p(s)} = \frac{R_T(R_AC_As+1)}{R_AR_TC_AC_ps^2 + (R_TC_A + R_AC_A + R_TC_p)s + 1} \tag{3.54}$$

液压泵出口处的液压承载能力 C_p 与蓄能器出口处液压承载能力 C_A 相比小得多。当液压泵出口处空间体积 $V_p = 0.5\,L$时，液压蓄能器出口处空间体积 $V_g = 1\,L$，液压油体积弹性模量 $B = 1.3\,GPa$，工作压力 $p = 10\,MPa$，假设为多变过程，$n = 1.3$，则该两个承载能力的比值为

$$\frac{C_A}{C_p} = \frac{V_gB}{npV_p} = 200 \tag{3.55}$$

因此,液压泵出口处的承载力影响可以忽略不计。考虑忽略 C_p 的影响,式(3.54)可变为

$$\frac{p(s)}{Q_p(s)} = \frac{R_T(R_A C_A s + 1)}{(R_T + R_A)C_A s + 1} \tag{3.56}$$

或者

$$\frac{p(s)}{Q_p(s)} = \frac{R_T(T_2 s + 1)}{T_1 s + 1} = R_T G(s) \tag{3.57}$$

$$G(s) = \frac{T_2 s + 1}{T_1 s + 1} \tag{3.58}$$

时间常数 T_1 和 T_2 为

$$T_1 = (R_T + R_A)C_A,\ T_2 = R_A C_A \tag{3.59}$$

由式(3.58)传递函数表示的系统频率响应如图 3.19 所示。该曲线表明:

(1) 蓄能器的作用相当于低通滤波器。

(2) 有两个转折频率:$\omega_1 = 1/T_1$ 和 $\omega_2 = 1/T_2$。通过增加蓄能器入口阻尼 R_A,这两个转折频率越接近,这将减小压力振荡的最大衰减量。因此,必须通过计算确定合适的阻尼。

(3) 蓄能器可以抑制高频率的压力波动。但是,由于蓄能器有输入阻尼会使相位超前,这会导致在比例上的限制减小。

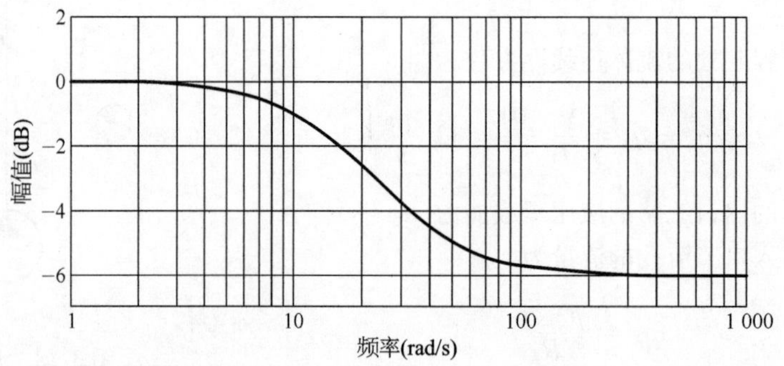

图 3.19 使用带入口节流器的蓄能器作为压力脉动阻尼时的频率响应曲线

3.1.4.5 载重汽车的悬架系统

载重汽车液压系统如图 3.20 所示。因为道路不平坦,载重汽车悬架元件在提升液压缸时受到较大的惯性载荷并产生压力振荡。液压系统主要承受疲劳载荷。在系统中安装蓄能器可以使压力变化更加平滑,也可以显著降低疲劳载荷,这就允许车辆以更高的速度行驶。

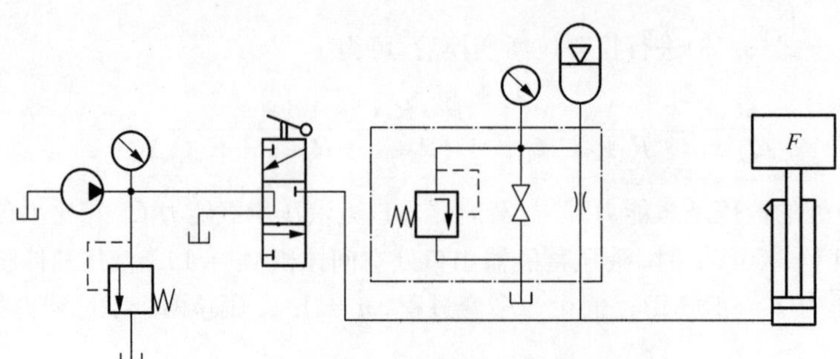

图 3.20 使用液压蓄能器的悬架系统

3.1.4.6 吸收液压冲击

快速关闭控制阀会导致液压传动系统中的流体迅速减速。当液压管路足够长时，压力冲击的危害很大。假设液压油在横截面积为 A、长度为 L 的管道中流动的平均速度为 v，传输管路末端在 t_c 时间段内突然关闭。阀的快速关闭导致传输管路中的压力波动，该压力波动在管路中传播。压力波动传播到管路末端并且在时间间隔 t_p 内以声速 c 反射回来。

$$t_p = 2L/c \tag{3.60}$$

如果 $t_c \leqslant t_p$，阀入口的压力上升且传输管路受到压力冲击。阀的快速关闭会产生一个压力波动，并且该压力波动以速度 c 在管道中传播。在短时间 $\mathrm{d}t$ 内，压力波动传播到剩余的长度为 L 的流体元件中。可计算作用在液压油上的压力降和阀入口升高的压力值。

$$F = m\frac{\mathrm{d}v}{\mathrm{d}t} \tag{3.61}$$

$$pA - (p + \mathrm{d}p)A = \rho Ac\,\mathrm{d}t\frac{\mathrm{d}v}{\mathrm{d}t} \tag{3.62}$$

其中

$$L = c\mathrm{d}t$$

$$\mathrm{d}p = -\rho c\,\mathrm{d}v \tag{3.63}$$

或者

$$\Delta p = -\rho c\,\Delta v \tag{3.64}$$

当流体完全停止运动时，$\Delta v = -v$，因此压力差为

$$\Delta p = \rho vc \tag{3.65}$$

例 3.3　流体在液压传动系统中的流速 $v = 10\ \mathrm{m/s}$，$\rho = 900\ \mathrm{kg/m^3}$，且 $c = 1\,300\ \mathrm{m/s}$，传输管路末端的阀突然关闭导致压力上升值 $\Delta p = 11.7\ \mathrm{MPa}$。

如果阀门关闭时间 t_c 大于压力波动传播的时间 t_p，即 $t_c > t_p$，峰值压力可以预测如下

$$\Delta p = \frac{t_p}{t_c}\rho vc = \frac{2L}{t_c}\rho v \tag{3.66}$$

或者

$$\Delta p = \rho vc\,(t_c \leqslant t_p) \tag{3.67}$$

$$\Delta p = \frac{2L}{t_c}\rho v\,(t_c > t_p) \tag{3.68}$$

上式表明由于传输管路的突然关闭导致的压力升高和稳态压力等级相互独立。

因此，当无法缓慢关闭阀门时，可以使用蓄能器来吸收绝大部分的瞬态压力升高量。当使用液压蓄能器来吸收产生的液压冲击时，蓄能器尽量安装在靠近振动源的地方。可以通过计算来选择合适的蓄能器尺寸使其能高效地吸收产生的压力波动。图 3.21 所示的液压蓄能器安装在

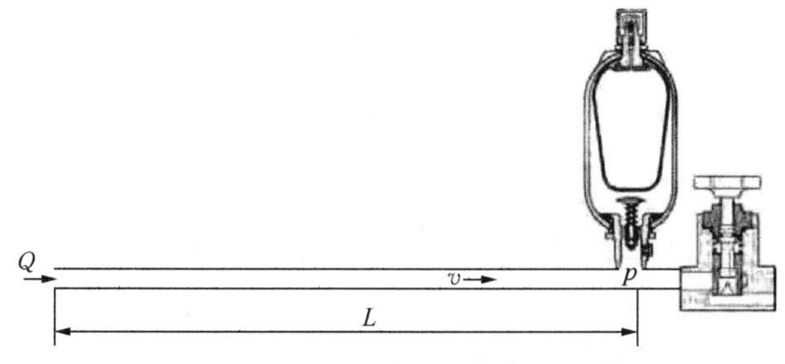

图 3.21　在传输线路中安装蓄能器降低压力冲击

靠近控制阀的地方，以保护传输管路不受液压冲击影响。

刚开始工作时，在阀关闭之前，蓄能器出口的稳态压力(在阀前面)为 p_1。阀关闭导致压力升高到 p，该压力逐渐开始降低液柱的移动速度。对于运动流体质点应用牛顿第二定律可得

$$(p-p_1)A=-\rho AL\frac{dv}{dt} \tag{3.69}$$

由于阀的快速关闭导致压力升高，油液流进蓄能器。考虑到在严苛的工作条件下，阀的关闭时间无限趋向于0，流进蓄能器的液压油流量为 Av，因此有

$$\frac{dV_L}{dt}=Av \tag{3.70}$$

$$V+V_L=V_0=const \tag{3.71}$$

式中 V——蓄能器中气体的体积(m^3)；

V_L——蓄能器中油液的体积(m^3)；

V_0——蓄能器的总体积(m^3)。

$$\frac{dV}{dt}=-\frac{dV_L}{dt}=-Av \tag{3.72}$$

由式(3.69)和式(3.72)可得

$$(p-p_1)dV=\rho ALvdv \tag{3.73}$$

采用蓄能器可将系统中的最高压力限制在 p_2。蓄能器尺寸可以由下式计算获得。

对于等温过程

$$pV=p_0V_0=const \tag{3.74}$$

因此

$$dV=-\frac{p_0V_0}{p^2}dp \tag{3.75}$$

$$(p-p_1)\left(-\frac{p_0V_0}{p^2}\right)dp=\rho ALvdv \tag{3.76}$$

因此

$$\int_{p_1}^{p_2}\left(\frac{1}{p}-\frac{p_1}{p_2}\right)dp=-\frac{\rho AL}{p_0V_0}\int_v^0 vdv \tag{3.77}$$

$$V_0=\frac{\rho ALv^2}{2p_0\left[\ln\left(\frac{p_2}{p_1}\right)+\frac{p_1}{p_2}-1\right]} \tag{3.78}$$

式中 p_1、p_2——最初压力和最大压力(Pa)。

对于多变过程

$$pV^n=p_0V_0^n=const \quad 或者 \quad dV=-\frac{p_0^{\frac{1}{n}}V_0}{np^{\frac{n+1}{n}}}dp \tag{3.79}$$

因此

$$(p-p_1)\left(-\frac{p_0^{\frac{1}{n}}}{np^{\frac{n+1}{n}}}\right)dp=\rho ALvdv \tag{3.80}$$

$$\int_{p_1}^{p_2}(p^{-\frac{1}{n}}-p_1p^{-\frac{n+1}{n}})dp=-\frac{n\rho AL}{p_0^{1/n}V_0}\int_v^0 vdv \tag{3.81}$$

蓄能器的容量为

$$V_0 = \frac{n\rho ALv^2}{2p_0^{1/n}\left[\frac{n}{n-1}\left(p_2^{\frac{n-1}{n}} - p_1^{\frac{n-1}{n}}\right) + n\left(p_1 p_2^{-\frac{1}{n}} - p_1^{\frac{n-1}{n}}\right)\right]} \tag{3.82}$$

该式计算蓄能器尺寸时，忽略了流体压缩性和管道壁弹性的影响，也忽略了传输管路中的摩擦损失和蓄能器入口局部损失。摩擦损失和局部压力损失使流体减速，而管壁的弹性和油液压缩性会在瞬时接收更多的油液。因此，当忽略这些参数时，推导出的公式导致蓄能器的尺寸大于实际需要的尺寸。这样即使可能是近似值和产生计算误差，也更加安全。

例 3.4　某液压传动管路系统有如下参数：如果最大允许压力增量为 0.5 MPa，$v = 2$ m/s，$A = 4$ cm^2，$L = 100$ m，$\rho = 800$ kg/m^3，$p_1 = 0.5$ MPa，$p_0 = 0.4$ MPa。计算合适的蓄能器尺寸来降低液压冲击。

假设为等温过程，$n = 1$，计算结果为 $V_0 = 8.28$ L；

假设为多变过程，$n = 1.1$，计算结果为 $V_0 = 8.57$ L；

假设为多变过程，$n = 1.3$，计算结果为 $V_0 = 9.21$ L。

3.1.4.7　液压弹簧

在汽车行业，液压蓄能器被用作汽车悬架元件，代替机械弹簧。如图 3.22 所示为一个带有平整度控制的液压气动轮胎悬架系统。

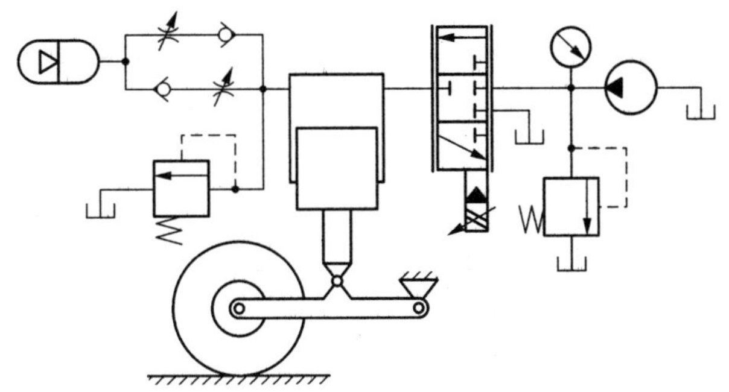

图 3.22　用蓄能器当作液压弹簧的汽车悬架系统

图 3.23 所示为将蓄能器用作液压弹簧的典型连接形式。其刚度计算表达式如下

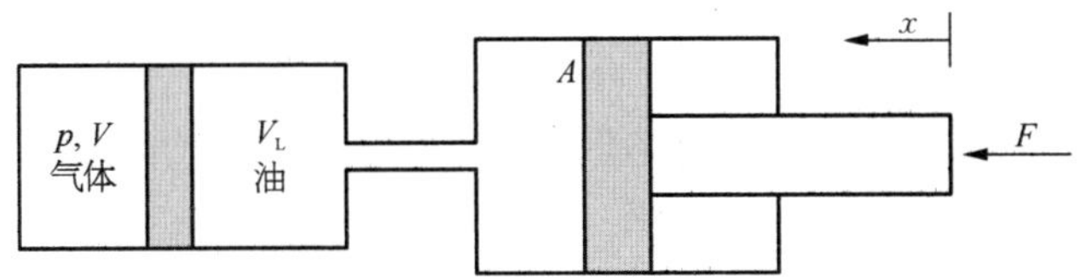

图 3.23　作为液压弹簧工作时的液压缸和蓄能器

$$V_L = Ax \tag{3.83}$$

$$V_g = V_0 - V_L = V_0 - Ax \tag{3.84}$$

式中　V_g——压力为 p 时的气体体积(m^3)；

V_L——蓄能器中的液体体积(m^3)；

A——活塞面积(m^2)；

x——活塞位移(m)；

V_0——初始气体体积，蓄能器尺寸(m^3)。

因此

$$p(V_0 - Ax)^n = p_0 V_0^n \tag{3.85}$$

$$F = pA = \frac{A p_0 V_0^n}{(V_0 - Ax)^n} \tag{3.86}$$

等效弹簧刚度 k 为

$$k = \frac{\mathrm{d}F}{\mathrm{d}x} = \frac{n V_0^n A^2}{(V_0 - Ax)^{n+1}} p_0 \tag{3.87}$$

式中 k——等效刚度(N/m)；

p_0——充气压力(Pa)；

p——实际压力(Pa)；

n——多变指数；

F——弹簧力(N)。

对于不同尺寸的液压蓄能器，需要计算液压弹簧的刚度。假设一个直径为 10 cm 的活塞，2 MPa 的充气压力，多变指数为 1.3，计算结果如图 3.24 所示。该结果表明，弹簧的刚度随活塞位移增加而增大。较小尺寸的蓄能器具有较大的刚度，因为蓄能器中的油液体积增加较快。

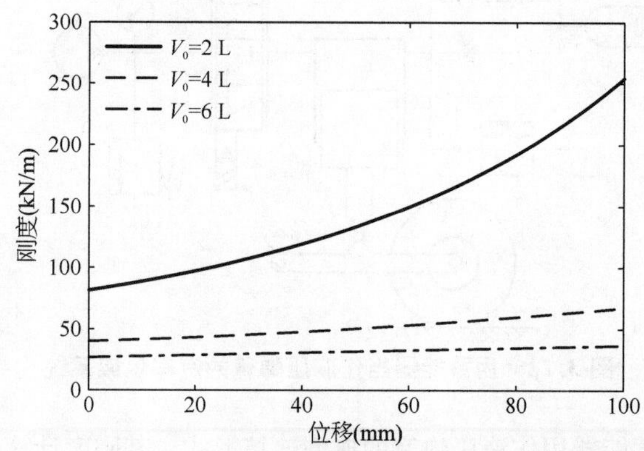

图 3.24　不同尺寸的蓄能器中活塞位移对液压弹簧刚度的影响

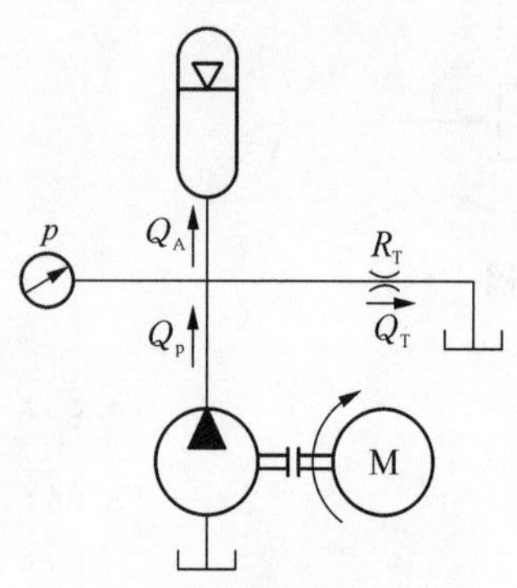

图 3.25　使用蓄能器抑制压力振荡

例 3.5　蓄能器使压力脉动平滑案例：图 3.25 所示为在液压泵出口安装液压蓄能器。蓄能器主要用来平滑化由泵的出口流量脉动引起的压力脉动。该例主要说明蓄能器抑制压力振荡的作用。

假设某一轴向柱塞泵，其柱塞做简谐运动，每根柱塞的位移量可由以下公式计算得出

$$x_i = h\sin\left[\omega t + \frac{2\pi(i-1)}{z}\right];\ i = 1,\ 2,\ \cdots,\ z \tag{3.88}$$

$$\omega = 2\pi n_p \tag{3.89}$$

每个柱塞排出的流量 $Q_i(Q_i \geqslant 0)$ 为

$$Q_i = A_p \frac{\mathrm{d}x_i}{\mathrm{d}t} = \omega h A_p \cos\left[\omega t + \frac{2\pi(i-1)}{z}\right] \tag{3.90}$$

忽略内部泄漏，泵的流量为

$$Q_p = \sum_{i=1}^{z} Q_i = \sum_{i=1}^{z} \omega h A_p \cos\left[\omega t + \frac{2\pi(i-1)}{z}\right] \tag{3.91}$$

式中　A_p——柱塞面积(m^2)；

h——柱塞冲程的一半(m)；

n_p——泵的速度(r/s)；

Q_i——单个柱塞的流量(m^3/s)；

Q_p——泵的流量(m^3/s)；

x_i——柱塞位移(m)；

z——柱塞数量；

ω——泵传动轴转速(r/s)。

通过节流孔 A_T 的流量 Q_T 为

$$Q_T = C_d A_T \sqrt{2p/\rho} \tag{3.92}$$

蓄能器增加的油液体积为

$$\Delta V_L = \int (Q_p - Q_T)\mathrm{d}t \tag{3.93}$$

蓄能器压力由以下方程式给出

$$p = p_0 \left(\frac{V_0}{V_L}\right)^n \tag{3.94}$$

式中　A_T——节流阀面积(m^2)；

n——多变系数；

p——泵的出口压力(Pa)；

p_0——蓄能器充气压力(Pa)；

Q_T——通过节流元件的流量(m^3/s)；

V_L——蓄能器中的油液体积(m^3)；

V_0——蓄能器的尺寸(m^3)；

ρ——液压油密度(kg/m^3)。

图 3.25 所示的系统可以由式(3.88)～式(3.94)表示，可以通过 Simulink 软件利用这些方程模拟和仿真分析系统的特性，通过改变泵的转速可以调整压力振荡的频率。为了对比分析，可以重置柱塞的行程来保持泵的平均流量不变。仿真分析结果如图 3.26 所示，这些结果表明低频率信号被稍微削弱了。同时，随着压力振荡频率的增加，抑制作用也增强。因此，在这种情况下，蓄能器的作用相当于一个低通滤波器。

例 3.6　蓄能器吸收液压冲击案例：这里主要研究应用气-液蓄能器保护系统不受液压冲击的效果。由式(3.82)可以计算出合适的蓄能器尺寸。被研究的液压传输管路，如图 3.27 所示，具体参数如下：蓄能器充气压力为 5.1 MPa；允许的最大压力增量为 2.2 MPa；液压油体积弹性模量为 1.6 GPa；管道直径为 1 cm；初始压力为 6.2 MPa；初始油液速度为 6 m/s；进口恒压为

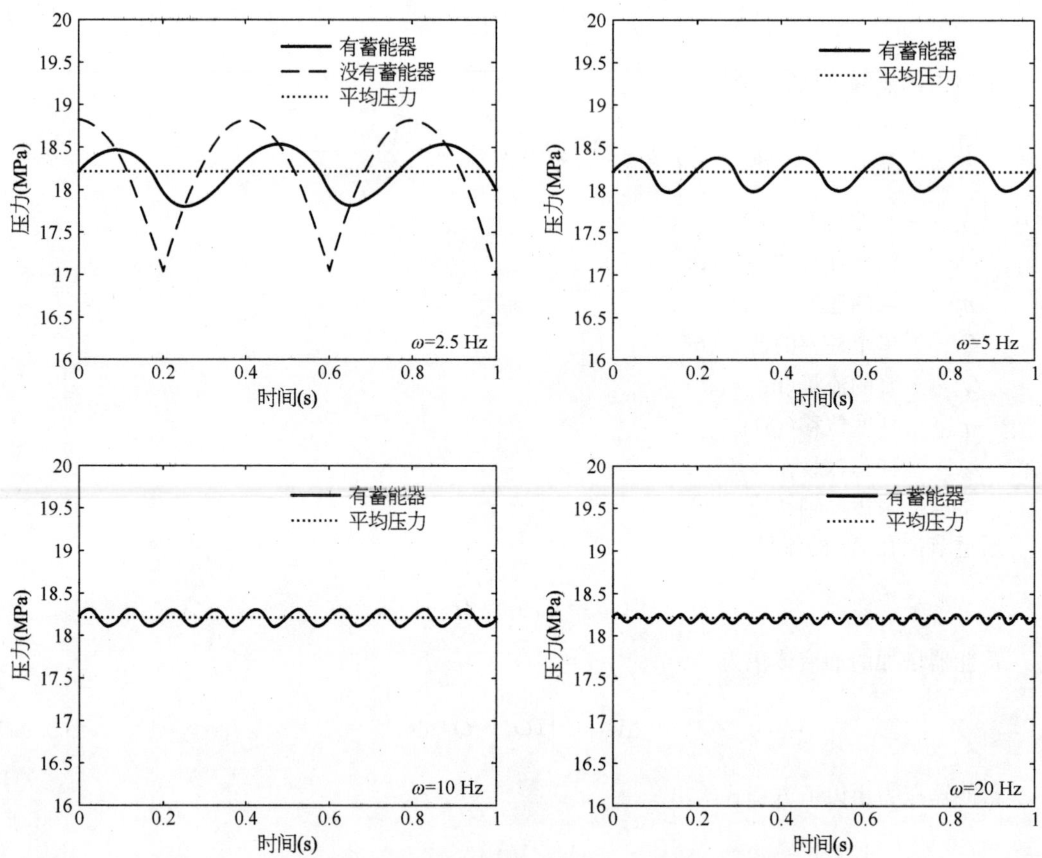

图 3.26 蓄能器对不同振荡频率的压力振荡的抑制效果仿真分析

8 MPa；运动黏度为 56 cSt；管道长度为 18 m；管路承载力 $C = 8.84 \times 10^{-13}\ \mathrm{m^3/Pa}$；管路惯性 $I = 1.99 \times 10^{8}\ \mathrm{kg/m^4}$；管路液阻 $R = 3.56 \times 10^{9}\ \mathrm{N \cdot s/m^5}$；油液密度为 868 $\mathrm{kg/m^3}$；多变指数为 1.3。

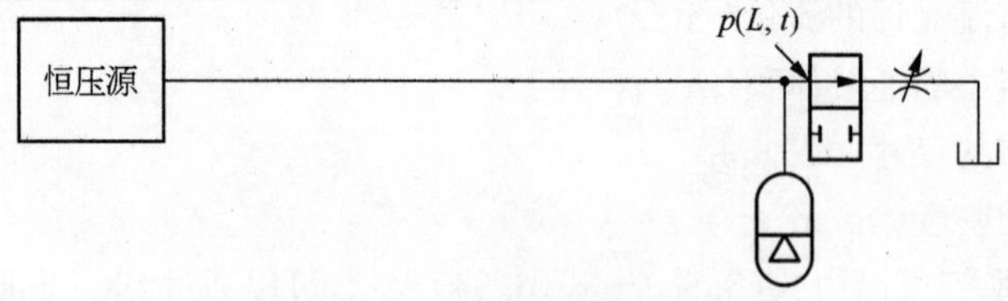

图 3.27 实验设置原理图

下面给出方程式描述该液压管路图。当蓄能器安装在液压系统中时，可采用流量与压力式来描述蓄能器，即

$$V = V_0 - \int (Q_{1L} - Q_L)\mathrm{d}t \tag{3.95}$$

$$p_L = p_0 (V_0 / V)^n \tag{3.96}$$

被研究管路中的液压油为恒定压力的加压油。管路末端的方向控制阀 DCV 打开，节流阀部

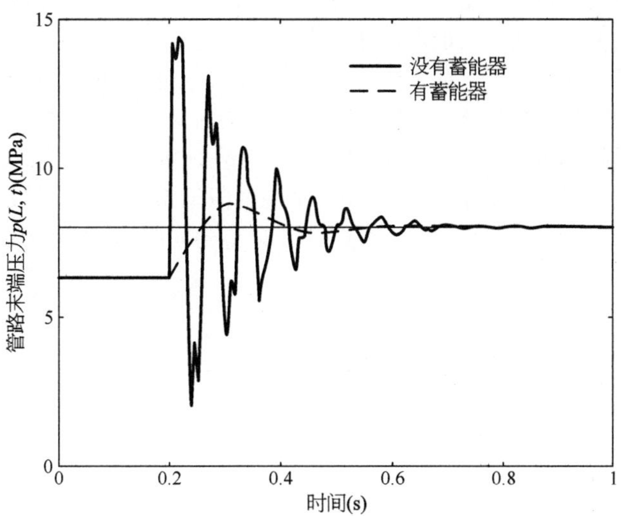

图 3.28　出口节流阀突然关闭时传输管路的瞬态响应

分打开，使管路中的液压油速度控制在 6 m/s。方向控制阀 DCV 在 $t = 0.2$ s 内突然关闭，图 3.28 所示为管路末端压力在两种情况下(有蓄能器和没有蓄能器)的瞬态响应。

在管路中没有蓄能器的情况下，瞬态响应的超调量为 6.39 MPa，响应时间为 353 ms。装有蓄能器的液压管路瞬态响应超调量降低到 0.8 MPa，且响应时间缩短到 169 ms。除此之外，瞬态响应振幅也大幅降低，这证明管道的疲劳寿命大大增加。

通过计算误差平方积分(IES)可以用来表示蓄能器尺寸的影响，IES 被定义为

$$\text{IES} = \int_0^T (p_L - p_{Lss})^2 \mathrm{d}t \tag{3.97}$$

计算结果如图 3.29 所示。总体而言，将蓄能器安装在越靠近阀的地方越有利于缩短响应时

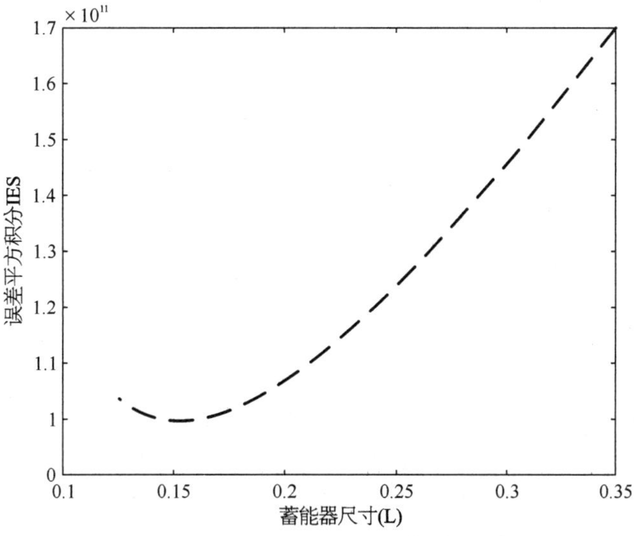

图 3.29　蓄能器尺寸对瞬态响应的误差平方积分的影响

间和降低压力振荡的振幅。当蓄能器尺寸根据式(3.82)设计时,IES可以取最小值。该研究中所取液压油体积为0.152 L,因此蓄能器尺寸应为0.126 L。

蓄能器尺寸对IES的影响可以解释如下:随着蓄能器尺寸V_0的增加,如式(3.82)所述蓄能器的容量增加,系统的刚度和固有频率降低。同时,系统的阻力不受蓄能器尺寸的影响,这就导致阻尼系数增加。因此,蓄能器尺寸的增加导致响应衰减,响应时间长,IES更大。

将蓄能器尺寸减小到最小计算尺寸以下时,系统的阻尼系数减小,导致超调量百分比更大,IES也更大,如图3.30所示。因此,当选择蓄能器时需要同时考虑最小IES和最大超调量百分比。

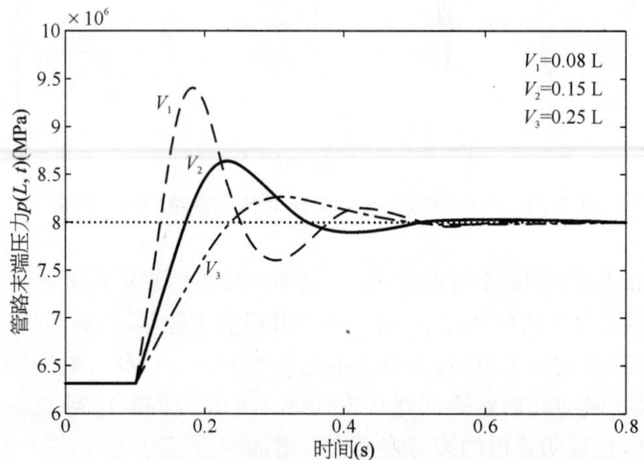

图3.30 装有不同尺寸的液压蓄能器的传输管路在$t=0.1$ s内关闭节流阀的瞬态响应曲线

3.2 液压蓄能器系统案例

3.2.1 液压蓄能器用于储存能量时的分析案例

3.2.1.1 流量简图

系统要求供给的流量如果是变化的,若采用定量泵提供最大流量,则会造成能源的浪费。如果与蓄能器联用就可以采用比较小的泵。图3.31描述了有可能出现的系统流量图,平均流量Q_A可以用下式估计

$$Q_A=\frac{\sum Qt}{\sum t} \tag{3.98}$$

在平均值以上的流量由蓄能器供给,而在平均值以下的流量由泵供给。

此外,欲获得蓄能器内需要油的容积,则必须知道油从蓄能器内放出来的最低压力。当蓄能器被充油时,气体(在橡皮囊或自由活塞上)将被压缩;若蓄能器完全被充满,泵必须有克服蓄能器中气体最大压力的能力。实际上,应不使蓄能器中油完全排空,一般应有10%容积的油保存在蓄能器中。选择蓄能器时,希望结构容积尽量小,供油容积尽可能大,则储存的能量就多,这是

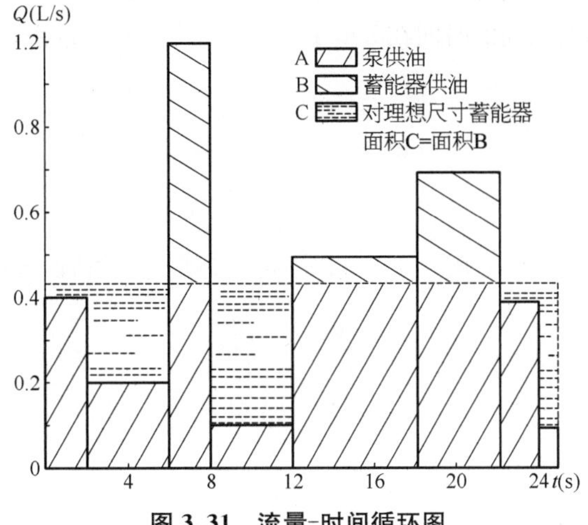

图 3.31　流量-时间循环图

蓄能器容积大小计算的出发点。

3.2.1.2　蓄能器尺寸

图 3.32 所示为蓄能器充放油过程的三个主要阶段，动线代表油与气体之间的分界线（气囊与活塞）。图中符号含义如下：

p_1——初始气体压力（绝对压力）；

p_2——当油完全充满时的气体压力（即气体容积最小时的最大气体压力）；

p_3——系统可以使用的最小压力；

V_1——蓄能器的初始气体容积；

V_2——最大压力下的气体容积；

V_3——压力 p_3 下的气体容积。

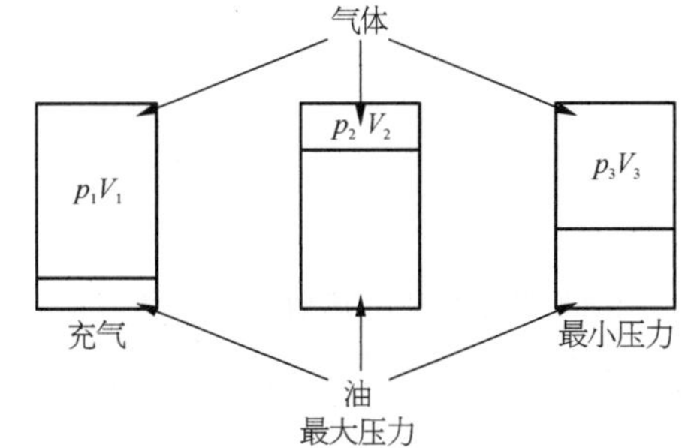

图 3.32　蓄能器充放油的三个阶段

应注意 V_1、V_2 及 V_3 包括与蓄能器相连的气瓶容积。

在压力 p_2 降至 p_3 时，从蓄能器放出油的容积为 V_3-V_2。计算时蓄能器的容积应取为 V_1，因为 V_1 是实际的气体容积，所以大于 V_1 的最相近标准尺寸的蓄能器被选用。

假设充入气体为理想气体，其质量是恒定的，则

$$\frac{p_1V_1}{T_1}=\frac{p_2V_2}{T_2}=\frac{p_3V_3}{T_3} \tag{3.99}$$

式中　T_1、T_2、T_3——每一阶段的绝对温度。

供油容积 $=V_3-V_2=V_1\left(\frac{p_1}{p_3}\frac{T_3}{T_1}-\frac{p_1}{p_2}\frac{T_2}{T_1}\right)$，蓄能器容积的大小为

$$V_1=\frac{V_3-V_2}{\frac{p_1}{p_3}\frac{T_3}{T_1}-\frac{p_1}{p_2}\frac{T_2}{T_1}}=\frac{V_3-V_2}{\frac{p_1}{p_2}\frac{T_2}{T_1}\left(\frac{p_2T_3}{p_3T_2}-1\right)}=\frac{\frac{p_2}{p_1}(V_3-V_2)}{\frac{T_2}{T_1}\left(\frac{p_2T_3}{p_3T_2}-1\right)} \tag{3.100}$$

可见，液压系统的工作条件不一样，蓄能器容积的大小是有差异的。

1）等温变化　充油或放油的时间在 3 min 以上可认为是等温过程，容积 V_1 的计算式为

$$V_1=\frac{\frac{p_2}{p_1}(V_3-V_2)}{\frac{p_2}{p_3}-1} \tag{3.101}$$

2）绝热变化　充油或放油时间在 1 min 以下可认为是绝热过程，容积 V_1 的计算式为

$$\frac{p_1V_1}{T_1}=\frac{p_2V_2}{T_2}$$

$$p_2V_2^{\gamma}=p_3V_3^{\gamma}$$

则供油容积为

$$V_3-V_2=\left(\frac{p_2}{p_3}\right)^{\frac{1}{\gamma}}V_2-\frac{T_2p_1V_1}{T_1p_2}=\left(\frac{p_2}{p_3}\right)^{\frac{1}{\gamma}}\frac{T_2p_1V_1}{T_1p_2}-\frac{T_2p_1V_1}{T_1p_2}$$

$$=\frac{T_2p_1}{T_1p_2}V_1\left[\left(\frac{p_2}{p_3}\right)^{\frac{1}{\gamma}}-1\right]$$

$$V_1=\frac{\frac{p_2}{p_1}(V_3-V_2)}{\frac{T_2}{T_1}\left[\left(\frac{p_2}{p_3}\right)^{\frac{1}{\gamma}}-1\right]} \tag{3.102}$$

3）等温充油绝热放油　假设 $T_1=T_2$ 即等温充油，一般在使用时往往都是这样的状态，则式(3.102)变为

$$V_1=\frac{\frac{p_2}{p_1}(V_3-V_2)}{\left(\frac{p_2}{p_3}\right)^{\frac{1}{\gamma}}-1} \tag{3.103}$$

式中　γ——多变指数，绝热时 $\gamma=1.4$，等温时 $\gamma=1$。

式(3.100)～式(3.103)能用于不同条件下蓄能器大小的计算，因为膨胀过程的速率是变化的，一般习惯于以 $pV^{1.2}=$ 常数的规律代替理想的 $pV^{\gamma}=$ 常数。

图 3.33 所示是 $pV=$ 常数的等温曲线，它能用于解决许多简单的蓄能器问题。利用这些曲线的步骤是：①定 p_2，定压力轴的大小；②定 p_3；③画出在 p_2 与 p_3 之间的 V_3-V_2，这就定了容积轴的大小；④选择 p_1（预先充气压力），只能低于 p_3（一般低 1 MPa)；⑤由③量出确定 V_1。图 3.34 示明了绘制在双对数坐标上的 $pV=$常数的直线图，可以按此线图进行计算，$pV^{1.4}=$常数和 $pV^{1.2}=$常数也包含在图中，因此可以考虑蓄能器放油时的过程。

图 3.34 中压力 p 与容积 V 都用对数坐标，则设 $pV^{\gamma}=G$

$$\lg p=y,\ \lg V=x,\ \lg G=常数$$

因此

$$y+\gamma x=常数$$

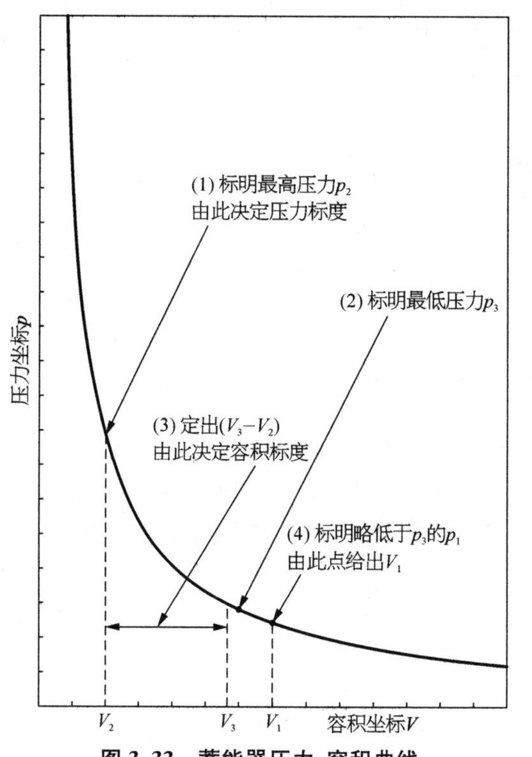

图 3.33　蓄能器压力-容积曲线

图 3.34　$p-V$ 对数坐标图

所以采用对数坐标时，压力相对于容积的关系可画成直线。

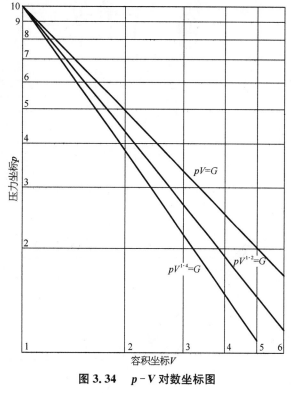

压力 p_1 是未充油蓄能器初始气体压力。式(3.100)～式(3.103)表明 p_1 减小时 V_1 增加，所以一般来说，若希望减小蓄能器的尺寸，就要求有较高的 p_1 值。

例 3.7　两个双出杆液压缸顺序工作，第一个液压缸 A 伸出共 6 s，需要50 L 油完成它的行程，停歇 4 s 后第二个液压缸 B 伸出共 5 s，需油 30 L，A 和 B 一起缩回需 3 s，最大泵压调定20 MPa。A 和 B 伸出时的最低压力为 13 MPa，回程时的最低压力为 5.6 MPa，卸荷阀压力差为 1.3 MPa，工作循环的时间间隔是 200 s。试确定适合于这个系统的蓄能器容积。比较采用蓄能器与不采用蓄能器所需泵的流量及功率。给出图 3.35 所示的容积-时间图，液压缸 A 与 B 的循序动作原理如图 3.36 所示。

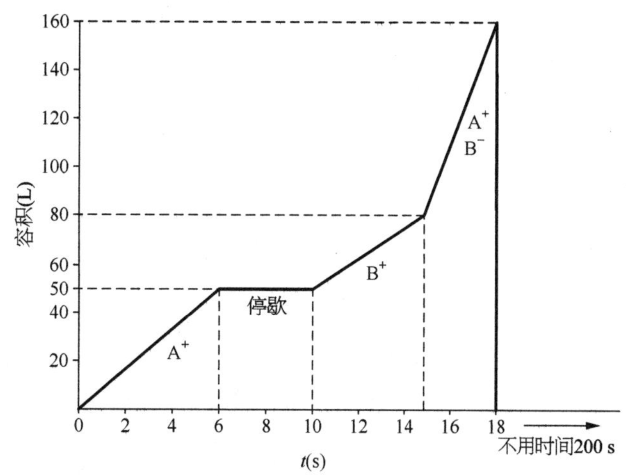

图 3.35　容积-时间图

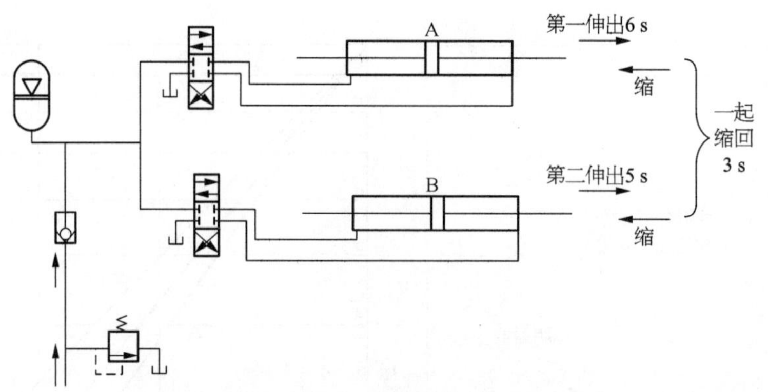

图 3.36　液压缸 A 与 B 循序动作原理

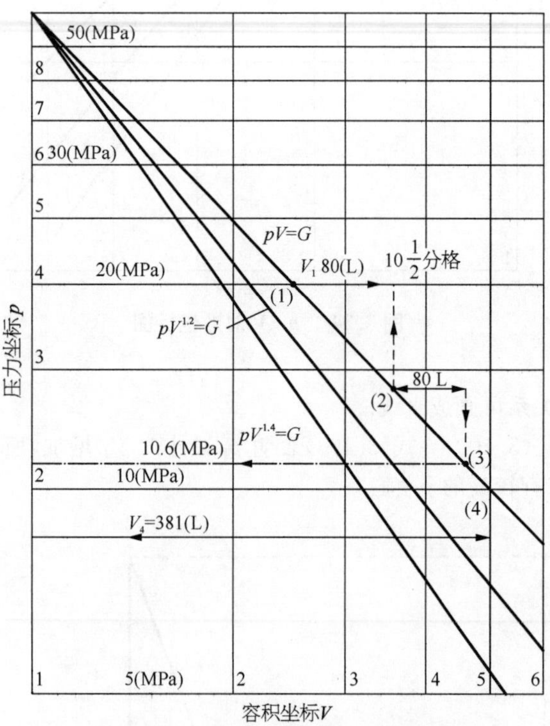

图 3.37　对数坐标的压力-容积关系

按题意知道在液压缸行程终止以前不能降到最低压力。压力由 20 MPa 下降到不低于13 MPa 时，需油 80 L。然后当压力下降到不低于 5.6 MPa 时还需要 80 L。

(1) 当蓄能器充油压力到 20 MPa，液压缸 A、B 外伸需油 80 L，应用图 3.37 来确定蓄能器的容积。图 3.37 上点(2)压力不能低于 13 MPa，定为 14 MPa，否则液压缸 B 不能伸出。

(2) 当液压缸 A 与 B 一起缩回时，液压缸 A 和 B 需油 80 L，由图 3.37 知点(3)压力为10.6 MPa。点(3)压力大于回程的最低压力 5.6 MPa，可保证回程。选择点(4)为蓄能器的预充气压力 $p_4 = 10$ MPa。

(3) 将 80 L 分为 $10\dfrac{1}{2}$ 分格，也就是横坐标上的 1.05 单位，所以

$$V_4 = \frac{5}{1.05} \times 80 = 381(\text{L})$$

名义上可选择容积为 400～500 L 的蓄能器。上述计算是假定等温过程的情况，如果是绝热过程可使用直线 $pV^{1.4} = G$，如图 3.37 所示。

(4) 液压泵规格的选择。用蓄能器时，根据题意工作循环周期为 200 s，在此间隔内液压泵给蓄能器充液，蓄能器的初始填充为 192 L，每次需充油 160 L，所以

$$\text{液压泵的流量} = \frac{160}{200} = 0.8(\text{L/s})(\text{最小值})$$

现选用 1 L/s 的液压泵，最高压力 20 MPa，则需要功率 $N = pQ = 20 \times 10^6 \times 1 \times 10^{-3} \times 10^{-3} = 20(\text{kW})$。

事实上容许有允差，当压力降到(20－1.3)MPa左右时泵接通，因此，泵在蓄能器供油的大部分时间中排油到系统，液压泵的最大供油18 s内是18 L，所以容许采用366(384－18)L较小的蓄能器。

不采用蓄能器时需要的流量为：

对于A^+，$\frac{50}{6}$ L/s；

对于B^+，$\frac{30}{5}$ L/s；

对于A^-B^{-1}，$\frac{80}{3}$ L/s。

因为泵的流量必须供给最大的数值，即$80/3=26.7$ L/s(取30 L/s)，这是前述结果的30倍。此时需要的压力最大值为13 MPa，所以液压泵需要的功率为

$$N=30\times10^{-3}\times13\times10^{6}\times10^{-3}=390(\text{kW})$$

几乎是前述配有蓄能器系统所需功率的20倍。

3.2.1.3　蓄能器充气压力大小对供油容积的影响

蓄能器用于储存能量时，充气压力的大小对蓄能器的供油容积有很大影响。图3.38所示是按不同的充气压力所作的$p-V$曲线，纵坐标为压力，横坐标为液压油容积百分比或气体容积百分比。

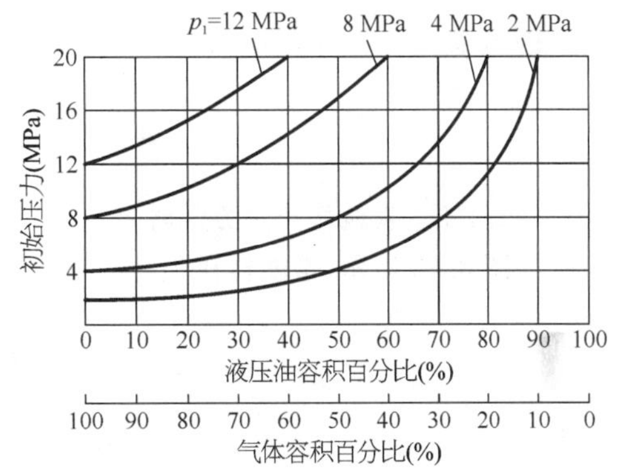

图3.38　蓄能器充气压力曲线

设某一系统工作最高压力$p_2=16$ MPa，最低压力$p_3=12$ MPa，从图3.38可得出在不同的充气压力下同一蓄能器供油量是不一样的，如：

充气压力$p_1=12$ MPa，供油容积占$25\%V_1$；

充气压力$p_1=4$ MPa，供油容积占$8.3\%V_1$；

充气压力$p_1=2$ MPa，供油容积占$4.5\%V_1$。

所以充气压力p_1的大小对蓄能器供油容积V_3-V_2有很大的影响。

一般在选择充气压力p_1值时，尽可能趋近于系统使用的最小压力p_3，但一般应留一个安全裕度，以保证最小压力的工作。根据统计数据取$\frac{p_1}{p_3}=0.8\sim0.9$，有的资料上认为蓄能器充气的压力低于系统最低压力$p_3$值1 MPa左右。

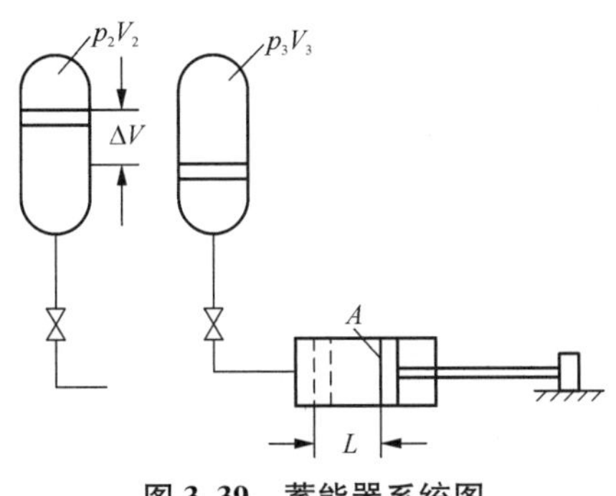

图3.39　蓄能器系统图

3.2.1.4　蓄能器能量的合理使用

对于给定大小的蓄能器，希望它能提供最大的流体能量。即蓄能器的容积要最小，输出的能量要最大。如图3.39所示，蓄能器有用的输出能量为

$$E=p_3(V_3-V_2)\qquad(3.104)$$

式中　p_3——操作设备的最小工作压力。

假使蓄能器为等温工作过程，将$V_2=V_3\frac{p_3}{p_2}$代入上式，则

$$E = p_3 V_3 - p_3^2 \frac{V_3}{P_2} \tag{3.105}$$

求最大能量 E,取 $\mathrm{d}E/\mathrm{d}p_3 = 0$,则

$$\frac{\mathrm{d}E}{\mathrm{d}p_3} = V_3 - 2p_3 \frac{V_3}{p_2} = 0,\ p_3 = \frac{1}{2} p_2 \tag{3.106}$$

即最小工作压力应是最大工作压力的一半,则

$$E_{\max} = \frac{1}{2} p_3 V_3 \tag{3.107}$$

p_3 对 V_1 有较大的影响,例如在相同的 $V_3 - V_2$ 和 p_2 工作条件下,取 $p_3 = \frac{1}{2} p_2$ 时,蓄能器的结构容积最小。在上述工作条件下,等温过程蓄能器的容积可用下列方法进行计算

$$p_1 V_1 = p_2 V_2 = p_3 V_3$$

$$V_3 - V_2 = \frac{p_1}{p_3} V_1 - \frac{p_1}{p_2} V_1$$

因为 $p_3 = \frac{1}{2} p_2$,则得

$$V_1 = \frac{p_2}{p_1}(V_3 - V_2) \tag{3.108}$$

3.2.1.5 蓄能器的热力学特性

如图 3.40 所示,蓄能器在预充气条件下,气体的质量为

$$m = \frac{p_1 V_1}{RT} \tag{3.109}$$

其中 $$R = c_\mathrm{p} - c_\mathrm{v} = \text{气体常数}$$

式中 c_p——气体的等压比热;

c_v——气体的等容比热。

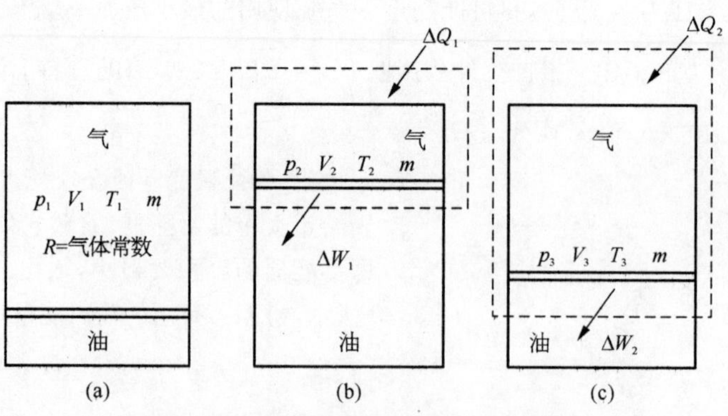

图 3.40 蓄能器热力学特性分析简图

气体的内能可由下式表示

$$U_1 = mc_\mathrm{v} T$$

假设气体被压缩，如图 3.40 所示，ΔW 代表由气体作用于油液上所做的功；ΔQ 代表在此过程中加到气体上的热能，由热力学第一定律得

$$\Delta Q - \Delta W = \Delta U \tag{3.110}$$

热力学第一定律是能量守恒及转化在热力学系统中的应用，下面结合蓄能器充油和排油进行讨论。

蓄能器在充油过程中，对气体做功，ΔW 应是负的，ΔQ 也是负的，即热量从气体中放出。因此

$$\begin{gathered} -\Delta Q_1 - (-\Delta W_1) = \Delta U_1 \\ \Delta W_1 = \Delta U_1 + \Delta Q_1 \end{gathered} \tag{3.111}$$

蓄能器在排油过程中，如图 3.40c 所示，此时气体膨胀，从蓄能器中排出油液，ΔW 和 ΔQ 都是正的，所以

$$\begin{gathered} \Delta Q_2 - \Delta W_2 = \Delta U_2 \\ \Delta W_2 = \Delta Q_2 - \Delta U_2 \end{gathered} \tag{3.112}$$

现在考虑工作过程中两种极端情况：

1) 等温过程　此时 $T_1 = T_2 = T_3$，假设气体温度不变，内能没有变化，所以等温充油时，根据式(3.111)得

$$\Delta W_1 = \Delta Q_1 \tag{3.113}$$

油液对气体所做功的增量，从图 3.41 所示得

$$\Delta W_1 = \int_{x_1}^{x_2} pA\,\mathrm{d}x = -\int_{V_1}^{V_2} p\mathrm{d}V \tag{3.114}$$

$$pV = p_1 V_1$$

$$V = \frac{p_1 V_1}{p}$$

因此

$$\mathrm{d}V = -\frac{p_1 V_1}{p^2}\mathrm{d}p \tag{3.115}$$

将式(3.115)代入式(3.114)，得

$$\begin{aligned} \Delta W_1 &= -\int_{V_1}^{V_2} p\mathrm{d}V = -\int_{p_1}^{p_2} -\frac{p_1 V_1 p}{p^2}\mathrm{d}p \\ &= p_1 V_1 \ln p \Big|_{p_1}^{p_2} = p_1 V_1 \ln\frac{p_2}{p_1} \end{aligned} \tag{3.116}$$

所以式(3.114)可写成

$$\Delta W_1 = \Delta Q_1 = p_1 V_1 \ln\frac{p_2}{p_1} \tag{3.117}$$

等温排油时，根据式(3.112)并经推导得

$$\Delta W_2 = \Delta Q_2 = p_1 V_1 \ln\frac{p_2}{p_3} \tag{3.118}$$

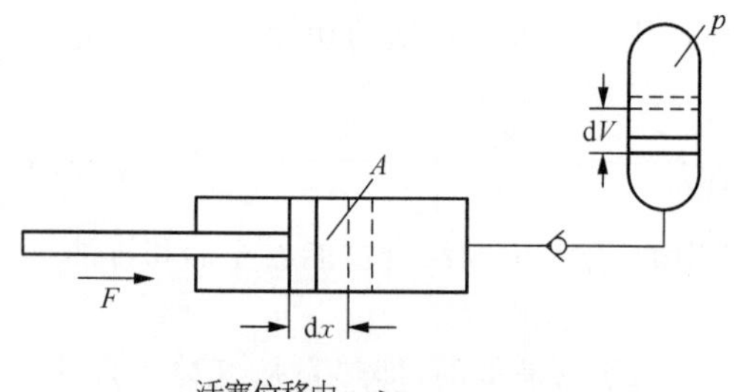

图 3.41　蓄能器油液与气体做功图

式中，$p_2 > p_1$，预充气压力 p_1 值取决于存在气体的质量，而最大压力 p_2 值取决于所给气体质量的总能量传递。应该注意到，在等温过程中气体没有内能储存，而是吸收外界的能量，又全部传递出去。

2）绝热过程　在这种情况下，气体和周围环境间没有热交换，即 $\Delta Q_1 = \Delta Q_2 = 0$，所有能量被储存在气体中作为增加内能。

绝热充油时，由式(3.111)得

$$\Delta W_1 = \Delta U_1 = mc_v(T_2 - T_1) \quad (3.119)$$

绝热排油时，由式(3.112)得

$$\Delta W_2 = \Delta U_2 = -mc_v(T_3 - T_2) = mc_v(T_2 - T_3) \quad (3.120)$$

实际上，蓄能器工作过程往往是处在两个极端之间，如在充油时一部分能量作为内能储存在气体中，另一部分能量以热的形式传递到周围。

3.2.1.6　蓄能器瞬时供给动力的液压系统动态计算

1）冲击能液压系统　如图 3.42 所示，由蓄能器通过阀门及管道输出的流体到负载液压缸。

如果不考虑油的压缩性，则作用于液压缸活塞上的力为

$$(p - \Delta p_L)A = M\frac{dv}{dt} + Bv + Kx + F \quad (3.121)$$

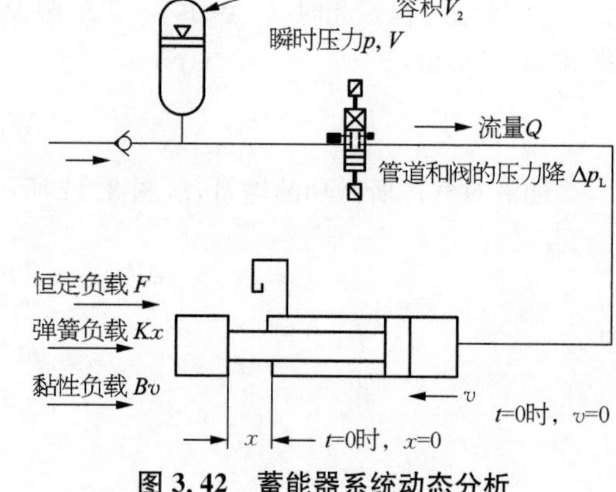

图 3.42　蓄能器系统动态分析

式中　M——运动件质量；
v——活塞运动速度；
B——黏性阻尼系数；
K——弹簧刚度；
x——活塞位移；
F——外恒定负载力。

设管道和阀的压力损失 $\Delta p_L = cQ^2$，则式(3.121)可写成

$$(p - cQ^2)A = \frac{M}{A}\frac{dQ}{dt} + B\frac{Q}{A} + \frac{K}{A}\int Q dt + F \quad (3.122)$$

已知 $Q = \frac{dv}{dt}$，$V - V_2 = \int Q dt$ 和 $pV = G$，V_2 是蓄能器放油前气体容积，所以

$$\frac{G}{V} - c\left(\frac{dV}{dt}\right)^2 = \frac{M}{A^2}\frac{d^2V}{dt^2} + \frac{B}{A^2}\frac{dV}{dt} + \frac{K}{A^2}(V - V_2) + \frac{F}{A} \quad (3.123)$$

上式可写成

$$\frac{d^2V}{dt^2} + \frac{BdV}{Mdt} + \frac{cA^2}{M}\left(\frac{dV}{dt}\right)^2 + \frac{K}{M}(V - V_2) - \frac{GA^2}{M}\frac{1}{V} + \frac{FA}{M} = 0 \quad (3.124)$$

为了获得运动件运动的数据，式(3.123)可用活塞位移 x 来描述。

在 $x=0$ 和 $t=0$ 时,$V=V_2$,则

$$V=V_2+Ax \tag{3.125}$$

式(3.124)可表示为

$$M\frac{\mathrm{d}^2x}{\mathrm{d}t^2}+B\frac{\mathrm{d}x}{\mathrm{d}t}+cA^3\left(\frac{\mathrm{d}x}{\mathrm{d}t}\right)^2+Kx=\frac{GA}{V_2+Ax}-F \tag{3.126}$$

解这个微分方程需利用计算机。图 3.43 所示为根据计算的实例绘制的移动距离 x 对时间 t 的变化曲线。

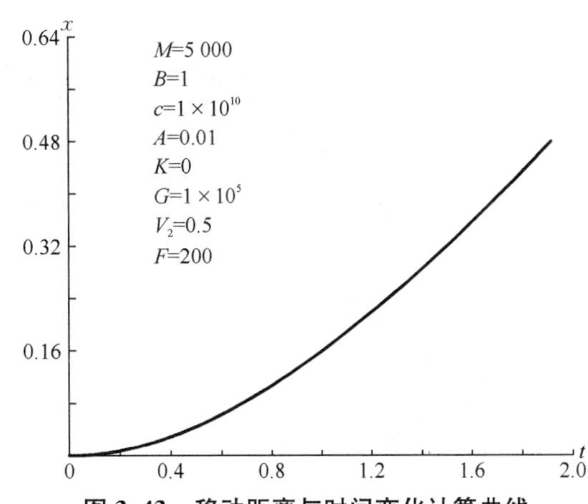

图 3.43　移动距离与时间变化计算曲线

在上述分析中,假定蓄能器中的气体为等温过程,按 $pV=G$ 计算。如果气体为绝热过程,按 $pV^\gamma=G$ 计算,式中 $\gamma=1.4$,则式(3.126)需修正为

$$M\frac{\mathrm{d}^2x}{\mathrm{d}t^2}+B\frac{\mathrm{d}x}{\mathrm{d}t}+cA^3\left(\frac{\mathrm{d}x}{\mathrm{d}t}\right)^2+Kx=\frac{GA}{(V_2+Ax)^\gamma}-F \tag{3.127}$$

为了能利用简化方法概略确定蓄能器容积的大小和系统性能,假设式(3.126)中黏性摩擦力、液流损失、恒定负载和弹簧负载都为零,即

$$M\frac{\mathrm{d}^2x}{\mathrm{d}t^2}+\underset{\substack{\| \\ 0}}{B\frac{\mathrm{d}x}{\mathrm{d}t}}+\underset{\substack{\| \\ 0}}{\underline{cA^3\left(\frac{\mathrm{d}x}{\mathrm{d}t}\right)^2}}+\underset{\substack{\| \\ 0}}{\underline{Kx}}=\frac{GA}{V_2+Ax}-\underset{\substack{\| \\ 0}}{\underline{F}} \tag{3.128}$$

则上式化为

$$M\frac{\mathrm{d}^2x}{\mathrm{d}t^2}=\frac{GA}{V_2+Ax} \tag{3.129}$$

取 $\frac{\mathrm{d}^2x}{\mathrm{d}t^2}=v\frac{\mathrm{d}v}{\mathrm{d}x}$,得出

$$Mv\mathrm{d}v=GA\frac{\mathrm{d}x}{V_2+Ax}=\frac{G\mathrm{d}Ax}{V_2+Ax}$$

$$M\frac{v^2}{2}+L=G\ln(V_2+Ax) \tag{3.130}$$

式中　L——积分常数。

初始条件:当 $t=0$ 时,$v=0$ 且 $x=0$。因此

$$L=G\ln V_2$$

则

$$v^2=\frac{2G}{M}\ln\left(1+\frac{A}{V_2}x\right) \tag{3.131}$$

$$\frac{Mv^2}{2G}=\ln\left(1+\frac{A}{V_2}x\right) \tag{3.132}$$

式中 Ax——液压缸活塞移动距离 x 所扫过的容积；

V_2——蓄能器充油压力最大时气体所占的容积；

$\frac{Mv^2}{2G}$——动能和气体常数之比。

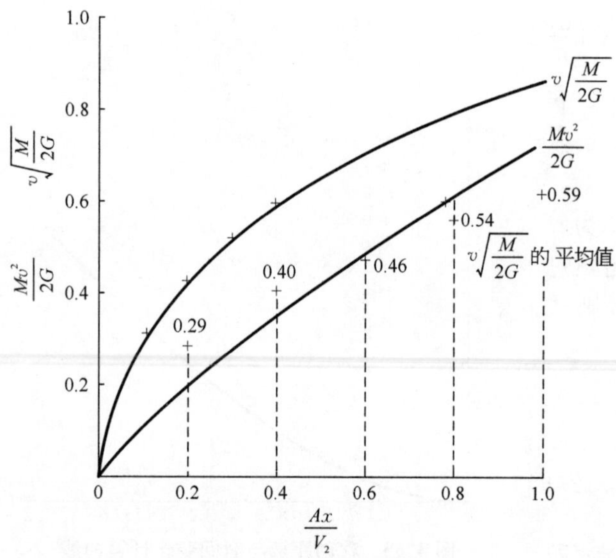

图 3.44 $\frac{Mv^2}{2G}$ 和 $\frac{Ax}{V_2}$ 间的关系

从式(3.132)可得到 $\frac{Mv^2}{2G}$ 和 $\frac{Ax}{V_2}$ 间的关系，如图 3.44 所示。

从图 3.44 可知，由 $\frac{Ax}{V_2}$ 值可得出相应的$\frac{Mv^2}{2G}$ 值，它的物理意义为：

$\frac{Mv^2}{2G}$——蓄能器输出能量与储存能量之比；

$\frac{Ax}{V_2}$——蓄能器输出液体体积与蓄能器在压力 p_2 时气体体积 V_2 之比。

$\frac{Ax}{V_2}$ 值在 0.6 以下较为理想，能量输出较大。对一定的 $\frac{Mv^2}{2G}$ 值，v 决定于 M 和 G 的相对大小。

如蓄能器中的气体为绝热过程，则式(3.132)变为

$$v^2 = \frac{2p_2V_2}{0.4M}\left[1-\left(1+\frac{Ax}{V_2}\right)^{-0.4}\right] \tag{3.133}$$

例 3.8 假设 $\frac{Ax}{V_2} = 0.6$, $M = 1\,000$ kg, $v = 10$ m/s, $A = 300\times10^{-4}$ m^2, $x = 20\times10^{-2}$ m，求蓄能器的 p_2 和 V_2 值。

由图 3.44 可得出 $\frac{Mv^2}{2G} = 0.48$，将 $M = 1\,000$ kg 代入该式得

$$v^2 = \frac{0.48\times2G}{M} = \frac{0.96G}{1\,000} = 0.96\times10^{-3}G$$

按给定的 v 值得出 G 值，即

$$G = \frac{v^2}{0.96\times10^{-3}} = \frac{10^2}{0.96\times10^{-3}} = 104\times10^3$$

又按 $\frac{Ax}{V_2} = 0.6$，将 $A = 300\times10^{-4}$ m^2, $x = 20\times10^{-2}$ m 代入，于是

$$\frac{300\times10^{-4}\times20\times10^{-2}}{V_2} = 0.6$$

$$V_2 = 10\times10^{-3}\ \text{m}^3$$

但是

$$G = p_2V_2$$

$$104 \times 10^3 = p_2 \times 10 \times 10^{-3}$$
$$p_2 = 104 \times 10^5\ \text{N/m}^2 = 10.4\ \text{MPa}$$

即蓄能器工作压力应达到10.4 MPa。因为 $p_1V_1 = p_2V_2 = G$，所以 G 值大时就要求有高的充液前压力 p_1。

简化解可用来确定蓄能器容积的大小，质量 M 和行程 x_{max} 在计算时往往是已知值。解决问题的方法如下：

(1) 设定 p_2、p_3、A 和 v_{avg}，其中：①p_2 基于被使用的泵；②p_3 按最小驱动力 p_3A 确定；③v_{avg} 根据系统要求选定。

(2) 计算 $v_{avg}\sqrt{\dfrac{M}{2G}}$ 和 $Ax_{max}/V_2 = Ax_{max}p_2/G$，因 M 和 x_{max} 为已知，v_{avg}、A 与 p 已设定，它们都是以 G 表示的项。

(3) 选择一个 G 值，使 $v_{avg}\sqrt{\dfrac{M}{2G}}$ 和 Ax_{max}/V_2 与平均值的一个点相符，可以求得 V_2 值。记住这个事实，Ax_{max}/V_2 是液压缸最大容积与蓄能器充液后容积 V_2 之比，即 $\dfrac{Ax_{max}}{V_2} = (V_3 - V_2)/V_2$。

(4) 按 $G = p_2V_2 = p_3V_3 = p_1V_1$（式中 $V_3 = V_2 + Ax_{max}$），即可得出蓄能器容积 V_1 的数值。

2) 增压式脉冲实验液压系统　管件、管接头、滤油器等在标准化试验项目中须满足规定的脉冲实验的考核要求，它要进行20万次由零压起始到1.5倍额定压力周期性瞬时压力的冲击。

管件、管接头等需要进行脉冲实验，因为它们在脉冲工作条件时会在远低于爆破压力下损坏，并且实验表明：①脉冲和爆破压力结果之间毫无关系；②微小的缺陷不影响试件的爆破压力，但会引起早期的脉冲压力损坏；③安装不当的管接头能经受住爆破压力实验，但在脉冲压力实验时会出现拔管或脱落。因此，为了提高液压元件的可靠性，进行脉冲实验考核的重要性显得尤为突出。

据文献报道，国外在1956年就有了液压脉冲实验机，并相继由有关工业部门制定了实验规范，规定了脉冲实验压力波形的要求。当前ISO脉冲实验标准中规定了高压软管采用矩形压力波，金属硬管、管接头等采用尖峰压力波。我国有关液压件制造工厂基本上是参照美国MIL标准及ISO标准进行实验的。

美国MIL-F-18280 B标准规定了尖峰波脉冲压力波形的要求，如图3.45b所示，要求峰

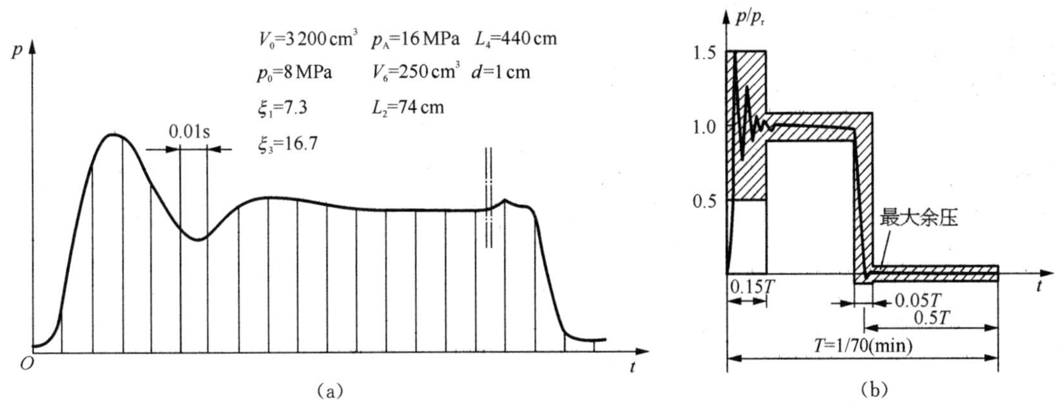

图3.45　脉冲实验实测压力波形

(a) 脉冲实验实测压力波形；(b) MIL脉冲实验压力波形

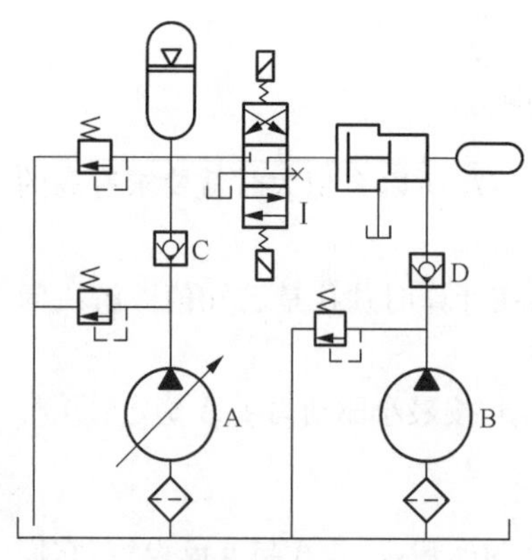

图 3.46　带增压器脉冲实验台液压原理图

压力为额定压力的 1.42～1.57 倍，其余在阴影区内均为合格。在我国有关工厂中习惯通称的峰压力为额定压力的 1.5 倍。

随着国内外液压技术的发展，液压系统使用的压力越来越趋向于高压化。如果脉冲实验的压力要求大于 32 MPa，由于大部分液压件允许的最高压都限制在 32 MPa 以下，因此采取用增压器增大被试件处的压力，而脉冲压力波形仍需达到脉冲规定的要求。脉冲实验的原理如图 3.46 所示。当电磁换向阀位于图示位置时，泵 A 输出的流量不流入增压器及试件，而供给蓄能器将液压能储存起来，溢流阀所调定的压力即蓄能器的最高压力。辅助泵输出的低压油通过单向阀补入增压腔和试件，并能使增压柱塞回到增压前的位置。

当电磁换向阀阀芯突然换向至Ⅰ位置时，液流立即与增压器接通并传递至试件处，产生峰值压力。试件处压力利用 BPR-2/1000 型电阻应变式压力传感器测得的压力信号，经动态电阻应变仪和示波器将压力变化的波形拍摄下来。利用增压式脉冲实验装置测得的波形(图3.45a)，达到图 3.45b 所示美国 MIL-F-18280 B 标准规定的管接头脉冲波形要求。

在冲击过程中，脉冲实验台液压泵 A 提供的流量很小，主要由蓄能器瞬时释放的流量来实现冲击。为简化分析，忽略液压泵 A 液流的影响。辅助泵 B 的主要作用是对增压器高压腔补油，并使增压器活塞复位；并认为它在冲击过程中不起作用。在上述假设条件下，实验装置的物理模型如图 3.47 所示。

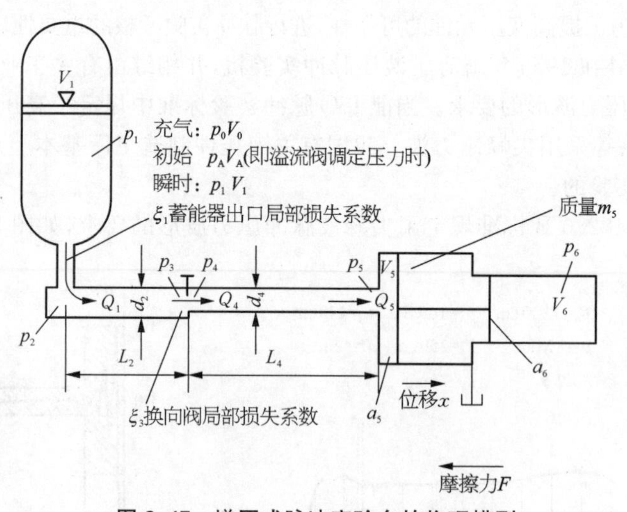

图 3.47　增压式脉冲实验台的物理模型

(1) 增压式脉冲实验装置的理论分析。在液压系统中设置增压器是利用增压器的增压作用使试件中压力的稳态值大于溢流阀调定压力。实验压力超过液压泵及蓄能器额定压力的试件有可能进行脉冲试验。

采用阀前后管路按集中参数法分析，参照图 3.47 的物理模型建立系统的微分方程。

① 蓄能器。蓄能器的工作情况分为两个阶段：第一阶段是蓄能器从预充气状态到调定压力

状态，此阶段是等温过程；第二阶段是冲击过程，根据气体状态方程经分析推导可得出一阶微分方程组

$$p_0V_0 = p_AV_A,\ p_AV_A^\gamma = p_1V_1^\gamma$$

由于冲击过程中蓄能器内的压力变化不大，从上式可得

$$\frac{\partial(p_1V_1^\gamma)}{\partial V_1}\bigg|_{\substack{p_1=p_A\\V_1=V_A}}\mathrm{d}V_1 + \frac{\partial(p_1V_1^\gamma)}{\partial p_1}\bigg|_{\substack{p_1=p_A\\V_1=V_A}}\mathrm{d}p_1 = 0$$

即

$$\gamma p_AV_A^{\gamma-1}\mathrm{d}V_1 = -V_A^\gamma\mathrm{d}p_1$$

所以

$$\frac{\mathrm{d}V_1}{\mathrm{d}t} = -\frac{V_A}{\gamma p_A}\frac{\mathrm{d}p_1}{\mathrm{d}t} = -\frac{p_0V_0}{\gamma p_A^2}\frac{\mathrm{d}p_1}{\mathrm{d}t}$$

由于蓄能器内液体的可压缩性，故有

$$\begin{aligned}Q_1 &= \frac{\mathrm{d}V_1}{\mathrm{d}t} - \frac{V_0-V_1}{E_1}\frac{\mathrm{d}p_1}{\mathrm{d}t} \approx -\frac{p_0V_0}{\gamma p_A^2}\frac{\mathrm{d}p_1}{\mathrm{d}t} - \frac{V_0-V_A}{E_1}\frac{\mathrm{d}p_1}{\mathrm{d}t}\\ &= -\left[\frac{p_0V_0}{\gamma p_A^2} + \frac{V_0(p_A-p_0)}{E_1p_A}\right]\frac{\mathrm{d}p_1}{\mathrm{d}t} = -C_1\frac{\mathrm{d}p_1}{\mathrm{d}t}\end{aligned}$$

所以

$$Q_1 = -C_1\frac{\mathrm{d}p_1}{\mathrm{d}t} \tag{3.134}$$

式中 γ——气体的多变指数；

C_1——蓄能器的液容；

E——油液的容积弹性模数(非增压腔区)。

蓄能器出口的压力降为

$$p_2 = p_1 - \xi_1\frac{\rho}{2a^2}|Q_1|Q_1 = p_1 - Z_1|Q_1|Q_1 \tag{3.135}$$

式中 a——蓄能器出口的通油截面积；

ξ_1——蓄能器出口局部损失系数。

② 阀前管路。由于管内油液的惯性和黏度的影响，在管路两端有压力差

$$p_3 = p_2 - \frac{128\mu l_2}{\pi d_2^4}Q_1 - \frac{4\rho l_2}{\pi d_2^2}\frac{\mathrm{d}Q_1}{\mathrm{d}t} = p_2 - R_2Q_1 - L_2\frac{\mathrm{d}Q_1}{\mathrm{d}t} \tag{3.136}$$

由于管内油液的可压缩性，流出管路的流量为

$$Q_4 = Q_1 - \frac{\pi d_2^2 l_2}{4E_1}\frac{\mathrm{d}p_3}{\mathrm{d}t} = Q_1 - C_2\frac{\mathrm{d}p_3}{\mathrm{d}t} \tag{3.137}$$

式中 R_2、L_2、C_2——阀前管路的液阻、液感和液容。

③ 换向阀。油液流过换向阀时，在换向阀两端有压力差

$$p_2 = p_3 - \xi_3\frac{\rho}{2a_3^2}|Q_4|Q_4 = p_3 - Z_3|Q_4|Q_4 \tag{3.138}$$

式中 a_3——换向阀的通油截面积；

ξ_3——换向阀局部损失系数。

④ 阀后管路。方程式形式与式(3.136)、式(3.137)相同。

$$p_5 = p_4 - \frac{128\mu l_4}{\pi d_4^4}Q_4 - \frac{4\rho l_4}{\pi d_4^2}\frac{dQ_4}{dt} = p_4 - R_4 Q_4 - L_4\frac{dQ_4}{dt} \tag{3.139}$$

$$Q_5 = Q_4 - \frac{\pi d_4^2 l_4}{4E_1}\frac{dp_5}{dt} = Q - C_4\frac{dp_5}{dt} \tag{3.140}$$

式中 R_4、L_4、C_4——阀前管路的液阻、液感和液容。

⑤ 增压器及试件。由于增压器低压腔的容积甚小,忽略低压腔内油液的可压缩性,并不计增压器内油液的泄漏;把活塞与缸体间的摩擦力视作常数,则活塞的运动方程为

$$p_5 a_5 = [m_5 + \rho(V_5 + a_5 x)]\frac{1}{a_5}\frac{dQ_5}{dt} + F\frac{Q_5}{|Q_5|} + p_6 a_6 \tag{3.141}$$

$$x = \frac{1}{a_5}\int_0^t Q_5\,dt \tag{3.142}$$

式中 x——活塞运动的距离。

试件处的压力可由下式确定

$$\frac{dp_6}{dt} = \frac{E_2}{V_6 - a_6 x}\frac{a_6}{a_5}Q_5 = \frac{Q_5}{i\left(C_6 - \frac{a_6 x}{E_2}\right)} \tag{3.143}$$

式中 E_2——油液的容积弹性模数(增压腔区);

C_6——增压器与试件的液容;

i——增压比。

将式(3.134)~式(3.143)汇总,消去 p_2 和 p_4 后,可得下列一阶微分方程组

$$\left.\begin{aligned}
\frac{dp_1}{dt} &= -\frac{1}{C_1}Q_1 \\
\frac{dQ_1}{dt} &= \frac{1}{L_2}[p_1 - p_3 - (Z_1|Q_1| + R_2)Q_1] \\
\frac{dp_3}{dt} &= \frac{1}{C_2}(Q_1 - Q_4) \\
\frac{dQ_4}{dt} &= \frac{1}{L_4}[p_3 - p_5 - (Z_3|Q_4| + R_4)Q_4] \\
\frac{dp_5}{dt} &= \frac{1}{C_4}(Q_4 - Q_5) \\
\frac{dQ_5}{dt} &= \frac{a_5}{m_5 + \rho(V_5 + a_5 x)}\left(p_5 a_5 - F\frac{Q_5}{|Q_5|} - p_6 a_6\right) \\
\frac{dx}{dt} &= \frac{Q_5}{a_5} \\
\frac{dp_6}{dt} &= \frac{Q_5}{i\left(C_6 - \frac{a_6 x}{E_2}\right)}
\end{aligned}\right\} \tag{3.144}$$

方程组(3.144)的初始条件为

$$p_1(0)=p_3(0)=p_A,\ p_5(0)=0,\ x(0)=0,\ Q_1(0)=Q_4(0)=Q_5(0)=0$$

由于绝对压力不能为负值，活塞运动的距离 x 也不能为负值，故有下列限制条件

$$p_1\geqslant 0,\ p_3\geqslant 0,\ p_5\geqslant 0,\ p_6\geqslant 0,\ p_1-Z_1\mid Q_1\mid Q_1\geqslant 0,\ p_3-Z_3\mid Q_4\mid Q_4\geqslant 0,\ x\geqslant 0$$

方程组(3.144)为当初始条件及限制条件是管路按集中参数计算时，增压式蓄能器型脉冲试验装置液压系统的基本方程组，它是一阶非线性常微分方程组。利用解析解求出峰值压力和额定压力的比值 M 及系统的固有频率是困难的，但可用计算机求其数值解。

(2) 增压式蓄能器型脉冲试验装置的简化分析。前面导出的增压式蓄能器型脉冲试验装置的基本方程组，由于存在非线性环节，只能用计算机求其数值解。系统的蓄能器容积、管路长度和直径、增压比、试件容腔等主要参数与响应的峰值比指标间的关系，难以直观判断。为此，采取非线性环节线性化的办法，将系统加以简化。在简化过程中做如下假设：①阀前管路的液容忽略不计；②非线性液阻 $Z_1|Q_1|$ 及 $Z_3|Q_4|$ 线性化处理后用 R_1 与 R_3 表示；③增压器-试件子系统为线性系统，子系统的固有频率远大于蓄能器-管路子系统的固有频率；④增压器活塞与缸体间的摩擦力忽略不计。则脉冲试验装置的基本方程组(3.144)可写成方程组(3.145a)，经拉普拉斯变换后可得方程组(3.145b)。

$$\left.\begin{aligned}
\frac{\mathrm{d}p_1}{\mathrm{d}t}&=-\frac{1}{C_1}Q_1\\
\frac{\mathrm{d}Q_1}{\mathrm{d}t}&=\frac{1}{L_2+L_4}[p_1-p_5-(R_1+R_2+R_3+R_4)Q_1]\\
\frac{\mathrm{d}p_5}{\mathrm{d}t}&=\frac{1}{C_4}(Q_1-Q_5)\\
\frac{\mathrm{d}Q_5}{\mathrm{d}t}&=\frac{1}{L_5}\left(p_5-\frac{p_6}{i}\right)\\
\frac{\mathrm{d}p_6}{\mathrm{d}t}&=\frac{1}{iC_6}Q_5
\end{aligned}\right\}\tag{3.145a}$$

$$\left.\begin{aligned}
P_1(s)&=\frac{P_A}{s}-\frac{Q_1(s)}{C_1s}\\
Q_1(s)&=\frac{P_1(s)-P_5(s)}{R+L_gs}\\
P_5(s)&=\frac{1}{C_4s}[Q_1(s)-Q_5(s)]\\
Q_5(s)&=\frac{1}{L_5s}\left[P_5(s)-\frac{P_6(s)}{i}\right]\\
P_6(s)&=\frac{1}{iC_6s}Q_5(s)
\end{aligned}\right\}\tag{3.145b}$$

其中
$$R=R_1+R_2+R_3+R_4$$

$$L_g=L_2+L_4$$

$$L_5=\frac{m_5+\rho(V_5+a_5x)}{a_5^2}$$

根据方程组(3.145b)画出系统的框图,如图 3.48 所示。由图 3.48 可以看出,系统的前向通道上有两个二阶环节,分别为

$$G_1(s)=\frac{C_1}{L_gC_1C_4s^2+RC_1C_4s+C_1+C_4}=\frac{\dfrac{C_1}{L_gC_1C_4}}{s^2+\dfrac{RC_1C_4}{L_gC_1C_4}s+\dfrac{C_1+C_4}{L_gC_1C_4}}=\frac{\dfrac{1}{L_gC_4}}{s^2+2\zeta\omega_1s+\omega_1^2}\tag{3.146}$$

$$G_2(s)=\frac{i}{i^2L_5C_6s^2+1}=\frac{\dfrac{1}{iL_5C_6}}{s^2+\dfrac{1}{i^2L_5C_6}}=\frac{\dfrac{1}{iL_5C_6}}{s^2+\omega_2^2}\tag{3.147}$$

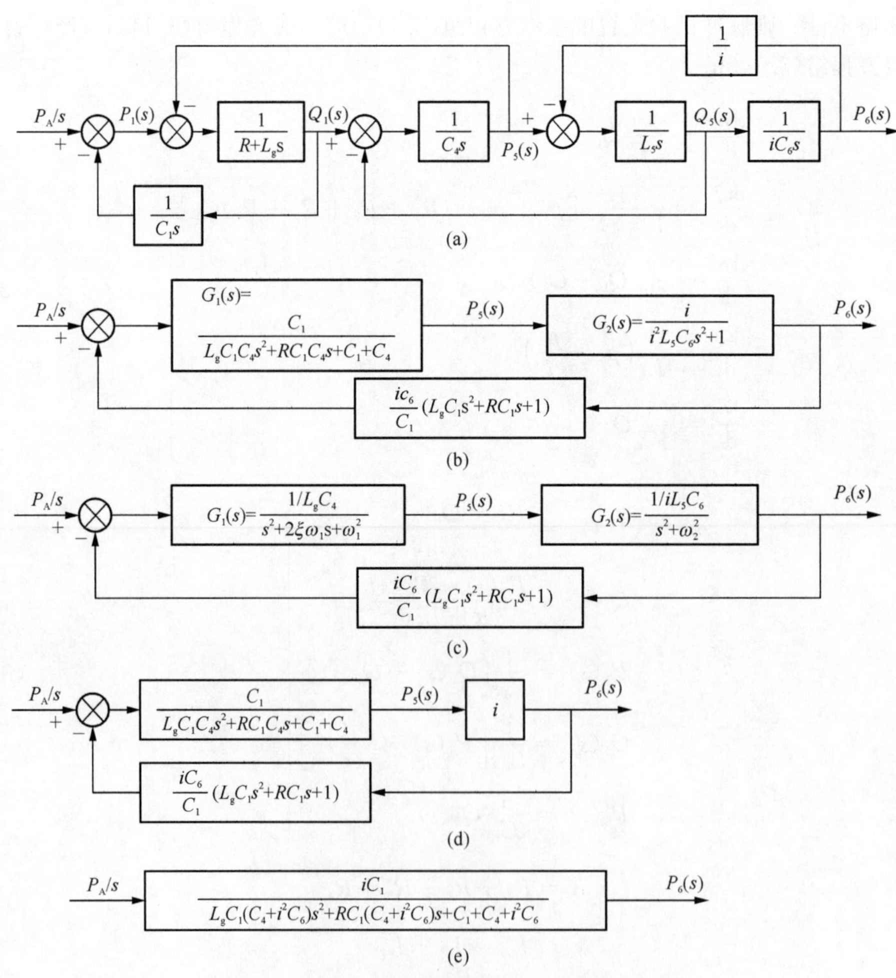

图 3.48　增压式蓄能器型脉冲试验装置的框图

其中
$$\omega_1=\sqrt{\frac{C_1+C_4}{L_g C_1 C_4}} \tag{3.148}$$

$$\omega_2=\sqrt{\frac{1}{i^2 L_5 C_6}} \tag{3.149}$$

如果液压脉冲试验的被试件是金属管件、管接头或小型滤油器壳体，则在一般情况下增压器-试件子系统的固有频率 ω_2 远大于蓄能器-管路子系统的固有频率。由控制理论可知，$G_2(s)$ 对于 $G_1(s)$ 可以看作一个滤波器，它将允许 $p_5(t)$ 中的波动分量顺利通过，结果使 $p_6(t)$ 也形成振荡。

为使 $\omega_2 \gg \omega_1$（一般取 $\omega_2 > 3\omega_1$），可加长阀前后管路的长度，减小试件容积，减小增压器活塞的质量及减小增压比等。在 $\omega_2 \gg \omega_1$ 的情况下，$G_2(s)$ 可近似看作放大环节，则可画成简化框图（图3.48d）。

由图 3.48e 可求出

$$\begin{aligned}P_6(s)&=\frac{iC_1}{L_g C_1(C_4+i^2C_6)s^2+RC_1(C_4+i^2C_6)s+C_1+C_4+i^2C_6}\frac{P_A}{s}\\&=\frac{K}{s^2+2\zeta\omega_n s+\omega_n^2}\frac{P_A}{s}\end{aligned} \tag{3.150a}$$

其中
$$K=\frac{i}{L_g(C_4+i^2C_6)} \tag{3.150b}$$

$$\omega_n=\sqrt{\frac{C_1+C_4+i^2C_6}{L_g C_1(C_4+i^2C_6)}} \tag{3.150c}$$

在通常情况下

$$C_1 \gg C_4+i^2C_6 \tag{3.150d}$$

所以 $K\approx t$

$$\omega_n\approx\sqrt{\frac{1}{L_g(C_4+i^2C_6)}} \tag{3.150e}$$

$$\omega_n=\sqrt{\frac{\pi}{\rho\left(\frac{l_2}{d_2^2}+\frac{l_4}{d_4^2}\right)\left(\frac{\pi d_4^2 l_4}{E_1}+\frac{i^2V_6}{E_2}\right)}} \tag{3.150f}$$

$$\zeta=\frac{R}{2\omega_n L_g} \tag{3.150g}$$

式(3.150a)是典型的二阶系统对幅值为 P_A 的阶跃输入的响应。经拉普拉斯变换后，可得试件处压力的时域响应。

$$p_6(t)=Kp_A\left[1-\frac{e^{-\zeta\omega_n t}}{\sqrt{1-\zeta^2}}\sin(\omega_n\sqrt{1-\zeta^2}\,t+\varphi)\right] \tag{3.151}$$

其中
$$\varphi=\arctan\sqrt{\frac{1-\zeta^2}{\zeta^2}}$$

$p_6(t)$ 的峰值 p_{6m} 及达到峰值压力的时间 t_p 为

$$p_{6\text{m}} = Kp_{\text{A}}[1 + \text{e}^{-\frac{\zeta\pi}{\sqrt{1-\varphi^2}}}] \tag{3.152}$$

$$t_{\text{p}} = \frac{\pi}{\omega_n \sqrt{1-\zeta^2}} \tag{3.153}$$

在上面的计算过程中，蓄能器出口、换向阀线性化液阻 R_1 与 R_3 尚待解决。由于第一个压力峰值是试件处压力波形的重要指标，因此计算 R_1 和 R_3 时应当用上升过程中的平均流量 Q_1，由式(3.145b)中第3与第5式可得

$$Q_5 = iC_6 \frac{p_{6\text{m}}}{t_{\text{p}}}$$

$$Q_1 = Q_5 + C_4 \frac{p_{5\text{m}}}{t_{\text{p}}} = Q_5 + \frac{C_4 p_{6\text{m}}}{it_{\text{p}}}$$

所以
$$Q_1 = \left(iC_6 + \frac{C_4}{i}\right)\frac{p_{6\text{m}}}{t_{\text{p}}}$$

$$R = R_1 + R_2 + R_3 + R_4 = \frac{128\mu}{\pi}\left(\frac{l_2}{d_2^4} + \frac{l_4}{d_4^4}\right) + \frac{8\rho}{\pi^3}\left(\frac{\xi_1}{d_1^4} + \frac{\xi_3}{d_3^4}\right)\left(iC_6 + \frac{C_4}{i}\right)\omega_n p_{6\text{m}} \sqrt{1-\zeta^2}$$

将上式代入式(3.150g)化简后得

$$\zeta = \frac{R}{2\omega_n L_{\text{g}}} = \underbrace{16\mu\left(\frac{l_2}{d_2^4} + \frac{l_4}{d_4^4}\right)\sqrt{\frac{\frac{\pi d_4^2 l_4}{E_1} + \frac{4i^2 V_6}{E_2}}{\pi\rho\left(\frac{l_2}{d_2^2} + \frac{l_4}{d_4^2}\right)}}}_{A_1} + \underbrace{\frac{p_{\text{A}}\left(\frac{\pi d_4^2 l_4}{E_1} + \frac{4i^2 V_6}{E_2}\right)}{4\pi^2\left(\frac{l_2}{d_2^2} + \frac{l_4}{d_4^2}\right)}}_{A_2}$$

$$\cdot \left(\frac{\xi_1}{d_1^4} + \frac{\xi_3}{d_3^4}\right)\sqrt{1-\zeta^2}(1 + \text{e}^{-\zeta\pi/\sqrt{1-\zeta^2}}) = A_1 + A_2\sqrt{1-\zeta^2}(1 + \text{e}^{-\zeta\pi/\sqrt{1-\zeta^2}}) \tag{3.154}$$

由式(3.152)得峰值压力和额定压力之比 M 为

$$M = \frac{p_{6\text{m}}}{P_{\text{A}}} = K[1 + \text{e}^{-\zeta\pi\sqrt{1-\zeta^2}}] \tag{3.155}$$

M 是 K 和 ζ 的函数。根据式(3.150b)可知，如果 $C_1 \gg C_4 + i^2 C_6$，$K \approx i$，实质上也就是蓄能器的容量应大于试件的容量，K 值近似等于增压比 i。在上述条件限制下，则 M 值的大小取决于 ζ 值，ζ 值由式(3.154)中各参数确定，所以 M 值能否达到脉冲波形要求，应合理地匹配系统的各参数。

(3) 理论计算值与实验结果对比。如图3.47中所取的数据为：$a_5 = 3.8 \times 10^{-4}\ \text{m}^4$；$i = 2.47$；$m_5 = 8.005 \times 10^{-2}\ \text{kg}$；$F = 107.8\ \text{N}$；$\rho = 0.9 \times 10^3\ \text{kg/m}^3$；$\mu = 3.2 \times 10^{-2}\ \text{Pa} \cdot \text{s}$；$E_1 = 1.59 \times 10^9\ \text{N/m}^2$；$E_2 = 1.9 \times 10^9\ \text{N/m}^2$，其他数据见表3.3。按照一阶非线性常微分方程组(3.144)，利用计算机求其数值解，计算所得的峰值压力和额定压力的比值 M 以及系统的固有频率 ω_n 如表3.3中的计算值(1)。采用与上述相同的数据，用简化方法计算，所得如表3.3中的计算值(2)。从表中可看出两种方法计算的结果相近，并基本上与实验值相符，证实理论分析是正确的。

表 3.3 理论计算值与实验结果对比表

$p_0 = 8\ \mathrm{MPa}$ $\xi_3 = 16.7$ $l_2 = 0.74\ \mathrm{m}$ $d_2 = d_4 = 1\times10^{-2}\ \mathrm{m}$		p_A(MPa)							
		10		12		14		16	
		M	ω_n (rad/s)	M	ω_n (rad/s)	M	ω_n (rad/s)	M	ω_n (rad/s)
$V_0 = 1.6\times10^{-3}\ \mathrm{m^3}$ $\xi_1 = 29.2$ $l_4 = 1.85\ \mathrm{m}$ $V_6 = 0.25\times10^{-3}\ \mathrm{m^3}$	实验值	1.401 0		1.441 0				1.337 0	
	计算值(1)	1.390 2	180.6	1.351 3	183.2			1.2823	190.1
	计算值(2)	1.416 4	186.2	1.378 7	189.9	1.344 4	192.3	1.313 4	193.9
$V_0 = 1.6\times10^{-3}\ \mathrm{m^3}$ $\xi_1 = 29.2$ $l_4 = 3.15\ \mathrm{m}$ $V_6 = 0.25\times10^{-3}\ \mathrm{m^3}$	实验值	1.608 0	121.0	1.586 0	123.0	1.521 0	126.0	1.471 0	126.0
	计算值(1)	1.458 2	143.5	1.423 6	146.0	1.387 7	147.8	1.352 4	150.7
	计算值(2)	1.489 4	146.0	1.456 2	149.2	1.424 8	151.4	1.395 6	152.9
$V_0 = 3.2\times10^{-3}\ \mathrm{m^3}$ $\xi_1 = 7.3$ $l_4 = 1.85\ \mathrm{m}$ $V_6 = 0.187\times10^{-3}\ \mathrm{m^3}$	实验值	1.600 0	185.0	1.561 0	185.0	1.523 0	190.0	1.502 0	194.0
	计算值(1)	1.591 0	207.4	1.556 9	208.1	1.522 1	218.2	1.495 6	222.4
	计算值(2)	1.639 2	211.1	1.608 4	215.5	1.580 4	218.4	1.553 9	220.5

① ζ_1、ζ_3 及 F 是实测值。

② 增压器高压腔的蓄能器的稳态压力不同，故 E 值不同。取其试验平均值，分别以 E_2 及 E_1 表示。

(4) 结论。

① 设计计算时应使增压器-试件子系统的固有频率远大于蓄能器-管路子系统的固有频率，它将允许 $p_5(t)$的波动分量顺利通过，使 $p_6(t)$形成振荡。为使 $\omega_2 \gg \omega_1$（通常取 $\omega_2 \gg 3\omega_1$），可加长阀前后管路长度，减小试件容积、增压器活塞的质量及增压比等，这些是设计这种脉冲试件装置的重要条件。

② 蓄能器的液容根据式(3.150d) $C_1 \gg C_4 + i^2C_6$，建议 C_1 比 $C_4 + i^2C_6$ 值大 10 倍以上。而蓄能器的预充气压力应按溢流阀的调定压力来选择，一般可取溢流阀调定压力的 0.4～0.8 倍。

③ 判别式(3.150g)中的 $\zeta = \dfrac{R}{2\omega_n L_g}$ 是峰值压力能否达到额定压力 1.5 倍的主要指标，ζ 应小于 0.2。设计时应合理匹配阀前后的管长和管径，使 ω_n 尽可能大，但 R 应保持较小的值。一般情况下，蓄能器出口液阻 R_1 和换向阀的液阻 R_3 数量级较大，应特别注意，适当增加蓄能器个数采用并联连接可显著减小 R_1 值。

④ 利用微分方程组(3.144)和简化分析方法式(3.151)计算结果都具有一定的精度，可满足工程计算需要。

3.2.2 液压蓄能器用于吸收脉动压力时的分析案例

3.2.2.1 蓄能器容量的确定

蓄能器连接在靠近泵处是为了抑制由于泵排油波动引起的脉动。泵的压力脉动是由泵的流量脉动引起的，利用蓄能器可容纳液压泵每转超过平均流量的过剩排油量，这就能起到吸收泵的压力脉动的作用。蓄能器容量的计算方法有以下几种。

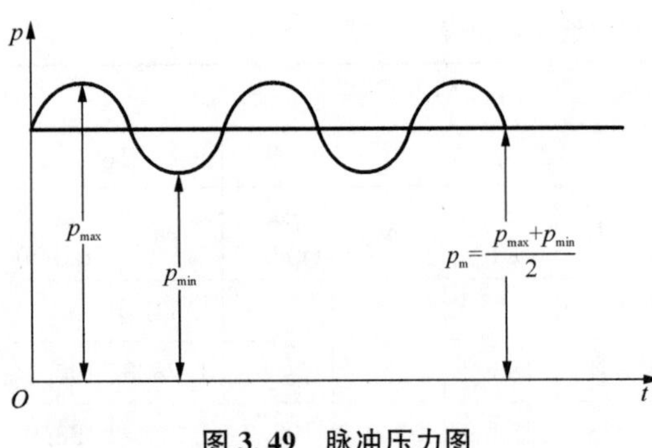

图 3.49 脉冲压力图

1) 考池霍司(H. Kurzhals)公式　用下列方法推导

$$\Delta V = V - V\left(\frac{p_{min}}{p_{max}}\right)^{\frac{1}{\gamma}} \tag{3.156}$$

式中　V——蓄能器的容积；

ΔV——蓄能器吸收液体的体积；

p_{max}、p_{min}——脉冲压力的最大值和最小值，如图 3.49 所示。

再由式(3.156)得考池霍司公式

$$V = \Delta V \frac{1}{1-\left(\frac{p_{min}}{p_{max}}\right)^{\frac{1}{\gamma}}} = \Delta V \frac{1}{1+\left(\frac{2-\delta_p}{2+\delta_p}\right)^{\frac{1}{\gamma}}} \tag{3.157}$$

式中　V——蓄能器的容积；

ΔV——蓄能器吸收液体的体积；

p_{max}、p_{min}——脉冲压力的最大值和最小值；

δ_p——脉动压力变化率：$\delta_p = \frac{p_{max} - p_{min}}{p_m}$，$p_m = \frac{p_{max} + p_{min}}{2}$。

2) 利用蓄能器容纳泵平均排量的过剩排油量计算法　按等温过程考虑

$$p_{avg}V_{avg} = (p_{avg} + \Delta p)(V_{avg} - \Delta V) \tag{3.158}$$

式中　p_{avg}——液压泵出口的平均压力；

V_{avg}——压力为 p_{avg} 时蓄能器气腔容积；

Δp——脉动压力振幅；

ΔV——蓄能器吸收液体的体积(即液压泵每转超过平均流量的过剩油量，如图 3.50 所示)。

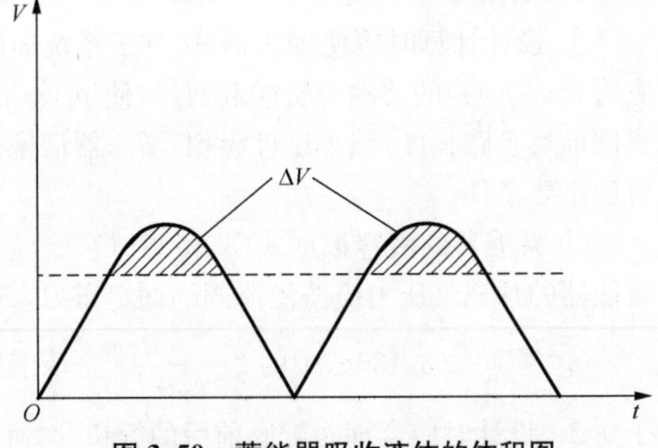

图 3.50 蓄能器吸收液体的体积图

将上式化简，并忽略 $\Delta p \cdot \Delta V$ 二次微小项，则得

$$V_{avg} = \frac{\Delta V}{\frac{\Delta p}{p_{avg}}} \tag{3.159}$$

等温过程时

$$V_1 p_1 = V_{avg} p_{avg} \tag{3.160}$$

$$V_1 = \frac{V_{avg} p_{avg}}{p_1} = \frac{\Delta V}{\frac{\Delta p}{p_{avg}}} \frac{p_{avg}}{p_1} \tag{3.161}$$

若取充气压力 $p_1 = p_{avg} \times 60\%$，于是

$$V_1 = \frac{qi}{0.6\delta_p} \tag{3.162}$$

式中　q——液压泵每一转排油量；

i——排油量的变化率，$i=\dfrac{\Delta V}{q}$；

δ_p——脉动压力变化率。

3.2.2.2　蓄能器用于吸收脉动压力的动态计算

(1) 液压泵输出压力脉动对于流量脉动的传递函数如图3.51所示，蓄能器管道中油液质量为M_1，管道的流通面积为a，蓄能器内油的质量为M_2，并假设A为常数，蓄能器管道中为层流阻力，则蓄能器管路内的运动方程为

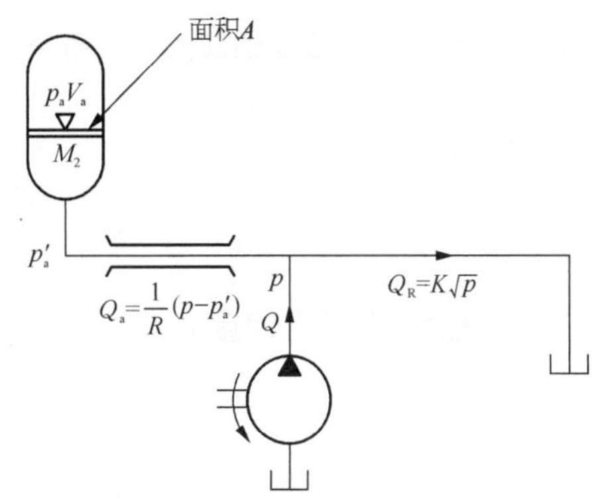

图3.51　蓄能器液压系统(一)

$$(p-p'_a)a=M_1\frac{dv}{dt}+Q_aRa \tag{3.163}$$

$$p-p'_a=\frac{M_1}{a^2}\frac{dQ_a}{dt}+Q_aR \tag{3.164}$$

$$(p'_a-p_a)A=\frac{M_2}{A}\frac{dQ_a}{dt} \tag{3.165}$$

$$p'_a-p_a=\frac{M_2}{A^2}\frac{dQ_a}{dt} \tag{3.166}$$

式(3.164)与式(3.166)相加得

$$p-p_a=\left(M_1\frac{A^2}{a^2}+M_2\right)\frac{1}{A^2}\frac{dQ_a}{dt}+Q_aR \tag{3.167}$$

由$p_0V_0^\gamma=p_aV_a^\gamma=G$得出蓄能器的连续方程式

$$\frac{\partial p_aV_a^\gamma}{\partial p_a}\bigg|_{\substack{p_a=p_0\\V_a=V_0}}dp_a+\frac{\partial p_aV_a^\gamma}{\partial V_a}\bigg|_{\substack{p_a=p_0\\V_a=V_0}}dV_a=0$$

$$V_a^\gamma dp_a=-\gamma p_0V_0^{\gamma-1}dV_a$$

$$dV_a=-\frac{V_0^\gamma}{\gamma p_0V_0^{\gamma-1}}dp_a$$

$$Q_a=-\frac{dV_a}{dt}=\frac{V_0^\gamma}{\gamma p_0V_0^{\gamma-1}}\frac{dp_a}{dt}$$

$$Q_a=\frac{V_0}{\gamma p_0}\frac{dp_a}{dt} \tag{3.168}$$

式中　p_0、V_0——蓄能器压力、容积的稳态值。

将(3.167)和式(3.168)拉普拉斯变换，得

$$P(s)=\left(M_1\frac{A^2}{a^2}+M_2\right)\frac{1}{A^2}sQ_a(s)+RQ_a(s)+P_a(s) \tag{3.169}$$

$$Q_a(s)=\frac{V_0}{\gamma p_0}sP_a(s) \tag{3.170}$$

将式(3.170)代入式(3.169)，得

$$P(s)=\left(M_1\frac{A^2}{a^2}+M_2\right)\frac{1}{A^2}sQ_a(s)+RQ_a(s)+\frac{\gamma p_0}{V_0 s}Q_a(s)$$

$$Q_a(s)=\frac{sP(s)}{\frac{M_A}{A^2}s^2+Rs+\frac{\gamma p_0}{V_0}} \tag{3.171}$$

式中　M_A——蓄能器油液的等效质量，$M_A=M_1\frac{A^2}{a^2}+M_2$。

又

$$Q=Q_a+Q_R \tag{3.172}$$

$$Q(s)=Q_a(s)+Q_R(s)$$

$$Q_R=K\sqrt{p} \tag{3.173}$$

将上式线性化处理后得

$$Q_R=\frac{Q_0}{2p_0}p$$

$$Q_R(s)=\frac{Q_0}{2p_0}P(s) \tag{3.174}$$

式中　Q_0——稳压时的流量。

将式(3.171)和式(3.174)代入式(3.172)，得

$$\begin{aligned}Q(s)&=\frac{sP(s)}{\frac{M_A}{A^2}s^2+Rs+\frac{\gamma p_0}{V_0}}+\frac{Q_0}{2p_0}P(s)\\&=\left(\frac{s}{\frac{M_A}{A^2}s^2+Rs+\frac{\gamma p_0}{V_0}}+\frac{Q_0}{2p_0}\right)P(s)\\&=\frac{\frac{Q_0}{2p_0}\frac{M_A}{A^2}s^2+\left(\frac{Q_0R}{2p_0}+1\right)s+\frac{Q_0\gamma}{2V_0}}{\frac{M_A}{A^2}s^2+Rs+\frac{\gamma p_0}{V_0}}P(s)\end{aligned} \tag{3.175}$$

$$\frac{P(s)}{Q(s)}=\frac{2p_0}{Q_0}\frac{s^2+\frac{\omega_3^2}{\omega_1}\frac{Q_0}{2p_0}Rs+\omega_3^2}{s^2+\frac{\omega_3^2}{\omega_1}\left(1+\frac{Q_0}{2p_0}R\right)s+\omega_3^2} \tag{3.176}$$

其中

$$\omega_3^2=\frac{\gamma p_0A^2}{V_0M_A},\ \omega_1=\frac{\gamma Q_0}{2V_0}$$

如 $\zeta=\frac{1}{2}\frac{\omega_3}{\omega_1}\frac{Q_0}{2p_0}R$，则

$$\frac{P(s)}{Q(s)}=\frac{2p_0}{Q_0}\frac{s^2+2\zeta\omega_3 s+\omega_3^2}{s^2+\left(\frac{\omega_3^2}{\omega_1}+2\zeta\omega_3\right)s+\omega_3^2} \tag{3.177}$$

上式的传递函数中 s 用 $\mathrm{j}\omega$ 代入，可得出泵出口处的阻抗特性。

(2) 特定频率的脉动吸收法。压力脉动在高频情况下，如果规定管路中的压力脉动频率 ω 与所选择的蓄能器的固有频率 ω_n 一致，并使连接蓄能器管路液阻 R 保持最小值，那么管路中的

压力脉动也降至最小值。

如图 3.52 所示，假定蓄能器连接管路内的压力和流量为 p、Q（稳态值为 p_0 和 Q_0），蓄能器内压力和容积为 p_a、V_a（稳态值为 p_0 和 V_0），蓄能器连接管路的长度为 l，直径为 d，供给蓄能器的瞬时流量为 Q_a，液压泵供给节流阀的流量为 Q_v，则蓄能器连接管内油液柱的运动方程为

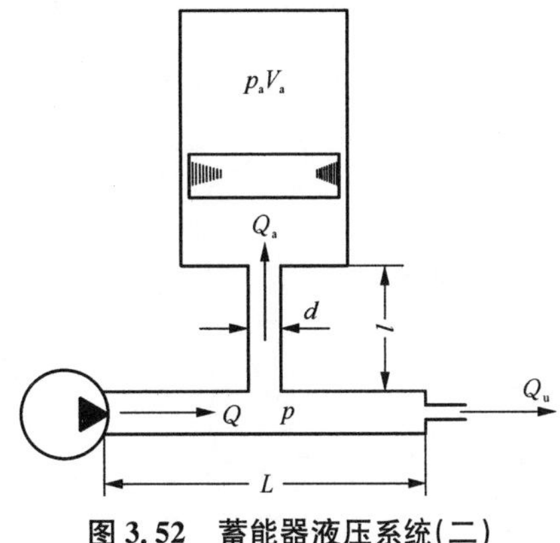

图 3.52　蓄能器液压系统(二)

$$\rho\frac{l}{a}\frac{\mathrm{d}Q_a}{\mathrm{d}t}+RQ_a=p-p_a \tag{3.178}$$

其中
$$R=\frac{32\mu l}{d^2a},\ a=\frac{\pi d^2}{4}$$

蓄能器的连续方程为

$$Q_a=\beta_aV_0\frac{\mathrm{d}p_a}{\mathrm{d}t} \tag{3.179}$$

式中　β_a——气体的体积压缩系数，$\beta_a=\dfrac{1}{E_a}$（E_a 为气体容积弹性模数）。

将式(3.179)代入式(3.178)，得

$$\rho\frac{l}{a}\frac{\mathrm{d}^2p_a}{\mathrm{d}t^2}+R\frac{\mathrm{d}p_a}{\mathrm{d}t}+\frac{p_a}{\beta_aV_0}=\frac{p}{\beta_aV_0} \tag{3.180}$$

上式即是关于蓄能器内气体压力的振动方程式。对式(3.180)进行拉普拉斯变换，得

$$\frac{\rho l\beta_aV_0}{a}s^2P_a(s)+R\beta_aV_0sP_a(s)+P_a(s)=P(s) \tag{3.181}$$

$$\frac{P_a(s)}{P(s)}=\frac{1}{\dfrac{\rho l\beta_aV_0}{a}s^2+R\beta_aV_0s+1}=\frac{1}{T^2s^2+2\zeta Ts+1} \tag{3.182}$$

式中　T——时间常数。

$$T=\sqrt{\frac{\rho l\beta_aV_0}{a}}\text{；或 }\omega_n=\frac{1}{T}=\sqrt{\frac{a}{\rho l\beta_aV_0}} \tag{3.183}$$

$$\zeta=\frac{Ra}{2\rho l\omega_n} \tag{3.184}$$

式中　ω_n——蓄能器固有频率；

　　ζ——相对阻尼系数。

节流阀的出口流量为

$$Q_v=\mu A_v\sqrt{\frac{2p}{\rho}} \tag{3.185}$$

式中　A_v——阀的开口面积；

　　μ——流量系数。

将式(3.185)线性处理后得

$$Q_v = \frac{\mu A_v}{\sqrt{2\rho p_0}} p \tag{3.186}$$

其中
$$\frac{\mu A_v}{\sqrt{2\rho p_0}} = \left(\frac{\partial Q_v}{\partial p}\right)_{p=p_0}$$

管路系统的连续性方程为

$$Q = Q_v + Q_a + \beta AL \frac{dp}{dt} \tag{3.187}$$

式中 Q——液压泵的流量；
β——油液的压缩系数；
L——管路长度；
A——管路的断面积。

将式(3.179)和式(3.185)代入式(3.187)，得

$$Q = \frac{\mu A_v}{\sqrt{2\rho p_0}} p + \beta_a V_0 \frac{dp_a}{dt} + \beta AL \frac{dp}{dt} \tag{3.188}$$

对式(3.188)进行拉普拉斯变换，得

$$Q(s) = \left(\frac{\mu A_v}{\sqrt{2\rho p_0}} + \beta ALs\right) P(s) + \beta_a V_0 s P_a(s) \tag{3.189}$$

令 β 为常值，$\beta_a \approx \frac{1}{\gamma P_0}$（$\gamma$ 为绝热指数）。因 $\beta \ll \beta_a$，故略去 $\beta ALsP(s)$ 一项，则得

$$Q(s) = \frac{\mu A_v}{\sqrt{2\rho p_0}} P(s) + \beta_a V_0 s P_a(s) \tag{3.190}$$

消去式(3.181)与式(3.190)中的 $P_a(s)$，并假定 Q 为输入量，P 为输出量，求其传递函数得

$$G(s) = \frac{\frac{P(s)}{p_0}}{\frac{Q(s)}{Q_0}} = 2\frac{\frac{s^2}{\omega_n^2} + \frac{2\zeta}{\omega_n}s + 1}{\left(\frac{s^2}{\omega_n^2} + \frac{2\zeta}{\omega_n}s + 1\right) + \frac{2\beta_a V_0 p_0}{Q_0}s} \tag{3.191}$$

令 $\omega_c = \frac{Q_0}{2\beta_a V_0 p_0}$ 为系统截止频率，故得

$$G(s) = \frac{\frac{P(s)}{p_0}}{\frac{Q(s)}{Q_0}} = 2\frac{s^2 + 2\zeta\omega_n s + \omega_n^2}{s^2 + \left(2\zeta\omega_n + \frac{\omega_n^2}{\omega_c}\right)s + \omega_n^2} \tag{3.192}$$

为求频率特性 $G(j\omega)$ 的幅值，式(3.191)中以 $j\omega$ 代替 s，得

$$G(j\omega) = 2\frac{\left(1 - \frac{\omega^2}{\omega_n^2}\right) + j\frac{2\zeta\omega}{\omega_n}}{\left(1 - \frac{\omega^2}{\omega_n^2}\right) + j\left(\frac{2\zeta\omega}{\omega_n} + \frac{\omega}{\omega_c}\right)} \tag{3.193}$$

$$|G(j\omega)|=2\left[\frac{\left(1-\frac{\omega^2}{\omega_n^2}\right)^2+\left(\frac{2\zeta\omega}{\omega_n}\right)^2}{\left(1-\frac{\omega^2}{\omega_n^2}\right)^2+\left(\frac{2\zeta\omega}{\omega_n}+\frac{\omega}{\omega_c}\right)^2}\right]^{\frac{1}{2}} \tag{3.194}$$

式中　$|G(j\omega)|$——压力脉动率对流量脉动率之比。

将式(3.194)画成幅频特性图，如图 3.53 所示。

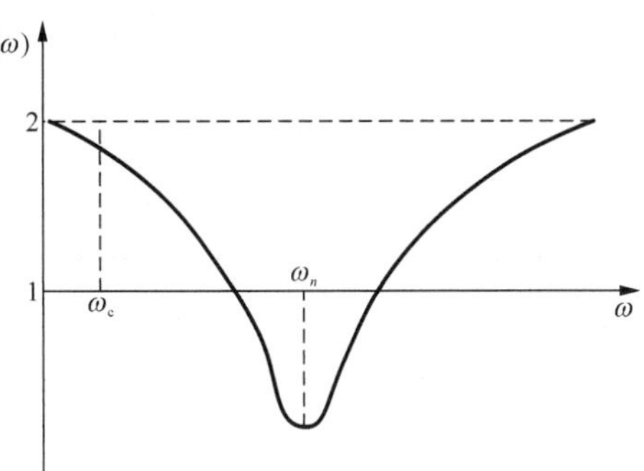

图 3.53　蓄能器的吸收特性

① 蓄能器的吸收特性与管路压力脉动频率的关系，从图 3.53 中可以看出，当 $\omega=\omega_n$ 时

$$|G(j\omega)|_{\min}=\frac{4\zeta}{2\zeta+\frac{\omega_n}{\omega_c}}\approx 4\zeta\frac{\omega_c}{\omega_n} \tag{3.195}$$

将 $\zeta=\frac{Ra}{2\rho l\omega_n}$，$\omega_n=\sqrt{\frac{a}{\rho l\beta_a V_a}}$，$\omega_c=\frac{Q_a}{2\beta_a V_a p_a}$ 代入式(3.195)，得

$$|G(j\omega)|_{\min}=R\frac{Q_a}{p_a} \tag{3.196}$$

在 $\omega=\omega_n$ 时，压力 p 的振幅非常小，所以规定管路中的压力脉动频率 ω 与所选择的蓄能器 ω_n 一致时，效果最好。

② 蓄能器的吸收特性与蓄能器连接管路阻力的关系，由式(3.196)可知，减小连接蓄能器的管路阻力 R 可以得到较小的最小压力脉动幅值 $|G(j\omega)|_{\min}$，如图 3.54 和表 3.4 所示，曲线 2、3 在同一个容积蓄能器下，R 越小，则 $|G(j\omega)|_{\min}$ 越小。也就是表明曲线 3 的吸收特性比曲线 2 好。曲线 1 因 V_a 很小 ω_c 很大，而 ω 远小于 ω_c，所以蓄能器不起作用。

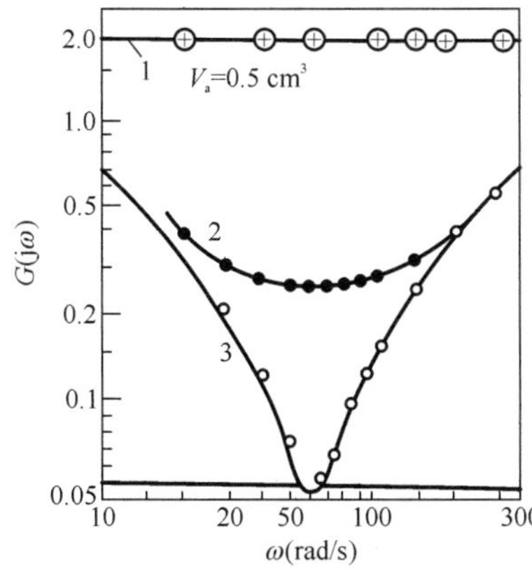

图 3.54　蓄能器的吸振特性

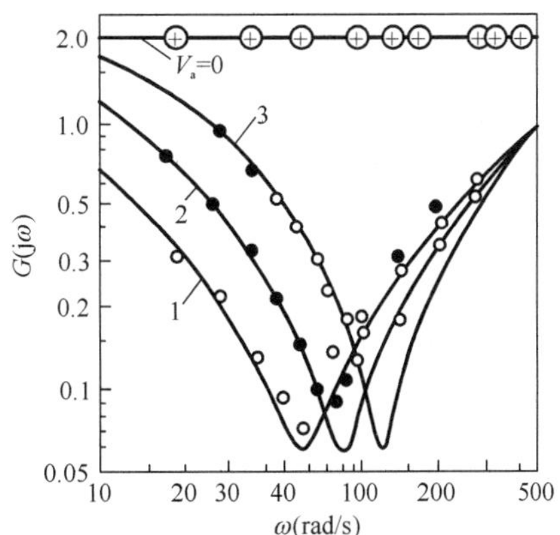

图 3.55　蓄能器的吸收特性

③ 蓄能器的吸收特性与蓄能器气体容积的关系，当改变蓄能器容积 V_a 时，由于 $\omega_n=\sqrt{\frac{a}{\rho l\beta_a V_a}}$，$V_a$ 增大 ω_n 减小，所以 $|G(j\omega)|_{\min}$ 值的 ω 也是变化的，如图 3.55 和表 3.5 所示。

表 3.4　蓄能器的吸收特性

曲线	$R(\mathrm{N \cdot s/m^5})$	$\omega_n(\mathrm{rad/s})$	$V_a(\mathrm{m^3})$
1			0.5×10^{-6}
2	1.208×10^9 $(l=1.6\times10^{-1}\,\mathrm{m},\ d=0.43\times10^{-2}\,\mathrm{m})$	60	4×10^{-5}
3	2.080×10^8 $(l=9.8\times10^{-1}\,\mathrm{m},\ d=1.27\times10^{-2}\,\mathrm{m})$	60	4×10^{-5}

表 3.5　蓄能器的吸振特性

曲线	$R(\mathrm{N \cdot s/m^5})$	$V_a(\mathrm{m^3})$	$\omega_n(\mathrm{rad/s})$
1	2.588×10^2 $(l=0.75\,\mathrm{m},\ d=0.93\times10^{-2}\,\mathrm{m})$	4×10^{-5}	65
2		2×10^{-5}	85
3		1×10^{-5}	120

从动态的要求考虑吸收脉动压力，应使系统的压力脉动频率与蓄能器固有频率一致，并应将连接蓄能器管路的液阻保持最小值。蓄能器容积的稳态值可按式(3.183)换算得出

$$V_0=\frac{a}{\omega_n^2\beta_a\rho l} \tag{3.197}$$

3.2.3　液压蓄能器用于吸收冲击压力时的案例

管内流体流动时，由于阀的快速关闭引起流体流动状态急变，流体的动能变为阀前的压力能，并产生高压力波动的传播。

3.2.3.1　理论计算式

如图 3.56 所示，当阀 B 迅速关闭时，发生液压冲击，有一部分液体将进入蓄能器，并对蓄能器做功(亦即蓄能器吸收能量)。可根据液体的冲击能与蓄能器吸收的能量相等的原则来计算容量。

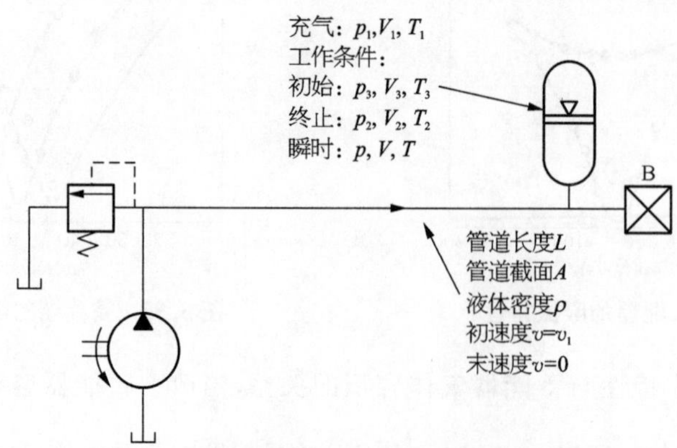

图 3.56　蓄能器用于吸收冲击压力的原理图

$$-\rho AL\frac{\mathrm{d}v}{\mathrm{d}t}=pA \tag{3.198}$$

因为质量流量为
$$\dot{m}=-\rho\frac{\mathrm{d}V}{\mathrm{d}t}=\rho Av \tag{3.199}$$

则有
$$-\frac{1}{v}\frac{\mathrm{d}V}{\mathrm{d}t}=A$$

上式两边都乘以 p，得

$$pA=-\frac{p\mathrm{d}V}{v\mathrm{d}t} \tag{3.200}$$

式(3.198)和式(3.200)相等，则

$$-\rho AL\frac{\mathrm{d}v}{\mathrm{d}t}=-\frac{p\mathrm{d}V}{v\mathrm{d}t}$$

$$\rho ALv\mathrm{d}v=p\mathrm{d}V \tag{3.201}$$

对于等温过程，$pV=G$，所以

$$\rho ALv\mathrm{d}v=G\frac{\mathrm{d}V}{V}$$

按初始条件和终止条件积分得

$$\rho AL\int_{v_1}^{0}v\mathrm{d}v=G\int_{v_2}^{v_3}\frac{1}{V}\mathrm{d}V,\ -\rho AL\frac{v_1^2}{2}=-G\ln\frac{V_3}{V_2}$$

$$\rho AL\frac{v_1^2}{2}=G\ln\frac{p_2}{p_3}=p_1V_1\ln\frac{p_2}{p_3}$$

$$V_1=\frac{\rho AL\dfrac{v_1^2}{2}}{p_1\ln\dfrac{p_2}{p_3}} \tag{3.202}$$

对于绝热过程，$pV^{\gamma}=G$，所以

$$\rho ALv\mathrm{d}v=G\frac{\mathrm{d}V}{V^{\gamma}}$$

$$-\rho AL\frac{v^2}{2}=\frac{GV^{1-\gamma}}{1-\gamma}\Bigg|_{V=V_2}^{V=V_3}=\frac{G}{\gamma-1}(V_3^{1-\gamma}-V_2^{1-\gamma})=\frac{1}{\gamma-1}(p_3V_3-p_2V_2)$$

即
$$\rho AL\frac{v^2}{2}=\frac{1}{\gamma-1}(p_2V_2-p_3V_3) \tag{3.203}$$

如果 $p_3V_3=p_1V_1$，也就是充液前工作状态是等温过程，则

$$\rho AL\frac{v^2}{2}=\frac{p_1V_1}{\gamma-1}\left[\left(\frac{p_2}{p_3}\right)^{(\gamma-1)/\gamma}-1\right] \tag{3.204}$$

$$V_1=\frac{(\gamma-1)\rho AL\dfrac{v^2}{2}}{p_1\left[\left(\dfrac{p_2}{p_3}\right)^{(\gamma-1)/\gamma}-1\right]} \tag{3.205}$$

式(3.202)和式(3.205)可用于计算蓄能器的容量，在等温和绝热条件下计算蓄能器容量都需知 ρ、A、L、v、p_1、p_2。

上述的简化分析，忽略了液体的压缩性和管路的弹性，不论怎样，计算所得的蓄能器将显著缩小，因管路中流体突然减速会引起冲击压力，所以蓄能器要尽可能靠近冲击源安装。

3.2.3.2　经验公式

利用蓄能器吸收冲击压力可以得到满意的结果，根据实验结果可用下列经验公式计算

$$V_1 = \frac{0.004Qp_2(0.0164l - T)}{p_2 - p_1} \tag{3.206}$$

式中　V_1——蓄能器容积(L)；

Q——阀关闭前管路流量(L/min)；

p_2——允许的冲击压力(MPa)；

p_1——阀关闭前管路压力(MPa)；

l——管路全长(m)；

T——阀关闭时间(s)。

3.2.4　液压蓄能器用于吸收系统管路热膨胀的案例

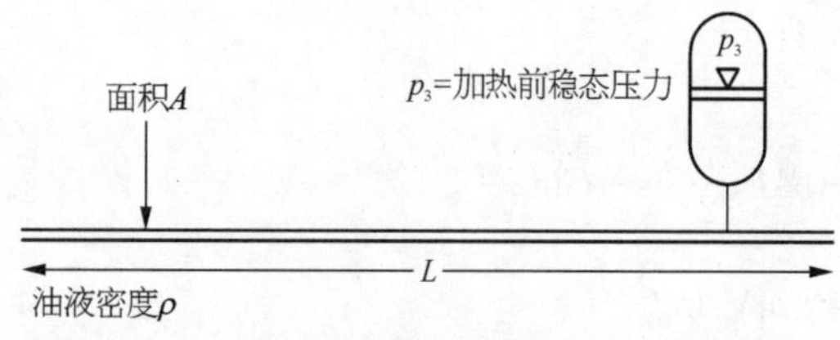

图 3.57　利用蓄能器吸收管路热膨胀计算简图

封闭在管路或液压系统中的液体，由于液体温度的升高，会引起很大的压力。如在系统中安装蓄能器，则可控制压力的升高。如图3.57所示，设蓄能器的充液前压力为 p_1，系统加热前的稳态压力为 p_3，p_2 是由膨胀引起的最大压力。

设压力 p_3 时蓄能器气体容积为 V_3；压力 p_2 时蓄能器气体容积为 V_2；油液容积热膨胀系数为 β；管路材料的线性膨胀系数为 α。系统温度升高为 Δt，则

$$V_2 = V_3 - AL\beta\Delta t + AL \cdot 3\alpha\Delta t = V_3 - AL(\beta - 3\alpha)\Delta t$$

当绝热过程时

$$V_2 = V_3\left(\frac{p_3}{p_2}\right)^{\frac{1}{\gamma}}$$

因此

$$V_3 = \frac{AL(\beta - 3\alpha)\Delta t}{1 - \left(\frac{p_3}{p_2}\right)^{\frac{1}{\gamma}}} \tag{3.207}$$

又当 p_1 到 p_3 阶段也为绝热过程，则

$$p_1V_1^{\gamma} = p_3V_3^{\gamma}$$

$$V_1 = V_3\left(\frac{p_3}{p_1}\right)^{\frac{1}{\gamma}} = \frac{AL(\beta - 3\alpha)\Delta t}{1 - \left(\frac{p_3}{p_2}\right)^{\frac{1}{\gamma}}}\left(\frac{p_3}{p_1}\right)^{\frac{1}{\gamma}}$$

所以蓄能器的容积为

$$V_1 = \frac{V_p(\beta - 3\alpha)\Delta t}{1 - \left(\frac{p_3}{p_2}\right)^{\frac{1}{\gamma}}}\left(\frac{p_3}{p_1}\right)^{\frac{1}{\gamma}} \tag{3.208}$$

式中　V_p——管路中液体的总容积，$V_p = AL$。

3.2.5　液压蓄能器性能试验及换算案例

按蓄能器的工作特点和液压系统对蓄能器所提出的各种技术要求，蓄能器通常要做的试验有：壳体耐压试验、脉动疲劳试验（寿命试验）与皮囊充气渗漏试验等。它们的测试方法在标准化文件中都有规定，在此不再赘述。下面仅对工程计算中常用的技术数据（如蓄能器出口局部损失系数和蓄能器频率特性）的测定及计算予以介绍。

3.2.5.1　蓄能器出口局部损失系数的测定

蓄能器出口一般都存在局部损失和沿程压力损失，由于它在释放或充入流体能量时蓄能器内压力和流量都是变化的，所以测定就比较困难。现选用图 3.58 所示的系统进行测试并换算得出局部损失系数。

1）测试方法　在蓄能器的充气口上装一专用装置，将气口的充气单向阀顶开，并接上压力表和压力传感器 A。在蓄能器的液体出口端装上压力表和压力传感器 B。在开动液压泵以前先用光线示波器拍摄一段波形，然后开动液压泵，调整溢流阀到某一确定值再拍摄一段波形。关闭液压泵后接通二位二通阀，同时用光线示波器拍摄波形。

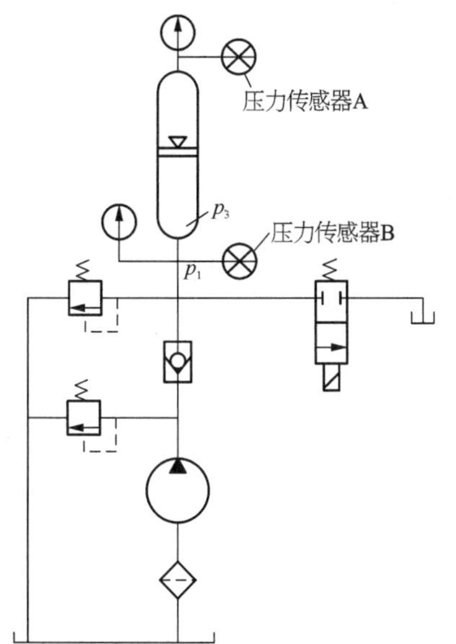

图 3.58　蓄能器出口局部损失系数测试原理图

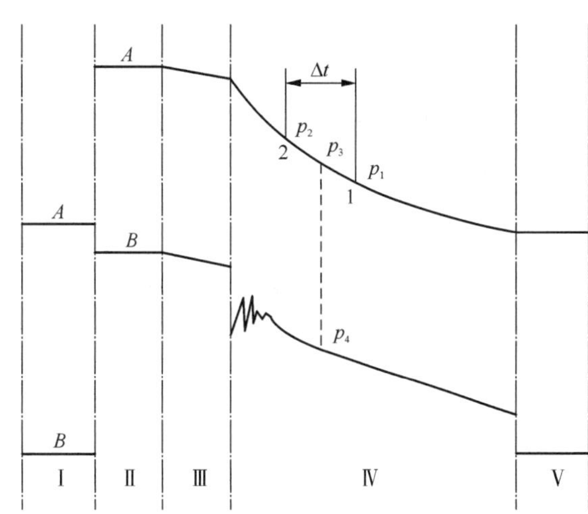

图 3.59　测试波形

2）波形及其分析计算　测试波形如图 3.59 所示。图 3.59 中的第Ⅰ阶段和第Ⅱ阶段是供标定用的。第Ⅰ阶段 B 线的压力为零，A 线的压力为蓄能器的预充气压力 p_0；第Ⅱ 阶段的 A 线和 B 线都是溢流阀的调定压力，即蓄能器的调定压力 p_{R0}；由于液压泵关闭后的泄漏等原因，在第Ⅲ阶段波形稍有下降；第Ⅳ阶段是蓄能器排油过程，也是计算局部损失系数的依据；第Ⅴ阶段蓄能器排油已经结束，管内压力迅速下降到零，蓄能器内压力恢复到预充气压力 p_0。

为了求出局部损失系数 ξ，应求出瞬时流量，方法如下：首先在第Ⅳ阶段 A 线上的下降较陡且线性较好的部分取1、2两点,求出 p_1、p_2 及两者的时标差 Δt,再取1、2两点时间轴上的中点 p_3 及对应的 B 线上的 p_4,就可换算得出 ξ 值。

$$p_1 V_1^\gamma = p_2 V_2^\gamma = p_{R0} V_{R0}^\gamma \tag{3.209}$$

$$p_{R0} V_{R0} = p_0 V_0 \tag{3.210}$$

$$Q = \frac{\Delta V}{\Delta t} = \frac{V_2 - V_1}{\Delta t} \tag{3.211}$$

由式(3.209)得

$$V_1 = \left(\frac{p_{R0}}{p_1}\right)^{\frac{1}{\gamma}} V_{R0} = \left(\frac{p_{R0}}{p_1}\right)^{\frac{1}{\gamma}} \frac{p_0}{p_{R0}} V_0$$

$$V_2 = \left(\frac{p_{R0}}{p_2}\right)^{\frac{1}{\gamma}} \frac{p_0 V_0}{p_{R0}}$$

所以

$$Q = \left[\left(\frac{p_{R0}}{p_2}\right)^{\frac{1}{\gamma}} - \left(\frac{p_{R0}}{p_1}\right)^{\frac{1}{\gamma}}\right] \frac{p_0 V_0}{p_{R0} \Delta t} \tag{3.212}$$

$$\Delta p = p_3 - p_4 = \frac{8\rho\xi Q^2}{\pi^2 d_3^4} + \frac{128\mu l}{\pi d^4} Q \tag{3.213}$$

式中 d_3——蓄能器出口公称通径;

l、d——蓄能器出口到压力传感器B之间管路长度和内径;

μ——油液的动力黏度。

由式(3.213)即可求出蓄能器出口的局部损失系数

$$\xi = \frac{\pi^2 d_3^4}{8\rho Q^2}\left(p_3 - p_4 - \frac{128\mu l Q}{\pi d^4}\right) \tag{3.214}$$

在 n 个相同结构、容量和预充气压力的蓄能器并联使用时,其当量局部损失系数是单个蓄能器的 $1/n^2$。

3.2.5.2 蓄能器频率响应的测定

为了更充分地发挥蓄能器的效用,不论它作何种用途,在大部分使用场合对蓄能器都有动态特性指标的要求。通常可测试蓄能器的压力幅频特性和阻抗幅频特性来衡量蓄能器的动态指标。

1) 压力幅频特性 图3.60所示是蓄能器频率响应测定实验装置的示意图,由伺服阀控制

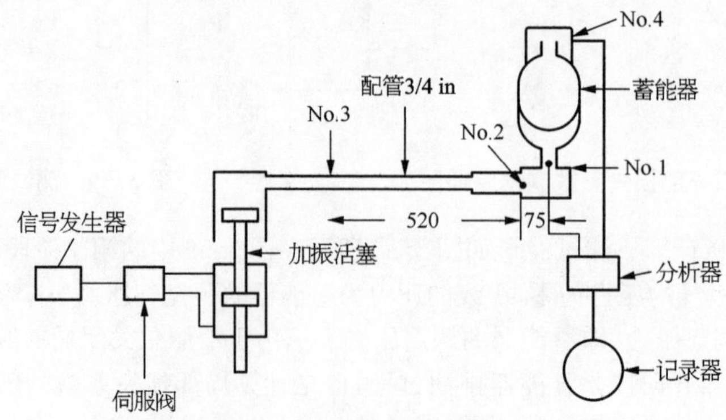

图3.60 蓄能器频率响应测定实验装置的示意图

液压缸活塞运动使加振液压缸加振，可达 10～100 Hz 的响应。

由蓄能器的气体压力和管路中某输入点压力之比求它的频率响应(图 3.61)。压力的测定可用半导体压力传感器，其信号输入到频率分析器记录。

圆形管路内，液体流动为层流时，阻力损失按下列公式计算

$$\Delta p_1 = \frac{128\mu lQ}{\pi d^4} = \frac{8\pi\mu lv}{A} = \frac{Bv}{A} \tag{3.215}$$

式中 μ——液体的动力黏度系数；

l——管路长度；

A——管路横断面积；

v——液体的平均流速；

B——黏性阻尼系数；

Δp_1——管路两端的压力降。

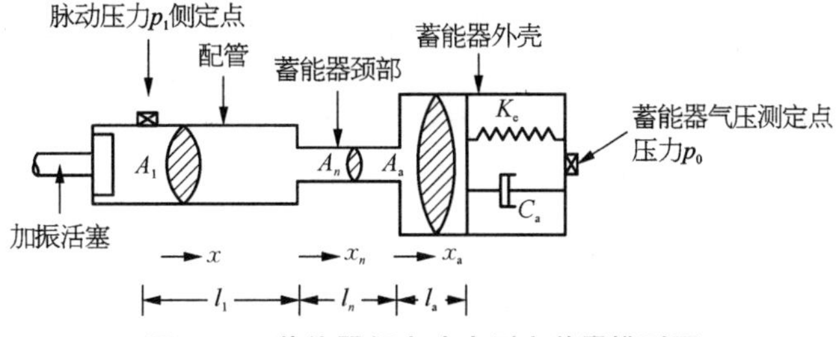

图 3.61 蓄能器频率响应测定装置模型图

管路内液体的惯性力为

$$F = Al\rho \frac{dv}{dt} = m\frac{dv}{dt} \tag{3.216}$$

$$\Delta p_2 = \frac{F}{A} = l\rho \frac{dv}{dt} = \frac{m}{A}\frac{dv}{dt} \tag{3.217}$$

式中 ρ——液体的密度。

(1) 频率响应的计算方法。按照上述公式，列出测定装置每一段油路内力的平衡方程式

$$p_1 - p_2 = \frac{8\pi\mu l_1 v_1}{A_1} + \frac{m_1}{A_1}\frac{dv_1}{dt} \tag{3.218}$$

$$p_2 - p'_a = \frac{8\pi\mu l_n v_n}{A_n} + \frac{m_n}{A_n}\frac{dv_n}{dt} \tag{3.219}$$

$$p'_a - \frac{\gamma p_a A_a}{V_a}x_a = \frac{8\pi\mu l_a v_a}{A_a} + \frac{m_a}{A_a}\frac{dv_a}{dt} \tag{3.220}$$

式(3.218)和式(3.219)相加，得

$$p_1 - p'_a = \frac{8\pi\mu l_1 v_1}{A_1} + \frac{8\pi\mu l_n v_n}{A_n} + \frac{m_1}{A_1}\frac{dv_1}{dt} + \frac{m_n}{A_n}\frac{dv_n}{dt} \tag{3.221}$$

式(3.220)和式(3.221)相加，得

$$p_1 - \frac{\gamma p_a A_a}{V_a}x_a = \frac{8\pi\mu l_1 v_1}{A_1} + \frac{8\pi\mu l_n v_n}{A_n} + \frac{8\pi\mu l_a v_a}{A_a}$$

$$+\frac{m_1}{A_1}\frac{dv_1}{dt}+\frac{m_n}{A_n}\frac{dv_n}{dt}+\frac{m_a}{A_a}\frac{dv_a}{dt} \tag{3.222}$$

将 $v_1=\frac{A_n}{A_1}v_n$，$v_a=\frac{A_n}{A_a}v_n$，$x_a=\frac{A_n}{A_a}x_n$ 代入式(3.222)，得

$$p_1=8\pi\mu\left(\frac{l_1A_n}{A_1^2}+\frac{l_n}{A_n}+\frac{l_aA_n}{A_a^2}\right)v_n+\left(\frac{m_1A_n}{A_1^2}+\frac{m_n}{A_n}+\frac{m_aA_n}{A_a^2}\right)\frac{dv_n}{dt}+\frac{\gamma p_aA_n}{V_a}x_n \tag{3.223}$$

式(3.223)的两边都乘以 A_n 后，得

$$p_1A_n=8\pi\mu\left[l_n+l_1\left(\frac{A_n}{A_1}\right)^2+l_a\left(\frac{A_n}{A_a}\right)^2\right]\dot{x}_n$$

$$+\left[m_n+m_1\left(\frac{A_n}{A_1}\right)^2+m_a\left(\frac{A_n}{A_a}\right)^2\right]\ddot{x}_n+\frac{\gamma p_aA_n^2}{V_a}x_n \tag{3.224}$$

$$p_1A_n=m_e\ddot{x}_n+B_e\dot{x}_n+K_ex_n \tag{3.225}$$

其中

$$m_e=m_n+m_1\left(\frac{A_n}{A_1}\right)^2+m_a\left(\frac{A_n}{A_a}\right)^2 \tag{3.226}$$

$$B_e=8\pi\mu\left[l_n+l_1\left(\frac{A_n}{A_1}\right)^2+l_a\left(\frac{A_n}{A_a}\right)^2\right] \tag{3.227}$$

$$K_e=\frac{\gamma p_aA_n^2}{V_a} \tag{3.228}$$

式中 m_e——换算的等效质量；

B_e——换算的等效黏性阻尼系数；

K_e——换算的等效弹簧刚度。

蓄能器内测定点的压力 p_a 为

$$p_a=\frac{K_e}{A_n}x_n \tag{3.229}$$

将式(3.229)代入式(3.225)，得

$$p_1=\frac{m_e}{K_e}\ddot{p}_a+\frac{B_e}{K_e}\dot{p}_a+p_a \tag{3.230}$$

对上式进行拉普拉斯变换，得传递函数为

$$\frac{P_a(s)}{P_1(s)}=\frac{1}{\frac{m_e}{K_e}s^2+\frac{B_e}{K_e}s+1}=\frac{1}{T^2s^2+2\zeta Ts+1} \tag{3.231}$$

式中 T——时间常数，

ζ——相对阻尼系数。

$$T=\sqrt{\frac{m_e}{K_e}} \tag{3.232}$$

或

$$\omega_n=\frac{1}{T}=\sqrt{\frac{K_e}{m_e}} \tag{3.233}$$

$$\zeta=\frac{B_e}{2m_e\omega_n} \tag{3.234}$$

式(3.231)的频率特性 $G(j\omega)$ 为

$$G(j\omega)=\frac{P_a(j\omega)}{P_1(j\omega)}=\frac{1}{\left(1-\frac{\omega^2}{\omega_n^2}\right)+j\omega\frac{2\zeta}{\omega_n}} \tag{3.235}$$

(2) 压力频率响应的实验。如图 3.62～图 3.65 所示。

① 蓄能器颈部直径与频率响应的关系。在图 3.60 的 No.1 位置上测 p_1，No.4 位置测 p_a，对应这些位置的蓄能器的频率特性，实验点如图 3.62 所示。颈部直径大，固有频率 ω_n 较高。计算是在假设定常层流系统基础上进行的。实验时油路压力在充气压力的 1.3 倍范围内，实验与计算的固有频率很一致。如(A)条件下，实测值 $f_n=11.0$ Hz，$\zeta=0.21$，计算值 $f_n=11.4$ Hz，$\zeta=0.1$；(B) 条件下实测值 $f_n=23.0$ Hz，$\zeta=0.09$，计算值 $f_n=22.9$ Hz，$\zeta=0.013$。

② 蓄能器在具有单向阀条件下，颈部直径与频率响应的关系。实验与计算曲线如图 3.63 所示，两者存在一定的误差，如印有"∘"点的回路实验值 $f_n=22$ Hz，$\zeta=0.17$，计算值 $f_n=25.9$ Hz，$\zeta=0.016$。

A. 蓄能器口：65 L×ϕ15 聚四氟化乙烯圆形节流器安置后的实验值，气压 0.88 MPa，回路压力 1.16 MPa。

B. 蓄能器口：65 L×ϕ30 聚四氟化乙烯圆形节流器实验值，气压 0.9 MPa，回路压力 1.18 MPa。

C. 蓄能器口：60 L×ϕ41 内安置单向阀的实验值，气压 0.85 MPa，回路压力 1.28 MPa。

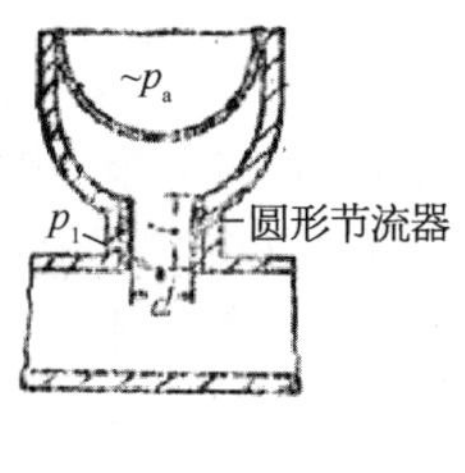

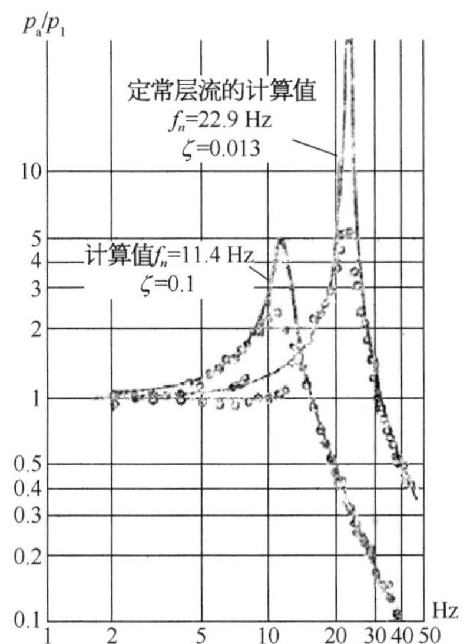

图 3.62 蓄能器颈部具有节流效应的频率响应变化(无单向阀)

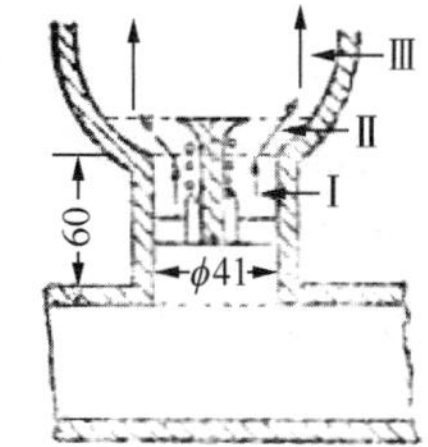

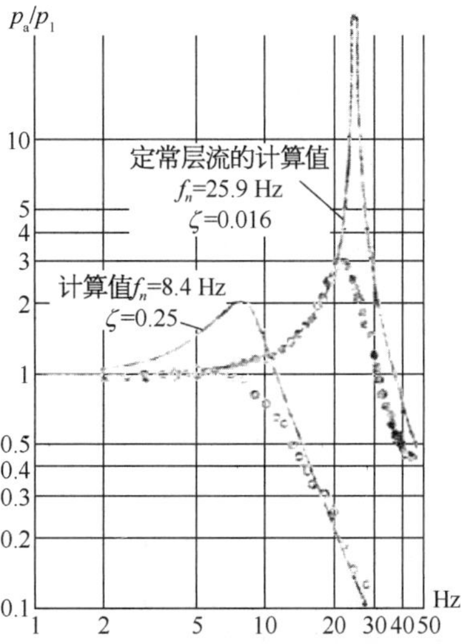

图 3.63 蓄能器颈部具有节流效应的频率响应变化(有单向阀)

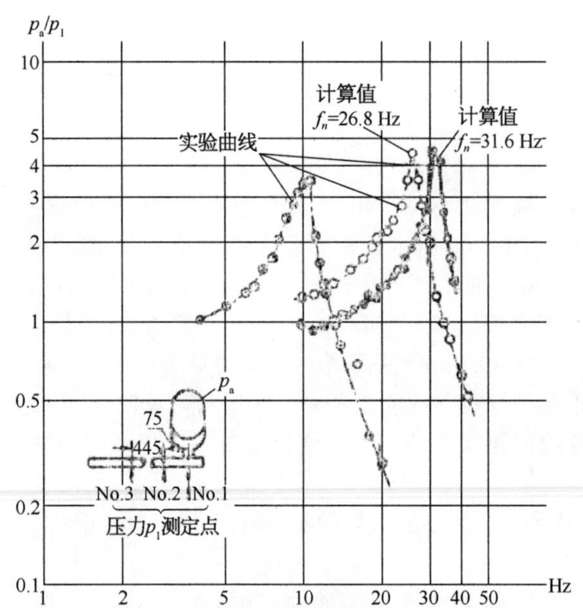

图 3.64 测定压力 p_1 的位置对频率响应的影响(无单向阀)

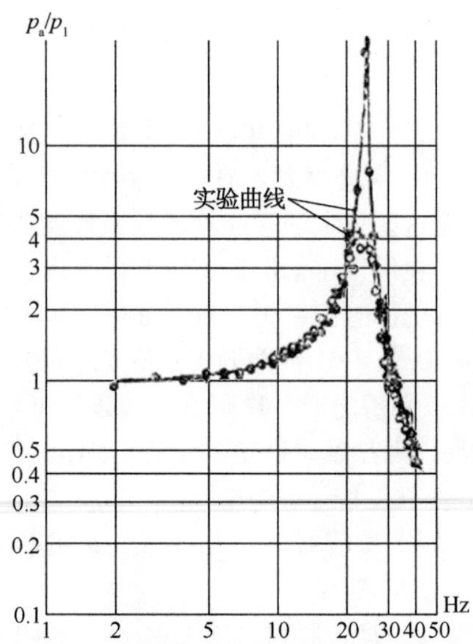

图 3.65 橡胶囊充空气与无橡胶囊充空气场合的比较(不设单向阀,压力测定 No. 2 位置)

D. 在 C 中 42 L× ϕ10 的节流器装入情况下的实验值,气压 0.95 MPa,回路压 1.2 MPa。

③ 压力 p_1 测定的位置和频率响应的关系。压力 p_1 测定位置不同,频率响应的固有频率也不同。如图 3.64 所示,No.1 位置"⊙"记号处 $f_n = 32$ Hz; No.2 位置"∘"记号处 $f_n = 27$ Hz; No.3 位置"⊙"记号处 $f_n = 10.5$ Hz,固有频率依次降低的倾向与计算基本一致。

A. ·压力 No.1 位置气压 0.88 MPa,回路压力 1.2 MPa。

B. ·压力 No.2 位置气压 0.9 MPa,回路压力 1.2 MPa。

C. ⊙压力 No.3 位置气压 0.95 MPa,回路压力 1.2 MPa。

颈部节流器 60 L× ϕ41。

④ 橡胶囊对阻尼的影响。阻尼的实测值与定常层流计算值相比则大得多,其原因在于橡胶囊本身的内部摩擦,橡胶囊与壳体壁间的黏性力的影响。图 3.65 所示为橡胶囊的有无对频率响应变化的实测结果,图上记号"·"为除去橡胶囊充入空气条件下的共振峰特性 $\zeta = 0.02$,具有橡胶囊时增加到 $\zeta = 0.12$,所以橡胶囊的阻尼作用是不能忽略的。

A. 橡胶囊没有充空气。

B. 橡胶囊充入空气。

充气压力、回路压力与节流器 60 L× ϕ41 相同。

2) 阻抗幅频特性 测试实验装置的示意图仍是图 3.60,但使用速度传感器将加振液压缸活塞的速度测出,速度乘活塞面积就是管路中的流量,这样就可以依次换算得出各频率下的阻抗 $|Z|$ 值,画出阻抗幅频特性曲线。

无论在蓄能器压力幅频特性曲线上或在阻抗幅频特性曲线上得出的固有频率 ω_n,都是一定充气压力及工作点压力下的数值。如果要得出使用条件下充气压力及工作点压力下的固有频率 ω_n',可用下式进行换算

$$\omega_n' = \frac{p_2' \sqrt{p_1}}{p_2 \sqrt{p_1'}} \omega_n \tag{3.236}$$

式中 p_2——试验条件下工作压力；

p_1——试验条件下充气压力；

p_2'——使用条件下工作压力；

p_1'——使用条件下充气压力；

ω_n——试验条件下的蓄能器固有频率。

3.3 极端温度环境下的飞行器液压蓄能器与气瓶特性

极端温度环境下液压元件的性能影响液压系统的服役特性。本节介绍极端低温(－40 ℃)和极端高温(160 ℃)条件下储气瓶、蓄能器气腔特性分析方法，服役性能以及提高温度特性的工艺技术措施。

液压系统和液压元件一般工作在常温状态，在某些特定条件和特定场合需要工作在极端温度状态下，包括高温环境和低温环境的要求。液压系统性能优劣影响整机控制精度、系统稳定性及可靠性，有必要分析高低温环境下电液伺服阀等液压元件的特性。飞机机载液压系统一般情况下最低工作环境温度达－55 ℃，现代高性能军用飞机则要求适应－75 ℃甚至更低的环境温度。温度过低时液压油黏度大，液压泵的自吸能力下降，管路压力损失增大，液压元件及其密封件变脆，工作性能及寿命都会降低。飞机液压系统正在向高压、大流量、大功率方向发展，系统的无效功率主要转化为热量，导致液压系统油液工作温度不断提高，在相同的工作压力下，油温升高，液压油的黏度减小，泄漏量增大，如某系统在高温 150 ℃时的液压油泄漏量是其在相同工作压力下常温 50 ℃时的泄漏量的 3.6 倍。火箭液压伺服机构的油液工作温度更高达 250 ℃。

飞行器液压系统如导弹舵面控制采用液压舵机，其工作环境非常复杂，需要承受各种极端环境温度，同时飞行器均采用闭式液压系统，环境温度变化导致液压或气体的体积膨胀或压缩，影响液压系统的工作性能。航空航天的极限环境下电液伺服阀等液压元件工作时需要避免出现卡、堵、零位漂移和工作点变动，甚至打不开或关不死的异常情况。导弹或火箭飞行器处于极限温度下工作，电液伺服阀等液压元件属于敏感控制元件，直接决定飞行器控制姿态的真实变化过程和发射的成败。结合极端温度环境下大量可靠性试验数据和故障模式，分析液压阀极端环境下性能下降或失效的故障发生机理，是实现液压元件在极端环境下正常工作的关键。如飞行器电液伺服阀必须在大温度范围内均能正常工作，在极端低温和极端高温条件下问题将变得更加复杂。极端低温(－50 ℃)和极端高温(160 ℃)条件下液压阀特性，包括液压油、配合偶件、工艺、闭式系统补偿措施以及电液伺服阀一级或二级温度补偿特性等是要解决的关键问题之一。目前对常温下液压元件特性，如电液伺服阀常温下的特性、故障原因分析比较多。由于难度大以及涉及军工等种种原因，公开资料很少涉及极端高低温下电液伺服阀的服役性能及工艺技术。

国内制造的液压元件适用的温度范围各不相同，如中船重工七〇四研究所生产的 CSDY3－60、80、100 型射流管电液伺服阀产品的适用温度范围为－40～85 ℃；航天十八研究所生产的 SFL 系列电液伺服阀的适用温度范围为－55～125 ℃；南京 609 研究所生产的 FF106 系列电液伺服阀适用温度范围为－30～100 ℃。国外制造的液压元件适用的温度范围较宽，如 Moog 公司的双喷嘴挡板力反馈式电液伺服阀 Moog 72、Moog 760、Moog 780 系列的最高压力 34 MPa，工作温度范围为－40～135 ℃；Dowty 公司的双喷嘴挡板力反馈式电液伺服阀 Dowty 31、Dowty

32 系列的最高压力为 21 MPa，工作温度范围为 −54～177 ℃。

飞行器在储存、运送和发射飞行过程中，液压元件往往要经过极端低温、极端高温环境过程考核。储存状态包括极端低温（−40 ℃）和极端高温（60 ℃）的环境温度条件，液压蓄能器及储气瓶在大温差范围内的特性，尤其是气腔气体的充气压力特性及充气质量，以及此时蓄能器的工作排油量及最大充油量特性对飞行器液压系统设计至关重要。

3.3.1 极端温度下的应用

伺服控制起源于第二次世界大战前后导弹与火箭飞行体姿态控制，采用燃气发生器、气动伺服阀和燃气马达的燃气伺服系统。1950 年以来，美国、苏联以及欧洲国家为开发宇宙空间，在航天火箭、航天飞行器等的推力向量控制，火箭姿态控制采用冷气或热燃气驱动气动伺服作动器或液压执行机构进行伺服控制。中国长征系列运载火箭姿态控制系统执行机构采用气瓶输出气源带动气动叶片驱动液压泵或者电机泵产生液压能源。飞行器极限环境下气体的储存和排放、燃气驱动、气瓶系统可靠性等尚未完全解决，已经被列为重要课题。飞行器液压控制系统中，一般都采用液压蓄能器和气体增压油箱。液压蓄能器利用密封气体的可压缩性原理进行工作，通过充气腔容积的压缩、膨胀与压力的变化来实现吸油、排油的功能。为确保液压控制系统正常工作，提高液压系统的高空性能，飞行器采用了增压油箱。导弹、火箭飞行器的气体增压油箱，飞机在高空飞行使用的增压油箱都是在有压气体的作用下，给油箱中储存的密封油液增压，增加油箱油面上的压力以便于液压泵吸油，防止液压泵吸油产生气穴。

防空导弹自动驾驶仪舵面控制和导引头天线伺服机构常常采用液压能源。如美国霍克导弹采用液压舵机控制舵面偏转；苏联 S－300 导弹最初采用燃气舵机，后改为液压舵机；美国爱国者防空导弹采用电动变量泵液压舵机；美国麻雀系列导弹则采用固体燃气发生器驱动气液蓄压器式导引头液压能源和氮气驱动气液蓄压器式驾驶仪液压能源；英国海标枪舰空导弹采用燃气马达驱动式液压舵机；意大利阿斯派德三军通用防空导弹采用燃气涡轮泵电液能源驱动驾驶仪液压舵机和天线液压伺服机构。飞行器储存温度范围一般在 −40～60 ℃，导弹或火箭液压舵机或伺服机构大多采用小容量高压闭式液压系统，其液压油的极端工作温度达到 160 ℃甚至更高。飞行器液压元件必须在大温度范围内均能正常工作，但在极端低温和极端高温条件下的工作性能问题将变得更加复杂。

在地面状态时，给蓄能器气腔、增压油箱气瓶充气，气体充到一定的压力。在飞行器储存、运送和发射飞行工作阶段，通常温度的变化范围大，如何保证在整个温度范围内气腔及其液压蓄能器正常工作极为重要。目前，针对一般常规环境条件下液压蓄能器性能研究探讨较多，极端温度环境下蓄能器性能研究尚不多见。

3.3.2 真实气体的范德瓦尔斯方程

飞行器常常采用液压蓄能器吸收压力冲击或者供给液压能源，或者通过气瓶储存的气体给闭式液压系统的油箱增压。液压蓄压器或者气瓶中气体压力随储存环境温度变化而变化，环境温度变化范围通常比较大。比如冬季环境温度 −40 ℃时给气腔充气后，到夏季 60 ℃使用时，液压蓄能器或气瓶内气体较冬季时压力升高较大，且压力常常超出规定的使用范围。因此，在飞行器气腔充气时，往往根据实际使用工况按照秋冬季和春夏季两组使用状态进行充气管理，以确保飞行器液压系统气腔的压力在正常范围内。实际气体和理想气体在不同条件下存在很大差别。真实气体在密度不太高、温度不太低（与室温比较）、压力不太高（与大气压比较）的条件下，遵守理想气体的状态方程。在高压或低温下，真实气体的状态变化与理想气体的状态方程出入很大。

在工程技术分析和应用研究中，处理极端高压或极端低温工况下的气体特性，往往在理想气体基础上进行必要的修正。真实气体考虑了物质结构的微观理论，如气体分子本身的体积和气体分子间的相互作用力，可以较好地反映客观实际情况。

理想气体的状态方程为

$$pV = \frac{m}{M}RT \tag{3.237}$$

式中 p——气体压力(Pa)；

V——气体体积(m^3)；

m——气体质量(kg)；

M——气体摩尔质量(kg/mol)；

R——摩尔气体常数，$R=8.31$ J/(mol·K)；

T——气体绝对温度(K)。

真实气体的范德瓦尔斯方程为

$$\left(p+\frac{m^2}{M^2}\frac{a}{V^2}\right)\left(V-\frac{m}{M}b\right)=\frac{m}{M}RT \tag{3.238}$$

式中 a——比例系数($m^6 \cdot Pa/mol^2$)；

b——气体常数(m^3/mol)。

其中 a、b 通过实测气体等温线气、液、固三相临界转折处的压力、体积、温度(p_k、V_k、T_k)确定，且有

$$a = 3V_k^2 p_k = \frac{9}{8}V_c RT_c,\ b = \frac{V_k}{3} \tag{3.239}$$

$$V_k = \frac{3}{8}\frac{RT_k}{p_k} \tag{3.240}$$

对于干燥空气，有 $T_k = -140.7$ ℃，$p_k = 37.2$ 个大气压。几种气体的范德瓦尔斯常数见表 3.6。

表 3.6 气体的范德瓦尔斯常数

气体	分子式	M(g/mol)	a ($10^{-1}m^6 \cdot Pa/mol^2$)	b($10^{-6}m^3$/mol)
空气		28.97	1.36	36.51
氮	N_2	28	1.41	39
氦	He	4	0.034	24
氩	Ar	40	1.357	32

3.3.3 高压气瓶充气质量

对于一定容积的容腔，如液压蓄能器的气腔，气体增压油箱的气瓶，在地面状态一定温度和预充气压力后，充气的质量可由式(3.238)确定。将式(3.238)变形，可得

$$m^3 - \frac{MV}{b}m^2 + \frac{M^2V^2}{ab}(RT+pb)m - \frac{pM^3V^3}{ab} = 0 \tag{3.241}$$

通常根据液压系统需要液压蓄能器补充的油量，来确定液压蓄能器的最低充气压力 p_{min}、最高充气压力 p_{max}。由极端低温环境温度 t_{min}、最低充气压力 p_{min}，通过式(3.241)可求得一定体积容腔内气体的一组充气质量，即秋冬季充气质量；由极端高温环境温度 t_{max}、最高充气压力 p_{max}，通过式(3.241)可求得气体的另一组充气质量，即春夏季充气质量。这两组气体的充气质量就由两条充气曲线所决定。例如某飞行器液压系统正常工作压力为 21 MPa，在 −40～60 ℃的温度范围内选择蓄能器和小气瓶的允许充气压力范围为 12.5～18.0 MPa。由秋冬季 −40 ℃、12.5 MPa 和春夏季 60 ℃、18.0 MPa 两组条件，通过式(3.241)可以分别解得春夏季和秋冬季两条充气曲线的充气质量。通过两组充气压力曲线，保证液压蓄能器或气瓶储气压力在规定的使用范围内。

3.3.4 高压气瓶和气腔的气体压力特性

对于一定容积的蓄能器气腔或气体增压油箱的气瓶，在完成地面状态充气后，容腔中一定质量气体的压力随飞行器储存、运送和飞行发射环境温度的变化而变化。由式(3.238)可得真实气体状态方程满足

$$p=\frac{mR}{M\left(V-\frac{m}{M}b\right)}T-\frac{m^2}{M^2}\frac{a}{V^2} \tag{3.242}$$

式(3.242)反映了一定质量气体的压力随温度的变化规律。可见，气体压力与气体绝对温度呈线性关系，还与气体的摩尔数 m/M，气体常数 a、b 有关。气体的摩尔数 m/M 越小，气体常数 b 值越大，式(3.242)所示压力-温度曲线斜率越小，压力随温度变化越平稳。

图 3.66 所示为空气或氮气气体充气压力特性。某飞行器气腔容积为 490 cm^3，其液压系统工作压力为 21 MPa，在 −40～60 ℃温度范围内，为保证液压蓄能器正常工作，气体充气压力要求在 21 MPa 以下，即 12.5～18 MPa。通过 −40～23 ℃(秋季、冬季)和 −13～60 ℃(春季、夏季)的两组温度域内，分别通过一条充气曲线来进行液压蓄能器气腔的充气。

图 3.67 所示为利用理想气体状态方程与真实气体范德瓦尔斯方程的理论计算结果。理论计算结果表明：在高压、极端低温工况时，用理想气体状态方程计算的气体压力特性与用真实气

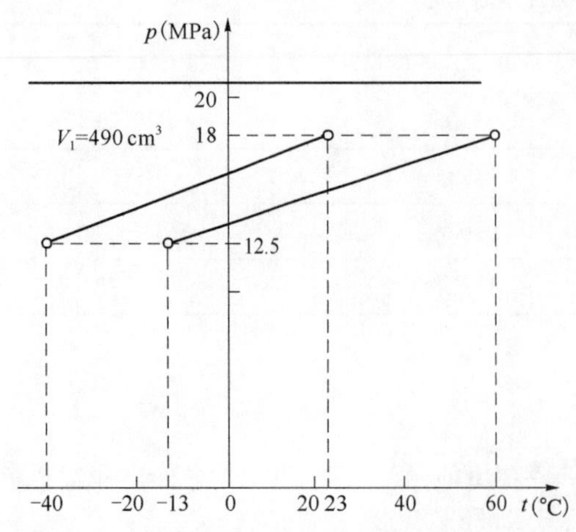

图 3.66 采用空气或氮气的气瓶气体充气压力特性

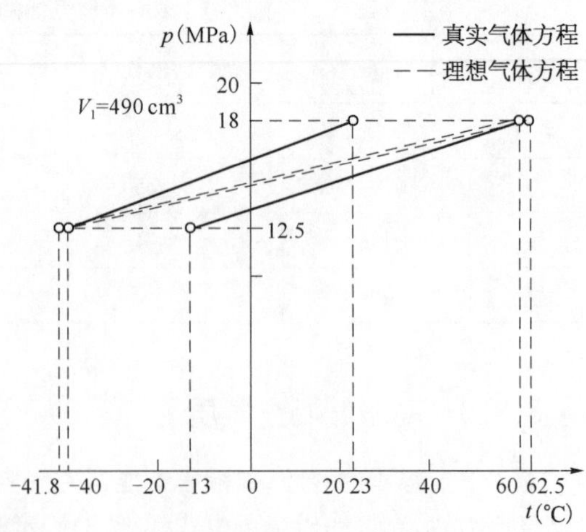

图 3.67 基于理想气体状态方程与真实气体范德瓦尔斯方程的压力特性比较

体状态方程即范德瓦尔斯方程计算的压力特性数值相差较大，且理想气体状态方程无法准确地描述气体的压力特性。此时，必须采用真实气体状态方程即范德瓦尔斯方程进行计算。

图 3.68 所示为几种不同气体的一组压力变化特性曲线，采用真实气体状态方程即范德瓦尔斯方程的计算结果。由图可见，采用氦气作为工作介质，可以实现 −40～60 ℃温度范围在 12.5～18 MPa 的一条充气曲线，但目前氦气制造成本较高。

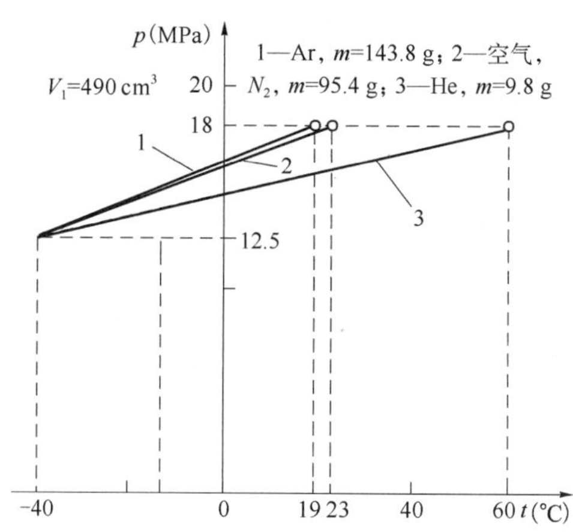

图 3.68　几种不同气体的压力特性比较

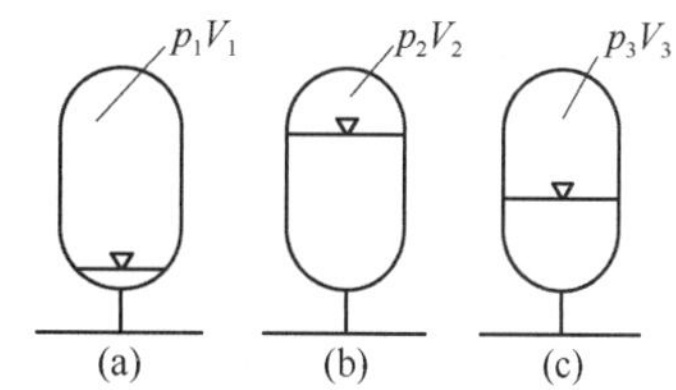

图 3.69　液压蓄能器三个主要工作阶段

(a) 充气状态；(b) 最大工作压力状态；(c) 最小工作压力状态

3.3.5　蓄能器特性

图 3.69 所示为使用液压蓄能器时的三个主要工作阶段。图 3.69a 为液压蓄能器刚开始工作时的状态；图 3.69b 为液压蓄能器最大工作压力时的状态；图 3.4c 为液压蓄能器最小工作压力时的状态。

液压蓄能器工作过程是短时间的充油、放油过程，气体体积变化极快，以致来不及与外界进行热交换，可以认为蓄能器内气体的状态变化过程是一个绝热过程。对于蓄能器内气腔的气体，有

$$p_1 V_1^n = p_2 V_2^n \tag{3.243}$$

$$p_2 V_2^n = p_3 V_3^n \tag{3.244}$$

式中　n——蓄能器充油、放油过程中气体压缩、膨胀的绝热指数，$1.0 \leqslant n \leqslant 1.4$；

p_1、V_1——蓄能器刚开始工作时气体的压力、体积；

p_2、V_2——蓄能器最大压力下气体的压力、体积；

p_3、V_3——蓄能器最小压力下气体的压力、体积；

$V_1 - V_2$——最大工作压力时蓄能器充油的最大体积；

$V_3 - V_2$——蓄能器工作供油容积。

由式(3.243)、式(3.244)可得液压蓄能器最大充油量为

$$V_a = V_1 - V_2 = V_1 \left[1 - \left(\frac{p_1}{p_2} \right)^{\frac{1}{n}} \right] \tag{3.245}$$

液压蓄能器工作供油容积为

$$V_b = V_3 - V_2 = V_1 \left(\frac{p_1}{p_2}\right)^{\frac{1}{n}} \left[\left(\frac{p_2}{p_3}\right)^{\frac{1}{n}} - 1\right] \tag{3.246}$$

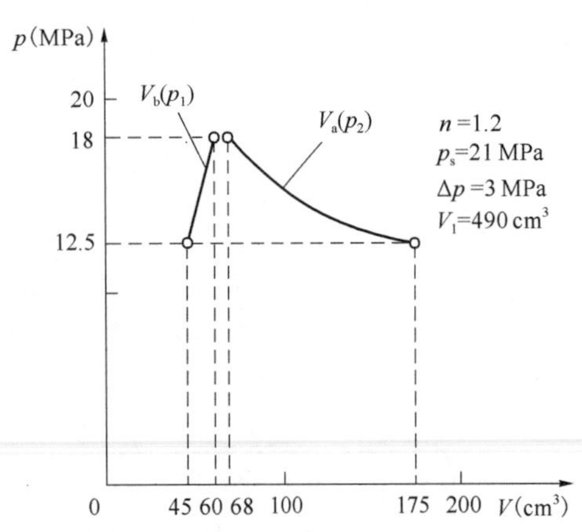

图 3.70 蓄能器工作时的最大充油量和供油容积

一般飞行器为了减轻质量、减小体积,液压系统油箱的容积只要满足飞行过程中油液体积的变化即可,一般都尽可能设计得最小。飞行器工作过程中从系统进入液压蓄能器油液的最大体积,即蓄能器的最大充油量,是液压蓄能器、增压油箱和飞行器闭式液压系统设计的一个重要指标,必须予以充分考虑。式(3.245)、式(3.246)反映了蓄能器工作时的最大充油量和供油容积,理论计算结果如图 3.70 所示。可见,蓄能器用于存储能量时,充气压力的大小对蓄能器的最大充油量和供油容积有很大影响。飞行器闭式液压系统分析和设计过程中,还需要考虑液压油在极端温度下的热膨胀量或者收缩量,根据实际工况校核液压蓄能器与增压油箱气腔调节能力,吸收或补充液压油热膨胀引起的体积变化量。

3.3.6 结论

飞行器液压控制系统常常要经历大温度范围以及储存过程。为保证液压蓄能器和增压油箱正常可靠工作,在极端低温和极端高温的储存温度变化范围内均能满足液压系统的功能要求,必须合理地对液压蓄能器气腔和增压油箱用气瓶进行充气管理。对飞行器液压系统气腔进行充气时,可以按照下述方法进行充气压力管理和液压蓄能器设计,分析结论也适用于环境温差变化较大的地面液压控制系统蓄能器特性分析。

(1) 根据飞行器闭式液压系统的使用工作压力和实际环境温度要求,通过式(3.241)可以确定液压蓄能器气腔或增压油箱气瓶某种气体的充气质量。

(2) 不同环境温度下的充气压力及其压力变化规律由式(3.242)确定。

(3) 液压蓄能器的主要工作性能即工作供油量和最大充油量由式(3.245)、式(3.246)计算。

参考文献

[1] 訚耀保,俞丛义,陆泰琳,等.极端温度环境下飞行器液压蓄能器与气瓶特性研究[J].流体传动与控制,2006(5):10-13.

[2] 訚耀保,俞丛义,陆泰琳,等.飞行器液压控制系统气腔压力特性研究[J].自动驾驶仪与红外技术,2006(2):8-12.

[3] 訚耀保,胡兴华,李玉杰,等.液压-气动复合锤数学建模与分析[J].中国工程机械学报,2010,8(4):379-384.

[4] 訚耀保.极端环境下的电液伺服控制理论与应用技术[M].上海:上海科学技术出版社,2012.

[5] 訚耀保.极端环境下飞行器电液伺服阀特性研究[R].国家自然科学基金资助项目结题报告(50775161),2011.1.20.

[6] 訚耀保.飞行器舵机系统关键基础理论研究[R].上海市浦江人才计划(A类)总结报告(06PJ14092),

2008.9.30.
[7] 阎耀保.燃料电池汽车车载超高压减压阀组集成设计理论研究[R].上海市白玉兰科技人才基金总结报告(2008B110),2009.5.28.
[8] 阎耀保.45 MPa以上的氢气增压、压力控制和调节技术研究[R].国家高技术研究发展计划(863计划)课题验收报告(2007AA05Z119),2010.6.30.
[9] 阎耀保.地下连续墙与复杂地层桩基础施工关键装备研发与产业化[R].国家科技支撑计划2012年年度报告,2013.
[10] 阎耀保.气阻气容的气动非对称性机理与高速气动控制的基础研究[R].国家自然科学基金资助项目2012年年度报告,2013.
[11] 阎耀保,徐娇珑,胡兴华,等.飞机液压系统油液温度分析[J].液压与气动,2010(9):55-58.
[12] Rabie M G. Fluid power engineering [M]. Cairo: Egypt The McGraw-Hill Companies Inc., 2009.
[13] 严金坤.液压动力控制[M].上海:上海交通大学出版社,1986.
[14] 程守洙.普通物理学[M].北京:人民教育出版社,1978.

第 4 章

飞行器电液伺服控制技术

本章介绍飞行器电液伺服控制技术进展,包括飞行器极端环境下弹性密封的原理、材料和方法,飞行器电液伺服技术的特点和关键技术。论述防空导弹控制执行系统设计方法,包括综合要求、论证过程、主要准则和性能试验。以防空导弹辅助能源为例,结合典型应用情况对弹上能源进行分类,归纳飞行器燃气涡轮泵液压能源应用技术,包括燃气初级能源、燃气涡轮泵、燃气涡轮泵液压系统工作区域等。介绍液压舵机系统功率匹配设计方法,根据负载模型进行伺服机构输出特性与负载轨迹最佳匹配,达到最佳能源配置。

4.1 概述

从电液控制技术的发展过程可以看出目前的技术水平基础以及未来的发展前景,即大功率、高压、高温、高速、高可靠性、数字化、信息化的发展趋势。

4.1.1 发展概况

液压控制技术的历史最早可以追溯到公元前 240 年,一位古埃及人发明了人类历史上第一个液压伺服机构——水钟。此后直至 18 世纪,欧洲的工业革命给液压控制技术注入了相当的活力,许多实用的发明涌现出来,多种液压机械装置特别是液压阀的出现,使得液压技术的影响力大增。18 世纪末出现了泵、水压机及水压缸等液压元件。19 世纪初液压技术取得了一些重大进展,包括利用油作为工作介质以及利用电来驱动方向控制阀。

第二次世界大战及战后期间,电液控制技术加快发展。两级电液伺服阀、喷嘴挡板元件以及反馈装置都是这一时期的产物。20 世纪 50—60 年代则是电液元件和技术发展的高峰期,电液伺服控制技术在军事应用中大显身手,特别是航空航天方面。这些应用最初包括雷达驱动、制导平台驱动及导弹发射架控制等,后来扩展到导弹的飞行控制、雷达天线的定位、飞机飞行控制系统的增强稳定性、雷达磁控管腔的动态调节以及飞行器的推力矢量控制等。电液控制技术在非军事工业上的应用也越来越多,主要用于机床工业,数控机床的工作台定位伺服装置中采用电液系统,通过液压伺服马达代替人工操作;其次是用于工程机械。此后的几十年中,电液控制技术的工业应用进一步扩展到工业机器人控制、塑料加工、地质和矿藏探测、燃气或蒸汽涡轮控制及可移动设备的自动化等领域。电液伺服控制应用于试验领域则是军事应用对非军事应用影响的直接结果。

电液伺服控制装置的开发成果丰硕,如带动压反馈的伺服阀、冗余伺服阀、三级伺服阀及伺服作动器等。电液比例控制技术及比例阀在 20 世纪 60 年代末、70 年代初出现。研制比例阀的目的是降低成本，通常其成本仅为伺服阀的几分之一。比例阀的性能不及伺服阀，但先进的控制技术和电子装置弥补了其固有的不足，使其性能和功效逼近伺服阀。迅速发展的电子技术和装置对电液控制技术的发展起了推动作用。70 年代集成电路的问世及微处理器的诞生赋予机器以数学计算和处理能力。集成电路构成的电子(微电子)器件和装置体积微小但输出功率高，信号处理能力极强，复现性和稳定性极好，而价格却很低廉。有了电子(微电子)控制装置的支持，电液控制技术正在向数字化、信息化方向发展。

4.1.2 机载电液控制技术

许多电液控制阀本身带有电子装置，即所谓"机载"(on-board)电子装置。这种把驱动器和信号调节电路直接安装在阀体上的组合安装法的优点在于能减少阀与中央控制系统间的连线数量，因为按照传统的布局，阀总是紧邻作动机构而中央控制装置往往位于距作动机构较远处的电操纵台内，其间需要用许多长电缆、电气接插件连接，而它们恰恰是电液控制系统中可靠性最差的部分。芯片内藏的组合安装因简化和省略了电缆连接和接插件而使可靠性明显提高。单一一台电液装置可以具有许多功能，从而省却了许多装置并使系统和操作简化，只需把正确的信号发送给它们。例如，只要为伺服阀提供相应的传感器、反馈装置及控制逻辑/处理装置，它就可以控制速度、位置、加速度、力或压力。

阀和泵的"机载"电子线路除了使可靠性提高之外，还能形成一种分布控制与集中控制并存方式。对工业应用来说，优选的设备配置是可编程控制器(programmable logic controller, PLC)，它可向几个阀和泵发送指令。多种"机载"功能元件，特别是适于开环控制的"机载"功能元件应运而生。一些元件能给出可调节的成斜坡变化的接通和断开即柔性变换，使加速度和减速度受控，从而缓和开关式阀控制带来的系统冲击。这些装置一般都是一体集成式，可以在线调节。用于要求较高的运动控制时，通常辅以一个工业运动控制装置以实现加速度、速度和位置的同时控制。这个装置可以是一台独立应用的控制器，也可以作为 PLC 扩充总线的插件。由于串接通信总线标准的实施，大量的电液装置(如阀、泵、螺线管等)可以只用一对导线来控制。

4.1.3 发展动向

1) 超高压化　液压技术以其输出力大、功率密度高而著称，其关键在于采用高压。继续向超高压化发展是趋势，然而液压系统工作压力的增高受到许多因素的制约。过高的压力意味着风险：高压下腐蚀、污物将在流路内造成较严重的磨损；为了适应极高的工作压力，零部件的强度和壁厚势必大大增加，致使体积和质量增大或者工作面积和排量减小；在给定负载情况下，工作压力过高导致的排量和工作面积减小将致使液压机械的共振频率下移，给控制带来困难。因此，可以预料为大幅度提高工作压力需要解决一系列关键基础理论。

2) 节能增效　效率一向是人们最关注的问题之一。液压驱动能够轻易地为负载提供足够高的功率使其运动，特别是做直线运动，这是它相对电驱动的明显优势。但由于存在节流损失及容积损失，其能耗较大，效率不是很高。液压驱动虽然相对传统的机械传动具有独特的优点，然而应当看到电驱动工业正在飞速进步，正朝小体积、大功率方向发展，使用的导线越来越细而工作电流越来越大。室温超导材料的开发与应用对电驱动的应用是一大推动，它意味着节能，而这正是今后的发展方向。如果液压系统不朝节能增效方向发展，电驱动很可能会侵占目前液压驱动的专属应用领域，特别是要求大作用力、高速度、线性运动的应用部门。

3) 敏感元件/传感器一体化　敏感元件或传感器帮助实现对电液系统参数进行监测、控制和调整，还在液压技术与微电子控制相结合上起着重要作用。一体化的传感器结构是发展方向，因为这种结构有助于提高系统的动态响应和可靠性。电液装置提供配套敏感元件或传感器，电液系统使用的传感器自身具有存储校正数据能力，微电子控制装置下载这些数据并进行判读和翻译。多用途接口装置的开发使用户能选用任何种类的敏感元件；主计算机将辨别所用敏感元件的形式，如数字还是模拟、串行还是并行等，并译出其输出。采用现代控制理论，如状态变量反馈控制可以有效地提高电液系统的响应，在阀和其他元件动态特性的基础上，这一技术除需测量和反馈被控输出外，还需要系统内的一些关键变量，如内部压力等，这些状态变量都要靠敏感元件来感知并实现反馈。在某些系统中，采用最佳化的降阶状态变量反馈可使回路的稳定时间缩短。

4）采用计算机软件　软件对未来电液控制技术的发展至关重要。带传感器和双向通信接口的液压元件或装置能够借助软件与所有其他元件或装置以及主计算机对话。液压元件的关键参数可储存在一个能直接为计算机所用的自带存储器内，计算机进行仿真(模拟)以及其他计算，以确定元件之间是否彼此相容。主计算机可以利用询问软件向配备双向数据传输线的外围设备询问它的设定参数，然后用这些参数来完成通信协议，使用户便于设置新的外围设备。一旦所有的泵、马达、阀和液压缸等液压元件都带有传感器和双向数据传输线，计算机就不仅可以通过它们对液压机械进行控制和监视，还能赋予机器完全的自诊断能力。液压元件的基本性能及合格性能数据储存在控制/监视计算机内的庞大数据库中，计算机以预定的时间间隔测定所有元件的现时性能并将其与基本性能进行比较。如果性能在合格窗口之外，计算机将发出警告，情况危急时还会把机器关闭。全自动诊断能力(即健康诊断)对未来的机器来说是必需的，因为机器的复杂程度越来越高，无法用一般手段来检查和排除机器故障。

5）控制和消除泄漏　泄漏是流体动力系统特有的且长期难以解决的问题。液压系统的内部泄漏会导致能量浪费、容积效率及机械效率降低，并影响系统的动态性能和静态性能；而外部泄漏则更令人关注，因为它可能污染环境。多年来，泄漏一直被作为与环境污染有关的话题，而公众对环境清洁的要求日益提高。这就要求专业学科内采取有效措施进一步减少或杜绝泄漏或消除泄漏流体可能带来的危害。这些措施包括完善和提高密封防泄漏技术；选用合适的液压系统管路；有关人员在维护保养液压设备方面接受专业技术培训；开发和采用有利于环境的流体取代石油基流体作为工作介质，如纯水或可生物降解流体。消除泄漏是当前液压技术面临的最重大挑战之一，当液压系统不再为泄漏问题困扰时，液压技术的竞争力就会显著增强。

6）应用计算机辅助工程　20 世纪 80 年代，计算机辅助工程(computer aided engineering，CAE)的崛起使液压技术迈上了一个新的台阶。利用计算机模拟，液压系统回路和元件的设计者可对自己的构思和方案做快捷而经济的检查，既节约了时间，又能得到直观的最佳结果。计算机辅助设计(computer aided design，CAD)在早期多被作为绘制液压回路图和液压元件图的一种简便手段，今天它们的作用已远不只此，现在正向性能预测领域发展。采用实体建模法不仅能绘出实体图，还能评定诸如强度、质量、重心及惯性矩等性能数据。通过推敲流体力学关系式并进行虚拟试验即仿真试验，液压元件的设计者将能对元件的液力学性能做出预测。这种先于原型样机之前的评定技术现已被广泛应用。液压系统的计算机辅助设计需要有效的 CAD 程序组。系统中各元件都有其独立的数学模型，程序包含一个容量很大的元件模型库。建立元件模型需要大量参数数据，这些数据通常不能由制造商处获得。因此，尽管目前世界上有许多液压系统 CAD 程序，但尚未得到广泛应用。软件供应商的模型通常不够完善，但自行制作模型则需要专门技能，何况从数学表达式过渡到真实硬件特性并消除模型和实际硬件之间的差异并非易事。这些模型除了必须包括稳态结果外，还必须包括构成动态响应基础的微分方程，动态性能评估是对一个系统进行模拟所必需的一项工作，否则会导致不完善的模拟结果。液压回路设计前，需要做高水平的工程分析，这是原始设备制造商和液压设备用户所需要的。缺少专门用来建立数学模型的有意义的数据，数学模型就难以建立。液压元件数学模型的建立需依赖实验室试验，否则难以实现。泵和液压马达建立数学模型要求制造商提供泄漏和摩擦因数，其他关键建模数据诸如计量曲线所需的连续方程、随温度和压力变化的泄漏系数以及传递函数或非线性微分方程等也应由制造商提供给用户。一旦这些观点和要求得到制造商的普遍认同和响应并付诸实现，液压元件的数学模型就会变得像装配图一样平常。这也是对模拟或仿真技术的一个巨大贡献。

4.1.4 新材料——电液技术进化的重要促成因素

新材料的问世和应用进一步促使电液技术发生进化性的变化。就液压系统中用得最多的钢铁材料而言，如能在不提高成本、不降低机加工性能的前提下具有更高的强度，液压机械将会更有力、更可靠。已尝试在液压系统中使用陶瓷材料并取得了一定的成功。磁性材料（磁铁）性能的提高对促进电液技术的发展更是效果显著。如能提高磁性材料的磁饱和电流，则同一匝数的线圈或螺线管就能产生更大的电磁作用力。作为电液阀的电气机械接口，螺线管产生更大的力意味着可以在几乎没有附加成本的情况下制作出流量更大的直接驱动液压阀。高性能磁铁的磁饱和电流大、磁感应强度高，允许大电流驱动，生成的电磁力更大。这个力可被有效地用来使滑阀加速，导致更大的动态带宽或更高的频率响应。电液阀采用能给出更大作用力的螺线管作电气机械接口时，先导级将可以省却不用，这为发展大流量、快速作用、低成本的电液阀创造了条件。

4.1.5 电流变流体技术

电流变流体（ER 流体）在自由状态下为可自由流动的混悬液体。一旦处于电场作用下，它会迅速固化，根据电场强弱分别显现黏稠、胶凝或坚硬的性状。这种特性使它能理想地适用于液压系统和机械系统的阀、阻尼器及动力传输装置等。ER 流体对电信号的响应极快，能在不到 1 ms 的时间内实现液态—固态或固态—液压的状态变化，固化度与电场强度成比例。这使其适于由快速的电子装置直接控制，比如微计算机，这是它最重要的优点。ER 流体技术应用的可能性主要基于其两个特色：低输入电功率和高响应速度。虽然工作电压高达数千伏，但电流密度却很低，通常在 10 mA/cm^2 以下，可用普通的固态电子器件来处理。由于工作电流很小（不超过 2 mA），输入电功率很低，ER 流体的小信号响应近似一阶环节，其转角频率约为 1 kHz。这个值比大多数电磁装置包括电液伺服阀的转角频率高一个数量级，而且还避免了磁性线圈特有的电磁效应。ER 流体适于采用脉宽调制控制，可降低能耗；能简化设计，省却运动部件，减少磨损，延长寿命。然而，ER 流体也存在一些实用上的问题。首先是固化强度不够高，通常抗剪强度在 5 kPa/mm以下，故传递力矩受到限制。进一步提高固化强度需要更高的电场强度（比如由 2 kV 提高到4 kV）或增大流体的自由黏度，但高的电场强度对应大的消耗电流，无论从安全角度还是从经济角度考虑都存在一定的问题。流体的自由黏度过大则装置表面磨蚀加重，且易发生颗粒沉积现象。因此，电场强度和自由黏度的增加受到限制，流体固化强度的提高也因而没有更多的余地。其次是 ER 流体（尤指含水 ER 流体）的温度稳定性差，故工作温度通常被限制在 0～80 ℃。虽然这些缺陷曾使 ER 流体技术的应用受到限制，但近 20 年来这一技术已取得有意义的进步，无水 ER 流体已接近实用。ER 流体技术有着巨大的应用潜力，有可能代表液压技术的未来。

4.2 弹性O形圈密封技术

密封的形式多样,有间隙密封、弹性体压缩变形密封、机械密封及铁磁流体密封等。弹性体压缩变形是用得最多的密封形式,弹性O形密封圈(以下简称O形圈)则是其中最常见的构型。O形圈从1939年首次成为专利至今已有70余年的历史。20世纪40年代和50年代早期,O形圈主要用于军事领域,如飞机的液压系统,此后迅速扩展到其他工业领域。70余年来密封技术在不断发展,但O形圈的基本构型始终保持不变,足见其生命力之强大。

4.2.1 O形圈的构型和密封原理

顾名思义,O形圈是一种断面为标准圆形的弹性环,它靠受压缩时产生弹性变形紧贴在被密封构件表面形成压配合阻止流体通过来实现密封,如图4.1所示。密封的关键要素即O形圈在嵌入状态下的压缩量或压缩率必须与构件尺寸、应用类型、流体压力及O形圈自身材料相协调,否则无法实现有效的密封,还会导致O形圈损坏。

除直接受压弹性变形密封外,O形圈还可以用作U形组合密封圈的弹性赋能元件。O形圈嵌入聚合物U形圈断面的U形槽内,迫使U形圈的唇口张大紧贴于被密封表面从而实现密封,如图4.2所示。这种密封结构中O形圈的弹性力作用在U形圈的唇口内侧,提供低压密封力,高压密封力则由流体提供。O形圈密封的原理如图4.3所示。

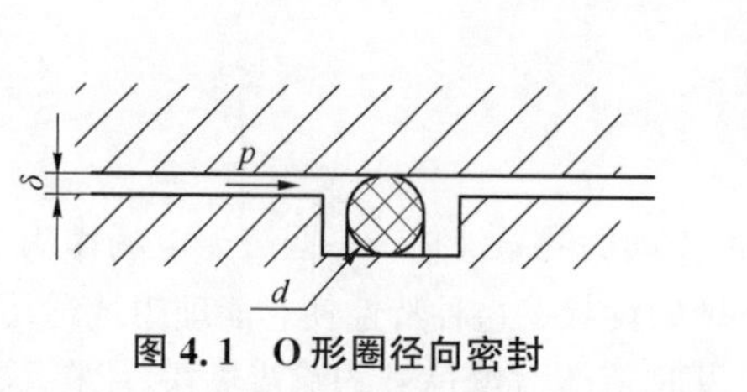

图4.1 O形圈径向密封

δ—孔轴之间的间隙值;
p—液压油的压力;
d—密封圈断面直径

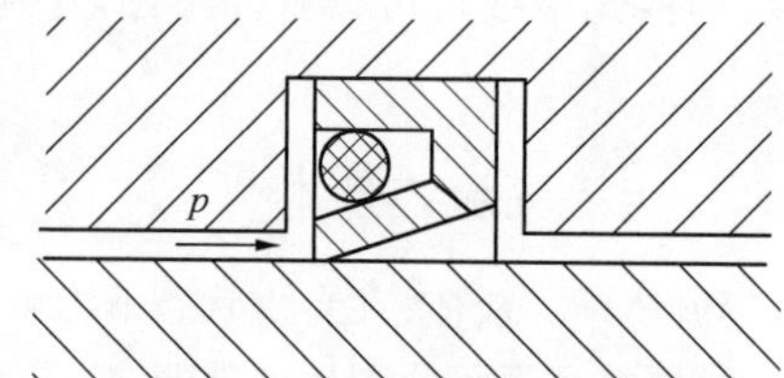

图4.2 O形圈径向组合密封

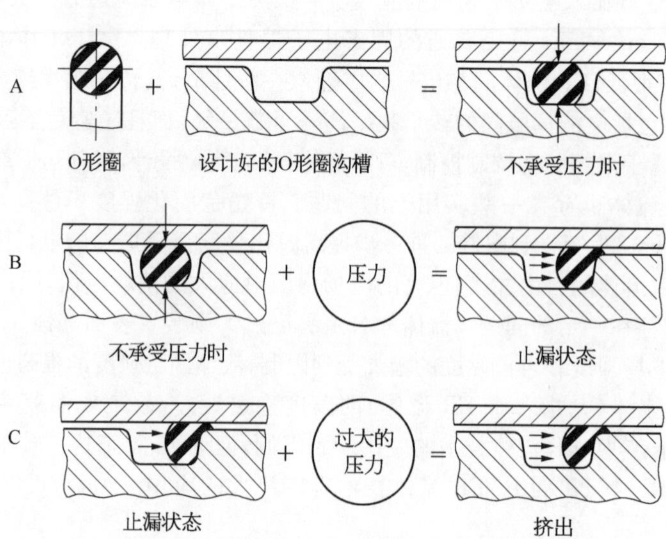

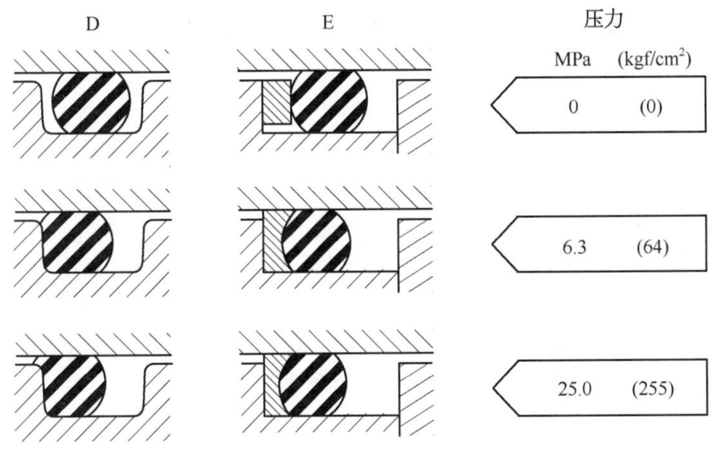

使用了挡圈时

图 4.3　O 形圈密封的原理

4.2.2　O 形圈密封的特点

(1) 结构简单,可靠性好。

(2) 价格低廉,经济实用,且批量生产,能保证批量供应。

(3) 能补偿允差范围内的径向跳动。

(4) 可全向密封(径向、轴向或沿任一角度方向)。

(5) 适用性广,适合于所有类型的密封应用(面密封、径向密封、静态密封和动态密封)。

(6) 在极限工作范围(压力、温度、速度和周期)内可反复使用。

(7) 不需防护涂层。

(8) 可根据应用选材。

(9) 易安装,通常不需要专用工具。

(10) 无须紧固。

4.2.3　O 形圈材料

O 形圈通常用富有弹性的天然橡胶或合成橡胶制成。合成橡胶由多种化学配料组合经固化处理而成。配料一般为以下几类:聚合物(弹性体);惰性填充剂(炭黑或矿物填料等);增强剂;催化剂,活化剂,缓凝剂及固化剂;防降解剂;增塑剂;促进成型用的工艺辅助剂;专用添加剂(颜料、阻燃剂等)。

目前使用较为广泛的橡胶材料主要有十几种,而每种材料有不同的配方和配比,因而材料的特性不尽相同,但其主要性能和特点如下:

(1) 延伸性。以天然橡胶为最。

(2) 回弹性。最好的仍属天然橡胶。

(3) 抗拉强度。天然橡胶、尿烷和聚氨酯橡胶的抗拉强度高,丁苯、聚丙烯酸酯和氟硅橡胶的抗拉强度稍差。

(4) 耐撕扯性。以天然橡胶、尿烷和聚氨酯橡胶为好,硅酮橡胶和氟硅橡胶的耐撕扯性较差。

(5) 抗压缩永久变形性。以尿烷、聚氨酯、硅酮、氟硅和氟碳橡胶为好，聚丙烯酸酯和氯丁橡胶稍差。

(6) 耐腐蚀性。天然橡胶、丁苯、丙烯乙烯、氯丁、丁腈、尿烷和聚氨酯橡胶都有极好的耐腐蚀性，而硅酮橡胶和氟硅橡胶则不太耐腐蚀。

(7) 耐寒和耐热性。最好当属丙烯乙烯、硅酮和氟硅橡胶，聚丙烯酸酯和氟碳橡胶虽耐热却不耐寒，天然橡胶、丁苯、尿烷和聚氨酯橡胶有很好的耐寒性但耐热性稍差。

(8) 耐气候老化性。天然橡胶最差，丁苯及丁腈橡胶一般，其余大多有很好的耐气候老化性。

(9) 耐火性。氟碳橡胶最好，其次是氯丁、氟硅和硅酮橡胶，其余大多不耐火。

(10) 耐水和蒸汽性。丙烯乙烯橡胶最好，天然橡胶及尿烷、丁苯、丁腈和氟碳橡胶次之，聚丙烯酸酯和聚氨酯橡胶耐水和蒸汽性差。

(11) 耐酸性。氟碳橡胶最好，聚丙烯酸酯、尿烷及聚氨酯橡胶耐酸性差。

(12) 耐油性。聚丙烯酸酯、丁腈、尿烷及氟碳橡胶耐油性极好；天然橡胶、丁苯、丙烯乙烯橡胶不耐油。

(13) 耐臭氧性。除天然橡胶、丁苯、丁腈及尿烷橡胶外，其余大多有极好的耐臭氧性。

4.2.4 O形圈的选取和设计

O形圈的密封及其应用看似简单，实际上要达到良好的密封效果并不容易，要求选取得当、设计正确。O形圈的选取和设计必须以具体应用的环境为依据，确保O形圈与密封构件尺寸、密封类型、流体介质、流体压力以及环境温度等应用环境要素相协调或适应。为此，必须遵循下述原则：

1) O形圈规格和尺寸必须与被密封构件相协调　保证O形圈压缩恰当，从而达到有效的密封和良好的系统工作性能。如果两者不协调，其结果必然是不合适的压缩量或压缩率(过大或过小)。压缩量或压缩率过小，O形圈与被密封表面的接触应力不够，起不到密封作用；压缩量或压缩率过大，则O形圈所受应力过大，易产生永久性压缩变形。在动态密封情况下，O形圈会受到很大的摩擦作用力并产生较高的温升。这不仅会加速O形圈磨损和老化，还会影响系统的动态性能，在高速高频应用条件时后果尤为严重。压缩量或压缩率(即相对压缩量)是O形圈压缩变形的量度，压缩量是绝对变形量，而压缩率是O形圈绝对变形量相对其断面直径的百分比值，是较压缩量更为科学合理地反映压缩状态的一个尺度，也是惯常使用的量值。O形圈的压缩率应随不同类型的应用而异，在大量调查统计基础上得到以下经验数据，可供选用和设计参考。静态密封取较大的压缩率：15%～25%，特殊用途可达34%；往复式径向动态密封应取稍小的压缩率：12%～17%；旋转式动态密封则取最小的压缩率：5%～10%。

放置O形圈的沟槽深度应与O形圈的压缩率相协调，宽度应不小于O形圈断面直径的1.25倍。O形圈不使用挡圈时的直径游隙($2g$)的最大值见表4.1。

2) 选用O形圈的规格、尺寸和材料必须与应用类型相适应　如面密封取较大的压缩率，而径向密封取较小的压缩率；静态密封取较大的压缩率，而动态密封取较小的压缩率；往复式动态密封取较大的压缩率，而旋转式动态密封取较小的压缩率。用于动态密封的O形圈材料必须有适中的硬度和良好的耐磨性和耐热性。若选用的O形圈材料的耐磨性不够好，则应考虑加以适量的润滑剂来减小摩擦。若流体介质为矿物油，其本身即能起到润滑作用，无须另加润滑剂。

表 4.1　O 形圈不使用挡圈时的直径游隙(2g)的最大值

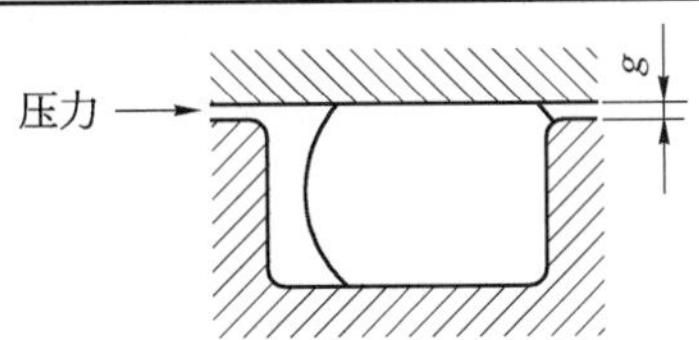

(mm)

O 形圈的硬度(弹簧硬度,HS)	游隙(2g)				
	使用压力(MPa)				
	4.0 以下	4.0 以上 6.3 以下	6.3 以上 10.0 以下	10.0 以上 16.0 以下	16.0 以上 25.0 以下
70	0.35	0.30	0.15	0.07	0.03
90	0.65	0.60	0.50	0.30	0.17

3) O 形圈材料必须与流体压力相适应　在趋向超高压化的今天,流体压力可高达 30～40 MPa,这对密封技术来说是一个挑战。许多问题将会伴随高压而来,其中最主要的问题之一就是密封圈能否承受住如此高的压力而安然无损。径向密封情况下,O 形圈会被高压流体强力挤入密封间隙中,导致挤压破损,如图 4.4 所示。材料越软,间隙越大,挤压破坏就越容易发生。在高压流体作用下,缸筒将产生不可忽略的膨胀,使密封间隙增大,挤压加剧。因此,为防止 O 形圈受高压流体挤压而损坏,必须选用硬度较高、抗挤压变形能力较强的弹性材料。图 4.5 所示为三种肖氏硬度(70 HS、80 HS 和 90 HS)的 O 形圈分别对应的流体压力与允许径向间隙关系特性曲线。这些曲线实际上就是 O 形圈的挤压极限,曲线下方是无挤压区,是 O 形圈正常工作的区域;曲线上方是挤压发生区,O 形圈工作在这一区域将受挤压。由图 4.5 可看出流体压力、径向间隙和 O 形圈硬度三者的相互关系:流体压力越高,允许径向间隙越小;而 O 形圈硬度越高,其对高压流体的承受力就越强,允许径向间隙就越大,亦即抗挤压能力越强。图中曲线是在流体压力以 1 Hz 的频率由零到最大值周而复始地进行 10 万次循环试验所得结果的基础上绘制而成,试验温度在 70 ℃以下。需要说明的是,以硅酮橡胶和氟橡胶制成的 O 形圈不能照搬图 4.5 所示的曲线,其对应的流体压力值应减半。

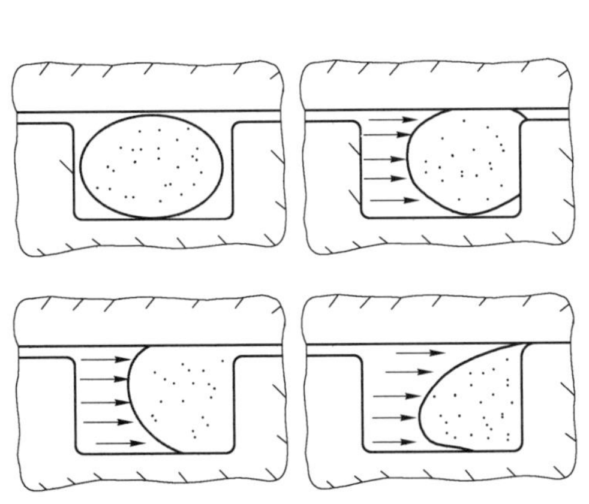

图 4.4　径向密封情况下 O 形圈受高压流体挤压变形的破坏过程

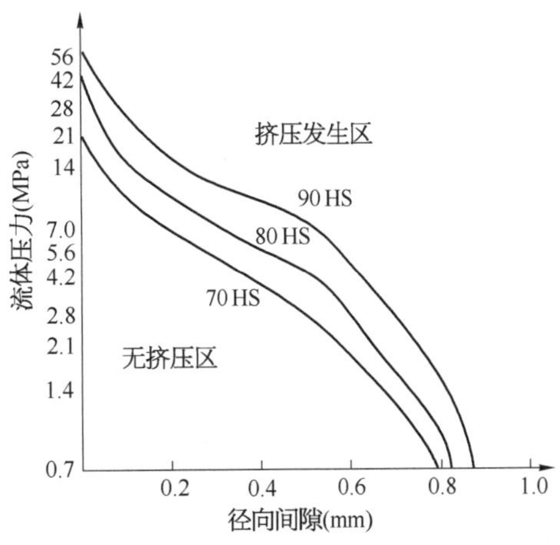

图 4.5　不同硬度材料的流体压力与允许径向间隙关系特性曲线

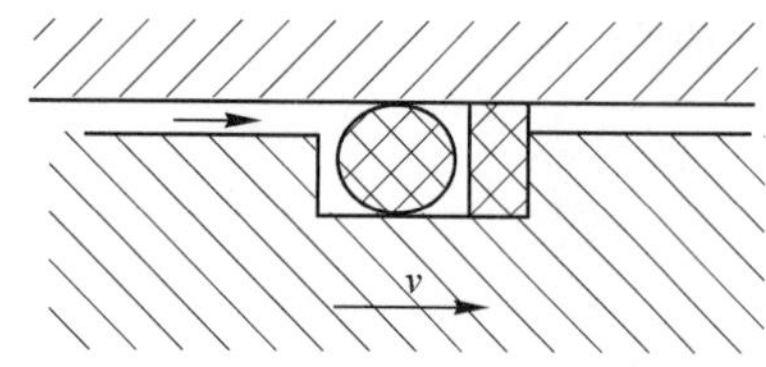

图 4.6　保护圈防止 O 形圈挤入径向间隙内

在因故不能采用高硬度材料时，可以采用摩擦因数较低的塑料保护圈来防止 O 形圈被挤入间隙中，如图 4.6 所示。保护圈可以在 O 形圈的一侧，也可以在两侧，视压力作用方向而定。保护圈材料多为聚四氟乙烯 PTFE。O 形圈长期处于流体高压力作用下也可能产生永久性压缩变形，故应选用回弹性较好的材料。

4）O 形圈材料必须与应用温度相适应　即材料的温度极限或允许温度范围必须覆盖应用温度范围。O 形圈工作在其材料温度极限外时，会丧失密封效能。在过低温度下 O 形圈的弹性明显降低，呈现僵化状态，难以产生密封所必需的弹性压缩变形。虽然当回复到常温时 O 形圈一般都能恢复原有性能状态，相比而言高温的影响更为严重。在过热的温度下弹性材料会变硬、老化和氧化，致使 O 形圈很快失去弹性，表面出现凹痕和裂纹，产生永久性压缩变形和磨蚀现象，从而导致密封失效。除了过热的环境温度外，高速运动和过大的压缩量导致的运动摩擦也会造成局部过热致使 O 形圈受损。因此，必须根据具体应用的温度范围选取与其相适应的 O 形圈材料。

5）O 形圈材料必须与流体相容　O 形圈长时间处于流体介质作用下，若 O 形圈材料与流体介质不相容，O 形圈可能会因溶胀、收缩、软化或脆化而失去弹性，从而丧失密封能力。因此，选取 O 形圈材料应保证在应用的流体介质作用下性能无明显变化。

以上所述是 O 形圈选取和设计应遵循的几项基本原则。显然，这些原则是互不关联的，对一个具体应用来说，通常只能遵循其中部分原则而无法兼顾所有这些原则。这就需要综合考虑，有所侧重以及必要的折中。

4.2.5　O 形圈的保护和故障防止

完好的 O 形圈才能保证好的密封功效，为此，必须对 O 形圈加以保护。遵循上述原则，可避免因选用和设计不当导致的密封失效和 O 形圈的永久性压缩变形、磨损、挤压破坏、老化、氧化和弹性丧失等故障。除此以外，还必须从其他方面着手保护 O 形圈不受损害。

(1) O 形圈橡胶材料应充分硫化，提高回弹性以增强抗永久性压缩变形的能力。

(2) 过于粗糙的金属构件表面、锐利的边缘以及不当的装配方法容易造成 O 形圈的损伤。应保证金属构件表面光整，给锐边倒角或倒圆，并在装配过程中予以注意，必要时采用保护套套在金属构件外以防 O 形圈受切割损坏，还可以考虑在装配过程中加一些润滑剂。

(3) 提高构件的同心度，减小偏心造成的径向间隙不规则程度，使 O 形圈受挤压得以缓解。

(4) 流体中夹带磨蚀性杂质污物是导致 O 形圈磨蚀的另一个原因。必须用过滤装置滤去杂质污物，或者采用耐磨蚀的 O 形圈材料，如碳化腈和尿烷。

(5) O 形圈可因臭氧侵蚀而产生垂直于应力方向的许多微小裂纹，故要求采用耐臭氧侵蚀的材料。

采用 O 形圈的根本目的在于有效地实现密封、防止流体泄漏。只有在正确选取和设计的基础上加以悉心的保护，O 形圈才能长期有效且无故障地完成它的使命。

4.3　飞行器电液伺服技术

电液伺服技术从 20 世纪 60 年代中期开始迅速发展，21 世纪初渐臻成熟，并广泛应用于各个工业领域。航空航天对电液伺服技术的要求高，大体反映了电液伺服控制技术的专业水平。电液伺服技术的发展涉及许多方面，诸如系统与元件设计研究、材料、测试、制造技术等。从专业总体来看，大功率、高压、高温、高速、高可靠性、数字化、信息化已成为贯穿发展过程的一条主线，而且取得了历史性的成果。本节分析航空航天电液伺服技术发展需求以及民用工业应用中的专业技术特点。

4.3.1 大功率

航空航天飞行器及近代的现代化生产装备具有大容量、高效、高可靠性的显著特点。电液伺服系统作为传动和操纵装置，相应地出现了向大功率发展的趋势。以美国民航 DC 系列客机为例，DC-6(1950 年)、DC-7(1955 年)、DC-8(1960 年)、DC-10(1971 年，300 座位级)，其液压系统的功率分别为19 kW、24 kW、67 kW、340 kW，20 年间增长了近 17 倍。在航天领域液压系统功率的增长更是突飞猛进，例如V-2 土星火箭(1940 年)液压系统的功率为0.42 kW，而土星-V火箭(1969 年)第一级的液压系统的功率达到 462 kW。表 4.2 列举了一些液压系统大功率水平的应用事例。

系统液压功率向大容量发展过程中解决了一系列的技术问题。

表 4.2 液压系统大功率应用事例

液 压 系 统	功率(kW)
美国土星-V火箭子级液压系统	462
航天飞机主发动机摆动液压系统	447
B-1B轰炸机液压系统	746
航天飞机起飞-分离过载模拟器液压系统	1 790
3 万 t 钢管轧机液压系统	746

1) 减轻质量　限制结构质量，降低系统的功率质量比，使系统获得优良的技术性能和经济效果。为此，要求合理的设计(如元件、油路的集成化，结构参数优化)，采用高强度轻合金(如铝合金、钛合金)、高磁能级的磁性材料(如稀土磁钢)等，这方面的技术进步显著。表 4.3 列出了美国 DC 系列客机液压泵主要技术指标的更新情况。

表 4.3 美国 DC 系列客机液压泵主要技术指标的更新情况

客机型号	泵功率(kW)	功率质量比	检修时间(h)	每千瓦成本百分比(%)
DC-6	19	0.43	1 500	100
DC-7	24	0.36	1 500	70
DC-8	67	—	1 600	—
DC-10	340	0.29	8 000	50

巨型火箭(如土星-V第一级)的大功率液压系统，其液压泵(4×350 L/min)从发动机推进剂(RP-1 煤油)输送系统引流，采用工作压力为 13.7 MPa，工作介质为 RP-1 煤油，简化了系统结

构，减轻了质量。

2）节约能耗　液压能的供给通过液压泵流量适应负载的变化进行自动调节以达到功率匹配，能量损失最小，降低系统发热量，延长工作寿命。民航客机液压功率达到 60 kW 以上时都采用变量液压泵以代替定量泵。在民用工业方面，开展液压泵调节形式和特性的研究，开发了各种形式的节能泵。在重型工业液压方面，设备采用微机控制变量泵流量，其输入是负载，即相应的压力、流量的工况谱。同时还发展了多压力液压系统，例如美国 DC－80 客机液压系统的工作压力为 20.6/10.3 MPa，其低压挡用于飞机巡航状态。美国 A. O. Smith 公司的 3 万 t 压机，其液压系统有三种压力模式，即 20.6/24/44 MPa。快速空程时采用低压大流量，重载慢速时转到高压小流量工作模式。

3）液压元件　研制大容量液压元件，如三级电液伺服阀。土星-Ⅴ火箭用的三级电液伺服阀，其功率级的滑阀阀芯直径为 25.4 mm，行程±2.79 mm，流量 510 L/min。为摆动大功率火箭发动机喷管（质量 4 000～8 000 kg），研制并应用了动态压力反馈电液伺服阀，对控制大惯量负载运动实现动态阻尼，抑制系统谐振，保证有较宽的通频带。

4）制造技术　大功率系统大型件的加工要求高，需解决如大件离心铸造、热处理、内孔精密加工、表面处理、静压强度及密封试验等技术。巨型火箭起竖转运车液压承重平台的作动筒（16 对），其筒体尺寸最大为 680 mm×534 mm×2 540 mm（内径×外径×长）。作动器（单件）加试验静载荷 22 701 t，在 24 h 内油腔压力无下降，活塞位置无漂移。

4.3.2　高压、高温

4.3.2.1　高压

从 20 世纪 40 年代至今，液压系统的常用工作压力从 5 MPa 提高到了27.4 MPa。80 年代，美国为 F－14 歼击机研制了 55 MPa 工作压力的液压系统并替代原有的 20.6 MPa 工作压力，完成了全系统地面仿真试验和单通道飞行试验，样机运转 520 h。系统工作压力提高以后，质量减轻 30%，体积缩小 40%，详见表 4.4。

表 4.4　美国 F－14 歼击机高压化后的液压部件质量　(kg)

项　目	质　量	
	压力 20.6 MPa	压力 55 MPa
液压泵、液压马达	66.7	41.7
作动器	399.7	332
油箱	71.3	42.2
导管	185	90.7
管接头	16.3	10.8
支座	40.4	26.3
其他	124.3	89

国外航空工业对工作压力的研究认为飞机液压系统的最佳工作压力为 27.4 MPa，比以前通用的标准压力 20.6 MPa 并没有提高多少。所谓最佳工作压力，仍然是一个有争议的问题。为缩小结构尺寸，降低系统功率质量比，军用飞机及地面设备相继发展了高压液压系统，见表

4.5。表4.6列出了按工作压力1988年欧美液压行业液压泵和电液伺服阀工作压力分布情况。

表4.5 典型液压系统工作压力

名　称	工作压力(MPa)
F-14歼击机	55
B-1轰炸机	27.4
土星-V火箭起竖转运车	34～35.8
航天飞机起飞-分离过载模拟器	27.4
25 t液压挖掘机	34
海洋采矿船液压平台	34
矿坑液压顶柱	41～69

表4.6 液压泵和电液伺服阀工作压力分布情况

工作压力(MPa)	液压柱塞泵(%)	电液伺服阀(%)
<20.6	25	31.4
20.6～34	46.8	60
>34	28.2	8.6

4.3.2.2 高温

高温工作环境(例如发动机舱、冶金设备)及液压系统高速、重载、长时间运转的发热温升,由于受到结构质量和空间位置的限制,单靠强制冷却或绝热难以维持地面的正常工作温度,近年来发展高温液压系统已经成为现实。三叉戟导弹液压系统油温为204～260 ℃。美国的SR-71高空侦察机,其液压系统的工作温度范围为−54～315 ℃,安装在发动机舱(不低于538 ℃)的液压件用外皮由铬镍铁合金箔制成的防热套(7.6 mm厚)包覆,用来限制液压油的油温,使其低于315 ℃。

4.3.2.3 高压、高温带来的问题和关键技术

1) 密封材料　在高压下橡胶密封圈会加速拉伸老化、挤压破损,降低可靠性和使用寿命。在高温下橡胶密封材料将加速老化,降低韧性,发生小片剥蚀。为此,发展了金属细管O形密封圈,材料有不锈钢、镍铬铁合金。另一个途径是研制高稳定性、低摩擦因数的耐热材料,如添加玻璃纤维和二硫化钼的氟塑料(工作温度允许315 ℃)。美国航天飞机液压系统(204 ℃)使用维丁E60C合成橡胶密封件。

2) 液压油　液压油在高压、高温下抗剪切稳定性降低、黏度降低、润滑性变差、零件磨损加速,影响油路阻尼特性。为提高液压油抗剪切稳定性、热稳定性和抗燃性,美国研制了MIL-H-83282合成烃液压油,并应用于F-14歼击机和航天飞机的液压系统。通常使用MIL-H-5606液压油的液压系统,对这种新油是兼容的。表4.7列出了这两种液压油的主要指标。

表 4.7　MIL－H－5606 液压油和 MIL－H－83282 合成烃液压油主要指标

指　　标	MIL－H－5606	MIL－H－83282
闪点温度(℃)	93.3	210
自燃温度(℃)	243.3	371
黏度(mm^2/s)(54 ℃)	10	10.28
最大黏度温度(℃)	－53.9	－40
抗剪稳定性、黏度变化率(%)(54 ℃)	－14.28	－0.69

3) 泄漏损失和使用寿命　提高工作压力和温度，势必增加液压系统的泄漏损失，降低容积效率。为限制泄漏损失，必须减小零件配合间隙，提高制造精度，但要兼顾零件在受力和受热变形下不至于使精密活动偶件卡紧。在高温下由于液压油润滑性变差，或零件硬化表面产生退火效应，导致活动件加速磨损。美国曾对飞机液压泵做改进设计，为使油液工作温度从 135 ℃提高到 204 ℃，更改了零件结构和材料，采用高温耐磨镀层，试验样机质量增加了 10%，而工作寿命仅为原来的 1/5。

4) 结构力学性能　结构在高温、高压下容易变形，材料高温蠕变，弹性元件产生高温松弛。摩擦在高温下加速材料磨损。

4.3.3　高速

当液压泵每分钟输出流量一定时，提高转速则可降低每转排量，从而缩小液压泵的几何尺寸，达到减重目的。另外，原动机向高转速发展也向液压泵提出了高转速要求。火箭电液伺服系统典型的动力传动形式为涡轮-泵(动力系统推进剂输送)的输出轴-减速器-液压泵。为了缩小体积、减轻质量、提高效率，要求去掉减速器，从而提高液压泵转速与之相匹配。在提高液压泵转速的同时，要求保持工作寿命不降低，则必须解决零件的耐过热和磨损，例如研制耐热、耐磨密封材料和金属镀层，采用高速精密轴承等。为了保证液压泵在高速下吸油充分，要提高泵的吸油压力，必须给油箱增压或增加一级前置泵预增压，前置泵可以以较低转速工作。表 4.8 列出了不同转速液压泵的应用事例，从中可见采用高转速对减轻质量的优越性。

表 4.8　飞行器不同转速液压泵的应用事例

液压系统	涡轮转速(r/min)	液压泵			
		转速(r/min)	压力(MPa)	流量(L/min)	质量(kg)
导弹液压系统	90 000	13 000	24	12.5	0.75
火箭液压系统	10 000	5 000	20.7	38	9.5
飞机液压系统	—	11 200	20.7	14.4	1.5
	—	10 000	20.7	36.1	2.17

4.3.4　高可靠性

极端环境下的电液伺服系统可能有各种各样的故障模式，例如伺服阀(喷嘴、节流孔)阻塞、滑阀卡紧、输入断路、反馈开路、零漂超限、密封失效等。首先必须从设计上采取提高可靠性的措施，确保绝对安全工作。

1）元件集成化　液压集成块已普遍采用，减少甚至省去了导管及连接件。用插装式元件提高了可维修性，整体式组合简化了安装，提高了对振动、冲击环境的适应性。

2）用机械反馈代替电反馈　美国的民兵导弹、土星-Ⅴ火箭、航天飞机、阿波罗登月模拟器所用的电液伺服作动器，其位置反馈都是机械反馈。这种装置具有"失效→归零""故障→安全"的能力，与电位计反馈和差动变压器式反馈相比，省去了数量可观的连接电缆、接线焊点和相应的电子线路，提高了可靠性，但其结构制造精度要求较高。

3）关键部位采用冗余设计　一般在液压能源、电液伺服阀、作动器等部位采用冗余设计。

(1) 并联液压系统。大型飞机和航天飞机无一例外地采用并联液压系统。美国航天飞机轨道器有四个独立的液压源，通过中央液压组合供油给操纵系统的各个单机，组成全机系统。每个液压源有 50%(全机液压源)的工作能力。若有一个液压源失效，全机系统仍可正常工作，当第二个液压源失效后，能保证安全返航，即具有故障工作/故障安全能力。

(2) 双重串联结构。双重串联结构用于美国航天飞机轨道器舵面、起落架的电液伺服作动器。舵面由四个作动器(按双重串联布局)驱动，每个作动器提供舵面所需控制力的 50%。当其中两个作动器失效后，舵面仍有 100%的驱动力。

(3) 检测-校正(误差-校正)结构。美国 F-111 歼击轰炸机余度式阻尼伺服作动器即为这种类型结构。它的工作、备用、基准三个通道的信息两两成对比较，以检测通道之间的失配程度(例如设定零漂、增益、工作限值等)，当其差值超过设定值时，系统由工作(故障)通道切换到备用通道。这种结构比较复杂，其比较、监控元件应有很高的可靠性。若用单板计算机及其软件代替基准通道及比较器(硬件)，则更为简便可靠。

(4) 多余度电液伺服阀。美国航天飞机的电液伺服系统采用四余度电液伺服阀，土星-Ⅴ火箭三子级的电液伺服系统采用三余度电液伺服阀，都是 Moog 公司生产的。它由 3(4)个电液伺服阀控制一个功率级滑阀，各伺服阀的输出在滑阀上代数相加，合成阀芯的位移。只要伺服阀的增益和反馈增益足够高，当某个通道发生故障输出(干扰位移)时，通过反馈可由其他正常工作的通道给出输出相抵消，修正故障的影响。这种形式结构紧凑，几乎不增加系统质量和功率消耗。

导弹与航天运载器液压伺服系统根据输入信号的极性和大小，按比例或继电方式操纵导弹和运载器的摆动发动机、舵面、可动喷管或扰流器的偏转角度，产生一定的控制力或力矩，控制导弹和运载器的运动和姿态。早期导弹液压伺服机构比较简单，如第二次世界大战中德国研制的 V-1 和 V-2 导弹液压伺服机构，由一台直流电动机驱动齿轮泵作为能源，控制信号输入至湿式力矩马达，带动一个天平式的杠杆，两个针阀分别挂在杠杆两端控制高低压液压油，输入至作动器两腔，作动器输出一定的力矩推动负载运动。20 世纪 50 年代初出现干式力矩马达和双喷嘴伺服阀，60 年代电液伺服系统日趋完善。随着航天和导弹技术的发展，对运载器的可靠性要求越来越高。目前世界上先进的运载器，其总体可靠度为 0.99，这就要求控制系统的可靠度接近 0.999，而伺服机构作为控制系统的关键性元件，其可靠度要求在0.999 以上，这样的可靠度量级是常规的液压伺服机构无法达到的。所以，必须从本质上提高伺服机构的可靠性。60 年代初，美国在发射大力神Ⅰ型导弹时，曾因位置传感器电缆断线，使伺服系统处于开环状态，导致导弹失控，最终造成发射失败。事后为了改善导弹和运载器伺服系统的可靠性，伺服作动器由电反馈改为机械反馈。航天飞机和运载器的电液伺服机构采用全度技术和多余度液压伺服机构，美国已用于土星-Ⅴ号 S-ⅣB、大力神Ⅲ-M 和航天飞机。图 4.7 所示为美国的航天飞机助推器四余度伺服机构原理图。

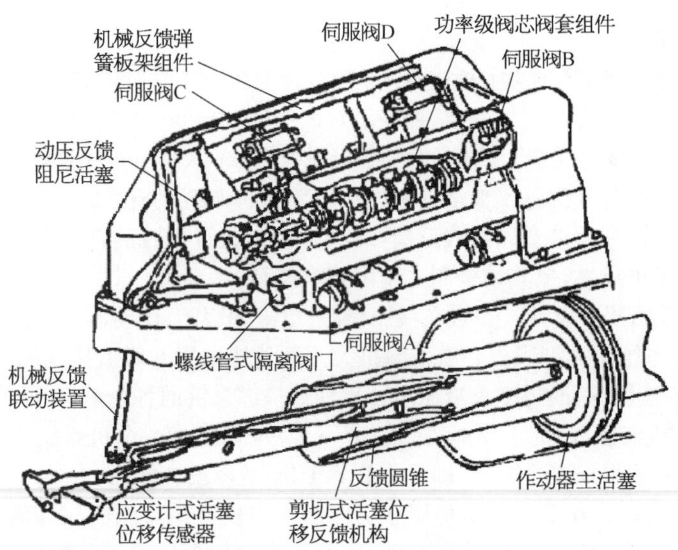

图 4.7　美国的航天飞机助推器四余度伺服机构原理图

与常规伺服机构相比，图 4.7 所示的航天飞机助推器四余度伺服机构的特点如下：

(1) 液压伺服机构的大功率机械部件可靠性高，小功率电气和液压放大器部分可靠性较低，伺服放大器和伺服阀采用四余度，作动器无余度。进行减轻重量、缩小体积的合理布局。

(2) 采用机械反馈将位置信号反馈到四个伺服阀的力矩马达，构成闭合回路。

(3) 每个伺服阀的滑阀上设置动压反馈通道，降低伺服阀的压力增益；每个伺服阀的输出端安装压差传感器，其输出信号反馈到伺服放大器的输入端，减缓各余度通道间的力作用，提高伺服机构的动态性能，确保以压差为基础的余度管理正常进行。

(4) 余度伺服机构的能源采用二余度，通过一个换向阀在两个能源中自动选择一个供给伺服作动器，任何一个能源失效，整个伺服机构仍能正常工作。

4.3.5　数字化、信息化

传统的液压技术引进了近代微电子技术和计算机技术而步入了现代化的阶段，计算机已经在液压设备上得到了较为普遍的应用。

1) 计算机控制　与模拟伺服系统相比较，数字电液伺服系统具有更高的控制精度，更强的抗干扰能力和更广泛、更灵活的功能。以美国航天飞机结构疲劳试验协调加载系统为例，该系统共有 374 件电液伺服加载作动器，209 个伺服回路，5 000 余件各种传感器，由一台 Xcrox530 计算机及各通道下位机按各种载荷谱(模拟 40 种载荷条件)控制加载程序对各通道协调加载，具有工作模式选择、数据实时处理及监测保护等功能。我国航空工业部门于 1988 年研制成功了计算机控制的 100 通道液压加载系统。

2) 计算机辅助测试及故障诊断　美国 Moog 公司的电液伺服阀调试系统采用计算机后，大大提高了测试自动化程度。自动测试阀的流量特性、压力特性、零位泄漏特性、压力-流量特性，给出特性曲线和数据(如流量增益、压力增益、线性度、对称性、分辨率、磁滞率、动态响应等)。对液压系统的运行实现在线监测，例如国内外开展了液压泵气蚀诊断，利用计算机分析液压泵压力脉动谱图和壳体振动功率谱图。根据压力脉动谱图低频分量判断气蚀发生状况，研究振动功率谱频率成分、各频率振动能量与气蚀的关系。

3) 计算机辅助设计与分析　近年来，从国外引进或自行开发了比较完整的液压CAD软件系统、仿真分析和设计软件，如液压图形符号库、标准零部件图形库、常用技术数据库；各种应用程序，如液压元件及系统设计计算，液压系统动态仿真、辨识及性能优化，机构综合及应力分析、液压系统原理图及零部件自动绘图等。如计算机辅助设计、计算机辅助工艺过程编制、柔性制造系统(CAD－CAPP－FMS)一体化。

4) 数字控制液压元件　数字型液压控制元件(如脉冲调宽电磁阀)可直接(必要时加放大器)接收计算机信息实现动作。它简化了接口，但频率响应较低，用在控制要求不高的场合。作者在东京计器株式会社时参与开发的数字控制流量阀、压力阀，可以通过阀体上的按钮和内藏芯片直接进行流量和压力的数值设定与计量。此外，“步进马达-减速器-丝杆/螺母套-液压滑阀”组合，其输入是脉冲序列，输出是滑阀线性位移，其优点是抗污能力较强、成本低，但滞后时间较长、分辨率较低、动态性能较差。

电液伺服系统与电子技术、计算机技术紧密结合，形成了高可靠性、高效益、数字化的液压伺服机构。美国空军航空推力试验室和人工导航试验室1980年和1987年先后发表了“先进导弹用的数字电液伺服机构”，它由控制器、伺服阀、动力矢量马达和传动机构组成，其最大输出力矩28 kgf·m，最大空载速250°/s，舵偏角最大可达±35°，用于机载多用途高性能导弹。数字化电液伺服机构工作原理如图4.8所示。动力矢量马达为无旋转叶片的小惯量高速马达，4个伺服阀接收控制器数字电信号，控制动力矢量马达的8个工作腔，可正负摆动，通过传动机构带动舵面。无反馈装置，制导和控制直接应用计算机，环境温度化的零位漂移小。

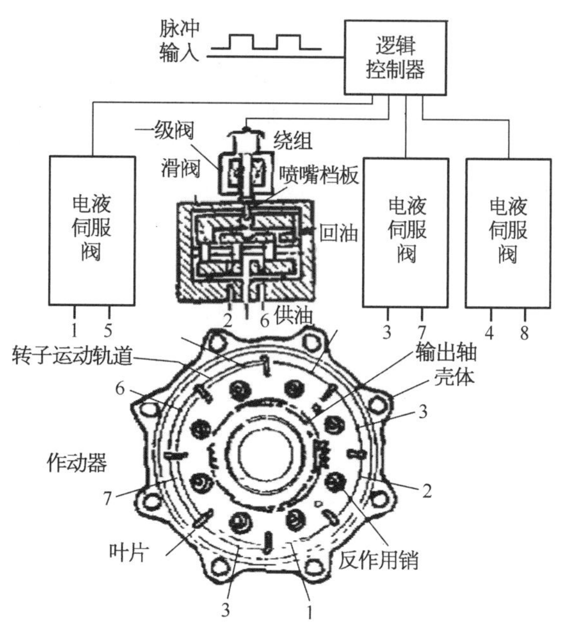

图4.8　数字化电液伺服机构原理图

综上所述，近代电液伺服技术实现了大功率、高压、高温、高速、高可靠性、计算机融合应用。我国电液伺服技术的发展起步较晚，但发展较快，现已掌握了国际上一些单项先进技术。就总体而言，在上述几个方面，我国飞行器电液伺服控制技术与世界最先进水平相比差距不大，但是基础理论还有相当大的差距。在新技术、高技术的发展中，电液伺服技术不可或缺，一些特殊场合无法用其他技术替代，必然要进一步得到发展，尤其在上述几个方面要有比较大的技术和基础理论突破，方能缩短与世界先进水平的差距。

4.4 防空导弹控制执行系统

防空导弹控制执行系统(control actuation system, CAS)，是指导弹控制系统的执行系统，其主要由舵机及其能源、操纵机构与控制面等部分组成，其工作原理如图 4.9 所示。

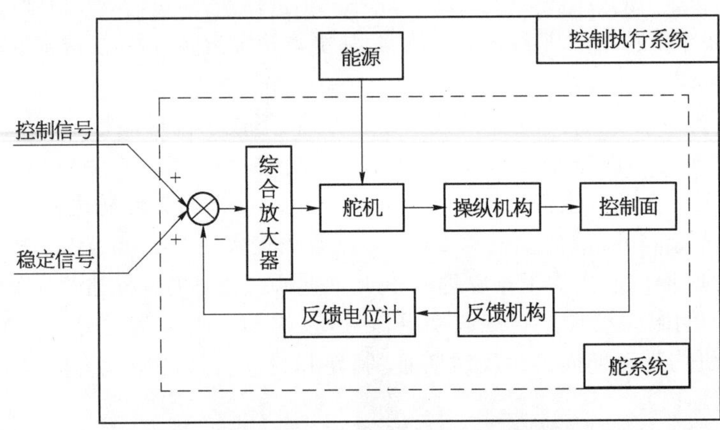

图 4.9　防空导弹控制执行系统原理框图

防空导弹控制执行系统的中制导指令、末制导指令形成装置产生的指令控制信号与加速度、阻尼、滚动回路反馈的自动稳定信号叠加后作为舵系统的输入信号，它与舵系统自身反馈信号相比较形成误差信号，然后经综合放大器综合放大，并输送给舵机，舵机在弹上能源的输入功率作用下，提供操纵力矩，经操纵机构传动并克服负载力矩，按控制指令极性与幅值控制面偏转，使导弹按预定的控制弹道飞行，直至命中目标。

控制执行系统，作为控制与结构的统一体，作为信号流与功率流的结合部，它既是控制系统的执行系统，又是导弹结构的组成部分，作为导弹控制系统的主要硬件设备，控制总体对它的比性能、比功率要求很高。因为它的性能不仅影响导弹控制系统的频率特性，还影响辅助能源与操纵机构的频率耦合以致控制面气动弹性的动态颤振与静态发散，所以它的设计在整个导弹设计中占有相当重要的地位。

导弹控制执行系统设计所寻求的目标是综合性能优化，要达到此目标，一方面取决于总体对执行系统要求指标的合理性与方案选择的可行性；另一方面则取决于执行系统所采用的技术先进性与设计方法有效性。本节从总体角度概述防空导弹控制执行系统的设计思想与设计方法。关键要点在于：明确综合要求，弄清限制条件和极端环境工况，进行论证分析，确定主要准则以及验证性能指标。

4.4.1 设计综合要求

1) 设计基本要求　见表 4.9。

表 4.9　防空导弹控制执行系统设计基本要求

序号	参　数	说　　明	备　注
1	失速力矩	控制面速度接近零时的舵机最大制动力矩	
2	铰链力矩	控制面气动铰链力矩	
3	反操纵力矩	控制面反操纵时的力矩	
4	控制面速度	空载及满载时控制面的偏转角速度	
5	控制面惯量	控制面执行机构绕控制面转轴的惯量	
6	控制面载荷	控制面承受气动载荷的额定值与最大值	
7	控制面偏角	控制面综合偏角	
8	舵机类型	按舵机所采用能源划分的类型	
9	舵系统频宽	在频率域内，舵系统降至－3 dB 时的频率范围	
10	舵系统阶跃响应	在时间域内，舵系统对阶跃信号的响应特性	
11	舵系统静态刚度	控制面偏角在舵系统中静态扭转刚度	
12	舵系统动态刚度	控制面偏角在舵系统中动态扭转刚度	
13	舵系统死区	舵系统的不灵敏区	
14	舵系统无效行程	舵系统的传动间隙	
15	舵系统定位精度	舵系统的随动精度	
16	工作时间	执行系统在飞行中的最长时间	
17	使用寿命	执行系统在使用期内的总寿命	
18	环境条件	执行系统储运、执勤、飞行时的环境条件	
19	可靠性	执行系统使用期内平均无故障运行时间	
20	可维护性	执行系统检测、维修的勤务处理限制程度	
21	有效尺寸	执行系统的有效结构尺寸	
22	有效质量	执行系统的有效结构质量	
23	制造成本	执行系统的研制生产经费	

2）设计附加条件　见表 4.10。

表 4.10　防空导弹控制执行系统设计附加条件

区分	序号	参　数	说　明	备　注
控制弹道	1	控制面偏角变化规律	典型控制弹道的控制面偏角变化	
	2	控制面力矩变化规律	典型控制弹道的控制面力矩变化	
	3	制锁力矩变化规律	典型控制弹道的制锁力矩变化	
	4	能源级间转换时间	能源Ⅰ、Ⅱ级的级间转换时间	

(续表)

区分	序号	参 数	说 明	备 注
频率耦合	5	控制执行机构弯扭频率比	控制面执行机构弯曲与扭转的自振频率比	
	6	机构自振与能源特征频率比	控制面执行机构扭转自振频率与能源特征频率比	
发控系统	7	能源启动时间	能源启动至建立压力的时间	
遥测系统	8	舵系统综合放大器输出信号	采用相应遥测附加器	
	9	控制面力矩	采用相应遥测传感器及其放大器	
	10	控制面偏角	采用相应遥测传感器或附加器	
	11	能源特征参数	如气、液能源的压力、流量、温度、振动,或电源的电流、电压、频率等	

4.4.2 必要性、可行性论证过程

导弹控制系统、发控系统和遥测系统对控制执行系统提出设计要求前,需经过必要性论证;而控制执行系统在接受研制任务之前,必须做出可行性分析。论证和分析的重要问题大致如下:

(1) 执行系统的级数取决于导弹的级数是否采用燃气舵进行垂直发射控制(如美国海麻雀虽为单级导弹,但采用垂直发射控制,故仍为两级)。执行系统的数目取决于舵和副翼的设置(有舵和副翼分开的,如法国响尾蛇、俄罗斯萨姆6;也有舵和副翼合一的,如海麻雀、意大利阿斯派德)以及舵和副翼的差动方式(机械差动,如俄罗斯萨姆2;电差动,如海麻雀),执行系统的安装空间取决于导弹部位的安排、气动布局以及所采用的固体火箭发动机喷管的结构形式。

(2) 舵系统类型是采用角位置反馈还是角速度反馈或铰链力矩反馈,主要取决于导弹类型、控制方式、舵机类型与品质要求。常见的绝大多数防空导弹都采用角位置反馈(如海麻雀、萨姆2),其特点是定位精度高,控制刚性好。铰链力矩反馈常用于小型导弹,并与燃气舵机联用(如美国小槲树),主要是为了简化弹载控制系统。

(3) 舵机类型取决于舵系统的控制响应与负载功率,并在很大程度上与弹载辅助能源的综合利用、飞行时是否出现反操纵及舵机舱结构空间等有关。通常,液压舵机是提供高响应、大功率的优选类型,美国爱国者、霍克及海麻雀均采用此类舵机。如能考虑弹载辅助能源的综合利用,则能有效地减轻导弹的质量。另外,飞行试验实践证明:如采用冷气舵机,应绝对避免飞行时出现控制面反操纵现象。至于舵扭结构组成中的作动筒、伺服阀与反馈电位器是采用整体结构还是散装结构,一般来说取决于舵机舱所能提供的结构空间的形状与大小。

(4) 操纵机构类型与舵机结构类型一样,主要取决于舵机舱所提供的结构空间。通常,整体式舵机直线反馈结构与推拉式连杆机构相配套,安装在中空的较大的圆柱形结构空间(如萨姆

2、3)；分散式舵机角度反馈结构与推推式杠杆机构相配套，安装在中空的较小的圆柱形结构空间(如海麻雀、阿斯派德)。而中实的(装有发动机长喷管)环柱形结构空间，根据传统与需要既有装整体式舵机推拉式机构的(如海标枪)，又有装分散式舵机推推式机构的(如爱国者)。同样，由于受到有效空间的限制，俯仰与偏航的两路操纵机构的安装，对整体式舵机来说往往是前后反对称的。这样，在两路导引控制系统完全对称的情况下，则必须改变其中一路的舵机极性(或制导指令的极性)才能使两路控制面极性相协调。不论舵系统采用机械差动还是电差动，均可与整体式或分散式舵机交叉配套使用。

(5) 控制执行系统的舵机能源是与导引头天线能源共源还是分源，是与其他弹载辅助能源一起综合利用还是独立提供？从减轻质量、缩小体积、使设计更经济合理来看，只要条件许可，在不影响能源用户分系统工作性能情况下，应尽量采用共源式方案和弹载辅助能源综合利用。当然，由于特殊要求和条件限制，实际上往往不能完全如此。

(6) 控制面的偏转速度取决于控制指令和稳定信号的瞬时变化率及舵机的速度负载特性。前者与控制弹道设计工况有关，后者则为所选定舵机的固有特性。控制面偏转速度，通常与导弹气动布局有关，鸭舵(如响尾蛇)较低，正常舵(如萨姆2)与尾舵(如爱国者)适中，全动弹翼(如海麻雀、阿斯派德)较高。实际上，对线性化导弹控制体来说，首要的是限制导弹的滚动角，要求滚动回路的副翼舵机有较高的速度。至于为保证导弹机动过载变化率，要求俯仰与偏航回路的舵机也要有适当的速度。通常，后者要比前者为低。若采用电差动方案独立副翼舵，在保证舵机的俯仰速度时则也能满足偏航速度。问题是应该允许负载速度比空载速度有较大的下跌，即使如爱国者的舵机，其负载速度也只有空载速度的1/7左右。当然，对有特殊要求的，则舵偏速度不能任意降低。

(7) 控制面(含舵和副翼)的负载力矩取决于控制弹道上最大飞行速压、导弹气动布局和导弹最大攻角与控制面最大综合偏角。最大飞行速压由导弹最大飞行马赫数与最低飞行高度确定；导弹气动布局则直接决定了控制面的当量面积与转轴位置(即气动压心与转轴的作用力臂)；最大攻角与最大综合偏角则由导弹最大许用过载确定。为减小控制面铰链力矩，尽量不采用全动弹翼，而优先采用"组合鸭舵"(如响尾蛇)，或者允许有较大的反操纵(如爱国者)。"组合鸭舵"不仅当量面积小，而且气动压心随导弹飞行速度变动极小，因此舵面上铰链力矩很小，对抗反操纵能力较强的液压舵机与电动舵机，允许有较大的反操纵力矩，即改变作用力臂的极性与大小，尽量减小最大的正操纵力矩，以爱国者为例，正、反操纵力矩之比约为5∶4，如图4.10所示。

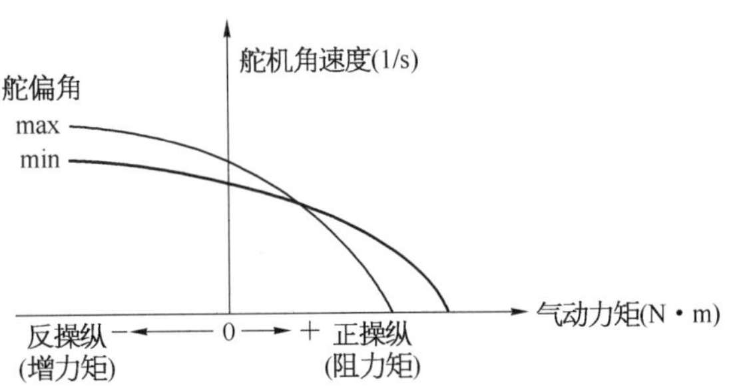

图4.10　舵机角速度随气动力矩变化曲线

(8) 控制面(含舵和副翼)综合偏角取决于最大许用舵偏角和等效的最大副翼偏角，前者受控制弹道最大许用过载的限制，后者由滚动回路最大许用干扰所决定。不论采用机械差动还是电差动，不论采用推拉式舵机还是推推式舵机，控制面综合偏角都不能太大，一般为20°～30°，尤其是全动弹翼的综合偏角最大不超过22°，其他气动布局也很少超过35°，否则易使导弹失控，气动阻力增大，还会使操纵机构非线性与不对称性增大，并使机构的部位安排难度增加。

(9) 控制执行系统的质量、体积、可靠性与成本等指标对防空导弹控制系统总体性能影响极大。因此，在控制执行系统总体设计时，必须对上述指标进行充分论证、全面分析与综合比较。

图 4.11 所示为以时间为横坐标、质量为纵坐标、功率为参照指标、负载循环百分比为条件的控制执行系统质量优选工作带。同样,可以得到体积、可靠性与成本的优选工作带。对上述指标优选工作带用叠合法求其交集,再考虑抗反操纵能力与弹载辅助能源综合利用以及其他一些特殊因素,最终可以确定最佳或次佳的控制执行系统基本类型。

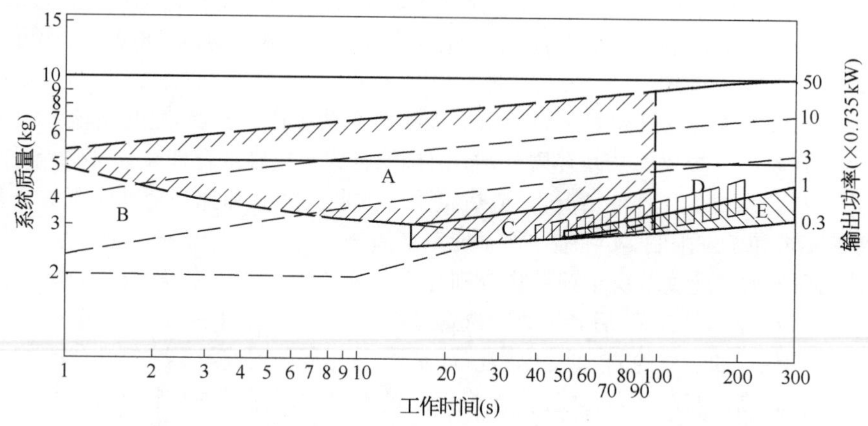

图 4.11　控制执行系统质量优选工作带(1/3 负载循环)

A—燃气执行系统(固体燃气发生器尺寸按 100%负载循环)和冷气执行系统;
B—燃气和冷气增压排泄式液压执行系统;C—燃气涡轮泵循环式液压执行系统;
D—电池电机泵循环式液压执行系统;E—燃气马达泵循环式液压执行系统(能源综合利用)

(10) 全面评估控制执行系统的相对标准有复杂性、可靠性、可维护性、成本、性能和发展潜力六项。通常,最关注的是相对性能。技术性能好的系统往往会复杂些、可靠性差些、成本则高些,但对质量与体积的影响却并不明显,这是由于质量与体积主要取决于系统体制、设计技术、结构材料及制造工艺,而可靠性与成本对体积甚至质量均不敏感,它们是复杂性和零件数的函数,并与可维护性有关。因此在全面评估控制执行系统时应综合考虑。

4.4.3　设计准则

1) 舵系统

(1) 舵系统频宽。舵系统实质上是一个低通滤波器。为保证舵系统的一定频宽,尽量不采用无限制地提高综合放大器增益、舵机速度和增大操纵机构传动比的办法来解决。因为这样会使系统工作不稳定、能源功率变得很大、等效力臂变得过小。可以考虑引入惯性反馈网络的办法来解决。

(2) 电差动同步。由于两个舵系统不同步,舵副翼系统必然会引起附加效应,即附加的副翼效应或舵效应。一般来说,这类附加效应较小,而控制面综合偏角有一定的余量,舵回路不会堵塞,所以问题不大。当附加效应较大,而综合偏角余量较小,则舵回路可能堵塞。此时,为改善电差动引起两个舵系统的不同步,可在舵系统设计时采用诸如特性选配、斜率调整和对舵系统进行和差交叉反馈等技术措施。

(3) 电零位制锁。利用归零信号作控制面制锁的舵系统,其条件为:舵系统已处于正常工作状态,失速力矩必须大于最大制锁力矩,定位精度相当高,无效行程足够小。这样,才能确保控制面可靠又精确地锁定在零位。

(4) 抗反操纵能力。为减小控制面气动力矩,现代防空导弹都会在反操纵状态工作,因此舵系统必须具有抗反操纵能力。这里的关键是选择合适的舵机类型，液压舵机应优先选用。飞行试验表明：控制面转轴位置采取"补偿"或"过补偿"气动布局的防空导弹，在亚、跨声速飞行段，控制面处于反操纵状态，冷气舵机的舵系统出现失控发散现象，而液压舵机的舵系统则仍能正常工作。

2）舵机

(1) 舵机频宽。由舵系统频宽分配决定，应该尽量压缩。研制实践证明：过宽的频宽必然要求舵机速度增益增大，从而使舵机及其能源功率明显增加。过宽的频宽易受电子噪声等干扰，在某些诱因激励下，控制面甚至会产生自激振荡，引起系统不稳定。

(2) 舵机速度。主要取决于舵机频宽与机构等效力臂。除在控制面反操纵、导弹静不稳定控制等特殊情况下，要求舵机有较大的负载速度，分别对控制面舵回路、阻尼回路进行深度负反馈外；通常情况下，舵机速度不宜过大，以保证系统稳定性，减小能源功率，获得合适的机构等效力臂。

(3) 舵机力矩。应能克服控制面的铰链力矩、惯性力矩、阻尼力矩和摩擦力矩等综合负载力矩，并在额定负载力矩作用下能提供一定的控制面速度。即使在最大铰链力矩作用下，为可靠工作起见，舵机仍应保持最小的控制面速度。

(4) 负载特性分析。图 4.12 所示为典型全动弹翼式气动布局防空导弹控制面的负载特性曲线，其主要特征是弹性负载。速度-力矩特性曲线的轨迹为一旋转的、轴线略带倾斜的、稍有畸变的错位椭圆，箭头方向表明负载的主要特征性质。对采用空气舵控制的绝大多数防空导弹，刚度(即铰链力矩)起主导作用，箭头方向为顺时针，而对采用推力向量控制(TVC)的极个别防空导弹，则惯性(即转动惯量)起主导作用，箭头方向为逆时针。相应的功率曲线，在四个象限内，呈∞形交叉旋转。

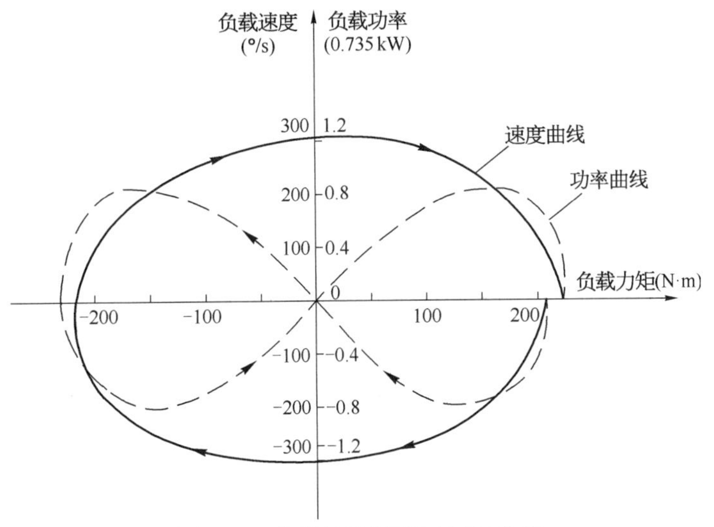

图 4.12　负载特性(速度、功率)曲线

(5) 舵机输出特性。不论何种类型舵机，其输出特性曲线必须包容负载特性。现以液压舵机为例，按最大功率点原则考虑，其匹配情况如图 4.13 所示。从图中明显可见：舵机特性曲线刚好包容负载特性曲线，两者在最大功率点处相切；正反操纵(或阻助力矩)两种状态均有良好的匹配关系。

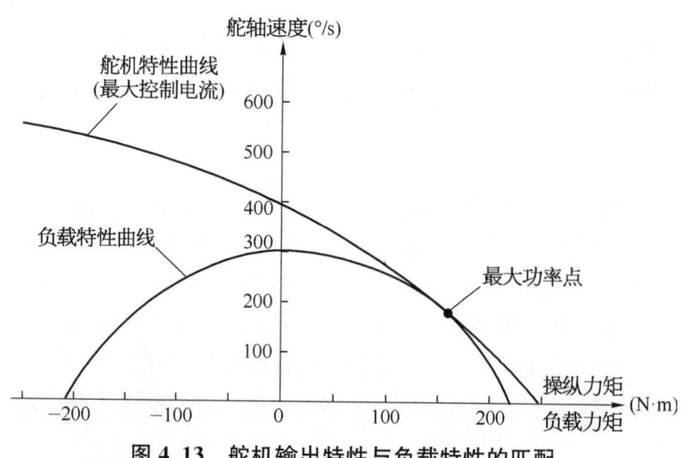

图 4.13　舵机输出特性与负载特性的匹配

3）操纵机构

（1）操纵机构动态特性。近似于振荡环节，它实质上是一个具有一定刚度、惯量、阻尼、摩擦和活动间隙的准弹性系统，其典型的频率特性如图 4.14b 所示。控制面操纵机构要有合适的自振频率与结构阻尼，较小的摩擦和活动间隙。它既要满足舵系统频宽，又要防止控制面颤振。研制实践证明：操纵机构过低的自振频率会使它在舵系统频率特性试验时因结构共振，振幅过大而破坏。

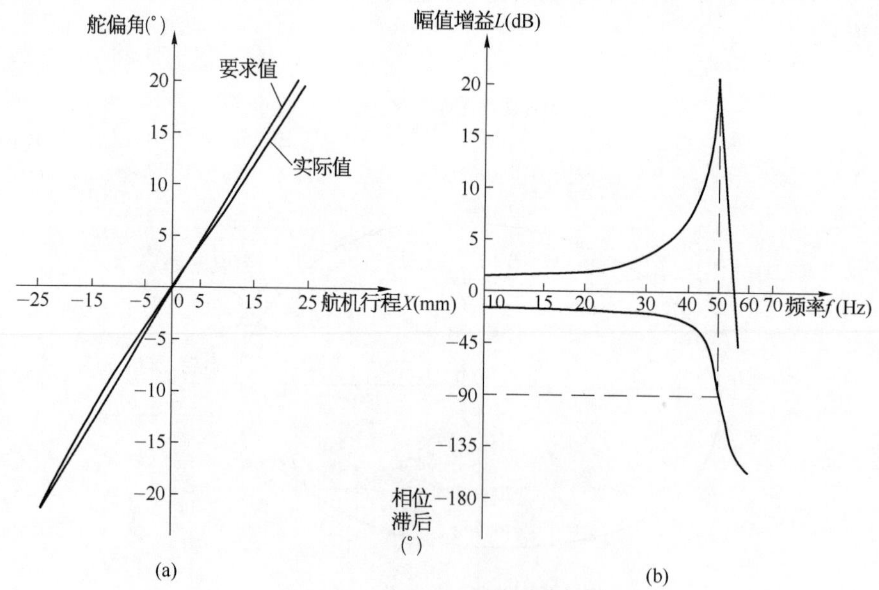

图 4.14　舵机系统操纵机构特性

(a) 静态特性；(b) 动态特性

（2）操纵机构静态特性。要求控制面偏角与舵机行程呈线性传动关系，以满足舵系统的直线度与副翼差动的对称度要求，其典型的传动特性如图 4.14a 所示，主要由设计保证。传动比是操纵机构的特征参数，它取决于机构的等效力臂。等效力臂能调节操纵机构传动比，改变力矩与速度的分配关系。等效力臂一旦确定，舵机行程与控制面偏角、舵机推力与控制面操纵力矩、舵机速度与控制面速度之间的传动、转换关系也随之而定。因此，它是操纵机构极其重要的参数，只有精心设计才能获得机构最佳传动比。

(3) 操纵机构频率规范。操纵机构兼有运动转换与功率传递双重作用，它的设计除按强度、刚度规范外，主要应按频率规范进行，满足控制面操纵机构动态特性，保证舵系统频宽，防止舵操纵结构共振破坏，避免舵操纵可能出现的气动弹性问题。如舵操纵扭转刚度不足，在反操纵条件下引起静态发散；舵操纵扭弯频率耦合在气动与能源交连情况下引起动态颤振。

(4) 反馈机构安装调整与间隙。反馈机构仅用于分散式舵机，常采用齿轮机构或连杆机构，以一定的放大系数将控制面偏角传递给舵机反馈电位器，使舵系统回路闭合。要求反馈机构安装极性正确，有足够的直线度与对称度，便于精确调整(如齿轮副中心距、连杆机构杆长、电位器转轴等均可无级调整)、检查，并能可靠锁紧。对机构的连接、电位器的安装，尤其要注意组合的整体动态刚度和抗振强度，采用各种技术措施(如带环形扭力弹簧的双片齿轮、带游丝扭簧的齿轮、补偿式球铰链等)消除机构的活动间隙，保证舵系统的稳定性。

(5) 制锁机构的设置与类型。制锁机构用于在特定时间内，如导弹储运过程直至发射前，或起控前，或二级导弹一、二级分离前，可靠地锁住暂不工作的控制面，并且在需要时能可靠地解锁。通常，当舵系统归零线路的电制锁精度因受到舵系统零位误差与活动间隙或能源工作状态的限制而无法采用时，必须采用专门的控制面制锁机构。二级导弹控制面制锁机构必须保证一级飞行时，在最大铰链力矩下仍应可靠锁住；分离时，在相应铰链力矩下必须可靠解锁。历史教训表明：制锁力矩不足，控制面会提前解锁，最终导致导弹空中解体。

4) 控制面

(1) 控制面的转动惯量。为保证舵系统具有足够的频宽，防止舵操纵机构过低的自振频率引起的结构共振破坏，若用增大操纵机构刚度的办法，同时也增大操纵机构的质量，简单而有效的方法是在不影响控制面气动外形的前提下，用改变材料或剖面具体结构形式来减小控制面转动惯量，提高舵操纵机构的自振频率。

(2) 控制面的“平衡”或“过平衡”。为防止舵操纵机构动态颤振，除改变控制面平面或剖面几何形状、结构材料及其质量分布外，常用的主要方法是在控制面转轴前安装适量的配重，用来调整质心与转轴的相对位置，使之处在转轴上或转轴前，以达到“平衡”或“过平衡”，海麻雀与阿斯派德等即采用此方法。

(3) 控制面的“补偿”或“过补偿”。见上述章节。

5) 能源　能源有供控制执行系统专用的，也有与导引头天线共用的，甚至同时为全弹电网供电的，涉及面广，内容复杂，需要探讨的问题也多，现摘要分列如下：

(1) 能源设计的弹道函数。弹载能源与地面能源不同，其功率与总功均是有限的，因此弹载能源额定功率，以控制执行系统为例，并非按所有控制弹道中可能出现的最大铰链力矩与最大舵偏速度的乘积来确定，其总功更非该功率与最长飞行时间的乘积。能源设计依据控制弹道函数，求取实际可能出现的功率频谱与总功时间曲线，并由此确定能源的额定功率与总功。

(2) 控制弹道的工况研究。对控制执行系统，主要研究控制面偏角变化规律，控制面角速度与铰链力矩随飞行时间变化曲线；对导引头天线，主要研究天线偏角变化规律，天线摆动角速度与惯性力矩随飞行时间变化曲线。而对全弹电网，则主要研究所有供电分系统的电流消耗与电压、频率随飞行时间变化曲线。由此分别得到三组功率频谱与总功时间曲线作为舵机、天线、全弹电网的能源设计依据。如果全弹辅助能源综合利用，则还需对三组曲线进行再次拟合成总的功率频谱与总功。国外为了研究导弹典型工况的真实性与控制执行系统的适应性，专门发射控制执行系统试验飞行器(control test vehicle, CTV)。

(3) 恒功率能源与变功率能源的选择。控制执行系统能源必须与控制弹道工况相匹配。匹配的含义通常指包容，作为特例的重合就是适应。与包容、重合相对应的是恒功率能源与变功率能源。通常，对小型导弹，大多采用恒功率能源，如小槲树、萨姆7的燃气执行系统，简单适用、成本低。对大型导弹，应优先采用与弹道工况变动相适应的变功率能源，如爱国者电池电动变量泵液压执行系统、海标枪燃气马达变量泵液压执行系统、海麻雀氮气增压蓄油器液压执行系统。但实际上仍有不少大型导弹仍采用恒功率能源，如萨姆2、6系列冷气执行系统及阿斯派德燃气涡轮定量泵液压执行系统等，其原因除考虑弹道工况与负载循环百分比外，还与历史继承性、设计风格密切相关。

(4) 排泄式能源与循环式能源的考虑。就目前所知，凡是燃气舵机(如小槲树、萨姆7)、冷气舵机(如萨姆2、6)与电动舵机(如响尾蛇、尾刺)所使用的燃气能源、冷气能源与电源均是排泄式的，工质一次使用不回收。对液压舵机所使用的液压能源就有非循环式(排泄式)与循环式之分。前者基本型为气体(燃气或冷气)增压蓄油器，后者随初级能源不同有固体火药的燃气涡轮定量泵、液态单元剂(流量可控)的燃气马达变量泵以及化学电池的电动机变量泵等不同类型。它们的适用性如图4.11所示有关的优选工作带。

(5) 共源与综合利用时能源间交连的隔离。在共源与综合利用时，必须采取有效的技术措施对“交连”进行“隔离”限制。阿斯派德就是共源与弹载能源综合利用的典型例子(图4.15)。为了防止液压控制执行系统大流量工作时对天线液压能源的“交连”，在分源交接处设置限流阀进行调控隔离，限制进入控制执行系统的流量，确保导引头天线能源具有足够的流量。为防止液压系统空载对涡轮发电机的“交连”，在液压泵出口处设置加载阀(或称阻遏阀)进行调控隔离，阻遏进入液压系统的流量，对泵加载，防止涡轮空载超转，确保发电机的转速、频率与电压不超限。当然，对涡轮发电机转速调控的方法，还可采用阻尼盘(如海麻雀燃气涡轮发电机)和调节器(如萨姆6冷气涡轮发电机)。

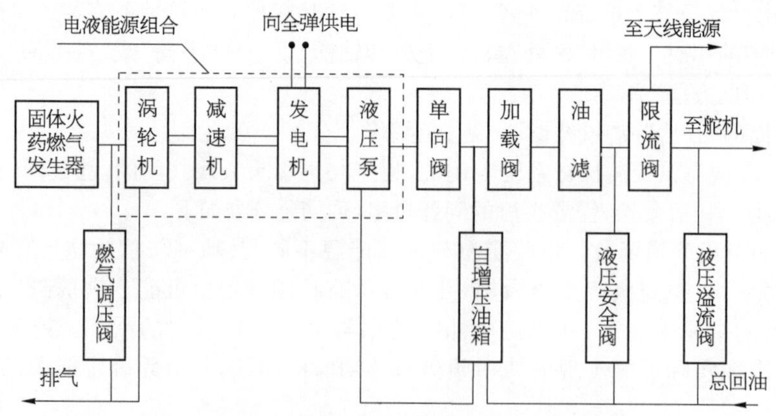

图4.15　液压共源与弹载电液能源综合利用框图

(6) 弹道峰值功率的瞬时提供方法。在选定电动机后，如何获得更大的瞬态功率，对循环式液压系统，可以采用气体增压蓄压器方法。在瞬时大舵偏速度时，以一定的压力变化率转换为蓄

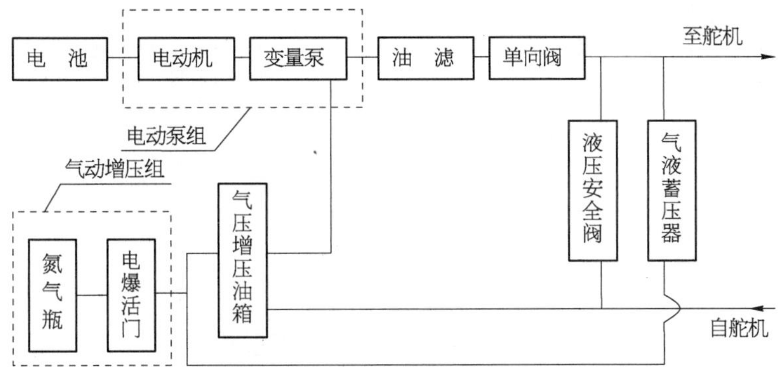

图 4.16　带气液蓄压器的电池电动机变量泵框图

压器补充流量，与液压泵一起提供导弹弹道的瞬时峰值流量。例如，爱国者液压执行系统(图 4.16)，当导弹突然进入机动状态时，系统负载流量猛增，压力陡降，压力反馈使变量泵斜盘偏到最大位置，提供最大流量，与此同时，氦气增压液压蓄压器迅速提供瞬时补充流量。对离合器控制驱动电动机的电动舵机系统，由于存在大功率离合器与减速齿轮系，故可利用其飞轮效应，在瞬时失速力矩时，以一定的速度变化率转换为飞轮补充力矩，与电动机一起提供导弹弹道的瞬时峰值力矩，例如标准导弹电动执行系统。

4.4.4　性能试验

控制执行系统在研制过程中需做多次地面试验，最后经飞行试验考核通过。性能试验旨在验证设计思想与制造质量，并通过结果分析使之进一步完善与提高。现以图 4.17 所示的二级导弹燃气涡轮泵能源综合利用为例，相应的性能试验主要项目如图 4.18 所示。

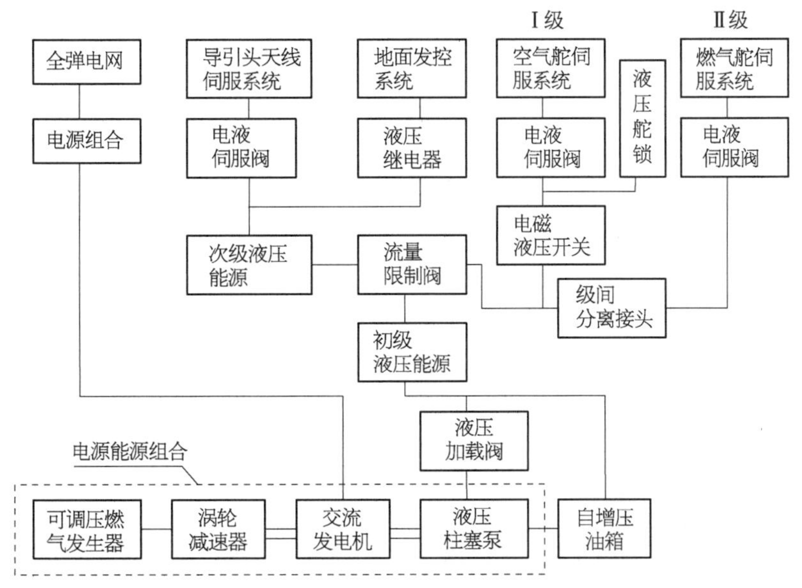

图 4.17　二级导弹燃气涡轮泵能源综合利用示意图

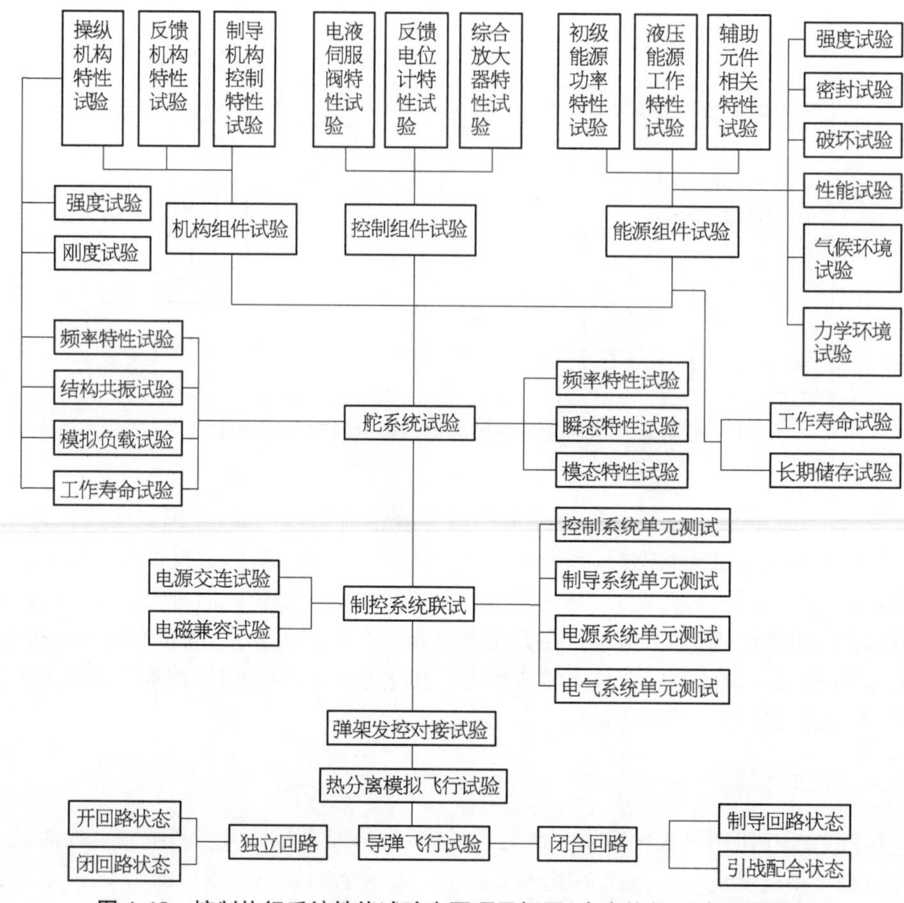

图 4.18　控制执行系统性能试验主要项目框图(未含执行系统遥测部分)

1) 频率特性试验与结构共振试验　舵系统工作状态,用舵机正弦激振。如以综合放大器前的信号作为输入,舵偏角遥测传感器作为输出,即可获得舵系统幅相频率特性。又如对整体舵机长传动链推拉式连杆机构,则以反馈电位器作为输入信号,舵偏角遥测传感器作为输出信号,则可获得操纵机构幅相频率特性。若在操纵机构自振点保持一定时间的共振,此即操纵机构抗结构共振试验。振动后的机构和舵机支臂均应保持完好无损。

2) 模拟负载试验与系统抗反操纵试验　舵系统工作状态,舵机按一定的频率、幅值正弦激振,采用负载模拟器给舵面施加线性或恒值负载。要求舵偏运动平滑无阻滞现象,波形不失真,相移在一定范围内。同时可改变加载的极性,产生助力矩模拟反操纵状态,利用亚、跨声速下弹道特征点参数做舵系统抗反操纵能力试验。应满足控制系统回路特性的诸项要求。

3) 控制执行系统振动模态特性试验　舵操纵系统与弹载液压能源处于工作状态,对综合放大器输入归零信号将舵面钳制在零位,用宽频带的电磁激振器对舵面激振,用精密传感器测量舵面各特征点的位移或速度,获得舵面各阶自振频率与振型,从而确定扭弯频率比,为舵操纵颤振分析提供计算依据。同时通过振动频谱分析可测定弹载能源高速旋转部件(如涡轮、发电机与液压泵等)的频率响应特性。

4) 工作寿命试验　工作寿命通常指空载测试总时间,应满足制导控制系统测试循环的要求。此时,舵系统处于工作状态,弹载能源处于地面测试状态。

5) 能源交连试验与电磁兼容试验　制导控制系统均处于联试状态。

(1) 能源间交连隔离试验。对弹载综合能源,模拟液压系统瞬态空载低压,检验液压加载阀的调控隔离作用,模拟舵机瞬态空载大流量,检验液压限流阀的调控隔离作用。当瞬态干扰除去后,两阀均应在短时间内解除隔离。

(2) 执行系统与弹载电子设备间电磁兼容试验。当弹载设备全部开机工作时,要求执行系统的电气成品,如电爆管、电点火器、涡轮发电机、电磁弹簧锁钩、压力继电器、电磁液压开关、电液伺服阀、线性电位器与综合放大器等能不受弹载电子设备射频干扰的影响而正常工作。同样,要求本系统的电气成品的工作也不应影响弹载电子设备,特别是计算机、捷联惯导组合与导引头及电引信等的正常工作。

6) 飞行试验　与控制执行系统有关的飞行试验是独立回路状态与闭合回路状态的导弹飞行试验。独立开回路是指阻尼回路与加速度回路处于断开状态,由于无阻尼稳定与加速度反馈,其弹道变化剧烈,对控制执行系统来说,从铰链力矩与舵偏速度来看均是最严重的工况。而独立闭回路由于阻尼稳定与加速度反馈,其弹道变化平缓,弹道工况变化也随之轻缓。闭合回路是指导弹制导回路处于闭合状态,与实战最接近的状态是战斗遥测状态,旨在对导弹进行引战配合研究。独立回路主要考核执行系统的信号响应特性、功率驱动特性、抗反操纵能力与相应能源的弹道工况适应能力,同时进一步校验执行相关的发射控制与飞行控制时序的正确性。闭合回路主要考核本系统的电磁兼容能力,能源交连隔离能力以及控制执行系统在真实的气候、力学环境下,在复杂的飞行、电子环境下工作的可靠性。

4.4.5　结论

1) 控制执行系统　控制执行系统已经与数字式自动驾驶仪及捷联惯导组合(均由弹载计算机控制)联用。舵系统仍以位置控制伺服系统为主,向适合数字化控制方向发展。舵系统大多能在控制面反操纵状态下工作,对舵机速度要求也适当降低。舵机类型仍呈多样性与传统性。大型导弹以液压舵机居多,冷气舵机次之;小型导弹则燃气舵机与电动舵机并举。电动舵机,由于使用方便、没有泄漏、符合弹载能源单元化要求,已由小型导弹开始向大型导弹,特别是舰载防空导弹发展。控制面差动方案大多为电差动,很少采用机械差动。美国大多采用液压舵机,俄罗斯采用冷气舵机,法国采用电动舵机。一种是为控制执行系统单独提供能源的方式,另一种是全弹弹载辅助能源综合利用的方式。

2) 控制弹道工况　为使执行系统及其能源设计得经济、合理,必须从控制信号流与能源功率流两方面来综合研究系统的工况变动。其内容主要包括:控制面偏角运动规律及相应的负载力矩变化规律;执行系统动力特性与空气动力弹性;导引头天线角变化规律及相应的负载力矩变化规律,弹载电网负载电流、频率、电压随弹道变化的规律。上述这些参数均是控制弹道的函数,所以综合研究涉及总体、制导、控制、气动、载荷、气动弹性与结构等有关专业,只有大力协同、密切配合才能奏效。工况研究可采用数字计算,必要时可以与导弹飞行试验相结合。

3) 总体论证与系统分析　导弹总体方案必要性论证是执行系统技术可行性分析的重要前提,执行系统技术可行性分析则是实施导弹总体技术要求的可靠保证。两者应该通力合作、交叉参与,既允许系统向总体提出"反要求"与"反建议",也允许总体修改要求,向系统提出技术攻关课题。只有做到有机结合,实行反馈控制的设计方法,才能获得最佳、最适用的系统方案。

4.5　防空导弹辅助能源

结合防空导弹控制执行系统设计方法,探讨防空导弹弹载辅助能源及其初级能源分类形式,分析典型实例。就导弹能源的单元与多元、单独设置与综合利用、分源与共源、恒功率与变功率、定量泵与变量泵、排泄式与循环式、初级能源类型等一系列重要问题进行阐述，取得方案选择的要点以及弹载辅助能源的预测。

随着防空导弹的发展，对弹载设备的小型化、轻便化的要求越来越高。就弹载电子设备而言，由于电子元器件所需的控制功率较小，问题相对容易解决；而对弹载辅助能源而言，由于气液机电设备所需的驱动功率很大，相应的发热、强度、材料等问题相对较难解决，其解决途径有加强弹道工况的研究，提出切合实际的能源要求，关键在于如何在弹载辅助能源的方案上进行合理配置与综合利用，尽量使方案具有最佳特性。

防空导弹弹载能源广义上应包括主能源（动力装置推进剂）和辅助能源（全弹电源、制导控制系统的能源以及动力装置推进剂输送系统增压能源等）两大部分，本节探讨弹载辅助能源方案配置和综合利用问题。

4.5.1 能源方案分类

4.5.1.1 动力装置推进剂输送系统与执行系统能源的综合利用形式

1）冷气源　既用来增压液体火箭发动机推进剂储箱，又用来给控制执行系统冷气舵机供气。如俄罗斯萨姆 2 地空导弹系列，如图 4.19 所示。

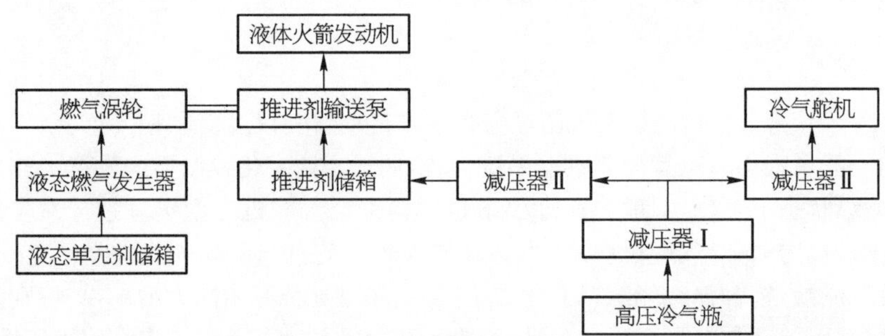

图 4.19　俄罗斯萨姆 2 地空导弹系列冷气源与燃气源共源配置图

2）燃气源　用液态单元剂（如 I. P. N 异丙基硝酸盐）分解产生的燃气经减压后增压冲压发动机燃油箱的挠性胶袋，同时驱动燃气马达液压泵给液压舵机供油。如英国海标枪舰空导弹，如图 4.20 所示。

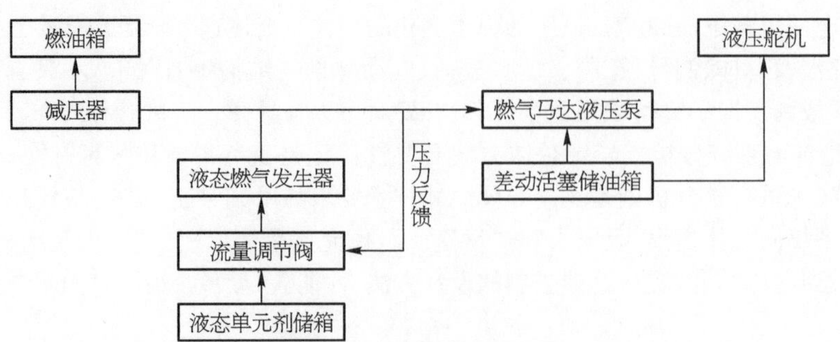

图 4.20　英国海标枪舰空导弹燃气源共源配置图

3）冲压空气源　来自冲压发动机进气道的高速冲压空气经冲压涡轮同时驱动燃油输送泵

与液压泵,分别给冲压发动机供燃油,给液压舵机供液压油。它们常用于某些冲压发动机作动力装置的海防导弹或防空导弹,如图 4.21 所示。

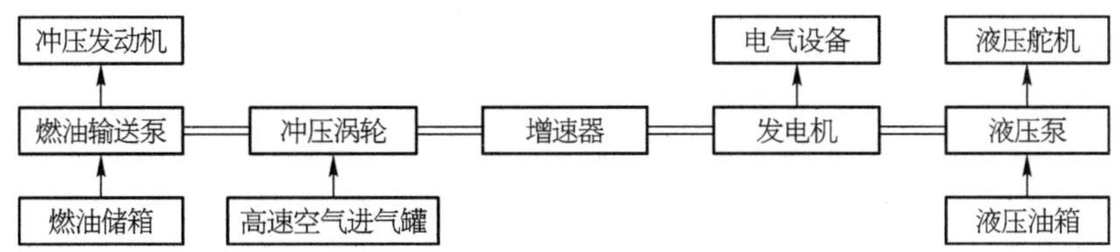

图 4.21　某型导弹冲压空气源共源配置图

4.5.1.2　电源与执行系统能源的综合利用

1) 直流电源　弹上电池,既向电气设备供电,又向电动舵机供电。如尾刺、标准、响尾蛇等防空导弹,如图 4.22 所示。

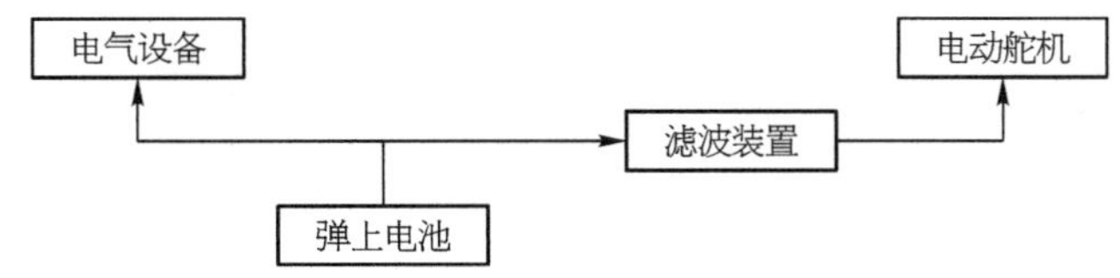

图 4.22　全弹直流电源(美国尾刺、标准,法国响尾蛇)

2) 交流电源　弹上涡轮发电机按其工质及驱动对象不同,可分为:

(1) 燃气涡轮同时驱动交流发电机与液压泵,如阿斯派德三军通用防空导弹,如图 4.23 所示。

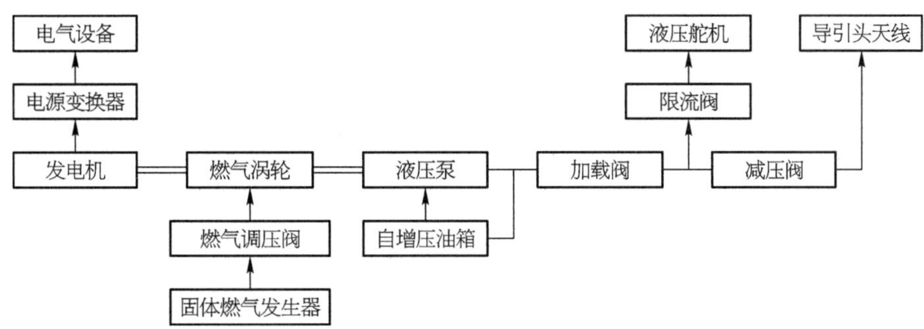

图 4.23　燃气涡轮驱动交流发电机与液压泵(意大利阿斯派德)

(2) 冷气涡轮驱动交流发电机,冷气又向舵机供气。如俄罗斯萨姆 3、6 地空导弹,如图 4.24 所示。

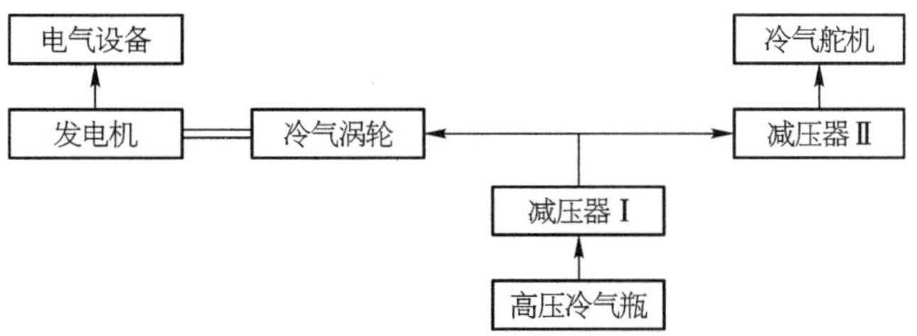

图 4.24　冷气涡轮驱动交流发电机和气动舵机(俄罗斯萨姆 3、6)

(3) 冲压空气涡轮既驱动燃油输送泵,又经增速后驱动交流发电机与液压泵。它们常用于某些冲压发动机作动力装置的海防导弹或防空导弹,如图 4.21 所示。

4.5.1.3　弹载辅助能源的配置形式

弹上能源有两种基本配置形式:共源与分源。共源通常与综合利用密切相关,分源也有其具体条件限制,现按不同能源类型描述。

1) 液压源　阿斯派德导引头天线与自动驾驶仪舵机是共源的(图 4.23);而美国麻雀系列导弹却是分源的,导引头天线能源另用固体装药燃气增压的活塞式液压蓄油器,驾驶仪舵机则用高压氮气增压,带有气体减压器的胶囊式液压蓄压器,如图 4.25 所示。

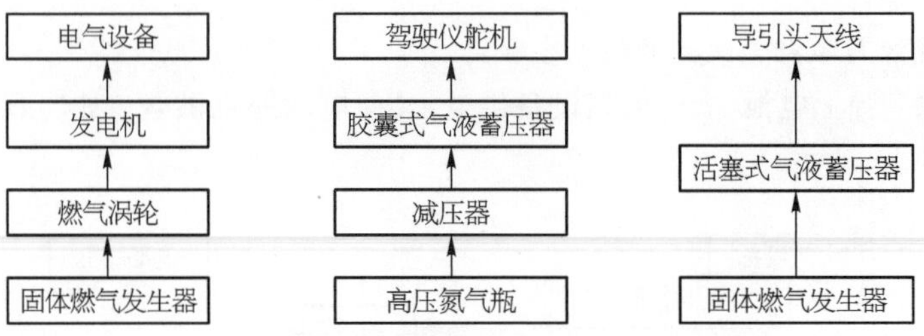

图 4.25　弹上能源的分源体制(美国麻雀)

2) 燃气源　美国小槲树地空导弹驱动燃气涡轮发电机的燃气与向燃气舵机提供的燃气是共源的(图 4.26);而麻雀系列驱动涡轮发电机的燃气与导引头天线液压能源增压用的燃气则是分源的(图 4.25)。

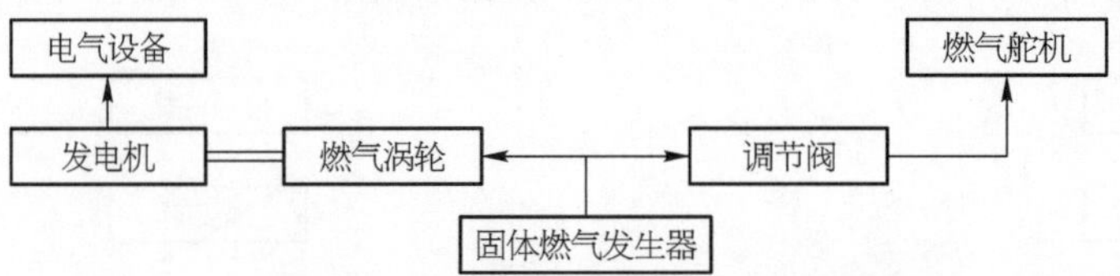

图 4.26　弹上能源的共源体制(美国小槲树)

3) 冷气源　萨姆 3、6 所用的冷气涡轮发电机与冷气舵机是共源的(图4.24);而分源的冷气在防空导弹上极少见。

4) 电源　法国响尾蛇是共源的,弹上电池向全弹电气设备包括电动舵机在内统一供电(图 4.22);而美国爱国者则是分源的(图 4.27),即由专用电池对电动变量泵单独供电。

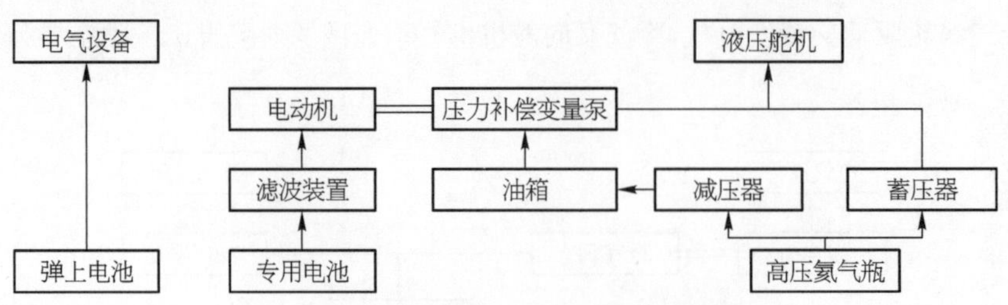

图 4.27　弹上能源的分源体制(美国爱国者)

5) 单元剂　海标枪冲压发动机燃油箱熔压用的燃气和执行系统燃气马达液压泵驱动用的燃气是共源的,均是单元剂 I. P. N(图 4.20);而萨姆 2 系列的单元剂 I. P. N 所产生的燃气则专门用来驱动液体火箭发动机推进剂的输送泵，不用来对推进剂储箱进行泵前增压(图 4.19)。

4.5.1.4 弹载辅助能源及其初级能源的分类

1) 按辅助能源工质元素分类

(1) 多元化辅助能源。如爱国者为电、气、液三元，分源式；阿斯派德为燃、电、液三元，共源式；小槲树为燃、电二元，共源式；萨姆 3、6 为气、电二元，共源式。

(2) 单元化辅助能源。如法国响尾蛇、美国标准均为单元化，共源式。

2) 按电液能源所采用初级能源工质分类

(1) 固体燃气发生器所产生的燃气作初级能源。如麻雀系列的燃气涡轮发电机、燃气增压蓄油器，阿斯派德的燃气涡轮驱动发电机-液压泵。

(2) 液态燃气发生器所产生的燃气作初级能源。如萨姆 2 系列的燃气涡轮推进剂输送泵，海标枪燃气马达液压泵。

(3) 高压冷气作初级能源。如萨姆 3、6 的冷气涡轮发电机，麻雀系列的高压氮气增压蓄压器。

(4) 冲压空气作初级能源。如某些型号的冲击涡轮驱动交流发电机-燃油输送泵。

(5) 电池作初级能源。如爱国者直流电动机驱动压力补偿变量液压泵。

4.5.2 应用实例

4.5.2.1 基本原则

(1) 弹载辅助能源与主能源(动力装置推进剂)、弹载辅助能源内部之间必须在满足导弹总体性能指标前提下进行一体化综合考虑，这是弹载辅助能源类型确定的前提。

(2) 从减轻质量，缩小体积，压缩能源种类，方便操作使用，使设计更经济、合理来看，只要条件许可，在不影响有关分系统(能源用户)工作性能的情况下，应尽量采用弹载辅助能源综合利用和共源式，这是弹载辅助能源方案选择的基础。

(3) 在有关分系统(能源用户)存在相关交连影响时，弹载辅助能源必须采取有效的技术措施除去交连或改善交连情况，为综合利用及共源的实现创造条件。

(4) 如有特殊要求和限制(包括非技术因素在内)，弹载辅助能源只能考虑单独配置，采用分源方案。

4.5.2.2 从麻雀系列到阿斯派德的演变看弹载辅助能源的技术发展

麻雀系列弹载辅助能源中，电源(燃气涡轮发电机)、导引头天线液压源(燃气增压活塞蓄油器)与驾驶仪舵机液压源(氮气增压胶囊蓄压器)三源分立，如图 4.25 所示。这类自足式能源的优点是：各能源完全独立，互不干扰，不存在能源间相互交连问题，功率与工况达到最佳匹配，装前检测方便，管路损失很小，能源自带，可靠性由部件保证。其缺点是：部件自带能源造成重复设置，质量、体积、成本均不经济，各分系统能源间功率不能相互调剂，结构布局不甚合理。

阿斯派德弹载辅助能源中，弹上电源(燃气涡轮发电机与加载阀)、驾驶仪舵机液压源(燃气涡轮液压泵与限流阀)与导引头天线液压源(燃气涡轮泵与减压阀)的初级能源均为固体装药燃气涡轮机，三源合一，综合利用，如图 4.23 所示。这类组合式能源的优点是：质量、体积、成本均较经济，各分系统间功率在一定程度上可以相互调剂，结构布局较为合理。其缺点是：分系统能源因初级共源各不独立，能源间易产生相互干扰，存在交连问题，必须采用隔离措施，使系统组成比较复杂，在一定程度影响可靠性；另外，功率与工况不易达到最佳匹配，装前检测不便，管路损失较大。阿斯派德弹载辅助能源不沿用其原型机麻雀系列独立分源排泄式旧体制而采用综合共源循环式新体制，其主要理由是：

1) 任务需要　主要是指飞行时间增长，与麻雀系列相比，阿斯派德固体火箭发动机增长后，其推力相应增大；再考虑载机初速，导弹最长工作时间达到 60 s，从弹载能源最佳工作带图来看，采用泵式液压循环体制较挤压式液压排泄体制更为合理。

2) 现实可能　阿斯派德能源系统设计师紧紧抓住弹载辅助能源综合利用与弹载设备小型化，在麻雀系列原有燃气发生器、燃气涡轮、交流发电机、燃气增压蓄油器等技术基础上，使燃、电、液、机有机结合，研制出集中统一的小型化电液能源组合，连同其他小而精巧的液压附件，不仅节省空间，而其质量比独立分散的要轻。

3) 性能保证　主要是对三个分系统之间的交连采取一定的隔离措施以改善其交连情况，确保各自性能，主要措施是：

(1) 为防止液压泵空载对发电机超转的交连影响，在液压泵出口处设置加载阀（或称阻遏阀）进行调控隔离，利用泵出口压力反馈，减小加载阀开口，阻遏进入液压系统的流量，节流升压对泵进行加载，避免涡轮空载飞转，确保发电机的转速、频率与电压不超限。

(2) 为防止驾驶仪液压舵机大流量工作时对导引头天线液压伺服系统随动速度的交连影响，在液压系统与分支交接处设置限流阀进行调控隔离，利用压力差负反馈减小限流阀开口，限制进入舵机的流量，确保导引头天线随动速度，以便瞬时快速搜索或跟踪目标。

4.5.2.3　*液态单元剂萨姆 2 与海标枪上的应用*

萨姆 2 系列液态单元剂，作为液体火箭发动机推进剂输送系统（要求低压大流量）设置的专用辅助能源，从储箱经液态燃气发生器分解产生的燃气驱动涡轮机同轴带动氧化剂泵与燃烧剂泵，向液体火箭发动机燃烧室提供推进剂。涡轮机的启动是靠火药启动筒，它是一个小型的、短时工作的固体装药燃气发生器。

海标枪的液态单元剂分解产生的燃气作初级能源是两个系统共用的，如图 4.20 所示。一路输向自动驾驶仪的液压舵机系统；另一路经减压器增压冲压发动机燃油箱。其主要供给对象为前者，图中，燃气马达液压泵向液压舵机供油（要求高压小流量），该直线往复马达泵实质上是一种以行程为周期，由燃气液压联动分配阀控制，同时具有燃气压力补偿的，能连续工作的，可变流量输出的燃气增压液压蓄油器，它具有效率高、响应快（惯量小，加速性好）、可靠（无旋转部件）以及启动时间短等一系列优点。另有差动活塞式储油器，既作燃气马达液压泵的泵前增压供油以防气蚀，又作系统泄漏的容积补偿和温度补偿，实质上是一种具有双重补偿能力的自身增压油箱。该辅助能源系统采用控制执行系统和动力输送系统公用的共源式体制，其主要特点是：

(1) 随弹道工况变动能变流量输出。主要是通过燃气压力反馈，由流量调节阀对液态单元剂(I. P. N)流量进行自动调节与弹道工况变动相匹配。

(2) 整个系统需用总功小，油量少，系统温升低。由于初级能源与弹道工况相匹配的变流量输出，不存在恒流量输出需经溢流阀旁路溢流引起的油液发热温升，实际油量仅 355 ml 左右，最大动力射程达 80 km。

(3) 初级能源装置复杂，单元剂装填使用不便且毒性较大是该体制的缺点，在具体选择时必须充分考虑工况条件、弹道控制措施及能源综合利用等方面有关问题权衡利弊后确定。

4.5.2.4　*弹载涡轮发电机的调控方法*

采用涡轮发电机作电源的优点是功率质量比较大，测试检查方便，易实现弹载辅助能源综合利用与共源方案。为保证交流发电机输出稳定的频率与电压，需对涡轮转速进行一定的限制。

(1) 在与发电机同轴驱动液压泵系统中设置液压加载阀（或阻遏阀），防止液压泵空载对发电机超转的交连影响，如意大利阿斯派德燃气涡轮发电机。

(2) 在发电机中设置涡流阻尼盘，利用涡流阻尼与转速成正比来稳定转速，如美国麻雀燃气涡轮发电机。

(3) 在发电机中设置离心调速器，利用离心节流与转速的关系控制进气量来稳定转速，如俄罗斯萨姆3、6的冷气涡轮发电机。

4.5.2.5 弹载辅助能源方案选择的要点

1) 单元与多元　冷气能源刚性差，气瓶结构尺寸大及环境温度效应影响大；而液压能源尽管刚性好、功率大及控制特性硬，但它装置复杂、能源多元、使用维护不便。至于电源，国际上有关专家认为：电池驱动导弹控制面的相对性能(尤其可靠性)比液压气动系统高。因此从战术使用维护及可靠性角度考虑，最好采用单元化弹载辅助能源。唯一方案是弹载热电池或高效电池，如美国标准舰空导弹、尾刺便携式地空导弹与法国响尾蛇野战防空导弹，均由弹载电池统一对包括电动舵机在内的弹载电气设备提供电源。当然从战术技术性能与综合利用角度考虑，若必须采用其他工质舵机，则不论冷气、燃气与液压舵机均属多元化弹载辅助能源的范畴。

2) 单独设置与综合利用　前提是导弹动力装叠、控制执行与电源的方案及其组合形式。只有采用液体火箭发动机或冲压发动机方案时，才有可能考虑控制执行系统与动力输送系统的辅助能源进行综合利用。也只有采用非电动舵机或初级能源采用气体(燃气或冷气)，同时弹上电源采用涡轮发电机时，才有可能考虑控制执行系统与全弹电源进行综合利用。作为辅助能源最大限度综合利用的典型例子是英国早期的海参舰空导弹，利用液态单元剂异丙基酸盐产生的燃气既增压液体火箭发动机两推进剂储箱，又驱动涡轮同时带动推进剂输送泵、控制执行系统液压泵与交流发电机。反之，若采用固体火箭发动机方案，则不存在与动力输送系统辅助能源的综合利用问题，若为了避免分系统之间能源性能交连、电磁干扰与结构限制等，则采用辅助能源单独设置的方案。作为这方面的两个典型例子是：①美国的波马克由两个独立电池分别供给电动变量液压泵的电源及弹上电源(交流通过交流机提供)；②美国的麻雀分别由两个独立的固体装药发生器产生的燃气分别驱动涡轮发电机向全弹供电与增压液压蓄油器向导引头天线供油。

3) 综合利用的得与失　关于辅助能源综合利用的利弊得失分析，既要考虑正面效果，又要考虑负面影响，以燃气涡轮电液能源方案为例，其正面效果是明显的，而其负面影响则往往容易被忽视。这些可能产生的负面影响有：

(1) 电源与液压回路之间、共源液压回路之间的性能交连及为此而采取复杂的改善措施，在一定程度上影响其相对可靠性。

(2) 电源与液压回路、共源液压回路以及各回路单独改进及其试验维护的“相悖性”以及为此所做的交叉协调往往使通用性变得一般。

(3) 燃气涡轮排气口背压随导弹飞行高度与攻角变化的影响会引起能源输出功率与发电机频率有相当范围变化，在一定程度上限制了适用性。

4) 分源与共源　分源是指分系统自足式能源，与单独设置一样，它可按自身工况进行最佳功率匹配设计，不存在能源交连干扰，设备安装、性能改进、试验维护均具有较大的灵活性。共源通常与综合利用密切相关，并且需具备一定的条件，如各分系统间能源的“相容性”，结构安装的可能性等。另外，还与传统设计的继承性、研制技术的成熟性有关。美国防空导弹辅助能源设计就有单独设置与分源的传统，除早期的波马克外，近期的爱国者也如此。为防止驱动变量液压泵的电动机对弹上设备产生的射频干扰，它的电源与弹上电源是分开的，并在相关电路上配有特殊的滤波器。再如美国海麻雀导引头与驾驶仪的液压能源也是分源的，而阿斯派德则是共源的。

5) 恒功率与变功率　这是对控制执行系统能源而言的，与导弹控制弹道工况相匹配是它设计选择的基本准则。从弹道工况考虑：对小型导弹及负载循环百分比高的导弹，大多采用恒功率能源，如小槲树、萨姆7、海狼的燃气执行系统，既简单合用，又降低成本。对较大型导弹及负载循环百分比低的导弹，由于全空域弹道工况变动大，优先采用与弹道工况变动相适应的变功率能源，如爱国者电池电动变量泵液压系统、海标枪燃气马达变量泵液压系统。对于中型导弹及中等负载循环百分比的导弹，则两种体制都有，既有恒功率的阿斯派德燃气涡轮泵液压系统，又有变功率的海麻雀氮气增压蓄油器液压系统，鉴于历史原因，一些大型导弹如萨姆2、3、6冷气系统仍采用恒功率体制。

6）定量泵与变量泵　均用于循环式液压系统，分别与恒功率及变功率相对应，是这两种体制的关键液压部件。通常，定量泵与燃气涡轮联用，并配有液压阀，不一定设置蓄压器（视工况匹配情况而定），属定压恒流量体制；变量泵与直流电动机或燃气马达联用，并配有较大蓄压器以补充瞬时峰值流量的不足，因采用压力补偿式变量泵，故不需要液压定压阀，属定压变流量体制。两种体制均需设置液压安全阀以确保安全溢流。

7）排泄式与循环式　均指液压源而言。因为燃气源、冷气源与电源均属排泄式，工质都是一次使用不回收。排泄式基本型为气体（燃气或冷气）增压蓄油器，结构简单，加速性好，常用于工作时间不太长、工况变动较急剧的导弹。循环式随初级能源不同有三种常见的基本类型：固体火药的燃气涡轮定量泵，液态单元剂（流量可控）的燃气马达变量泵以及电池的电动变量泵。从控制执行系统及其能源的"质量-功率-时间"优选工作带来看，其液压能源适用性方案分别为：

（1）近程为燃气或冷气增压蓄油器排泄式液压能源。

（2）中近程为燃气涡轮定量泵循环式液压能源。

（3）中远程为电池电动变量泵循环式液压能源。

（4）中远程冲压式发动机为燃气马达驱动变量泵的循环式液压能源。

8）初级能源

（1）燃气增压与冷气增压。液体火箭发动机或冲压发动机的推进剂输送系统增压方式主要取决于传统的设计思想，俄罗斯惯用冷气（空气）增压，如萨姆2；英国惯用燃气（液态单元剂分解）增压，如海参、海标枪。导引控制执行系统的液压蓄油器或蓄压器增压方式主要取决于供油流量与压力等级，小流量、低压采用燃气增压，如麻雀系列导引头的燃气增压液压蓄油器；大流量、高压采用冷气（氮气、氦气）增压，如麻雀系列驾驶仪的氮气增压液压蓄压器，又如爱国者驾驶仪的氦气同时向液压蓄压器与液压油箱增压，就安全可靠性而言，气体化学稳定性序列依次为氦气、氮气、空气。

（2）燃气驱动与冷气驱动。对推进剂输送系统的涡轮泵，通常采用燃气驱动；对涡轮发电机，两种驱动方式都有，燃气驱动较冷气驱动功率大、工效高。俄罗斯在传统上较多采用冷气轮机与冷气舵机综合利用，如萨姆3、6；美国在传统上较多采用燃气轮机，如麻雀系列，或燃气轮机与燃气舵机综合利用，如小槲树。对控制执行系统的液压泵，通常采用燃气驱动并进行辅助能源综合利用，英国在传统上较多采用燃气驱动涡轮或马达泵、发电机，同时向推进剂储箱增压，如雷鸟、海参、海标枪，意大利继承英国雷鸟的方案使阿斯派德燃气涡轮电液能源组合获得很大的成功。

（3）固体装药燃气与液态单元剂燃气。从控制执行系统要求来看，前者适用于负载循环百分比较高、工作时间不太长、燃气流量不可调的恒功率输出能源，如阿斯派德；后者适用于负载循环百分比较低、工作时间较长、燃气流量可调的变功率输出能源，如海标枪。固体装药燃气发生器的突出特点是成本低，结构简单，可靠性高，功率质量比大，可同时驱动涡轮发电机与液压泵。液态单元剂尽管流量可调，但装置复杂，成本较高，若单独设置不经济。

（4）燃气涡轮与燃气马达。系液压循环系统的两种燃气驱动装置，它们分别与固体燃气恒功率体制与液态燃气变功率体制相匹配，是该体制主要驱动部件。通常，燃气涡轮与交流发电机、液压定量泵联用,设有燃气安全阀与过滤器,属恒流量体制;燃气马达与液压变量泵组合成燃气马达液压变量泵,不设燃气安全阀与过滤器,属变流量体制。

(5) 电源。燃气涡轮发电机与早期的化学电池相比,其主要优点是在质量与尺寸方面具有较大的比功率且不需要庞大的变流机。但有了高可靠性、大比功率的银锌电池与精巧的换流器后,燃气涡轮发电机就相对逊色了。随着高效热电池与先进换流器的出现,将逐步取代调控装置较复杂、实际可靠性不太高的燃气涡轮发电机。

(6) 冲压空气。仅适用于冲压发动机作动力的导弹,且要进行综合利用。

防空导弹弹载辅助能源方案典型示例,见表 4.11。

表 4.11　防空导弹弹载辅助能源方案典型示例

国名	序号	型号	类型	主动力	舵机	辅助能源/初级能源	特　点
俄罗斯	1	萨姆 2	中高空	液体火箭发动机	冷气	电源:化学电池 燃气源:液压单元剂,驱动燃气涡轮泵输送推进剂 冷气源:压缩空气,增压推进剂储箱;向Ⅰ、Ⅱ机舵机供气	多元,综合利用,恒功率,排泄式
	2	萨姆 3	中低空	固体火箭发动机	冷气	冷气源:压缩空气,驱动空气涡轮发电机;向Ⅰ、Ⅱ机舵机供气	多元,综合利用,恒功率,排泄式
	3	萨姆 6	中低空	固体脉冲发动机	冷气	冷气源:压缩空气,驱动空气涡轮发电机;向Ⅰ、Ⅱ机舵机供气	多元,综合利用,恒功率,排泄式
美国	4	尾刺	超低空,便携式	固体火箭发动机	电动	电源:热电池,向全弹电气设备(含电动舵机)供电	单元,综合利用,共源,变功率,排泄式
	5	小槲树	低空	固体火箭发动机	燃气	燃气源:固体装药发生器,驱动燃气涡轮发电机;向舵机供气	多元,综合利用,共源,恒功率,排泄式
	6	麻雀	中低空	固体火箭发动机	液压	电源:固体装药发生器,驱动燃气涡轮发电机 燃气源:固体装药发生器燃气增压蓄油器,向导引头天线供油 冷气源:氮气,增压蓄压器,向驾驶仪舵机供油	多元,单独设置,分源,变功率,排泄式
	7	标准	中程舰空	固体火箭	电动	电源:热电池,向全弹电气设备(含电动舵机)供电	单元,综合利用,共源,变功率,排泄式
	8	爱国者	中远程	固体火箭发动机	液压	电源:一个电池向发电机供电,驱动变量泵向舵机供油;另一个电池向弹上其他电气设备供电 冷气源:氦气,向油箱泵前增压;向气液蓄能器充气	多元,单独设置,分源,变功率,循环式

（续表）

国名	序号	型号	类型	主动力	舵机	辅助能源/初级能源	特　点
英国	9	海标枪	中程舰空	冲压发动机	液压	电源：热电池 燃气源：液态单元剂，燃气增压燃油箱；同时驱动燃气马达变量泵，向Ⅰ、Ⅱ机舵机供油	多元，综合利用，共源，变功率，循环式
法国	10	响尾蛇	低空	固体火箭发动机	电动	电源：电池，向全弹电气设备（含电动舵机）供电	单元，综合利用，共源，变功率，排泄式
意大利	11	阿斯派德	中低空三军通用	固体火箭发动机	液压	燃气源：固体装药发生器，向涡轮供燃气，同时驱动发电机与液压泵，分别向全弹供电，向液压舵机和导引头供油	多元，综合利用，共源，恒功率，循环式

防空导弹弹载辅助能源的发展趋势取决于防空导弹及其有关分系统的发展趋势。现代防空导弹的主要发展趋势是动力固体化，制导双模化（雷达、红外），导引头主动化（主动雷达），引信激光化，控制双重化（空气动力与推力矢量），传输数字化，执行电动化，电源电池化（大量采用热电池与换流器），发射简捷化（倾向采用箱式垂直发射方式或发射后不管式发射方式）。这些就是防空导弹弹载辅助能源发展的大背景与大前提。科学技术的飞速进步与历史传统的巨大惯性，展望防空导弹弹载辅助能源领域的未来，仍将是百花齐放、推陈出新、有所适应、有所侧重的共存局面，而非万树同花的大一统局面。

(1) 随着防空导弹发动机的固体化，在很少采用冲压发动机，几乎不采用液体火箭发动机的情况下，从导弹主推进系统中获取所需辅助能源的方法用得越来越少，几近消亡。控制执行系统与动力输送系统驱动与增压的综合利用，包括从进气道引入高速冲压空气增压驱动，如俄罗斯萨姆2、英国海参和海标枪等，已不再是防空导弹辅助能源的发展方向。

(2) 对中程防空导弹而言，采用固体燃气发生器与涡轮作初级能源的电液能源组合，电源向全弹供电，液压源为驾驶仪与导引头共用的阿斯派德是弹载辅助能源综合利用与液压共源的成功典范。它代表该类型防空导弹弹载辅助能源当前发展的最高水平。现代防空导弹对辅助能源的性能要求越来越高，能源综合利用的适用性将越来越受到限制。

(3) 对小型野战防空导弹与较大型舰空导弹，随着高效热电池、先进电动舵机的出现，为方便作战使用与提高工作可靠性，大多采用单一电源方案，实现弹载辅助能源单元化。如法国响尾蛇、美国尾刺与标准等，从其潜在优势来看，由于无须复杂的初级能源及电液、气液多元化的能量转换以及自此带来的能量损失，因此它的应用将逐步扩大到整个防空导弹领域。

(4) 对中远程防空导弹，目前循环式液压能源仍占传统优势，随着相关技术的发展，电池-电动机-液压变量泵-蓄压器体制（如美国爱国者）已取代该领域的固体燃气发生器-涡轮-液压定量泵-定压阀体制（如英国雷鸟）和液态燃气发生器-马达-液压变量泵-自增压油箱体制（如英国海标枪）。它潜在的主要竞争对手将是电池直接驱动舵机的单元化能源。

(5) 对中小型防空导弹推力矢量控制或垂直发射防空导弹，固体燃气能源-燃气舵机与燃气控制仍有相当潜力。燃气系统由于中间没有复杂的能量转换机构，因此系统简单可靠，如美国小槲树、英国海参、俄罗斯萨姆7、道尔均采用固体燃气源直接驱动燃气舵机。燃气推力矢量控制一例是德法联合研制的罗兰特，通过对称安装在发动机喷管周围的两个喷流偏转器来实现自旋稳定导弹的单轴控制。垂直发射燃气控制一例是俄罗斯的道尔，由固体装药产生的高压燃气经舱体孔进入空气舵内，再利用空气舵表面(左或右)喷射产生的反作用力进行垂直冷发射导弹的姿态控制，完成倾斜拐弯与弹道交接，由另一固体装药产生的中压燃气通过燃气舵机操纵空气舵相应偏转(向左或右)至某固定偏转角来实现燃气力的方向控制。

(6) 传统的影响是根深蒂固的，在相当长的一段时期内，对中小型防空导弹来说，俄罗斯的冷气源以及冷气涡轮发电机、美英的排泄式或循环式的液压源以及热电池、法国的电源单元化，仍然是它们各自改进型号与后继型号弹载辅助能源的主要类型。

(7) 弹载辅助能源是防空导弹研制中值得花费大力气精心研究的重要项目，其方案选择适当与否直接影响导弹有关分系统以致整个导弹的成败，必须认真对待。方案选择不仅取决于防空导弹总体对能源的自身性能要求，而且在很大程度上取决于其他分系统，如控制系统、导引系统、电气系统、动力系统、发控系统及其环境条件。因此方案选择工作必须与有关分系统同步交叉进行。质量与空间是方案选择的基本问题。就辅助能源而言，提高机械效率，减少能量损失则是达到上述目的的重要手段，其主要途径是优化系统组合与研究先进元器件。

4.6 飞行器燃气涡轮泵液压能源应用技术

4.6.1 燃气初级能源的应用

在导弹控制执行系统中，燃气技术应用广泛，除了燃气伺服机构及其能源外，主要作为导弹液压系统的初级能源，直接增压液压油箱或通过涡轮、马达间接驱动液压油泵，前者属于挤压式液压系统，后者则属于循环式液压系统。燃气作为初级能源，应用于战术防空导弹的循环式液压系统，可分为两类：一类是较常见的燃气涡轮定量泵(图 4.28)；另一类是较少见的燃气马达变量泵(图 4.29)。

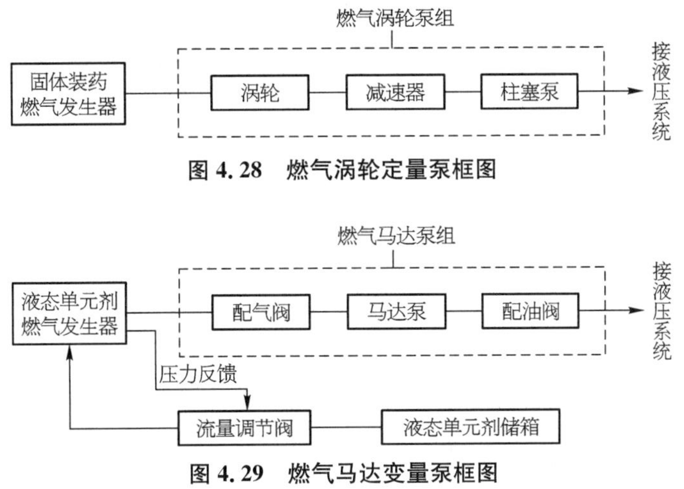

图 4.28 燃气涡轮定量泵框图

图 4.29 燃气马达变量泵框图

燃气涡轮泵通常采用固体装药燃气发生器，液压柱塞泵是定量泵。其优点是组成简单，使用方便，适用于弹道工况较复杂、负载循环百分比较高、平均功率较大、工作时间不太长的液压伺服机构；缺点是恒功率输出，燃气参数不可调节。对弹道工况较轻、负载循环百分比较低、平均功率较小、工作时间较长的液压伺服机构则不经济，大量剩余功率转换成系统发热。意大利三军通用的阿斯派德防空导弹采用此方案。

燃气马达泵通常用液态单元剂燃气发生器，燃气马达泵是变量泵，这种燃气驱动的直线(往复)马达泵，实质上是一种以行程为周期，连续工作的燃气增压蓄油器。它具有效率高、响应快(惯量小、加速性好)、可靠(无高速旋转部件)以及启动时间短等优点。工作时，液态单元剂分解产生的燃气驱动马达泵向液压系统供油，负载工况的变化通过燃气压力反馈由流量调节阀对液态单元剂流量进行自动调节。其优点是变功率输出，输出功率与负载功率相匹配，适用于弹道平滑、负载循环百分比与平均功率小、工作时间长的液压伺服机构；缺点是组成复杂，使用不方便，液态单元剂有一定毒性，单独使用成本较高。英国海军使用的海箭舰空导弹就采用此方案。

应该指出，燃气马达泵方案即使在国外也属罕见，这是由于应用此方案需具备以下条件：①工作时间足够长；②要求弹道平滑，负载循环百分比和平均功率尽量小；③液态单元剂产生的燃气能在全弹辅助能源中得到综合利用；④有成熟的技术与经验。

4.6.2 燃气涡轮泵的应用

燃气涡轮泵具有组成简单、使用方便、可靠性高等优点，在国内外获得广泛应用。战术防空导弹的燃气涡轮泵分为两类：一类是带蓄压器、气体增压油箱，燃气部分不带燃气溢流阀(图4.30)；另一类是带燃气溢流阀、液压加载阀、限流阀和自增压油箱(图4.31)。

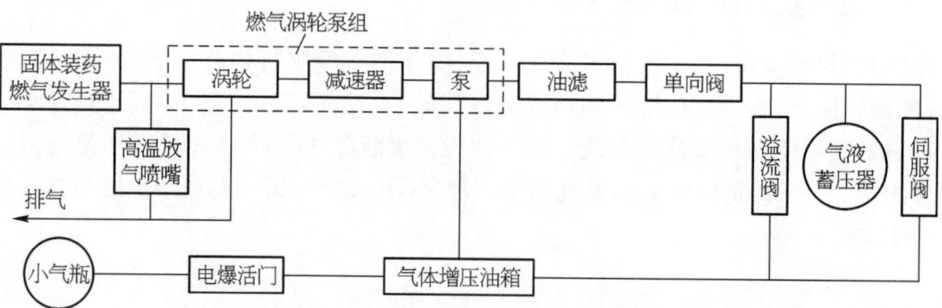

图 4.30 带燃气喷嘴和气体增压油箱的燃气涡轮泵系统框图

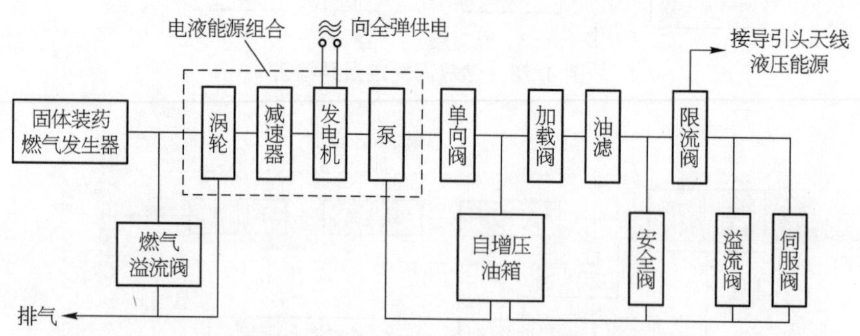

图 4.31 带燃气溢流阀、液压加载阀和自增压油箱的燃气涡轮泵系统框图

图 4.30 所示为带燃气喷嘴和气体增压油箱的燃气涡轮泵系统。其优点是组成简单，液压系统引入蓄压器后压力恒定，除能吸收系统液压冲击和平稳泵的压力脉动外，还能向系统提供较大的瞬时补充流量，在发射时采用电爆活门控制小气瓶向油箱增压的方案解决了油箱在长期存放条件下气、油的泄漏问题。其缺点是使用不方便，需向蓄压器与小气瓶供气，高温环境下临发射前需换装适合气候条件的放气喷嘴给燃气发生器溢流卸压，增加勤务操作的内容和时间，由于不

带燃气溢流阀和液压加载阀,在伺服阀空载时,涡轮泵可能会有短时间的超转。该系统适用于系统压力恒定要求较高,瞬时舵偏速度要求较高,技术阵地备有气源装置,勤务处理条件较好以及涡轮泵有一定超转能力的液压系统。我国某型垂直发射飞行试验器即采用带蓄压器燃气涡轮泵方案。

图 4.31 所示为带燃气溢流阀、液压加载阀和自增压油箱的燃气涡轮泵系统。其优点是燃气发生器压力控制稳定,勤务处理简单,在伺服阀空载时,涡轮不会出现超转;涡轮同轴驱动发电机和液压泵向全弹提供电源和液压能源,使弹上辅助能源得到综合利用。其缺点是没有蓄压器,压力不够恒定,不能提供较大的瞬时补充流量。该系统适用于系统压力恒定要求与瞬时舵偏速度要求均不高,技术阵地不备有气源装置,勤务处理条件较差以及涡轮泵基本不具有超转能力的液压系统。意大利三军通用的阿斯派德防空导弹即属于带燃气溢流阀、自增压油箱的燃气涡轮泵方案。

值得注意的是,没有蓄压器的循环式液压系统,国内外均不多见,除英国海箭与意大利阿斯派德外,基本上都有蓄压器,连美国爱国者电动变量泵液压系统都带有一个很大的气液蓄压器。不带蓄压器需具备以下条件: ①电液伺服阀工作压力允许有一定范围的波动;②控制系统对舵偏速度要求不高,基本不要求系统提供瞬时补充流量;③采用高压反馈自增压油箱可以起到部分蓄压器的作用;④要求液压系统设计者进行综合性的最佳设计,合理确定工况参数,并对弹道选择与控制系统设计提出建设性的反要求。

国外在先进导弹设计过程中,为了研究弹道工况做了大量的工作。美国为研究爱国者防空导弹的飞行控制特性以及导弹对典型工况的适应能力,不惜代价专门发射了操纵系统试验飞行器。为减小舵面铰链力矩,大多数西方国家都允许舵面反操作,爱国者的反操纵力矩竟高达正操纵力矩的 80%。控制系统设计者对舵偏速度都采取比较现实的态度,考虑到有源网络的影响,尽量缩减舵系统其他环节的时间常数,而尽量放宽舵机的时间常数,尽管伺服阀频带很宽,但实际上为防止电子噪声和其他干扰信号传到负载而影响系统正常工作,甚至引起系统不稳定,都选用较窄的频带,舵偏速度也降低到控制系统能容忍的限度。英国海箭舰空导弹为了提高飞行控制性能和改善弹道工况,不单是操纵、动力两个系统共用的液态单元剂,更主要的还包括冲压发动机的燃料消耗,对控制弹道采用变系数的分段跟踪: 初、中段采用松跟踪,大导引系数,接通超低通的中段滤波器;末段采用紧跟踪,小导引系数,关闭超低通的中段滤波器。意大利阿斯派德防空导弹除采用变系数分段跟踪外,还对高度、速度和导弹与目标接近速度等飞行参数进行自动调节,改善了舵偏变化规律,从而改善液压系统的工况。这些技术措施的实现都为最佳、最经济、最接近实际弹道工况的液压系统设计技术的应用创造了条件。

4.6.3 燃气涡轮泵液压系统工作区域

燃气涡轮泵具有启动迅速、比功率高、使用方便、可靠性好、易实现弹上辅助能源综合利用的特点,适用于高负载循环百分比、工作时间为中等以上的战术防空导弹,目前在国内外已得到广泛使用。但它并不是唯一的理想方案,从液压系统工作带(图 4.32)来看,可供选择的方案尚有其他三种,包括工作时间短时采用气体增压蓄压油箱,工作时间长时采用电池电动变量泵。

液压系统工作区域是以工作时间为横坐标、系统质量为纵坐标,由一系列等功率曲线组成的图形,主要供总体与系统进行方案论证时分析参考。图示为质量工作带,同样也可列出体积、成本和可靠性的工作带。应该说明: 图示各类方案中,仅单元剂燃气马达泵考虑了弹上辅助能源综合利用。

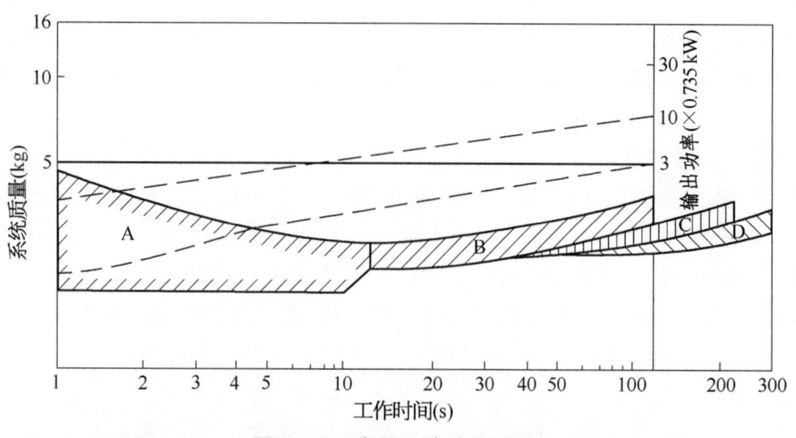

图 4.32　液压系统工作区域

A—气体增压蓄油器；B—燃气涡轮定量泵；C—电池电动变量泵；D—燃气马达变量泵

从图 4.32 可知，不同战术防空导弹液压系统，相应的优选方案如下：

(1) 近程为气体增压蓄油器。

(2) 中近程为燃气涡轮定量泵。

(3) 中远程为电池电动变量泵。

(4) 中远程冲压发动机型为燃气马达变量泵。

图 4.33 所示为美国爱国者防空导弹的电池电动变量泵液压系统。电池采用高电流密度、高电压银锌电池；电机采用特殊设计的直流复激全封闭防爆式电动机，并配有射频干扰滤波器；变量泵采用轴向柱塞式压力补偿变量泵；气液蓄压器与气体增压油箱用专门的氦气瓶增压，临发射前由电爆活门控制；液压安全阀用于稳定系统压力安全溢流。设计者保证在总体给出五条典型弹道时，随着弹道工况要求不同，液压系统功率能自动匹配。当导弹突然进入机动状态时，系统负载流量猛增，系统压力陡降，压力反馈使变量泵斜盘偏转到最大位置，提供最大流量，与此同时

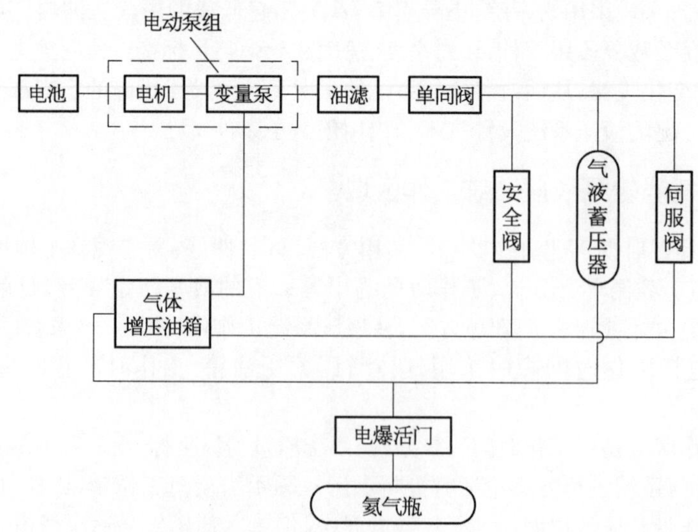

图 4.33　美国爱国者防空导弹的电池电动变量泵液压系统框图

蓄压器迅速提供瞬时补充流量，保证舵面快速偏转；当导弹不做机动时，系统负载流量极小，系统压力上升，压力反馈使变量泵斜盘偏转到较小位置，提供较小流量补充伺服阀的泄漏，以及向蓄压器充油储存。这样使电池耗电量大大减少，仅在导弹做最大机动时才使用大的电功率，从而避免了采用定量泵恒流旁路溢流带来的系统发热、油箱温升等问题。电动变量泵方案适用于低负载循环、长时间工作的战术防空导弹。

电动变量泵的最大特点是能实现能源与弹道工况的自动匹配，最大缺点是仍需要供气和电池质量太大。至于工作时间是个有争议的问题，国外有些专家认为它一般不适用于工作时间较短的战术导弹，关键是随着小型化、高性能化学电池或热电池的出现，用于短时间工作的导弹完全是有可能的。

燃气涡轮泵的应用前景取决于固体装药和涡轮的研制水平，取决于总体与系统设计者能否熟悉、改善弹道工况。燃气涡轮泵液压系统和电动系统各有特点，从使用维护方便、可靠性和弹上辅助能源单一化来看，采用电动舵机较合适，特别是小型野战防空导弹、舰载防卫导弹。

4.7 液压舵机系统功率匹配设计

4.7.1 液压舵机系统负载模型

液压舵机系统需要克服的负载主要有以下几种形式：①舵面空气动力产生的力矩，即铰链力矩，它与导弹飞行高度、速度、攻角、舵偏角及舵面角速度等有关，在飞行过程中是一个可变的参数；②舵面及传动机构的惯性力矩，它与舵面转动惯量、舵轴、活塞及传动机构转动惯量有关；③传动机构产生的摩擦力矩，包括干摩擦力矩等。此外，还有黏性阻尼力矩，即气动阻尼力矩，它与舵面角速度、质量有关；连接件的刚度也产生一定的影响。液压舵机系统正常工作时，既要克服上述负载力，也需要达到一定的负载速度，负载力和负载速度之间的关系称为负载特性。这里分析典型的负载形式——惯性负载，以及惯性负载与弹性负载叠加形式的负载，忽略阻尼力和摩擦力。

1）负载轨迹　液压作动器需要克服的负载力为

$$F = m\ddot{Y} + KY \tag{4.1}$$

其中

$$m = m_1 + m_2$$

式中　m_1——活塞质量(kg)；

m_2——舵面及传动机构的折算等效质量(kg)；

K——综合弹性系数(N/m)；

Y——活塞位移(m)。

系统动态指标常以频率形式给出，故设活塞位移量为

$$Y = R\sin\omega t \tag{4.2}$$

则有

$$\dot{Y} = RW\cos\omega t = \dot{Y}_{max}\cos\omega t \tag{4.3}$$

$$\ddot{Y} = -R\omega^2\sin\omega t \tag{4.4}$$

式中　R——活塞运动幅值，即最大位移量(m)；

ω——系统频宽(rad/s)。

将式(4.2)和式(4.4)代入式(4.1)，得

$$F = (-mR\omega^2 + KR)\sin\omega t = F_{max}\sin\omega t \tag{4.5}$$

如图 4.34 所示为由式(4.3)和式(4.5)得到的负载力、负载速度的时间关系曲线。

将式(4.3)和式(4.5)联立，可写成

$$\left(\frac{F}{-mR\omega^2 + KR}\right)^2 + \left(\frac{\dot{Y}}{R\omega}\right)^2 = 1 \tag{4.6}$$

如图 4.35 所示，上式对应的负载轨迹为正椭圆。当考虑舵面及传动机构的摩擦力矩时，负载轨迹如图 4.36 所示。当考虑黏性阻尼力矩时，负载轨迹发生畸变，如图 4.37 所示，可参阅有关文献。

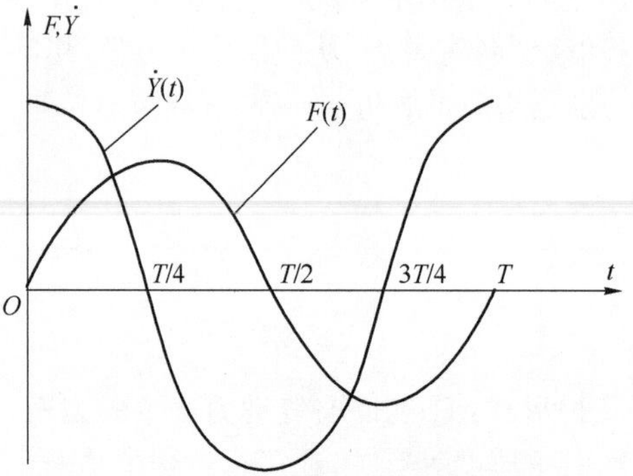

图 4.34　负载力、负载速度的时间关系曲线

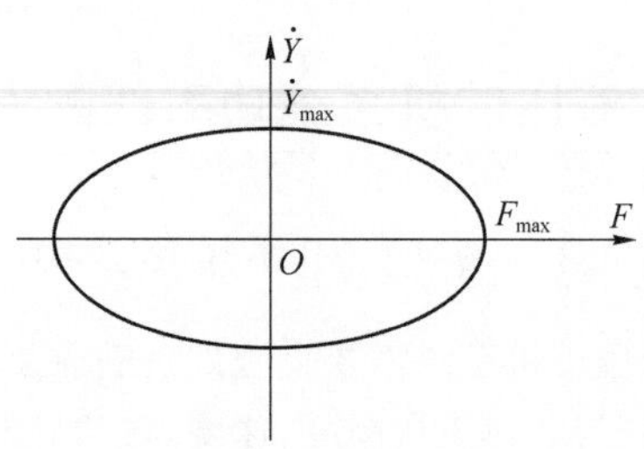

图 4.35　典型负载轨迹

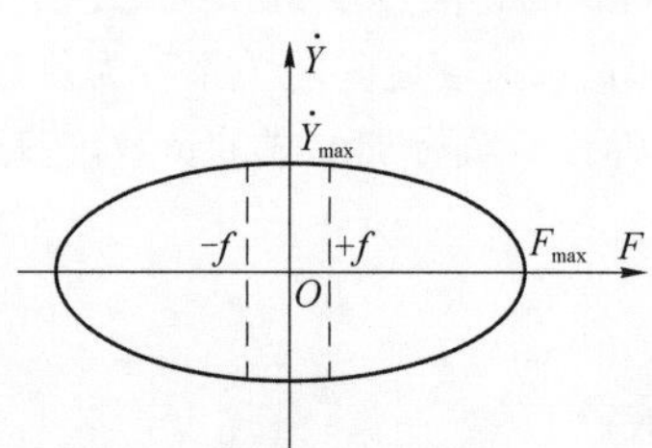

图 4.36　考虑舵面及传动机构的摩擦力矩时的负载轨迹

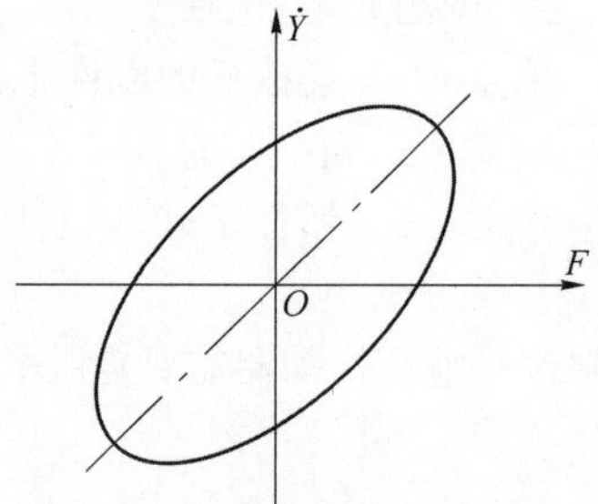

图 4.37　考虑黏性阻尼力矩时的负载轨迹

2) 负载最大功率点　负载输出功率可写成

$$N = F\dot{Y} = \frac{1}{2}R\omega(-mR\omega^2 + RK)\sin 2\omega t$$

在最大输出功率点处有，$\mathrm{d}N/\mathrm{d}t = 0$，可得：$\tan\omega t = 1$，此时，$\sin\omega t = \cos\omega t = 1/\sqrt{2}$，故

$$\dot{Y} = \dot{Y}_{max}/\sqrt{2} \tag{4.7}$$

$$N_{max} = \frac{1}{2}R\omega(-mR\omega^2 + RK) = F_{max}\dot{Y}_{max}/2$$

3) 负载轨迹特征

(1) 由图 4.34 可知，负载速度和负载力是同频率、相位差为 90°的正弦规律曲线。最大负载

力和最大负载速度并不是同时出现的，而是相差半个运动周期。

(2) 如图 4.38 所示，典型负载力和负载速度组成的负载轨迹为正椭圆形，负载速度最大值 $\dot{Y}_{max}=R\omega$，负载力最大值 $F_{max}=KR-mR\omega^2$。

(3) 负载轨迹的最大功率点在系统频宽的 1/4 位置出现，最大负载功率为 $N_{max}=F_{max}\dot{Y}_{max}/2$，最大功率点处负载速度 $\dot{Y}_N=\dot{Y}_{max}/\sqrt{2}$，负载力 $F_N=F_{max}/\sqrt{2}$。

(4) 只要知道舵面最大空载速度和最大输出力矩，舵机系统在典型负载工况下的负载特性就已基本确定。如图 4.39 所示为某舵机系统的实际负载特性，在 N 点处具有最大输出负载功率。

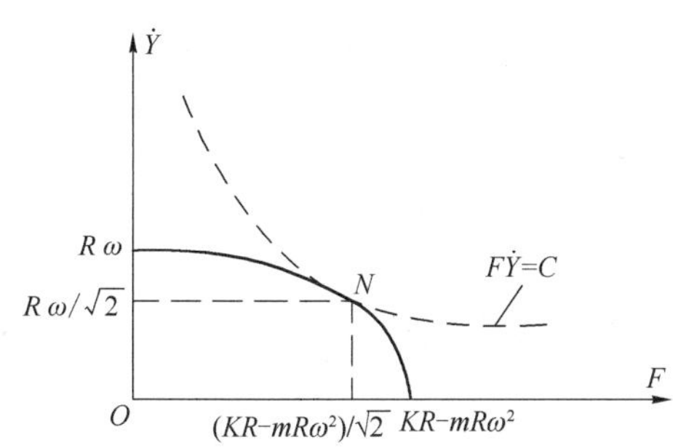

图 4.38　典型负载力和负载速度组成的负载轨迹

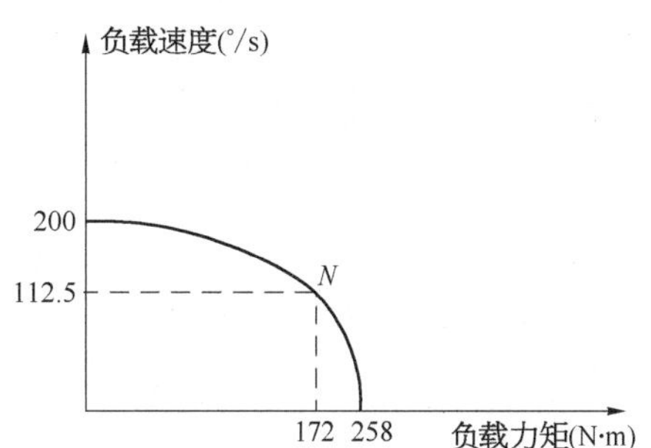

图 4.39　某舵机系统的实际负载特性

4.7.2　伺服机构输出特性与负载轨迹最佳匹配

1) 能源工作压力　通常液压舵机系统安装空间是很有限的，因此尽量选用较高的工作压力。因为压力越高，克服相同的负载力时活塞面积越小，此时伺服阀需要的流量越小，因而液压能源、动力机构的体积和质量都会大大减小。但压力增加对液压元件的强度要求也增加，反过来又有增加元件体积、质量的趋势；另外，压力增加还会增大泄漏量和流动噪声，油温也会随之升高。目前常用的工作压力规格有 32 MPa、21 MPa、14 MPa、7 MPa 四个等级，可以根据体积、质量、噪声等综合因素要求确定液压舵机系统工作压力。

2) 最佳功率匹配设计　根据负载轨迹和液压能源系统的压力，可以得到最佳匹配设计条件下的伺服阀空载流量和作动器活塞有效面积。动力控制元件输出特性和负载轨迹特性相适应，达到负载匹配，一方面是指动力控制元件输出特性完全包络负载特性，满足完全拖动负载的要求；另一方面是指动力控制元件输出特性与负载特性在最大功率位置相互匹配，即实现最佳功率匹配设计，提高功率利用率，降低能耗，对于系统结构和元件可以尽可能减小体积和质量。

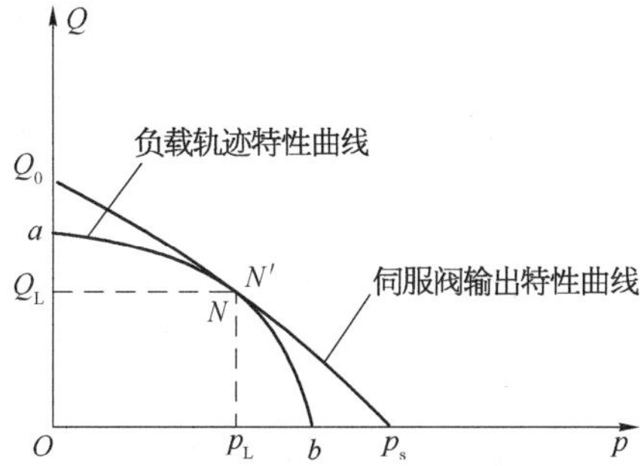

设电液伺服阀为零开口四通伺服阀，作动器为对称式，忽略泄漏和流体压缩性。如图 4.40 所示为伺服阀输出特性曲线，最大功率位置 N 点处有

图 4.40　舵机系统最佳功率匹配图

负载流量　$$Q_L=Q_0/\sqrt{3}\tag{4.8}$$

负载压力为 $$p_L = \frac{2}{3} p_s \tag{4.9}$$

式中　Q_0——伺服阀空载流量，即 $p_L = 0$ 时的流量（m^3/s）；

p_s——伺服阀入口工作压力（Pa）。

当伺服阀最大输出功率点 N' 与负载轨迹最大功率点 N 相互重合时，达到最佳功率匹配，液压能源消耗最小。由式(4.6)～式(4.9)得

$$Q_L = Q_0/\sqrt{3} = a/\sqrt{2}$$

$$p_L = \frac{2}{3} p_s = b/\sqrt{2}$$

式中　a——最大负载流量（m^3/s）；

b——最大负载压力（Pa）。

$$a = A\dot{Y}_{max} = AR\dot{\delta}_{max}$$

$$b = \frac{F_{max}}{A} = \frac{M_{max}}{RA}$$

其中 $$A = \frac{3}{2\sqrt{2}} \frac{F_{max}}{p_s} \tag{4.10}$$

式中　$\dot{\delta}_{max}$——舵面空载角速度（rad/s）；

M_{max}——舵面失速铰链力矩（N·m）。

故

$$Q_0 = \sqrt{\frac{3}{2}} A\dot{Y}_{max} \tag{4.11}$$

式(4.10)和式(4.11)为最佳功率匹配条件下作动器活塞有效面积 A 和伺服阀空载流量 Q_0 的设计计算公式。工程实际中，往往还要根据上述计算结果进行圆整，或者根据现有产品样本选用合适规格作动器或伺服阀等元件后，再进行校核。

4.7.3　实际舵机系统能源需求状况

地空、空空导弹液压舵机系统多采用四个舵面共用一个液压能源的方式。在导弹的整个飞行弹道上，其能源消耗水平是不均衡的，大部分工作时间内，能源的功率消耗水平是较低的，只是在起始段的某点以及接近目标时才可能出现比较大的功率需求。另外，四个舵面一般都不是同时工作的，出现四个舵面同时需求最大功率的概率更是极小。基于上述两个方面的原因，结合型号产品遥测飞行结果和设计经验，推荐能源功率设计成最大功率的67%～75%。这样，既满足实际工况需求，又可以大大减小舵机系统及零件的规格、体积与质量，便于系统设计的微型化和集成化。

4.7.4　工作压力变化因素与系统频率特性

1) 工作压力影响因素　舵机系统设计一般都是以恒定工作压力和最佳条件为前提的，这种情况实际上是很少有的。因此，分析系统在变化压力下的工作情况具有重要意义。电液伺服阀

是液压舵机系统的核心部件，其技术性能对整个系统的影响很大，伺服阀传递函数是伺服阀动态特性的近似线性解析表达式。伺服阀的实际动态特性与输入信号幅值、供油压力、油温、环境温度、负载条件等因素有关。通常阀系数都是在假设恒定不变的供油压力条件下取得的。飞行器舵机系统实际工作过程是一个复杂多变的过程，伺服阀入口压力不稳定主要有以下几个方面原因：

(1) 弹道工况和外界负载的变化。

(2) 并联的多个回路或分系统之间的相互影响。

(3) 初级能源工作不稳定，包括电源特性，燃气能源高温、低温状态性能差异，液压泵变量特性及工作过程容积效率下降等。

(4) 溢流阀实际工作点与调整工作点之间的差异，即工作点偏差。

2) 幅相频率特性仿真结果　结合某伺服阀样本中给出的不同工作压力条件下频宽等方面的动态技术指标，按照实际使用条件，在工作压力变化范围内拟合电液伺服阀的三个系数值。如图 4.41 所示为某舵机系统在变化压力条件下的幅相频率特性仿真结果。当系统工作压力下降时，伺服阀系数变化，导致输出频率响应的幅值下降。在进行液压舵机系统设计时，应当保证在最低允许工作压力范围内，输出频率特性均能满足实际使用要求。

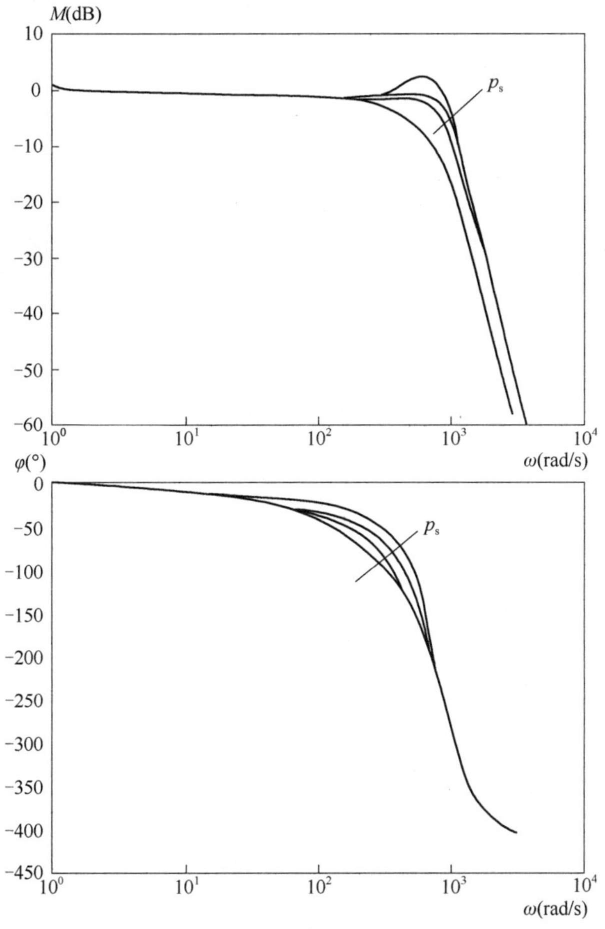

图 4.41　液压舵机系统闭合回路的幅相频率特性

(1) 对于承受惯性负载为主,或者惯性负载与弹性负载相叠加的液压舵机系统,最大负载速度和最大负载力并不是同时出现的,负载力和负载速度的时间曲线相差半个运动周期,其负载轨迹为正椭圆形。

(2) 舵机系统在最佳负载功率匹配条件下,可以按式(4.10)和式(4.11)设计作动器活塞的有效面积和电液伺服阀的空载流量。采用多个舵面共用液压能源方案时,液压能源系统的实际功率可以按照最大功率的67%～75%进行设计。

(3) 系统工作压力的稳定性受多重因素的制约。当工作压力变化时,系统输出频率特性亦发生变化,舵机系统设计与分析时应当保证在一定工作压力范围内输出频率特性均能满足舵机系统的频宽使用要求。

参考文献

[1] 訚耀保.极端环境下的电液伺服控制理论及应用技术[M].上海:上海科学技术出版社,2012.
[2] 訚耀保.高速气动控制理论和应用技术[M].上海:上海科学技术出版社,2014.
[3] 訚耀保.极端环境下飞行器电液伺服阀特性研究[R].国家自然科学基金资助项目结题报告(50775161),2011.1.20.
[4] 訚耀保.射流伺服阀流场分析[R].航空科学基金项目结题报告(20120738001),2014.9.30.
[5] 訚耀保.液压产品几何参数、工艺方法与产品性能之间的映射关系研究[R].航空科学基金项目结题报告(20090738003),2012.9.21.
[6] 訚耀保.飞行器舵机系统关键基础理论研究[R].上海市浦江人才计划(A类)总结报告(06PJ14092),2008.9.30.
[7] 訚耀保.偏转板射流伺服阀和射流管伺服阀的基础理论研究[R].国家自然科学基金资助项目进展报告(51475332),2015.12.20.
[8] 訚耀保.气阻气容的气动非对称性机理与高速气动控制的基础研究[R].国家自然科学基金资助项目结题报告(51175378),2015.12.19.
[9] 郭生荣,卢岳良.液压能源系统压力脉动分析及抑制方法研究[J].液压与气动,2011(11):49-51.
[10] 郭生荣,卢岳良.直轴式恒压泵的脉动分析与研究[J].机床与液压,2003(3):206-207.
[11] 郭生荣,王晚晚.液力调速装置基本特性的仿真研究[J].流体传动与控制,2011(6):11-15.
[12] 訚耀保,李长明,江金林.三维离心环境下的电液伺服阀特性分析[J].机械工程学报,2015,51(2):169-177.
[13] 訚耀保,张丽,傅俊勇.一种高压气动减压阀:ZL201110011195.6[P].2014-03-05.
[14] 訚耀保,孟伟.喷嘴挡板伺服阀的喷嘴挡板间隙的一种间接测量方法:CN101694378A [P].2010-04-14.
[15] 訚耀保.带平衡活塞固定节流器单级溢流阀机理与特性分析[J].上海航天,1995,12(3):14-17.
[16] 訚耀保,陈振华.液压舵机系统功率匹配设计[J].自动驾驶仪与红外技术,1995(80):37-41.
[17] 訚耀保,俞丛义,陆泰琳,等.飞行器液压控制系统气腔压力特性研究[J].自动驾驶仪与红外技术,2006(2):8-12.
[18] 訚耀保.溢流阀工作点对导弹电液能源系统频率特性影响的研究[J].自动驾驶仪与红外技术,1996(82):38-43.
[19] 赖元纪.电液伺服技术发展的几个问题[J].自动驾驶仪与红外技术,1989(4):1-7.
[20] 舒芝芳.防空导弹控制执行系统设计方法概述[J].自动驾驶仪与红外技术,1992(4):1-13.
[21] 舒芝芳.防空导弹辅助能源方案探讨[J].自动驾驶仪与红外技术,1995(1):25-36.
[22] 舒芝芳.燃气涡轮泵液压能源在战术防空导弹中的应用分析[J].自动驾驶仪与红外技术,1991(1):18-22.
[23] 朱梅骝.电液控制技术的回顾与展望[J].自动驾驶仪与红外技术,1999(2):37-41.
[24] 朱梅骝.弹性O型圈密封技术概述[J].自动驾驶仪与红外技术,2000(4):35-40.

第5章 飞机液压能源系统

现代飞机的操纵系统，如副翼、升降舵、方向舵、起落架收放、舱门开闭、刹车、襟翼、缝翼和扰流板操纵、减速板收放及前轮转弯操纵等都采用液压系统。随着液压伺服技术特别是电液伺服技术的发展和应用，机电液作动系统已成为飞机作动系统的主要形式。绝大多数现代飞机作动系统都采用电液伺服系统，如飞机舵面全部采用电液伺服系统。电液伺服作动系统随着航空、航天技术以及电子技术和其他相关技术的发展而逐渐成熟。

本章主要介绍飞机液压系统，飞机电液伺服控制系统热分析技术，包括静态温度分析模型、动态温度分析模型、计算实例，飞机液压系统温度主动控制技术。

5.1 概述

现代飞机操作系统如起落架的收放、前轮转弯操纵、刹车操纵、发动机反推和飞行操纵系统等都离不开液压传动和伺服控制技术。液压系统对飞机安全正常飞行、完成设计性能以及保证飞行安全都起着至关重要的作用。液压系统以液体为工作介质，以静压力和流量作为特征参量，实现能量的转换、传递、分配和控制。由液压泵、控制阀、液压缸/马达、油箱、管路组成的传递系统即液压系统。

5.1.1 液压系统的定义

液压系统由液压能源装置、控制装置、执行作动装置，以及包括液压油箱、液压管路、蓄压器和油滤在内的其他装置组成。其中，液压能源装置主要包括作为主液压泵的发动机驱动泵、作为应急泵的电动泵和风动泵，以及作为备份泵提供辅助功率的辅助动力装置驱动泵，液压泵将电动机（或其他原动力）输出的机械能转变为液体的压力、流量能；控制装置主要包括各种阀、油路断路器、液压保险器、流量调节器、自动压力调节器和系统低压告警器等，通过控制和调节液压系统中液体的压力、流量（速度）和流向，实现液压系统的工作循环；执行作动装置主要包括液压马达、液压作动器、组合式马达伺服装置以及助力器和舵机等，是把压力、流量能转变为机械能的能量转换装置。图5.1所

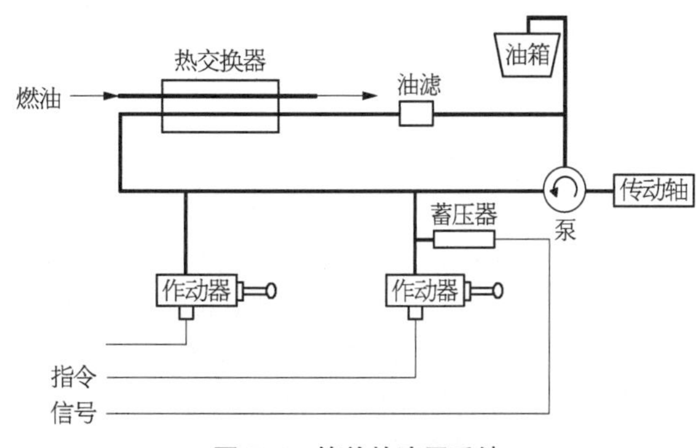

图5.1　简单的液压系统

示为简单的液压系统。

为保证液压系统可靠工作，现代飞机大多装有两套(或多套)相互独立的液压系统，分别称为公用液压系统(或主液压系统)和助力液压系统，如图5.2所示。公用液压系统用于起落架、襟翼和减速板的收放、前轮转弯操纵、机轮刹车、驱动风挡板雨刷和燃油泵的液压马达；同时还用于驱动部分副翼、升降舵(或全动平尾)和方向舵的助力器。助力液压系统仅用于驱动飞机操纵系统的助力器和阻尼舵机。

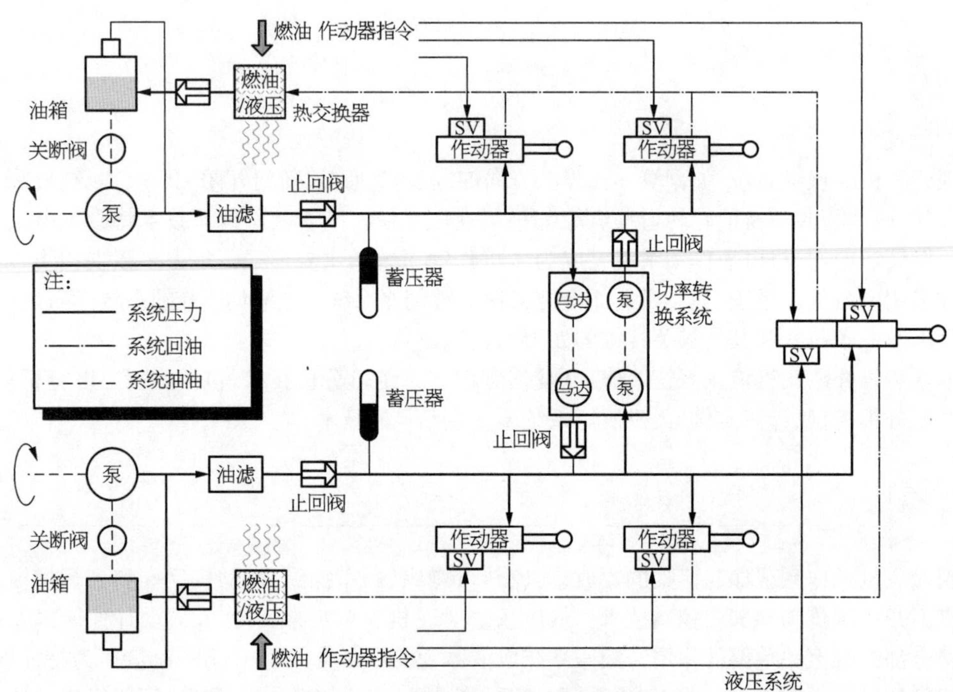

图5.2　典型的双通道液压能源系统

助力液压系统本身也可以包含两套独立的液压系统。为了进一步提高液压系统的可靠性，系统中还并联有应急电动泵和应急风动泵，当飞机发动机故障时，可由应急电动泵或应急风动泵使液压系统连续工作。

5.1.2　液压能源系统的功能要求

1) 油液压力　系统工作压力已统一为3 000 psi或4 000 psi，选择这些压力可保持重量最小。压力的追求目标已从5 000 psi提高至8 000 psi，并且所有最终的系统研究都声称可减小部件的质量和体积。

2) 油液温度　由于高速喷气飞机可能持续地在1马赫(1马赫=340.3 m/s)以上飞行，系统具有高温工作的优点，但这一点受到所应用油液的限制。多年来DTD 585的限制温度为130 ℃左右，MIL-H-83282的应用已提高到200 ℃，例如在"协和"和TSR2上，已允许应用高温系统。

高温工作的不利之处为磷酸酯基油液因水解和氧化作用而衰变。当温度增加时，油液黏度因而减小。在某一温度时，润滑性降低会损坏作动器和马达。

3) 油液流量　流量的确定是较困难的问题。系统名义压力实际上是失速压力。即除了一些很少的静漏外，系统中不存在流量。设计师必须规定在最大流量情况下从油泵出口至油箱可能产生的一些实际压力降。它通常为名义压力的 20%～50%。

确定这些以后,即可得到经过每一作动器的压力降。气动力载荷和飞行控制律将确定活塞的面积和运动速度,然后设计师必须确定哪些作动器需要同时工作以及它们的运动速度。综合这些就可给出系统的最大流量要求。同时判断这一要求出现在飞行的哪一阶段,这一点也很重要。

一般用图形表示不同飞行阶段(起飞、巡航等)的流量需求。不是根据最大流量来确定所应用油泵的大小。经常将进场阶段所需求的流量规定为设计状态。

可以断定最大绝对流量需求是时间很短的,它所需的油容积很小而流速很大。为满足这一需求而设计油泵尺寸是不正确的。可以应用蓄压器增加可用流量,但必须十分审慎。蓄压器中包含一个压缩气体气腔,气体用于提供增强系统压力的能量,所以可以获得的油液容积和压力与气体温度有关。在流量需求超过泵能力的情况下,系统流量将由蓄压器提供而不是油泵提供。如果需要保持作动器活塞两边具有必要的压力差,则上述这一情况将影响系统的压力降计算。

还必须知道最大流量需求的频率,为了蓄压器最终不会因重复应用而流空,油泵必须具有足够的时间给蓄压器再充压。

4) 应急动力源　所有液压系统都有某种形式的应急动力源,如蓄压器。对于机轮刹车系统,当所有其他动力源都不工作时,应具有可提供设定刹车次数动力的备份蓄压器,这是指令性的要求。座舱盖常由液压阀打开或关闭,同时可应用蓄压器的储能实现应急打开。

蓄压器也可用于系统全部故障时给飞控作动器提供足够的运动能量,以使飞机恢复水平直线飞行,从而驾驶员可以安全地弹射出去。

为了提供较长时间的应急动力,可采用电机驱动泵。在这种情况下,蓄电池的尺寸和重量是主要的限制,为了将这些因素的影响减至最小,通常使应用的流量保持尽可能小,只让那些认为是必不可少的机构工作。也可采用比系统额定压力稍低的压力工作,即使如此,也不可能获得能提供 5～6 min 以上动力能源的满意装置。

通过应用一次性蓄电池可使重量保持最小。最新电池技术无须再充电。应急的选择将由压力电门自动实现,同时也可应用另外的座舱选择开关。

为了连续地应急供压,可采用冲压空气涡轮。但是这带来了几个弊端:必须找到收藏涡轮和托架组件的空间;需要一个小型气瓶来应急展开涡轮;同时由于采用了速度调节和叶片顺桨,而使组件较为复杂。液压泵和(或)应急发电机可在同一转轴上装于涡轮的后面,常见的是将它们装在托架支臂的底部靠近展开铰链轴之处,包括传动轴和齿轮装置。为了使涡轮叶片括扫直径保持在合理的数值,必须使产生的功率保持较低。同时组件在机体上的安装要确保不会在某一飞行姿态时进气气流被机身所阻挡。

尽管存在这些缺点,然而冲压空气涡轮已经多次证明了其价值,尤其在民用飞机上,它是度过应急情况、使飞机回到安全高度以前可以提供的唯一液压动力装置。

有些场合,风转发动机(发动机停机时风力使螺旋桨旋转)在某些条件下可提供驱动应急发电机的足够能量。然而,因转速比较低,军用涡轮喷气机为 18%,大型涡轮风扇为 8%,在这些情况下必须采取特殊措施和发电技术来提取可用的电功率。尽管如此,F/A-18 已使用的循环变流器提供了这种能力,并且正在开发多电技术。通过风扇轴驱动发电来为民用飞机提供可用功率。

5.1.3　主流机型的液压能源系统液压泵分配比较

液压能源系统为飞机的各液压用户提供液压能源。为了保证安全可靠,现代飞机普遍采用了余度设计，具有几个相互独立的液压能源系统，以保证供给液压能源的安全可靠。所谓独立的液压能源系统，是指每个液压源都有独立的液压元件，可以独立向用油系统提供液压动力。双发动机飞机一般有三个独立的液压能源系统，如空客 320、波音 737、波音 757、波音 767。而波音 747 则有四台发动机，它有四个独立的液压能源系统。不同机型上液压能源系统的名称有所不同。几种民航客机的液压能源系统液压泵的分配情况见表 5.1。

表 5.1　几种民航客机的液压能源系统液压泵的分配情况

<table>
<tr><th>机型</th><th colspan="4">液压能源系统</th></tr>
<tr><td rowspan="2">A320</td><td>绿液压系统</td><td colspan="2">蓝液压系统</td><td>黄液压系统</td></tr>
<tr><td>EDP(1)</td><td colspan="2">ACMP(1)RAT(1)</td><td>EDP(1)ACMP(1)
辅助手摇泵(1)</td></tr>
<tr><td rowspan="2">B737-300</td><td>A 液压系统</td><td colspan="2">备用液压系统</td><td>B 液压系统</td></tr>
<tr><td>EDP(1)ACMP(1)</td><td colspan="2">ACMP(1)</td><td>EDP(1)ACMP(1)</td></tr>
<tr><td rowspan="2">B757</td><td>左液压系统</td><td colspan="2">中央液压系统</td><td>右液压系统</td></tr>
<tr><td>EDP(1)ACMP(1)</td><td colspan="2">ACMP(2)RAT(1)</td><td>EDP(1)ACMP(1)</td></tr>
<tr><td rowspan="2">B767</td><td>左液压系统</td><td colspan="2">中央液压系统</td><td>右液压系统</td></tr>
<tr><td>EDP(1)ACMP(1)</td><td colspan="2">ACMP(2)
ADP(1) RAT(1)</td><td>EDP(1)ACMP(1)</td></tr>
<tr><td rowspan="2">B777</td><td>左液压系统</td><td colspan="2">中央液压系统</td><td>右液压系统</td></tr>
<tr><td>EDP(1)ACMP(1)</td><td colspan="2">ACMP(2)
ADP(2) RAT(1)</td><td>EDP(1)ACMP(1)</td></tr>
<tr><td rowspan="2">B747</td><td>系统 1</td><td>系统 2</td><td>系统 3</td><td>系统 4</td></tr>
<tr><td>EDP(1)
ADP(1)
辅助电动泵(1)</td><td>EDP(1)
ACMP(1)</td><td>EDP(1)
ACMP(1)</td><td>EDP(1)
ADP(1)
辅助电动泵(1)</td></tr>
<tr><td>说明</td><td colspan="4">EDP：engine driven pump (发动机驱动泵)
ACMP：alternating current motor pump (交流电动泵)
RAT：ram air turbine (冲压空气涡轮泵)
PTU：power transfer unit (动力转换组件)
ADP：air driven pump (空气驱动泵)</td></tr>
</table>

5.2　飞机液压系统热分析与油液温度控制技术

5.2.1　飞机液压系统热分析基础

飞机液压系统为满足各种飞行操纵的需要，从能量传递和转换的角度而言，经历了一个机械能—液压能—机械能的传递过程(图 5.3)。工作时，根据需要控制液体的压力、流速和流动方向。在能量传递和转换的过程中，不可避免地造成能量损失，这些损失的能量最终转化为热量，

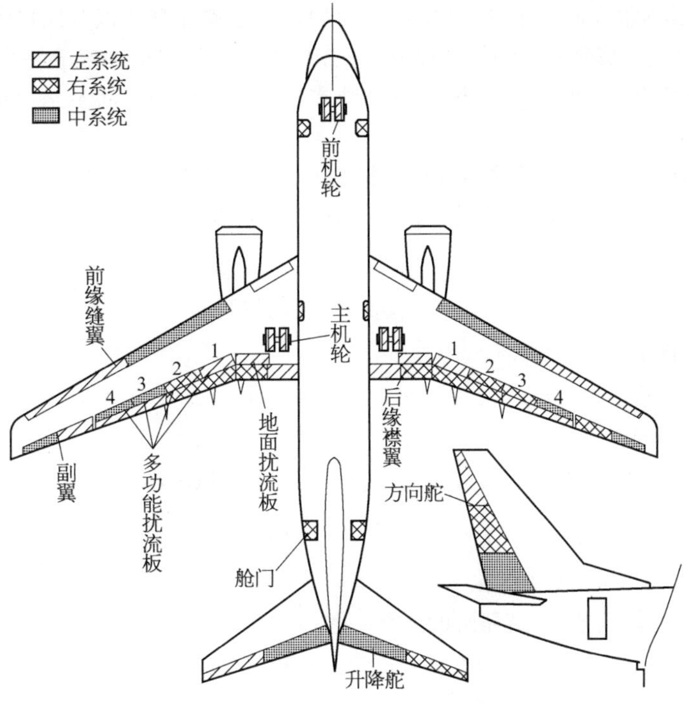

图 5.3　飞机液压系统负载分布示意图

导致工作介质液压油的温度上升。同时,液压系统与外界环境之间存在热交换的过程。因此,液压系统的热分析和温度控制问题涉及液压传动、传热学和热动力学的相关理论。液压传动相关理论包括流量连续性方程、运动部件力平衡方程及各种损失计算等;传热学相关理论包括导热、对流、辐射的理论和工程应用的复合传热方程式;热动力学相关理论包括能量方程式(热力学第一定律)和卡诺循环表达式(热力学第二定律)。可以通过合理布局液压系统的管路、油箱、回油过程等实现油液温度的有效控制。

5.2.2　飞机液压系统静态热分析建模与静态温度计算方法

5.2.2.1　*液压系统静态发热分析建模*

液压系统的机械损失和容积效率损失的能量转变成热能,使油液和元件的温度升高。

1) 液压泵产生热量 P_1(kW)

$$P_1 = N(1 - \eta_p) \tag{5.1}$$

式中　N——液压泵的输入功率(kW), $N = pq/\eta_p$;

p——液压泵的输出压力;

q——液压泵的输出流量;

η_p——液压泵的效率,可从产品样本中查出。

2) 通过阀节流孔引起的发热量 P_2(kW)

$$P_2 = \Delta p \cdot q \times 10^3 \tag{5.2}$$

式中　Δp——溢流阀调整压力或其他阀压力降(MPa);

q——流经阀孔的流量(m^3/s)。

3）由管路及其他损失而产生的发热功率 P_3(kW)　油液在管道以及阀口流动时，克服油液与管壁的摩擦力以及油液流束之间的摩擦力，造成压力损失，结果使油液温度上升。静态计算方法中，一般认为管道的散热面积比较小，并且油液在管道中的流动时间不是很长，由功率损失产生的热量散逸很少，可以忽略不计。

油液在管路中流动会形成管路沿程压力损失和局部压力损失。静态发热计算时忽略系统的局部压力损失，仅考虑系统沿程压力损失。由经验可知，一般油路占全部能量的 0.03～0.05，即

$$P_3 = (0.03 \sim 0.05)PQ/\eta \tag{5.3}$$

式中　P——泵的输出压力；

Q——输出流量；

η——液压泵的效率。

4）液压执行元件的发热功率 P_4(kW)　通常情况下，液压缸的发热功率为

$$P_4 = P_A(1-\eta_V) \tag{5.4}$$

式中　P_A——执行元件的有效功率；

η_V——执行元件的效率，液压缸的效率一般按 0.95 计算。

5）系统总发热功率 P(kW)　为上述各部位发热量之和，即

$$P = P_1 + P_2 + P_3 + P_4 \tag{5.5}$$

系统在一个动作循环内的平均发热功率 $\overline{P}$(kW)可按下式估算

$$\overline{P} = \sum P_i t_i / T \tag{5.6}$$

式中　T——循环周期(s)；

t_i——各工作阶段所经历的时间(s)；

P_i——各工作阶段内单位时间的发热量(kW)。

液压系统的静态发热量计算没有考虑因温度的升高而引起的油液的物理特性变化，诸如换热系数 a_f、密度 ρ、导热系数 λ_f、定压比热容 c_i 等。另外，液压系统的管壁及元件材料的温度特性也会发生变化。以上这些参数的变化会直接影响液压系统的节点压力和支路的流量分配，从而改变系统的散热、吸热情况。

5.2.2.2　*液压系统静态温度计算*

飞机液压系统静态温度计算是采用平均油温方法进行静态工况下系统油箱温度的计算。所谓平均油温计算方法，是考虑液压系统自身发热、环境温度影响及散热器散热等因素，认为当系统发热和散热相等时，液压系统油液在一个热容量充分大的容积(通常为油箱)内达到热平衡，油温不再变化。热平衡下，油液所达到的温度即为该条件下的系统油液平均温度。

假设系统满足如下条件：

(1) 导管与附件的温度与元件内部的油温相同，且假设等于 $T_{平均}$。

(2) 将系统按环境温度不同分割成几个区，每一个区的热容量为 C_iG_i，该区的局部总传热系数为 U_i。

(3) 系统总热容量 $\sum_{i=1}^{n} C_iG_i$(以下简称 $\sum C_iG_i$)，局部总传热系数 U_i，局部环境温度 $T_{i环}$，油泵生热率 $Q_生$ 及散热率 $Q_散$ 在一微元时间 $d\tau$ 内考虑不随时间变化。

根据热力学第一定律，对液压系统可得

$$(Q_{生} - Q_{散})d\tau = Q_{交换}d\tau + \sum C_i G_i dT_{平均}$$

同时，由传热学可得

$$Q_{交换} = \sum_{i=1}^{n} U_i A_i (T_{平均} - T_{i环})$$

式中 U_i、A_i、$T_{i环}$——第 i 区的传热系数、传热面积和环境温度。

假设

$$Q = Q_{生} - Q_{散}$$

由上述计算式推导可得

$$d\tau = \frac{\sum C_i G_i dT_{平均}}{Q - \sum U_i A_i (T_{平均} - T_{i环})} \tag{5.7}$$

设当时间 $\tau = 0$ 则平均温度为 T_0，$\tau = \Delta\tau$ 则平均油温为 $T_{平均}$，$\Delta\tau$ 微元时间后的系统平均温度可得

$$T_{平均} = \frac{Q + \sum U_i A_i T_{i环}}{\sum U_i A_i}\left(1 - e^{-\frac{\sum U_i A_i}{\sum C_i G_i}\cdot\Delta\tau}\right) + T_0 \cdot e^{-\frac{\sum U_i A_i}{\sum C_i G_i}\cdot\Delta\tau} \tag{5.8}$$

5.2.3 飞机液压系统动态热分析建模与动态温度计算方法

5.2.3.1 飞机液压系统动态热分析建模

飞机液压系统动态热分析的理论基础是热力学第一定律。由热力学第一定律可知，自然界中一切物质都具有能量，能量既不能被创造，也不能消灭，而只能在一定条件下从一种形式转换成另一种形式。在转换中，能量的总值恒定不变。

热力学中能量的转换是在热力系与环境之间进行的，转换中，热力系可从环境中获得一部分能量，也可向环境输出一部分能量。根据能量守恒原则，环境中能量的减少量应该等于热力系能量的增加量。对热力系统而言，有

$$输入能量 - 输出能量 = 热力系能量的增量 \tag{5.9}$$

热力系与环境之间通过相互作用进行能量交换的途径只有三条：

(1) 热交换，即传热形式的传递热量 Q。

(2) 功交换，即通过做功形式的传递能量 W。

(3) 质量交换，即通过质量的转移带进或带出一部分能量，这部分能量称为物质迁移能，以 Ψ 表示。

因此，式(5.9)也可表达为

$$Q_{入} + W_{入} + \Psi_{入} - (Q_{出} + W_{出} + \Psi_{出}) = \Delta E_{系} \tag{5.10}$$

式中 $\Delta E_{系}$——热力系能量的增量。

令 $Q = Q_{入} - Q_{出}$，$W = W_{出} - W_{入}$，$\Psi_{出} = \Psi_2$，$\Psi_{入} = \Psi_1$，则式(5.10)可写成

$$Q = \Delta E_{系} + W + \Psi_2 - \Psi_1 \tag{5.11}$$

该式为热力学第一定律的总表达式，在这个式子中对 Q、W 的符号有以下规定：当 $Q_{入} > Q_{出}$，$Q>0$，符号为正，表示热力系吸收了热量；当 $W_{出} > W_{入}$，$W>0$，符号为正，表示热力系对外输出功；反之亦然。

5.2.3.2 飞机液压系统动态温度计算方法

对飞机液压系统进行动态温度计算时，将系统内流体的流动视为一维非稳定流动。根据热力学第一定律建立的一维非稳定流动的能量方程是飞机液压系统动态温度计算的理论依据。

对于一维非稳定流动的流体，选取控制体(图 5.4)，不考虑控制体内部动能和势能的变化，依据热力学第一定律，可写出控制体的能量方程为

$$\frac{dQ}{dt} = \frac{dE_{c\cdot v}}{dt} + \frac{dW}{dt} + \sum \frac{dm_{out}h_{out}}{dt} - \sum \frac{dm_{in}h_{in}}{dt} \tag{5.12}$$

式中 Q——外界传给控制体的热流量；
$E_{c\cdot v}$——控制体内的能量变化量；
W——控制体对外做的净功；
m——控制体的质量；
h——流体的焓；
out、in——控制体出口和进口。

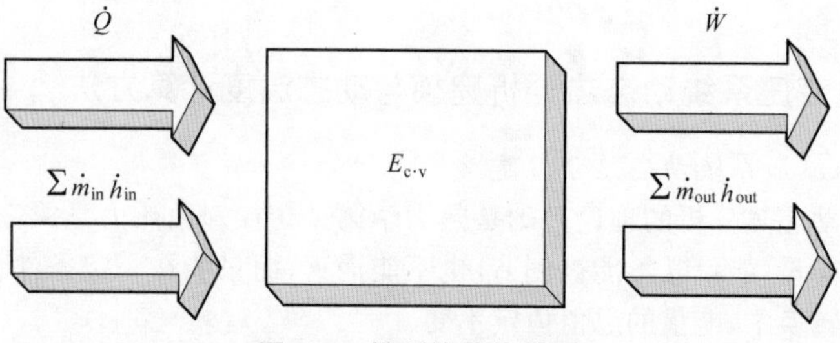

图 5.4 控制体简化模型

假设控制体内液压油性质均匀，节流产生的热量全部进入液压油中。忽略液压油动能和势能的变化，控制体内能量可表示为

$$E_{c\cdot v} = mu \tag{5.13}$$

式中 m——控制体内流体质量；
u——流体的比内能。

上式对时间求导有

$$\frac{dE_{c\cdot v}}{dt} = \frac{d(mu)}{dt} = m\frac{du}{dt} + u\frac{dm}{dt} \tag{5.14}$$

由比焓的定义可知

$$u = h - pv \tag{5.15}$$

式中 u——流体比内能；
h——流体比焓；

p——流体压力；

ν——流体比容。

比焓的微分形式为

$$\frac{\mathrm{d}h}{\mathrm{d}t}=c_{\mathrm{p}}\frac{\mathrm{d}T}{\mathrm{d}t}+(1-\alpha T)\nu\frac{\mathrm{d}p}{\mathrm{d}t} \tag{5.16}$$

式中 c_{p}——流体定压比热容；

T——流体温度；

α——流体体积膨胀系数。

将式(5.14)、式(5.15) 代入式(5.16)，整理得

$$c_{\mathrm{p}}m\frac{\mathrm{d}T}{\mathrm{d}t}=\alpha Tm\nu\frac{\mathrm{d}p}{\mathrm{d}t}+p\frac{\mathrm{d}m\nu}{\mathrm{d}t}-h\frac{\mathrm{d}m}{\mathrm{d}t}+\frac{\mathrm{d}Q}{\mathrm{d}t}-\frac{\mathrm{d}W}{\mathrm{d}t}+\sum\frac{\mathrm{d}m_{\mathrm{in}}h_{\mathrm{in}}}{\mathrm{d}t}-\sum\frac{\mathrm{d}m_{\mathrm{out}}h_{\mathrm{out}}}{\mathrm{d}t} \tag{5.17}$$

式中 m——控制体内流体初始质量；

h——控制体内流体初始比焓。

其中，W 一般由轴功和边界功两部分组成，其微分形式为

$$\frac{\mathrm{d}W}{\mathrm{d}t}=\frac{\mathrm{d}W_{\mathrm{s}}}{\mathrm{d}t}+p\frac{\mathrm{d}m\nu}{\mathrm{d}t} \tag{5.18}$$

将式(5.18)代入式(5.17)化简并移项后可得

$$\frac{\mathrm{d}T}{\mathrm{d}t}=\frac{1}{c_{\mathrm{p}}m}\left(\alpha Tm\nu\frac{\mathrm{d}p}{\mathrm{d}t}-h\frac{\mathrm{d}m}{\mathrm{d}t}+\frac{\mathrm{d}Q}{\mathrm{d}t}-\frac{\mathrm{d}W_{\mathrm{s}}}{\mathrm{d}t}+\sum\frac{\mathrm{d}m_{\mathrm{in}}h_{\mathrm{in}}}{\mathrm{d}t}-\sum\frac{\mathrm{d}m_{\mathrm{out}}h_{\mathrm{out}}}{\mathrm{d}t}\right) \tag{5.19}$$

式中 $\frac{\mathrm{d}m}{\mathrm{d}t}$——容腔内质量变化率。

油液密度随着压力和温度的变化而变化，即

$$\mathrm{d}\rho=\frac{\partial\rho}{\partial p}\mathrm{d}p+\frac{\partial\rho}{\partial T}\mathrm{d}T \tag{5.20}$$

由式(5.20)可得

$$\frac{\mathrm{d}p}{\mathrm{d}t}=\beta\nu\frac{\mathrm{d}\rho}{\mathrm{d}t}+\alpha\beta\frac{\mathrm{d}T}{\mathrm{d}t} \tag{5.21}$$

式中 α——流体体积膨胀系数，$\alpha=-\frac{1}{\rho}\frac{\partial\rho}{\partial T}$；

β——流体体积弹性模量，$\beta=\frac{\rho}{\frac{\partial\rho}{\partial p}}$；

ν——流体比容，$\nu=\frac{1}{\rho}$。

对于控制体内油液的密度变化，有

$$\frac{\mathrm{d}\rho}{\mathrm{d}t}=\frac{\frac{\mathrm{d}m}{\mathrm{d}t}-\rho\frac{\mathrm{d}m\nu}{\mathrm{d}t}}{m\nu} \tag{5.22}$$

将式(5.21)、式(5.22)代入式(5.19)可得容腔内油液温度表达式,即飞机液压系统动态温度计算式为

$$\frac{\mathrm{d}T}{\mathrm{d}t}=\frac{1}{m(c_{\mathrm{p}}-\alpha^{2}\beta T\nu)}\left(\alpha\beta T\nu\frac{\mathrm{d}m}{\mathrm{d}t}-\alpha\beta Tm\frac{\mathrm{d}m\nu}{\mathrm{d}t}-h\frac{\mathrm{d}m}{\mathrm{d}t}-\frac{\mathrm{d}W_{\mathrm{s}}}{\mathrm{d}t}+\frac{\mathrm{d}Q}{\mathrm{d}t}+\sum\frac{\mathrm{d}m_{\mathrm{in}}h_{\mathrm{in}}}{\mathrm{d}t}-\sum\frac{\mathrm{d}m_{\mathrm{out}}h_{\mathrm{out}}}{\mathrm{d}t}\right) \tag{5.23}$$

式中 c_{p}——流体定压比热容;

T——流体温度;

α——流体体积膨胀系数;

β——流体体积压力系数;

m——控制体内流体质量;

$\frac{\mathrm{d}m}{\mathrm{d}t}$——容腔内质量变化率;

h——流体比焓;

ν——流体比容;

Q——外界传给控制的热流量;

W_{s}——控制体对外做的净功。

5.2.3.3 飞机液压系统动态温度计算实例

以某型飞机液压系统的设计过程为例说明动态温度计算过程。首先确定飞机的飞行过程、各阶段飞行时间以及液压负载,列出基本热力学方程。该飞机液压能源系统主要用户包括:①主飞行操纵系统:升降舵、方向舵、副翼等;②副飞行操纵系统:飞行扰流板及地面扰流板、缝翼、襟翼等;③起落架控制系统:起落架收放、前轮转弯等;④刹车系统:主刹车、备用刹车;⑤反推力装置:左、右发动机反推。

该型飞机液压系统分左、中、右三个独立的系统,其中,左系统主要液压用户为升降舵、方向舵、副翼、襟翼、缝翼、多功能扰流板、地面扰流板、起落架系统、主刹车、左发动机反推等;右系统主要液压用户为升降舵、方向舵、副翼、襟翼、多功能扰流板、舱门、备用刹车、右发动机反推等;中系统主要液压用户为升降舵、方向舵、副翼、缝翼、多功能扰流板等。表5.2所列为各系统液压用户配置。

表5.2 某型飞机各系统液压用户配置

序号	左 系 统	中 系 统	右 系 统
1	方向舵	方向舵	方向舵
2	左升降舵	左、右升降舵	右升降舵
3	左副翼	左、右副翼	右副翼
4	多功能扰流板	多功能扰流板	多功能扰流板
5	地面扰流板	前缘缝翼	地面扰流板
6	左发动机反推		右发动机反推
7	主刹车		备用刹车
8	后缘襟翼		舱门

(续表)

序号	左　系　统	中　系　统	右　系　统
9	前缘缝翼		后缘襟翼
10	前轮转弯		
11	主起落架		
12	前起落架		

该型飞机液压能源左、中、右系统功率配置如图 5.5 所示。

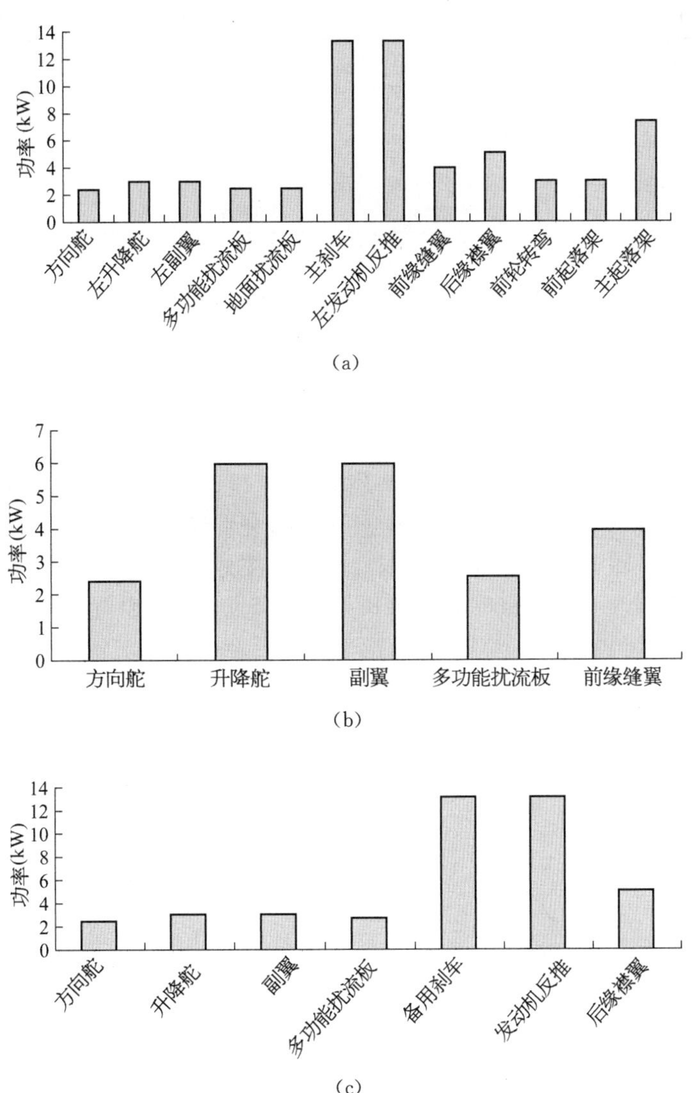

图 5.5　左、中、右系统功率配置图

(a) 左系统负载功率配置；(b) 中系统负载功率配置；(c) 右系统负载功率配置

该型飞机飞行状态分为 9 个阶段，见表 5.3。

表 5.3　飞机飞行状态划分

飞行状态		功能说明	时间
1	起飞(地面阶段)		22 s
2	起飞转向至 35 m		8 s
3	爬升 35～400 m		15 s
		收起落架	7.5 s
4	爬升 400～20 000 m		13 min
5	巡航 20 000 m 以上		45 min
6	下降 20 000～1 500 m		15 min
7	进场 1 500～100 m		4 min
		放起落架	10 s
8	着陆 100～0 m		10 s
9A	着陆滑行	扰流板动作	1.1 s
9B	着陆滑行	发动机反推	2 ～ 4 s
9C	着陆滑行	刹车、转弯	15 s

以右系统为例进行动态温度计算。环境及初始温度设为 20 ℃，按飞行剖面进行全剖面计算(时间 4 700 s)，得到液压系统各部分动态温度分布与变化曲线如下。

1) 泵源处温度　图 5.6 所示为右系统泵源处动态温度变化曲线。由图可以看出，在飞行剖面的前四个阶段，系统负载流量相对较大，液压系统负载发热大于系统的管道散热，液压用户管道回油的温度高于油箱的温度。当飞机进入巡航阶段后，系统负载流量较小，系统液压用户处的发热功率降低，但由于壳体回油发热影响，泵源部分的温度仍然呈上升态势。进入降落阶段后，襟翼等开始动作，负载流量加大，对系统温度变化影响较大。当飞机进入着陆阶段后，发动机反

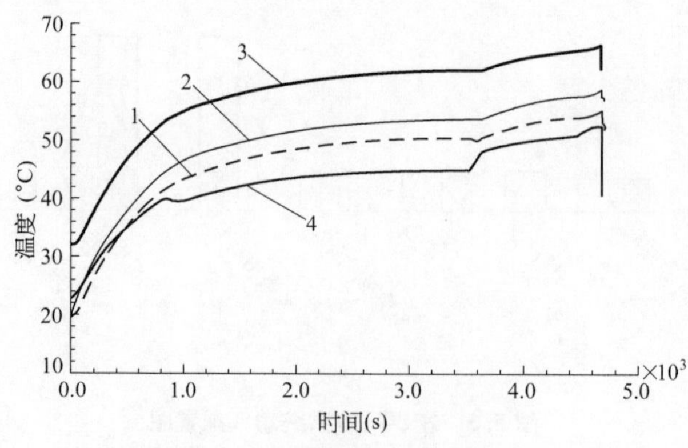

图 5.6　泵源处温度变化曲线

1—油箱出口温度；2—泵出口温度；3—壳体回油温度；4—液压用户管道总回油温度

推及减速板开始工作，低温油液进入系统会使系统的总回油温度有较大下降，然而系统总发热功率仍然大于散热功率，受泵源处油温的影响，液压用户管道总回油温度快速上升。

2）液压用户处温度　图 5.7 所示为右系统各液压用户处动态温度变化曲线。方向舵、升降舵、副翼和多功能扰流板在系统各个阶段均动作，其所在位置的温度由于管道散热的作用，会低于泵出口处油液温度。在不同阶段各负载的流量、功率不同，其温度变化速度存在差异。由于各负载所处位置位于飞机的不同位置，液压油流经管道长短不同，散热差异使得同一时刻各负载的温度差别较大。以 3 000 s 时（巡航阶段）的液压用户出口温度做比较，温度最高的为多功能扰流板处，温度约 55 ℃；副翼次之，约 53 ℃；温度最低的是方向舵和升降舵处，温度约 48 ℃。

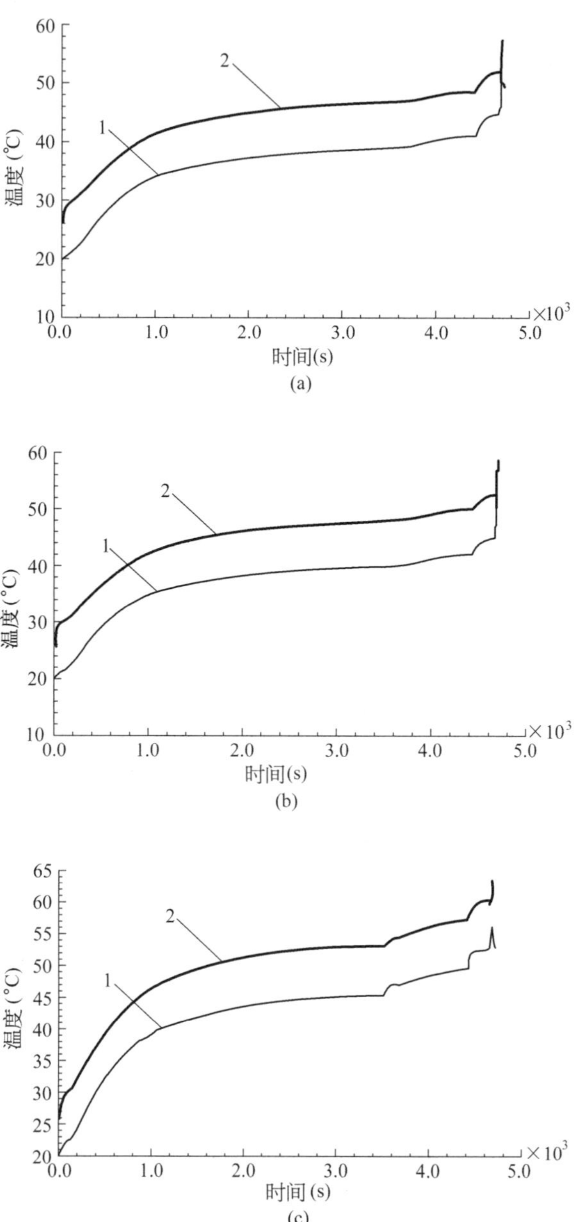

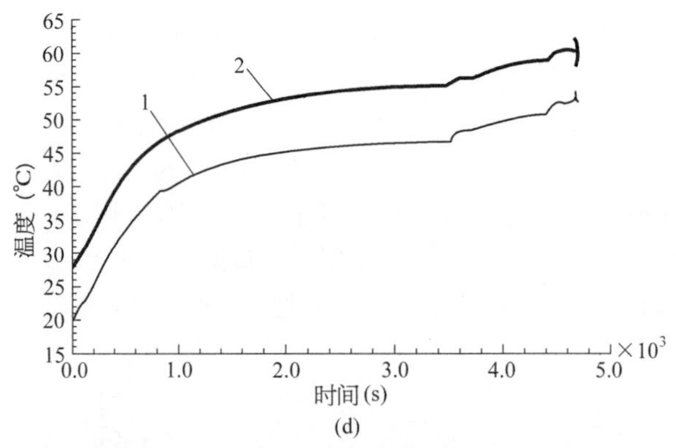

图 5.7　液压用户处温度变化曲线

(a) 方向舵处温度；(b) 升降舵处温度；(c) 副翼处温度；(d) 多功能扰流板处温度
1—进口油温；2—出口油温

以主流飞机的液压系统为例，结合民用飞机液压能源系统结构与功能，现代客机主流机型采用余度设计，即三套相互独立的液压能源系统，配备能源动力转换装置以及各种应急能源。同时，针对现代飞机液压系统向高压轻量化发展的特点和要求，采用基于温度控制的飞机电液伺服控制系统热分析技术，包括静态温度分析模型、动态温度分析模型、计算实例，可以通过计算结果分析得到合理控制液压泵壳体回油的发热。

有效利用大型客机液压能源与液压用户之间距离长的特殊环境和液压系统管道布局复杂的特点，充分利用环境散热方式，合理配置散热器，是民用飞机液压系统温度主动控制技术的关键。温度主动控制方法包括：①自然散热方案，即飞机液压系统的散热主要通过系统自身管道进行散热，达到液压系统温度的平衡。能源系统到执行机构的供压管道以及执行机构的回油管道有足够的散热面积进行散热，这种方案不采用额外的散热装置。②燃油散热器温度控制方案，即利用散热器对液压系统温度进行控制，散热器一般安装在飞机燃油箱里，以提高散热效果。③管道散热温度控制方案，即通过系统自身管道散热，以及通过改变液压系统管道设置的方式，如加长管道安装在飞机燃油箱内进行散热。自然散热方案在系统应用中存在潜在的风险，散热器散热方案和管道散热方案都能对系统温度控制达到很好的效果，且在采用管道散热方案中，壳体回油管道散热方案略优于总回油管道散热方案。

参考文献

[1] 郭生荣，王晚晚. 液力调速装置基本特性的仿真研究[J]. 流体传动与控制，2011(6)：11-15.
[2] 郭生荣，卢岳良. 直轴式恒压泵的脉动分析与研究[J]. 机床与液压，2003(3)：206-207.
[3] 郭生荣，卢岳良. 液压能源系统压力脉动分析及抑制方法研究[J]. 液压与气动，2011(11)：49-51.
[4] 訚耀保，陈梁洁，李晶，等. 飞机用千斤顶的试验装置分析[J]. 液压气动与密封，2012(3)：47-52.
[5] 訚耀保，徐娇珑，胡兴华，等. 飞机液压系统油液温度分析[J]. 液压与气动，2010(9)：55-58.
[6] 訚耀保. 极端环境下的电液伺服控制理论与应用技术[M]. 上海：上海科学技术出版社，2012.
[7] 訚耀保. 飞行器舵机系统关键基础理论研究[R]. 上海市浦江人才计划(A类)总结报告(06PJ14092)，2008.9.30.
[8] 訚耀保. 射流伺服阀流场分析[R]. 航空科学基金项目结题报告(20120738001)，2014.9.30.

[9] 阎耀保. 液压产品几何参数、工艺方法与产品性能之间的映射关系研究[R]. 航空科学基金项目结题报告(20090738003),2012.9.21.
[10] A320 aircraft maintenance manual [M]. Airbus Industrie, 1997.
[11] SAE AIR 5005 - 2000. Aerospace-commercial aircraft hydraulic systems [M]. SAE, 2000.
[12]《飞机设计手册》总编委会. 飞机设计手册·第 12 册[M]. 北京:航空工业出社,2003.

第 6 章
海洋波浪能摆式能量转换元件

地球表面 71%为海洋,海洋集中了地球上 97%的水。宇宙系中,太阳、月亮、地球的相对位置变化和引力场作用,形成了海水的潮汐运动。太阳照射地球,造成海洋不均匀蒸发,形成了风和海洋波浪。海洋能源约占世界能源总量的 70%。据估计,海洋能量 750 亿 kW,潮汐能 30 亿 kW,波浪能 25 亿 kW,海流能 50 亿 kW,温差能 400 亿 kW(其中,20 亿 kW 可利用),盐差能 300 亿 kW(其中,26 亿 kW 可利用)。而海面上的太阳能 80 亿 kW,地球储存的风能 10 亿~100 亿 kW。如何有效地利用海洋波浪能源,关键在于波浪能量的转换原理与转换装置。本章介绍一种摆式波浪能量转换装置,着重分析新型波浪能与液压能转换元件及其结构,包括悬挂摆式海洋波浪能量转换装置的原理、数学模型以及设计制造关键技术。

6.1 概述

能源是人类生存及社会发展的基础。石油、天然气资源利用的历史很悠久,但都属于非再生能源,面临资源枯竭和温室效应等严重问题。特别是 20 世纪 70 年代爆发两次石油危机之后,人们加速对清洁、可再生能源的研究。海洋能源是地球上存储量最多的能源。地球表面 71%为海洋,整个海水容积高达 $1.37\times10^9\,km^3$,其所蕴藏的可再生能源总量约为 750 亿 kW,可利用功率为 64 亿 kW,约为目前全世界发电机容量的 2 倍,远远超过目前全球能源的总消耗量。

海洋波浪能是自然界中不稳定的能源之一,具有季节性和气候性,能量收集与利用难度很大。海洋波浪能开发利用的设想可以追溯到 1911 年,世界上第一台海洋波浪能发电装置在法国波尔多市罗埃研制成功,之后许多国家着手开发海洋波浪能,20 世纪 80 年代开发边远沿海和海岛供电用的实用性、商业化的中小型装置。目前,海洋波浪能发电技术已逐步接近工程应用水平,重点集中于具有商业化价值的装置,如振荡水柱式波浪能转换装置、摆式波浪能转换装置、越浪式波浪能转换装置、伐式波浪能转换装置等。摆式海洋波浪能转换装置,按照固定方式可分为悬挂摆(pendulum)和浮力摆(bottom hinged)两种,如图 6.1 所示悬挂摆的"摆"铰接处在海面的某一固定位置(图 6.1a),而浮力摆的"摆"铰接在海底的某一固定位置(图 6.1b)。悬挂摆式波浪能发电技术概念最早由日本渡部富治教授提出,并于 1983 年在日本北海道内浦湾建造了世界上第一座摆式波浪能发电装置,其摆宽为 2 m,装机功率为 5 kW,之后又在西浦港建造了一座悬挂摆式波浪能发电装置,其装机功率为 20 kW,用于向岛上居民独立供电。而浮力摆则多见于欧美国家,如英国牡蛎 Oyster 浮力摆式近岸波浪能量转换装置、芬兰 WaveRoller 近岸海底波浪发电装置、澳大利亚 BioWAVE 波浪发电装置、挪威 Langlee 漂浮双摆板摆式波浪发电装置等。本章主要介绍悬挂摆式波浪能发电装置。

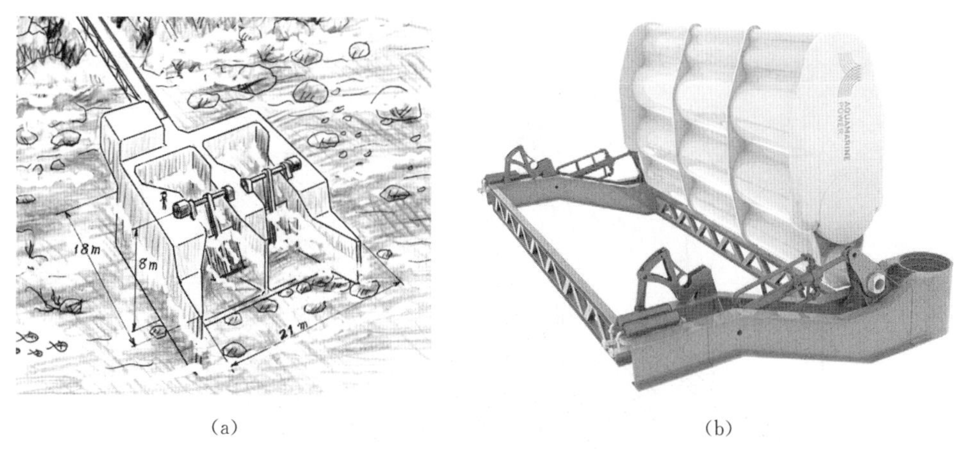

(a)　　　　　　　　　　(b)

图 6.1　摆式海洋波浪能转换装置示意图

(a) 悬挂摆(日本渡部富治,2011);(b) 浮力摆(英国牡蛎,2005)

图 6.2 所示为波浪能多级转换原理图。摆式波浪能发电装置是商业应用波浪能发电的主要装置,通过随着波浪摆动的摆体实现波浪能向机械能的一级能量转换。摆式波浪能发电装置利用海洋波浪的运动推动机械摆发生摆动或转动,将波浪能转换为机械能;然后由摆动装置驱动摆动液压泵或液压缸产生液压能源,将机械能转换为液压能;液压系统通过液压马达驱动发电机发电,将液压能转换为电能,从而实现波浪能发电。摆式波浪能转换装置具有频率响应范围宽、可靠性好、常海况条件转换效率高、建造成本相对较低等优点。缺点是工作在低速大扭矩的工况下,对元器件的密封要求高,在极端天气下易损坏,维护较困难,转换效率较高但不稳定。摆式波浪能发电装置是适用于在防波堤上建设的小型发电装置,也适合与浮体结合,漂浮于近海发电。

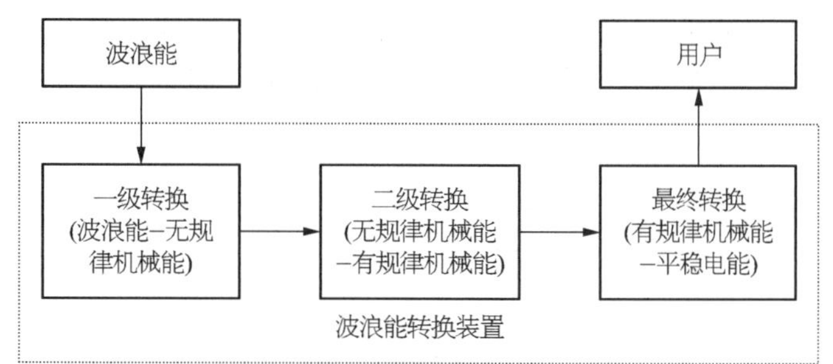

图 6.2　波浪能多级转换原理图

6.2　摆式能量转换原理及其波浪能发电系统

悬挂摆式波浪发电装置由水室摆板机构、机电转换机构、发配电机构三部分组成。水室摆板机构实现波浪能量转换成机械能,机电转换机构将机械能转换成电能,发配电机构进行电力输送。

水室摆板机构是摆式波浪发电装置关键部件。图 6.3 所示为悬挂摆式海洋波浪能发电装置示意图。常见的摆式波浪能发电装置由摆板、摆轴、传动系统等部分组成。水室的作用是聚波形

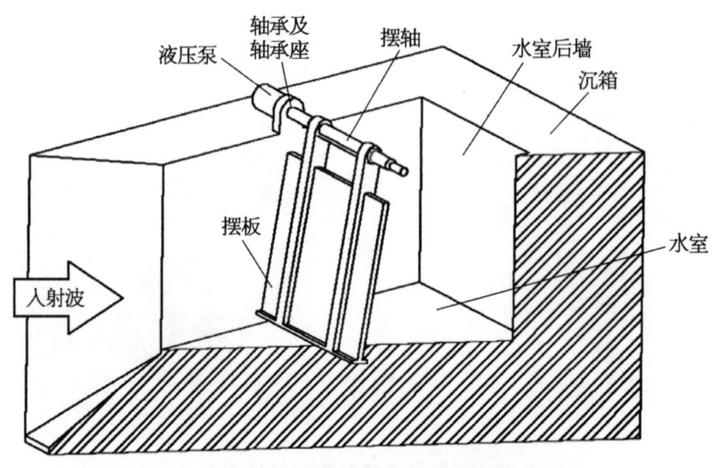

图 6.3　悬挂摆式海洋波浪能发电装置示意图

成立波，其实质是增加波浪能量密度，摆板则是与波浪直接接触的部分，波浪通过摆板做功，转换成机械能。波浪进入水室后，在水室后墙反射叠加形成驻波，在驻波的驻点处，水质点做往复运动，表现在宏观的水团往复运动。驻波垂直作用于摆板，摆板绕摆轴前后摆动带动液压动力源的活塞杆或摆动缸运动，将摆板俘获的波浪能转换为传动系统的机械能后，再转换为液压能，再由液压马达带动发电机发电。

图 6.4 所示为悬挂摆式海洋波浪能发电装置液压系统示意图。以液压缸作为液压动力源为例，在海洋波浪作用下，摆板推动活塞，例如向右移动时，油箱的油经单向阀 1 进入油缸左腔，右腔压力油经单向阀 4、油路和节流阀进入液压马达，驱动液压马达运转，输出转矩或直接带动发动机发电。反之，活塞向左，油经单向阀 2 进入油缸右腔，左腔中的压力油经单向阀 3、油路和节流阀进入液压马达，驱动液压马达连续旋转，带动发电机做功或发电。四个单向阀实现液压油流动方向的调节，使液压马达始终在一个方向旋转。随着技术的发展，液压动力源也采用摆动叶片泵的形式。

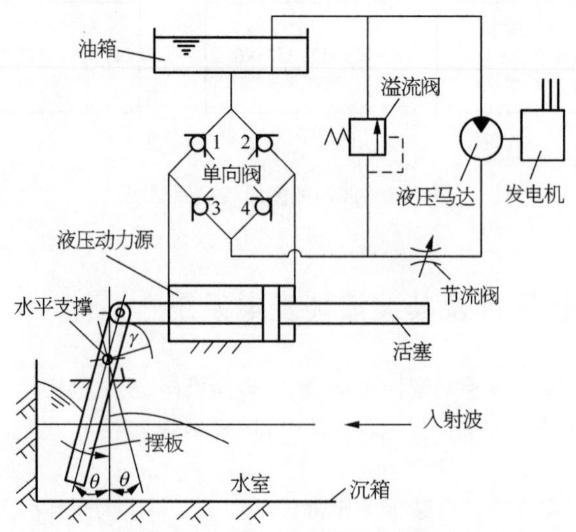

图 6.4　悬挂摆式海洋波浪能发电装置液压系统示意图

6.3 波浪能与液压能的转换元件

6.3.1 波浪能转换元件结构

图 6.5 是悬挂摆式波浪能发电装置水室结构示意图。摆式波浪能发电装置原理与吉他或小提琴等弦乐器原理类似。装置的水室和摆板等同于吉他或小提琴的共鸣器和弦。就像弦的振动使共鸣器中的空气产生共鸣，使得声音被放大一样，摆板的运动使水室内的水的驻波波动共振。水室内的水担任了摆板和水共振中“弹簧”的任务。这个弹簧常数主要是由自然条件决定的，是在设计装置时使得摆板和水共振的重要参数，尽量避免人为改变。背水腔由一面墙壁隔开，入射波在墙壁上被反射，形成驻波。摆板到墙壁有 0.25 个波长的距离(在水室内水深为浅水的情况下)，再到达入口的一侧。因为海洋波浪的波长并不一定，因此会引起效率低下的情况。为了减轻这种现象，根据经验一般取摆板安装位置约是 0.2 个波长。

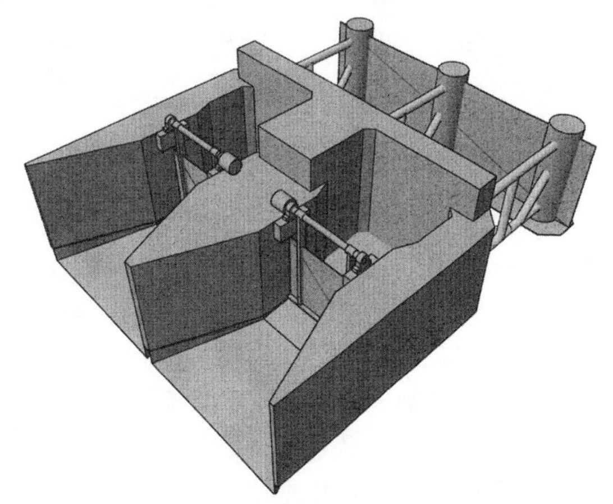

图 6.5　悬挂摆式波浪能发电装置水室结构示意图

如图 6.6 所示为典型摆板结构示意图。摆板是使波浪能转换为摆板运动的机械能的重要机械要素。摆板是扇形的，平板上有两个摆臂，摆臂上端与摆板轴是固定的。推动平板的波浪力使得摆板运动，这样轴的回转会带动静油压变速机再带动发电机转动。将摆板轴与泵轴一体化的叶片泵对于暴风雨的耐久度及海上作业的安全性和可靠性都有提升的作用。若限制平板的高度，合理设计平板与轴之间的间隙，则可以延长装置在极端天气下的工作寿命。若将图 6.6 中的摆板颠倒，使铰链固定在水下，则称为浮力摆式发电装置。这两种情况的效率几乎没有差别，但将铰链固定在水下这种方法不利于装置的后续维护。摆板运动效应，摆板和水流的轨迹类似，摆

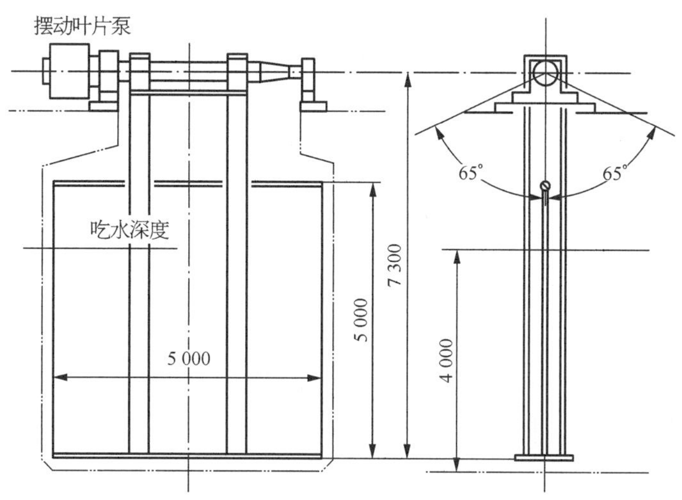

图 6.6　典型摆板结构示意图

板水流的紊流效应将减轻，摆板和水室的间隙中通过的泄漏量也不太大。平板的摆臂较长，轴的位置相对于静水面较高，对于同一波高，摆板摆动的角度会变小。相反，作用在泵上的扭矩增加。因此在实际设计时应该尽可能减小摆臂的长度。

根据规则波而非有效波来设计摆式波浪能发电装置。有效波包括各种波高和周期的波形，因此实际采用与有效波等价的规则波。在实际海域内，规则波的波浪会在一段有限时间内持续出现，因此摆式波浪能发电装置的额定装机容量大约是从有效波推断出的平均功率的 2 倍。

6.3.2 数学模型

6.3.2.1 物理过程

图 6.7 所示为悬挂摆式波浪能发电装置物理过程示意图。摆板摆动的物理过程中，受到波浪力、流体阻尼力和弹簧力以及二级能量转换系统产生的阻尼力和摆板重力等效而成的弹簧力等。图中，M_{N0} 为油泵传递给摆板的阻尼力矩，M_N 为水室内的流体对摆板产生的阻尼力矩，F_K 为水室内流体被压缩和拉伸对摆板产生的等效回复力，F_{K0} 为摆板重力的分力，可等效为一个回复力，mg 为摆板所受重力。摆板运动的物理过程，可分为以下四个阶段：

1) 第一阶段：由中立位置向水室摆动阶段　如图 6.7a 所示，波浪从右往左运动，带动摆板向左运动，此时转矩方向如图所示。同时，摆板在中间位置时速度最大，因此受到的二级能量转换系统阻尼力和流体阻尼力也是全过程中最大的。

2) 第二阶段：由水室向波浪侧摆动阶段　如图 6.7b 所示，波浪从右往左运动，此时摆板运动到左侧的极限位置，角速度为 0。因此，此时摆板不受任何阻尼力。同时，容腔内的流体被压缩，流体对摆板产生一个弹簧力，方向向右。同时，摆板的重心偏离了轴线，运动到了轴线的左侧，因此摆板所受的重力也会产生一个等效的弹簧力，方向向右。这两个力使摆板所受的转矩改变方向。

3) 第三阶段：越过中立位置向波浪侧摆动阶段　如图 6.7c 所示，波浪从左往右运动，摆板正向右运动。此时摆板又回到了中间位置，其速度又变为最大值。本阶段摆板的受力状态与第一阶段类似，仅受到阻尼力的作用，但因为摆板的运动方向相反，故阻尼力的方向也相反。

4) 第四阶段：由波浪侧摆回中立位置摆动阶段　如图 6.7d 所示，波浪从左往右运动，此时摆板运动到右侧的极限位置，其角速度为 0。本阶段摆板的受力情况与第二阶段类似，仅受到弹簧力的作用。因为容腔内的流体被拉伸，因此摆板受到的液压弹簧力方向向左，同时，由于重心摆动到轴线的右侧，因此产生的等效弹簧力也向左。这两个力使得摆板再次回到平衡位置，重复第一到第四阶段整个过程。

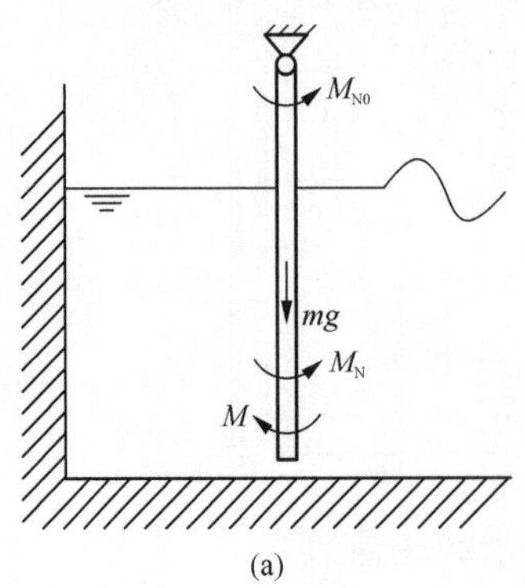

(a)

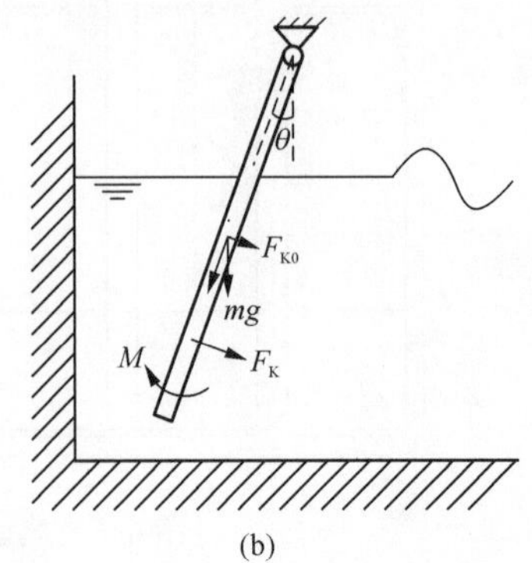

(b)

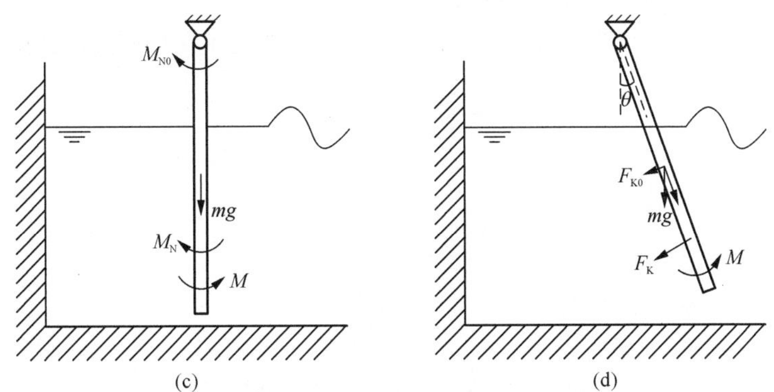

图 6.7 悬挂摆式波浪能发电装置物理过程

6.3.2.2 动力学模型

摆板受力包括波浪力、重力、水室内流体施加的弹簧力和阻尼力。图 6.8 所示为水室内摆板的受力示意图。其中，D 为摆板到后墙的距离，即容腔的长度；h 为水深；l 为摆轴到静水面的距离；l_g 为摆轴到摆板重心的距离；mg 为摆板受到的重力；M 为波浪力作用于摆板的转矩；θ 为摆板的转角；p 为容腔内流体作用于摆板的压强；p_w 是波浪作用于摆板的压强。以后墙水平面为原点建立坐标系。假设：

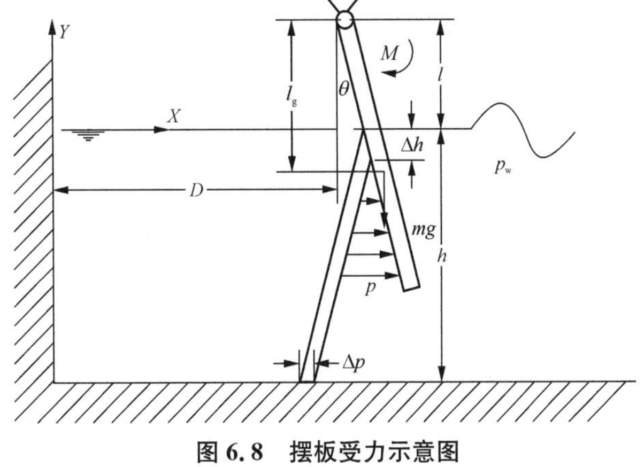

图 6.8 摆板受力示意图

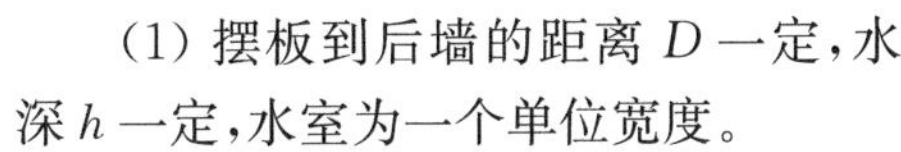

(1) 摆板到后墙的距离 D 一定，水深 h 一定，水室为一个单位宽度。

(2) 波浪为规则波。

(3) 水室与摆之间的泄漏量可以忽略不计。

(4) 波浪为潜流。

摆板力平衡方程为

$$(I_0 + I_1 + I_2)\ddot{\theta} + (N_0 + N_1)\dot{\theta} + (K + K_0)\theta = M \tag{6.1}$$

式中 I_0——摆板的转动惯量；

I_1——当左腔为水室时的附加水转动惯量，$I_1 = \sum_{n=1}^{\infty} \dfrac{4\rho Y_n^2}{k_n^4 Z_n}$；

I_2——当右腔为水室时的附加水转动惯量，$I_2 = \dfrac{-4\rho Y_0^2}{k_0^4 Z_0 \tan k_0 d} + \sum_{n=1}^{\infty} \dfrac{4\rho Y_n^2}{k_n^4 Z_n \tanh k_n d} + \dfrac{C_2}{\omega^2}$；

N_0——机械阻尼系数；

N_1——流体产生的阻尼系数，$N_1 = \dfrac{4\omega\rho Y_0^2}{k_0^4 Z_0}$；

K——容腔内流体产生的等效弹簧系数；

K_0——摆板重力力矩产生的等效弹簧系数。

波浪力产生的力矩 M 与波浪对摆板的压强 p_w 有关，决定了摆板所受的激振转矩的大小。

$$M = -\int_{-h}^{0} (l - y) p_w \mathrm{d}y \tag{6.2}$$

$$p_w = -\rho \frac{\partial \Phi}{\partial t} \tag{6.3}$$

式中 p_w——波浪作用于摆板的压强；

Φ——波浪的势函数，指持续驻波的势函数；

ρ——海水密度。

持续驻波的势函数，由波浪在后墙上反射后与入射波叠加形成。

$$\Phi = \frac{-8\omega Y_0 \theta \cosh k_0 (y + h)}{k_0^2 Z_0} \cos k_0 x \cos \omega t \tag{6.4}$$

式中 x——受力物体到原点的距离；

k_0——规则波的波数；

ω——规则波频率，$\omega^2 = -gk_0 \tan k_0 h$；

Z_0——海况常数，$Z_0 = \sinh 2k_0 h + 2k_0 h$。

因此，将波浪势函数代入，得

$$p_w = -\rho \frac{\partial \Phi}{\partial t} = \frac{-8\rho\omega^2 Y_0 \theta \cosh k_0 (y + h)}{k_0^2 Z_0} \sin \omega t \tag{6.5}$$

$$M = \frac{-8\rho\omega^2 Y_0 \theta}{k_0^2 Z_0} \sin \omega t \int_{-h}^{0} (l - y) \cosh k_0 (y + h) \mathrm{d}y = \frac{-8\rho\omega^2 Y_0^2 \theta}{k_0^4 Z_0} \sin \omega t \tag{6.6}$$

当摆板偏离轴线时，重力垂直于摆板的分量会形成一个回复力矩，大小为 $l_g mg \sin \theta$。重力分量产生的等效弹簧力矩为

$$K_0 \theta = l_g mg \sin \theta = l_g mg \theta \tag{6.7}$$

即

$$K_0 = l_g mg$$

容腔内液体作用于摆板上的转矩与摆板的摆角有关，因此回复力矩也可以近似看作满足胡克定律，等效的弹性系数 K。容腔液体产生的力矩 M_h 为

$$M_h = \int_{-h}^{0} (l - y) p \mathrm{d}y \tag{6.8}$$

$$\Delta M_h = \int_{-h}^{0} (l - y) \Delta p \mathrm{d}y = K \Delta \theta \tag{6.9}$$

其中

$$\Delta p = \rho g \Delta h \tag{6.10}$$

因为 $\frac{1}{2}[l\Delta\theta + (l + h)\Delta\theta] = D\Delta h$，可得

$$\Delta h = \frac{h}{D}\left(l + \frac{h}{2}\right)\Delta\theta \tag{6.11}$$

$$\Delta p = \frac{\rho g h}{D}\left(l + \frac{h}{2}\right)\Delta\theta \tag{6.12}$$

代入式(6.10)可得

$$\Delta M = \frac{\rho g h}{D}\left(l+\frac{h}{2}\right)\Delta\theta\int_{-h}^{0}(l-y)\mathrm{d}y = \frac{\rho g h}{D}\left(l+\frac{h}{2}\right)^2\Delta\theta = K\Delta\theta \tag{6.13}$$

因此

$$K = \frac{\rho g h}{D}\left(l+\frac{h}{2}\right)^2 \tag{6.14}$$

求解此受力方程可以得到稳定解为

$$\theta = a\cos\omega t + b\sin\omega t \tag{6.15}$$

式中 a、b——与装置和海况有关的系数。

$$a = \frac{-\omega(N_0+N_1)M}{(I_0+I_1+I_2)^2(\omega_0^2-\omega^2)^2+\omega^2(N_0+N_1)^2} \tag{6.16}$$

$$b = \frac{(I_0+I_1+I_2)(\omega_0^2-\omega^2)M}{(I_0+I_1+I_2)^2(\omega_0^2-\omega^2)^2+\omega^2(N_0+N_1)^2} \tag{6.17}$$

$$\omega_0^2 = \frac{K+K_0}{I_0+I_1+I_2} \tag{6.18}$$

6.3.2.3 线性模型

采用线性理论研究悬挂摆式波浪能量转换器。图6.9为悬挂摆式波浪能发电装置线性模型。摆板运动质量块由两个弹簧和两个阻尼器支撑驱动。液体弹簧和液体阻尼是指水室作用于摆的等效弹簧和等效阻尼。摆板质量块由波浪能收集摆装置本身以及水室附加液体质量组成,其中,附加水质量对装置的响应特性起主导作用。波浪力作用在质量块上起到激振力的作用。阻尼器吸收质量块产生的部分动能。当质量块在激振力的作用下共振时,阻尼器吸收的能量最多,此时能量转换效率最高。弹簧力与阻尼力中一部分由机械装置本身提供,另一部分由流体与装置相互作用产生。

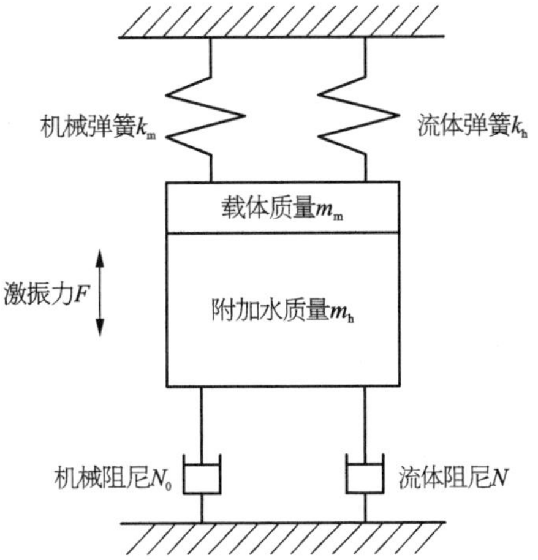

图6.9 悬挂摆式波浪能发电装置线性模型

假设机械阻尼和流体动态阻尼是线性的,由式(6.1)可得摆板的线性方程式为

$$\sum I\ddot{\theta} + (N_0+N)\dot{\theta} + \sum K\theta = M_0\sin\omega t \tag{6.19}$$

式中 $\sum I$——等效转动惯量;

$\sum K$——等效弹性系数;

M_0——摆动激励转矩的振幅。

确定式中各参数后,可以算出质量块的功率,以及在单个波浪周期内质量块所吸收的能量,进而计算出装置的一级转换效率。

1) 等效转动惯量 $\sum I$ 等效转动惯量 $\sum I = I + I_0$,其中 I 为附加水转动惯量,I_0 为摆板本身的转动惯量。摆板本身的转动惯量为

$$I_0 = l_g^2 m \tag{6.20}$$

附加水的转动惯量 I 是由摆板运动时带动周围流体所产生的，是关于波数、水深、密度等参数的函数。

$$I = \sum_{n=1}^{\infty} \frac{2\rho B Y_n^2}{k_n^4 X_n}\left(1+\frac{1}{\tanh k_n D}\right)+\rho B\left[\frac{-2Y_0^2}{k_0^4 X_0 \tan k_0 D}+\frac{gh^2(l+h/2)^2}{\omega^2 D}\right] \tag{6.21}$$

$$X_0 = \sinh(k_0 h)\cosh(k_0 h)+k_0 h \tag{6.22}$$

$$Y_0 = k_0 l \sinh(k_0 h)+\cosh(k_0 h)-1 \tag{6.23}$$

$$X_n = \sin(k_n h)\cos(k_n h)+k_n h \tag{6.24}$$

$$Y_n = k_n l \sin(k_n h)-\cos(k_n h)+1 \tag{6.25}$$

式中　B——摆板宽度；

X_0、Y_0、X_n、Y_n——与海况有关的系数；

k_0——波数；

k_n——在给定条件下决定波长的波序数。

2）流体动态阻尼 N　流体动态阻尼 N 是由水和水室相互作用产生的，与摆动速度成正比。

$$N = \frac{2\rho B Y_0^2 \omega}{k_0^4 X_0} \tag{6.26}$$

3）摆动激励转矩的振幅 M_0　摆动激励转矩的振幅 M_0 是由波浪产生的，在波高为 H 的波浪力作用下，激励转矩振幅为

$$M_0 = \frac{\rho B Y_0 \omega^2 H}{k_0^3 \sinh(k_0 h)} \tag{6.27}$$

4）等效弹性系数 $\sum K$　等效弹性系数 $\sum K = K + K_0$，包含水室内流体的弹性系数 K 以及摆板重力所等效而成的弹性系数 K_0。

$$K = \frac{\rho g B h^2 (l+h/2)^2}{D} \tag{6.28}$$

$$K_0 = l_g m g \tag{6.29}$$

5）入射波输入能量 E　入射波在一个周期 T 内传递给装置的波浪能与规则波的单位面积功率有关。

$$E = \frac{1}{4} TB\left(\frac{H}{2}\right)^2 \rho g \frac{\omega}{k_0}\left(1+\frac{2k_0 h}{\sinh 2k_0 h}\right) \tag{6.30}$$

6）装置的一级转换效率 η　根据装置动力学方程的稳定解可得摆板摆角随时间变化的函数为

$$\theta = \sqrt{(a_0^2+b_0^2)}\sin(\omega t+\varepsilon) \tag{6.31}$$

$$a_0 = \frac{-\omega(N_0+N)}{(\sum I)^2(\omega_0^2-\omega^2)^2+\omega^2(N_0+N)^2} M_0 \tag{6.32}$$

$$b_0 = \frac{(\sum I)^2(\omega_0^2-\omega^2)}{(\sum I)^2(\omega_0^2-\omega^2)^2+\omega^2(N_0+N)^2} M_0 \tag{6.33}$$

式中　ε——相位滞后，$\varepsilon = \arctan \frac{a_0}{b_0}$。

在一个周期内泵吸收的能量总和 W 为

$$W=\frac{1}{2}N_0\omega^2(a_0^2+b_0^2)T \tag{6.34}$$

则一级能量转换效率为

$$\eta=\frac{W}{E}=\frac{4\omega^2 N_0 N}{(\sum I)^2(\omega_0^2-\omega^2)^2+\omega^2(N_0+N)^2} \tag{6.35}$$

当满足共振条件 $\omega_0=\omega$，且阻抗匹配 $N_0=N$ 时，达到理想工作状态。此时，液压泵将波浪能量全部吸收，$\eta=1$。在这个情况下，各参数具有以下形式

$$a_0=\frac{M_0}{2\omega N}$$

$$b_0=0$$

$$\varepsilon=\frac{\pi}{2}\text{，即相位滞后 }90^\circ$$

7）理想工作状态下的摆动角 θ 及摆动幅度 θ_0　理想工作状态下，摆动角 θ 为

$$\theta=-\frac{M_0}{2\omega N}\cos\omega t \tag{6.36}$$

空载时，摆动幅度 θ_0 为

$$\theta_0=\frac{k_0X_0H}{4Y_0\sinh(k_0h)}\sqrt{\frac{B_0}{B}} \tag{6.37}$$

式中　B_0——水室入口宽度。

8）峰值扭矩 T_{pmax}　驱动液压泵时，摆动轴上的液压泵向摆轴提供反扭矩，阻抗匹配条件下，扭矩的峰值由流体动态阻尼 N 决定，峰值扭矩 T_{pmax} 为

$$T_{pmax}=\omega N\theta_0 \tag{6.38}$$

6.3.2.4　*液压系统数学模型*

图 6.10 所示为典型摆式波浪能发电装置液压回路。摆动叶片泵驱动两台变量液压马达，带动一台发电机发电。根据海洋条件来调整液压马达的排量，维持高发电效率。

图 6.11 所示为摆动叶片泵的工作原理图。它的特征是四分圆双叶片泵，排量大，因为摆式波浪能发电装置要求泵的扭矩比市面上很多泵要大很多，因此图 6.11 所示的泵是最适合这种工况的。在有两枚固定叶片的圆筒

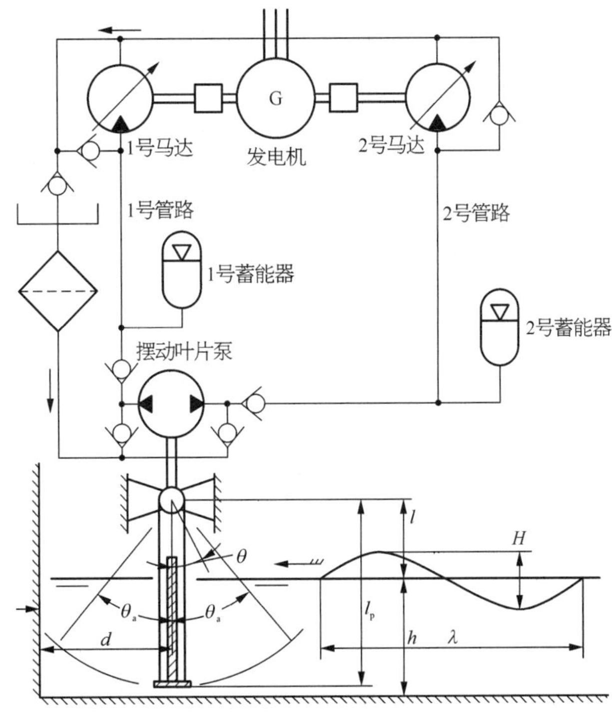

图 6.10　典型摆式波浪能发电装置液压回路

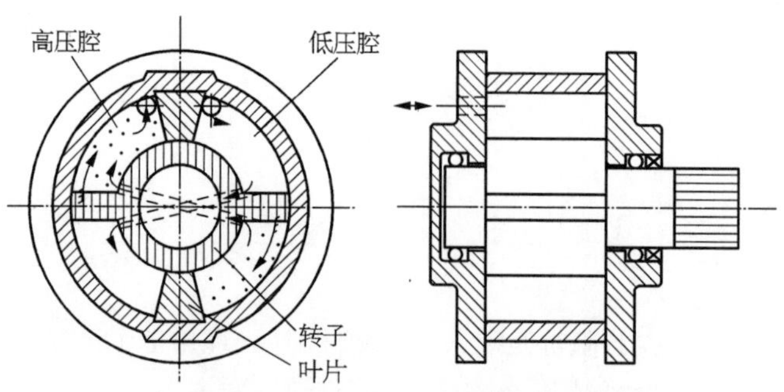

图 6.11　摆动叶片泵的工作原理

内插入具有两枚叶片的转子，转子可以灵活转动。共计有四枚叶片，将圆筒内的空间分成四部分，如图所示。因为转子的摇动使得这四个部分的体积大小发生改变，将这四部分用管路与外界连接，则会有油流入或流出该泵。需要注意的是：

(1) 实际上，最低要有 20 MPa 的耐压性。为了保持叶片的强度，需要研究将叶片和转子一体化。轴受到的负荷要平衡，需要采用静压平衡型金属密封。泵的转动速度很低，需要开发密封性能极好的密封件。

(2) 将泵的输入轴与摆轴一体化设计可以减少能量损失，提高装置稳定性，但对泵的制造要求很高。

泵的输出扭矩 T_p 为

$$T_p = \frac{D_p(p_m + \Delta p)}{2\pi\eta_t} \tag{6.39}$$

$$D_p = \frac{\pi}{2}(d_1^2 - d_2^2)b_p \tag{6.40}$$

式中　D_p——泵的排量；
p_m——泵的压力；
Δp——管路损失压力；
η_t——泵的扭矩效率；
d_1——转子叶片的外侧直径；
d_2——转子叶片的内侧直径；
b_p——泵的纵向深度。

宽度为 B 的摆板在波高为 H 的波的作用下，摆板上瞬间作用的转矩 M 如式(6.27)所示。发电效率最大的条件是 M 的 50%用于造波阻尼，剩下的 50%被泵吸收。

$$T_p = M_0/2 = \frac{\rho BY_0\omega^2 H}{2k_0^3\sinh(k_0 h)} \tag{6.41}$$

上式是损失为 0 时的理论值。因为实际上损失还是存在的，所以设计时泵的扭矩一般为式(6.41)的 70%～80%。

图 6.12 是以试验为目的而设计的转动叶片泵的结构图，是以室兰工业大学海域试验所试做的摆动叶片泵的结构为基础设计的。液压泵将液压油交替地排入 1 号和 2 号管路。按照质量守恒定律，压力变化量为

图 6.12 试验用转动叶片泵的设计图

1 号管路压力

$$p_{m1} = (p_{a10} - \Delta p) + \frac{k_a D_p}{2\pi} \int |\dot{\theta}| \, dt - k_a n_g \int D_{m1} \, dt \tag{6.42}$$

当 $d\theta/dt > 0$ 时 $|\dot{\theta}| = 0$。

2 号管路压力

$$p_{m2} = (p_{a20} - \Delta p) + \frac{k_a D_p}{2\pi} \int |\dot{\theta}| \, dt - k_a n_g \int D_{m2} \, dt \tag{6.43}$$

当 $d\theta/dt < 0$ 时，$|\dot{\theta}| = 0$。

式中 p_{a10}——1 号蓄能器初始压力；

p_{a20}——2 号蓄能器初始压力；

n_g——发电机旋转速度；

D_{m1}——1 号马达的排量；

D_{m2}——2 号马达的排量；

k_a——蓄能器系数。

蓄能器是由机械弹簧加载的线性系统。蓄能器压力与其内部液压油体积 V_a 近似成比例。

$$P_a = k_a V_a \tag{6.44}$$

液压泵在时间间隔 t_0 内的吸收能量为

$$W_p = \int_0^{t_0} T_p \dot{\theta} dt \tag{6.45}$$

在相同时间间隔内，驱动摆动和液压回路的波浪能为

$$W_w = \int_0^{t_0} N \dot{\theta}^2 dt \tag{6.46}$$

当 $W_p = W_w$ 时，摆式波浪能量转换器符合工作阻抗匹配条件。因此，若系统频率调整到出现共振，摆式波浪能量转换器就最大化吸收波浪能，系统产生的电力也因摆动效果而稳定。

6.3.3 关键技术

6.3.3.1 浮体型悬挂摆式波浪能发电装置

浮体型悬挂摆式波浪发电装置是一种近岸波浪能转换装置与浮动母体的结合。与海岸固定式悬挂摆不同,浮体型悬挂摆式波浪能发电装置浮动母体可以在固定在近海的某处,利用主动阻尼,可以通过在浮体后方安装减振板从而产生一个相位差为 180°的波浪来削弱作用在浮动母体上的波浪力。这种装置有以下优势:

(1) 将特殊的浮体与摆式波浪能发电装置组合,可充分利用近海波浪资源,而不局限于沿岸。

(2) 有可调节性,必要时可移动相应的装置。

(3) 在浮体上,可以兼用波浪发电以外的装置。例如,可以作为海上风力发电的基体。

图 6.13 所示为海上浮体型摆式波浪能发电装置的构造和原理设想图,是由四组摆式波浪能发电装置搭载在一台浮体上的标准实用机的案例。浮体兼作两台海上风力发电装置的基体。额定装机容量:波浪能发电 600 kW,风力发电 140 kW。为了使浮体静止,要从升沉、波动、倾斜三个方面对主动阻尼进行标定。浮体右后方的减振器抵消了波浪的波动。船体前方下面有两处用绳索系住,另一端系在海底并在长度上留下充分余量。船体在波浪力的作用下,在向着入射波方向的位置固定下来。因为主动阻尼的效果,系在浮体上绳索所受的力将比一般情况下的受力要小一些。

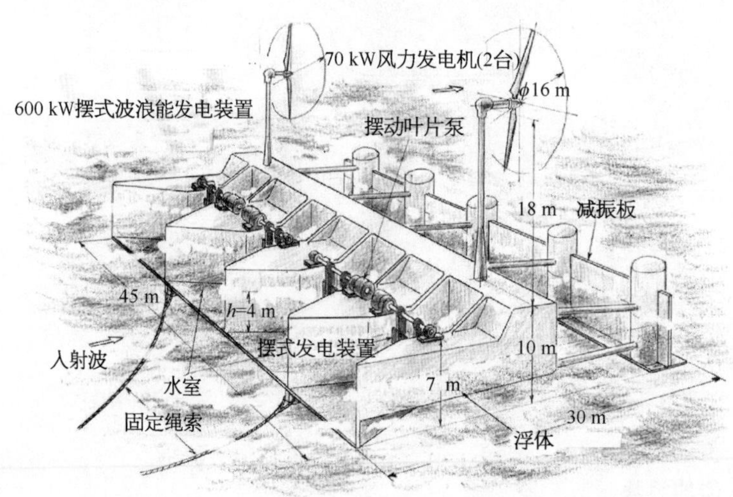

图 6.13 海上浮体型摆式波浪能发电装置示意图

水室内安装摆板。摆板受到波浪力,因为反作用在摆板轴中心的浪涌力以及力矩而产生摆动。结果导致浮体在浪涌的作用下产生俯仰运动。为了消除这两方面的作用,浮体后方设置了减振器,针对浪涌和升沉产生主动阻尼。

浮体在摆板轴中心半个波长后方设置减振用的垂直板和水平板。垂直板的作用是产生与入射波有 180°相位延迟的波浪力,因为这两股力量一般会相互抵消,所以浮体不会产生浪涌运动。同样地,水平板的作用是抵消摆轴上的力矩,使浮体不会产生升沉运动。

虽然减振用的水平板和垂直板安装的位置和装置设置海域的海面波长相配合,但波长并不一定。波高增加的话波长也会加长,如果使设置海域水深变浅的话波长会变短。减振器的位置应该参照出现频率最高的波长来固定。在暴风雨的情况下波长会变长,使得减振器与波长的位置关系不一致。这导致了减振器失效,浮体会产生浪涌和升沉运动,结果会出现发电效率极端低下的情况。虽然波浪的能量在加大，但浮体和摆板相对于波浪的运动并没有增加，因此使浮体和摆板运动的波浪能无法增加，这和使用固定沉箱时有很大差别。这样的阻尼保护方法具备发电装置在暴风雨天气下的保护机能。实验证明，正常工作下发电装置转换效率在60%左右，暴风雨天气下骤降到10%。

图6.14是图6.13中的单台摆式波浪能发电装置1∶25的测试模型，目的是进行二维的平面空间水槽试验。

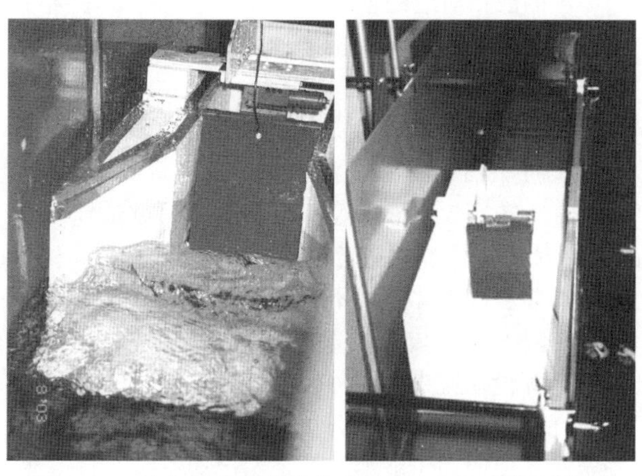

图6.14　单台摆式波浪能发电装置1∶25的测试模型

6.3.3.2　重心位置可调节摆板

摆板重心的位置影响转动惯量，从而影响系统固有频率。为提高一次转换效率，应该根据海况的不同调整摆板重心的位置。因此，摆板与摆臂分离式设计，再根据需要进行组装，可以获得更好的一级转换效率，且使用更加灵活，制造更为简便。

为了进一步分析摆板重心位置对一级能量转换效率的影响，以及效率关于重心位置的变化趋势，需先初步建立摆板的模型，得到效率-重心位置曲线，如图6.15所示。可见，随着波浪波长的增加，装置的一级能量转换效率一直在降低，因此当波长增加时，需要增大摆板重心到摆轴的距离，以增大一级能量转换效率。因此，为了使设备适应更多海况要求，应将摆板设计为摆臂长度可调的样式。

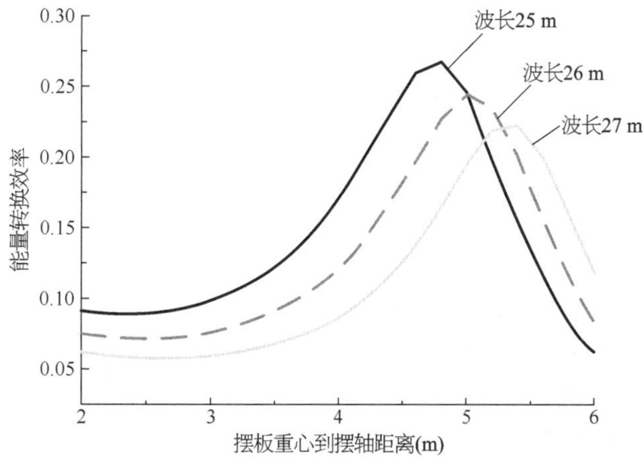

图6.15　波浪不同波长下摆板重心位置与一级能量转换效率的关系

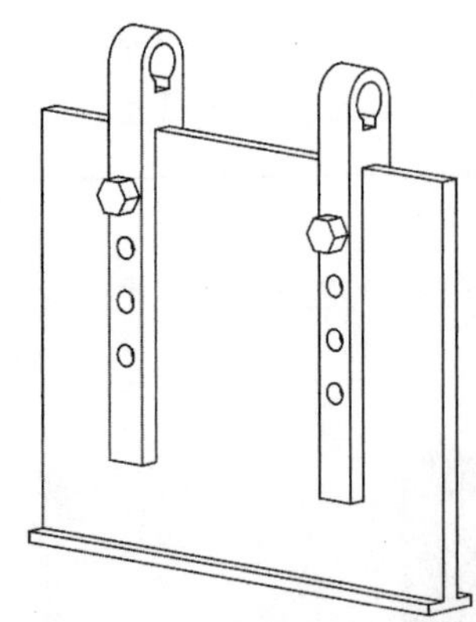

图 6.16　可调节摆板示意图

摆板和摆臂可以采用机械或液压结构进行无级调节，以达到精确匹配的目的。为了降低成本，提高可靠性，摆臂与摆板可采用螺栓连接，如图 6.16 所示（同济大学，2015）。摆板的摆臂长度通过调节螺栓孔位置来实现可变。螺栓孔之间采用等间距设计，因为这样不仅降低了加工难度和加工成本，还可根据波浪大小增减螺栓的数量，增加装置的耐久度。实际使用过程中，可以选取出现频率较高的波长对应的重心位置进行适当调节，并根据实际摆板和摆臂的尺寸来确定最终螺栓孔之间的间距。

6.3.3.3　楔形聚波口

浮体型摆式波浪能发电装置不受海岸线地理位置的局限。然而，由于浮体在海洋中并未完全固定，随波浪起伏及晃动，会导致装置转换效率下降等一系列问题。波浪能转换效率的瓶颈一直是制约波浪能发电经济性的主要因素。增加迎波宽度，提高入射波能量同样可以达到提高波浪能发电量的目的。在工程上，增加装置的整体宽度不仅导致建造成本和制造难度的增加，还会提高装置在极端天气下被损坏的可能性，而对装置局部进行改造，增加聚波功能部件可以一定程度上避免上述问题。因此，在浮体上开设聚波口是一种较为经济有效的选择。

聚波口虽然有聚集能量的作用，但波浪也会在聚波口上发生汇流和反射，造成水室内流场紊乱、转换效率下降或不稳定。其原因在于波浪水粒子的运动轨迹在与聚波口碰撞时发生改变，且水粒子之间相互干扰，形成复杂的流动环境，增加了稳定、高效地捕捉波浪能的难度。目前，针对微观水粒子在聚波后新运动轨迹的描述较为困难，这是波浪本身具有随机性以及外界影响因素的不确定性所造成的。从宏观的能量及流速角度对问题进行简化，可以更直观地得到聚波口对波浪动能的影响，得出聚波口的优化方案。

针对浮体型摆式波浪能发电装置，浮体是整个发电装置的载体，其中，楔形聚波口位于浮体前方，楔形口的结构形式之所以具有聚波功能，主要是由于这种结构使得进入水室的水量增多，从而达到提高波速和水位以增加入射波能量的目的。但楔形口的存在也使得波浪进入水室后出现紊乱，对能量采集造成干扰。

为了进一步讨论楔形口形状对聚波性能的影响，首先定义聚波口楔形角度 α，并对浮体外围流场进行划分，如图 6.17 所示。根据波浪对浮体冲击位置的不同可以将波面划分为两个区域，即Ⅰ流域和Ⅱ流域。Ⅰ流域的波浪直接进入水室，受聚波口影响较小；Ⅱ流域的波浪受到聚波口的影响，波浪传播方向改变。本小节通过对不同聚波口楔形角度的浮体的聚波效果以及Ⅱ流域对Ⅰ流域的影响进行分析，基于仿真提出了聚波口楔形角度 α 的优化方案。

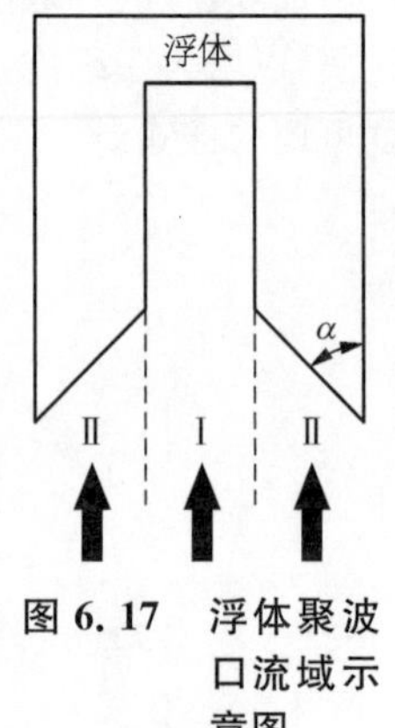

图 6.17　浮体聚波口流域示意图

仿真结果如图 6.18 所示，图中黑线为摆板安装位置。在没有楔形聚波口的情况下，即聚波口楔形角度 90°时，波浪运动由于受到了浮体前墙的阻碍，Ⅱ流域流体向装置左右两侧绕行，在水室入口处出现明显的波浪加速汇流区域，流速达到近 6 m/s。但汇流区域波浪运动非常不稳定，流速衰减很快，特别是水室后部流速较低。这是由波浪动能在水室入口汇流时产生极大损耗所造成的。

当浮体安装楔形聚波口后，波浪的加速汇流区域位于聚波口与水室的连接处，因此聚波口也

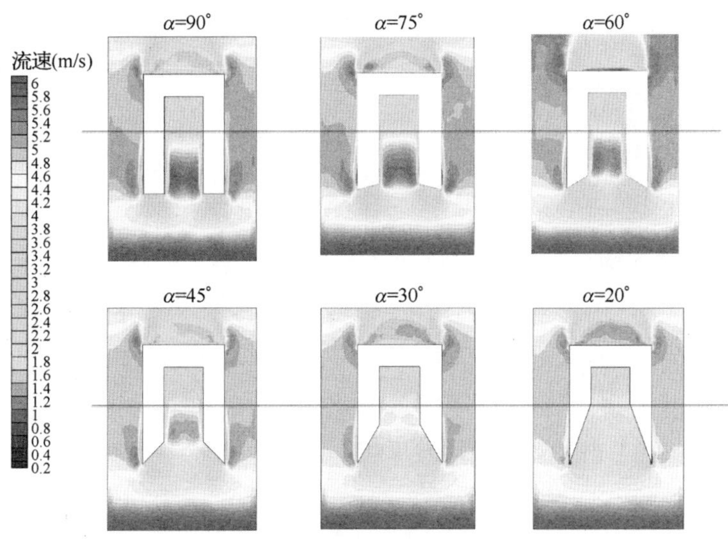

图 6.18　流速仿真结果

具有调节最高流速位置的功能。此外,水室内速度梯度有所下降,水室内流速分布更为均匀。安装聚波口对于波浪能稳定输入有一定必要性。

波浪受到装置的阻挡,在楔形口流域附近存在波浪反射区,其流速约为 3 m/s。当聚波口楔形角度 α 较大时可以明显看到反射区与周围流场的速度差,对Ⅰ流域流场产生一定干扰;当聚波口楔形角度较小时,反射区和周围流场有相融合的趋势,水室入口处的速度梯度较不明显。当聚波口楔形角度 $\alpha=60°$ 时,反射区影响范围最大。这是因为聚波口单侧相对于入射波的波向角在 30°～45°时,反射系数 K_r 达到峰值,此后随着波向角的减小,反射系数 K_r 也减小,反射波的能量也减少。

当聚波口楔形角度 $\alpha=20°$ 时,聚波口楔形尖角处存在明显的速度下降。过于细小的结构件尖端可能存在涡旋和能量的损耗,并对结构件的尖角造成腐蚀。因此为了避免浮体局部快速腐蚀的情况,聚波口楔形角度不宜小于 30°,且尖角处过渡尽可能圆滑,并做进一步防腐蚀处理。

Ⅰ、Ⅱ流域的交汇处在聚波口与水室相连接处,流道宽度迅速减小,因此存在明显的加速区。当聚波口楔形角度较大时,加速区的最高流速越大,其速度梯度也越大。最大流速出现在靠近水室侧墙处,因此在最高流速区的截面上流速分布不均匀,两侧流速较高,中间流速较低,特别是当聚波口楔形角度较大时此现象较明显,例如当聚波口楔形角度为 75°时,两侧流速与中间流速的差值约为 8%;而当聚波口楔形角度为 20°时,差值约为 2%。可见随着 α 的减小,加速区最高流速减小,流速梯度减小,流速分布更均匀。这是由于Ⅱ流域的流体与Ⅰ流域的入射波在两流域交界处发生汇流,造成流速紊乱。当聚波口角度较大,即Ⅱ流域流体流速与Ⅰ流域流体流速夹角较大时,Ⅱ流域对Ⅰ流域入射波冲击较为剧烈,直接导致较大的动能损耗。当聚波口角度较小时,汇流区域影响范围明显缩小,水室内流速能快速稳定,动能损耗较小。

图 6.19 所示为摆板安装点中心流速与楔形口角度的关系。当聚波口楔形角度 α 较大时,虽然流场最高流速较大,但水室内流场分布不均匀,流速衰减较快,故在摆板处流速较小。此外,作用于聚波口的流量一部分顺着楔形口进入水室,一部分反向绕行或被聚波口反射,进入水室的流量比例随聚波口楔形角度 α 的减小而增大。当聚波口楔形角度 α 较大时,虽然最高流速较大,但实际进入水室的流量反而较小,因此摆板安装处流速也较小。值得注意的是,当聚波口楔形角度

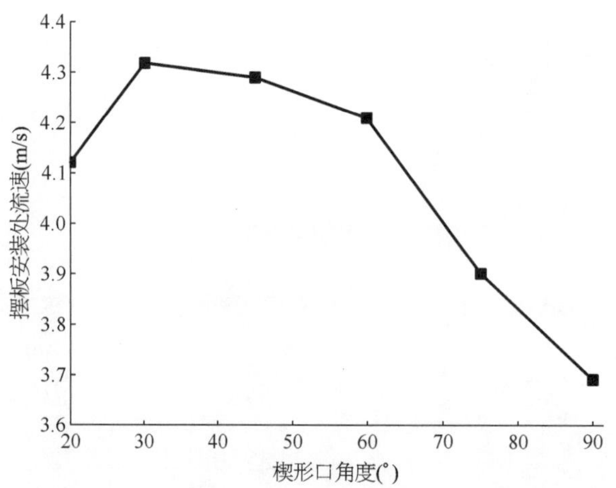

图 6.19　摆板安装点中心流速与楔形口角度的关系

$\alpha=20^\circ$ 时摆板处的流速反而下降，这是由于此时摆板正好位于聚波口与水室的连接处，此处为Ⅰ、Ⅱ流域的汇流处，流速不稳定。而且当聚波口楔形角度 $\alpha=20^\circ$ 时聚波口楔形面较长，而水室长度较短，反射波对水室内流速有直接影响，因此不推荐过小的楔形口角度。

聚波口楔形角度对摆板所在截面的流速分布同样有影响，图 6.20 所示为 $\alpha=60^\circ$、45°、30° 及 20°时摆板所在截面的流速分布图。可见随着 α 的减小，截面上流速分布更加均匀。其原因在于：首先，波浪的传递速度随水深的增加而减小，因此在水室底端的流速会低于波浪自由表面处的速度；其次，当聚波的波浪宽度相同时，聚波段长度越大，聚波过程越平稳，在深度方向上波速梯度也越小，速度过渡也越平稳。

综上所述，聚波口楔形角度的建议值在 30°～45°。

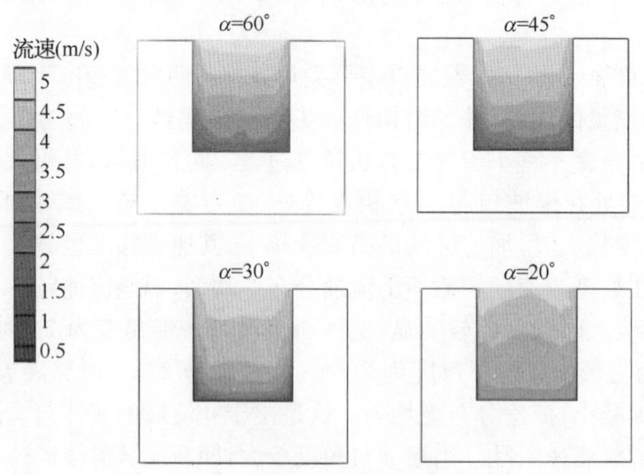

图 6.20　摆板安装截面处流速分布

6.3.3.4　*摆轴-液压泵设计方案*

图 6.21 所示为韩国波浪发电研究所团队 KRISO & YOOWON 正在开发的 300 kW 海上浮体型摆式波浪能发电装置概念图。摆动叶片泵设有安全停止装置，在暴风雨天气下，可以保护液压系统不超载。在泵内部设置安全停止装置成本过大，因此在泵与轴的连接处设置类似离合器的装置，达到同样的目的。

图 6.21　300 kW 海上浮体型摆式波浪能发电装置概念图

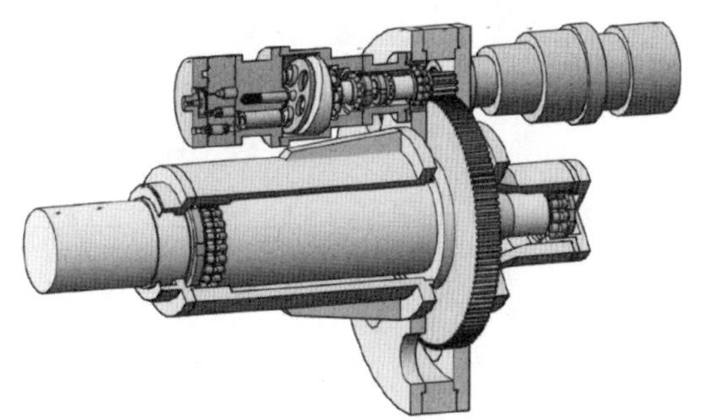

图 6.22　摆动叶片泵与摆轴的一体化设计

随后，KRISO & YOOWON 在案例的基础上提出了采用摆轴-增速齿轮-柱塞泵传动系统来替代原摆轴-叶片泵系统。新系统如图 6.22 所示，摆轴和柱塞泵采用增速齿轮传动。经研究，新系统对摆板的共振性没有影响，同一个摆轴可搭载多个柱塞泵，使动力分配更均匀，且柱塞泵可采用市面上已有的产品，无须定制。

6.4　实践案例

摆式波浪能量转换器案例测试现场是日本北海道室兰的面朝大海直径大约为 50 km 的圆形海湾，坐落于日本北海道西南地区。图 6.23 所示为摆式波浪能量转换器测试现场图。

图 6.23　正在测试中的摆式波浪能量转换器（室兰工业大学）

图 6.24 所示为摆式波浪能量转换器测试的各种波形。当摆式波浪能量转换器驱动活塞泵时，图 6.24 显示在测试点的典型波形记录图。图中，顶部的波形线显示的是通过超声速声波测量得到的入射波高度曲线，其浪高 $H = 2 \sim 2.5\,\mathrm{m}$，波浪周期 $T = 4.5 \sim 5.7\,\mathrm{s}$，入射功率58 kW。海洋波浪通过摆动装置驱动柱塞泵，测试得到的泵的排量如第二条类正弦函数线所示。第三、第四条曲线显示泵的压力 p_1 和 p_2，第五条曲线表示马达驱动负载泵的总扭矩。第六条曲线是马达速度和负载泵的直观联系图。马达的输出功率以转速和扭矩计算，大约为 25 kW。从入射波到马达输出的转换率为 25 kW/58 kW = 0.43。

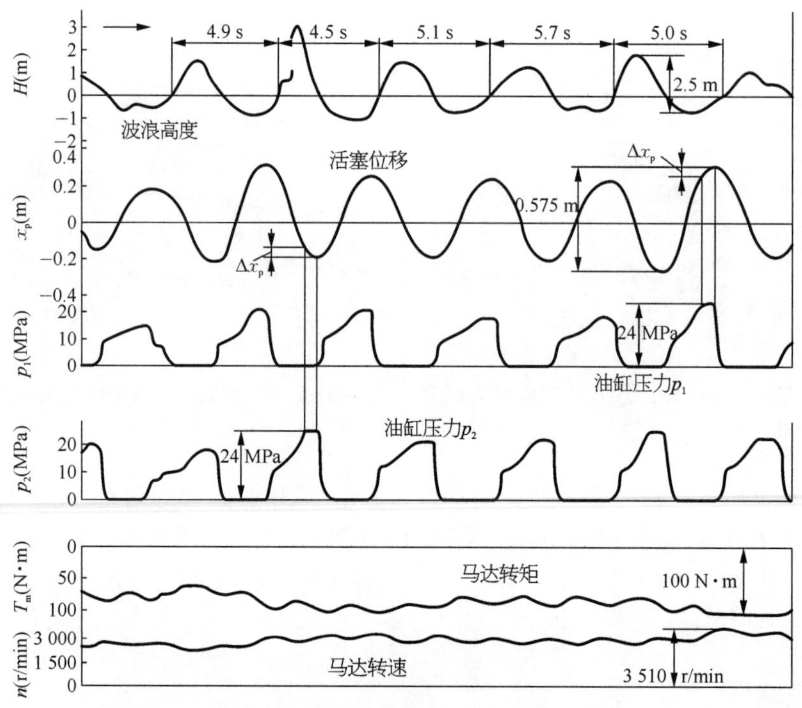

图 6.24　摆式波浪能量转换器测试的各种波形

图 6.25 所示为摆式波浪能量转换器的性能测试结果，它是在海洋测试中记录的摆式波浪能量转换器(叶片泵)的动作。在记录过程中，浪高变化的范围大。随着浪高的改变(0.6～3.0 m)，摆式波浪能量转换器用角度变量的或大或小（11°～44°）来与其匹配。测试结果分别显示马达转速(800～2 300 r/min)和输出功率(2.5～23 kW)，其消除了大多数波浪振荡效果，很少有高频波部分。测试用摆动器设计成能适用于波浪周期 $T \geqslant 4.2$ s 的地方。如图所示，在周期 $T < 4.2$ s 的地方，效率很低。如果测试点面向大海，理论上周期 $T < 4.2$ s 的地方是不存在的。

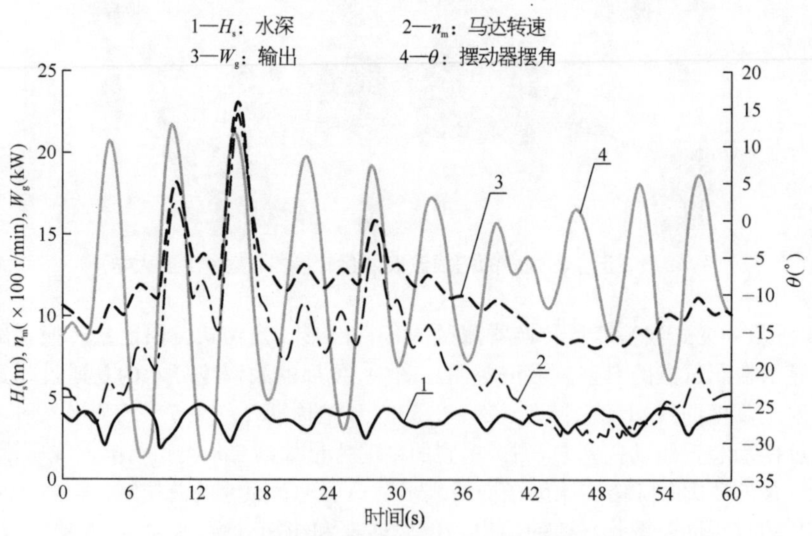

图 6.25　摆式波浪能量转换器的性能测试结果（叶片泵）

参考文献

[1] 閻耀保，Tomiji Watabei. 海洋波浪能综合利用[M]. 上海：上海科学技术出版社，2011.

[2] 閻耀保. 海洋波浪能综合利用——发电原理与装置[M]. 上海：上海科学技术出版社，2013.

[3] Zhang Y, Yin Y B. Research on the primary energy conversion efficiency of pendulum wave energy converter [C]. 2015 International Conference on Fluid Power and Mechatronics, Harbin, 2015: 633 - 638.

[4] 閻耀保，张阳. 一种海上浮体型悬挂摆式波浪发电装置：中国，104405567A[P]. 2015 - 03 - 11.

[5] 閻耀保，张阳. 悬挂摆式波能发电装置聚波口形状的优化设计[J]. 中国工程机械学报，2016，14(6): 1 - 7.

[6] 閻耀保，张阳. 浮体型悬挂摆式波浪能发电装置楔形聚波口的优化设计[C]//第九届全国流体传动与控制学术会议，杭州，2016：1 - 6.

[7] McCormick M E. Ocean wave energy conversion [M]. New York: Wiley-Interscience Publication, 1981: 8 - 89.

[8] 渡部富治. 浮体型波力発電装置：日本，4448972[P]. 2010 - 1.

[9] 渡部富治. ロータリベーンポンプのシール構造：日本，3851940[P]. 2006 - 9.

[10] 長内戦治，近藤俶郎，水野雄三，等. ロータリベーンポンプによる振り子式波カエネルギー変換装置の実用機開発[J]. 海岸工学論文集，1998，45：1221 - 1225.

[11] 渡部富治. 洋上型風力・波力複合発電装置[J]. OTEC，2005，11：9 - 13.

[12] 渡部富治，久保田譲，杉山弘. 沿岸固定形振り子波力発電装置の研究-システム弾性による効率低下と対策[J]. 日本机械学会論文集(B編)，1988，54(500)：917 - 923.

[13] 渡部富治，近藤俶郎，谷野賢二. 沿岸固定形振り子式波力発電装置の研究-室蘭港外実験プラントの第1次運転[J]. 日本机械学会論文集(B編)，1986，52(477)：2267 - 2274.

[14] 渡部富治，近藤俶郎，谷野賢二. 沿岸固定形振り子式波力発電装置の研究-室蘭港外実験プラントの第二次運転[J]. 日本机械学会論文集(B編)，1988，54(497)：136 - 141.

[15] 近藤傲郎，藤間聡，藤原満. 浮上型振り子式波浪発電システムに関する基礎的実験[J]. 海岸工学論文集，1993，9：302 - 306.

[16] 渡部富治. 可動体型波力発電装置の耐久性に関する考察[J]. OTEC，2007，13：33 - 36.

[17] 近藤俶郎，藤間聡，加藤満. 波浪発電と海岸保全のためのハイブリッド型システム[J]. 海岸工学論文集，1998，45：1226 - 1230.

[18] 近藤俶郎，谷口史一，渡部富治，等. 新型振り子式波浪発電の現地性能試験[J]，海岸工学論文集. 1999，46：1261 - 1265.

[19] 渡部富治，近藤俶郎，河合秀樹，等. 洋上型 200 kW 新波力発電装置の特性解析と設計[C]//日本設計工学会 H22 年度秋季研究発表講演会，2010.

[20] 渡部富治. 洋上浮体型振り子式波力発電装置の設計法[J]. OTEC，2008，14：35 - 40.

第 7 章 液 压 泵

7.1 概述

近代历史上，欧美发明的典型液压元件相继问世。1911 年英国人 H. S. Hele-Shaw 申请了初期的径向柱塞泵与马达专利。如图 7.1 所示，提出在传动轴与径向柱塞组件之间设置一定的偏心量，当传动轴转动时，带动柱塞组件转动的同时，柱塞由于偏心布局而在径向产生一定位移的运动，形成柱塞和柱塞壳体之间的容腔体积变化，产生配油的供给过程。

1935 年瑞士人 Hans Thoma 在德国发明了斜轴

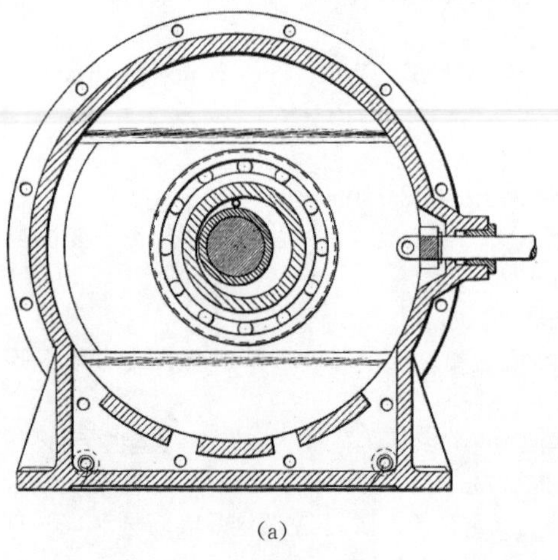

(a)

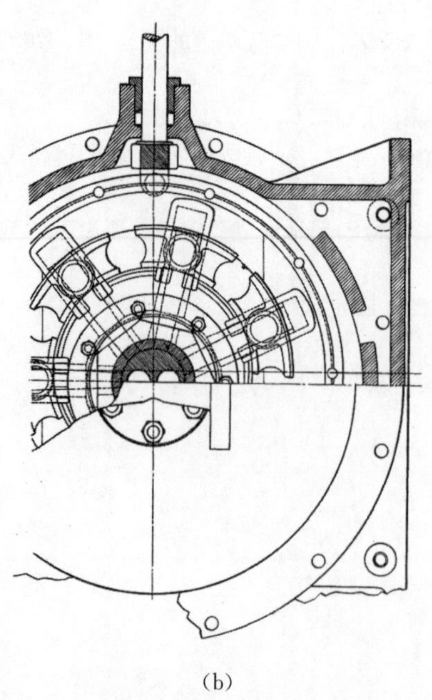

(b)

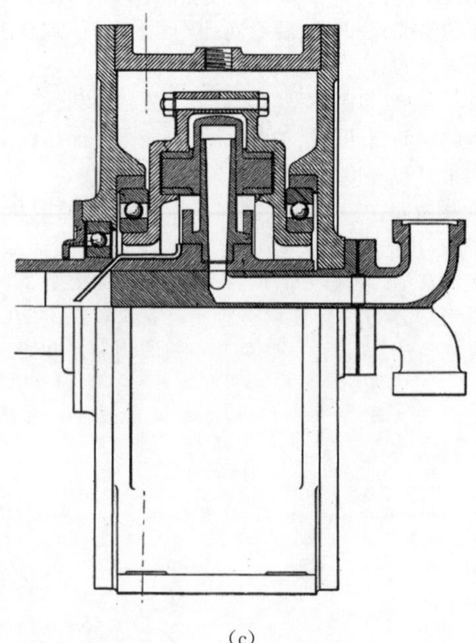

(c)

图 7.1 初期的径向柱塞泵与马达(英国人 H. S. Hele-Shaw，美国专利 US1077979，1911—1913)

(a) 传动轴与径向柱塞组件的偏心机构；(b) 径向柱塞布局；(c) 柱塞容腔配油过程

式轴向柱塞泵与马达。如图 7.2 所示，将传动轴与缸体布局在不同轴线上且通过曲柄连杆相连接，柱塞与缸体在同一轴线上，当传动轴旋转时，曲柄连杆带动活塞在缸体内做轴向相对运动，形成柱塞与缸体之间体积的变化，实现吸排油过程。1960 年，Hans Thoma 又发明了斜盘式轴向柱塞泵。如图 7.3 所示，将传动轴与缸体布局在同一轴线上，斜盘与缸体轴线之间具有一定的倾斜角度。当传动轴转动时，带动缸体转动，柱塞在缸体内随缸体转动的同时，由于柱塞球头一端与斜盘端面相约束，形成柱塞在缸体内的轴线往复移动，造成柱塞与缸体之间封闭容腔体积的变化，实现吸排油动作。同时还提出了双缸体组合式轴向柱塞泵结构，实现大排量输出功能。

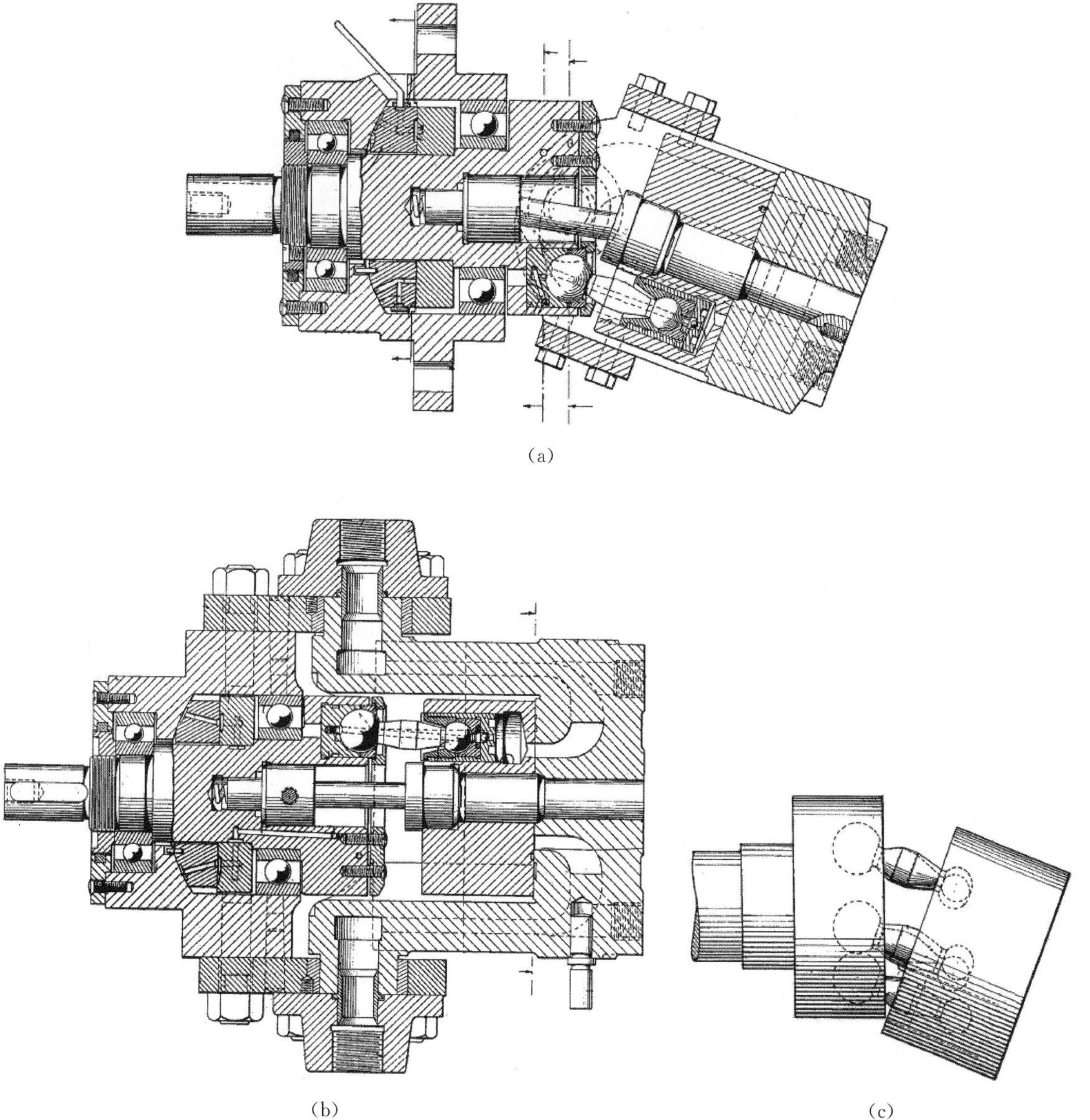

图 7.2　斜轴式轴向柱塞泵与马达(瑞士人 Hans Thoma，美国专利 US2155455，1935—1939)

(a) 斜轴式轴向柱塞泵转动轴与缸体组件连接关系；(b) 曲柄连杆带动活塞吸排油过程；(c) 传动轴与缸体组件的曲柄连杆

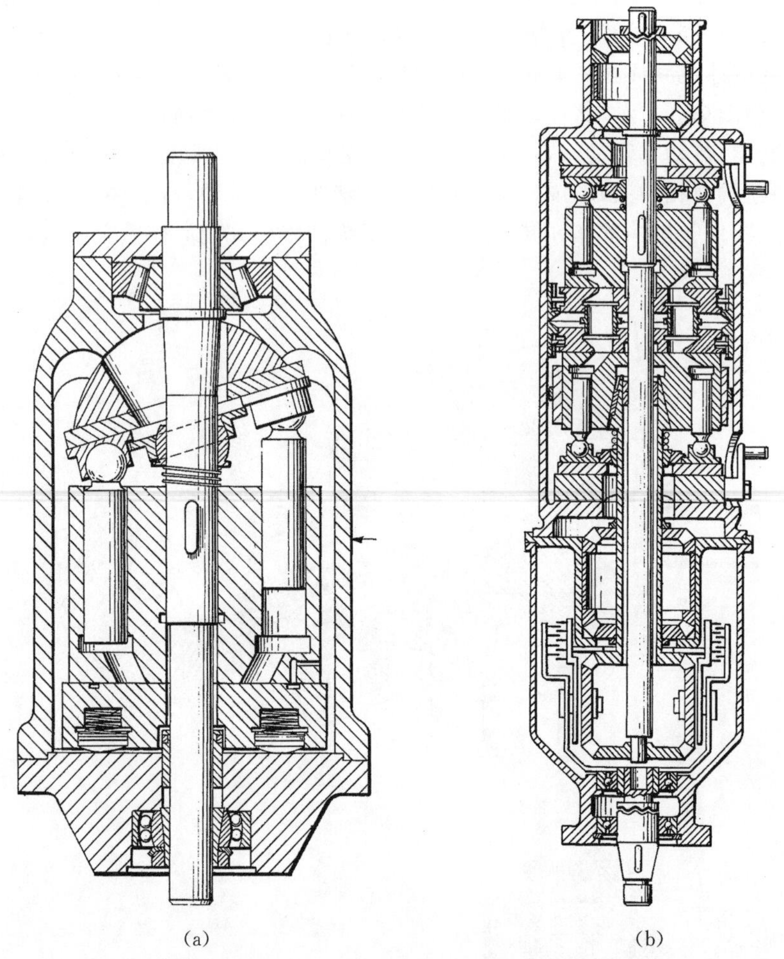

图 7.3 斜盘式轴向柱塞泵(瑞士人 Hans Thoma,美国专利 US3059432, 1960—1962)

(a) 斜盘式轴向柱塞泵剖面图; (b) 双缸体组合式轴向柱塞泵

Williams 与 Janney 于 1905 年提出轴向柱塞液压泵原理,迄今已有 100 多年的历史。液压泵是动力元件,它的作用是将机械能转变成液压能,向系统提供一定流量的液流。由原动机(电机或柴油机等)驱动,将输入的机械能转换为油液的压力能,再输送到系统中去,为执行元件提供动力,液压泵是液压传动系统的核心元件。目前,液压泵按结构形式可分为齿轮泵、叶片泵、柱塞泵、离心泵等;按每一转的理论供油量是否可变可分为定量泵和变量泵。

柱塞泵是一种容积式变量泵,在结构上分为轴向柱塞泵和径向柱塞泵两大类,其中轴向柱塞泵按柱塞与转子轴线的相对位置可分为柱塞平行式和柱塞倾斜式两种;按流量调节斜盘形式可分为平面斜盘、锥面斜盘、球面斜盘三种;按是否有滑靴可分为带滑靴式和无滑靴式。在工程应用领域最常用的是柱塞平行式带滑靴的平面斜盘型轴向柱塞泵和柱塞倾斜式带滑靴的球面斜盘型轴向柱塞泵两种。其中前者结构简单、可维护性好、成本低,大量用于工程机械;后者结构紧凑、体积小、成本高,主要用于高压、高转速、大流量的航空航天流体控制领域,尤其是航空发动机燃油供给与控制系统。

齿轮泵是容积型回转式泵的一种,在结构上可分为外啮合式和内啮合式两类。其中外啮合齿轮泵包含圆弧齿形齿轮泵、正弦曲线齿形齿轮泵、对数螺线齿形齿轮泵等；内啮合齿轮泵包含摆线齿形齿轮泵、次摆线齿形齿轮泵、行星齿轮泵等。按齿向分，可以分为直齿齿轮泵、斜齿齿轮泵、人字齿轮泵和圆弧齿面齿轮泵；按照齿轮泵组合形式分，可以分为单泵、双联泵、多联泵；按侧面间隙是否可调分，可以分为固定间隙式齿轮泵和可调间隙式齿轮泵。

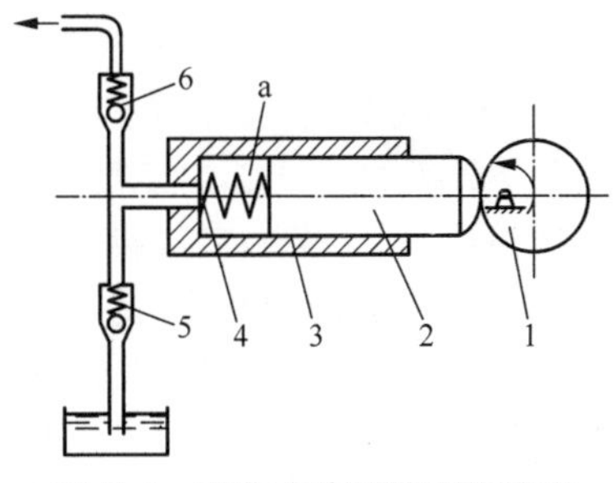

图 7.4 容积式液压泵工作原理

1—偏心轮；2—柱塞；3—缸体；4—弹簧；5—吸油阀；6—压油阀

尽管液压泵的类型很多，但都是靠密封容积的变化来工作的，图 7.4 所示为液压柱塞泵的工作原理。偏心轮由原动机带动旋转，柱塞在偏心轮和弹簧的作用下在缸体内往复移动。当柱塞向右移动时，密封工作腔 a 容积增大，产生真空，油液在大气作用下通过单向阀 5 吸入泵内，实现吸油；当柱塞向左移动时，密封工作腔 a 容积减小，油液受到挤压，通过单向阀 6 输到系统中去，实现压油。液压泵输出油液流量的大小，由密封工作腔的容积变化量和单位时间内的变化次数决定，因此这类液压泵又称为容积式泵。

本章主要列举两种飞机液压系统中常用的液压泵：轴向柱塞泵和外啮合齿轮泵，分析它们的工作原理、性能及数学模型。

1）轴向柱塞泵　在飞机液压系统中，泵可设计成可感受出口压力，并将这一信号反馈至支承往复柱塞的配油盘的柱塞泵。配油盘与旋转传动轴的纵向轴线成一定的角度且自由转动。一般有九个柱塞，绕配油盘径向布置。图 7.5 所示为变量柱塞泵工作原理。

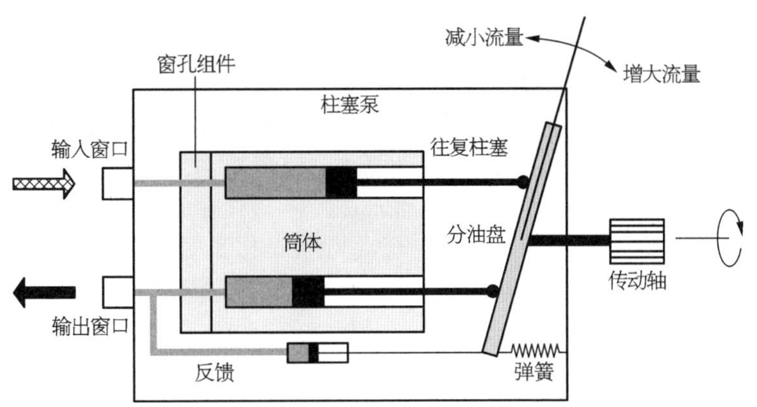

图 7.5 变量柱塞泵工作原理

传动轴带动缸体旋转，斜盘和配流盘是固定不动的。柱塞均匀布于缸体内，并且柱塞头部靠机械装置或在低压油作用下紧压在斜盘上。斜盘的法线和缸体轴线交角为斜盘倾角 γ。当传动轴按图示方向旋转时，柱塞一方面随缸体转动，另一方面还在机械装置或低压油作用下在筒体内做往复运动，柱塞在其自下而上的半圆周内旋转时逐渐向外伸出，使筒体内孔和柱塞形成的密封工作容积不断增加，产生局部真空，从而将油液经配流盘的吸油口吸入；柱塞在其自上而下的半圆周内旋转时又逐渐压入筒体内，使密封容积不断减小，将油液从配流窗口向外压出。筒体每转一周，每个柱塞往复运动一次，完成吸、压油一次。如果改变斜盘倾角 γ 的大小，就能改变柱塞行程长度，也就改变了泵的排量；如果改变斜盘倾角 γ 的方向，就能改变吸、压油方向，此时就成为双向变量轴向柱塞泵。

2）外啮合齿轮泵　外啮合齿轮泵的优点是结构简单、尺寸小、重量轻、制造维护方便、价格低廉、工作可靠、自吸能力强(容许的吸油真空度大)、对油液的污染不敏感等。它的缺点是齿轮承受不平衡的径向力，轴承磨损严重，工作压力的提高受到限制；此外，它的流量脉动大，导致系统压力脉动大、噪声高。内啮合齿轮泵的优点是结构紧凑、尺寸小、重量轻；由于齿轮同向旋转，相对滑动速度小、磨损小、使用寿命长、流量脉动远比外啮合齿轮泵小，因而压力脉动和噪声都较小，内啮合齿轮泵容许使用较高的转速，可获得较高的容积效率。内啮合齿轮泵的缺点同样是存在径向力不平衡的问题，另外，内啮合齿轮泵的排量不可调节，在一定程度上限制了其使用范围。

齿轮泵的工作原理是借助一对齿轮副轮齿脱开啮合侧和进入啮合侧在密封壳体内形成的工作容积的周期性变化来实现流体的输送。图 7.6 所示为外啮合齿轮泵典型结构和工作原理。

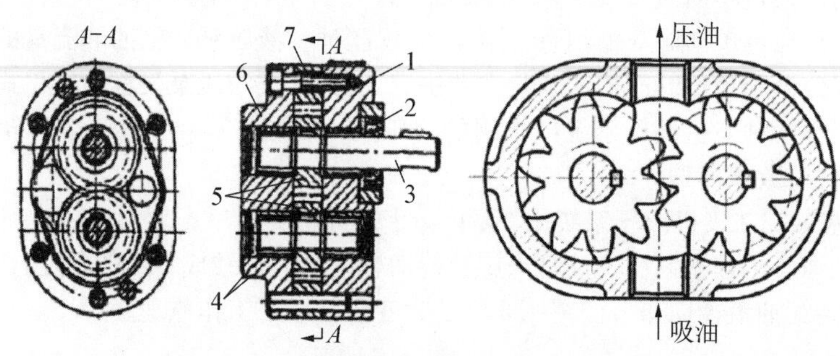

图 7.6　外啮合齿轮泵典型结构和工作原理

1—端盖；2—油封；3—传动轴；4—轴承；5—齿轮；6—后盖；7—泵体

一般情况下，外啮合齿轮泵两个齿轮的参数相同。两齿轮齿廓与泵体和前后盖板形成若干个密封容积，密封线(啮合线)将吸油腔和排油腔隔开。当齿轮按图示方向旋转时，啮合点下方的轮齿逐渐退出啮合，吸油腔体积逐渐增大，局部形成真空，液体在大气压力的作用下被压入吸油腔，形成吸油。啮合点上方的轮齿逐渐进入啮合，排油腔的体积逐渐减小，液体经排油口被挤压出去，形成齿轮泵的排油。这就是齿轮泵吸、排油的工作过程。齿轮不停地进行旋转，齿轮泵就可连续不断地完成吸油和排油。

7.2　基本特性

液压泵的性能参数主要指液压泵的压力、排量和流量、功率和效率等。

7.2.1　压力

1）工作压力　它是液压泵在实际工作时输出油液的压力值，即泵出口的压力值，也称系统压力。液压泵工作时的实际输出压力取决于外界负载。这里所指的负载是广义的，包括压油管道中各种阻力。每一种泵都有一定的压力使用范围。

2）额定压力　按试验标准规定，能连续运转的最高压力称为额定压力。它是在保证液压泵的容积效率、使用寿命以及额定转速的前提下，泵连续长期运转时允许使用的压力最大限定值。各种形式泵的额定压力不同。

7.2.2 排量和流量

1）排量　泵的排量是指泵轴转一转时，密封容积的变化量。即在无泄漏的情况下，泵轴每转一转时所排出的液体的体积。排量用 V 表示，它取决于泵的几何尺寸，又称几何排量，常用单位为 ml/r。

2）流量

（1）理论流量。指泵在单位时间内理论上可排出的液体体积，它等于排量 V 与转速 n 的乘积。测试中常以零压下的流量表示，即

$$q_t = Vn \tag{7.1}$$

由于存在内、外泄漏，泵的实际输出流量 q 小于理论流量 q_t。

（2）实际流量。泵工作时输出的流量，它等于泵理论流量减去因泄漏损失的流量 Δq，即

$$q = q_t - \Delta q \tag{7.2}$$

式中　Δq——泵容积损失，它随着泵工作压力的升高而增大。

（3）额定流量。泵在额定转速和额定压力下输出的流量。由于泵存在泄漏，所以泵的实际流量 q 和额定流量 q_n 都小于理论流量 q_t。

7.2.3 功率

液压泵的输入能量为机械能，表现为转矩 T 和转速 ω；液压泵的输出能量为液压能，表现为压力 p 和流量 q。

1）理论功率　用泵的理论流量 q_t(m^3/s)与泵的进出口压差 Δp(Pa)的乘积表示，即

$$P_t = \Delta p q_t \tag{7.3}$$

由于泵的进口压力很小，近似为零，所以在很多情况下，泵进出口压差可用其出口压力来代替。

2）输入功率　实际驱动泵轴所需要的机械功率，即

$$P_i = \omega T = 2\pi n T \tag{7.4}$$

3）输出功率　用泵实际输出流量 q 与泵进出口压差 Δp 的乘积来表示，即

$$P_o = \Delta p q \tag{7.5}$$

当忽略能量转换以及输送过程中的损失时，液压泵的输出功率应该等于输入功率，即泵的理论功率为

$$P_t = \Delta p q_t = \Delta p V n = \omega T_t = 2\pi n T_t \tag{7.6}$$

式中　ω——液压泵的转动角速度；

T_t——液压泵的理论转矩。

7.2.4 效率

实际上，液压泵在工作中是有能量损失的，因泄漏而产生的损失是容积损失，因摩擦而产生的损失是机械损失。

1）容积效率　考虑容积损失时的实际输出功率与理论功率之比，也等于液压泵实际流量与

理论流量之比，即

$$\eta_{pV}=\frac{\Delta pq}{\Delta pq_t}=\frac{q_t-\Delta q}{q_t}=1-\frac{\Delta q}{q_t}=1-\frac{\Delta q}{Vn} \tag{7.7}$$

由于泵内零件之间间隙很小，泄漏油液的流态可以看作层流，所以泄漏量 Δq 和泵工作压力 p 成正比，即

$$\Delta q=k_1 p \tag{7.8}$$

式中　k_1——泵的泄漏系数。

故又有

$$\eta_{pV}=1-\frac{k_1 p}{Vn} \tag{7.9}$$

2）机械效率　考虑机械损失时，输出力理论功率与输入功率之比。液体在泵内流动时，液体黏性会引起转矩损失，此外，泵内零件相对运动时，机械摩擦也会引起转矩损失。机械效率也等于泵所需要的理论转矩 T_t 与实际转矩 T 之比，即

$$\eta_{pm}=\frac{T_t\omega}{T\omega}=\frac{\omega T_t}{2\pi nT}=\frac{\omega V\Delta p}{2\pi nT}=\frac{p_t\Delta p}{P_i}=\frac{P_t}{P_i} \tag{7.10}$$

3）总效率　泵的总效率是泵输出功率 P_o 与输入功率 P_i 之比。即

$$\eta_p=\frac{P_o}{P_i}=\frac{q\Delta p}{P_i}=\frac{q\Delta p\eta_{pm}}{q_t\Delta p}=\eta_{pV}\eta_{pm} \tag{7.11}$$

液压泵的总效率，在数值上等于容积效率和机械效率的乘积。液压泵的总效率、容积效率和机械效率可以通过实验测得。

对飞机来说，根据飞机的类型、全面的安全性分析取得的结论和随之而来的飞机系统对液压源的余度要求，一个液压系统可应用一台或多台液压泵。

液压泵通常安装于发动机驱动的传动轴上。民用应用场合中，泵安装于发动机外壳上安装的附件传动匣上；军用应用场合中，泵安装于机体上安装的“飞机安装附件传动匣”(AMAD)上。所以液压泵的速度与发动机速度直接有关，因而它必须具有在很宽的速度范围内工作的能力。泵和发动机间的传动比随发动机类型而不同，并从规定的优先值范围内选择。对于现代军用飞机典型的最大持续速度为 6 000 r/min，但它受到油泵尺寸的很大影响，泵越小，转速越高。

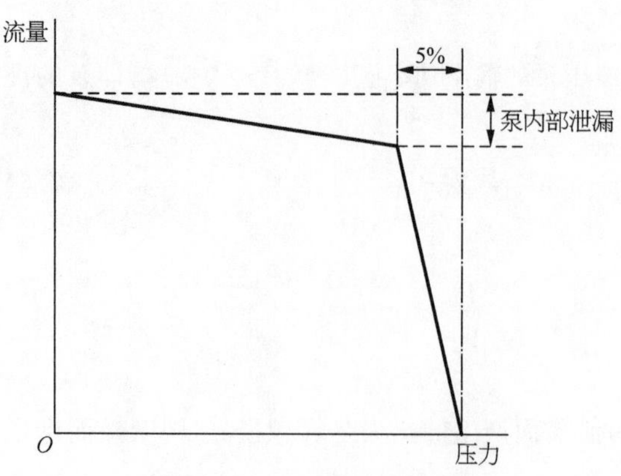

图 7.7　标准定压泵的特性曲线

应用较广的液压泵形式为变流量的定压泵。在整个飞行中对泵的需求往往为连续的，但其大小经常变化。这类泵可满足这种需求形式，而无太多的功率损失。在这种泵的流量能力范围内，除从小流量至大流量的短暂过渡阶段以外，可在名义压力的 5%范围内保持压力。这也有助于优化系统的总效率。标准定压泵的特性曲线如图 7.7 所示。

7.3 数学模型与基本方程

本节主要介绍飞机液压系统常用的两种液压泵(轴向柱塞泵和外啮合齿轮泵)的数学模型和基本方程。

7.3.1 轴向柱塞泵

对于轴向柱塞泵,除了需要分析其流量排量,还应该对其做动力学分析,因为在分析航空柱塞泵工况、结构与工作原理的基础上,针对机械振动问题建立其动力学模型,便于讨论斜盘、柱塞、缸体、壳体与压力控制机构等部件的运动状况与受力状态,以便建立航空柱塞泵的模态仿真模型。

7.3.1.1 排量和流量

若柱塞数为 z,柱塞直径为 d,柱塞孔的分布圆直径为 D,斜盘轴线与缸体轴线间的夹角为 β,当缸体转动一周时,泵的排量可表示为

$$V = \frac{\pi}{4} d^2 z D \tan\beta \tag{7.12}$$

泵的实际输出流量可表示为

$$q = \frac{\pi}{4} d^2 D z n \eta_V \tan\beta \tag{7.13}$$

实际上,泵的输出流量是有脉动的,由图7.8可知,当缸体转角 $\varphi = \omega t$ 时,柱塞的轴向位移 S 为

$$S = \frac{D}{2}(1 - \cos\omega t)\tan\beta \tag{7.14}$$

将上式对时间变量 t 求导数,得柱塞的瞬时移动速度 v 为

$$v = \frac{dS}{dt} = \frac{D}{2}\omega \tan\beta \sin\omega t \tag{7.15}$$

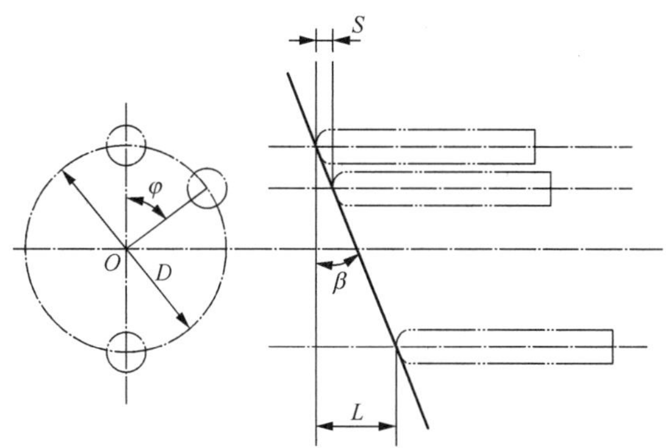

图 7.8 轴向柱塞泵流量计算

故单个柱塞的瞬时流量为

$$q' = \frac{\pi}{4} d^2 v = \frac{\pi}{8} d^2 D\omega \tan\beta \sin\omega t \tag{7.16}$$

由以上的分析可知,单个柱塞的瞬时流量是按正弦规律变化的。液压泵的瞬时流量是由压油区几个柱塞瞬时流量的总和构成的。不同柱塞数目的柱塞泵,其输出流量和脉动率 σ 也不相同,具体脉动率的大小见表7.1。

表 7.1 轴向柱塞泵流量脉动率与柱塞数的关系

柱塞数	5	6	7	8	9	10	11	12
脉动率 σ(%)	4.98	14	2.53	7.8	1.53	4.98	1.02	3.45

由表 7.1 可知,当柱塞数为单数时,脉动较小,因此一般常用的柱塞数视流量的大小,取 7、9 或 11 个。

柱塞的运动速度是其转角 $\varphi(\varphi=\omega t)$ 的正弦函数,泵在一个周期的全部工作过程中,输出流量会产生脉动现象,可计算瞬时流量的平均值。

1) 泵平均理论排油量　设柱塞横断面积 $A=\pi d^2/4$,柱塞直径为 d,每一柱塞的瞬时排油量

$$q_1=Av=\frac{\pi d^2}{4}R\omega\tan\beta\sin\varphi \tag{7.17}$$

式中　d——柱塞直径(cm);

R——柱塞分布圆半径(cm);

ω——缸体旋转角速度(rad/s);

β——斜盘倾角;

φ——缸体转角;

v——柱塞轴线方向瞬时相对速度(cm/s)。

若泵的柱塞数为 z,泵的每转理论排量为

$$q_r=2ARz\tan\beta=\frac{\pi}{2}d^2zR\tan\beta \tag{7.18}$$

由上式可见,泵的排油量与斜盘的倾角正切成正比,改变斜盘的倾角就可以改变泵的流量。

若泵以转速 n 的速度旋转,则平均理论流量

$$Q_0=nq_r$$

因此有

$$Q_0=\frac{\pi}{2}d^2zRn\tan\beta \tag{7.19}$$

2) 泵的实际流量　实际上,泵在工作中由于吸油不足和相对运动面或密封面的泄漏,必然使泵的实际流量较理论流量低,故泵的实际流量

$$Q=\frac{\pi}{2}d^2zRn\eta_V\tan\beta \tag{7.20}$$

式中　η_V——容积效率,$\eta_V=Q/Q_0$。

3) 泵的瞬时流量　由上述公式可见,每一柱塞的瞬时排量 q_t 是随时间呈正弦函数变化的。当液压泵有 z 个柱塞,柱塞间的角距(即夹角) $\alpha=2\pi/z$ 时,如 q_1, q_2, q_3, …, q_m 分布为各排油柱塞的瞬时理论流量,v_{r1}, v_{r2}, v_{r3}, …, v_{rm} 分别为各柱塞的相对缸体的速度,则各柱塞的瞬时理论流量为

$$q_1=Av_{r1}=\frac{\pi d^2}{4}R\omega\tan\beta\sin\varphi$$

$$q_2=Av_{r2}=\frac{\pi d^2}{4}R\omega\tan\beta\sin(\varphi+\alpha)$$

$$q_3=Av_{r3}=\frac{\pi d^2}{4}R\omega\tan\beta\sin(\varphi+2\alpha)$$

$$\vdots$$

$$q_m=Av_{rm}=\frac{\pi d^2}{4}R\omega\tan\beta\sin[\varphi+(m-1)\alpha]$$

式中　m——位于排油过程的柱塞数，对于柱塞数 z 为偶数时，$m=z/2$；z 为奇数时，$m=(z\pm 1)/2$。

所以，泵总的瞬时理论流量为

$$\begin{aligned}Q_t &= q_1+q_2+q_3+\cdots+q_m \\ &= \frac{\pi d^2}{4}R\omega\tan\beta\{\sin\varphi+\sin(\varphi+\alpha)+\sin(\varphi+2\alpha)+\cdots+\sin[\varphi+(m-1)\alpha]\}\end{aligned} \tag{7.21}$$

Q_t 的有效范围在排油区内，即相对速度为正的范围内，也就是 $0\leqslant\varphi\leqslant\pi$ 范围内。在一定倾角下旋转的泵，瞬时理论流量 Q_t 的前面一项为常数，故上式中常数项

$$\frac{\pi d^2}{4}R\omega\tan\beta=K$$

因此有

$$\begin{aligned}Q_t &= K\{\sin\varphi+\sin(\varphi+\alpha)+\sin(\varphi+2\alpha)+\cdots+\sin[\varphi+(m-1)\alpha]\} \\ &= K\sum_{n=0}^{m-1}\sin(\varphi+n\alpha)\end{aligned} \tag{7.22}$$

研究瞬时流量的脉动情况，只需研究正弦函数之和 $f_e(\varphi)=\sum_{n=0}^{m-1}\sin(\varphi+n\alpha)$，称为正弦脉动函数。正弦脉动函数经数学运算，当柱塞数为偶数时，液压泵的瞬时流量为

$$f_e(\varphi)=\frac{\cos\left(\frac{\alpha}{2}-\varphi\right)}{\sin\frac{\alpha}{2}} \tag{7.23}$$

当柱塞数为奇数时，液压泵的瞬时流量为

$$\begin{cases} f_e(\varphi)=\dfrac{\cos\left(\frac{\alpha}{4}-\varphi\right)}{2\sin\frac{\alpha}{4}} & 0\leqslant\varphi\leqslant\dfrac{\alpha}{2} \\ f_e(\varphi)=\dfrac{\cos\left(\frac{3\alpha}{4}-\varphi\right)}{2\sin\frac{\alpha}{4}} & \dfrac{\alpha}{2}\leqslant\varphi\leqslant\alpha \end{cases} \tag{7.24}$$

各周期中 $f_e(\varphi)$的变化曲线如图 7.9 所示。

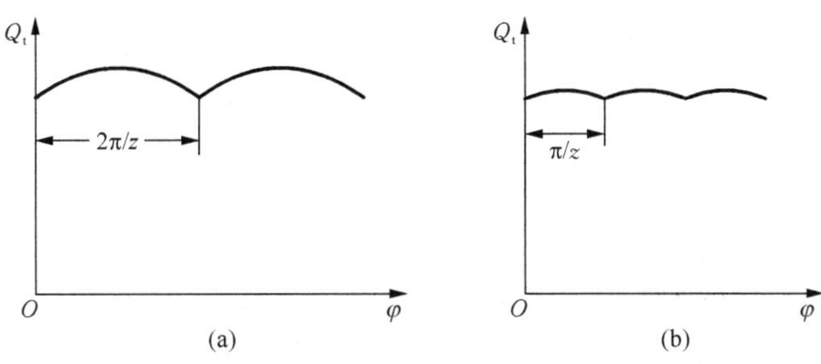

图 7.9　轴线柱塞泵流量的脉动

(a) 当柱塞数为偶数；(b) 当柱塞数为奇数

7.3.1.2　直轴式轴向柱塞泵的动力学模型

航空柱塞泵的结构如图 7.10 所示。驱动轴驱动缸体旋转，进而驱动柱塞绕驱动轴做圆周运动。柱塞与端面限定在斜盘上的滑靴铰接。随着柱塞的圆周运动，滑靴在斜盘上做椭圆运动，驱动柱塞沿图中 x 轴往复运动。通过柱塞运动改变柱塞腔的体积，完成吸排油过程。各柱塞腔与进出油口通过配流盘相连。这里对柱塞泵的分析中，除特别说明外，其坐标系均为图所示的坐标系。

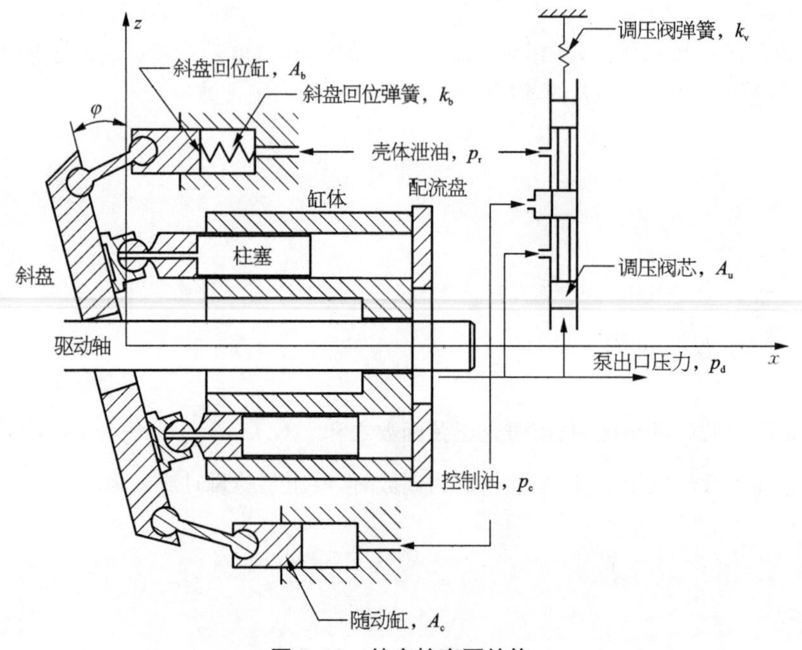

图 7.10　航空柱塞泵结构

恒压变量机构由调压阀、随动缸、斜盘、斜盘回位缸等组成。泵出口压力的变化通过影响控制油压调节随动缸位置，进而调节泵的输出流量。

柱塞泵中的主运动为柱塞、缸体绕驱动轴的运动，主要辅运动为调压阀-随动缸-斜盘-柱塞的抖动。此外，由于内部和外部振源的干扰，各部件都在其静力平衡位置附近抖动。

泵内元件，按其主要运动方式，可分为四部分。缸体主运动为旋转运动，其可随压力波动在 x 向上振动；柱塞与滑靴铰接，主运动为绕驱动轴的旋转运动，并可受缸体与斜盘振动影响而在 x 向上振动；斜盘主运动为绕其轴的旋转运动，与随动缸、斜盘回位缸铰链；壳体振动受泵内外各振源影响。

当液压泵工作时，柱塞对固定泵壳而言，做两种复合运动：一种是在缸体内往复移动的相对运动；另一种是与缸体一起旋转的牵连运动。两种运动的合成，使柱塞中心线上任何一点在固定圆柱面上的运动轨迹呈一椭圆，如图 7.11a 所示。除此之外，柱塞与滑靴还可能由于摩擦而产生相对于缸体绕自身轴线的旋转运动。

1) 柱塞位移 S　图 7.11 所示为带滑靴轴向柱塞泵运动简图。图 7.11b 中 Oy 在垂直于缸体轴线的平面上，$E-E$ 平面平行于斜盘平面，各柱塞球头中心处于 $E-E$ 平面中。斜盘与 Oy 面夹角为 β，Ⅰ、Ⅱ、Ⅲ分别表示某一柱塞随缸体转动过程中的任意三个位置。图 a 为从 A 转至 A'，即缸体转过 φ 角。

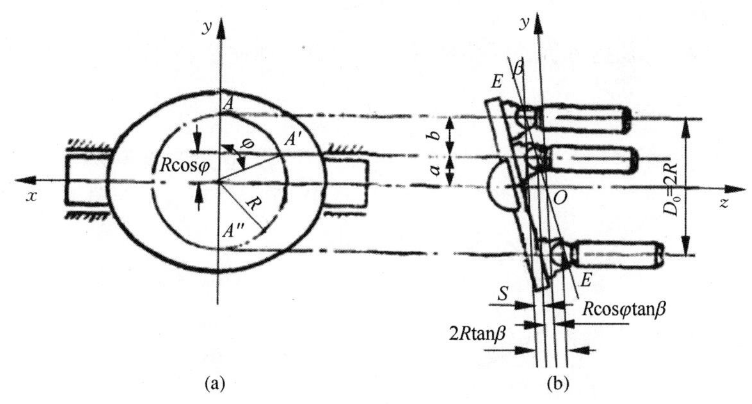

图 7.11　直轴式轴向柱塞泵柱塞运动分析图

如柱塞的上死点 A 作为零位，则柱塞位移 S 取决于转角 φ。即

$$S = b\tan\beta$$

由图 7.11 可以看出

$$b = R - a,\ a = R\cos\varphi$$

因此
$$b = R - R\cos\varphi = R(1-\cos\varphi)$$

于是

$$S = R\tan\beta(1-\cos\varphi) = 2R\tan\beta\sin^2\frac{\varphi}{2} = S_{max}\sin^2\frac{\varphi}{2} \tag{7.25}$$

式中　R——柱塞在缸体中的分布圆半径(mm)，$R = D_0/2$；

φ——转角(rad)，$\varphi = \omega t$。

当柱塞旋转至下死点 A''，柱塞处于位置Ⅲ(即 $\varphi = 180°$)，柱塞达到最大位移。

$$S_{max} = 2R\tan\beta = h$$

式中　h——柱塞行程。

2）柱塞速度 v　对柱塞位移表达式微分后，得柱塞相对缸体的相对速度

$$v_r = \frac{dS}{d\varphi}\frac{d\varphi}{dt} = R\omega\tan\beta\sin\varphi = \frac{S_{max}\omega}{2}\sin\varphi \tag{7.26}$$

式中　ω——缸体的转动角速度(rad/s)。

当 $\sin\varphi = \pm 1$，即 $\varphi = 90°$ 和 $270°$ 时，速度达到最大值

$$|v_{rmax}| = R\omega\tan\beta$$

3）柱塞加速度 a　柱塞相对缸体的线加速度为

$$a_r = \frac{dv}{d\varphi}\frac{d\varphi}{dt} = R\omega^2\tan\beta\cos\varphi = \frac{S_{max}\omega^2}{2}\cos\varphi \tag{7.27}$$

当 $\cos\varphi = \pm 1$，即 $\varphi = 0°$ 和 $180°$ 时，加速度达最大值

$$|a_{\mathrm{rmax}}| = R\omega^2 \tan\beta$$

牵连运动的加速度，是缸体旋转而使柱塞产生的离心加速度，方向指向轴线(Oz)，其值为

$$a_{\mathrm{e}} = R\omega^2$$

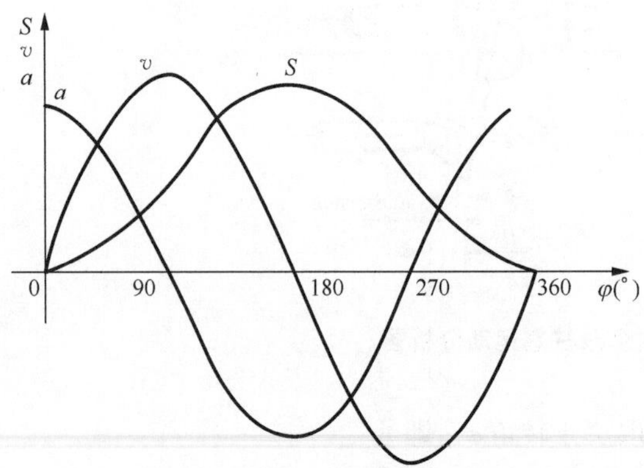

图 7.12　直轴式泵柱塞运动特性图

位移、速度、加速度与转角 φ 的关系如图 7.12 所示。可见，它是按简谐运动规律变化的。

4) 柱塞球头在斜盘上的运动规律　由前可知，滑靴球窝中心 A 的运动轨迹是一个椭圆(图 7.13)。其参数方程为

$$\begin{cases} x = R\sin\varphi \\ y = \dfrac{R\cos\varphi}{\cos\beta} \end{cases}$$

若以 Oy 轴线为起始位置，在缸体转过 φ 时，滑靴球窝中心 A 在椭圆上相应转过 φ' 角(图 7.13b)。

当 $\varphi = \pi/2$ 和 $3\pi/2$ 时

$$x = R\sin\varphi = R = b(\text{椭圆短半轴})$$

当 $\varphi = 0$ 和 π 时

$$y = R\cos\varphi/\cos\beta = R/\cos\beta = a(\text{椭圆长半轴})$$

椭圆大小决定了回程盘的几何尺寸。

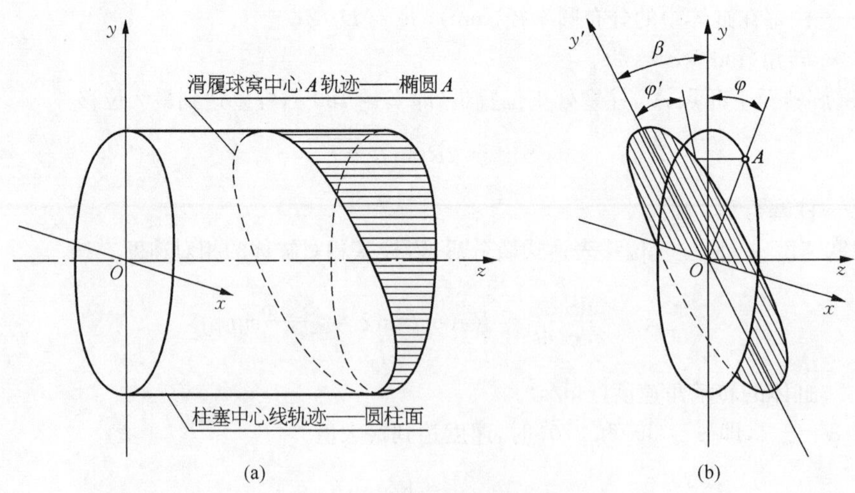

图 7.13　滑靴运动规律分布图

7.3.1.3　柱塞受力分析

柱塞和缸体孔构成了柱塞泵最基本的工作容腔。除此之外，斜盘式轴向柱塞泵的柱塞还要通过其圆柱表面在柱塞和缸体之间传递径向力，并且这种传力过程是在柱塞悬臂外伸状态下进

行的，所以斜盘式轴向柱塞泵受力情况要比斜轴式柱塞泵恶劣。这里以斜盘式轴向柱塞泵的摩擦副为重点，分析柱塞和刚体孔的受力情况，滑靴和斜盘以及配流盘和缸体配流端面的分析可参考此分析方法进行。

1）作用在柱塞上的力　柱塞在吸油和压油过程中的受力情况是不同的。下面主要分析柱塞在压油过程中的受力情况。如图 7.14 所示，作用在柱塞上的力有以下几个。

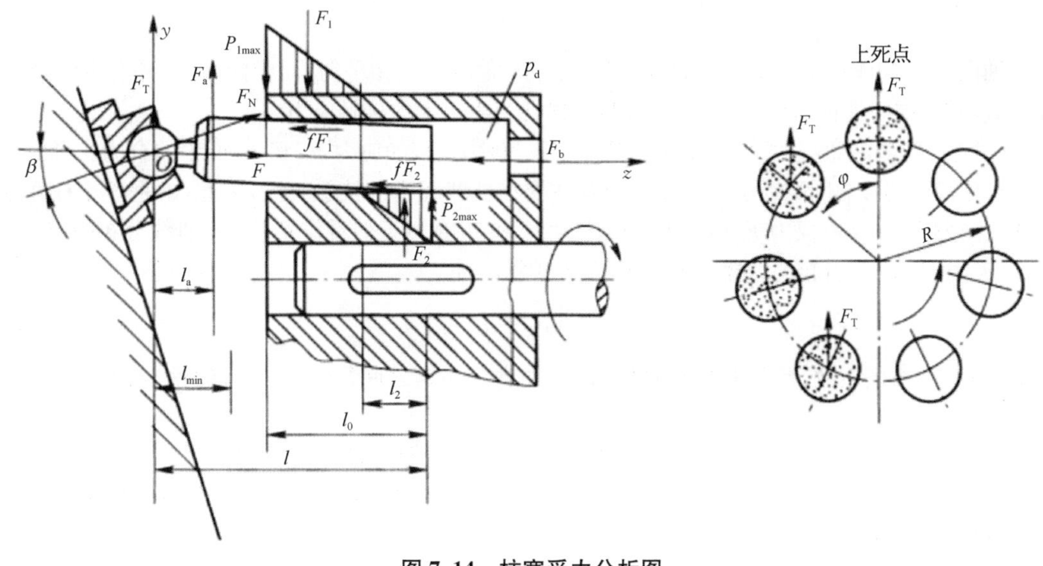

图 7.14　柱塞受力分析图

（1）作用在柱塞底部的轴向液压力 F_b。F_b 的计算公式为

$$F_b = \frac{\pi}{4} d^2 p_d \tag{7.28}$$

式中　d——柱塞直径；

p_d——柱塞泵的压油压力。

（2）轴向运动惯性力 F_g（图中未标出）。柱塞相对缸体做往复直线运动时，如有直线加速度 a，则柱塞的轴向惯性力 F_g 为

$$F_g = -m_z a = -\frac{G_z}{g} R\omega^2 \tan\beta \cos\varphi \tag{7.29}$$

式中　m_z——柱塞和滑靴的总质量；

G_z——柱塞和滑靴所受的总重力。

惯性力 F_g 的方向与加速度 a 的方向相反，随缸体旋转角 φ 按余弦规律变化。当 $\varphi = 0$ 和 180°时，惯性力达到最大值，为

$$|F_{gmax}| = \frac{G_z}{g} R\omega^2 \tan\beta \tag{7.30}$$

（3）离心反力 F_a。柱塞随缸体绕主轴做等速圆周运动，存在向心加速度 a_r，产生的离心反力 F_a 为通过柱塞中心垂直于柱塞轴线的径向力，其值为

$$F_a = m_z a_r = \frac{G_z}{g} R\omega^2 \tag{7.31}$$

(4) 斜盘反力 F_N。斜盘反力 F_N 通过柱塞球头中心垂直于滑靴底面，可以分解为轴向力 F 及径向力 F_T，其值为

$$\begin{aligned} F &= F_N \cos\beta \\ F_T &= F_N \sin\beta \end{aligned} \tag{7.32}$$

轴向力 F 与作用于柱塞底部的液压力 F_b 及其他轴向力相平衡；而径向力 F_T 不仅对主轴形成负载转矩，同时使柱塞受到弯矩作用，与缸体孔产生很大的接触应力。

(5) 柱塞与柱塞腔壁之间的接触力 F_1 和 F_2。该力是接触应力 p_1 和 p_2 产生的合力。考虑到柱塞与柱塞腔的径向间隙远小于柱塞直径及柱塞在柱塞腔内的接触长度，因此，由垂直于柱塞轴线的径向力 F_T 和离心反力 F_a 引起的接触应力 p_1 和 p_2 可以近似看作联系的呈直线分布的应力。

(6) 由 F_1、F_2 引起的摩擦力 F_f。F_f 的计算公式为

$$F_f = (F_1 + F_2) f \tag{7.33}$$

式中 f——摩擦系数，其值取决于对偶材料，如青铜与钢之间，$f = 0.15$；铸铁与钢之间，$f = 0.11$。

2) 求解 F_1、F_2 及 F_N　由图 7.14 可知，径向力 F_T 是悬臂的作用在柱塞头部，因此，在计算 F_1、F_2 及 F_N 时，应按柱塞在刚体孔中具有最小接触长度，即柱塞处于上死点位置时的最危险情况进行计算。此时计算 F_1、F_2 及 F_N 的方程组为

$$\begin{cases} \sum F_y = 0 & F_N \sin\beta - F_1 + F_2 + F_a = 0 \\ \sum F_z = 0 & F_N \cos\beta - fF_1 - fF_2 - F_g = 0 \\ \sum M_0 = 0 & F_1\left(l - l_0 + \dfrac{l_0 - l_2}{3}\right) - F_2\left(l - \dfrac{l_2}{3}\right) - fF_1 \dfrac{d}{2} + fF_2 \dfrac{d}{2} - F_a l_a = 0 \end{cases} \tag{7.34}$$

式中 l_0——柱塞在缸体孔中的最小接触长度；

l——柱塞的名义长度；

l_a——柱塞（含滑靴）重心至球心 O 的距离。

以上三个方程中，除 F_1、F_2 及 F_N 未知外，l_2 也未知，所以还需增加一个方程才能求解。根据力分布三角形的相似原理可得出

$$\frac{p_{1max}}{p_{2max}} = \frac{l_0 - l_2}{l_2} \text{ 或 } \frac{F_1}{F_2} = \frac{(l_0 - l_2)^2}{l_2^2} \tag{7.35}$$

由以上两式可求解 l_2。为简化计算，因离心反力 F_a 相对很小，故略去式(7.34)中 $F_a l_a$ 项，则可得出

$$l_2 = \frac{6l_0 l - 4l_0^2 - 3fdl_0}{12l - 6fd - 6l_0} \tag{7.36}$$

代入 F_1、F_2 及 F_N 计算公式可得

$$F_1 = (F_N \sin\beta + F_a)\left(1 + \frac{1}{\dfrac{l_0 - l_2}{l_2^2} - 1}\right)$$

$$F_2 = (F_N \sin\beta + F_a)\left(\frac{l_0 - l_2}{l_2^2} - 1\right) \tag{7.37}$$

由此可得

$$F_N = \frac{F_b + F_g + f\phi F_a}{\cos\beta - f\phi\sin\beta} \tag{7.38}$$

式中 ϕ——结构参数，其值为

$$\phi = \frac{\dfrac{(l_0 - l_2)^2}{l_2^2} + 1}{\dfrac{(l_0 - l_2)^2}{l_2^2} - 1} \tag{7.39}$$

7.3.2 外啮合齿轮泵

齿轮泵的瞬时流量可以直接影响整个液压系统的工作稳定性。如果泵流量的瞬时脉动较大，不仅会使液压马达回转的均匀性变差，而且液压缸运动的平稳性也会变差，同时会造成压力的脉动，导致管道、阀口乃至整个液压系统都会振动，并产生噪声。这对液压系统中的管接头、轴和轴承的强度以及其他液压元件都会造成破坏，因此对齿轮泵的瞬时流量进行推导，找到影响流量脉动的参数，尤为重要。

7.3.2.1 瞬时流量

如图 7.15 所示，此齿轮泵是由两个具有相同参数的渐开线齿轮组成的。一个外啮合齿轮泵的主要结构参数包括模数 m、齿数 Z、压力角 α、齿宽 B、变位系数 x、重叠系数 ε、齿顶高系数 h_a 等。

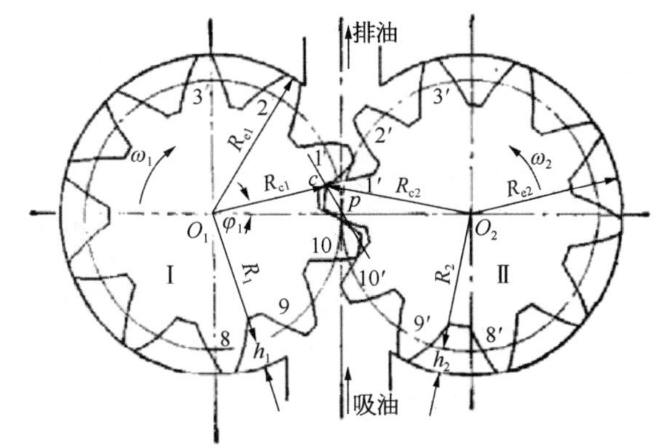

图 7.15 齿轮泵的工作示意图

当主动齿轮 1 转过 $d\varphi_1$ 时，被动齿轮 2 转过 $d\varphi_2$，由两齿轮啮合的基本定律可知，两齿轮节圆上啮合点的线速度对应相等，即

$$\omega_1 R_1 = \omega_2 R_2$$

式中 ω_1、ω_2——齿轮 1 和齿轮 2 的角速度；

R_1、R_2——齿轮 1 和齿轮 2 的节圆半径。

在时间 dt 内，有 $\omega_1 dt = d\varphi_1$，$\omega_2 dt = d\varphi_2$，则 $d\varphi_2 = \dfrac{R_1}{R_2} d\varphi_1$。

齿轮 1 包围的排油腔齿面所扫过的体积 dV_1 等于齿宽 B 乘以其曲线所扫过的面积（此面积等于 R_{e1} 和 R_{c2} 转过 $d\varphi_1$ 角所扫过的扇形面积之差），即

$$dV_1 = B\left(\frac{R_{e1}^2 d\varphi_1}{2} - \frac{R_{c1}^2 d\varphi_1}{2}\right) = \frac{B}{2}(R_{e1}^2 - R_{c1}^2)d\varphi_1$$

同理，齿轮 2 包围的排油腔齿面所扫过的体积 dV_2 为

$$dV_2 = B\left(\frac{R_{e2}^2 d\varphi_2}{2} - \frac{R_{c2}^2 d\varphi_2}{2}\right) = \frac{B}{2}(R_{e2}^2 - R_{c2}^2)d\varphi_2 = \frac{B}{2}(R_{e2}^2 - R_{c2}^2)\frac{R_1}{R_2}d\varphi_1$$

式中　R_{e1}、R_{e2}——齿轮 1 和齿轮 2 的齿顶圆半径；

R_{c1}、R_{c2}——齿轮 1 和齿轮 2 的啮合半径。

在 dt 时间内，排油口排出的体积为

$$dV = dV_1 + dV_2 = \frac{B}{2}\left[(R_{e1}^2 - R_{c1}^2) + (R_{e2}^2 - R_{c2}^2)\frac{R_1}{R_2}\right]d\varphi_1 \tag{7.40}$$

将式子两侧除以时间 dt，求得从排油口排出的液体流量的瞬时值为

$$Q_{sh} = \frac{dV}{dt} = \frac{B\omega_1}{2}\left[(R_{e1}^2 - R_{c1}^2) + (R_{e2}^2 - R_{c2}^2)\frac{R_1}{R_2}\right] \tag{7.41}$$

由图 7.15 可知

$$R_{e1}^2 = (R_1 + h_1)^2 = R_1^2 + 2R_1h_1 + h_1^2$$
$$R_{e2}^2 = (R_2 + h_2)^2 = R_2^2 + 2R_2h_2 + h_2^2$$

式中　h_1、h_2——齿轮 1 和齿轮 2 的齿顶高。

利用三角函数关系化简，在图 7.15 中，f 为节点 p 至啮合点 c 的距离。由图可知

$$R_{c1}^2 = R_1^2 - 2kR_1 + f^2$$
$$R_{c2}^2 = R_2^2 - 2kR_2 + f^2$$

对于渐开线齿轮有　$f = R_{j1}\varphi_1$

式中　R_{j1}——主动齿轮基圆半径。

由于齿轮泵的两个齿轮的结构参数完全相同，所以有

$$R_1 = R_2 = R,\ h_1 = h_2 = h$$
$$\omega_1 = \omega_2 = \omega,\ \varphi_1 = \varphi_2 = \varphi,\ R_{j1} = R_{j2} = R_j$$

将这些关系式代入式(7.41)中得

$$Q_{sh} = B\omega(R_e^2 - R^2 - f^2) \tag{7.42a}$$

或

$$Q_{sh} = B\omega(R_e^2 - R^2 - R_j^2\varphi^2) \tag{7.42b}$$

7.3.2.2　排量

设一对渐开线齿轮在啮合的过程中排出的液压油的体积为 V。主动齿轮每转一基节 t_j(即每转一齿)就有新的一点进入啮合，此过程排出的油液体积 V 的理论计算公式的数学含义为瞬时流量公式对时间的积分，即

$$V = \int_0^T Q_{sh}dt = B\omega\int_0^T (R_e^2 - R^2 - f^2)dt$$

式中　T——齿轮转动一个基节的过程所需要的时间。

显然式中有变量 f 和变量 t，不方便积分，根据齿轮渐开线的性质，有 $f = R_j\varphi$，则 $df = R_j\omega dt$，因此 $dt = \frac{df}{R_j\omega}$。

对积分上下限进行变换，由啮合关系，每对啮合的轮齿在 $f=-l$ 处开始排油，在 $f = t_j - l$ 处完成排油。所以积分上下限为 $-l \sim t_j - l$，则

$$V = \frac{B}{R_j}\int_{-l}^{t_j-l}(R_e^2 - R^2 - f^2)\mathrm{d}f$$

即

$$V = \frac{Bt_j}{R_j}\left(R_e^2 - R^2 - K\frac{t_j^2}{12}\right)$$

又因为 $t_j = 2\pi R_j/Z$,则

$$q = 2\pi B\left(2Rh + h^2 - k_e\frac{t_j^2}{12}\right)$$

即排量的精确计算公式为

$$q = 2\pi B\left(2Rh + h^2 - k_e\frac{t_j^2}{12}\right) \tag{7.43}$$

排量式(7.43)是根据齿轮泵的结构参数一步步推导出来的,虽然精确,但计算起来比较麻烦,在工程计算中,通常采用它的近似公式进行计算。假设齿间体积减去径向间隙体积所得到的齿间的工作容积与轮齿的有效体积相等,则齿轮泵转过一转的排量等于主动齿轮的所用轮齿有效体积与所有齿间工作容积之和,因为当主动齿轮每运转一圈时,主动齿轮的轮齿就会将从动齿轮的所有齿间工作容积的液压油挤到排油腔去,同时,从动齿轮的所有轮齿也会将主动齿轮的相同数目的齿间工作容积的液压油挤到排油腔去,即等于齿顶圆与主齿轮基圆组成的环形圆柱体的体积。

$$q = 2\pi R_f h_0 B \times 10^{-3}(\mathrm{ml/r}) \tag{7.44a}$$

式中　R_f——分度圆半径(mm);

B、h_0——齿宽和有效齿高(mm)。

其中,$h_0 = 2(R_e - R_f) = 2m$,则上式有下面几种表达形式

$$q = 4\pi R_f(R_e - R_f)B \times 10^{-3}(\mathrm{ml/r}) \tag{7.44b}$$

即

$$q = 4\pi R_f mB \times 10^{-3}(\mathrm{ml/r}) \tag{7.44c}$$

或

$$q = 2\pi Zm^2 B \times 10^{-3}(\mathrm{ml/r}) \tag{7.44d}$$

式中　m——模数(mm)。

考虑齿间的容积体积比轮齿的有效容积体积稍大,则齿轮泵的理论排量实际上比公式计算的值稍大,并且差值随着齿数的减少而增大。基于此,为补偿其差值需乘以系数 K,则泵的排量公式为

$$q = 2\pi KZm^2 B \times 10^{-3}(\mathrm{ml/r}) \tag{7.45}$$

其中,$K = 1.06 \sim 1.115$,即 $2\pi K = 6.66 \sim 7$。取值原则:齿数多的时候取小值,齿数少的时候取大值(当 $Z = 20$ 时,$K = 1.05$;当 $Z = 6$ 时,$K = 1.115$)。

7.3.2.3　瞬时流量特性

齿轮泵的平均流量,即泵在单位时间内排出的液压油液的体积。

$$Q_t = qn \times 10^{-8} \tag{7.46}$$

$$Q = Q_t\eta_V = qn \times 10^{-8} \tag{7.47}$$

式中　Q_t ——泵的理论平均流量(L/min)；

Q ——泵的实际平均流量(L/min)；

q ——泵的排量(L/min)；

n ——泵的转速(r/min)；

η_V ——泵的容积效率。

齿轮泵的排量定义公式为

$$q = 2\pi B\left(2Rh + h^2 - k_e \frac{t_j^2}{12}\right)$$

其中

$$k_e = 3\varepsilon^2 - 6\varepsilon + 4$$

式中　t_j——齿轮基节。

一般情况下，把流量不均匀系数 δ_0 和流量脉动频率 f_0 作为评价泵的瞬时流量品质的两个重要指标。

1) 流量不均匀系数 δ_0　流量不均匀系数 δ_0 的理论计算公式为

$$\delta_0 = \frac{(Q_{sh})_{max} - (Q_{sh})_{min}}{Q_t} \tag{7.48}$$

式中　$(Q_{sh})_{max}$——瞬时流量的最大值；

$(Q_{sh})_{min}$——瞬时流量的最小值。

由上述公式可知，当 $f = 0(\varphi = 0)$ 时

$$(Q_{sh})_{max} = B\omega(R_e^2 - R^2) \tag{7.49}$$

当 $f = -\frac{\varepsilon}{2}t_j\left(\varphi_A = -\frac{\varepsilon}{Z}\pi\right)$时

$$(Q_{sh})_{min} = B\omega\left(R_e^2 - R^2 - \frac{\varepsilon^2 t_j^2}{4}\right) \tag{7.50a}$$

或

$$(Q_{sh})_{min} = B\omega\left(R_e^2 - R^2 - R_j \frac{\varepsilon^2 \pi^2}{4}\right) \tag{7.50b}$$

将式(7.43)、式(7.49)、式(7.50a)代入式(7.48)，得

$$\delta_0 = \frac{\varepsilon^2 t_j^2}{4\left(R_e^2 - R^2 - k_e \frac{t_j^2}{12}\right)} \tag{7.51}$$

当齿轮为标准齿轮时，有 $t_j = \pi m\cos\alpha$, $R_e = m(Z+2)/2$, $R = mZ/2$，将这些关系式代入式(7.51)中，得

$$\delta_0 = \frac{\varepsilon^2 \pi^2 \cos^2\alpha}{12(Z+1) - k_e \pi^2 \cos^2\alpha} \tag{7.52}$$

由式(7.52)可得出以下结论：

(1) 增加齿数 Z，可以使流量不均匀系数 δ_0 减小。

(2) 增大啮合角 $\alpha(\alpha')$，可以使流量不均匀系数 δ_0 减小。

(3) 标准齿轮中流量不均匀系数与模数 m 没有直接关系。

当齿轮为变位齿轮时，有 $t_j = \pi m\cos\alpha$；啮合角 α'：$\mathrm{inv}\alpha' = 2x\tan/Z = \mathrm{inv}\alpha$，$\alpha = mZ\cos\alpha/\cos\alpha'$，

$R_e = a - mZ/2 + m(h_a - x)/2$, $R = a/2$，齿顶圆、分度圆都和模数 m 成线性关系，则将这些关系式代入式(7.51)中，流量不均匀系数 δ_0 计算式中仍不含模数 m 项，得

$$\delta_0 = \frac{\varepsilon^2 \pi^2 \cos^2 \alpha'}{12(Z+1) - k_e \pi^2 \cos^2 \alpha'} \tag{7.53}$$

即从理论计算看，流量不均匀系数与模数 m 没有关系，不会对脉动产生直接的影响。但实际上，在齿轮泵设计的过程中，为了保证一般要求(齿顶厚) $S_a \geqslant 0.15m$ 来确保齿顶强度，这样 m 就影响了齿轮泵齿轮的其他相关参数的选择，从而齿轮泵的流量不均匀系数就间接受到了影响。

(4) 标准齿轮中，变位系数 x 和齿顶高系数 h_a 都是定值，$x=0$，$h_a=1$ 对齿轮泵的流量脉动显然没有影响。

(5) 将 $k_e = 3\varepsilon^2 - 6\varepsilon + 4$ 代入式(7.52)，得

$$\delta_0 = \frac{\varepsilon^2 \pi^2 \cos^2 \alpha}{12(Z+1) - (3\varepsilon^2 - 6\varepsilon + 4)\pi^2 \cos^2 \alpha} \tag{7.54}$$

经计算，在齿数和压力角一定的情况下，流量不均匀系数 δ_0 随着齿轮啮合的重叠系数的增加而增大，即齿轮啮合的重叠系数越小，流量不均匀系数就越小。

一般情况下，为了保证齿轮泵的齿轮进行平稳的啮合运转、吸排油腔严格的密封和均匀且连续的供油，齿轮泵齿轮啮合的重叠系数 $\varepsilon > 1$，经验值一般取 $\varepsilon = 1.05 \sim 1.3$。

2) 流量脉动频率 f_0　对于有侧隙的齿轮泵

$$f_0 = \frac{Zn}{60}(\text{Hz}) \tag{7.55a}$$

对于无侧隙(或齿隙很小)的齿轮泵而言

$$f_0 = \frac{2Zn}{60}(\text{Hz}) \tag{7.55b}$$

式中　Z、n——主动齿轮的齿数和转速。

当 f_0 与管路、阀门或液压系统的固有频率值相同时，会发生共振现象。为了避免发生共振，可以通过改变齿轮泵的轮齿数目和转动速度从而改变流量不均匀系数 δ_0。

从降低外啮合齿轮泵的噪声来看，流量脉动率 f_0 应尽可能大一些，所以尽可能应使 Z 和 n 选大一些。

本节根据齿轮泵的工作原理和齿轮转动的啮合运动过程，以及一些近似假设，得到齿轮泵的排量近似计算公式和流量脉动率的计算式，以及齿轮泵的排量和流量脉动与关键结构参数的关系。

7.4 考虑热传递的恒压柱塞泵温度特性评价

恒压柱塞泵是飞机液压系统普遍采用的泵源形式，同时也是液压系统最主要的热源之一。柱塞泵的生热主要由其功率损失决定，而泵的功率损失受负载压力、输入转速、斜盘倾角以及油液黏度等多种因素影响，在整个工况上是变化的，要比较准确地建立柱塞泵热特性模型，就要对其内部工作机理进行分析，研究影响泵效率的各种因素，建立适用于全工况的柱塞泵热特性模型。

7.4.1 柱塞泵效率特性

柱塞泵效率不仅由其结构参数决定，还受其工作参数的影响，而其中一些影响因素作用机理

复杂,很难用数学模型准确描述,这里做以下假设:①不考虑磨损对泵效率的影响;②不考虑溶解气体对泵效率的影响;③不考虑恒压调节动态特性对泵效率的影响。

柱塞泵效率由其功率损失决定,这里首先分析泵的功率损失,然后建立反映各种因素影响的柱塞泵效率模型。柱塞泵效率分为容积效率和机械效率,相对于功率损失称为容积损失和机械损失。

7.4.1.1 容积损失

柱塞泵工作过程中由于油液的填充、泄漏和压缩性,从而产生填充损失、泄漏损失和压缩性损失,总称为容积损失。正常工作的柱塞泵其填充损失可避免,压缩性损失也较小,而泄漏损失较大,所以容积损失主要指泄漏损失。泄漏损失是由于相对运动零件间的缝隙流引起的,如转子和分油盘的泄漏等。柱塞泵的泄漏缝隙较小,可按照典型缝隙泄漏计算

$$q_l = C_l D_m \frac{p}{\mu(p,\ T)} \tag{7.56}$$

式中 C_l——泄漏系数;

D_m——泵排量;

p——负载压力;

$\mu(p,\ T)$——油液运动黏度,受油液压力和温度的影响。

7.4.1.2 机械损失

机械损失也称力矩损失,表现为泵所需输入力矩的增量,主要由各种机械摩擦和流体动力损失引起,主要包括以下几个方面:

1) 干摩擦损失 干摩擦指金属直接接触表面间的摩擦,如对柱塞滑靴静压支承和分油静压支承采用剩余压紧力设计,使运动副之间存在干摩擦。干摩擦大小主要与接触表面的法向力有关,即与泵的负载压力有关,干摩擦力矩可表示为

$$T_u = C_u p D_m \tag{7.57}$$

式中 C_u——干摩擦系数。

2) 常值摩擦损失 转轴密封装置等产生的损失可看作常值,不受其他因素影响,仅与泵尺寸有关,引起的力矩损失可表示为

$$T_c = C_c D_m \tag{7.58}$$

式中 C_c——常值摩擦压力系数。

3) 黏性摩擦损失 黏性摩擦损失指相对运动机械间存在间隙流时产生的黏性阻尼损失。黏性摩擦引起的力矩损失与油液黏度、相对运动速度、泵尺寸等有关,黏性摩擦力矩损失可表示为

$$T_n = C_n \mu(p,\ T) D_m n \tag{7.59}$$

式中 C_n——黏性摩擦损失系数;

n——泵的转速。

4) 流体动力损失 流体动力损失指泵内流体流速突变造成的黏性内摩擦损失,如油液从工作腔和分油盘形成的通道流过时的节流损失。流体动力力矩损失为

$$T_d = C_d \rho(p,\ T) \alpha^3 n^2 D_m^{\frac{5}{3}} \tag{7.60}$$

式中 C_n ——流体动力损失系数;

n ——泵的转速;

$\rho(p, T)$——油液密度。

得到了泵各种功率损失之后，柱塞泵容积效率、机械效率和总效率可表示为

$$\eta_V = \frac{\alpha D_m np - q_L p}{\alpha D_m np} = 1 - \frac{C_1 p}{\alpha \mu n} \tag{7.61}$$

$$\eta_m = \frac{\alpha D_m p}{\alpha D_m p + T_u + T_c + T_n + T_d} \tag{7.62}$$

$$\eta = \eta_V \eta_m \tag{7.63}$$

柱塞泵的压力流量特性受斜盘倾角控制，不考虑调压过程动特性时，泵斜盘倾角系数为

$$\alpha = \begin{cases} 1 & p \leqslant p_n \\ \dfrac{p_{max} - p}{p_{max} - p_n}\left(1 - \dfrac{C_1 p}{n\mu}\right) + \dfrac{C_1 p}{n\mu} & p_n < p \leqslant p_{max} \end{cases} \tag{7.64}$$

式中 p_{max}——最大压力；

p——调节压力。

那么柱塞泵的流量可以表示为

$$Q = \alpha D_m n \tag{7.65}$$

式(7.64)和式(7.65)可以表示恒压柱塞泵的压力流量特性。

7.4.2 考虑热传递时的柱塞泵特性

7.4.2.1 柱塞泵传热过程

以泵的功率损失为基础，从温度变化的角度考察泵内油液及壳体的传热过程，如图 7.16 所示。对于油液，考察进口温度 T_i、出口温度 T_o 以及回油口温度 T_e。将柱塞泵泵体分为转动部分和壳体，分别考察转动部分温度 T_r 和壳体温度 T_s。

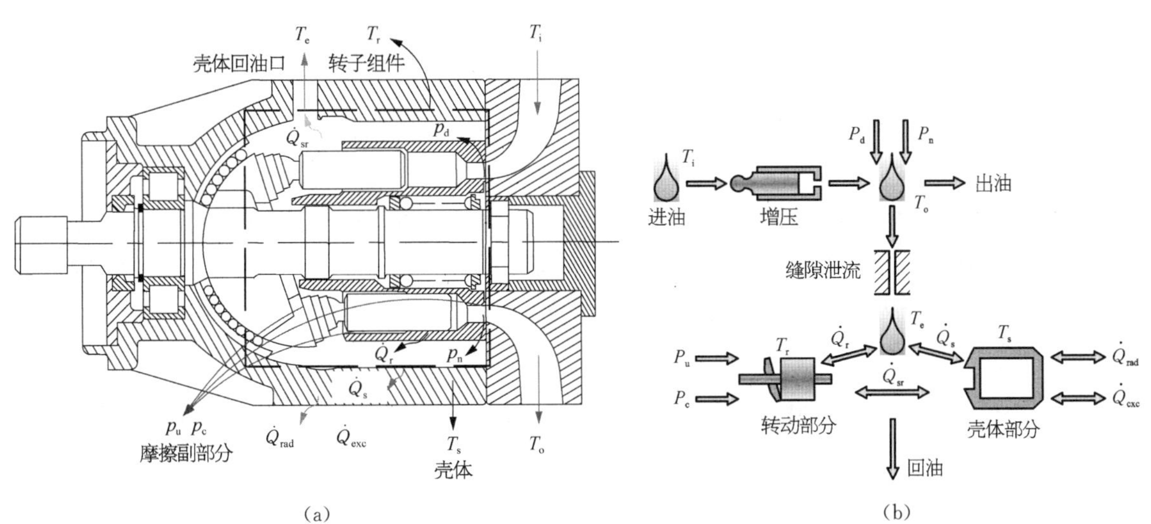

图 7.16 柱塞泵传热过程示意图

当不考虑填充损失时，油液以温度 T_i 进入吸油口后在柱塞的作用下压力升高，产生增压生热。高压油液离开柱塞经分油盘流出，产生流体动力损失生热 P_d 和黏性摩擦生热 P_n，油液温度

变为 T_o，其中一部分油液通过泵内缝隙泄流，产生泄流生热，泄流后的油液进入泵回油腔同泵转动部分和壳体部分进行换热，换热量分别为 $\dot{Q}_r$ 和 $\dot{Q}_s$，而后从回油口以温度 T_e 流出。泵的干摩擦功率损失和常值摩擦功率损失为 P_u 和 P_c，可认为直接作用于转动部分，使转动部分温度升高，而壳体部分同回油油液和转动部分都存在热交换，分别为 $\dot{Q}_{sr}$ 和 $\dot{Q}_s$，同时壳体部分同环境存在辐射换热和自然对流换热，分别为 $\dot{Q}_{rad}$ 和 $\dot{Q}_{exc}$。

7.4.2.2　柱塞泵传热模型

柱塞泵的热特性，满足能量守恒定律，可利用热力学第一定律建立开放式热力学模型，如图 7.17 所示。由于柱塞泵的热力学系统属于开放式热力学系统，所以取微小的瞬态流动过程为研究对象。针对热力学系统，输入热力学系统的能量与输出热力学系统的能量之差等于热力系统能量的变化量。其次，热力系统与环境能量交换方式只有三种：热交换 Q、功交换 W 和质量交换 Ψ。无论是输入热力系统的能量还是输出热力系统的能量，只能通过这三种方法进行，其能量表达式为

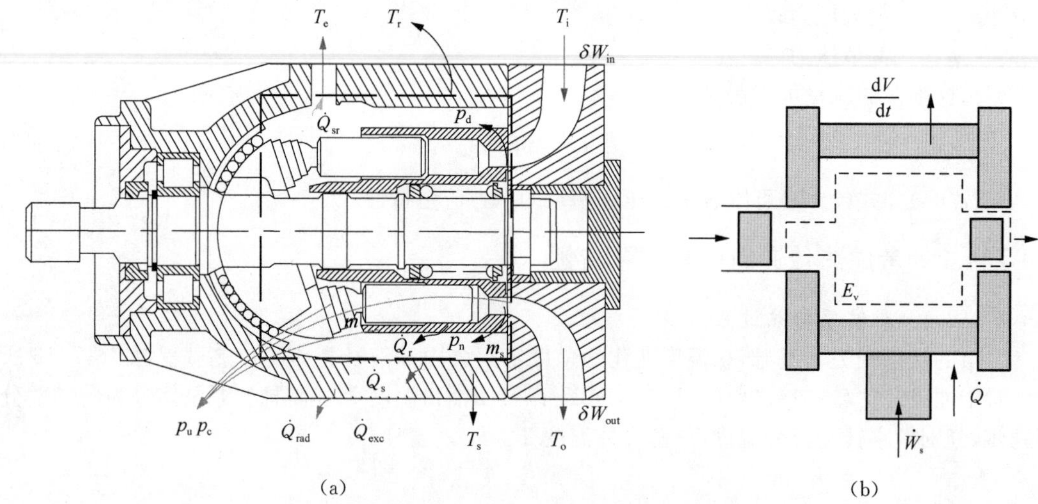

图 7.17　柱塞泵的热力学简化模型

$$Q_{in} + W_{in} + \Psi_{in} - (Q_{out} + W_{out} + \Psi_{out}) = \Delta E \tag{7.66}$$

式中　ΔE——热力系统能量的变化量。

在 dt 时间内，外界热交换为 dQ，系统与外界的功交换形式有三种：轴功 W_s、体积功 W_b 和流动功 W_f。当系统只有一个进口和出口时，进口处流动功为 $dW_{in} = p_1 v_1 dm_{in}$，出口处流动功为 $dW_{out} = p_2 v_2 dm_{out}$，由于质量交换引起的迁能为 $d\Psi_{in} = (\mu_1 + 0.5c_1^2 + gz_1)dm_{in}$，$d\Psi_{out} = (\mu_2 + 0.5c_2^2 + gz_2)dm_{out}$，有

$$dEv = dQ + dW_s + dW_b + dW_f + \left(u_1 + \frac{1}{2}c_1^2 + gz_1\right)dm_{in} - \left(u_2 + \frac{1}{2}c_2^2 + gz_2\right)dm_{out} \tag{7.67}$$

令 $h_1 = u_1 + p_1 v_1$，$h_2 = u_2 + p_2 v_2$，除以 dt，写成速率的形式有

$$\frac{dEv}{dt} = \dot{Q} + \dot{W}_s + \dot{W}_b + \dot{W}_f + \left(u_1 + \frac{1}{2}c_1^2 + gz_1\right)\dot{m}_{in} - \left(u_2 + \frac{1}{2}c_2^2 + gz_2\right)\dot{m}_{out} \tag{7.68}$$

假设在流体流动过程中动能和势能可以不考虑，有

$$\frac{\mathrm{d}Ev}{\mathrm{d}t}=\dot{Q}+\dot{W}_{\mathrm{s}}+\dot{W}_{\mathrm{b}}+\dot{W}_{\mathrm{f}}+\dot{m}_{\mathrm{in}}h_1-\dot{m}_{\mathrm{out}}h_2 \tag{7.69}$$

而此时(不考虑动能和势能),单位时间控制体内能量的变化率可表示为

$$\frac{\mathrm{d}Ev}{\mathrm{d}t}=\frac{\mathrm{d}(mu)}{\mathrm{d}t}=m\frac{\mathrm{d}u}{\mathrm{d}t}+u\frac{\mathrm{d}m}{\mathrm{d}t} \tag{7.70}$$

式中 m——流体质量,$m=\rho q$;
u——流体的比内能;
ρ——油液密度;
q——泄漏流量。

$u=h-pv$,则有

$$\frac{\mathrm{d}Ev}{\mathrm{d}t}=m\left(\frac{\mathrm{d}h}{\mathrm{d}t}-v\frac{\mathrm{d}p}{\mathrm{d}t}-p\frac{\mathrm{d}v}{\mathrm{d}t}\right)+(h-pv)\frac{\mathrm{d}m}{\mathrm{d}t} \tag{7.71}$$

热力学系统的第二焓方程为

$$\mathrm{d}h=c_{\mathrm{p}}\mathrm{d}T+(1-\alpha_{\mathrm{p}}T)v\mathrm{d}p \tag{7.72}$$

两边同除以 $\mathrm{d}t$ 有

$$\frac{\mathrm{d}h}{\mathrm{d}t}=c_{\mathrm{p}}\frac{\mathrm{d}T}{\mathrm{d}t}+(1-\alpha_{\mathrm{p}}T)v\frac{\mathrm{d}p}{\mathrm{d}t} \tag{7.73}$$

应用第二焓方程,式(7.71)可以表示为

$$\frac{\mathrm{d}Ev}{\mathrm{d}t}=mc_{\mathrm{p}}\frac{\mathrm{d}T}{\mathrm{d}t}-\alpha_{\mathrm{p}}Tmv\frac{\mathrm{d}p}{\mathrm{d}t}+h\frac{\mathrm{d}m}{\mathrm{d}t}-p\frac{\mathrm{d}v}{\mathrm{d}t} \tag{7.74}$$

式中 $\mathrm{d}v/\mathrm{d}t$——控制体体积变化率;
$\mathrm{d}m/\mathrm{d}t$——控制体质量变化率,且有

$$\frac{\mathrm{d}m}{\mathrm{d}t}=\dot{m}_{\mathrm{in}}-\dot{m}_{\mathrm{out}} \tag{7.75}$$

将式(7.74)代入式(7.70),整理有

$$mc_{\mathrm{p}}\frac{\mathrm{d}T}{\mathrm{d}t}=\dot{m}_{\mathrm{in}}(h_{\mathrm{in}}-h)+\dot{m}_{\mathrm{out}}(h_{\mathrm{out}}-h)+\dot{Q}+\dot{W}_{\mathrm{s}}+\dot{W}_{\mathrm{b}}+p\frac{\mathrm{d}v}{\mathrm{d}t}+\alpha_{\mathrm{p}}Tmv\frac{\mathrm{d}p}{\mathrm{d}t} \tag{7.76}$$

而边界功可表示为

$$W_{\mathrm{b}}=-p\mathrm{d}v \tag{7.77}$$

式中,负号表示外界对控制体做功,边界功应取正值,式(7.77)对时间求导,则有

$$\dot{W}_{\mathrm{b}}=-p\frac{\mathrm{d}v}{\mathrm{d}t} \tag{7.78}$$

那么,将式(7.76)可以写成

$$mc_{\mathrm{p}}\frac{\mathrm{d}T}{\mathrm{d}t}=\dot{m}_{\mathrm{in}}(h_{\mathrm{in}}-h)+\dot{m}_{\mathrm{out}}(h_{\mathrm{out}}-h)+\dot{Q}+\dot{W}_{\mathrm{s}}+\alpha_{\mathrm{p}}Tmv\frac{\mathrm{d}p}{\mathrm{d}t} \tag{7.79}$$

考虑到控制体内流体质量的可能变化,式(7.79)可以写成

$$c_{\mathrm{p}}\frac{V}{v}\frac{\mathrm{d}T}{\mathrm{d}t}=\dot{m}_{\mathrm{in}}(h_{\mathrm{in}}-h)+\dot{m}_{\mathrm{out}}(h_{\mathrm{out}}-h)+\dot{Q}+\dot{W}_{\mathrm{s}}+\alpha_{\mathrm{p}}Tmv\frac{\mathrm{d}p}{\mathrm{d}t} \tag{7.80}$$

式中 V——控制体体积。

如果流体流动方向不变，那么可以认为控制体内流体焓值与出口流体焓值相同，即 $h=h_{\mathrm{out}}$，则有

$$mc_{\mathrm{p}}\frac{\mathrm{d}T}{\mathrm{d}t}=\dot{m}_{\mathrm{in}}(h_{\mathrm{in}}-h)+\dot{Q}+\dot{W}_{\mathrm{s}}+\alpha_{\mathrm{p}}Tmv\frac{\mathrm{d}p}{\mathrm{d}t} \tag{7.81}$$

而由第二焓方程可得焓变化简化计算式为

$$h_{\mathrm{in}}-h=\bar{c}_{\mathrm{p}}(T_{\mathrm{in}}-T)+(1-\bar{\alpha}_{\mathrm{p}}\overline{T})\bar{v}(p_{\mathrm{in}}-p) \tag{7.82}$$

式中 $\bar{c}_{\mathrm{p}}$——控制体内的平均比热容，$\bar{c}_{\mathrm{p}}=\bar{c}_{\mathrm{p}}(\bar{p},\overline{T})$；

α——控制体内的平均体积膨胀系统；

$\bar{v}$——控制体内的平均比容，$\bar{v}=v(\bar{p},\overline{T})$，$\bar{p}=(p_{\mathrm{in}}+p)/2$、$\overline{T}=(T_{\mathrm{in}}+T)/2$ 分别为控制体内的平均压力和平均温度。

根据柱塞泵的热力学系统计算方程(7.81)，可以推导出泵的出口油液温度 T_{o} 可表示为

$$\begin{cases}\dfrac{\mathrm{d}T_{\mathrm{o}}}{\mathrm{d}t}=\dfrac{1}{c_{\mathrm{p0}}m_0}[\alpha D_{\mathrm{m}}n\rho_0\mathrm{d}h_0+P_{\mathrm{d}}+P_{\mathrm{n}}+\alpha D_{\mathrm{m}}n(p_{\mathrm{o}}-p_{\mathrm{i}})]+\dfrac{\alpha_{\mathrm{p}}T_{\mathrm{o}}}{\rho_0c_{\mathrm{p0}}}\dfrac{\mathrm{d}p_{\mathrm{o}}}{\mathrm{d}t}\\ \mathrm{d}h_0=\bar{c}_{\mathrm{p0}}(T_{\mathrm{i}}-T_{\mathrm{o}})+(1-\bar{\alpha}_{\mathrm{p}}\overline{T})\bar{v}(p_{\mathrm{i}}-p_{\mathrm{o}})\end{cases} \tag{7.83}$$

同理，泵的壳体回油温度 T_{e} 可表示为

$$\begin{cases}\dfrac{\mathrm{d}T_{\mathrm{e}}}{\mathrm{d}t}=\dfrac{1}{c_{\mathrm{p0}}m_{\mathrm{e}}}[q_1\rho_0\mathrm{d}h_{\mathrm{e}}+\dot{Q}_{\mathrm{r}}+\dot{Q}_{\mathrm{s}}]+\dfrac{\alpha_{\mathrm{p}}T_{\mathrm{e}}}{\rho_0c_{\mathrm{p0}}}\dfrac{\mathrm{d}p_{\mathrm{e}}}{\mathrm{d}t}\\ \mathrm{d}h_0=\bar{c}_{\mathrm{p0}}(T_{\mathrm{o}}-T_{\mathrm{e}})+(1-\bar{\alpha}_{\mathrm{p}}\overline{T})\bar{v}(p_{\mathrm{o}}-p_{\mathrm{e}})\end{cases} \tag{7.84}$$

泵的转动部分温度 T_{r} 可表示为

$$\frac{\mathrm{d}T_{\mathrm{r}}}{\mathrm{d}t}=\frac{1}{c_{\mathrm{ps}}m_{\mathrm{r}}}(P_{\mathrm{u}}+P_{\mathrm{c}}-\dot{Q}_{\mathrm{r}}-\dot{Q}_{\mathrm{sr}}) \tag{7.85}$$

泵的壳体温度 T_{s} 可表示为

$$\frac{\mathrm{d}T_{\mathrm{s}}}{\mathrm{d}t}=\frac{1}{c_{\mathrm{ps}}m_{\mathrm{s}}}(-\dot{Q}_{\mathrm{s}}+\dot{Q}_{\mathrm{sr}}-\dot{Q}_{\mathrm{rad}}-\dot{Q}_{\mathrm{exc}}) \tag{7.86}$$

围绕轴向柱塞泵温度特性，分析柱塞泵的传热特征，基于热力学第一定律建立开放式热力学模型，分析柱塞泵的回油口温度、转动部分温度、壳体温度的变化规律。

7.4.3 模型仿真实例

7.4.3.1 柱塞泵的壳体回油温度分析实例

轴向柱塞泵内摩擦副因泄漏和黏性摩擦所产生的功率损失，全部转换为油液内能，随泄漏油液进入泵的壳体内腔，引起油液温度升高，因此泵的壳体回油温度是反映摩擦副传热特征的主要指标。图 7.18 所示为 A4VTG90 泵闭式回路温度测试系统。负载泵和负载溢流阀组成溢流加载闭式回路。负载泵及其负载回路模拟负载马达的双向负载，通过调节比例溢流阀实现负载压

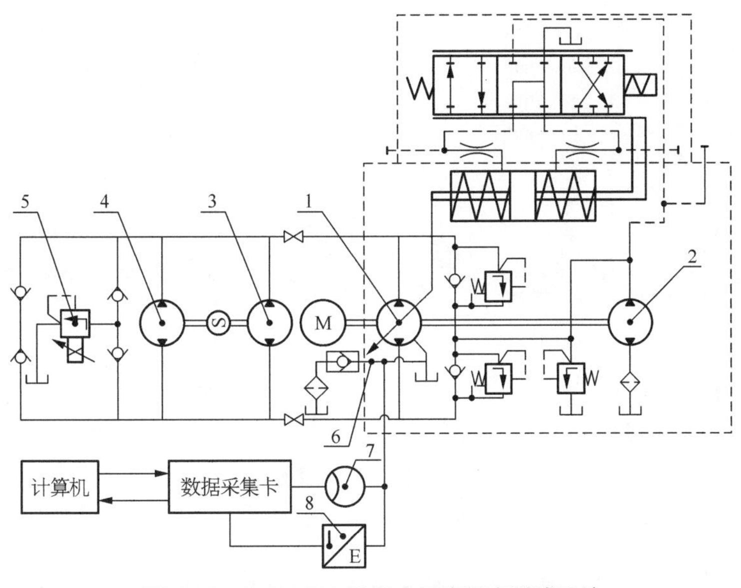

图 7.18 A4VTG90 泵闭式回路温度测试系统

1—主泵；2—补油泵；3—负载马达；4—负载泵；5—比例溢流阀；
6—壳体回油管路；7—流量传感器；8—温度传感器

力变化。主泵和负载马达组成的闭式系统，补油泵为闭式系统提供补油和换油冷却，保证液压泵的正常工作。在泵的壳体回油管路上，安装温度传感器(表 7.2)，采用有线数据传输的方式，将所采集的温度信号通过 NI USB-6218 型数据采集卡进入计算机，记录壳体回油口温度的实验数据。

表 7.2 温度传感器的输出特性

传感器	输 出 特 性
温度传感器	温度范围：1～150 ℃，可调范围±2.5 ℃；输出电压信号：0～5 V；热响应时间：<3 s

壳体回油温度实验的具体步骤如下：①液压系统温度控制在 40 ～50 ℃，回油压力不大于 0.2 MPa；②柱塞泵的工作转速为 1 500 r/min 和 2 100 r/min 下，柱塞泵的出口压力分别为 8 MPa、10 MPa、15 MPa、21 MPa、26 MPa，分别测量泵的壳体回油温度；③柱塞泵的工作转速分别为 2 100 r/min、1 500 r/min、1 000 r/min、800 r/min、600 r/min、300 r/min，在上述②各压力点，分别测量泵的壳体回油温度。

图 7.19 比较了壳体回油温度的理论结果与实验结果。对比图 7.19a 和图 7.19b 可知，在恒定主轴转速下，当工作压力从 10 MPa 增加到 21 MPa 时，壳体回油温度从 46.8 ℃升高到 47 ℃，与实验结果相比，两者相差 1.7 ℃；在恒定工作压力下，当主轴转速从 1 500 r/min 增加到 2 100 r/min 时，壳体回油口温度从 47 ℃升高到 47.6 ℃，与实验结果相比，两者相差 1.9 ℃，这是因为实验模型考虑了柱塞副、配流副以及轴承发热的影响，且实验装置受到采样频率的限制，达不到对滑靴在每个角度时刻都进行采样的要求，所获得的实验结果为壳体回油温度的平均温度，数值略有不同。另外，本节基于平行油膜假设推导出了滑靴副热力学模型，对壳体回油温度进行反求解，没有考虑滑靴的偏磨，所以实验结果与理论结果相比具有一定的偏差，但两者的趋势大体相同，整体而言验证了滑靴副热力学模型的正确性。

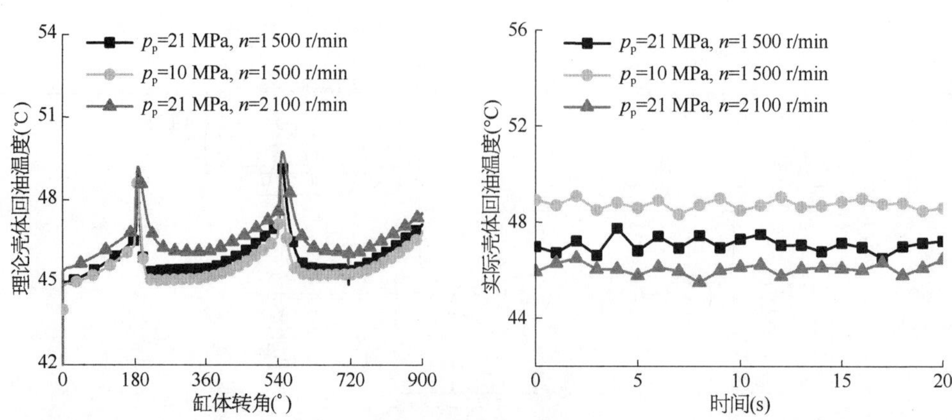

图 7.19　壳体回油温度特性

(a) 理论结果；(b) 实验结果

图 7.20 比较了不同工况下壳体回油温度的理论结果与实验结果。当柱塞泵处于高压高速工况时，流体油膜的焓增大，促使滑靴副因泄漏与黏性摩擦所产生的热量较高，如图 7.20a 所示，引起壳体回油温度升高。与实验结果(图 7.20b)相比，两者的变化趋势基本相同，但是数值略有不同，主要体现在泵处于低速高压或者高速低压的实际工况。在低速高压工况下，摩擦副容易产生不均匀的油膜厚度分布，尤其滑靴副较为严重，摩擦副之间相互接触产生黏性摩擦，导致油液黏度降低，促使摩擦副产生较大的热能增量，并将绝大部分的热量通过泄漏和对流换热的方式传递给壳体内腔油液，引起壳体回油温度升高，此时摩擦副的黏性摩擦占据主导地位。在高速低压工况下，摩擦副的泄漏流量增大，尤其配流副最为严重，滑靴副次之，摩擦副因泄漏损失所产生的热量以泄漏形式进入壳体内腔，在某种程度上增强摩擦副的摩擦发热与壳体内腔油液之间的对流换热过程，增加轴向柱塞泵的散热效果，抑制壳体内腔油液温度升高。这些特征说明摩擦副因泄漏和黏性摩擦所产生的轴功损失是引起柱塞泵发热的主要来源，高速高压工况对摩擦副的泄漏流量、黏性摩擦以及热传导形式的影响较为显著，表现为壳体回油温度升高。

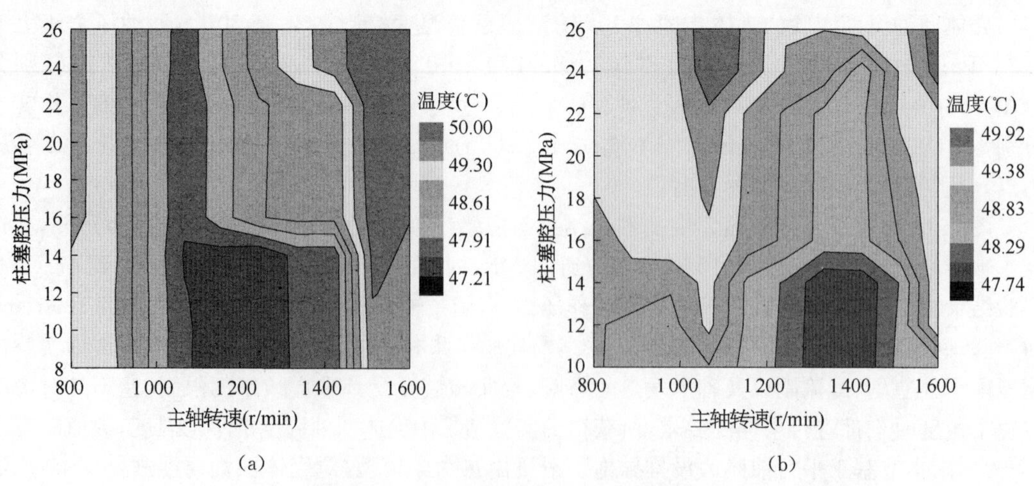

图 7.20　不同工况下壳体回油口温度特性

(a) 理论结果；(b) 实验结果

7.4.3.2　泵的效率特征

液压泵效率除了受自身结构和制造质量的影响外，还受到工作状况的影响，如工作介质、油液温度、工作压力、转速和斜盘摆角等。液压轴向柱塞泵的容积效率和总效率是在额定工况下进行测试的，很多用户设计液压系统时也是根据额定工况的效率进行计算。但是，在实际工作中液压系统通常不会只是在额定工况下工作，某些控制方式的液压泵也不会达到上述的额定工况。因此，有必要对液压泵在各种工况下的效率进行分析，以减小系统设计的误差。在不同工况下泵的效率不同，而泵的效率决定了泵的功率损失，直接决定了泵的温升特性。因此，本节主要讨论不同压力、转速和温度工况对柱塞泵的容积效率和机械效率的影响。

柱塞泵的泄漏流量与泵内部各运动副及配合表面的缝隙处存在缝隙泄漏有关，其公式为

$$\Delta Q = \frac{b\delta^3 \Delta p}{12\mu L} \tag{7.87}$$

液压泵的容积效率可表示为

$$\eta_V = 1 - \frac{b\delta^3 \Delta p}{12\mu L Q_0} \tag{7.88}$$

同时，油液的动力黏度与压力的关系可表示为

$$\mu = \mu_0 e^{k\Delta p} \tag{7.89}$$

由此可知，液压泵的工作压力一般小于 40 MPa，在此压力范围内，油液黏度受工作压力的影响不明显，可忽略不计。因此，在柱塞泵的转速和温度不变的情况下，由式(7.87)和式(7.88)可知，随着压力升高，缝隙泄漏流量增大，泵的容积效率会下降，反之亦然。此外，柱塞泵工作时，柱塞相对于缸孔处于倾斜状态，这种形式的缝隙泄漏量计算式为

$$\Delta Q = 1.384\,\frac{\pi d\delta^3 \Delta p}{12\mu L} \pm \frac{v\delta}{2} \tag{7.90}$$

由式(7.90)可知，v 为相对于缸体孔的运动速度，当 v 的方向与缝隙油液流动方向相同时，取正值；反之，则取负值。由于柱塞相对于缸体孔做往复运动，在工作循环中，v 的方向与缝隙油液方向相同，正好抵消，故式(7.90)简化为

$$\Delta Q = 1.384\,\frac{\pi d\delta^3 \Delta p}{12\mu L} \tag{7.91}$$

其他部位的缝隙平均泄漏量可按式(7.88)近似计算，泄漏量与转速无关。在相同的压力和温度条件下，随着柱塞泵转速提高，柱塞和缸孔配合处的泄漏流量减少，同时液压泵的输出流量将会增大。油液黏度随温度变化而变化，随着温度升高，油液黏度减小，泵内部各个摩擦副的泄漏流量随之增大，导致柱塞泵的容积效率随之下降。

分析柱塞泵的传热机理，并基于热传导、对流换热和辐射换热等基本的热力学理论，可建立柱塞泵的热力学模型。摩擦副缝隙流动所产生的轴功损失和摩擦副界面处的热传导速率是影响油膜控制体热量积累的主要因素。油膜控制体热量通过间隙泄漏和热传导进入泵的壳体回油腔，引起壳体回油温度升高，通过壳体回油温度实验，可分析壳体回油温度与滑靴副油膜温度的对应关系，泵的转速和工作压力对壳体回油温度的影响较大。

在不同工况下泵的效率不同，影响柱塞泵的温度特性。其中，柱塞泵的功率损失主要与泄漏流量、黏性摩擦有关。其次，柱塞泵内部组件浸入泵的壳体存油容腔的油液之中，由于黏性剪切

及缸体高速旋转，将产生黏性摩擦功率损失，表现为存油容腔油液温度急剧升高，这种现象为泵的自搅发热现象。

7.5 液压泵的选型

1）液压泵的性能比较　合理地选择液压泵对于降低液压系统的能耗、提高系统的效率、降低噪声、改善工作性能和保证系统的可靠工作都十分重要。表 7.3 列出了几种液压泵的性能参数。图 7.21 列出了几种不同类型的液压泵及其特性。

表 7.3　液压泵的性能参数

类型/项目	齿轮泵	双作用叶片泵	限压式变量叶片泵	轴向柱塞泵	径向柱塞泵
工作压(MPa)	＜20	6.3～21	≤7	20～35	10～20
容积效率	0.70～0.95	0.80～0.95	0.80～0.90	0.85～0.98	0.85～0.95
总效率	0.60～0.85	0.75～0.85	0.70～0.85	0.85～0.95	0.75～0.92
流量调节	不能	不能	能	能	能
流量脉动率	大	小	中等	中等	中等
自吸特性	好	较差	较差	较差	差
污染敏感性	不敏感	敏感	敏感	敏感	敏感
噪声	大	小	较大	大	大
单位功率造价	低	中等	较高	高	高

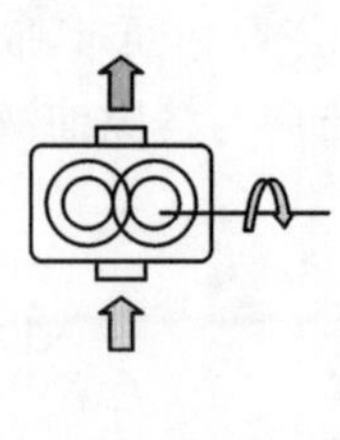

齿轮泵：
▪定流量-流量与驱动速度成比例
▪用于发动机燃油控制系统
▪耐污染
▪1 500 psi 以上性能不良

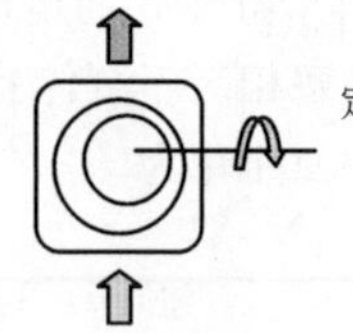

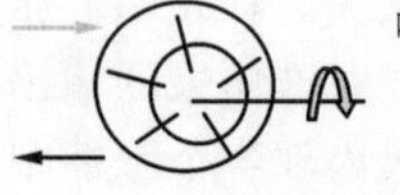

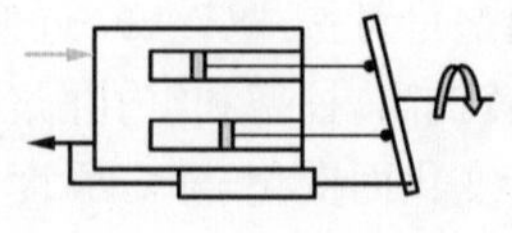

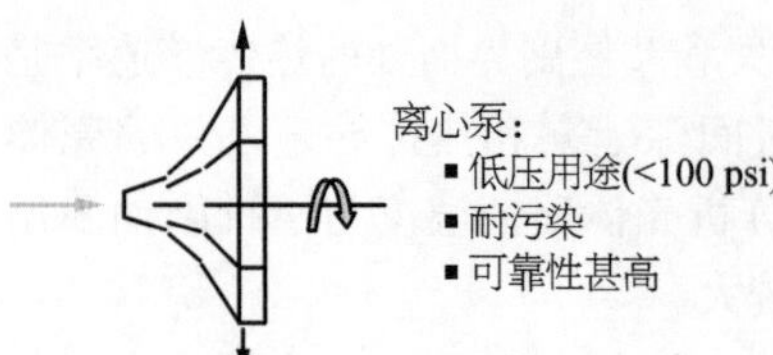

图 7.21　液压泵主要特点

2）液压泵的选取与维护　在设计液压系统时，应根据主机的工况、功率大小、元件性能特点、效率、寿命和可靠性等全面分析，合理选择。选择液压泵时，应首先满足液压系统对液压源的要求（主要是泵的输出流量和工作压力），然后还应对液压泵的性能、成本等方面进行综合考虑，选择泵的形式。一般来说，齿轮泵多用于低压液压系统（2.5 MPa 以下），叶片泵用于中压液压系统（6.3 MPa 以下），柱塞泵多用于高压系统（10 MPa 以上）。

在飞机液压系统中，选取液压泵时可参考 GJB 2188A—2002《飞机变量液压泵通用规范》和 MIL-P-19692D《变量液压泵通用规范》。

参考文献

[1] 郭生荣，王晚晚. 液力调速装置基本特性的仿真研究[J]. 流体传动与控制，2011(6)：11-15.
[2] 郭生荣，卢岳良. 直轴式恒压泵的脉动分析与研究[J]. 机床与液压，2003(3)：206-207.
[3] 郭生荣，卢岳良. 液压能源系统压力脉动分析及抑制方法研究[J]. 液压与气动，2011(11)：49-51.

第8章 非对称液压阀控非对称液压缸动力机构

液压系统大多采用非对称液压缸作为动力输出元件。由于非对称液压阀基础理论和产品极其少见,尤其是非对称液压阀的学术思想尚未普及,因此人们往往采用对称伺服阀控制非对称液压缸。为此,本章分析这种对称伺服阀控制非对称液压缸的液压系统存在的问题,如压力失控、气穴和液压冲击现象,并提出一种精确和平稳控制的方法,介绍一种新的控制非对称液压缸的非对称液压伺服阀系统。还提出一个安全负载边界概念和速度增益特性,以及具有非对称液压缸的液压伺服系统设计规则,并结合工程介绍实验应用情况。本章提出非对称液压阀控非对称液压缸的液压伺服系统对液压动力机构的平稳控制和性能改善有指导作用。

非对称液压缸具有空间长度尺寸小、制造方便、价格较低等优点,已经广泛应用于各类液压伺服系统。据统计,市场上70%的液压缸为非对称液压缸。但是,目前市场上可购买的电液伺服阀或液压控制阀大多是对称的,即电液伺服阀或液压控制阀和液压缸相连接的两个控制节流口的面积相同,呈对称结构形式。因此,工程实践中非对称液压缸往往采用对称液压伺服阀或液压控制阀进行控制。在这些伺服系统里,当活塞承受牵引力时,往往出现压力失控和气穴现象;当活塞改变其移动方向时,液压缸的两个容腔发生液压冲击现象;在活塞两个不同运动方向时,液压系统动态特征是不对称的。我国关于非对称液压缸控制性能的研究始于20世纪80年代,刘长年、严金坤和李洪人等学者分别研究了非对称液压缸的控制特性、非对称液压阀及其负载匹配等基础理论。本章主要分析非对称液压缸系统的流量匹配控制理论和安全负载边界,提出一种克服对称液压阀和非对称液压缸不相容性的方法。为了建立内部有良好流动匹配关系的液压系统,提出采用非对称液压伺服阀控制非对称液压缸。当系统匹配关系改善后,安全负载区域扩大,能消除液压缸换向时产生的巨大液压冲击,以及获得有效控制性能和速度增益特性,提出具有非对称液压缸的液压伺服系统设计规则。

8.1 零开口非对称液压阀控非对称液压缸的动力机构

实践证明,零开口对称液压阀与非对称液压缸的控制性能是不协调的。为了从理论上阐述这一点,如图8.1所示为液压阀控非对称液压缸的液压动力机构结构示意图,假设阀口的液流为紊流状态,并忽略液压油的压缩性和摩擦力。

当 $x_v > 0$ 时,液压阀和非对称液压缸相连接的两个节流口的流量方程分别为

$$Q_1 = C_d W_1 x_v \sqrt{2(p_s - p_1)/\rho} \tag{8.1}$$

$$Q_2 = C_d W_2 x_v \sqrt{2p_2/\rho} \tag{8.2}$$

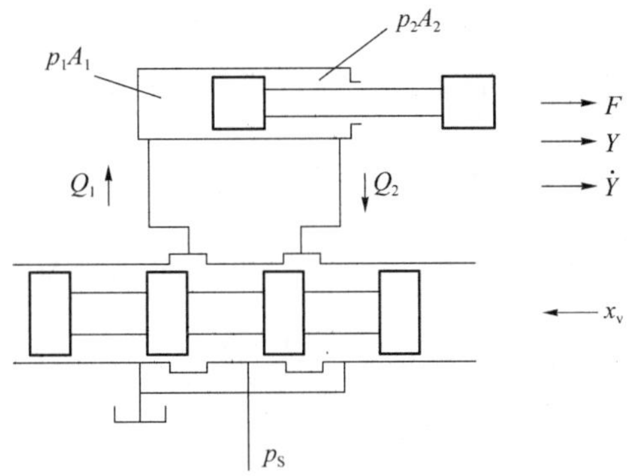

图 8.1　液压阀控非对称液压缸的液压动力机构

负载为

$$F = p_1A_1 - p_2A_2 \tag{8.3}$$

式中　A_1、A_2——活塞无杆腔和有杆腔的有效面积，设液压缸两腔的有效面积比为 $k = A_2/A_1$；

C_d——液压阀阀口的流量系数，$C_d = 0.61 \sim 0.63$；

F——液压缸的负载力；

p_1、p_2——活塞无杆腔和有杆腔的液压缸压力；

p_s——供油压力；

Q_1、Q_2——液压阀和非对称液压缸相连接的两个节流口的流量；

W_1、W_2——液压阀和非对称液压缸相连接的两个节流口的开口宽度，设阀的两个节流口开口宽度比为 $i = W_2/W_1$；

x_v——阀位移；

ρ——液压油的密度，$\rho = 850 \sim 880\ \text{kg/m}^3$。

考虑到液压缸液压油的供油和排油过程中液压缸速度的连续性，可得液压缸速度方程为

$$\dot{Y} = Q_1/A_1 = Q_2/A_2 \tag{8.4}$$

假定非对称液压缸的名义负载压力为

$$p_L = F/A_1 = (p_1A_1 - p_2A_2)/A_1$$

即

$$p_L = p_1 - kp_2 \tag{8.5}$$

由式(8.1)～式(8.5)可得，液压缸两腔的压力 p_1、p_2 和速度$\dot{Y}$分别为

$$p_1 = \frac{i^2 p_L + k^3 p_s}{i^2 + k^3} \tag{8.6}$$

$$p_2 = \frac{k^2(p_s - p_L)}{i^2 + k^3} \tag{8.7}$$

$$\dot{Y} = \frac{C_d W_1 x_v \sqrt{\dfrac{2}{\rho}\dfrac{i^2}{i^2 + k^3}(p_s - p_L)}}{A_1} \tag{8.8}$$

为了避免液压油产生气穴和压力失控，通常液压缸的工作压力在供油压力范围内，即满足压力界限 $0 < p_1 < p_s$、$0 < p_2 < p_s$ 限制。在工程中常常设定一些安全压力范围，如工作压力范围限制在 $p_s/6 < p_1 < 5p_s/6$，$p_s/6 < p_2 < 5p_s/6$。为了分析方便，这里选择压力边界范围为

$$0 < p_1 < p_s,\ 0 < p_2 < p_s \tag{8.9}$$

由式(8.6)和式(8.7)可以得到，负载压力 p_L 应满足以下安全负载边界

$$\max\left\{\frac{-k^3}{i^2}p_s,\ \frac{-i^2+k^2-k^3}{k^2}p_s\right\} < p_L < p_s \tag{8.10}$$

当 $x_v < 0$，同样可得液压缸两腔的压力 p_1、p_2 和速度 $\dot{Y}$ 分别为

$$p_1 = \frac{i^2(p_L + kp_s)}{i^2 + k^3} \tag{8.11}$$

$$p_2 = \frac{i^2 p_s - k^2 p_L}{i^2 + k^3} \tag{8.12}$$

$$\dot{Y} = \frac{C_d W_1 x_v \sqrt{\frac{2}{\rho}\frac{i^2}{i^2+k^3}(kp_s + p_L)}}{A_1} \tag{8.13}$$

负载压力 p_L 应满足的安全负载边界为

$$-kp_s < p_L < \min\left\{\frac{i^2 - i^2k + k^3}{i^2}p_s,\ \left(\frac{i}{k}\right)^2 p_s\right\} \tag{8.14}$$

8.1.1 液压缸换向前后的压力突变

由式(8.6)、式(8.7)及式(8.11)、式(8.12)可知，当液压缸活塞在换向前后，即 $\dot{Y}=0$ 附近移动时，液压缸两个容腔内的油液均产生较大的压力波动。由于液压油的可压缩性，压力波动下容腔内的油液可能产生“收缩”或“膨胀”，可能减缓该压力波动时间。但是，从对称液压阀和非对称液压缸的匹配结构上看，该压力突变的存在是不可避免的。因此，围绕液压缸活塞在换向前后，即 $\dot{Y}=0$ 附近的平稳操作几乎是不可能的。这严重影响了系统的工作性能，主要问题在于当活塞改变其运动方向时液压缸两个容腔内的油液均产生剧烈的压力波动。两个容腔内油液的压力波动值分别为

$$\Delta p_1 = \frac{k(k^2 - i^2)}{i^2 + k^3}p_s \tag{8.15}$$

$$\Delta p_2 = \frac{k^2 - i^2}{i^2 + k^3}p_s \tag{8.16}$$

采用对称液压阀控制非对称液压缸，如 $i = W_2/W_1 = 1.0$，$k = A_2/A_1 = 0.5$，且在空载时，$F = 0$，由式(8.15)及式(8.16)可得知液压缸换向前后两个容腔内的压力波动值分别为

$$\Delta p_1 = 0.11p_s - 0.44p_s = -0.33p_s$$
$$\Delta p_2 = 0.22p_s - 0.89p_s = -0.67p_s$$

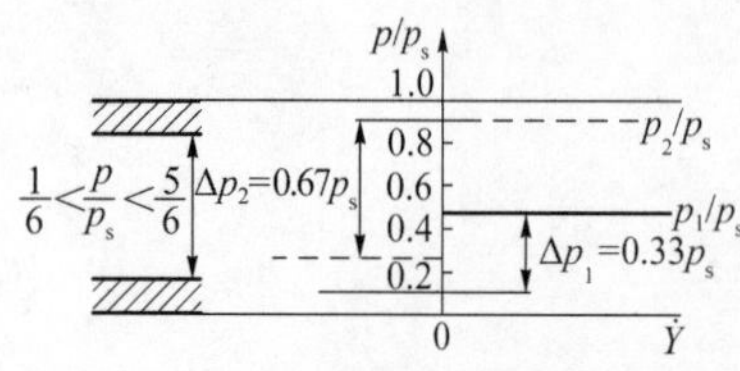

图 8.2　对称液压阀控非对称液压缸空载时在换向前后的压力突变图 ($A_1 = 2A_2$, $W_1 = W_2$, $F = 0$)

如图 8.2 所示为对称液压阀控非对称液压缸空载时在换向前后的压力突变图。液压缸活塞正方向移动时，速度为正，此时液压缸两腔的压力值分别为 $0.11p_s$ 和 $0.22p_s$；液压缸活塞反方向移动时，速度为负，此时液压缸两腔的压力值分别为 $0.44p_s$ 和 $0.89p_s$。可见，活塞换向前后，两腔内的油液发生压力突变，压力突变值分别为供油压力的 33%

和 67%。

为了避免液压缸换向前后的压力突变，并确保精确和平稳控制，可以采用非对称液压阀控制非对称液压缸。由式(8.15)和式(8.16)可知，为了消除压力突变，液压阀的上游和下游节流口面积比必须等于液压缸两腔的有效面积比，即

$$\Delta p_1 = \frac{k(k^2 - i^2)}{i^2 + k^3} p_s = 0,\ \Delta p_2 = \frac{k^2 - i^2}{i^2 + k^3} p_s = 0$$

可得

$$i = k, \text{即} W_1/W_2 = A_1/A_2 \tag{8.17}$$

此时，由式(8.17)可知，液压缸两腔压力值的和满足

$$p_1 + p_2 = p_s \tag{8.18}$$

如图 8.3 所示为非对称液压阀控非对称液压缸空载时在换向前后的压力变化图。可见，非对称液压阀控非对称液压缸在节流口面积和活塞杆有效面积匹配时，活塞换向过程中液压缸两腔的压力值分别为 $0.33p_s$ 和 $0.66p_s$，没有压力突变。

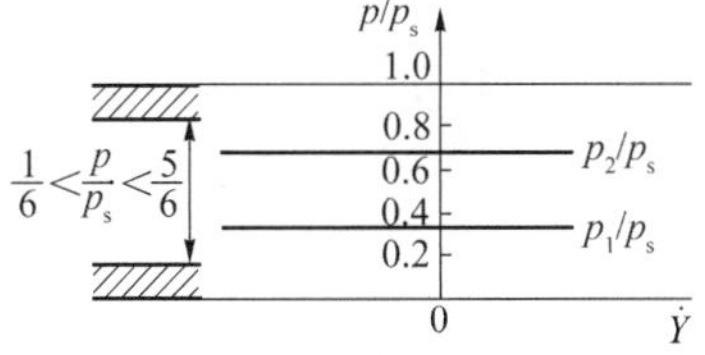

图 8.3 非对称液压阀控非对称液压缸空载时在换向前后的压力变化图 ($A_1 = 2A_2$, $W_1 = 2W_2$, $F = 0$)

作者进行了非对称液压缸的换向压力特性试验，试验结果如下：

(1) 试验中采用对称液压阀控制非对称液压缸，$A_1 = 166.6\ \text{cm}^2$, $A_2 = 83.3\ \text{cm}^2$, $W_1 = W_2$, $p_s = 3\ \text{MPa}$。当活塞杆的拉力大于 7 000 N，液压缸两腔的压力失控，且 $p_1 = 0\ \text{MPa}$, $p_2 = 3\ \text{MPa}$。

另一个试验中采用非对称液压阀控制非对称液压缸，$A_1 = 615.8\ \text{cm}^2$, $A_2 = 302\ \text{cm}^2$, $W_1 = 2W_2$, $p_s = 3.5\ \text{MPa}$。试验时的活塞杆牵引力为 50 000 N，液压动力机构工作性能良好，压力稳定，$p_1 = 0.68\ \text{MPa}$, $p_2 = 2.8\ \text{MPa}$。

(2) 图 8.4 所示为对称液压阀控非对称液压缸动力机构的压力特性试验结果。当阀位移为正、液压缸正方向移动时，液压缸两腔的控制压力分别为 3.5 MPa、1.75 MPa；当阀位移为负、液压缸负方向移动时，液压缸两腔的控制压力分别为0.38 MPa、0.77 MPa。可见，当液压阀和液压缸不相匹配时，液压缸活塞换向时存在压力突变，发生较大的压力波动。

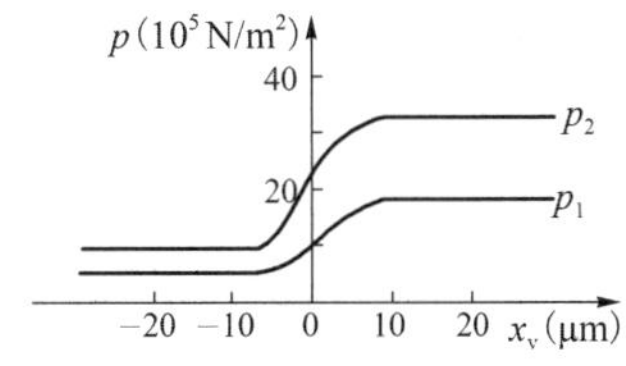

图 8.4 对称液压阀控非对称液压缸换向压力突变试验结果 ($F = 0$, $A_1 = 615.8\ \text{cm}^2$, $A_2 = 302\ \text{cm}^2$, $W_1 = W_2$, $p_s = 3.5\ \text{MPa}$)

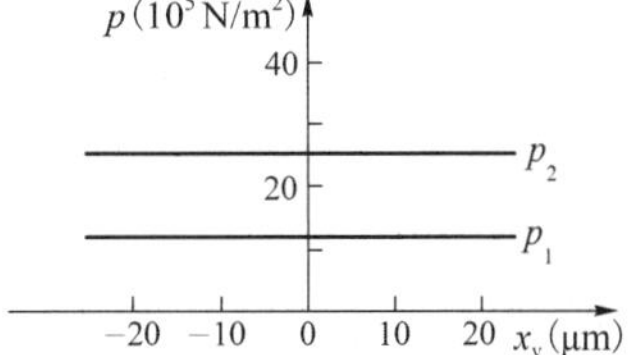

图 8.5 非对称液压阀控非对称液压缸换向压力特性试验结果 ($A_1 = 615.8\ \text{cm}^2$, $A_2 = 302\ \text{cm}^2$, $W_1 = 2W_2$, $p_s = 3.5\ \text{MPa}$)

(3) 图 8.5 所示为非对称液压阀控非对称液压缸动力机构的压力特性试验结果。非对称液

压阀的上下游节流口面积比为 2∶1,非对称液压缸两腔有效面积比为 2∶1,液压阀和液压缸完全匹配。试验结果显示,液压缸正反方向移动以及换向时,液压缸两腔的控制压力平稳,没有出现压力突变。可见,当液压阀和液压缸流量相匹配时,液压缸活塞换向没有压力突变,控制压力平稳。

8.1.2 负载边界

当液压缸活塞需要在不同方向移动时,有必要限制负荷大小,以确保液压缸两腔的工作压力均在 $0 < p_1 < p_s$、$0 < p_2 < p_s$ 的容许范围内。由式(8.10)与式(8.14)可得,容许的负载压力范围为

$$\max\left\{\frac{-k^3}{i^2}p_s,\ \frac{-i^2+k^2-k^3}{k^2}p_s,\ -kp_s\right\} < p_L < \min\left\{\frac{i^2-i^2k+k^3}{i^2}p_s,\ \left(\frac{i}{k}\right)^2 p_s,\ p_s\right\} \tag{8.19}$$

采用对称液压阀控制非对称液压缸的不匹配动力机构时,如 $i = 1.0$ 和 $k = 0.5$ 时,根据式(8.19),可得负载压力界限为

$$-0.125p_s < p_L < 0.625p_s \tag{8.20}$$

采用非对称液压阀控制非对称液压缸的匹配动力机构时,如 $i = k = 0.5$ 时,根据式(8.19),可得负载压力界限为

$$-0.5p_s < p_L < p_s \tag{8.21}$$

由式(8.20)和式(8.21)可见,采用非对称液压阀控制非对称液压缸的匹配动力机构时,负载压力边界明显扩大。

通过分析液压阀控液压缸的流量匹配模型,以及对称液压阀控非对称液压缸的换向压力突变及其解决办法,试验结果与理论结果一致,并通过比较得出如下结论:

(1) 为了消除液压缸换向压力波动并实现精确和平稳控制,非对称液压缸必须采用非对称液压阀进行控制,且液压阀的上下游开口面积比必须做到与相应液压缸两腔的有效面积比相同,即 $W_1/W_2 = A_1/A_2$。

(2) 采用液压阀控液压缸的流量匹配控制系统时,液压缸两腔的负载必须符合式(8.19)所示的安全负载界限范围。对称液压阀控非对称液压缸只能承受压力,不能承受拉力。非对称液压阀控非对称液压缸的流量匹配控制系统既能承受压力,又能承受拉力,且和对称液压阀控非对称液压缸相比负载压力范围大得多。

8.2 非对称液压阀控制系统速度增益特性

液压阀和液压缸首先要求做到流量匹配。在实现流量匹配的基础上,分析对称液压阀控对称液压缸、非对称液压阀控非对称液压缸的速度增益特性,取得实现负载速度增益特性良好线性度的控制方案,是实现高速高精度液压控制的关键。

液压控制系统中,非对称液压阀控非对称液压缸与对称液压阀控对称液压缸一样,都是流量匹配控制系统,可以实现有效的精确控制和平滑控制。利用速度特性可以形象地描述液压缸活塞负载速度、负载力和阀位移之间的函数关系,反映系统的稳态控制性能。目前在很多文献都用常规方法表示液压阀的性能。如表示液压阀特性的负载流量 $Q_L = f(p_L, x_v)$ 是负载与阀位移的

函数，它表示阀的容量与液压缸的流量以及负载压力 p_L 之间的关系。也可以利用速度增益来描述液压阀的特性，两种方法完全包含相同的性能，但就控制而论，速度增益特性直接表示影响系统速度控制误差和动态性能的参数。

本节分析流量匹配控制系统液压动力机构的稳态速度增益特性，提出液压控制系统的设计原则，实现负载速度增益特性良好的线性度，还介绍了速度增益特性试验。

8.2.1 零开口阀控液压缸动力机构速度增益特性

如图 8.6 所示为零开口液压阀控制液压缸动力机构示意图。假定阀口流动状态为紊流，不考虑油液泄漏及压缩性，x_v 为伺服阀位移，正方向如图所示，系统工作在$\dot{Y}$- x_v 平面的Ⅰ、Ⅲ象限。

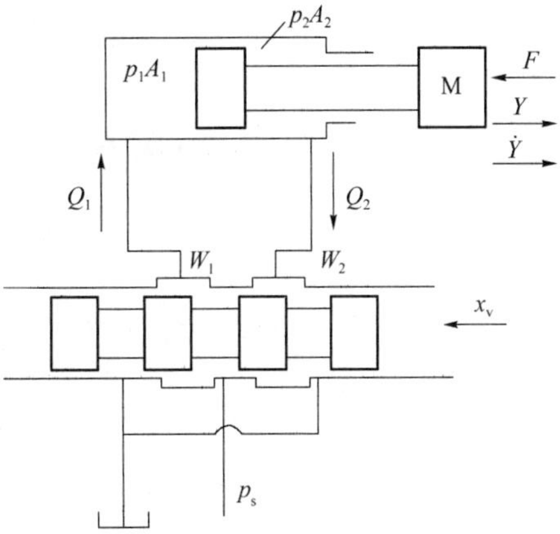

图 8.6 零开口液压阀控制液压缸动力机构示意图

液压阀和液压缸满足流量匹配条件

$$W_1/W_2 = A_1/A_2 \tag{8.22}$$

式中 W_1——伺服阀与无杆腔连接的窗口面积梯度(m)；

W_2——伺服阀与有杆腔连接的窗口面积梯度(m)；

A_1——活塞无杆腔面积(m^2)；

A_2——活塞有杆腔面积(m^2)。

由于液压缸活塞在正、反两个方向运动时的流量方程不同，故分别加以研究。当 $x_v \geqslant 0$ 时，液压阀的流量方程为

$$Q_1 = C_d W_1 x_v \sqrt{2(p_s - p_1)/\rho} \tag{8.23}$$

$$Q_2 = C_d W_2 x_v \sqrt{2p_2/\rho} \tag{8.24}$$

式中 C_d——流量系数；

ρ——油液密度(kg/m^3)；

p_s——供油压力(Pa)；

p_1——无杆腔压力(Pa)；

p_2——有杆腔压力(Pa)。

液压缸的流量连续性方程为

$$\dot{Y} = \frac{Q_1}{A_1} = \frac{Q_2}{A_2} \tag{8.25}$$

液压缸活塞和负载力的平衡方程为

$$F = A_1 p_1 - A_2 p_2$$

定义负载压力为

$$p_L = \frac{F}{A_1} = p_1 - ip_2 \tag{8.26}$$

其中

$$i = \frac{A_2}{A_1} = \frac{W_2}{W_1}$$

式中　i——不对称液压缸面积比。

将式(8.22)~式(8.26)联立,可得出

$$p_1=\frac{p_s+F/A_2}{1+A_1/A_2},\ p_2=\frac{p_s-F/A_1}{1+A_2/A_1} \tag{8.27}$$

$$\dot{Y}=\frac{C_dW_1x_v}{A_1}\sqrt{\frac{2(p_s-F/A_1)}{\rho(1+A_2/A_1)}}=K_{v1}x_v \tag{8.28}$$

式中　K_{v1}——活塞正方向运动速度增益[m/(s·m)]。

$$K_{v1}=\frac{C_dW_1}{A_1}\sqrt{\frac{2(p_s-F/A_1)}{\rho(1+A_2/A_1)}}$$

当 $x_v<0$ 时,同理,可以得到

$$\dot{Y}=\frac{C_dW_1x_v}{A_1}\sqrt{\frac{2(p_s+F/A_2)}{\rho(1+A_1/A_2)}}=K_{v2}x_v$$

式中　K_{v2}——活塞负方向运动速度增益[m/(s·m)]。

$$K_{v2}=\frac{C_dW_1}{A_1}\sqrt{\frac{2(p_s+F/A_2)}{\rho(1+A_1/A_2)}}$$

速度增益特性可直接显示系统控制误差及系统动态性能等参数,它显示了液压缸活塞的速度、负载和阀位移之间的函数关系。当液压控制阀和液压缸匹配,即 $i=k$ 时,由式(8.8)和式(8.13)进行线性化和逼近后,可得

$$x_v>0,\ \dot{Y}=K_{v10}(x_v-F/C_{h1}) \tag{8.29}$$

$$x_v<0,\ \dot{Y}=K_{v20}(x_v-F/C_{h2}) \tag{8.30}$$

其中
$$K_{v10}=C_dW_1/A_1\sqrt{2p_s/[\rho(1+A_2/A_1)]}$$

$$K_{v20}=C_dW_2/A_2\sqrt{2p_s/[\rho(1+A_1/A_2)]}$$

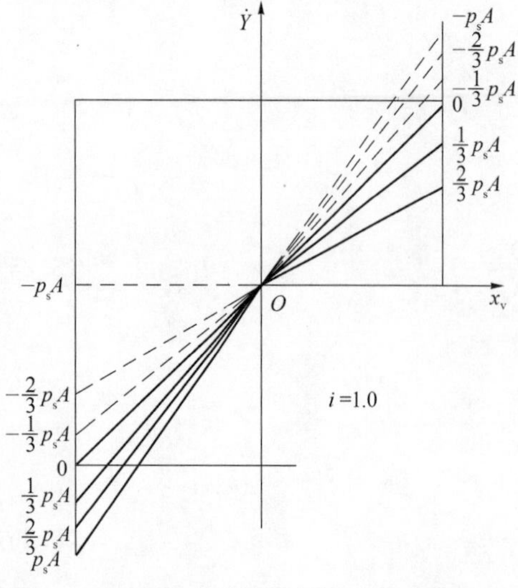

图 8.7　零开口对称液压阀控对称液压缸速度增益特性

式中　K_{v10}——正方向移动时的空载速度增益系数;

C_{h1}、C_{h2}——力增益系数,$C_{h1}=2p_sA_1/x_v$,$C_{h2}=-2p_sA_2/x_v$;

K_{v20}——反方向移动时的速度增益系数。

采用零开口对称液压阀控对称液压缸,即 $i=\frac{A_2}{A_1}=\frac{W_2}{W_1}=1.0$,其速度增益特性如图 8.7 所示,具有以下特点:

(1) 空载 $F=0$ 时,$K_{v1}=K_{v2}$,活塞正、反方向运动速度增益对称,速度增益特性是一条经过原点的直线。可见,这类系统空载时具有良好的速度增益特性。

(2) 负载 F 增加,活塞正方向运动速度增益减小,反方向运动速度增益增加,$K_{v1}\neq K_{v2}$,在 x_v

$=0$ 附近，速度增益特性表现出很大的非线性，这种系统在加载时进行双向速度控制是不理想的。

采用零开口非对称液压阀控非对称液压缸，如 $i=\dfrac{A_2}{A_1}=\dfrac{W_2}{W_1}=0.5$，其速度增益特性如图 8.8 所示，具有以下特点：

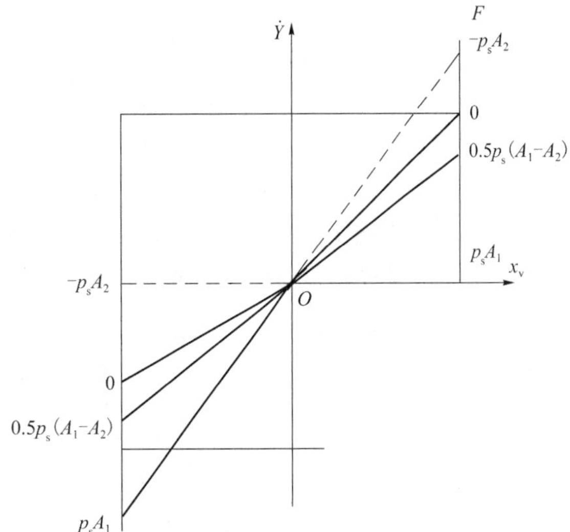

图 8.8　零开口非对称液压阀控非对称液压缸速度增益特性

(1) 空载 $F=0$ 时，$K_{v1}\neq K_{v2}$，活塞正、反方向运动速度增益不对称，液压缸活塞正、反方向运动的速度增益具有明显的非线性特征，即在 $x_v=0$ 处正方向的速度增益和反方向的速度增益不相等，出现速度变化，即速度跳跃现象。

(2) 负载 F 增加，活塞正方向运动速度增益减小，反方向运动速度增益增加。当负载满足 $F=p_s(A_1-A_2)/2$ 时，$K_{v1}=K_{v2}$，即正、反方向运动速度增益相等，这时速度增益特性是一条经过原点的直线。可见，恰当地设计液压缸面积 A_1、A_2 和选择供油压力 p_s，可以保证承受负载力系统的速度增益特性具有良好的线性度。这时的负载关系式称为负载匹配条件，即

$$F=p_s(A_1-A_2)/2 \tag{8.31}$$

8.2.2　正开口阀控液压缸动力机构速度增益特性

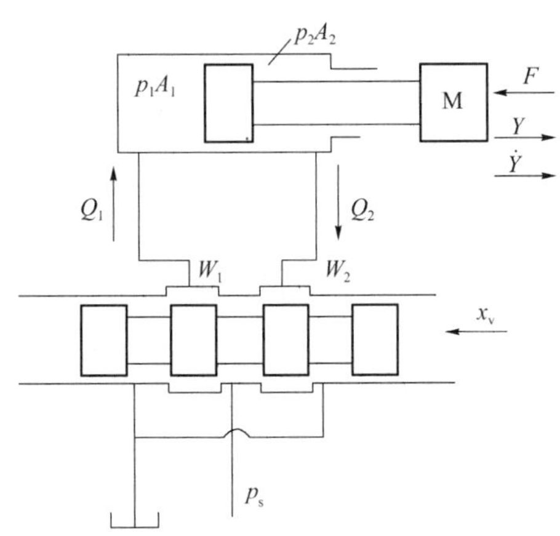

图 8.9　正开口液压阀控液压缸动力机构示意图

如图 8.9 所示为正开口液压阀控液压缸动力机构示意图。系统工作在 $\dot{Y}$-x_v 平面的Ⅰ、Ⅲ象限。液压系统具有式(8.22)、式(8.25)和式(8.26)所示的相同方程式。Δ 为伺服阀正开口量。

当 $|x_v|\leqslant\Delta$ 时，液压阀流量方程为

$$\begin{aligned}Q_1=&C_dW_1(\Delta+x_v)\sqrt{\frac{2}{\rho}(p_s-p_1)}\\&-C_dW_1(\Delta-x_v)\sqrt{\frac{2}{\rho}p_1}\end{aligned} \tag{8.32}$$

$$\begin{aligned}Q_2=&C_dW_2(\Delta+x_v)\sqrt{\frac{2}{\rho}p_2}\\&-C_dW_2(\Delta-x_v)\sqrt{\frac{2}{\rho}(p_s-p_2)}\end{aligned} \tag{8.33}$$

将式(8.22)、式(8.25)、式(8.26)、式(8.32)和式(8.33)联立，可得出

$$p_1=\frac{p_s+F/A_2}{1+A_1/A_2},\ p_2=\frac{p_s-F/A_1}{1+A_2/A_1} \tag{8.34}$$

$$
\begin{aligned}
\dot{Y} = & \frac{C_{\mathrm{d}} W_2 \sqrt{\frac{2}{\rho}}}{A_1 \sqrt{A_1 + A_2}} \left[x_{\mathrm{v}} \left(\sqrt{p_{\mathrm{s}} A_1 - F} + \sqrt{p_{\mathrm{s}} A_2 + F} \right) \right. \\
& \left. + \Delta \left(\sqrt{p_{\mathrm{s}} A_1 - F} - \sqrt{p_{\mathrm{s}} A_2 + F} \right) \right] \\
= & K_{\mathrm{v}} x_{\mathrm{v}} + b
\end{aligned}
\tag{8.35}
$$

式中　K_{v}——负载为 F 时活塞运动的速度增益[m/(s·m)]；

b——速度增益曲线斜截距(m/s)。

$$
K_{\mathrm{v}} = \frac{C_{\mathrm{d}} W_1 \sqrt{\frac{2}{\rho}}}{A_1 \sqrt{A_1 + A_2}} \left(\sqrt{p_{\mathrm{s}} A_1 - F} + \sqrt{p_{\mathrm{s}} A_2 + F} \right) \tag{8.36}
$$

$$
b = \frac{C_{\mathrm{d}} W_1 \Delta \sqrt{\frac{2}{\rho}}}{A_1 \sqrt{A_1 + A_2}} \left(\sqrt{p_{\mathrm{s}} A_1 - F} - \sqrt{p_{\mathrm{s}} A_2 + F} \right) \tag{8.37}
$$

式(8.35)描述的负载速度由两项组成：第一项由阀位移产生；第二项是由阀的正开口量 Δ 和液压缸活塞面积 A_1、A_2 不对称引起的流量所产生的负载速度项。

当 $|x_{\mathrm{v}}| > \Delta$ 时，在同一时刻阀只有两个节流窗口起作用，阀特性同零开口阀特性。

图 8.10 所示为正开口对称液压阀控对称液压缸速度增益特性，图8.11 所示为正开口非对称液压阀控非对称液压缸速度增益特性，从中可得出以下几点结论：

(1) 在正开口区域内 ($|x_{\mathrm{v}}| < \Delta$)，速度增益具有很好的线性特征；在正开口区域外 ($|x_{\mathrm{v}}| > \Delta$)，速度增益特性同零开口阀特性。正开口阀作用于开口区间 ($|x_{\mathrm{v}}| < \Delta$) 的速度增益比零开口阀大一倍。

(2) 空载 ($F = 0$) 时，正开口对称液压阀控对称液压缸速度增益特性经过原点，零速平衡点在

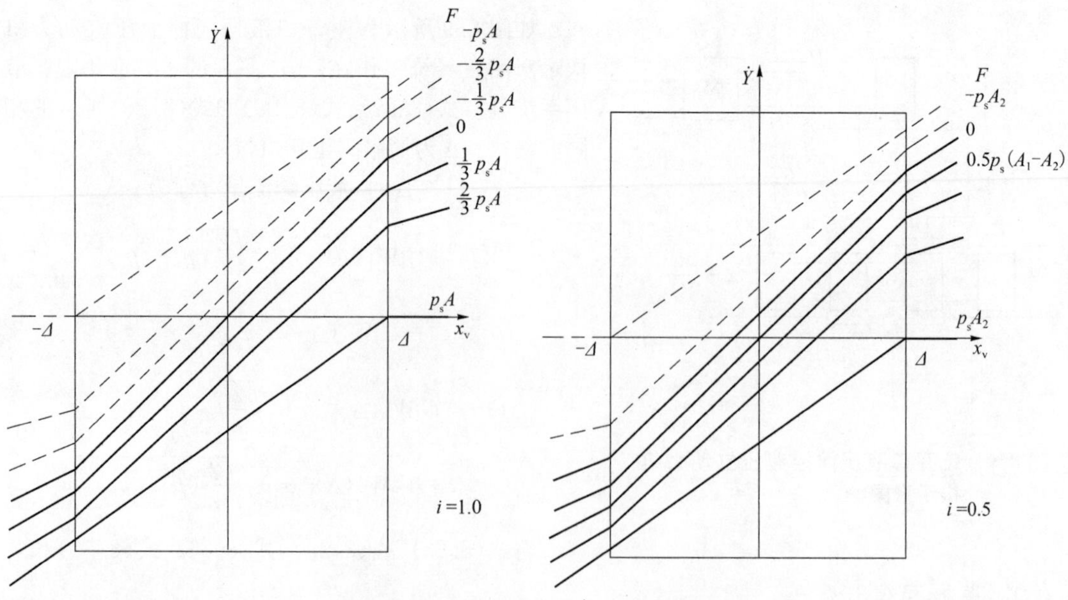

图 8.10　正开口对称液压阀控对称液压缸速度增益特性

图 8.11　正开口非对称液压阀控非对称液压缸速度增益特性

阀的零位，这类型系统适宜于在空载工况下进行速度控制；正开口非对称液压阀控非对称液压缸速度增益特性不经过原点，零速平衡点不在阀的零位，而必须使阀有所偏置，产生偏置力使作用于液压缸活塞上的力得以平衡。

(3) 采用非对称液压阀控非对称液压缸，当负载力 $F=0.5p_s(A_1-A_2)$ 时，速度增益特性(图 8.11)是一条经过原点的直线，零速平衡点在阀的零位，系统功率损耗最小，这种状况与正开口对称阀控对称液压缸空载特性类似。该类型系统适宜于在加载工况下进行速度控制。

8.2.3 负载力边界

液压缸为了避免产生液压气蚀和压力失控，负载受到压力边界 $0<p_1<p_s$、$0<p_2<p_s$ 的限制，与式(8.27)联立可得到

$$-p_sA_2<F<p_sA_1 \tag{8.38}$$

工程上往往还需要考虑某些实际工作压力的安全区域，如 $\frac{1}{6}p_s<p<\frac{5}{6}p_s$。由式(8.38)可知：当 $A_1=A_2=A$ 时，$-p_sA<F<p_sA$，系统可以承受正反两个方向的对称负载；当 $A_1=2A_2$ 时，$-0.5p_sA_1<F<p_sA_1$，系统仍然可以承受正性负载(也称正向负载)和负性负载(也称负向负载)，且可承受的正性负载力为负性负载力的 2 倍，这是由液压缸活塞面积不对称所引起的。因此，非对称液压缸控制系统广泛应用于正性加载或受力系统中。

由文献[1]、[6]可知，采用对称液压阀 $\left(\frac{W_1}{W_2}=1.0\right)$ 控非对称液压缸 $\left(\frac{A_2}{A_1}=0.5\right)$，液压系统承受负载力的边界为 $-0.125p_sA_1<F<0.625p_sA_1$，可见这种系统承受负性负载的范围很小，而且承受正性负载的范围也是很有限的。

8.2.4 实践案例

1) 速度特性　图 8.12 所示为零开口非对称液压阀控非对称液压缸系统的实测空载速度增益曲线。空载时，液压缸活塞换向前后的速度增益不相同，即零开口非对称液压阀控非对称液压缸系统的正反方向速度增益不对称，在阀位移零位附近，速度增益具有跳跃现象。

图 8.13 所示为正开口非对称液压阀控非对称液压缸的实测速度增益曲线。采用正开口非对称液压阀控非对称液压缸时，负载速度曲线具有很好的线性度。

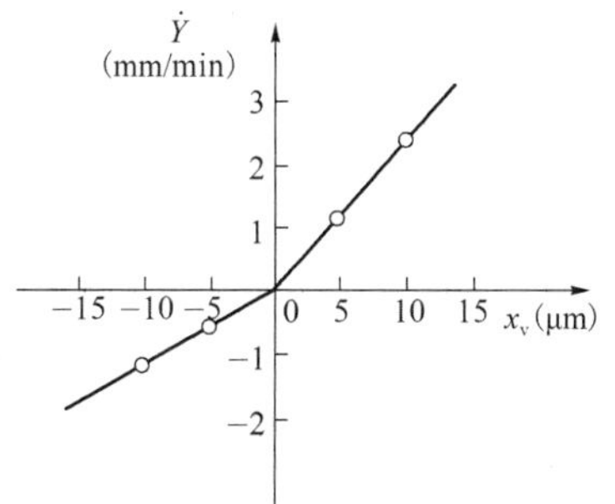

图 8.12　零开口非对称液压阀控非对称液压缸系统实测空载速度增益曲线 ($A_1=2A_2$，$W_1=2W_2$，$F=0$)

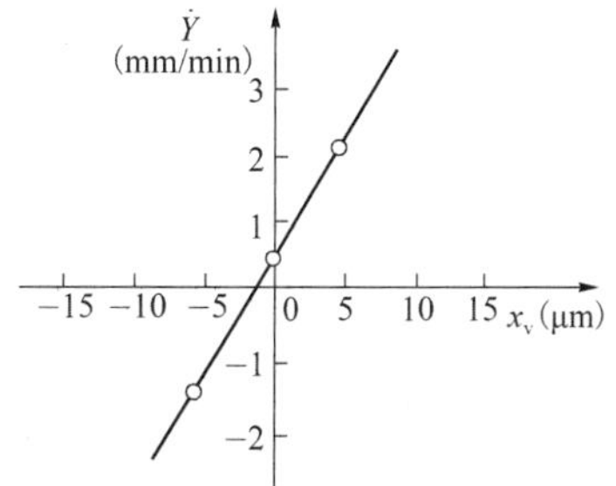

图 8.13　正开口非对称液压阀控非对称液压缸实测速度增益曲线

2）流量匹配控制系统设计方法　在液压控制系统的分析与设计时，应当考虑到或创造条件做到以下几点：

（1）空载进行速度控制时，应采用零开口对称液压阀控对称液压缸或正开口对称液压阀控对称液压缸。

（2）采用非对称液压阀控非对称液压缸的流量匹配控制系统，加载或受载进行速度控制时，应采用零开口非对称液压阀控非对称液压缸或正开口非对称液压阀控非对称液压缸，且负载满足匹配条件 $F = p_s(A_1 - A_2)/2$ 的最佳情况下，液压动力机构在零位附近的速度增益具有显著的线性特性。

（3）为了避免液压缸油液产生气蚀和压力失控，系统所承受的负载力必须在式(8.38)所示的边界范围内。

8.3　液压缸和气缸的固有频率

液压缸和气缸也称为作动器，两者的几何结构基本一样。单作用缸是指一个方向的运动由流体力作用，另一个方向的运动由活塞的重力或弹簧力作用的作动器。单作用缸由于结构简单、容易生产制造等特点，价格相对较低，使用时可以节省空间，广泛应用于各种控制系统的执行机构，如目前焊接机的力控制多采用单作用缸。有关单作用缸、双作用缸的力控制和固有频率的研究文献还不多见。本节分析单作用缸、双作用缸的固有频率特性，包括几何非对称缸、几何对称缸的固有频率特性，中立位置频率特性，考虑绝热过程的气体压缩性或液压油压缩性时液压缸和气缸的固有频率特性。

8.3.1　液压缸和气缸的分类

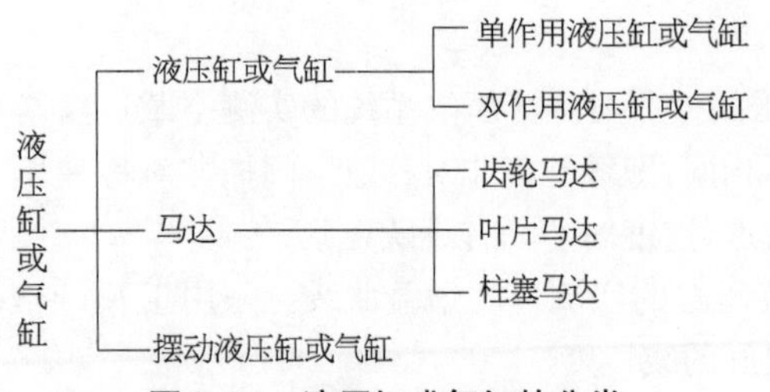

图 8.14　液压缸或气缸的分类

液压缸和气缸是将流体的压力能转换为机械能的装置，已经广泛应用于各种控制装置，从运动形式看，包括做直线运动的液压缸或气缸(cylinder)、做回转运动的马达、做旋转运动的摆动作动器等各种类型。气缸采用压缩空气作为气源，将气体的压力能转换为机械能。按照运动形式分类的液压缸或气缸如图 8.14 所示。液压缸或气缸也可按照下列方式分为单作用缸和双作用缸。

1）单作用缸(single acting cylinder)　结构上仅仅活塞的一边供给具有一定压力的流体。单作用缸依靠一个方向的流体力来控制该方向的运动，返回过程依靠弹簧力或重力等外部力的作用。

2）双作用缸(double acting cylinder)　结构上活塞两边均供给一定工作压力的流体，两侧流体力的作用下液压缸或气缸可向正方向或反方向运动。

通常，液压缸或气缸的不对称性可忽略时，活塞初始位置处于缸的中立位置，两边可看作对称结构，则称为对称液压缸或气缸。实际上，直线运动的液压缸或气缸、回转运动的作动器常常是不对称的，或者初始位置在非中立位置工作，具有较强烈的非线性特征。类似的结构或使用场合，采用近似计算往往存在不足。因此，动态特性分析、控制系统设计时有必要进行严格的分析。

液压系统或气动系统的高性能、高速控制性能直接受流体的体积弹性系数的影响。具有压力的流体控制作动器的固有频率取决于作动器参数、可动部分负载质量以及活塞的有效面积、位移量、流体的特性，固有频率对流体的工作性能起支配作用。本节主要分析液压缸和气缸，包括单作用缸、双作用缸的特性。

8.3.2 活塞初始位置对气缸固有频率的影响

8.3.2.1 单作用气缸

图 8.15 所示为典型的负载质量-弹簧系统图，表示负载质量 m 和弹簧 K 组成的系统。系统的固有频率为

$$\omega=\sqrt{\frac{K}{m}} \tag{8.39}$$

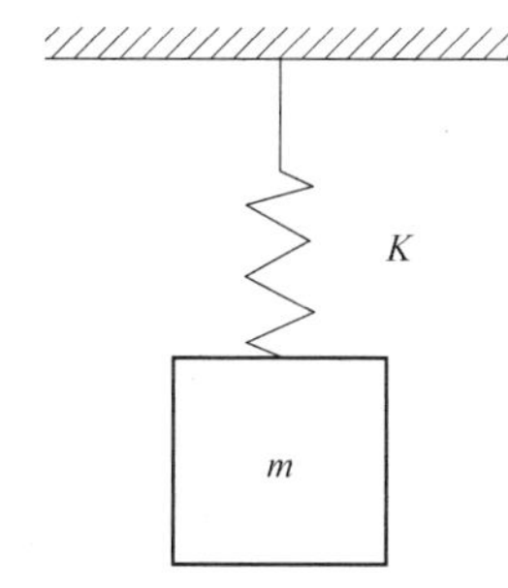

图8.15 负载质量-弹簧系统

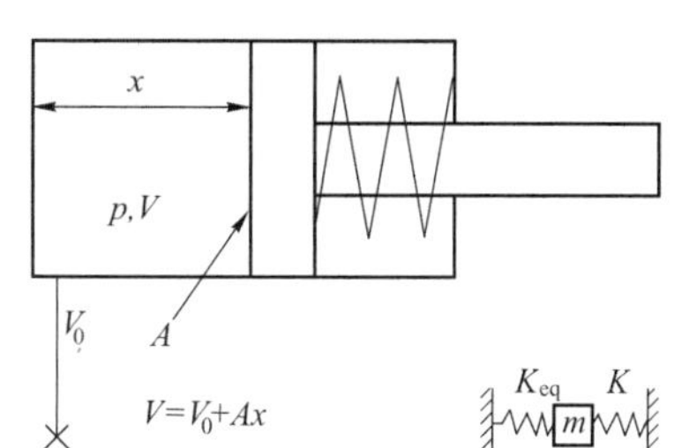

图 8.16 单作用液压缸或气缸

一般气动伺服阀的固有频率较气缸的固有频率高得多，假设气缸气室处于关闭状态时作为平衡状态，气动伺服阀控气缸系统的固有频率随气室内一定质量气体的状态变化而变化。气缸特性根据气缸气室容积、室内空气压力变化、容积变化和可动部分的运动方程式而得到。单作用缸或双作用缸系统可等价为负载质量-等价弹簧系统。图 8.16 所示为单作用气动伺服系统示意图。气体作为工作介质时，气缸内一定质量的气体密度取决于压力和温度，需要考虑气体的热力学特性。作为理想气体时，气体的状态方程式为

$$pV^n=const \tag{8.40}$$

式中 p——气体压力；

V——气体体积；

n——气体状态变化的多变指数。

两边求导数，可得

$$V^n\mathrm{d}p+nV^{n-1}p\,\mathrm{d}V=0$$

即

$$V\mathrm{d}p+np\,\mathrm{d}V=0$$

气缸气室的气体体积弹性模量 β_0 的定义式为

$$\beta_0=-V\frac{\mathrm{d}p}{\mathrm{d}V}=np \tag{8.41}$$

这里，气体为可压缩性流体，是压力的函数，随压力大小而线性变化。气体的体积弹性模量(β_0)并不是一个常数，其数值与气体压力(p)和多变指数(n)有关。例如，气体压力分别为 5×10^5 Pa 和 10×10^5 Pa 时，气腔的体积弹性模量分别为 7×10^5 Pa 和 14×10^5 Pa。

假设气缸系统在平衡位置附近具有微小扰动量，此时气缸系统可等价为负载质量-弹簧系统。由气缸气室起作用的等效弹簧刚度为

$$K_{eq}=-\frac{dF}{dx}=-\frac{Adp}{dV/A}=\frac{A^2\beta_0}{V} \tag{8.42}$$

$$V=V_0+Ax \tag{8.43}$$

式中 V_0——包括管路的气腔气体体积(m^3)；

V——气缸气室的气体体积(m^3)；

x——活塞离开初始位置的位移量(m)；

A——气缸活塞的有效面积(m^2)。

气缸系统的固有频率计算方法和负载质量-弹簧系统一样($K=0$)。

$$\omega=\sqrt{\frac{K_{eq}}{m}}=\sqrt{\frac{nA^2p}{Vm}}=\sqrt{\frac{nA^2p}{(V_0+Ax)m}} \tag{8.44}$$

当活塞处于气缸的极端位置，即处于活塞的最末端时($x=0$)，固有频率达到最大值。此时，固有频率为

$$\omega_{max}=\sqrt{\frac{nA^2p}{V_0m}} \tag{8.45}$$

气缸连接的管路中气体体积(V_0)最小，即活塞处于气缸端部位置时，理论上气缸系统的固有频率具有最大值。管路内气体体积越小，如 $V_0=0$ 时，活塞处于气缸端部位置时，理论上气缸系统的固有频率具有最大值。单作用气缸系统的固有频率与活塞的位置的理论关系如图 8.17 和表 8.1 所示。

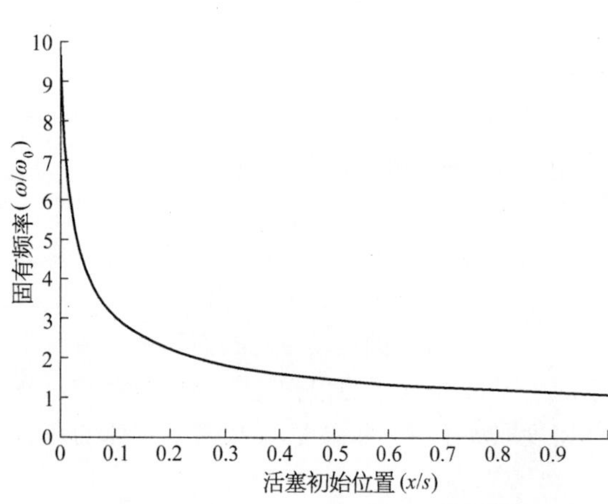

图 8.17 气动单作用气缸系统固有频率特性($K=0$)

表 8.1 气动单作用气缸系统固有频率特性($V_0=0$)

x/s	0	0.1	0.2	0.3	0.4	0.5	0.6	0.7	0.8	0.9	1.0
ω/ω_0(%)	∞	316	224	183	158	142	129	120	112	106	100

由图 8.17 可知：活塞的初始位置不同，容腔中气体的等效气体弹簧刚度不同。单作用气缸的活塞处于缸体的端部，管路内气体体积最小时(活塞在极端位置，即端盖附近 $x\approx0$) 气动控制系统的固有频率最高，空气室内气体的等效弹簧刚度达到最大值。例如，气体压力为 5×10^5 Pa，气缸面积为 34.3 cm^2，气缸和管路之间的气体体积为 3.00 cm^3 时，空气的气体弹簧刚度 $K_{eq}=2.75\times10^6$ N/m。

8.3.2.2 双作用气缸

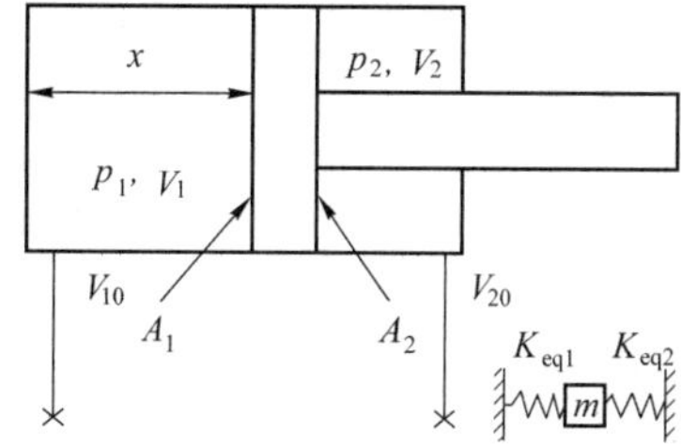

图 8.18 双作用气缸和双作用液压缸结构示意图

图 8.18 所示为双作用气缸示意图。定义活塞稳定地停止于作动器的几何中间位置状态为基准状态，气体体积为管路内的体积和作动器内的体积之和，作动器活塞两侧的活塞杆直径不同的作动器系统相当于两个等效气体弹簧组成的等效质量-弹簧系统，其等效弹簧刚度为

$$K_{eq1}=\frac{A_1^2\beta_1}{V_1}=\frac{A_1^2\beta_1}{V_{10}+A_1x} \tag{8.46}$$

$$K_{eq2}=\frac{A_2^2\beta_2}{V_2}=\frac{A_2^2\beta_2}{V_{20}+A_2(s-x)} \tag{8.47}$$

式中 V_1、V_2——作动器两腔的流体容积；

β_1、β_2——作动器两腔的气体体积弹性模量，$\beta_1=np_1$，$\beta_2=np_2$；

A_1、A_2——作动器两腔的有效面积(m^2)；

V_{10}、V_{20}——两侧的管路和控制阀之间的流体体积(m^3)；

p_1、p_2——作动器两腔内的流体压力(Pa)；

s——活塞的最大位移(m)。

两个并列的等效质量-弹簧系统的有效弹簧刚度为

$$K=K_{eq1}+K_{eq2}$$

即

$$K=\frac{A_1^2\beta_1}{V_{10}+A_1x}+\frac{A_2^2\beta_2}{V_{20}+A_2(s-x)}=\frac{A_1^2np_1}{V_{10}+A_1x}+\frac{A_2^2np_2}{V_{20}+A_2(s-x)} \tag{8.48}$$

双作用气缸的固有频率为

$$\omega=\sqrt{\frac{K}{m}}=\sqrt{\frac{A_1^2np_1}{(V_{10}+A_1x)m}+\frac{A_2^2np_2}{[V_{20}+A_2(s-x)]m}} \tag{8.49}$$

当活塞处于气缸的两个极端位置时，有

$x=0$ 时
$$K_{max1}=\frac{A_1^2np_1}{V_{10}}+\frac{A_2^2np_2}{V_{20}+A_2s},\ \omega_{max1}=\sqrt{\frac{K_{max1}}{m}} \tag{8.50}$$

$x=s$ 时
$$K_{max2}=\frac{A_1^2np_1}{V_{10}+A_1s}+\frac{A_2^2np_2}{V_{20}},\ \omega_{max2}=\sqrt{\frac{K_{max2}}{m}} \tag{8.51}$$

具有气缸的位置控制系统，做以下假设：

(1) 气缸的初始位置平衡状态处有 $p_1A_1=p_2A_2$。

(2) 气缸内气体的体积比管路内气体体积大得多，即管路内的气体体积可忽略，即 $V_{10}=V_{20}=0$。

由式(8.48)和式(8.49)，气缸系统的等效气体弹簧刚度和固有频率分别为

$$K=\frac{nA_1p_1}{x}+\frac{nA_2p_2}{s-x}=nA_1p_1\left(\frac{1}{x}+\frac{1}{s-x}\right)$$

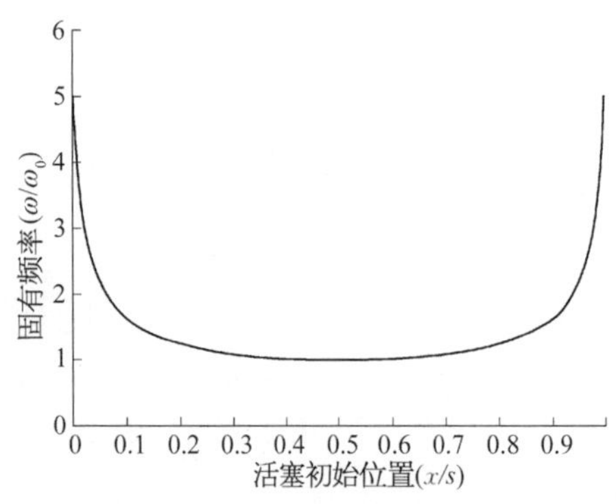

图 8.19　气动双作用气缸固有频率特性 ($A_1 = A_2$ 或 $A_1 \neq A_2$)

$$\omega_0 = \sqrt{\frac{K}{m}} = \sqrt{\frac{nA_1 p_1}{m}\left(\frac{1}{x} + \frac{1}{s-x}\right)} \quad (8.52)$$

从上式可知,气缸系统的固有频率随活塞的初始位置变化而变化。由式(8.52)可计算得出双作用气缸的固有频率特性计算结果如图 8.19 和表8.2所示。由式(8.52)可知,固有频率取最小值的条件为

$$\mathrm{d}K/\mathrm{d}x = 0$$

即 $x/s = 0.5$, $K = K_{\min}$ 时

$$\omega = \omega_{\min} = \sqrt{\frac{4nA_1 p_1}{sm}}$$

表 8.2　初始压力对双作用气缸固有频率特性的影响 ($A_1 = A_2$ 或 $A_1 \neq A_2$; $V_{10} = V_{20} = 0$)

x/s	0	0.1	0.2	0.3	0.4	0.5	0.6	0.7	0.8	0.9	1.0
ω/ω_0(%)	∞	167	125	109	103	100	103	109	125	167	∞

由上式可知,无论双作用对称气缸还是双作用非对称气缸,当活塞处于气缸的中央位置时,固有频率达到最小值。活塞的初始位置和气缸初始压力对频率特性的影响如图 8.20 所示。气缸气体压力的初始值越高,气缸的固有频率越大。

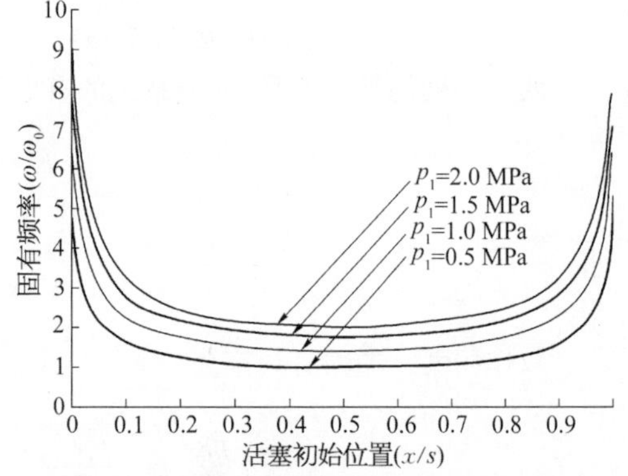

图 8.20　初始压力对双作用气缸固有频率特性的影响 ($A_1 = A_2$ 或 $A_1 \neq A_2$)

8.3.3　活塞初始位置对液压缸固有频率的影响

液压缸和气缸的结构相似,液压缸以液压油作为工作介质,气缸以压缩性较强的气体(如空气)作为工作介质,但两者的基本特性差异很大。液压缸的压缩性一般在液压缸系统的动态特性中表现出来。液压油的体积弹性系数随压力、温度的变化较小,可以看作具有较大弹簧刚度的液压弹簧。如图 8.18 所示,双作用液压缸系统的两个等效弹簧的弹簧刚度分别为

$$K_{\mathrm{eq1}} = \frac{A_1^2\beta}{V_{10} + A_1 x},\ K_{\mathrm{eq2}} = \frac{A_2^2\beta}{V_{20} + A_2(s-x)}$$

双作用液压缸可以看作两个相互并联的弹簧组成的质量弹簧系统。弹簧刚度和固有频率分别为

$$K = \frac{A_1^2\beta}{V_{10} + A_1 x} + \frac{A_2^2\beta}{V_{20} + A_2(s-x)}$$

$$\omega = \sqrt{\frac{K}{m}} = \sqrt{\frac{A_1^2\beta}{(V_{10} + A_1 x)m} + \frac{A_2^2\beta}{[V_{20} + A_2(s-x)]m}} \quad (8.53)$$

该固有频率取最小值时,可得到活塞的位置:

$$\mathrm{d}K/\mathrm{d}x = 0 \text{ 时}, K = K_{\min},\ \omega = \omega_{\min}$$

$$x_0 = \frac{\sqrt{A_1}/A_2 \cdot V_{20} - \sqrt{A_2}/A_1 \cdot V_{10} + \sqrt{A_1}\, s}{\sqrt{A_1} + \sqrt{A_2}} \tag{8.54}$$

固有频率取最大值时，活塞处于液压缸两端的两个极端位置：

$x = 0$ 时
$$K_{\max1} = \frac{A_1^2\beta}{V_{10}} + \frac{A_2^2\beta}{V_{20} + A_2 s}$$

$x = s$ 时
$$K_{\max2} = \frac{A_1^2\beta}{V_{10} + A_1 s} + \frac{A_2^2\beta}{V_{20}}$$

忽略管路内油液的体积，只考虑液压缸内油液的体积时，液压缸系统的固有频率及其最小值分别为

$$V_{10} = V_{20} = 0,\ \omega = \sqrt{\frac{\beta}{m}\left(\frac{A_1}{x} + \frac{A_2}{s - x}\right)} \tag{8.55}$$

当 $x_0 = \dfrac{\sqrt{A_1}}{\sqrt{A_1} + \sqrt{A_2}} \cdot s$ 时，固有频率最小值为

$$\omega_0 = \omega_{\min} = \sqrt{\frac{\beta}{ms}}\left(\sqrt{A_1} + \sqrt{A_2}\right)$$

由式(8.55)，双作用对称液压缸($A_1 = A_2$)的固有频率如图 8.21 和表 8.3 所示。活塞处于液压缸的两个极端位置时，固有频率达到最大值。活塞处于液压缸的中间位置时，固有频率达到最小值。$x_0 = 0.5s$ 时，固有频率达到最小值，有

$$\omega_0 = 2\sqrt{\frac{A_2\beta}{sm}}$$

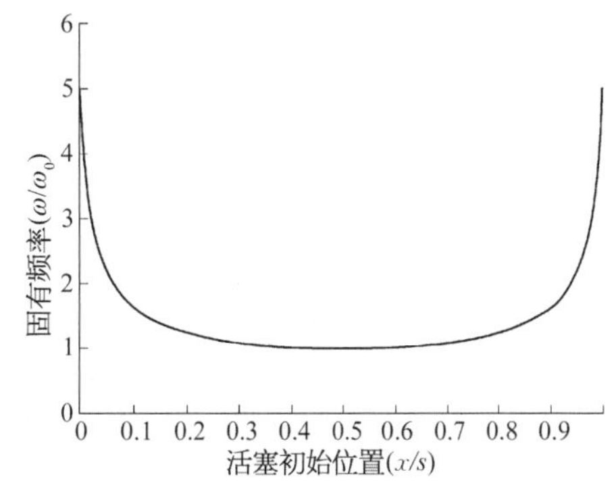

图 8.21 双作用液压缸固有频率特性($A_1 = A_2$)

表 8.3 双作用液压缸固有频率特性($A_1 = A_2$)

x/s	0	0.1	0.2	0.3	0.4	0.5	0.6	0.7	0.8	0.9	1.0
ω/ω_0(%)	∞	167	125	109	103	100	103	109	125	167	∞

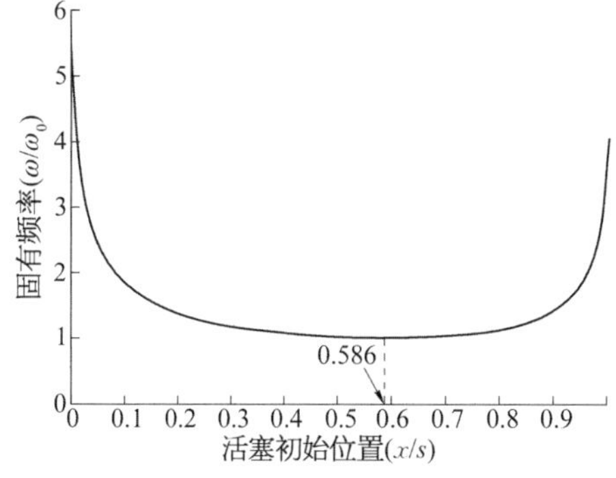

图 8.22 双作用非对称液压缸固有频率特性($A_1 = 2A_2$)

液压缸的左右两个活塞杆的有效面积不同时，液压缸为非对称液压缸。例如 $A_1 = 2A_2$ 时，液压缸的固有频率特性如图 8.22 及表 8.4 所示。当活塞到达液压缸两边的端盖极端位置时固有频率达到最大值。但是固有频率取最小值时，活塞并不处于中央位置。$x_0 = (2 - \sqrt{2})s$ 时，固有频率取最小值

$$\omega_0 = (1 + \sqrt{2})\sqrt{\frac{A_2\beta}{sm}}$$

表 8.4　双作用非对称液压缸固有频率特性($A_1=2A_2$)

x/s	0	0.1	0.2	0.3	0.4	0.5	$2-\sqrt{2}$	0.7	0.8	0.9	1.0
ω/ω_0(%)	∞	190	139	118	107	102	100	103	114	145	∞

8.3.4　液压缸系统和气动气缸系统比较

(1) 不可压缩流体和可压缩流体差别。由式(8.49)和式(8.53)可知,气动气缸系统和液压缸系统的固有频率和动态特性的表达式非常相似。但是,流体的体积弹性系数差别却极大。液压油的体积弹性系数的数值非常大,可以近似认为是非压缩性流体。气体(如空气)为具有非常大的压缩性的流体,必须考虑气体的压缩性。

(2) 体积弹性系数差别。空气 $\beta_0=7\times10^5\sim1.4\times10^6$ Pa,液压系统的作动油 $\beta=1.4\times10^9\sim1.86\times10^9$ Pa,两者相差约 2 000 倍。

(3) 由式(8.49)和式(8.53)可知,相同尺寸的作动器,液压缸和气缸的固有频率却相差大约 $\sqrt{2\,000}$ 倍(45 倍)。

(4) 固有频率最小时活塞位置的差别。

气动:对称气缸和非对称气缸的最小固有频率发生在活塞处于气缸的中间位置处。分析气动系统稳定性时,只需要研究活塞处于气缸中立位置处即可。

液压:对称液压缸的最小固有频率发生在活塞处于液压缸的中间位置处。但是,非对称液压缸的最小固有频率发生在活塞偏离液压缸中间位置的某处。分析液压系统稳定性时,对称液压缸只需要研究活塞处于液压缸中立位置处即可;非对称液压缸则需要研究活塞偏离液压缸中立位置的某处。

(5) 液压缸和气缸的机械构造基本相同。

通过分析两侧有效面积不对称的作动器,活塞在中央位置或偏离中央位置某处时的气动气缸和液压缸的固有频率,通过两者的比较分析可得到以下结果:

(1) 活塞处于不同位置时,液压缸或气缸的固有频率完全不同。活塞处于作动器端盖的两端位置时,固有频率达到最大值。

(2) 气动单作用气缸的活塞处于端面位置时,固有频率达到最大值。双作用气缸,无论对称气缸($A_1=A_2$)或非对称气缸($A_1=2A_2$),当活塞处于中间位置时,固有频率达到最小值。对称液压缸(如 $A_1=A_2$),当活塞处于中央位置时,固有频率达到最小值。非对称液压缸(如 $A_1=2A_2$),固有频率的最小值出现在活塞偏离液压缸中央位置的某处,如 $x=(2-\sqrt{2})s$。

(3) 液压缸或气缸的活塞处于中央位置或偏离中央位置的某处时,固有频率最小。此时,控制系统的稳定性最低,因此需要详细分析活塞处于该位置时的系统稳定性。固有频率最大值出现在液压缸或气缸的活塞处于端盖两端的位置,此时作动器系统的快速性好。固有频率的最小值和最大值是控制系统设计和使用时需要重点考虑的因素。

(4) 对直线运动的作动器的分析方法和结果同样适用于旋转运动的摆动作动器。

8.4　对称不均等正开口液压滑阀

上节分析了对称液压阀控非对称液压缸伺服系统存在的压力失控、气穴及液压缸换向压力突变现象，提出了采用新型非对称液压阀控非对称液压缸的方案，实现液压元件之间的流量匹配与系统协调。本节在此基础上分析具有对称不均等正开口量的圆柱滑阀压力特性。

液压伺服阀的工作特性取决于阀芯和阀套之间的节流工作边及其重叠量的制造配合精度。正开口滑阀阀芯上台肩的宽度比阀套上沟槽的宽度窄。当四个节流工作边具有不均等的开口量时，称为遮盖量不均等正开口阀。本节分析对称不均等液压伺服阀的压力特性、压力增益特性及零位泄漏量，介绍应用事例。

8.4.1 对称不均等液压滑阀及其压力特性

如图 8.23 所示为阀控液压缸动力机构示意图。设滑阀为正开口，且四个节流边对称，对称重合量分别为 Δ_1、Δ_2，且 $\Delta_1 \neq \Delta_2$，阀的工作行程在正开口范围内，即 $|x_v| < \min(\Delta_1, \Delta_2)$。液流流过四个节流边时均为紊流流动，并忽略液压缸和液压阀的内外部泄漏量。在稳态工作时，$\dot{Y}=0$，液压缸活塞位置静止不动，进出液压缸的油液体积为零 ($Q_L=0$)，即 $Q_a=Q_d$、$Q_b=Q_c$，分析液压缸两腔压力 p_1、p_2 及负载压力 p_L、滑阀位移 x_v 之间的关系，即在 $Q_L=0$ 时的压力特性 $p_L=f(x_v)$，同时得出系统工作压力特性曲线。

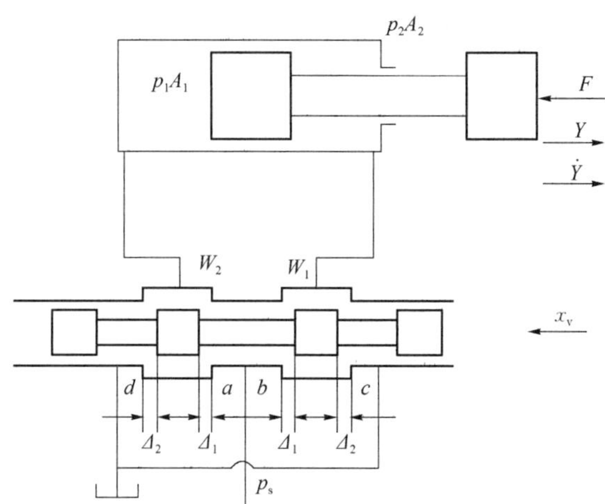

图 8.23 阀控液压缸动力机构

假设液压阀节流口面积和液压缸流量相匹配，则有

$$\frac{W_1}{W_2}=\frac{A_1}{A_2} \tag{8.56}$$

式中 W_1——伺服阀与无杆腔连接的节流窗口面积梯度(m)；
W_2——伺服阀与有杆腔连接的节流窗口面积梯度(m)；
A_1——活塞无杆腔的有效面积(m^2)；
A_2——活塞有杆腔的有效面积(m^2)。

并设

$$\frac{W_2}{W_1}=n$$

液压缸活塞静止不动时，液压阀的流量方程满足

$$C_dW_1(\Delta_1+x_v)\sqrt{\frac{2}{\rho}(p_s-p_1)}=C_dW_1(\Delta_2-x_v)\sqrt{\frac{2}{\rho}p_1} \tag{8.57}$$

$$C_d W_2(\Delta_1 - x_v)\sqrt{\frac{2}{\rho}(p_s - p_2)} = C_d W_2(\Delta_2 + x_v)\sqrt{\frac{2}{\rho}p_2} \tag{8.58}$$

式中　C_d——节流口的流量系数；

x_v——阀芯偏离中立位置的位移量(m)；

ρ——油液密度(kg/m^3)；

p_s——供油压力(Pa)；

p_1——无杆腔压力(Pa)；

p_2——有杆腔压力(Pa)。

液压缸活塞的负载力平衡方程为

$$F = A_1 p_1 - A_2 p_2 \tag{8.59}$$

定义负载压力为

$$p_L = \frac{F}{A_1} = p_1 - np_2$$

令阀位移的无因次量为 $\bar{x}_v = x_v/\Delta_1$，两腔的压力和负载压力的无因次量分别为 $\bar{p}_1 = p_1/p_2$，$\bar{p}_2 = p_2/p_s$，$\bar{p}_L = p_L/p_s$。定义圆柱滑阀轴向尺寸正开口量的不均等系数 $m = \Delta_2/\Delta_1$。由式(8.57)、式(8.58)可得阀位移量为 x_v 时液压缸两腔的压力分别为

$$p_1 = \frac{(\Delta_1 + x_v)^2}{(\Delta_1 + x_v)^2 + (\Delta_2 - x_v)^2} p_s \tag{8.60}$$

$$p_2 = \frac{(\Delta_1 - x_v)^2}{(\Delta_1 - x_v)^2 + (\Delta_2 + x_v)^2} p_s \tag{8.61}$$

将式(8.60)与式(8.61)无因次化，可得液压缸两个控制腔的工作压力分别为

$$\bar{p}_1 = \frac{(1+\bar{x}_v)^2}{(1+\bar{x}_v)^2 + (m-\bar{x}_v)^2} \tag{8.62}$$

$$\bar{p}_2 = \frac{(1-\bar{x}_v)^2}{(1-\bar{x}_v)^2 + (m+\bar{x}_v)^2} \tag{8.63}$$

将式(8.62)与式(8.63)相加，还可以得到液压缸两腔压力和的表达式为

$$\bar{p}_1 + \bar{p}_2 = \frac{(1+\bar{x}_v)^2}{(1+\bar{x}_v)^2 + (m-\bar{x}_v)^2} + \frac{(1-\bar{x}_v)^2}{(1-\bar{x}_v)^2 + (m+\bar{x}_v)^2} \tag{8.64}$$

将式(8.60)与式(8.61)代入负载压力表达式 p_L，并无因次化，可得负载压力特性式为

$$\bar{p}_L = \frac{(1+\bar{x}_v)^2}{(1+\bar{x}_v)^2 + (m-\bar{x}_v)^2} - \frac{n(1-\bar{x}_v)^2}{(1-\bar{x}_v)^2 + (m+\bar{x}_v)^2} \tag{8.65}$$

式(8.62)和式(8.63)表明：液压缸两个控制腔的工作压力$\bar{p}_1$、$\bar{p}_2$与阀位移$\bar{x}_v$之间呈非线性关系，且两腔的压力特性曲线对称于$\bar{x}_v = 0$，同时还与阀正开口量不均等系数 m 有关。由式(8.62)、式(8.63)可得出在不同的正开口量不均等系数 m 时的无因次工作压力特性曲线，以及当阀位移达到饱和状态的 $|x_v| > \min(\Delta_1, \Delta_2)$ 时的压力分布情况。图 8.24 所示为 $\Delta_1 = 2\Delta_2$，即 $m = 0.5$ 时的正开口阀控液压缸的两腔压力无因次特性曲线。图 8.25 所示为 $\Delta_1 = \Delta_2$，即 $m = 1$ 时的正开口阀控液压缸的两腔压力无因次特性曲线。图 8.26 所示为 $\Delta_1 = 0.5\Delta_2$，即 $m = 2$ 时的正开口阀控液压缸的两腔压力无因次特性曲线。

式(8.64)表明：当且仅当圆柱滑阀轴向尺寸对称均等，即 $m=1$ 时，$\bar{p}_1+\bar{p}_2=1$，$p_1+p_2=p_s$ 为常数；当滑阀轴向尺寸对称不均等，即 $m<1$ 或 $m>1$ 时，$\bar{p}_1+\bar{p}_2$ 是 $\bar{x}_v$ 的函数，且呈非线性关系，在零位 $\bar{x}_v=0$ 时，$\bar{p}_1+\bar{p}_2$ 有最大值或最小值 $2/(1+m^2)$。由图 8.24～图 8.26 可知：

(1) 液压阀两个负载通道的压力 $\bar{p}_1$、$\bar{p}_2$ 随阀位移 $\bar{x}_v$ 变化曲线是非线性的，且对称于纵坐标轴。

(2) 具有对称均等开口量的液压滑阀($m=1$)在零位附近较大范围内，压力特性曲线的线性度较好，其灵敏度最高；具有对称不均等开口量的液压滑阀(如 $m=0.5$ 或 $m=2$ 时)在零位附近的较小区域，即 $|x_v|<\min(\Delta_1, \Delta_2)$ 范围内，压力特性曲线有较好的线性度和灵敏度。设计液压阀时，应尽量限制阀位移，使其在正开口范围，即 $|x_v|<\min(\Delta_1, \Delta_2)$ 内移动。

(3) 具有对称均等开口量的液压滑阀，两个负载腔的压力和等于供油压力，即当 $m=1$ 时，$\bar{p}_1+\bar{p}_2=1.0$ 为常数，且在 $\bar{x}_v=0$ 时，$\bar{p}_{10}=\bar{p}_{20}=0.5$，这种具有对称均等正开口量滑阀的液压系统，分析过程极为方便；当 $m=0.5$ 时，$\bar{p}_1+\bar{p}_2>1.0$，且在 $\bar{x}_v=0$ 时，$\bar{p}_{10}=\bar{p}_{20}=0.8>0.5$；当 $m=0.707$ 时，$\bar{p}_{10}=\bar{p}_{20}=2/3$；当 $m=2$ 时，$\bar{p}_1+\bar{p}_2<1.0$，且在 $\bar{x}_v=0$ 时，$\bar{p}_{10}=\bar{p}_{20}=0.2<0.5$。可见，具有对称不均等正开口量滑阀在零位时，两个负载通道的压力均不为 $0.5p_s$，在零位附近，$\bar{p}_1+\bar{p}_2$ 并不为常数，而是阀位移 $\bar{x}_v$ 的函数，这种阀组成的液压系统动态分析比较困难，可以利用计算机进行仿真计算。

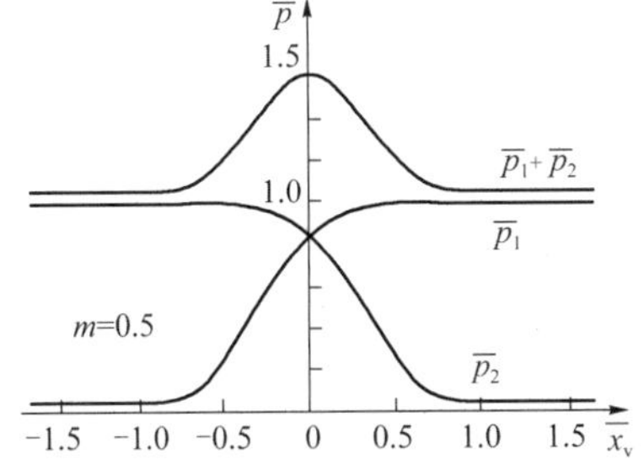

图 8.24　正开口阀控液压缸的两腔压力无因次特性曲线($\Delta_1=2\Delta_2$，即 $m=0.5$)

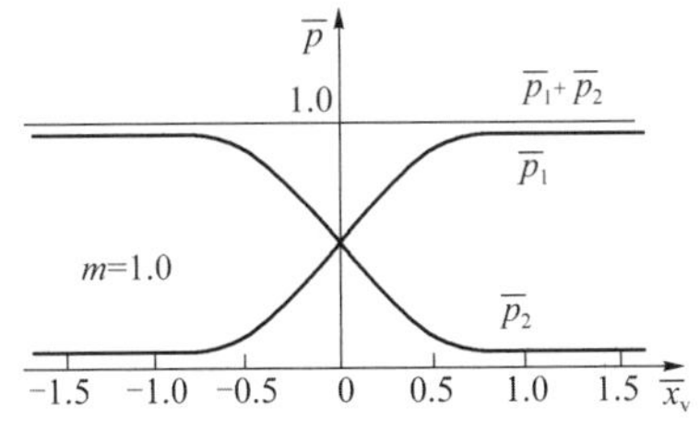

图 8.25　正开口阀控液压缸的两腔压力无因次特性曲线($\Delta_1=\Delta_2$，即 $m=1$)

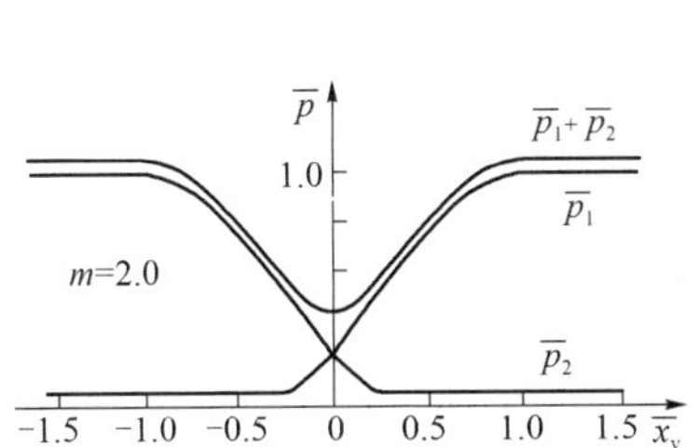

图 8.26　正开口阀控液压缸的两腔压力无因次特性曲线($\Delta_1=0.5\Delta_2$，即 $m=2$)

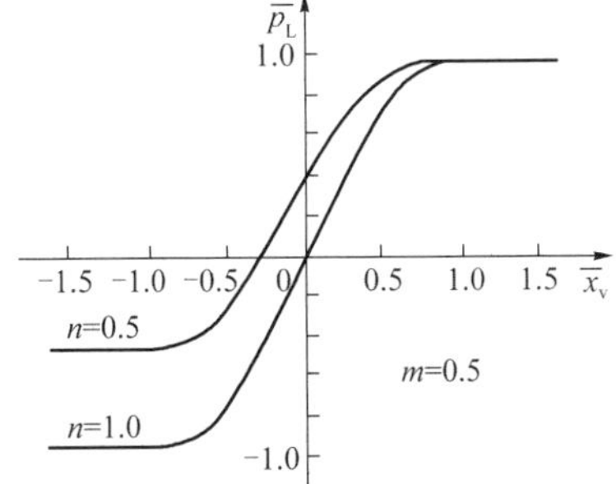

图 8.27　正开口阀控液压缸的负载压力无因次特性曲线($\Delta_1=2\Delta_2$，即 $m=0.5$；$A_1=A_2$ 或 $A_1=0.5A_2$，即 $n=1$ 或 0.5)

由式(8.65)可绘出在 m、n 取不同数值时的无因次负载压力-阀位移特性曲线，如图 8.27～图 8.29 所示。

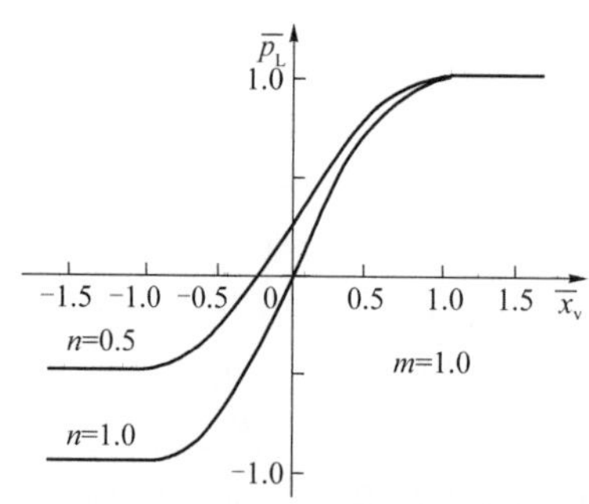

图 8.28　正开口阀控液压缸的负载压力无因次特性曲线($\Delta_1=\Delta_2$，即 $m=1$; $A_1=A_2$ 或 $A_1=0.5A_2$，即 $n=1$ 或 0.5)

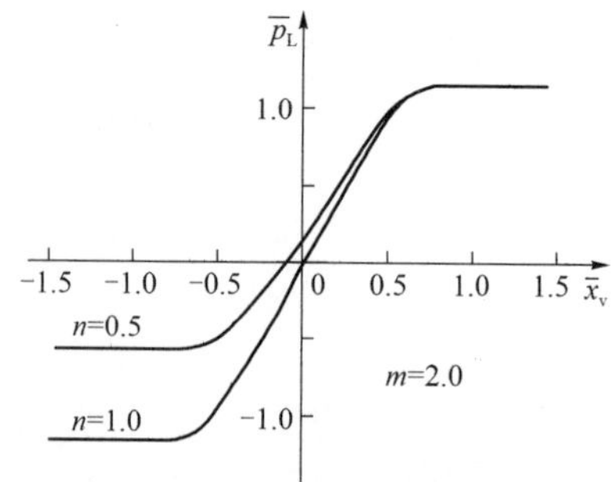

图 8.29　正开口阀控液压缸的负载压力无因次特性曲线($\Delta_1=0.5\Delta_2$，即 $m=2$; $A_1=A_2$ 或 $A_1=0.5A_2$，即 $n=1$ 或 0.5)

(1) 对称液压阀控对称液压缸系统(即 $n=1$)，空载 $\overline{p}_L=0$ 时，阀处于零位 $\overline{x}_v=0$；负载为 $\overline{p}_L$ 时，阀的稳态工作点将偏离零位某处 $\overline{x}_v$。

(2) 非对称液压阀控非对称液压缸系统(即 $n=0.5$)，空载 $\overline{p}_L=0$ 时，则可使阀的稳态工作点在零位 $\overline{x}_v=0$。如图 8.28 所示，$m=1$，$\overline{p}_L=0.25$，即 $F=0.25p_sA_1$ 时，阀的稳态工作点在零位。

8.4.2　零位压力值及零位泄漏量

8.4.2.1　零位压力值

当滑阀处于中立位置，即零位 $\overline{x}_v=0$ 时，由式(8.62)、式(8.63)可得滑阀的零位压力值和零位负载压力值分别为

$$\overline{p}_{10}=\overline{p}_{20}=1/(1+m^2) \tag{8.66}$$

零位时负载压力为

$$\overline{p}_{L0}=\frac{1-n}{1+m^2} \tag{8.67}$$

由上式可见，零位压力值与滑阀正开口量的对称不均等系数 m 有关。具有对称均等正开口量的圆柱滑阀(即 $m=1$)，零位压力为供油压力的 50%，即 $\overline{p}_{10}=\overline{p}_{20}=0.5$。具有对称不均等正开口量的圆柱滑阀，如 $m<1$ 时，零位压力大于供油压力的 50%，即 $\overline{p}_{10}=\overline{p}_{20}>0.5$；当 $m=0.707$ 时，$\overline{p}_{10}=\overline{p}_{20}=2/3$；当 $m>1$ 时，零位压力小于供油压力的 50%，即 $\overline{p}_{10}=\overline{p}_{20}<0.5$。

式(8.67)反映了液压阀处于零位时液压系统所承受的负载压力，根据该式恰当地进行液压系统设计，使液压系统的零速平衡点在阀的零位。

8.4.2.2　零位泄漏量

零位泄漏量为

$$Q_0=Q_{a0}+Q_{b0}=Q_{c0}+Q_{d0} \tag{8.68}$$

将式(8.57)、式(8.58)、式(8.66)代入式(8.68)，可得零位泄漏量为

$$\begin{aligned} Q_0 &= \frac{C_d(W_1+W_2)\Delta_1\Delta_2}{\sqrt{\Delta_1^2+\Delta_2^2}}\sqrt{\frac{2}{\rho}p_s}=\frac{C_dW_1\Delta_2(1+n)}{\sqrt{1+m^2}}\sqrt{\frac{2}{\rho}p_s} \\ &= \frac{C_dW_1\Delta_1 m(1+n)}{\sqrt{1+m^2}}\sqrt{\frac{2}{\rho}p_s} \end{aligned} \tag{8.69}$$

式(8.69)表明：液压阀的零位泄漏量与阀正开口量的对称不均等系数 m、阀配流窗口不对称系数 n 有直接关系。当阀参数 Δ_1、W_1、n、p_s 一定时，系数 $\frac{m}{\sqrt{1+m^2}}$ 反映了零位泄漏量的大小。为了减小零位泄漏量，减小阀的供油量与功率损耗，提高效率，应取较小的 m 值。同时，m 值太小，由图 8.24 可知阀有效工作行程及压力特性线性度较差。在有些伺服阀的设计中，取 $\overline{p}_{10} = \overline{p}_{20} = 2/3$，这就意味着 $m = 0.707$。因此，取 $0.707 < m < 1$，这样既使系统具有较好的压力增益特性与线性度，又具有较小的零位泄漏量与供油流量，功率损耗较小。

8.4.3 应用事例

作者对两种具有不均等正开口滑阀的压力特性进行了试验测试，试验结果如图 8.30 和图 8.31 所示。图 8.30 所示为非对称液压阀控非对称液压缸压力特性试验结果 ($A_1 = 0.5A_2$，$\Delta_1 = 2\Delta_2$)，实验对象的液压阀为具有对称不均等正开口量的非对称阀。图 8.31 所示为非对称液压阀控非对称液压缸压力特性试验结果 ($A_1 = 0.5A_2$，$\Delta_1 = \Delta_2$)，实验对象的液压阀为具有对称均等正开口量的非对称阀。试验压力特性结果与理论分析值能很好地吻合。

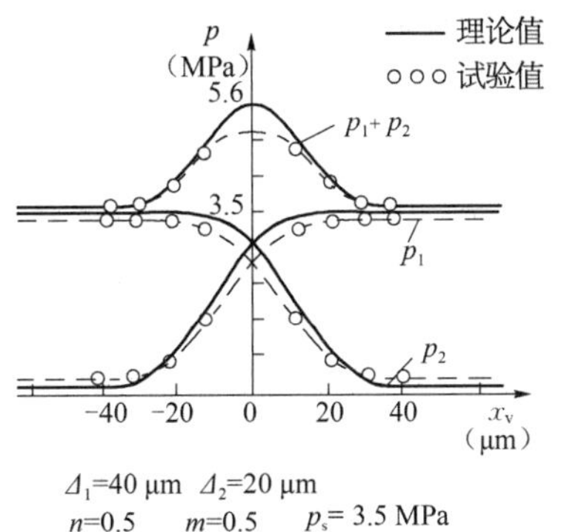

图 8.30 非对称液压阀控非对称液压缸压力特性试验结果 ($A_1 = 0.5A_2$，$\Delta_1 = 2\Delta_2$)

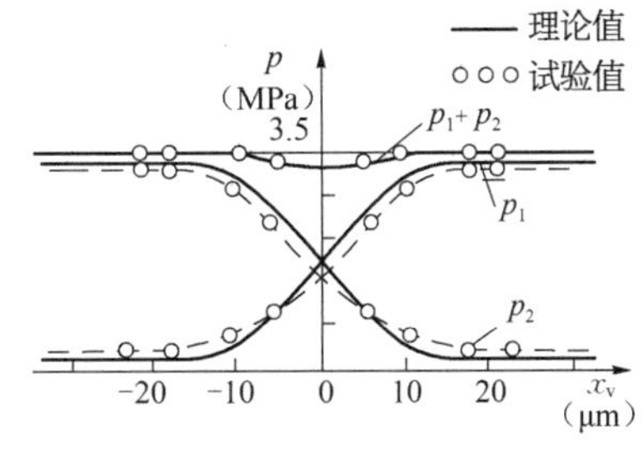

图 8.31 非对称液压阀控非对称液压缸压力特性试验结果 ($A_1 = 0.5A_2$，$\Delta_1 = \Delta_2$)

综上所述，应用本章所提出的方法和理论计算式，可以对液压滑阀的正开口量、压力特性进行评估和预测，主要包括以下几个方面：

(1) 轴向尺寸对称不均等正开口量液压滑阀的两个控制腔压力与阀位移呈非线性函数关系，且两个控制腔的压力之和并不为常数。

(2) 设计承受负载力的液压系统或加载系统时，应尽可能采用非对称阀控非对称液压缸，恰当地选择液压缸面积 A_1 和供油压力 p_s，如 $\frac{W_2}{W_1} = \frac{A_2}{A_1} = 0.5$，$m = 1$ 时，使 $F = 0.25 p_s A_1$，这样可以保证系统速度特性具有良好的线性度。

(3) 在流量匹配控制系统中，选取合适的正开口阀轴向尺寸对称不均等系数 m 值，可以提高滑阀的输出功率。

参考文献

[1] Yin Y B, Qu Y Y, Yan J K. An investigation on hydraulic servosystems with asymmetric cylinders

[C]. Proceedings of the 1st international symposium on fluid power transmission and control, ISFP91, Beijing, China, Beijing Institute of Technology Press, 1991: 271 - 273.
[2] 訚耀保. 液压控制系统速度增益特性研究[J]. 红外技术与自动驾驶仪,1994(73): 23 - 29.
[3] 訚耀保. 非对称液压缸伺服系统流量匹配控制及精度研究[D]. 上海: 上海交通大学硕士学位论文,1991.
[4] 訚耀保. 具有对称不均等正开口量液压滑阀压力特性研究[J]. 液压气动与密封,1993(50): 22 - 26.
[5] 誾耀保,荒木獻次,石野裕二,陳剣波. ピストンの位置と左右有効面積のシリンダ固有周波数に及ぼす影響[C]//日本油空圧学会・日本機械学会,平成 9 年春季油空圧講演会講演論文集,1997 年 5 月,東京: 77 - 80.
[6] 訚耀保,俞丛义,陆泰琳,等. 飞行器液压控制系统气腔压力特性研究[J]. 自动驾驶仪与红外技术,2006(2): 8 - 12.
[7] 訚耀保. 极端环境下的电液伺服控制理论与应用技术[M]. 上海: 上海科学技术出版社,2012.
[8] 誾耀保. 非対称電空サーボ弁の開発と高速空気圧-力制御系のハードウエア補償に関する研究[D]. 埼玉大学博士学位論文(埼玉大学, 1999 年, 博理工甲第 255 号),1999.
[9] 烏建中,誾耀保. 同済大学機械電子工学研究所烏建中研究室・誾耀保研究室における油圧技術研究開発動向[J]. 油空圧技術(Hydraulics & pneumatics),日本工業出版,2007,46(13): 31 - 37.
[10] 严金坤. 液压动力控制[M]. 上海: 上海交通大学出版社,1986.
[11] Viersma T J. Analysis, synthesis and design of hydraulic servosystems and pipe lines [M]. Delft Univ. of Technology, 1980.
[12] 刘长年. 液压伺服系统的分析与设计[M]. 北京: 科学出版社,1985.
[13] 李洪人,王栋梁. 非对称缸电液伺服系统的静态特性分析[J]. 机械工程学报,2003,39(2).
[14] 山口淳,田中裕久共著. 油空圧工学[M]. 东京: コロナ社. 1986.
[15] 武藤高義著. アクチュエータの駆動と制御[M]. 东京: コロナ社. 1992.
[16] (社)日本油空圧学会编. 油空圧便覧[M]. 东京: オーム社. 1989.
[17] 訚耀保,李长明,荒木献次. 具有对称不均等负重合量的气动伺服阀特性[J]. 上海交通大学学报,2010, 44(4): 500 - 505.
[18] 訚耀保,水野毅,乌建中,等. 具有不对称负重合量的非对称气动伺服阀压力特性研究[J]. 中国机械工程,2007,18(18): 2169 - 2173.
[19] 訚耀保. 具有不均等正开口量的双边滑阀式气动伺服阀特性研究[J]. 液压与气动,2007(3): 74 - 77.
[20] 訚耀保,李长明. 气动伺服阀阀芯阀套重合量间接测量方法及其应用: 中国,200810041108. X[P]. 2008 - 07 - 29.
[21] 訚耀保,孟伟. 非对称喷嘴挡板式电液伺服阀特性分析[J]. 中国机械工程,2011,22(4): 957 - 960,970.
[22] 訚耀保,李长明. 对称负重合型气动伺服阀零位流动状态分析[J]. 航空学报,2015,36 (11): 3724 -3733.
[23] 訚耀保,荒木献次. 具有非对称气动伺服阀的气动压力控制系统建模与分析[J]. 中国机械工程,2009,20(17): 2107 - 2112.
[24] 訚耀保,赵燕,刘华,等. 正开口气动伺服阀控缸匀速运动时的负载特性[J]. 流体传动与控制,2013(2): 1 - 4.
[25] Yin Y B, Li H J, Li C M. Modeling and analysis of hydraulic speed regulating valve [C] // Proceedings of the 2013 International Conference on Advances in Construction Machinery and Vehicle Engineering (ICACMVE2013), Jilin, China, August 8 - 11, 2013: 208 - 216.
[26] 訚耀保,李洪娟. 液压调速阀流场分析[J]. 流体传动与控制, 2013(5): 1 - 4.
[27] 卢长耿. 具有两个固定节流孔两个可变节流口的正开口四通阀的综合分析[J]. 机床与液压,1990.

第 9 章

喷嘴挡板式电液伺服阀

本章介绍电液伺服阀历史上的演变和创新过程，阐述喷嘴挡板式电液伺服阀的基本结构、工作原理以及力反馈两级电液伺服阀数学模型，包括力矩马达的力矩平衡方程、双喷嘴挡板阀的压力-流量方程、衔铁组件的力矩平衡方程以及主阀芯的力平衡方程，传递函数框图及其简化模型。

9.1　喷嘴挡板式电液伺服阀及其演变过程

9.1.1　电液控制技术

电液控制技术的历史最早可以追溯到公元前 240 年，当时一位古埃人发明了人类历史上第一个液压伺服机构——水钟。在之后漫长的历史过程中，液压控制技术一直裹足不前。直至 18 世纪欧洲的工业革命时期，工业革命给液压控制技术注入了活力。在此期间，许多非常实用的发明涌现出来，导致多种液压机械装置特别是液压阀的开发和应用，液压技术的影响力大增。17 世纪末出现了泵、水压机及水压缸等。18 世纪初液压技术取得了一些重大的进展，其中包括采用油作为工作流体及用电来驱动方向控制阀等。

第二次世界大战期间及战后，电液控制技术发展加快。两级电液伺服阀、喷嘴挡板元件以及反馈装置等都是这一时期的产物。20 世纪 50—60 年代是电液元件和技术发展的高峰期，电液伺服控制技术在军事应用中大显身手，特别是航空航天应用。这些应用最初包括雷达驱动、制导平台驱动及导弹发射架控制等，后来扩展到导弹的飞行控制、雷达天线的定位、飞机飞行控制系统的增强稳定性、雷达磁控管腔的动态调节以及飞行器的推力矢量控制等。电液伺服作动器用于空间运载火箭的导航和控制。电液控制技术在非军事工业上的应用也越来越多，如机床工业，数控机床的工作台定位伺服装置中采用液压伺服马达的电液系统来代替人操作。其次是工程机械。在以后的几十年中，电液控制技术的工业应用进一步扩展到工业机器人控制、塑料加工、地质和矿藏探测、燃气或蒸汽涡轮控制及可移动设备的自动化等领域。电液伺服控制应用于试验领域则是军事应用对非军事应用的影响的直接结果。电液伺服控制装置的开发在此期间成果累累，如带动压反馈的伺服阀、冗余伺服阀、三级伺服阀及伺服作动器等。60 年代末 70 年代初出现电液比例控制技术及比例阀。比例阀研制的目的是降低成本，通常比例阀的成本仅为伺服阀的几分之一。虽然就阀的性能而言，比例阀不及伺服阀，但先进的控制技术和先进的电子装置可以弥补比例阀固有的不足，使其性能和功效逼近伺服阀。迅速发展的电子技术和装置对电液控制技术的进化起了强大的推动作用。70 年代集成电路的问世及以后微处理器的诞生具有重要意义，由于它赋予机器以数学计算研究和处理能力，集成电路构成的电子(微电子)器件和装置体积微小但输出功率高，信号处理能力极强，复现性和稳定性极好，电液控制技术向信息化、数字化、智能化方向发展。

如图 9.1 所示为电液伺服阀控作动器的飞行器舵面控制框图，输入信号按照作动器一定比例输入至电子放大器，驱动电液伺服阀带动液压放大器，从而驱动飞行器舵面作动器，通过线性位置反馈构成闭环控制回路控制飞行器舵面偏转和飞行方向。作动器也有图 9.2 所示的电液伺服阀控旋转作动器，控制对象可以是机床刀具、枪炮转台、舰船舵机、雷达天线等。电液伺服阀和作动器用于多种控制用途。与电动马达驱动相比较，液压驱动具有较快的动态响应、较小的体积、较大的功率质量比，这些显著特点也促成了液压技术广泛用于飞机控制。

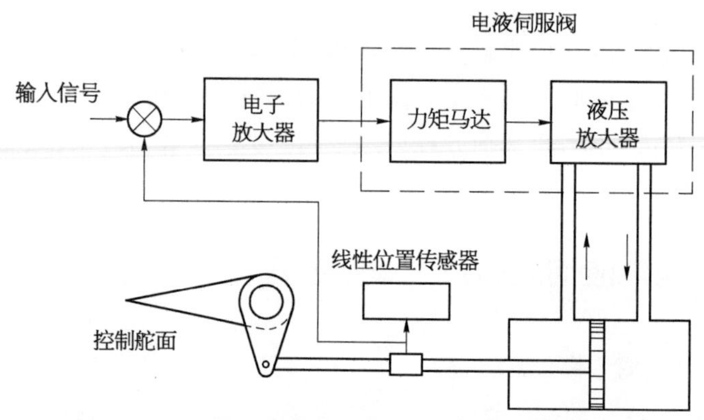

图 9.1　电液伺服阀控作动器的飞行器舵面控制框图

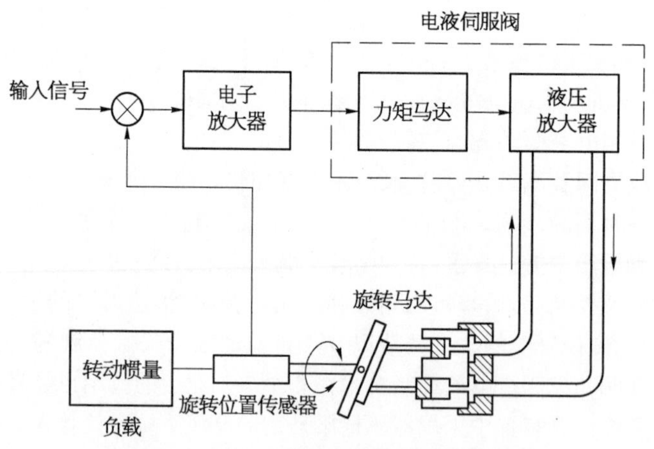

图 9.2　电液伺服阀控旋转作动器框图

液压理论和应用技术的发源可追溯至 17 世纪的欧洲，法国人帕斯卡(Blaise Pascal)在 1654 年发现了流体静压力传递力和功率的帕斯卡原理。1795 年英国人约瑟夫·布拉曼(Joseph Braman)发明了水压机。近代历史上，欧洲人开发的典型的液压元件相继问世，如径向柱塞机械(英国人 H. S. Hele-Shaw，美国专利 US1077979，1911—1913)、斜轴式轴向柱塞泵与马达(瑞士人 Hans Thoma，美国专利 US2155455，1935—1939)、斜盘式轴向柱塞泵(瑞士人 Hans Thoma，美国专利 US3059432，1960—1962)、先导式溢流阀(美国人 H. F. Vickers，美国专利 US2053453，

1931—1936)、皮囊式蓄能器(美国人 Jean Mercier,美国专利 US2387598, 1942—1945)、电液伺服阀(Moog, 1950)等,为液压产品的应用奠定了良好的基础。与此同时,美国人 Blackburn 总结前人所做的大量液压技术和实践的成果,撰写了液压理论和技术专著《流体动力控制》(美国, 1960),为后继液压产品的基础研究和应用研究做了良好的铺垫。随着液压产品的应用和技术的发展,航空领域出现了一批代表性的航空航天液压产品专业制造单位,如飞控系统作动器 Moog/GE Aviation 公司、起落架 Messier-Dowty 公司、液压系统 Parker/Hamilton Sundstrand 公司、A380 液压系统/Vickers 公司等。尤其是近年来,波音 787 飞机应用的新技术液压和刹车系统,包括将液压系统的工作压力由以往的 3 000 psi 增加到 5 000 psi,提高了工作压力,有效地降低了机载液压产品的重量。采用左系统、中央系统、右系统三套独立的系统,中央系统完全由两个电增压泵提供压力,特别采用一个冲压空气涡轮驱动泵紧急液压能源系统等新技术。液压元件结构的几何参数与性能关系的代表性研究中,日本荒木献次(1971、1979)研究了具有力反馈的双级气动/液压伺服阀,采用弹簧和容腔补偿方法将频宽从 70 Hz 提高到 190 Hz,特别进行了滑阀不均等重合量(正重合、零重合及负重合)和阀控缸频率特性的系列研究。本书作者进行了一系列非对称液压伺服阀和气动伺服阀的几何结构重叠量的专题研究,取得了部分结构参数与性能之间的关系。

9.1.2 电液伺服阀的历史

18 世纪末至 19 世纪初,欧洲人发现了单级射流管阀原理并发明了单级单喷嘴挡板阀、单级双喷嘴挡板阀,如图 9.3 所示。第二次世界大战期间,人们发明了螺线管、力矩马达,之后双级电

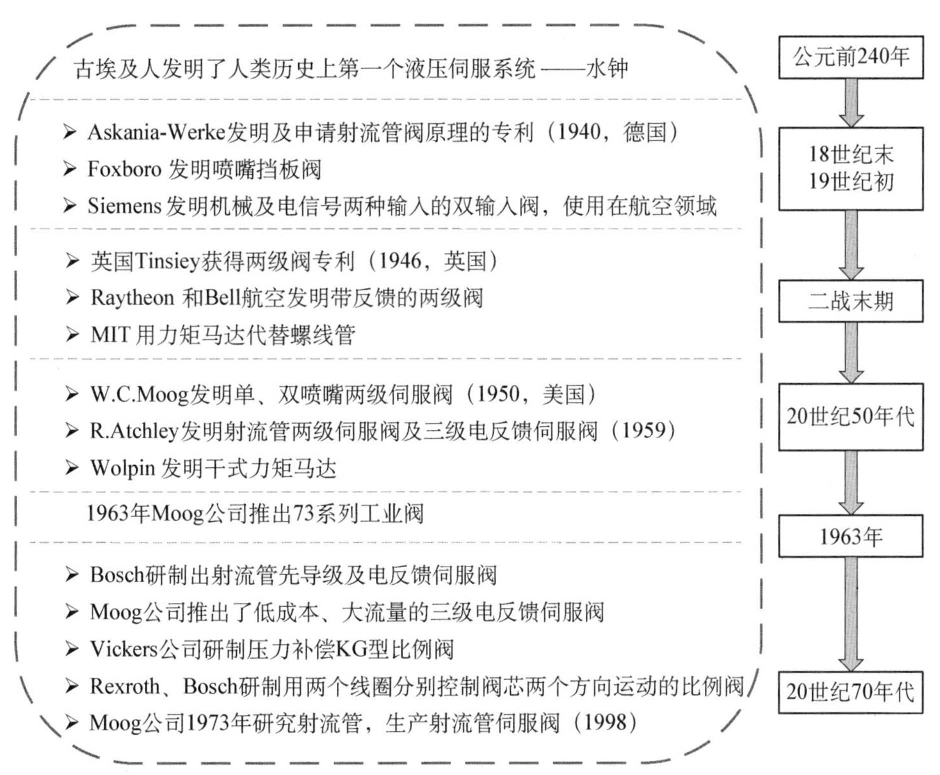

图 9.3 电液伺服阀的历史

液伺服阀、带反馈的双级电液伺服阀问世。例如 Askania 调节器公司及 Askania-Werke 发明并申请了射流管阀的专利。Foxboro 发明了喷嘴挡板阀并获得专利。如今这两种结构多数用于电液伺服阀的前置级，控制功率级滑阀的运动。德国 Siemens 发明了一种具有永磁马达及接收机械及电信号两种输入的双输入阀，并开创性地应用在航空领域。第二次世界大战末期，伺服阀阀芯由螺线管直接驱动，属于单级开环控制。随着理论和技术的成熟特别是军事需要，电液伺服阀发展迅速。1946 年，英国 Tinsiey 获得了两级阀的专利；美国 Raytheon 和 Bell 航空发明了带反馈的两级电液伺服阀；MIT 采用力矩马达代替螺线管，驱动电液伺服阀需要的消耗功率更小，线性度更好。1950 年，W. C. Moog 发明了单喷嘴两级伺服阀。1953—1955 年，T. H. Carson 发明了机械反馈式两级伺服阀；W. C. Moog 发明了双喷嘴两级伺服阀；Wolpin 发明了干式力矩马达，消除了原来浸在油液内的力矩马达由油液污染带来的可靠性问题。1957 年，R. Atchley 利用 Askania 射流管原理研制了两级射流管伺服阀，并于 1959 年研制了三级电反馈伺服阀。

20 世纪 60 年代电液伺服阀大多数为具有反馈及力矩马达的两级伺服阀。第一级与第二级形成反馈的闭环控制；出现弹簧管后产生了干式力矩马达；第一级的机械对称结构减小了温度、压力变化对零位的影响。航空航天和军事领域，出现了高可靠性的多余度电液伺服阀。Moog 公司自 1963 年起陆续推出了工业用电液伺服阀，阀体多采用铝材或钢材；第一级独立，方便调整与维修；工作压力有 14 MPa、21 MPa、35 MPa。Vickers 公司研制了压力补偿比例阀。Rexroth、Bosch 研制了用两个线圈分别控制阀芯两方向运动的比例阀。80 年代之前，电液伺服阀力马达的磁性材料多为镍铝合金，输出力有限。目前多采用稀土合金磁性材料，力矩马达的输出力大幅提高。

电液伺服阀主要有双喷嘴挡板式电液伺服阀、射流管伺服阀、直动型电液伺服阀、电反馈电液伺服阀以及动圈式/动铁式/单喷嘴电液伺服阀等形式。喷嘴挡板式电液伺服阀的主要特点表现在：结构较简单，制造精密，特性可预知，无死区、无摩擦副，灵敏度高，挡板惯量小、动态响应高；缺点是挡板与喷嘴间距小，抗污染能力差。射流管伺服阀的主要特点表现在：喷口尺寸大，抗污染性能好，容积效率高，失效对中，灵敏度高，分辨力高；缺点是加工难度大，工艺复杂。表 9.1 所示为喷嘴挡板式电液伺服阀和射流管伺服阀的先导级最小尺寸比较。图 9.4 所示为喷嘴挡板阀和射流管阀的最小尺寸。可见，喷嘴挡板式电液伺服阀性能好、对油液清洁度要求高，常用在导弹、火箭等电液伺服机构场合。射流管伺服阀抗污染能力强；特别是先通油或先通电均可，阀内没有喷嘴挡板阀那样的碰撞部件；只有一个喷嘴，即使发生堵塞也能做到“失效对中”和“事故归零”，即具有“失效→归零”“故障→安全”的独特能力，广泛应用于各种舰船、飞机以及军用歼击机的作动器控制。

表 9.1　喷嘴挡板式电液伺服阀和射流管伺服阀的先导级最小尺寸

先导级最小尺寸	位　置	大小(mm)	油液清洁度要求	堵塞情况
喷嘴挡板式电液伺服阀	喷嘴与挡板之间的间隙	0.03～0.05	NAS6 级	污染颗粒较大时易堵塞
射流管伺服阀	喷嘴处	0.2～0.4	NAS8 级	可通过 0.2 mm 的颗粒

图 9.4 喷嘴挡板阀和射流管阀的最小尺寸

第二次世界大战前后，电液伺服阀及伺服机构应用于导弹与火箭的姿态控制。当时的电液伺服阀由一个伺服电机拖动。由于伺服电机惯量大，电液伺服阀成为控制回路中响应最慢但最重要的元件。20 世纪 50 年代初，出现了快速反应的永磁力矩马达，形成了电液伺服阀的雏形。电液伺服机构有机结合精密机械、电子技术和液压技术，形成了控制精度高、响应快、体积小、重量轻、功率放大系数高的显著优点，在航空航天、军事、舰船、工业等领域得到了广泛的应用。图 9.5 所示为我国自行研制的长征系列运载火箭伺服阀控制伺服作动器。图 9.6 所示为我国自行研制的载人航天运载火箭的三余度动压反馈式伺服阀，它将电液伺服阀的力矩马达、反馈元件、滑阀副做成多套，一旦发生故障可以随时切换，保证液压系统正常工作。

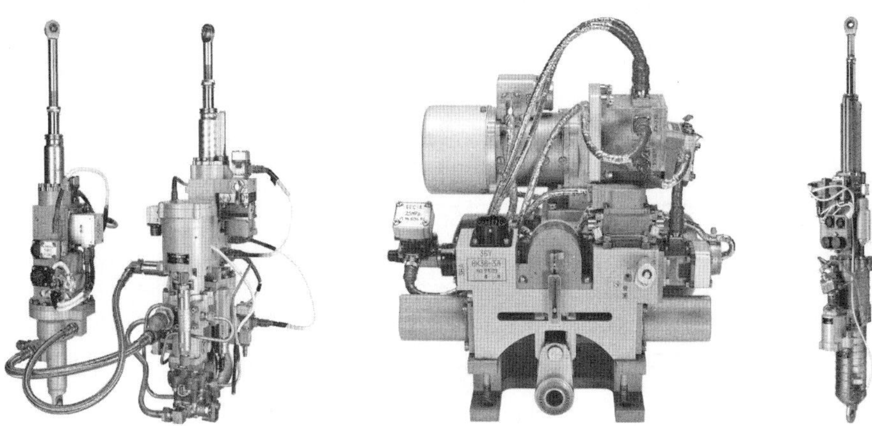

图 9.5 中国长征系列运载火箭伺服阀控制伺服作动器

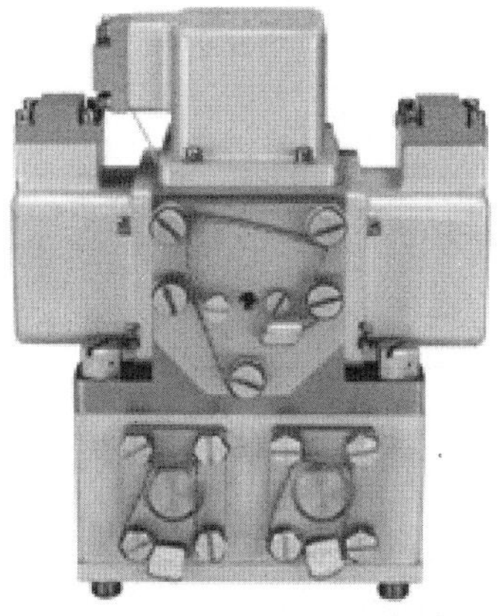

图 9.6 中国载人航天运载火箭的三余度动压反馈式伺服阀

9.1.3 电液伺服阀结构演变过程

欧洲人在18世纪末至19世纪初发明了单级射流管阀和单级单喷嘴挡板阀、单级双喷嘴挡板阀。第二次世界大战前后，考虑军事用途和宇宙开发的需要，美国开发和研制了各种形式的单级电液伺服阀和双级电液伺服阀，特别是美国空军及其各个早期机构研制了各种形式的喷嘴挡板式电液伺服阀，并详细记录了美国20世纪50年代电液伺服阀研制和结构演变的过程，这期间电液伺服阀的新结构多、新产品多、应用机会多。这里简单介绍一些有代表性的电液伺服阀结构和演变过程。

美国空军1950年前后先后研制的各种电液伺服阀，其代表性结构有最初的设想是采用力矩马达直接驱动的电液伺服阀，即单级电液伺服阀，从原理构成上电液伺服阀由两部分组成：一部分为电流驱动的电磁铁力矩马达，它将电气信号转换为机械位移信号；另一部分为滑阀部分。如图9.7所示的单级电液伺服阀控液压缸动力机构(美国空军，1955)，上图为阀处于零位状态，此时输入力矩马达的电流信号为零，输入压力油只有少许阀芯与阀套之间的间隙产生的泄漏量，阀的输出压力差为零。下图为当力矩马达输入电流信号时，衔铁被磁化并与永久磁铁的磁场发生作用而产生偏转，导致滑阀阀芯偏离零位状态而产生位移量，假设滑阀阀芯位移量向右，此时阀口产生图示的油液流动，并推动液压缸向右产生运动。两个节流孔的流量与节流孔面积有关，而节流孔面积与输入电流的大小有关。

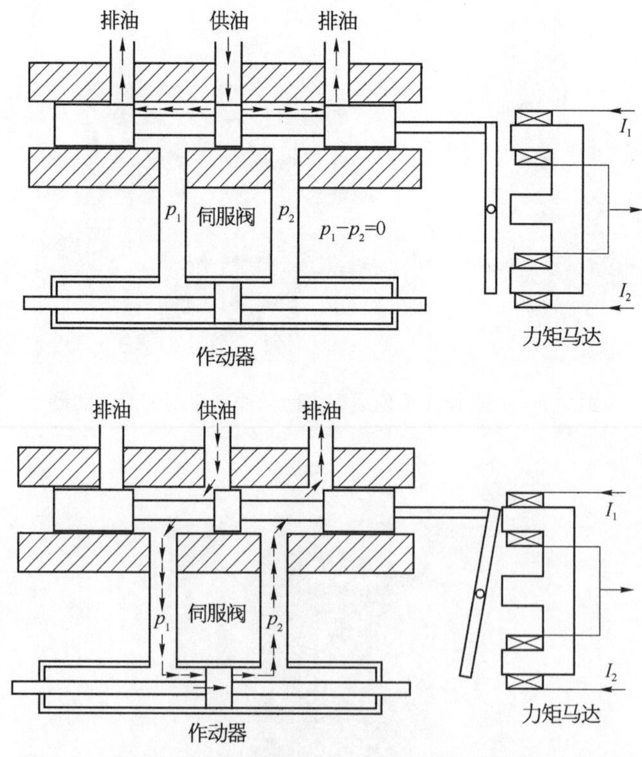

图9.7 单级电液伺服阀控液压缸动力机构(美国空军，1955)

此外，还有当时设想的如图9.8所示的力矩马达直接驱动两个双边阀的推推式单级电液伺服阀，它巧妙地将一个四边阀分解为两个双边阀，并采取推推式的紧凑结构，这在航天领域，特别是航天飞机、导弹武器系统的有限空间内可以实现装置的小型化、性能的线性化、结构的轻量化。该阀具有两个阀芯，在结构上可以相互抵消惯性力。上图为美国 Midwestern 公司研制的 3 型单级阀，装备于 Douglas 航空公司。下图为 Midwestern 公司 4 型单级阀，阀芯结构改进减小了液动力，阀芯阀体均采用钢材料。

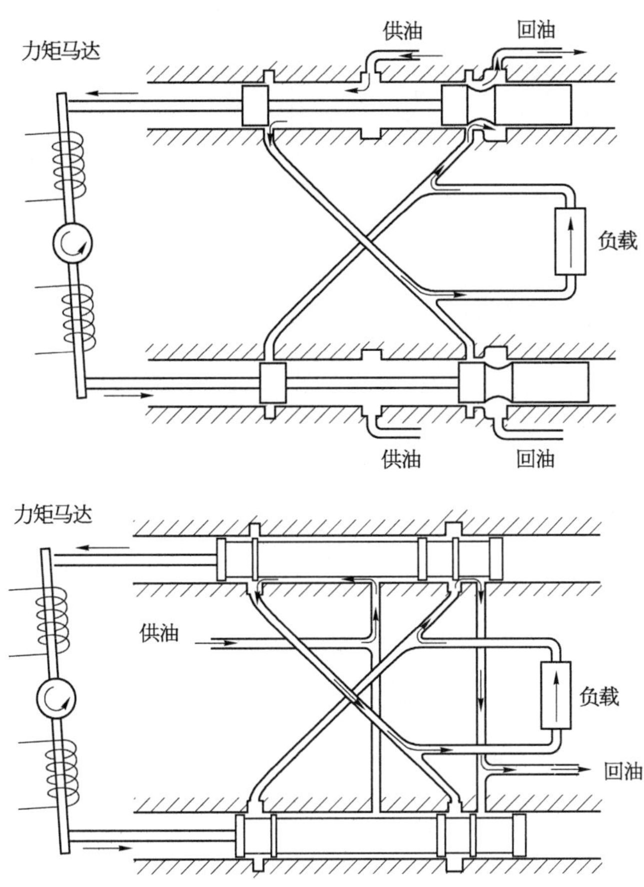

图 9.8　力矩马达直接驱动两个双边阀的推推式单级电液伺服阀(小型化、线性化、轻量化)(美国 Midwestern 公司 3 型和 4 型单级伺服阀，1955)

为达到实用化目的，Bell 宇航公司将喷嘴挡板阀、主滑阀的部件相对分离和集中，新成了能够产业化、实用化的两级喷嘴挡板式电液伺服阀，有 SV－6C、SV－7C、SV－9C 三个型号产品，如图 9.9 所示。采用双喷嘴挡板阀作为一级阀，采用滑阀作为主阀，由一级阀产生的压差来控制主阀。

图 9.10 所示为采用铜烧结过滤器和磁性过滤器的喷嘴挡板式电液伺服阀(Moog 500/900/1400)。采用双喷嘴挡板阀控制一个弹簧对中的圆柱滑阀主阀。Moog 500/1400 型电液伺服阀的主阀芯直径为 1/4 in，Moog 900 型电液伺服阀的主阀芯直径为 3/16 in，快速响应性更高。该阀采用40 μm 青铜磁性过滤器，使用后磁性颗粒物超过 50%时才进行清除。为了便于驱动主阀克服液动力，调整了弹簧刚度来实现增益补偿。图 9.11 所示为喷嘴挡板两级电液伺服阀(Moog 1800，1957)，这也是较早时期的一种结构。该阀可以在油液温度 400 ℉(204.4 ℃)时正常工作，

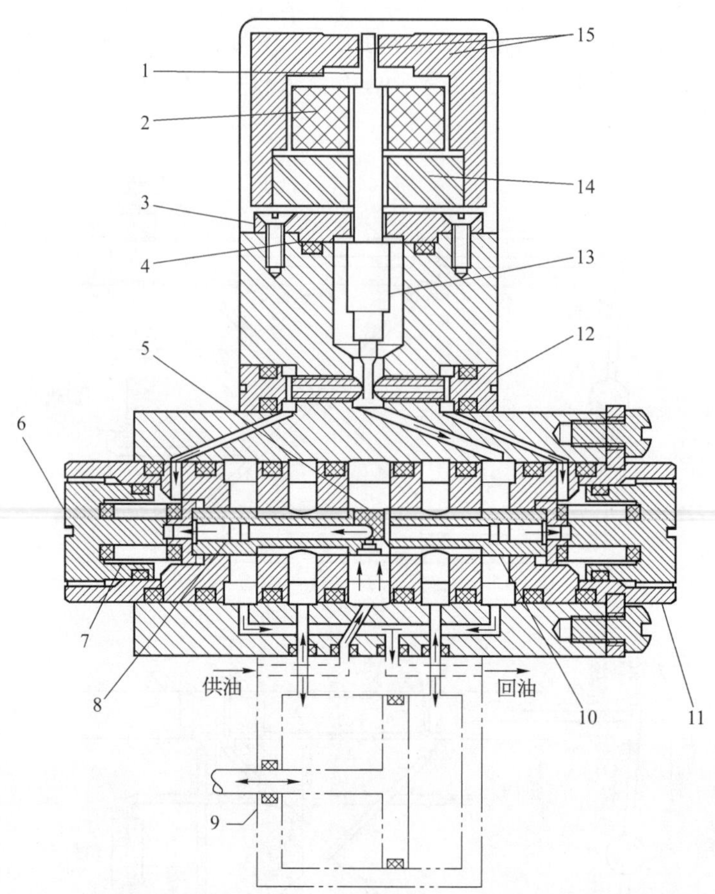

图 9.9　两级喷嘴挡板式电液伺服阀(Bell 宇航公司,产业化版,1955)

1—衔铁; 2—线圈; 3—平板; 4—膜片; 5—隔板; 6—调节器; 7—弹簧; 8—阻尼孔;
9—作动器; 10—阀芯; 11—阀套; 12—喷嘴; 13—挡板; 14—永久磁铁; 15—磁片

阀体、阀芯均采用钢材料,液压油采用合成液压油 OS-45-1。图 9.12 所示为弹簧反馈的卧式喷嘴挡板电液伺服阀(Moog 2000)。Moog 2000 型电液伺服阀与上述伺服阀的原理相同,开始采用干式力矩马达线圈。

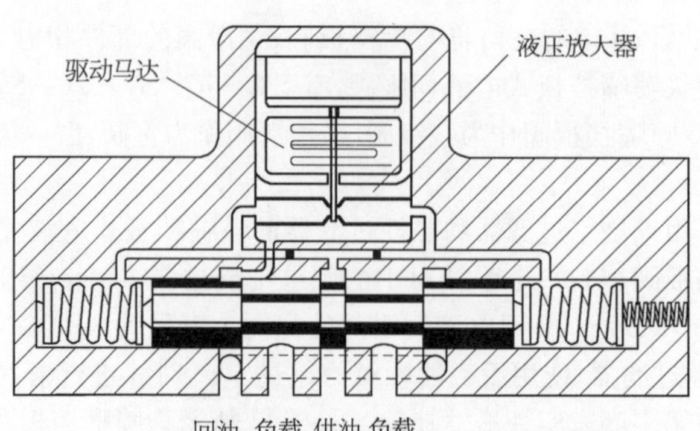

图 9.10　采用铜烧结过滤器和磁性过滤器的喷嘴挡板式电液伺服阀(Moog 500/900/1400, 1955)

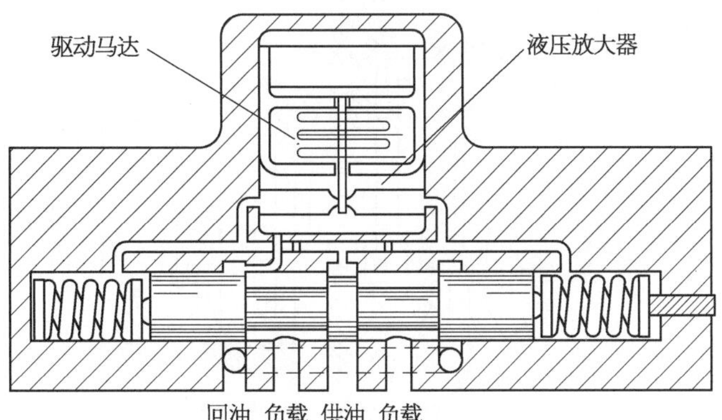

图 9.11　喷嘴挡板两级电液伺服阀(Moog 1800, 1957)

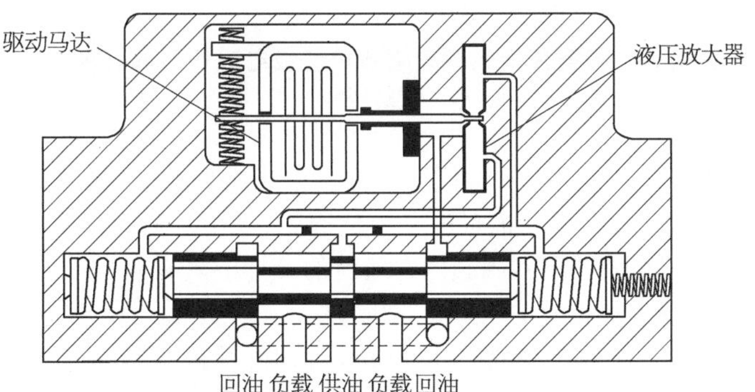

图 9.12　弹簧反馈的卧式喷嘴挡板电液伺服阀(Moog 2000, 1955)

图 9.13 所示为较初期的杠杆布局式双喷嘴双级电液伺服阀,两个喷嘴布局在用一个射流方向,挡板浮动布局在两个喷嘴之间。挡板的间距较大,力矩马达所需要的驱动力矩也较大。这种结构允许和喷嘴之间有较大的位移量,可以抗污染。该阀在液压油进入喷嘴之前采用 5 μm 精度的过滤器。该法采用硬质全钢材料,力矩马达与液压油相通但液压油不进入线圈部分。

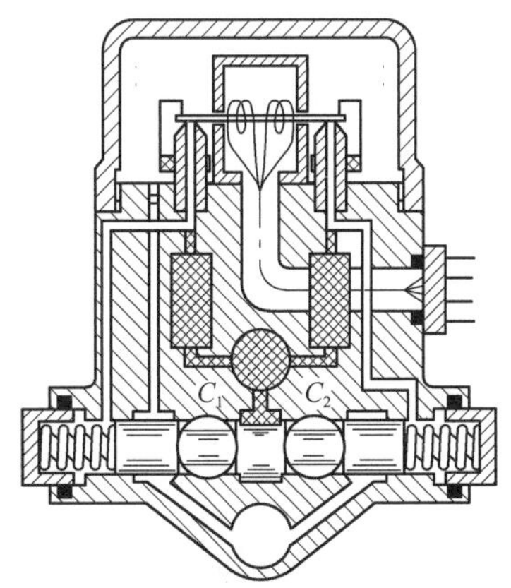

图 9.13　杠杆布局式双喷嘴双级电液伺服阀(Bendix Pacific HR 公司,1957)

此期间,还探索过弹簧反馈式单喷嘴挡板两级电液伺服阀,如图 9.14 所示为弹簧反馈式单喷嘴挡板两级电液伺服阀(Cadillac Gage 公司,FC-2 型,1955)。采用单一喷嘴挡板阀控制二级圆柱滑阀。喷嘴压力直接作用在滑阀的一个断面,滑阀的另一个端面通过弹簧机构反馈至力矩马达,形成闭环控制。一级单喷嘴挡板阀采用 40 μm 精度的烧结青铜过滤器和磁性过滤器,使用后可以不清除磁性颗粒物。

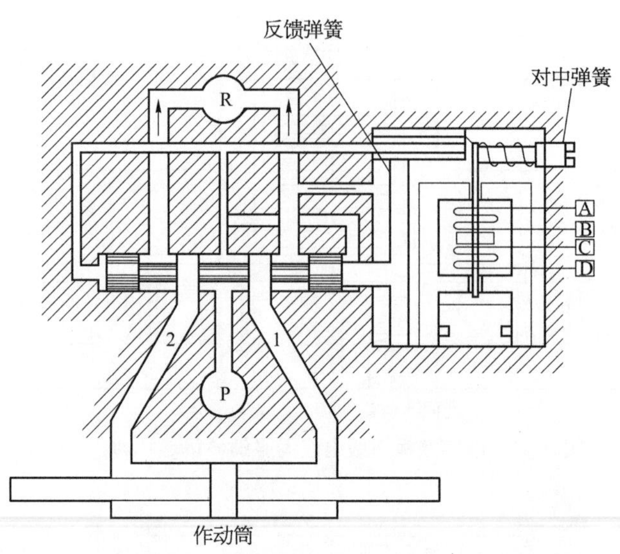

图 9.14　弹簧反馈式单喷嘴挡板两级电液伺服阀(Cadillac Gage 公司,FC-2 型,1955)

图 9.15 所示为结构紧凑的两个双边阀组合的推推式小型化喷嘴挡板压力伺服阀(Cadillac Gage 公司,PC-2 型,1955)。该阀为最早的压力伺服阀,采用双喷嘴挡板阀分别控制两个二级滑阀,该阀的特点在于控制负载压力,阀芯内部通道的设计上具有固定节流孔,将负载压力反馈至滑阀的一个端面并与喷嘴挡板阀的压力相比较,从而实现负载压力与喷嘴挡板阀压力之间的平衡,实现负载压力的有效控制。该阀采用 40 μm 青铜磁性过滤器,使用后可以不清除磁性颗粒物。

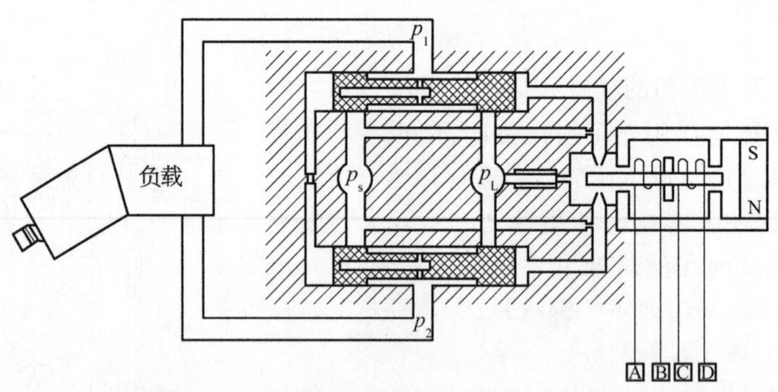

图 9.15　两个双边阀组合的推推式小型化喷嘴挡板压力伺服阀(Cadillac Gage 公司,PC-2 型,1955)

由于喷嘴挡板间的距离较小,对油液清洁度要求高,这一时期的电液伺服阀还在摸索电液伺服阀的抗污染能力。图 9.16 所示为双直管喷嘴式两级电液伺服阀(Cadillac Gage 公司,FC-200 型,1957),采用一级双喷嘴挡板阀驱动二级四边圆柱滑阀。采用干式力矩马达结构,减少了油液外泄漏。它在主阀芯和两个喷嘴之间增加了两个对称布局的固定节流器喷嘴 1、2。该阀采用钢材料阀芯和 O 形圈,阀体采用铝合金材料。一级喷嘴挡板阀采用 40 μm 精度的烧结青铜和磁性过滤器,该阀的设计使用油温为 300 ℉(149 ℃)。

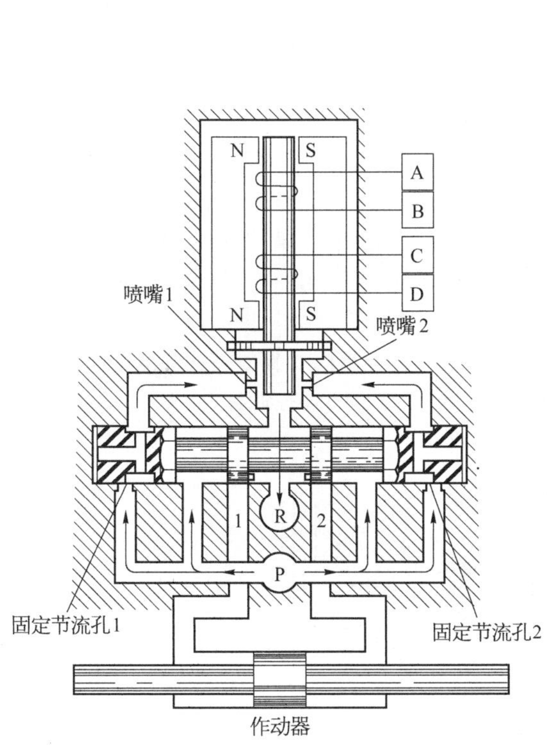

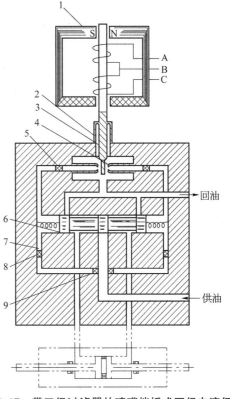

图 9.16　双直管喷嘴式两级电液伺服阀(Cadillac Gage 公司,FC-200 型,1957)

图 9.17　带三级过滤器的喷嘴挡板式双级电液伺服阀(Hydraulic Research 公司,20、21 型,1957)

1—力矩马达；2—隔离膜片；3—挡板；4—喷嘴；5—三级过滤器；6—主阀芯；7—固定节流孔；8—二级过滤器；9—一级过滤器

因此,出现了图 9.17 所示的带三级过滤器的喷嘴挡板式双级电液伺服阀(Hydraulic Research 公司,20、21 型,1957)。双喷嘴挡板阀驱动弹簧对中的圆柱滑阀。与早期的 Bell 宇航公司电液伺服阀结构类似,但其力矩马达从液压油中采取隔离式结构。该阀除柔性部分外,均采用不锈钢材料制造。

如图 9.18 所示为机电力矩马达驱动的航空电液伺服阀(Pegasus 公司,20 型,1957)。一级

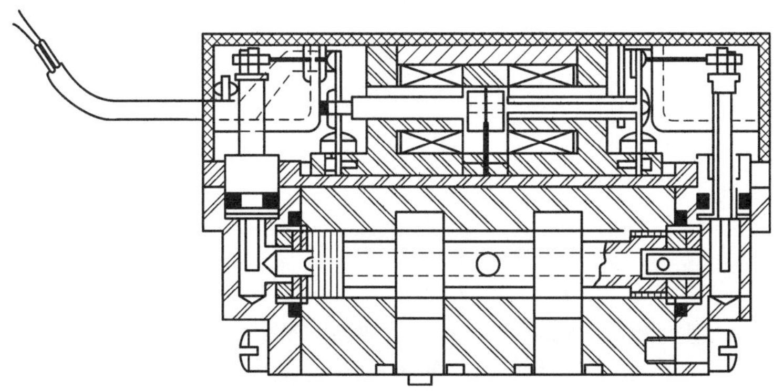

图 9.18　机电力矩马达驱动的航空电液伺服阀(Pegasus 公司,20 型,1957)

喷嘴挡板阀的喷嘴设计在圆柱滑阀的端面处。两个挡板安装在喷嘴的两端并直接控制滑阀的动作。一个喷嘴面积增加时,另一个喷嘴面积减少。力矩马达两侧分别输出两个位移或力信号,驱动机构产生位移,从而产生喷嘴挡板处的位移。力矩马达完全与液压油部分相隔离。采用了三个过滤器:两个用于固定节流器之前,一个用于喷嘴之前。

至此,两级电液伺服阀陆续开始考虑将二级阀的信息反馈到一级阀,构成闭环控制阀。图9.19所示为采用弹簧反馈的喷嘴阀芯一体化电磁驱动挡板式电液伺服阀(Pegasus实验室,120-B型,1955),是一种采用单喷嘴挡板阀作为一级阀驱动二级圆柱滑阀的两级阀。特点在于喷嘴和圆柱滑阀阀芯一体化,实现圆柱滑阀阀芯的运动直接影响和反馈喷嘴的工作位置。挡板的工作位置由力矩马达控制,通过波纹管实现力矩马达与液压油之间的密封。供油压力通过固定节流器反馈至滑阀的一个端面,另一端面接收喷嘴压力,形成对圆柱滑阀工作位置的控制。根据挡板的运动,实现圆柱滑阀位置的平衡控制。后期的127型阀考虑了闭环控制回路。

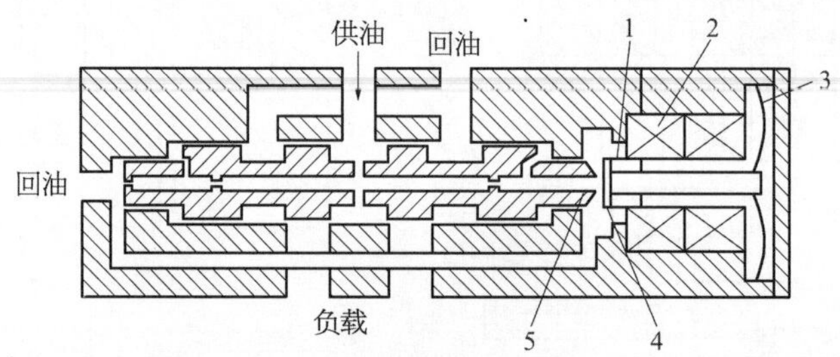

图9.19　喷嘴阀芯一体化电磁驱动挡板式电液伺服阀(Pegasus实验室,120-B型,1955)

1—波纹管;2—电磁铁;3—弹簧;4—挡板;5—喷嘴

一级阀采用滑阀同样可构成双级电液伺服阀。图9.20所示为力矩马达直接驱动式双圆柱阀芯组合滑阀的双级电液伺服阀(Cadillac Gage公司,CG-Ⅱ型,1955)。一级阀为圆柱滑阀,二级阀也为圆柱滑阀,一级阀与二级阀相互组合成一体化机构。二级阀同时兼作一级阀的阀体并检测一级阀的开口量。一级阀由力矩马达驱动。二级阀的开口量范围很大,动态响应较为敏感。

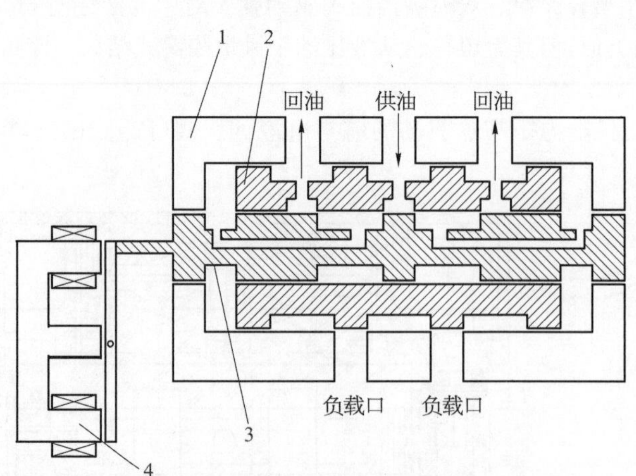

图9.20　力矩马达直接驱动式双圆柱阀芯组合滑阀的双级电液伺服阀(Cadillac Gage公司,CG-Ⅱ型,1955)

1—阀体;2—二级滑阀;3—一级滑阀;4—力矩马达

图 9.21 所示为具有一级滑阀、二级滑阀和二级弹簧反馈的电液伺服阀结构(Drayer-Hanson 公司,1955)。采用一级滑阀驱动二级滑阀的结构形式,一级滑阀结构上可以是三边阀,也可以是四边阀。采用三边阀时,一级滑阀输出液压油至二级滑阀的一个端面。供油压力输出至二级滑阀的另一个端面,构成压力平衡。二级滑阀位移通过弹簧反馈至一级阀和力矩马达。

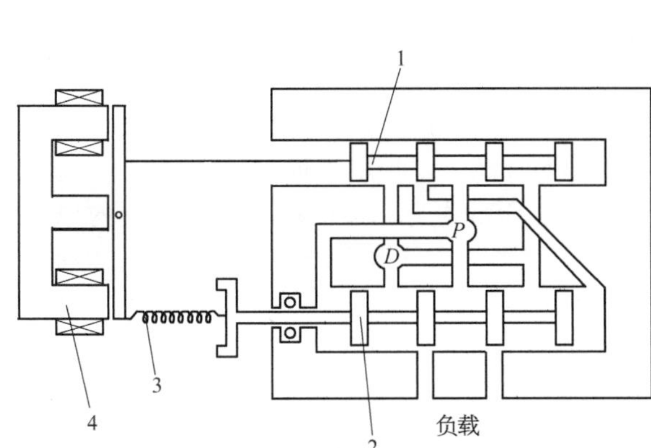

图 9.21 具有一级滑阀、二级滑阀和二级弹簧反馈的电液伺服阀结构原理图(Drayer-Hanson 公司,1955)

1—一级滑阀;2—二级滑阀;3—弹簧;4—力矩马达

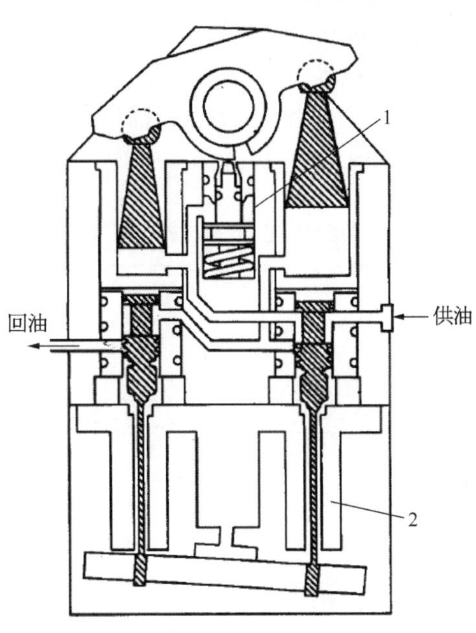

图 9.22 整体集成式阀控缸电液伺服机构(Hughes 宇航公司,1955)

1—液压锁;2—力矩马达

如图 9.22 所示为整体集成式阀控缸电液伺服机构(Hughes 宇航公司,1955)。整体集成式电液伺服机构由电液伺服阀、反馈传感器、单作用作动器等组成。电液伺服阀由力矩马达驱动的两个滑阀组成三边阀。电液伺服阀的输出液压油至“推推式”作动器的两个活塞端面。液压锁在非工作状态时锁紧伺服机构,供油工作时液压锁打开。该伺服机构配合精密且间隙小,对液压油的清洁度要求高。因此采用 MIL-0-5056 液压油,采用硅酸铝漂白土型(fullers earth)过滤器,以便清除油液中的固体硬质颗粒物。

9.1.4 极端环境下的电液伺服元件

1950—1960 年,美国空军组织数十家研究单位基本完成了各种电液伺服阀结构的演变过程,形成了现在广泛使用的力反馈双级喷嘴挡板式电液伺服阀。电液伺服阀的制造和设计,经常碰到以下关键问题:

(1) 工业上制造电液伺服阀时,首先必然面临和必须解决零位漂移问题。特别是喷嘴挡板式电液伺服阀、开式电液伺服元件以及弹簧对中形式的电液伺服阀。有时在飞行器飞行时电液伺服阀不可能处在零位,需要通过闭式系统来补偿零位漂移问题。

(2) 液压油的污染问题。喷嘴挡板式电液伺服阀间隙小,对液压油的清洁度要求高,可以采用各种形式的过滤器。

(3) 磨损冲蚀问题。一级阀的高速射流导致喷嘴和挡板的磨损与冲蚀,造成流量系数和阀口面积变化。可通过控制液压油的清洁度、流体流速、高硬度材料等方式解决。

(4) 结构问题。阀芯、阀套、喷嘴等都是精密部件，需要在各种工作状态下完成各种尺寸之间的协调和精密匹配。

(5) 力矩马达问题。材料和永久磁铁磁性、气隙、零位偏移等都是急需解决的问题。

(6) 输出级波形。输出信号的波形取决于电液伺服阀各种零件及其工作状态的总和，包括静态特性和动态特性。

(7) 高温问题。适应工作环境温度和工作油液温度是必须解决的首要问题，包括高温时的漂移现象，力矩马达磁性强度的温度特性，高温时的各种间隙变化、材料(铁材料、铝合金材料)特性的变化等。

9.2 喷嘴挡板式电液伺服阀工作原理

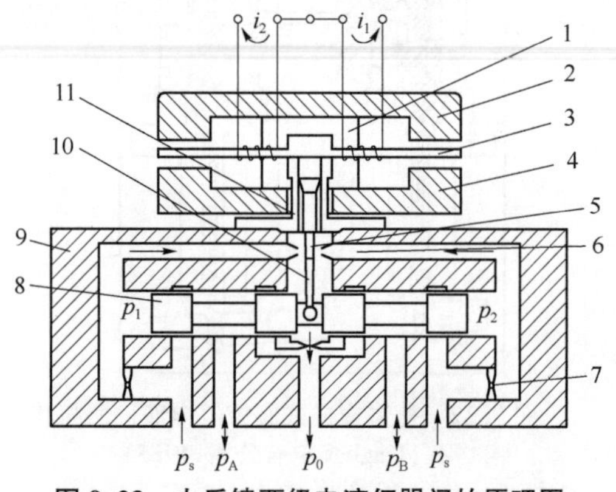

图 9.23 力反馈两级电液伺服阀的原理图

1—控制线圈；2—上永磁体；3—衔铁；4—下永磁体；5—挡板；6—喷嘴；7—固定节流器；8—主阀芯；9—阀套；10—反馈杆；11—弹簧管

作为电液伺服阀特性分析及优化设计的基础，本节介绍力反馈电液伺服阀及其数学模型。图 9.23 所示为力反馈两级电液伺服阀的原理图。力反馈电液伺服阀由动铁式力矩马达和双喷嘴挡板阀组成的前置放大级以及滑阀功率放大级两部分构成。当输入控制电流 $\Delta i = 0$ 时，衔铁由弹簧管支承处于上下永磁体的中间，挡板也处于两喷嘴的中间位置，主阀芯在零位，电液伺服阀无输出。当输入控制电流 Δi 时，衔铁组件发生偏转，挡板相对中间位置也发生偏移，两喷嘴压差变化导致主阀芯两端产生压差，主阀芯偏离零位，电液伺服阀打开并输出相应大小的压力和流量。改变控制电流大小和方向可以相应改变流量压力的大小和方向，且阀的输出量和衔铁偏转角度均与控制电流成比例。图中，i_1、i_2 为输入控制电流；p_1、p_2 分别为主阀芯两端的压力；p_s 为供油压力；p_A、p_B 为负载进出口压力；p_0 为回油压力。

9.3 力反馈电液伺服阀的基本方程

9.3.1 永磁式力矩马达的基本方程

1) 永磁式力矩马达　力矩马达为电液伺服阀的输入级，是一种电-机械转换装置。按其结构原理可以分为动铁式和动圈式两类。

永磁动铁式力矩马达伺服阀应用较广。动铁式力矩马达由安装在扭轴或弹簧管上并悬于磁场气隙中的衔铁、控制线圈、导磁体(或轭铁)及永久磁铁(或磁钢)等组成。两个极靴中的一个被磁化为 N 极，另一个被极化为 S 极，导磁体围绕衔铁构成骨架，形成磁路。当电流通过控制线圈时，产生通过衔铁的磁通，因该磁通改变了通过四个气隙的磁通量，故对衔铁产生力矩，使其绕轴心或弹簧管转动中心转动，并与弹性支承的反力矩平衡，从而使衔铁转动一个角位移。如果弹性支承件采用扭轴，液压油能进入力矩马达中，称湿式力矩马达；如果弹性支承采用弹簧管，液压油不能进入力矩马达中，则称干式力矩马达。

动铁式比动圈式力矩马达的衔铁惯量小、支承弹簧管刚度大，故动态响应快。在相同功率条件下，它的自然频率大约是动圈式的 15 倍；在相同功率和相同尺寸条件下，动铁式输出力约为动圈式的 7 倍。但动铁式力矩马达受磁滞影响较大，非线性大，为了限制非线性，衔铁的位移应非常小，故在相同条件下，其线性范围只有动圈式的 1/3 左右。

2) 力矩马达基本方程　力矩马达的输入量为线圈的信号电流，输出量为衔铁的转角或挡板的位移。假定力矩马达上的两个控制线圈由一个推挽放大器供电，每个控制线圈产生的常值电流大小相等、方向相反，对衔铁没有净力矩，不偏转。如图 9.24 所示，当输入信号电流时，一个控制线圈中的电流减小，两个线圈中的电流分别为

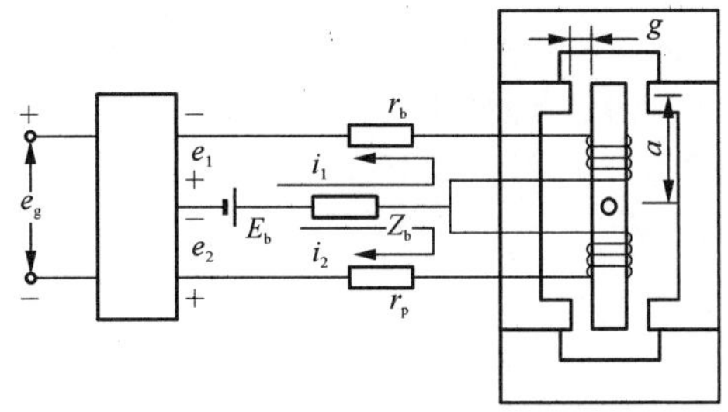

图 9.24　由放大器驱动的永磁力矩马达

$$i_1 = i_0 + i \tag{9.1}$$

$$i_2 = i_0 - i \tag{9.2}$$

上述两式相减，可得

$$\Delta i = 2i = i_1 - i_2 \tag{9.3}$$

式中　Δi——差动电流(A)，即力矩马达的输入量；

i——信号电流(A)；

i_1——控制线圈 1 中电流(A)；

i_2——控制线圈 2 中电流(A)；

i_0——每个线圈中的常值电流(A)。

力矩马达的两个控制线圈也可串联或并联，并由单端放大器来推动。并联线路的优点是当一个线圈损坏时，力矩马达仍能工作。

推挽工作时的信号电压为

$$e_1 = e_2 = \mu e_g \tag{9.4}$$

式中　e_1、e_2——放大器的单边输出电压(V)；

μ——推挽放大器的单边放大系数；

e_g——输入放大器的信号电压(V)。

每个控制线圈回路的电压方程为

$$E_b + e_1 = i_1(Z_b + R_c + r_p) + i_2 Z_b + N_c \frac{d\Phi_a}{dt} \tag{9.5}$$

$$E_b - e_2 = i_2(Z_b + R_c + r_p) + i_1 Z_b - N_c \frac{d\Phi_a}{dt} \tag{9.6}$$

式(9.5)减式(9.6)，并将式(9.3)、式(9.4)代入，则得力矩马达的基本方程为

$$2\mu e_g = (R_c + r_p)\Delta i + 2N_c \frac{d\Phi_a}{dt} \tag{9.7}$$

式中　R_c——每个控制线圈的电阻(Ω)；

N_c——每个控制线圈的匝数；

Φ_a——通过衔铁的总磁通(Wb)；

r_p——每个线圈回路中放大器的内阻(Ω)；

E_b——产生常值电流所需电压(V)；

Z_b——控制线圈公共边的阻抗(Ω)。

式(9.7)表示力矩马达的输入电压消耗在两部分上，式中第一项表示消耗在控制线圈和放大器内阻上的电压降，第二项表示由于控制线圈中通电流产生电磁感应形成衔铁磁通变化所需的电压降。为了求出它与衔铁角位移间的关系，必须根据力矩马达磁路求得式(9.7)中Φ_a与Δi的关系。

为了方便分析，假设图9.25所示磁路中材料的磁阻可以忽略不计，且对角上气隙磁阻两两相等。此时，磁路中占支配地位的是图中①、②、③、④四个气隙磁阻。根据磁阻定义，气隙磁阻为

$$R_1 = \frac{g-x}{\mu_0 A_g} \tag{9.8}$$

$$R_2 = \frac{g+x}{\mu_0 A_g} \tag{9.9}$$

式中 R_1——气隙①和②的磁阻(H^{-1})；

R_2——气隙③和④的磁阻(H^{-1})；

g——衔铁在中位时每个气隙长度(m)；

x——衔铁顶端(磁极面中心)偏离中间位置的位移(m)；

A_g——气隙极面的面积(m^2)；

μ_0——空气导磁系数，其值为$4\pi\times10^{-7}$ H/m。

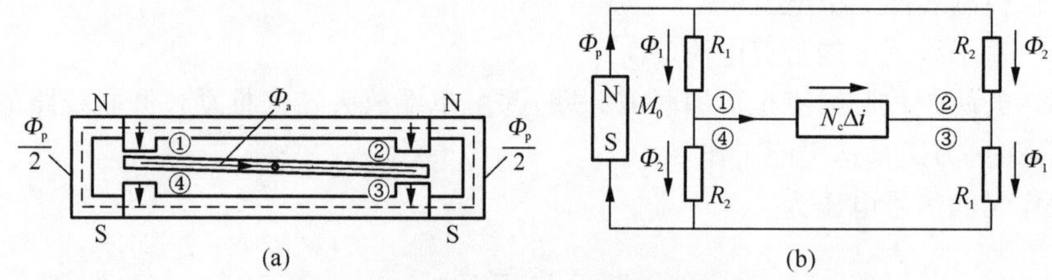

图9.25 力矩马达中磁路原理图

(a) 磁路原理图；(b) 等效磁路原理图

由图9.25b的等效磁路可知，对角气隙磁通为

$$\Phi_1 = \frac{M_0 + N_c\Delta i}{2R_1} = \frac{M_0 + N_c\Delta i}{2\dfrac{g}{\mu_0 A_g}\left(1-\dfrac{x}{g}\right)} \tag{9.10}$$

而衔铁在中位时的气隙磁阻为

$$R_g = \frac{g}{\mu_0 A_g} \tag{9.11}$$

由式(9.10)和式(9.11)可得

$$\Phi_1 = \frac{M_0 + N_c\Delta i}{2R_g\left(1-\dfrac{x}{g}\right)} \tag{9.12}$$

同理可得

$$\Phi_2 = \frac{M_0 + N_c \Delta i}{2R_g\left(1 + \frac{x}{g}\right)} \tag{9.13}$$

通过骨架及衔铁的磁通为

$$\Phi_p = \Phi_1 + \Phi_2 \tag{9.14}$$

$$\Phi_a = \Phi_1 - \Phi_2 \tag{9.15}$$

式中 Φ_1——通过气隙①、③的磁通(Wb)；

Φ_2——通过气隙②、④的磁通(Wb)；

M_0——所有永久磁铁的总磁动势(A)；

$N_c\Delta i$——由控制电流产生的净磁动势(A)；

R_g——衔铁中位时每一气隙的磁阻(H^{-1})；

Φ_p——通过永久磁铁的总磁通(Wb)；

Φ_a——通过衔铁的总磁通(Wb)。

用衔铁在中间位置时的气隙磁通来表示 M_0 更为方便。当衔铁在中间位置时($\Delta i = x = 0$)，式(9.11)和式(9.12)可简化为

$$\Phi_{10} = \frac{M_0}{2R_g} = \Phi_{20} = \Phi_g \tag{9.16}$$

式中 Φ_a——当衔铁在中间位置时,每个气隙的磁通。

因此,气隙磁通的关系式变为

$$\Phi_1 = \frac{\Phi_g + \Phi_c}{1 - x/g} \tag{9.17}$$

$$\Phi_2 = \frac{\Phi_g - \Phi_c}{1 + x/g} \tag{9.18}$$

式中 Φ_c——由控制电流产生的磁通,它由下式确定

$$\Phi_c = \frac{N_c \Delta i}{2R_g} \tag{9.19}$$

将式(9.17)和式(9.18)代入式(9.15),可得所要求的衔铁中的磁通关系为

$$\Phi_a = \frac{2\Phi_g(x/g) + 2\Phi_c}{1 - x^2/g^2} \tag{9.20}$$

由于力矩马达都设计成 $x/g < 1$,所以上式可简化成为

$$\Phi_a = 2\Phi_g \frac{x}{g} + \frac{N_c}{R_g}\Delta i \tag{9.21}$$

由几何关系可知

$$\tan\theta = \frac{x}{a} \approx \theta \tag{9.22}$$

式中 θ——衔铁的角位移(rad)；

α——衔铁由转轴到导磁体工作面中心的半径(m)。

由于衔铁的偏转角很小,故上式中的近似关系在一般情况下是成立的。将式(9.21)、式(9.22)与式(9.7)联立并经整理,即可得电压方程为

$$2\mu e_{\mathrm{g}} = (R_{\mathrm{c}} + r_{\mathrm{p}})\Delta i + 4N_{\mathrm{c}}\Phi_{\mathrm{g}}\frac{a}{g}\frac{\mathrm{d}\theta}{\mathrm{d}t} + 2\frac{N_{\mathrm{c}}^2}{R_{\mathrm{g}}}\frac{\mathrm{d}\Delta i}{\mathrm{d}t} \tag{9.23}$$

式(9.23)经拉普拉斯变换后为

$$2\mu E_{\mathrm{g}} = (R_{\mathrm{c}} + r_{\mathrm{p}})\Delta I + 2K_{\mathrm{b}}s\theta + 2L_{\mathrm{c}}s\Delta I \tag{9.24}$$

$$K_{\mathrm{b}} = 2(a/g)N_{\mathrm{c}}\Phi_{\mathrm{g}} \tag{9.25}$$

$$L_{\mathrm{c}} = N_{\mathrm{c}}^2/R_{\mathrm{g}} \tag{9.26}$$

式中　K_{b}——每个控制线圈的反电动势常数(V·s/rad);

L_{c}——每个控制线圈的自感系数(H)。

上式就是力矩马达基本电压方程的最终形式。下面确定由永久磁铁的磁通和控制磁通的气隙中相互作用而产生的作用在衔铁上的力矩方程。根据麦克斯韦方程

$$F = \frac{10^7}{8\pi}\frac{\Phi^2}{A_{\mathrm{g}}} \tag{9.27}$$

式中　F——由气隙隔开的两个磁化了的平行平面间的吸力(N);

Φ——气隙中的磁通(Wb);

A_{g}——垂直于磁通的极面积(m^2)。

由于衔铁每一端的两个气隙中产生的力矩是相反的,因此产生的力矩与磁通的平方差成正比,所以作用在衔铁上的总净力矩为

$$T_{\mathrm{d}} = 2a(\Phi_1^2 - \Phi_2^2)\frac{10^7}{8\pi A_{\mathrm{g}}} \tag{9.28}$$

上式中系数 2 表示衔铁另一端的两个气隙也产生同样的力矩。将式(9.17)、式(9.18)代入式(9.28),并考虑 $x \approx a^{\theta}$、$R_{\mathrm{g}} = g/(\mu_0 A_{\mathrm{g}})$ 及 $\Phi_{\mathrm{c}} = N_{\mathrm{c}}\Delta i/(2R_{\mathrm{g}})$,则可得如下力矩方程

$$T_{\mathrm{d}} = \frac{(1 + \Phi_{\mathrm{c}}^2/\Phi_{\mathrm{g}}^2)K_{\mathrm{m}}\theta + (1 + x^2/g^2)K_{\mathrm{t}}\Delta i}{(1 - x^2/g^2)^2} \tag{9.29}$$

$$K_{\mathrm{t}} = 2(a/g)N_{\mathrm{c}}\Phi_{\mathrm{g}} \tag{9.30}$$

$$K_{\mathrm{m}} = 4(a/g)^2\Phi_{\mathrm{g}}^2 R_{\mathrm{g}} \tag{9.31}$$

式中　T_{d}——输入电流在力矩马达衔铁上产生的总力矩(N·m);

K_{t}——力矩马达的力矩常数(对于每个线圈)(N·m/A);

K_{m}——力矩马达的磁弹簧系数(N·m/rad)。

由于在力矩马达设计中通常满足 $(x/g)^2 \ll 1$ 和$(\Phi_{\mathrm{c}}/\Phi_{\mathrm{g}}) \ll 1$,以改善其线性度、稳定性和防止衔铁被永久磁铁吸附,故式(9.29) 可写成

$$T_{\mathrm{d}} = K_{\mathrm{m}}\theta + K_{\mathrm{t}}\Delta i \tag{9.32}$$

对衔铁应用牛顿第二定律,可得衔铁力矩平衡方程为

$$T_{\mathrm{d}} = J_{\mathrm{a}}\frac{\mathrm{d}^2\theta}{\mathrm{d}t^2} + B_{\mathrm{a}}\frac{\mathrm{d}\theta}{\mathrm{d}t} + K_{\mathrm{a}}\theta + T_{\mathrm{L}} \tag{9.33}$$

式中　J_a——衔铁及任何加于其上的负载转动惯量($kg \cdot m^2$)；

B_a——衔铁的机械支承和负载的黏性阻尼系数($N \cdot m \cdot s/rad$)；

K_a——衔铁转轴(或弹簧管)的机械扭转弹簧刚度($N \cdot m/rad$)；

T_L——作用在衔铁上的任意负载力矩($N \cdot m$)。

将式(9.32)和式(9.33)合并后再进行拉普拉斯变换，则得力矩马达的基本方程式为

$$K_m\theta + K_t\Delta i = J_a \frac{d^2\theta}{dt^2} + B_a \frac{d\theta}{dt} + K_a\theta + T_L$$

$$K_t\Delta I = J_a s^2\theta + B_a s\theta + (K_a - K_m)\theta + T_L \tag{9.34}$$

由式(9.33)可见，为使力矩马达能稳定工作，必须使磁弹性系数小于机械弹性常数。

9.3.2　双喷嘴挡板阀的基本方程

1) 双喷嘴挡板阀流量压力特性方程　如图9.26所示，喷嘴1液流的流量连续性方程可得

$$Q_L = Q_1 - Q_2 \tag{9.35}$$

式中　Q_1——通过固定节流器的流量(m^3/s)；

Q_2——通过喷嘴1的流量(m^3/s)；

Q_L——负载流量(m^3/s)。

由节流口的流量压力方程可得

$$Q_1 = C_{d0}A_0\sqrt{\frac{2}{\rho}(p_s - p_1)} = \frac{1}{4}C_{d0}\pi D_0^2\sqrt{\frac{2}{\rho}(p_s - p_1)} \tag{9.36}$$

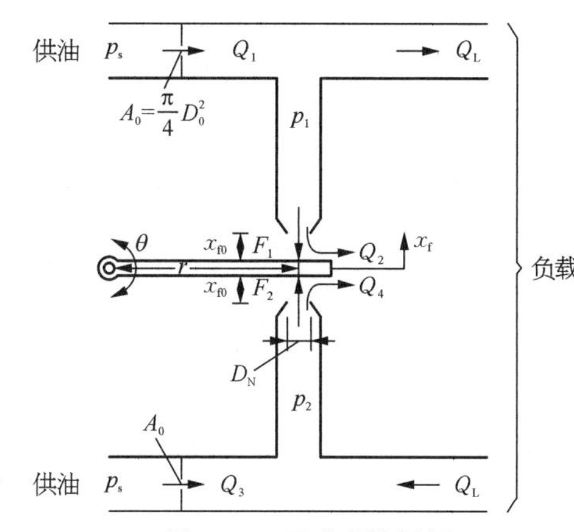

图 9.26　双喷嘴挡板阀

$$Q_2 = C_{df}\pi D_N(x_{f0} - x_f)\sqrt{\frac{2}{\rho}p_1} \tag{9.37}$$

式中　A_0——固定节流器节流面积(m^2)；

C_{d0}——固定节流器的流量系数；

p_s——供油压力(MPa)；

p_1——喷嘴1容腔压力(MPa)；

ρ——油液密度(kg/m^3)；

D_N——喷嘴直径(m)；

x_{f0}——喷嘴与挡板的初始间隙(m)；

x_f——挡板运动距离(m)；

C_{df}——喷嘴挡板节流孔的流量系数。

用类似的方法可得到负载处于稳定状态时，另一喷嘴的一系列方程如下

$$Q_L = Q_4 - Q_3 \tag{9.38}$$

$$Q_3 = C_{df}\pi D_N(x_{f0} + x_f)\sqrt{\frac{2}{\rho}p_2} \tag{9.39}$$

$$Q_4 = C_{d0}A_0\sqrt{\frac{2}{\rho}(p_s - p_2)} \tag{9.40}$$

式中　Q_3——通过固定节流器的流量(m^3/s)；

Q_4——通过喷嘴 2 的流量(m^3/s)；

p_2——喷嘴 2 容腔压力(MPa)。

在液压伺服控制系统中，控制阀通常在其工作点附近工作，故可对双喷嘴挡板阀进行零位线性化。根据喷嘴挡板阀的设计准则，即零位时两喷嘴腔的控制压力均为供油压力的 50%，此时固定节流口与零位喷嘴挡板节流口必须满足以下关系式

$$\frac{C_{df}A_f}{C_{d0}A_0} = \frac{C_{df}\pi D_N x_{f0}}{C_{d0}A_0} = 1 \tag{9.41}$$

为确定零位的阀系数，即在 $x_f = Q_L = p_L = 0$ 和 $p_1 = p_2 = p_s/2$ 处的阀系数，将式(9.35)线性化，得到

$$\Delta Q_L = \frac{\partial Q_L}{\partial x_f}\Delta x_f + \frac{\partial Q_L}{\partial p_1}\Delta p_1 \tag{9.42}$$

零位时，由式(9.35)的偏导数并考虑式(9.41)，可得

$$\left.\frac{\partial Q_L}{\partial x_f}\right|_0 = C_{df}\pi D_N\sqrt{\frac{p_s}{\rho}} \tag{9.43}$$

$$\left.\frac{\partial Q_L}{\partial p_1}\right|_0 = -\frac{2C_{df}\pi D_N x_{f0}}{\sqrt{\rho p_s}} \tag{9.44}$$

由(9.42)～式(9.44)可得

$$\Delta Q_L = C_{df}\pi D_N\sqrt{\frac{p_s}{\rho}}\Delta x_f - \frac{2C_{df}\pi D_N x_{f0}}{\sqrt{\rho p_s}}\Delta p_1 \tag{9.45}$$

同理，由式(9.38)可得

$$\Delta Q_L = C_{df}\pi D_N\sqrt{\frac{p_s}{\rho}}\Delta x_f + \frac{2C_{df}\pi D_N x_{f0}}{\sqrt{\rho p_s}}\Delta p_2 \tag{9.46}$$

将式(9.45)与式(9.46)相加，并与 $\Delta p_L = \Delta p_1 - \Delta p_2$ 联立，可得

$$\Delta Q_L = C_{df}\pi D_N\sqrt{\frac{p_s}{\rho}}\Delta x_f - \frac{C_{df}\pi D_N x_{f0}}{\sqrt{\rho p_s}}\Delta p_L \tag{9.47}$$

这就是双喷嘴挡板阀在零位工作时的压力流量方程的线性化方程。其零位阀系数可由该方程直接得出

$$K_{q0} = \left.\frac{\partial Q_L}{\partial x_f}\right|_{\Delta p_L=0} = C_{df}\pi D_N\sqrt{\frac{p_s}{\rho}} \tag{9.48}$$

$$K_{p0} = \left.\frac{\partial p_L}{\partial x_f}\right|_{\Delta Q_L=0} = \frac{p_s}{x_{f0}} \tag{9.49}$$

$$K_{c0} = -\left.\frac{\partial Q_L}{\partial p_L}\right|_{\Delta Q_L=0} = \frac{C_{df}\pi D_N x_{f0}}{\sqrt{\rho p_s}} \tag{9.50}$$

2) 双喷嘴挡板阀喷嘴驱动力　如图 9.26 所示，利用伯努利方程可求出射流作用于挡板上的驱动力为

$$F_1 = \left(p_1 + \frac{1}{2}\rho v_1^2\right)A_N \tag{9.51}$$

式中　A_N——喷嘴孔截面积(m^2)；

v_1——流体在喷嘴孔出口处平面上的速度(m/s)，它由下式给出

$$v_1 = \frac{Q_2}{A_N} = \frac{C_{df}\pi D_N(x_{f0} - x_f)\ \sqrt{(2/\rho)p_1}}{\pi D_N^2/4} = \frac{4C_{df}\pi(x_{f0} - x_f)\ \sqrt{(2/\rho)p_1}}{D_N} \tag{9.52}$$

以上两式联立可得

$$F_1 = p_1\left[1 + \frac{16C_{df}^2(x_{f0} - x_f)^2}{D_N^2}\right]A_N \tag{9.53}$$

同理，可以用类似的方法推导出 F_2 的方程为

$$F_2 = p_2\left[1 + \frac{16C_{df}^2(x_{f0} + x_f)^2}{D_N^2}\right]A_N \tag{9.54}$$

因此，作用在挡板上的净力就是这两个力之差

$$F_1 - F_2 = (p_1 - p_2)A_N + 4\pi C_{df}^2[(x_{f0} - x_f)^2 p_1 - (x_{f0} + x_f)^2 p_2] \tag{9.55}$$

利用 $p_L = p_1 - p_2$，并近似地认为稳态值为 $p_1 \approx p_2 \approx p_s/2$，即可得到

$$F_1 - F_2 = p_L A_N + 4\pi C_{df}^2 x_{f0}^2 p_L + 4\pi C_{df}^2 x_f^2 p_L - 8\pi C_{df}^2 x_{f0} p_s x_f \tag{9.56}$$

一般挡板阀设计要求 $(x_{f0}/D_N) < 1/16$，即喷嘴面积远大于喷嘴与挡板之间形成的节流口面积，这就使得第二项相对第一项可以忽略。这里，由于 $x_f < x_{f0}$，所以显然第三项小于第二项可忽略不计。这样，上式可近似地写为

$$F_1 - F_2 = p_L A_N - (8\pi C_{df}^2 x_{f0} p_s)x_f \tag{9.57}$$

当挡板位移 x_f 很小时，θ 角也很小，所以

$$\tan\theta = \frac{x_f}{r} \approx \theta \tag{9.58}$$

式中　r——喷嘴孔轴心到衔铁旋转中心的距离(m)。

由式(9.57)和式(9.58)可得电液伺服阀中双喷嘴液动力产生的负载力矩为

$$T_{Le} = (F_1 - F_2)r = p_L A_N r - r^2 8\pi C_{df}^2 x_{f0} p_s \theta \tag{9.59}$$

3）流量平衡方程　如图 9.23 所示，在电液伺服阀中，主阀芯可视为喷嘴挡板阀的负载。此时，考虑喷嘴容腔油液压缩性，流量平衡方程及其拉普拉斯变换式分别为

$$Q_L = A_v \frac{d_{x_v}}{dt} + \frac{V_{op}}{2\beta_e}\frac{dp_L}{dt}$$

$$Q_L = A_v s x_v + \frac{V_{op}}{2\beta_e} s p_L \tag{9.60}$$

式中　A_v——阀芯端面积(m^2)；

V_{op}——阀芯处于中位时，一个喷嘴腔体积(m^3)；

x_v——主阀芯位移(m)；

β_e——油液弹性模量(N/m^2)。

由式(9.47)～式(9.50)和式(9.58)可知，喷嘴挡板输给主阀芯的流量线性方程为

$$Q_L = K_{q0}X_f - K_{c0}p_L = K_{q0}r\theta - K_{c0}p_L \tag{9.61}$$

9.3.3 衔铁组件的力矩方程

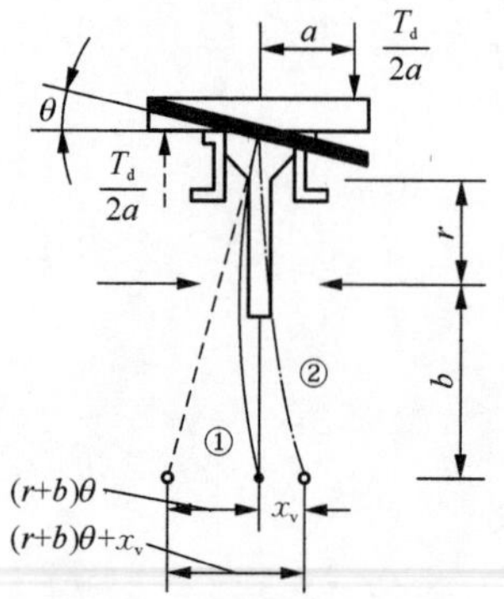

图 9.27 衔铁挡板反馈弹簧组件工作原理图

①—阀芯未动时衔铁组件的工作情况；②—组件平衡状态

图 9.27 所示为衔铁挡板反馈弹簧组件的工作原理图。由图中可以看出，力反馈杆对衔铁产生的负载力矩为

$$T_{LK} = (r+b)^2K_f\theta + K_f(r+b)x_v \tag{9.62}$$

式中　K_f——力反馈杆刚度(N/m)；

b——喷嘴孔轴心到主阀芯轴心的距离(m)。

由式(9.59)和式(9.60)可得，力矩马达的总负载力矩为

$$T_L = rp_LA_N + (r+b)^2K_f\theta + K_f(r+b)x_v - r^2 8\pi C_{df}^2 x_{f0} p_s\theta \tag{9.63}$$

将式(9.63)经拉普拉斯变换代入式(9.34)中，即得衔铁组件的力矩方程为

$$K_t\Delta I = J_a s^2\theta + B_a s\theta + [K_{an} + K_f(r+b)^2]\theta + K_f(r+b)x_v + rp_LA_N \tag{9.64}$$

式中　K_{an}——衔铁挡板的净刚度(N·m/rad)。

$$K_{an} = K_a + K_m - 8\pi C_{df}^2 p_s x_{f0} r^2 \tag{9.65}$$

式(9.64)可改写为

$$\theta = \frac{\frac{1}{K_{an}+K_f(r+b)^2}[K_t\Delta I - K_f(r+b)x_v - rA_Np_{Lp}]}{\frac{s^2}{\omega_{mf}^2} + \frac{2\zeta_{mf}}{\omega_{mf}}s + 1} \tag{9.66}$$

$$\omega_{mf} = \sqrt{\frac{K_{an}+K_f(r+b)^2}{J_a}} \tag{9.67}$$

$$\zeta_{mf} = \frac{B_a}{2\sqrt{J_a[K_{an}+K_f(r+b)^2}} \tag{9.68}$$

式中　ω_{mf}——力矩马达固有频率(1/s)；

ζ_{mf}——力矩马达阻尼比。

9.3.4 主阀芯力平衡方程

对主阀芯应用牛顿第二定律，可得主阀芯力平衡方程为

$$A_vp_L = m_vs^2x_v + B_vsx_v + (K_f + K_f')x_v \tag{9.69}$$

式中　m_v——输出级阀芯质量(kg)；

B_v——阀芯运动黏性阻尼系数(N·s/m)；

K_f'——作用在阀芯上的液动力刚度(N/m)，$K_f' = 0.43\omega(p_s - p_{L0})$。

9.4 力反馈电液伺服阀的传递函数

1) 电液伺服阀的传递函数　由基本方程式(9.60)、式(9.61)、式(9.66)和式(9.69)可得以电流为输入、以主阀芯位移为输出的电液伺服阀的框图如图 9.28 所示。由于由阀芯质量、液体压缩性和喷嘴挡板阀的压力-流量系数构成的二阶环节的液压固有频率相当高,故对阀的动态品质基本上没有影响;而由阀芯运动构成的压力反馈回路的开环增益函数的最大值比力反馈回路相应的开环增益值小得多,故可忽略不计,所以,图 9.28 可以简化成如图 9.29 形式。

由图 9.29 可以看出,力反馈两级电液伺服阀的开环传递函数为

$$G(s)H(s)=\frac{K_{vf}}{s\left(\frac{1}{\omega_{mf}^{2}}s^{2}+\frac{2\zeta_{mf}}{\omega_{mf}}s+1\right)} \tag{9.70}$$

式中　K_{vf}——速度放大系数(1/s),其表达式为

$$K_{vf}=\frac{r(r+b)K_{f}K_{q0}}{A_{v}[K_{an}+K_{f}(r+b)^{2}]} \tag{9.71}$$

其闭环传递函数即以电流作输入量,而以阀芯位移作输出量的力反馈两级阀的传递函数,其表达式为

$$G_{B}(s)=\frac{x_{v}}{\Delta I}=\frac{\dfrac{K_{t}}{K_{f}(r+b)}}{\dfrac{1}{K_{vf}\omega_{mf}^{2}}s^{3}+\dfrac{2\zeta_{mf}}{K_{vf}\omega_{mf}}s^{2}+\dfrac{1}{K_{vf}s}}+1 \tag{9.72}$$

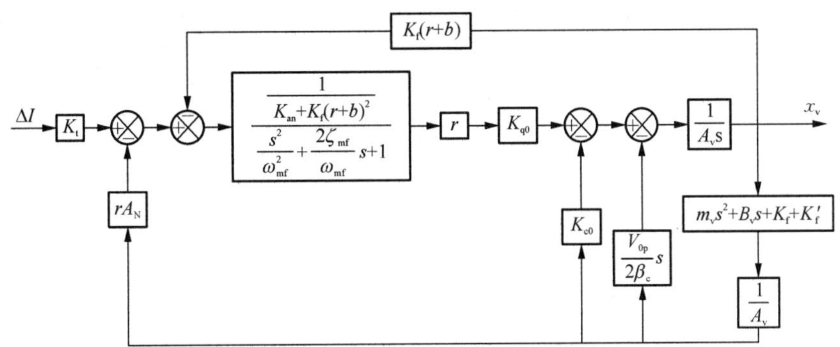

图 9.28　以电流为输入的力反馈两级电液伺服阀框图

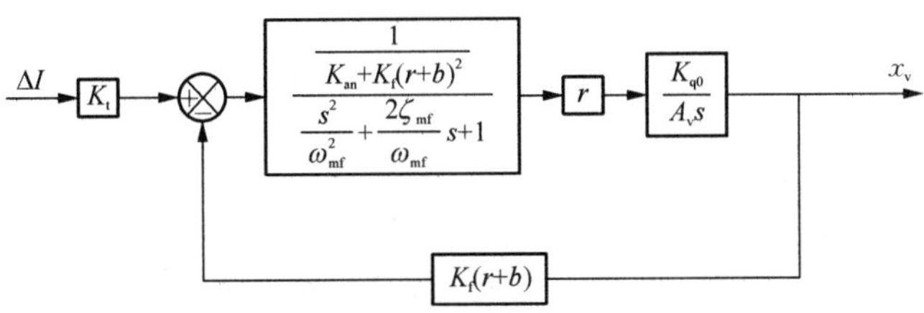

图 9.29　力反馈两级电液伺服阀简化框图

2）稳定性　由力反馈两级电液伺服阀的开环传递函数式(9.70)可得其特征方程

$$\frac{1}{\omega_{mf}^2}s^3+\frac{2\zeta_{mf}}{\omega_{mf}}s^2+s+K_{vf}=0 \tag{9.73}$$

根据劳斯-赫尔维茨稳定性判据，其稳定准则为

$$\frac{K_{vf}}{\omega_{mf}}<2\zeta_{mf} \tag{9.74}$$

参考文献

［1］闾耀保.极端环境下飞行器电液伺服阀特性研究[R].国家自然科学基金资助项目结题报告(50775161)，2011.1.20.

［2］闾耀保.飞行器舵机系统关键基础理论研究[R].上海市浦江人才计划(A类)总结报告(06PJ14092)，2008.9.30.

［3］闾耀保.射流伺服阀流场分析[R].航空科学基金项目结题报告(20120738001)，2014.9.30.

［4］闾耀保.液压产品几何参数、工艺方法与产品性能之间的映射关系研究[R].航空科学基金项目结题报告(20090738003)，2012.9.21.

［5］闾耀保.偏转板射流伺服阀和射流管伺服阀的基础理论研究[R].国家自然科学基金资助项目进展报告(51475332)，2015.12.20.

［6］闾耀保.极端环境下的电液伺服控制理论及应用技术[M].上海：上海科学技术出版社，2012.

［7］闾耀保，李长明，江金林.三维离心环境下的电液伺服阀特性分析[J].机械工程学报，2015，51(2)：169-177.

［8］闾耀保，李长明.对称负重合型气动伺服阀零位流动状态分析[J].航空学报，2015，36(11)：3724-3733.

［9］闾耀保，付嘉华，金瑶兰.射流管伺服阀前置级冲蚀磨损数值模拟[J].浙江大学学报，2015，49(12)：2252-2260.

［10］闾耀保，王玉.射流管伺服阀前置级压力特性[J].航空动力学报，2015，30(12)：3058-3064.

［11］闾耀保，范春红山，张曦.Dynamic stiffness spring analysis foe feedback spring pole in a jet pipe electro-hydraulic servovalve [J].中国科学技术大学学报，2012，42(9)：699-705.

［12］闾耀保，张鹏，岑斌.偏转板射流伺服阀前置级流场分析[J].中国工程机械学报，2015，13(1)：1-7.

［13］闾耀保，李长明，荒木献次.具有对称不均等负重合量的气动伺服阀特性[J].上海交通大学学报，2010，44(4)：500-505.

［14］Yin Y B, Li C M, Peng B X. Analysis of pressure characteristics of hydraulic jet pipe servo valve [C] // Proceedings of the 12th International Symposium on Fluid Control, Measurement and Visualization(FLUCOME2013), November 18-23, 2013, Nara, Japan: 1-10.

［15］Yin Y B, Fu J H, Yuan J Y, et al. Erosion wear characteristics of hydraulic jet pipe servovalvec [C] //Proceedings of 2015 Autumn Conference on Drive and Control, The Korean Society for Fluid Power & Construction Equipment, 2015.10.23: 45-50.

［16］闾耀保，孟伟.喷嘴挡板伺服阀的喷嘴挡板间隙的一种间接测量方法：CN101694378A [P].2010-04-14.

［17］Hele-Shaw H S, Martineau F L. Pump and motor: US1077979[P]. 1913-11-11.

［18］Thoma H. Hydraulic motor and pump: US2155455[P]. 1939-4-25.

［19］Thoma H. Axial piston hydraulic units: US3059432[P]. 1962-10-23.

［20］Vickers H F. Liquid relief valve: US2053453[P]. 1936-6-9.

［21］Mercier J. Oleopneumatic storage device: US2387598 [P]. 1945-10-23.

[22] Boyar R E, Johnson B A, Schmid L. Hydraulic servo control valves (Part 1: a summary of the present state of the art of electrohydraulic servo valves) [R]. WADC Technical Report 55 - 29, United States Air Force, 1955.

[23] Johnson B. Hydraulic servo control valves (Part 3: state of the art summary of electrohydraulic servo valves and applications) [R]. WADC Technical Report 55 - 29, United States Air Force, 1956.

[24] 訚耀保，孟伟，黄伟达. 电液伺服阀力矩马达的综合刚度[J]. 机械设计与研究，2009，25(5)：82 - 84.

[25] 訚耀保，孟伟. 非对称喷嘴挡板式电液伺服阀特性分析[J]. 中国机械工程，2011，22(4)：957 - 960，970.

[26] Blackburn J F, et al. Fluid power control [M]. MIT Press, 1960.

[27] 荒木献次. 具有不均等负重合阀的气动圆柱滑阀控气缸的频率特性(第 1，2，3，4 报)[J]. 油压与空气压，日本油空压学会，1979，10(1)：57 - 63；10(6)：361 - 367；1981，12(4)：262 - 276.

第 10 章 射流管电液伺服阀

射流伺服阀国外已广泛用于飞机、舰船等的动力控制。本章介绍国外射流伺服阀专利形成过程与飞行器应用进展，着重分析射流管电液伺服阀基本原理、结构，阐述射流管电液伺服阀压力特性、零偏零漂产生机理与抑制措施，以及三维离心环境下的零偏特性。

10.1 概述

射流伺服阀最早出现在 1940 年前后，Askania Regulator 公司的 Askania-Werke 在德国开发并申请了射流管原理控制阀专利，通过控制喷管的运动来改变射流方向，喷管将流体直接喷入两个接收器，流体的动量转变为压力或流量，如图 10.1a 所示。Foxboro 发现了单喷嘴挡板阀原理，采用平板式挡板和固定喷管之间位置变化形成节流孔的面积变化来控制喷嘴内的压力大小，如图 10.1b 所示。德国 Siemens 发明了双喷嘴挡板阀，通过弹簧输入机械信号，通过移动线圈、永久电磁铁力矩马达输入电信号，该阀用于闭式位置控制，作为航空航天飞行器控制阀的前置级，如图 10.1c 所示。

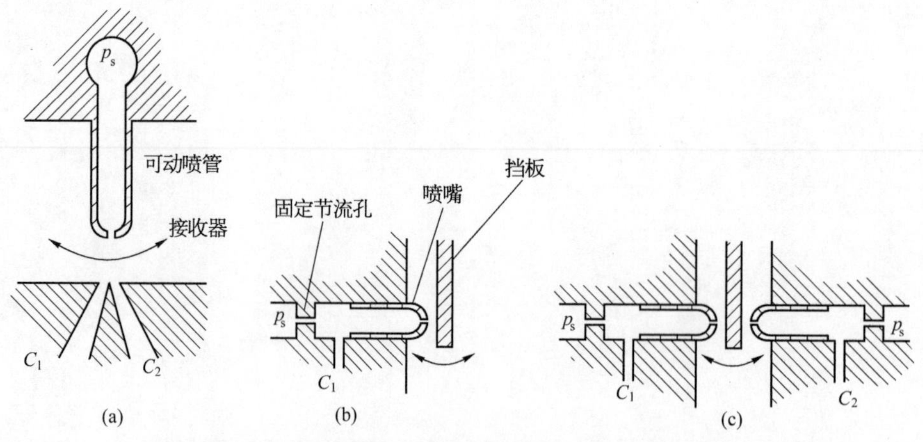

图 10.1 射流管阀与喷嘴挡板阀(20 世纪 40 年代)

(a) 射流管阀(Askania)；(b) 单喷嘴挡板阀(Foxboro)；(c) 双喷嘴挡板阀(Siemens)

美国空军 1955—1962 年总结了 8 份电液伺服阀和电液伺服机构的研究报告，详细记载了美国空军在这一时期研究和开发各种电液伺服阀的过程、新产品及其技术发展历史、原理、应用情况，涉及电液伺服阀的开发过程、研制单位，尤其是详细介绍了当初的电液伺服阀结构、原理、应用与大量实验结果，建立了电液伺服阀的数学模型、传递函数、功率键合图、稳定性，50 年后才陆续解密公开。1957 年 R. Atchley 开发了基于 Askania 射流管原理的两级射流管电液伺服阀，1959 年又开发了带电反馈的三级电液伺服阀。1973 年 Moog 公司开始研究射流管原理，1998 年批量生产射流管电液伺服阀。如图 10.2 所示为带有执行机构的两级射流管电液伺服阀结构原理示意图。它主要由两个部分组成：一级力矩马达射流管阀组件和二级主阀组件，在一级组件和二级组件之间，设有一个机械反馈弹簧组件来反馈并稳定主阀芯的运动状态。一级力矩马达组件包括衔铁、衔铁衬套、柔性弹簧管、射流管及喷嘴、供油管和支承弹簧。射流管和衔铁通过衔铁衬套和弹簧管连接，弹簧管、供油管和支承弹簧固定在力矩马达上，弹簧管作为一种密封装置，位于伺服阀电磁部分和液压部分之间，保证力矩马达运动时的绝缘性。二级主阀组件包括接收器、滑阀，接收器有两个间隔但紧密的接收孔，它固定在主阀的阀体上，接收孔连通至主阀芯两边的端面，控制主阀芯在阀套中处于适当的位置。阀套和阀体间具有多个控制节流孔并连接到供油口、回油口和两个控制口。反馈弹簧组件由三部分组成：反馈弹簧、弹簧衬套和弹簧座。反馈弹簧组件通过弹簧衬套固定在射流管喷嘴上，另一端通过两个零位调节螺钉安装在阀芯上。射流管伺服阀首先将液体的压力能转化为喷射动能，然后在接收孔两端重新恢复成压力能，控制主阀的运动位置。

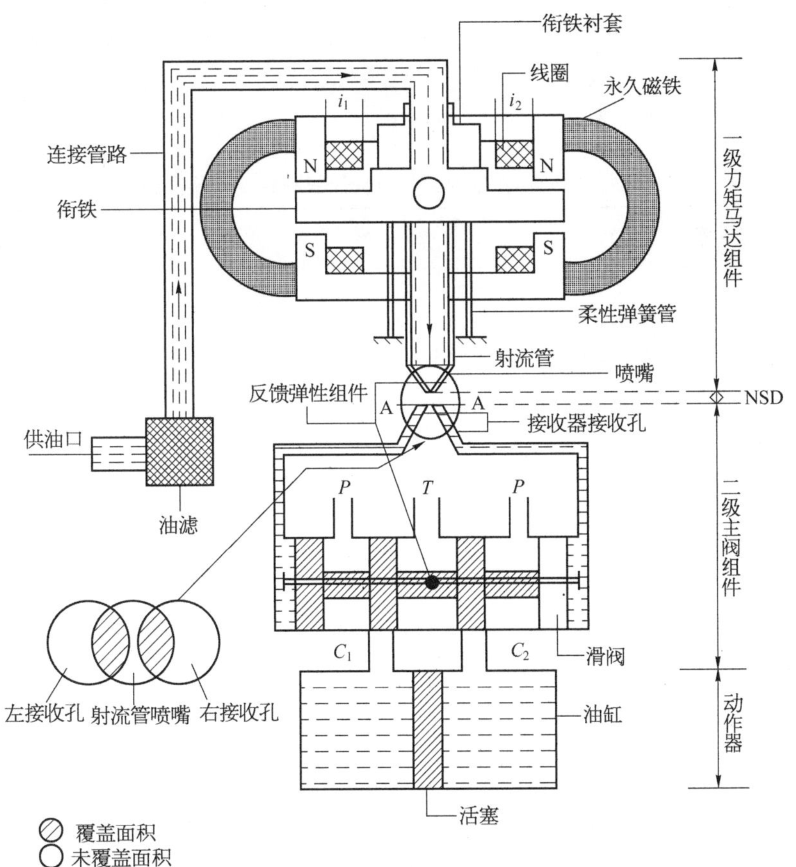

图 10.2　射流管电液伺服阀结构原理图

日本1952年开始进行射流管伺服马达的基础理论和特性研究，用于水射流技术、自动生产线。《日本机械学会论文集》1970年报道了日本水射流以及射流管伺服阀的流体力学基础研究情况。美国IEEE在1998年披露气动射流管伺服阀的应用情况。印度近年来的研究涉及射流管伺服阀的建模与结构技术。美国和德国射流管电液伺服阀产品主要集中在几个公司，如制造企业Moog、MTS、Honeywell等。波音公司、空中客车公司、军用飞机的射流管电液伺服阀应用情况表明，飞机液压系统正逐步使用射流伺服阀取代喷嘴挡板式电液伺服阀。射流管电液伺服阀的研究文献目前还特别少见，为此研究国外产品，分析来源、设计思路及使用过程的特点，总结关键技术，对我国高端液压件分析和定位有参考价值。国外电液伺服阀的主要制造单位有：美国Moog公司、英国Dowty公司、美国Team公司、俄罗斯的"祖国"设计局、沃斯霍得工厂等。此外，美国Parker公司、EatonVickers公司，德国Bosch公司、Rexroth公司也生产电液伺服阀。国外从20世纪60年代开始，射流伺服阀被广泛运用于航空、航天及民用工业部门，如Moog、Parker、EatonVickers、IN-LHC及俄罗斯等的射流管伺服阀。1965—1971年，美国民航公司曾对所使用的9 000个射流管伺服阀进行追踪调查，发现平均故障间隔时间为115 000 h。

以Honeywell为例，其生产的射流管伺服阀在飞行器上的应用见表10.1。可见，射流管伺服阀已经广泛应用于波音737客机，F-15、F-16、F-18、F-22空军歼击机，空中客车A380客机以及JSF歼击机等。表10.2所示为美国ABEX航空公司(现与Parker公司合并)410型射流管伺服阀主要使用对象。表10.3所示为Parker公司400型射流管伺服阀主要应用场合。欧洲IN-LHC公司目前生产的射流管伺服阀规格型号多，广泛应用于航空、航天及工业场合，航空应用情况见表10.4。

表10.1 Honeywell生产的射流管伺服阀在飞行器上的应用

飞 行 器	部 位	数量(个)
波音737	CFM56-7	12
F-15、F-16歼击机	F100/220/229	14/17
波音777	331-500	1
Falcon、猎鹰	CFE738	4
F-18E&F歼击机	F414	8
F-22歼击机	F119	12
Bus Jet	AS907	2
Grippen	RM12UP	2
空中客车A380	TRENT 900	8
JSF歼击机	Stova Actuation	8
JSF歼击机	燃料输送	8
JSF歼击机	发动机作动器	12

表 10.2　美国 ABEX 航空公司 410 型射流管伺服阀应用对象

应　用　对　象	用　途
波音 737/707/720/727	舵、升降舵、副翼
波音 747	舵、升降舵、中心侧向控制
Grumman Gulfstream Ⅱ	舵
McDonnell-Douglas DC－8	舵、升降舵、副翼、直接起飞控制
Lockhead-L-1011	舵、升降舵、副翼、直接起飞控制

表 10.3　Parker 公司 400 型射流管伺服阀主要应用场合

应　用　对　象	用　途
空中客车 A380	主飞行控制执行器 次飞行控制执行器 主传动和鼻轮操纵系统 自动刹车模块 民用场合
波音 737、747、777 客机	
波音 C－17 运输机	
G5000 商用客机	
X－47 无人机	
霍克 4000 商务机	
中国商飞 ARJ21 客机	
V－22 歼击机	
F－16、F－22 歼击机	

表 10.4　欧洲 IN－LHC 射流管伺服阀主要应用场合

应　用　对　象	用　途
阵风歼击机	M88 涡扇发动机
庞巴迪 CRJ－200 客机	飞控系统
阿帕奇直升机	辅助动力单元
SH－60H、EH101、卡－62R 等直升机	RTM322 发动机燃油控制
SA－365、ALH 等直升机	TM333 发动机燃油控制
CRJ－700/170/190、Dash－8、BD－100 等客机	飞行控制系统
CRJ－200、CRJ－700 客机	前轮操纵系统
LCH 歼击机	Kaveri 发动机燃油控制
EC225、EC725 直升机	Makila 发动机、流量、压力调节

10.2 射流伺服阀国外专利

从美国与欧洲各国的情况看，射流管伺服阀专利主要集中在美国少数几家公司，最早的专利出现在 1967 年，如 Bell 宇航(图 10.3)、GE (图 10.4)、Honeywell (图 10.5)。单级射流管阀出现后，陆续出现接收器与滑阀分离的射流管伺服阀(图 10.3)、旋转配流式射流管伺服阀、嵌入式射流配流器、倾斜式滑阀端面配流的射流管伺服阀(图 10.6)、无反馈但失效快速返回零位的射流管伺服阀(图 10.7)，还采用滑阀端面沟槽进行射流管限位。后来出现带反馈的两级射流管伺服阀，发现了射流管伺服阀在失效时自动回到零位的优点，1978 年射流管伺服阀逐步用于数字控制(图 10.8)。GE 公司 1967 年将射流管电液伺服阀用于气体涡轮发动机等的喷嘴面积控制，通过感受气体温度信号，采用射流管阀作为先导级来控制活塞的移动，从而控制发动机喷嘴的面积(图 10.4)。Honeywell 公司 1979 年采取检测射流管的压差并通过机械弹簧进行反馈的方法，实现两级射流管伺服阀的反馈控制(图 10.5)。绕性管的出现使得射流管伺服阀的液压部分和电气部分可以适当分离，大大提高了射流管阀的实用性，后来广泛用于航空飞行器的作动器动力控制(图 10.9)。采用低温报警信号控制射流管先导式三级伺服阀控制液压马达变量机构(图 10.10)。射流形式、接收器形状等均有不同程度的创新(图 10.11)。波音公司披露了利用光纤进行射流管位置反馈实现射流管伺服阀的闭环控制(图 10.12)。

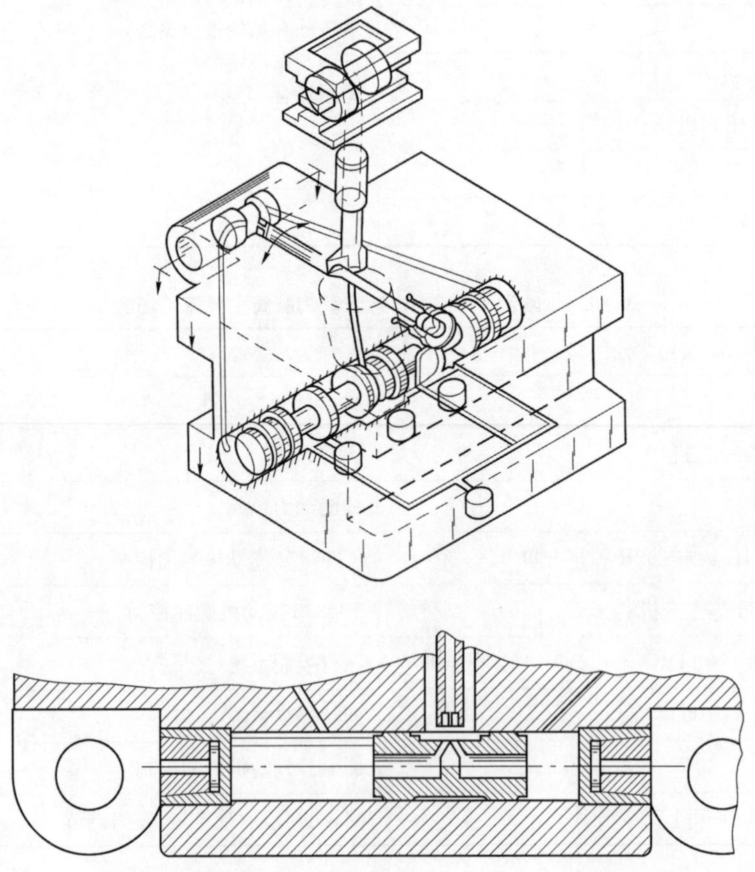

图 10.3　滑阀与接收器分离的射流管伺服阀(Bell 宇航，美国专利 US3584638A，1969—1971)

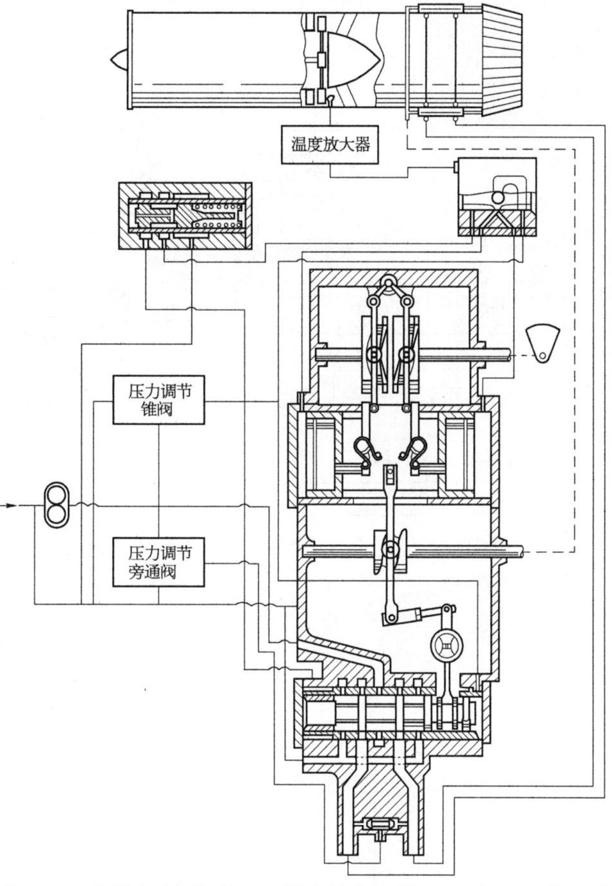

图 10.4　气体涡轮发动机用射流管先导控制系统(GE,英国专利 GB1210689A，1967—1970)

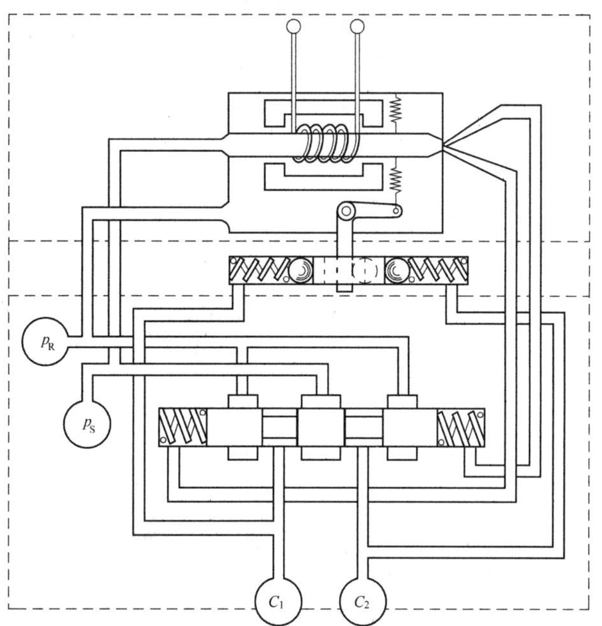

图 10.5　负载动压由机械弹簧反馈式射流管伺服阀(Honeywell，英国专利 GB2043961A，1979—1980)

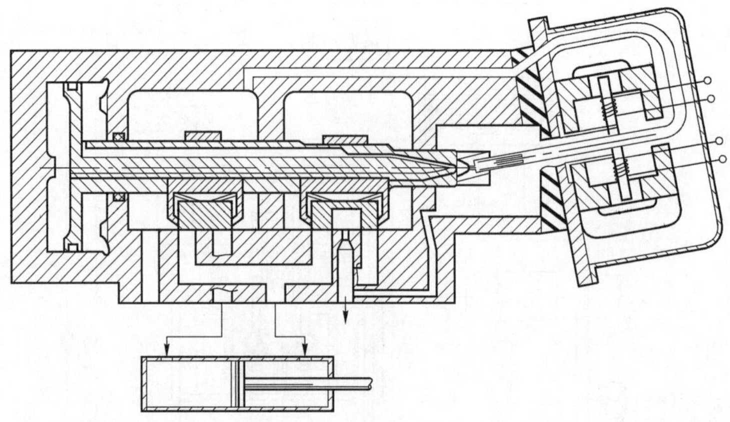

图 10.6　倾斜式滑阀端面配流的射流管伺服阀(GE,美国专利 US4510848A,1982—1985)

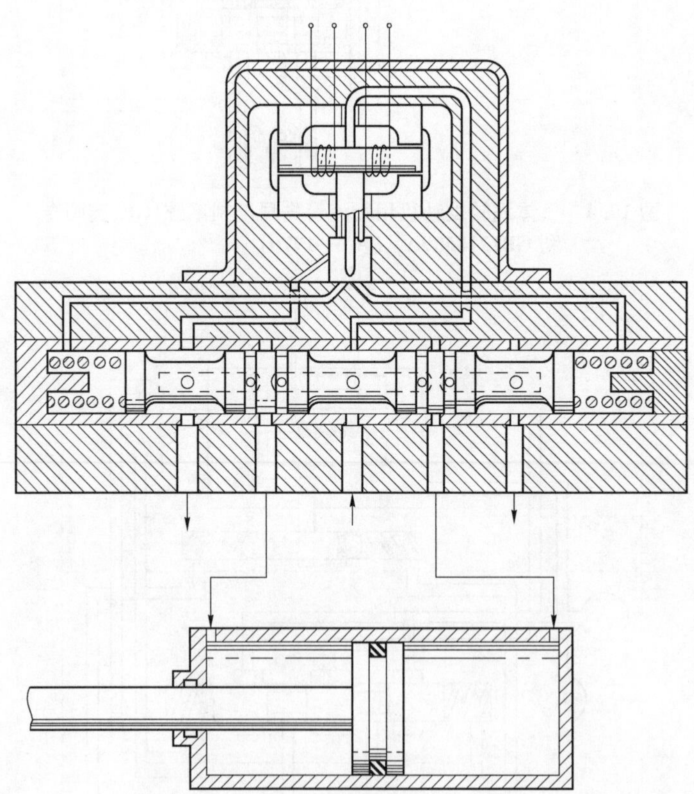

图 10.7　无反馈但失效快速返回零位的射流管伺服阀(GE,美国专利 US3922955A，1974—1975)

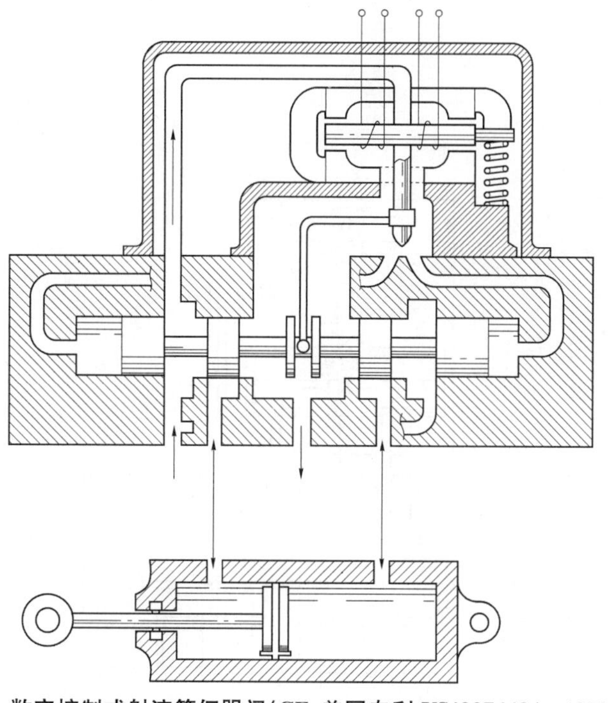

图 10.8　数字控制式射流管伺服阀(GE,美国专利 US4227443A, 1978—1980)

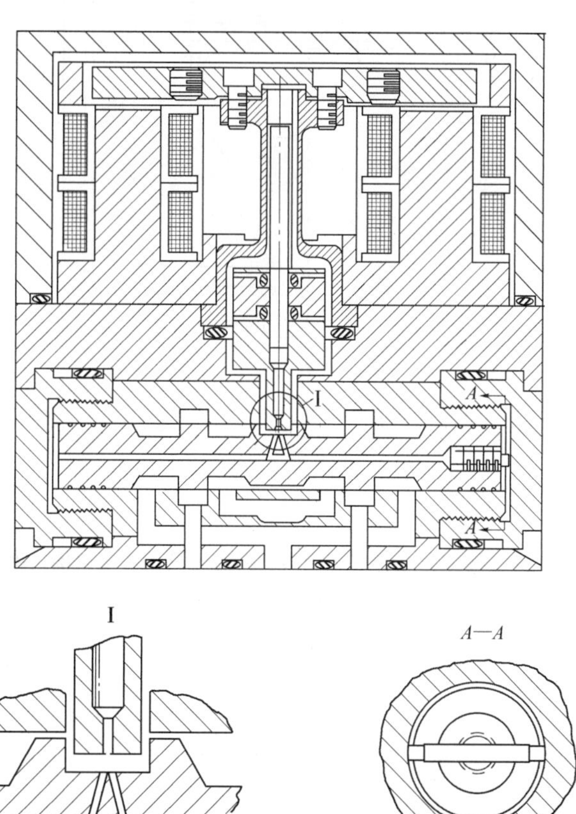

图 10.9　带绕性管的集成式射流管伺服阀(美国专利 US4378031A, 1979—1983)

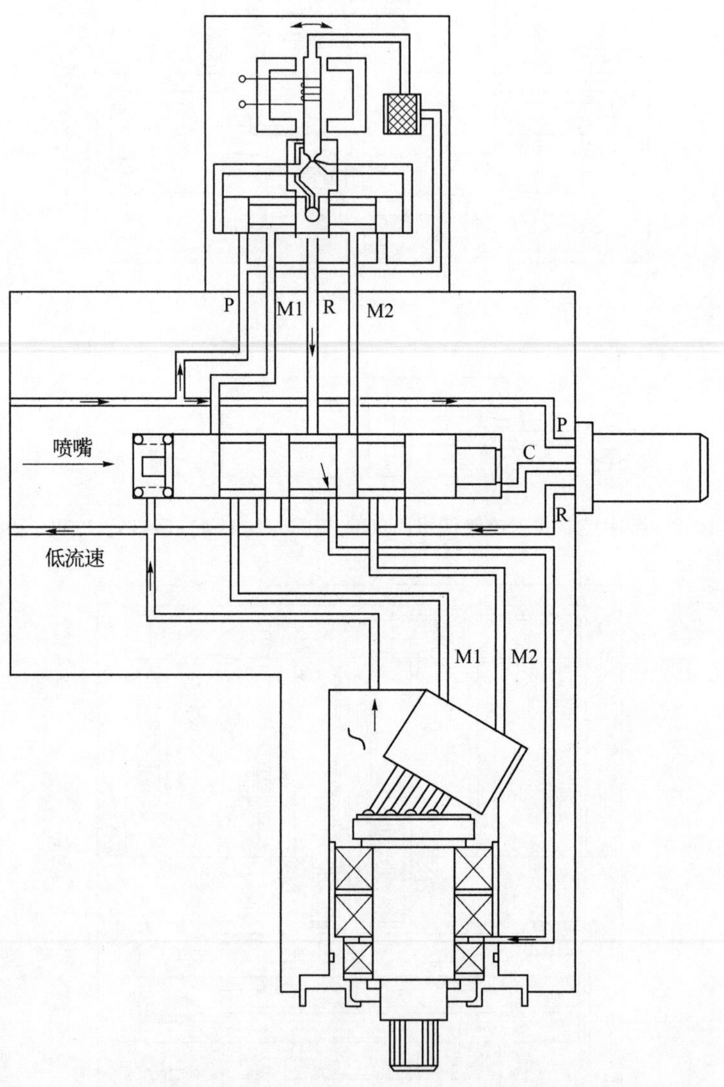

图 10.10　低温报警射流管三级伺服阀控液压马达变量机构(HR Textron，美国专利 US6397590B1，2000—2002)

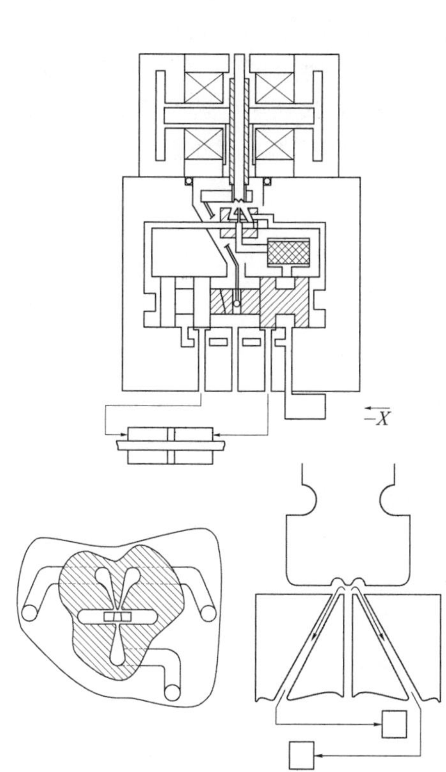

图 10.11　多种射流管和接收器形状的射流伺服阀(美国专利 US2006216167A1，2004—2006)

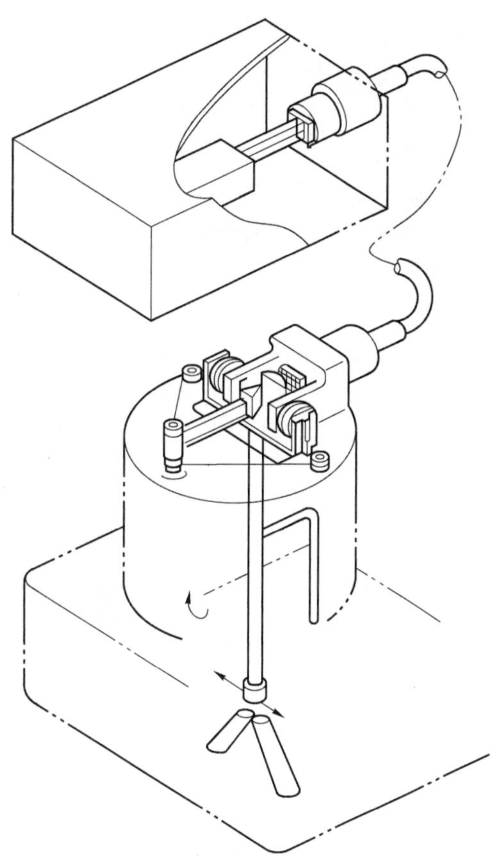

图 10.12　光纤反馈射流管伺服阀(波音，美国专利 US4660589A，1986—1987)

10.3　射流伺服阀在航空飞行器上的应用

射流伺服阀抗污染能力强，特别是具有“失效→归零”“故障→安全”的独特能力，广泛应用于各种航空飞行器的作动器液压动力控制，几乎所有的客机、歼击机都广泛采用射流管伺服阀。美国 F－15 S/MTD 歼击机的飞行控制作动器分布如图 10.13 所示。F－18 歼击机稳定操纵作动筒的射流管伺服阀应用实例如图 10.14 所示，采用两个单级射流管伺服阀并联组成双余度单级射流管伺服阀，控制歼击机的稳定操纵作动筒，还设置了故障传感器，任何一个射流管阀故障时，系统仍然能够可靠工作。图 10.15 所示为波音 737－300/400/500 客机的自动刹车压力控制单元系统图，压力控制采用两级射流管伺服阀。有自动刹车输入信号时，射流管一级阀工作，其射流管喷嘴射流的油液分别输送至接收器的两个接收孔并与二级阀的阀芯两个端面连通，从而一级射流管阀控制二级阀的工作状态，控制刹车的压力。一级阀的输出压力差还通过机械弹簧反馈至射流管喷嘴。图 10.16 所示为波音 737－300/400/500 客机自动刹车压力控制模块装配图。图 10.17 所示为波音 737－300/400/500 客机自动刹车压力控制模块。图 10.18 所示为空中客车 A340 客机舱内与舱外电液伺服控制单元，它采用射流管伺服阀控制作动器，采用模式选择阀位置传感器 3 和模式选择阀 5、电磁阀 10 来控制油路状态，射流管伺服阀滑阀位移通过反馈杆反馈至射流管处。图 10.19 所示为空中客车 A340 客机副翼舱外伺服控制作动器，它采用射流管伺服阀 16、电磁阀 1 和模式选择阀 9、模式选择阀位置传感器 10 来控制作动筒的动作。图 10.20 所示为空中客车 A340 客机副翼舱内伺服控制作动器，它通过射流管伺服阀 16 控制作动器工作状态，还将作动器活塞位置通过反馈连杆 18 反馈至射流管伺服阀的射流管处，组成闭环回路。图 10.21所示为波音 777 客机扰流器射流管伺服阀布置图。图 10.22 所示为波音 777 客机扰流器电液伺服控制单元射流管伺服阀布置图。图 10.23 所示为波音 777 客机扰流器射流管伺服阀及其布置图。

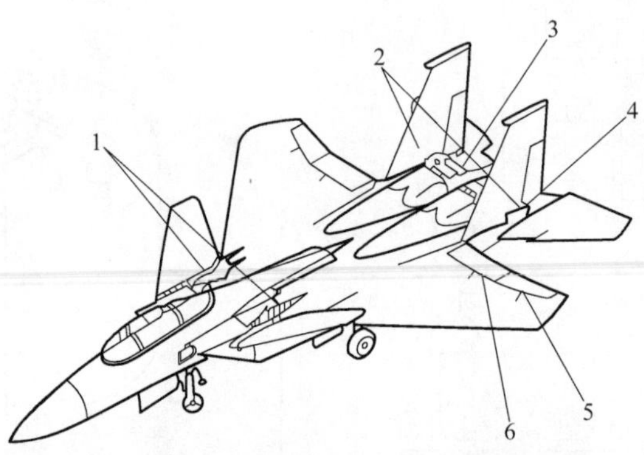

图 10.13　F-15 S/MTD 歼击机飞行控制作动器分布

1—电传作动器；2—方向舵作动器；3—喷气控制组件；
4—安定翼作动器；5—副翼作动器；6—襟翼作动器

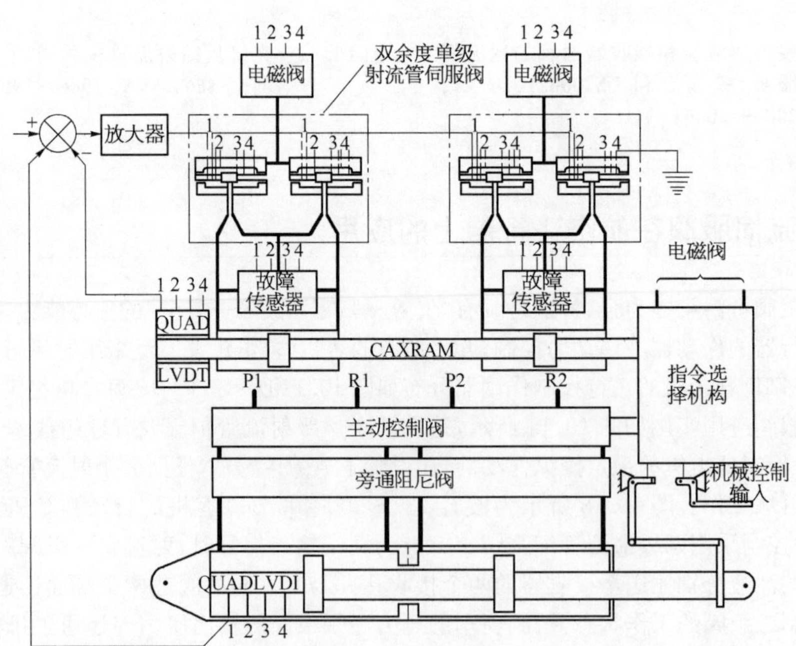

图 10.14　F-18 歼击机稳定操纵作动筒的射流管伺服阀应用实例

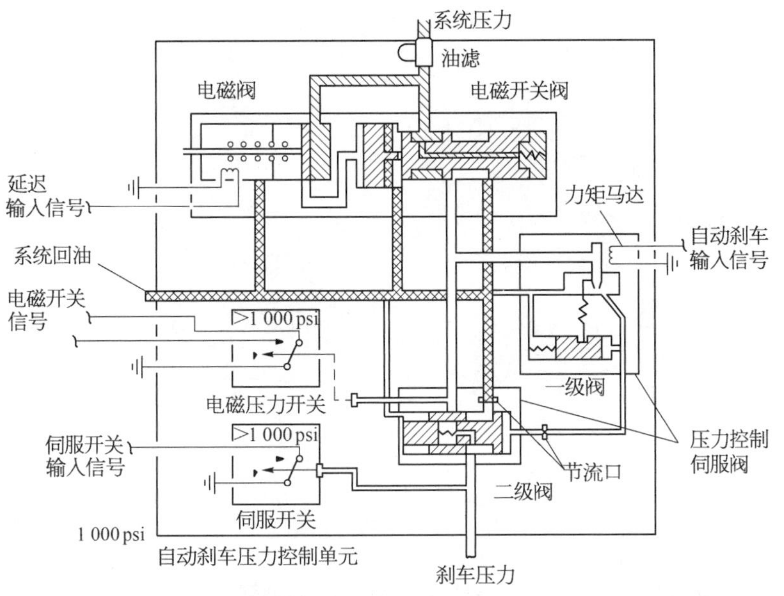

图 10.15　波音 737－300/400/500 客机自动刹车压力控制单元的压力控制用两级射流管伺服阀

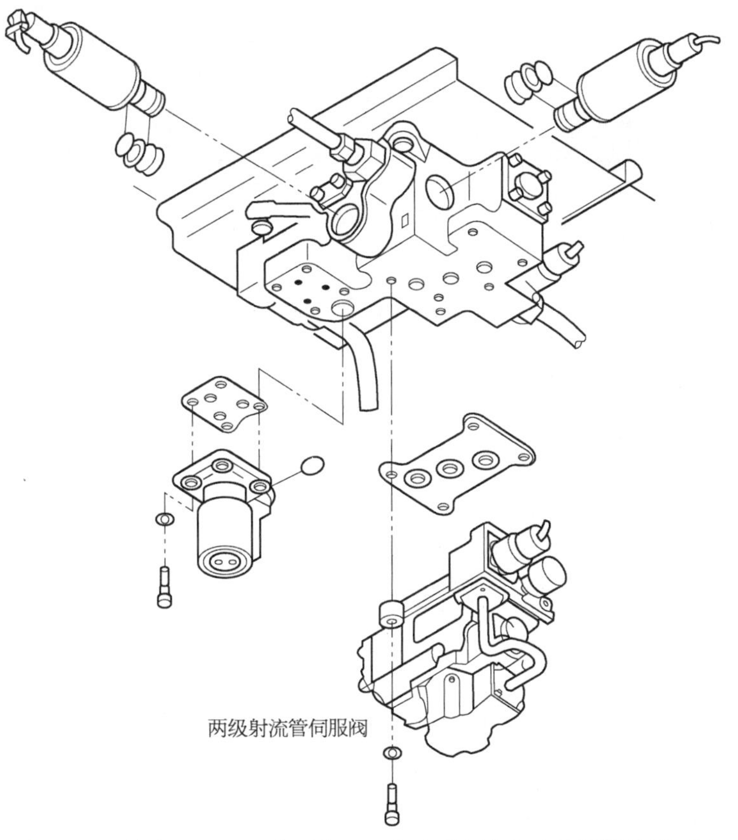

图 10.16　波音 737－300/400/500 客机自动刹车压力控制模块装配图

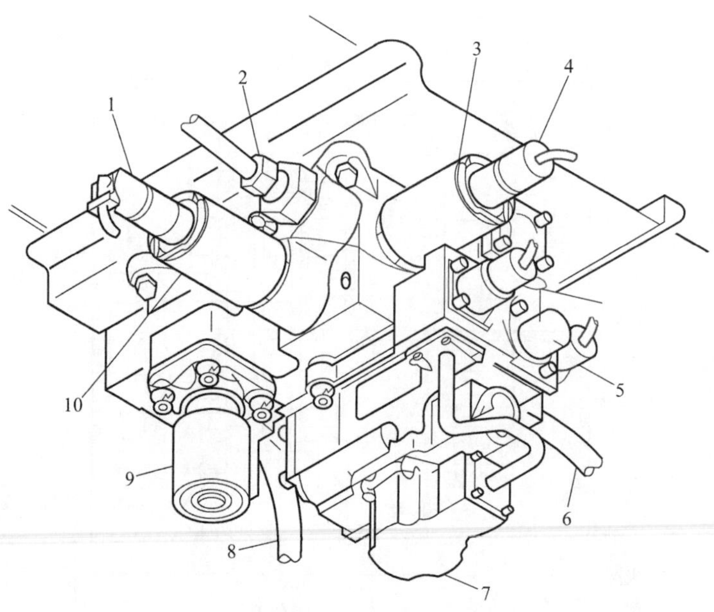

图 10.17　波音 737－300/400/500 客机自动刹车压力控制模块

1、4、5—电气接头；2、6、8—液压管路；3、10—压力开关；7—电磁阀附件；9—电磁阀

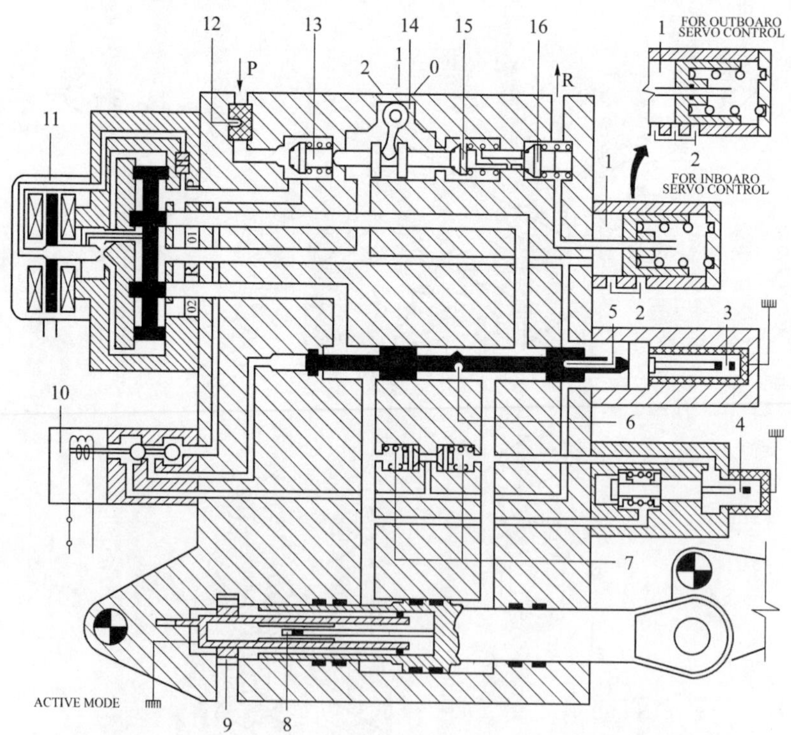

图 10.18　空中客车 A340 客机舱内与舱外电液伺服控制单元

1—蓄能器；2—蓄能器观察窗口；3—模式选择阀位置传感器；4—压差传感器；5—模式选择阀；6—阻尼孔；7—排气阀；8—反馈传感器；9—反馈传感器调节装置；10—电磁阀；11—电液伺服阀；12—油滤；13—内藏集成阀；14—测试触点开关（0 零位，1 泄漏检测，2 解除）；15—回油截止阀；16—回油溢流阀

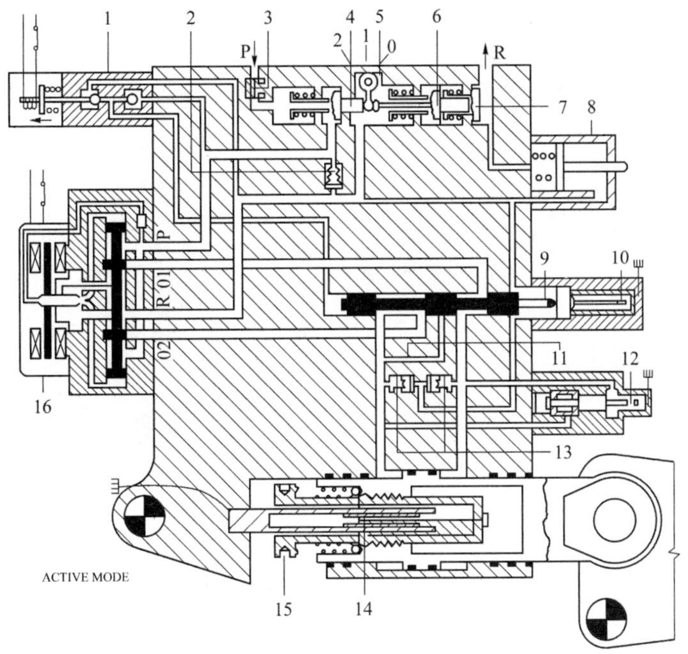

图 10.19　空中客车 A340 客机副翼舱外伺服控制作动器

1—电磁阀；2—测试单向阀；3—油滤；4—内置集成阀；5—测试触点开关(0 零位,1 泄漏检测,2 解除)；6—总回油单向阀；7—回油溢流阀；8—蓄压器；9—模式选择阀；10—模式选择阀位置传感器；11—阻尼孔；12—差压传感器；13—排气阀；14— 反馈传感器；15—反馈传感器调节装置；16—射流管伺服阀

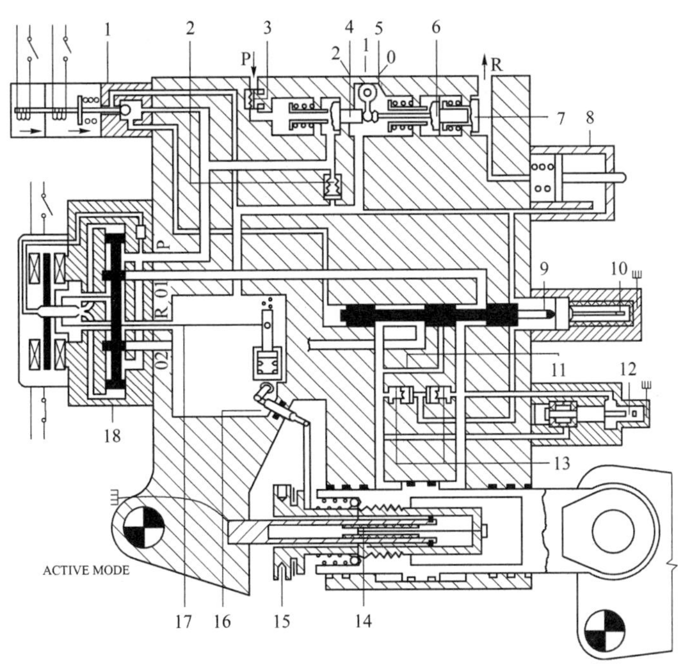

图 10.20　空中客车 A340 客机副翼舱内伺服控制作动器

1—电磁阀；2—测试单向阀；3—油滤；4—内置集成阀；5—测试触点开关(0 零位,1 泄漏检测,2 解除)；6—总回油单向阀；7—回油溢流阀；8—蓄压器；9—模式选择阀；10—模式选择阀位置传感器；11—阻尼孔；12—差压传感器；13—标定用阀；14—反馈传感器；15—反馈传感器调节装置；16—射流管伺服阀；17—机械输入；18—反馈连杆

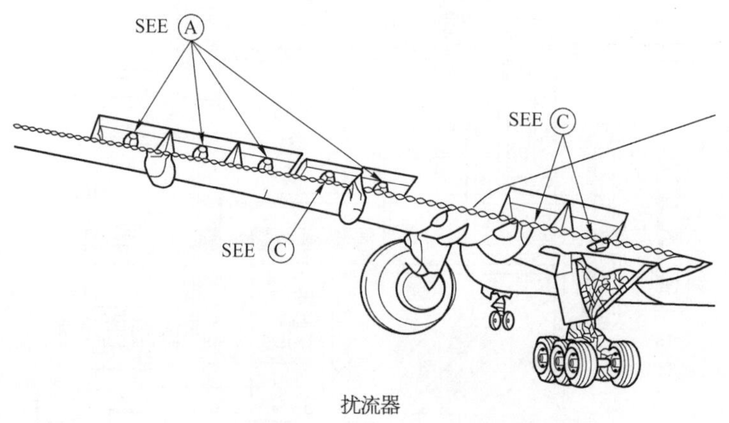

扰流器

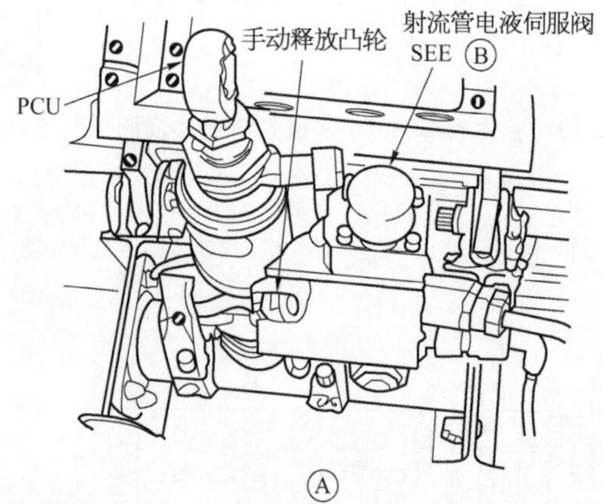

图 10.21　波音 777 客机扰流器射流管伺服阀布置图

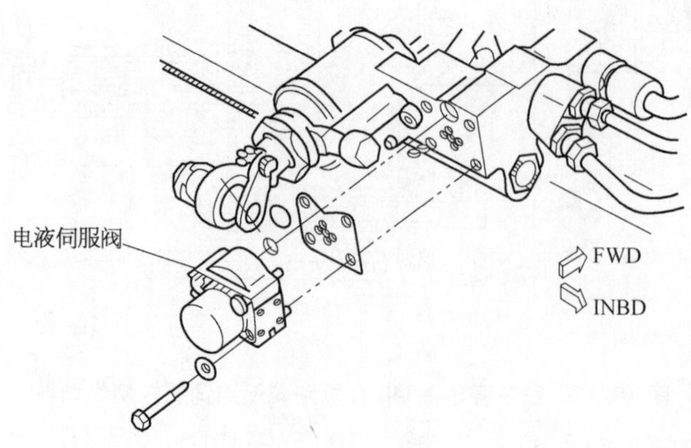

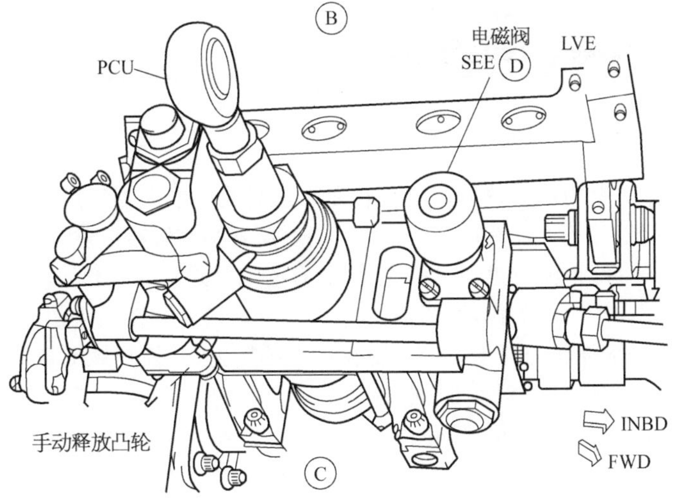

图10.22　波音777客机扰流器电液伺服控制单元射流管伺服阀布置图

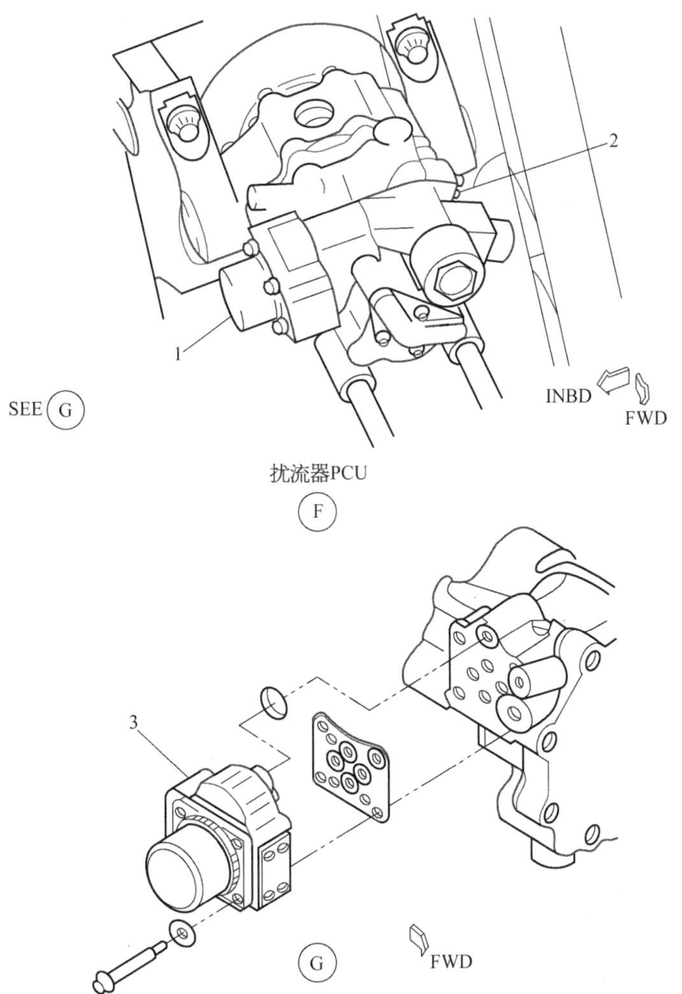

图10.23　波音777客机扰流器射流管伺服阀及其布置图

1、3—电液伺服阀；2—手动释放凸轮

10.4 射流伺服阀基本原理与结构

10.4.1 分类及工作原理

射流伺服阀由第一级力矩马达射流放大器和第二级液压放大器组成，第二级放大器通常为滑阀。常见的第一级射流放大器有以下两种形式：射流管阀和偏转板射流阀。

射流伺服阀的第一级射流放大器也称先导阀，有射流管式先导级和偏转射流式先导级两种。射流管式先导级根据动量原理工作，如图 10.24a 所示。射流管阀在输入信号作用下偏离中间位置时，一个接收孔中的液体压力高于另一个接收孔中的压力，并使负载活塞移动，即有负载压力和负载流量输出。一般喷嘴挡板阀的喷嘴直径为 0.3～0.5 mm，喷嘴挡板间隙为 0.03～0.05 mm，喷嘴挡板间隙小，易堵塞；当两个喷嘴中的一个堵塞时，主阀两个端面的控制压力不相同而易失控。射流管阀的射流管直径为 0.22～0.25 mm，两个接收器直径为 0.3 mm，两接收孔边缘间距为 0.01 mm，射流管和接收器之间的间距为 0.35 mm。射流管阀由于零位泄漏量大，目前它的使用范围没有喷嘴挡板阀广泛。

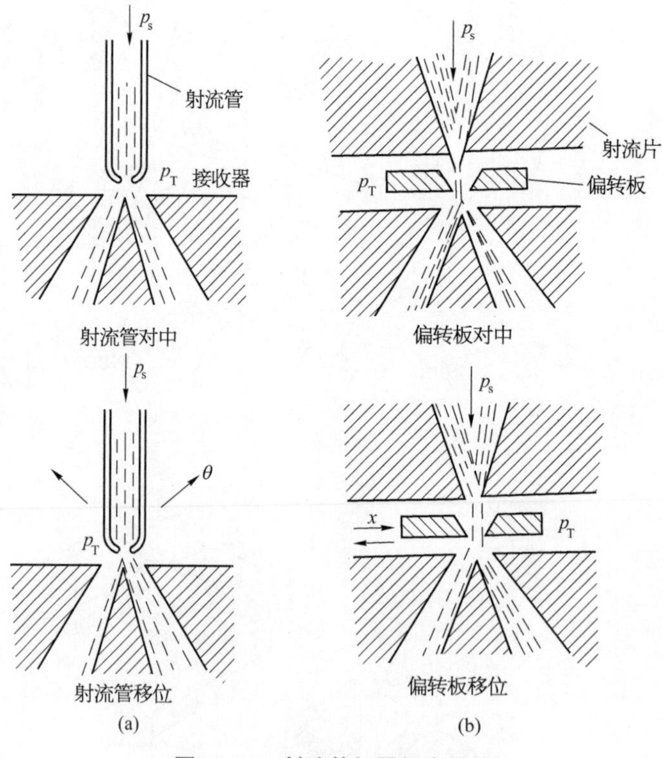

图 10.24 射流管伺服阀先导级

(a) 射流管式先导级；(b) 偏转板式先导级

射流管阀的优点表现在：

(1) 射流管喷孔较大，特别是射流管喷嘴与接收器孔之间的距离较大，不易堵塞，抗污染能力强。常用在伺服阀中作前置放大级。

(2) 射流管阀压力效率和容积效率高，可产生较大的控制压力和流量，提高了功率级滑阀的驱动力，也使功率级滑阀的抗污染能力增强。

(3) 射流管发生堵塞时，主阀两个端面的控制压力相同，弹簧复位也能工作，即射流喷嘴具有“失效对中”能力，也就是说射流管阀只有一个喷孔，堵塞后可以做到“事故归零”，即射流管伺服阀具有“失效→归零”“故障→安全”的能力。同时，因为射流管只有一个喷口，喷口磨损并不影响阀的正常使用。喷嘴-挡板阀的两个喷嘴磨损程度不一致就将使其桥式油路失去平衡不能正常工作而报废，这也就是射流管阀使用寿命长的原因，其寿命可长达 10 万 h 以上。

(4) 射流管伺服阀先通电或先通油均可，不存在碰撞；相反，喷嘴挡板阀先通电时喷嘴和挡板之间容易发生碰撞故障。

射流管阀的缺点有：

(1) 结构较复杂，加工与调速较难，射流管运动零件惯量大、动态响应较慢。

(2) 性能受油温变化的影响较大，低温特性稍差；零位泄漏量大。喷嘴挡板阀是两个喷口差动工作的，对黏度变化不敏感。

(3) 射流管的引压管长且刚性较低，易振动。目前，有关射流管阀性能和特性的分析理论、方法、设计准则较少。

射流管阀常用作两级伺服阀的前置放大级，适用于对抗污染能力有特殊要求的场合。

偏转射流式先导级如图 10.24b 所示，根据动量原理工作。射流喷嘴、偏转板与射流盘之间的间隙大，不易堵塞，抗污染能力强，运动零件惯量小。根据目前已掌握的基础理论，性能不易精确计算，特性很难预测。在低温及高温时性能不稳定。偏转射流式常用作两级伺服阀的前置放大级，适用于对抗污染能力有特殊要求的场合。

10.4.1.1　射流管阀

1) 工作原理　射流管阀的工作原理如图 10.25 所示，它由射流管 1 和接收器 2、对中弹簧 3、位置检测与反馈部件等组成，射流管 1 由前一级控制元件带动，并绕接于射流管的支撑中心 O 点摆动。供油压力 p_s 及流量 Q 均为压力恒定的液压能源。液体经过支撑中心 O 处进入射流管，经喷嘴向接收器喷射。接收器上的两个接收孔分别与液压缸的两腔相连接。由于液压能源压力 p_s 不变，液体稳定地从射流管高速喷出时，高压液体的压力能转化为高速液体的动能。高速液体喷射进接收孔后，孔中的压力升高，这时射流的动能又转化为压力能。图 10.25 所示的两个大圆表示接收器端面上的两个接收孔，中间小圆表示射流管在零位时喷嘴所处的位置的投影。

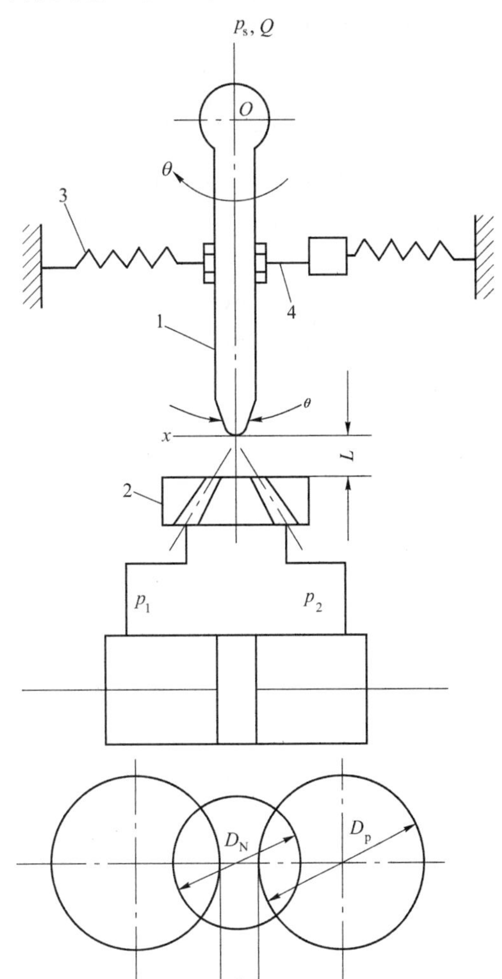

图 10.25　射流管阀的工作原理

1—射流管；2—接收器；3—对中弹簧；4—推杆；O—支撑中心；b—两个接收孔边缘的距离；D_N—射流管端面直径；D_p—接收孔端面直径；p_s、Q—液压油源的压力和流量

在没有输入信号时，射流管由两侧对称布置的对中弹簧 3 保持在中间平衡位置，即输出偏转角 $\theta = 0$。此时，射流管喷嘴对准两接收孔的正中，两个接收孔接收到的喷射能量相等，因此，两接收孔中的压力也相等。当有输入信号时，由前一级控制元件所产生的力或力矩，例如通过推杆 4 施加到射流管 1 上，使其偏转一个角度 θ 后，喷嘴口偏移量为 x。这时，喷嘴口与接收器左边的孔相重叠的面积大于喷嘴口与接收器右边的孔相重叠的面积，即喷入左边接收孔的能量多于进入右边接收孔的能量，也就是左接收孔的压力 p_1 升高，右接收孔的压力 p_2 下降。左接收孔压力 p_1 大于右接收孔压力 p_2，所产生的负载压差 p_L 将推动液压缸活塞运动，其速度与喷嘴从中间位置上偏离的位移成正比，当喷嘴直接对准一个接收孔时，液压缸将出现最大速度。当射流管反方向移动时，液压缸活塞也反向运动。高压液体进入接收孔的流量即为负载流量 Q_L。

一般射流管阀有湿式和干式两种形式。干式射流管阀属于非淹没射流，射流是经过空气进入接收孔，是不淹没射流，射流在穿过气体时将冲击气体并分裂成含气的雾状射流，其性能不稳定。湿式射流管阀的射流管浸在油中，射流是淹没射流，这可以避免空气进入执行元件，不会出现雾状现象，同时也可以增加射流管本身的阻尼作用，从而可以得到较好的特性。因此，在射流管阀中一般都采用淹没射流。无论是淹没射流还是非淹没射流，一般都是紊流。流束质点除有轴向运动外，还有横向运动。流束与其周围介质的接触表面有能量转换，有些介质分子会吸附进流束而随流束一起运动。这样，流束质量增加而速度下降，介质分子掺杂进流束的现象是从流束表面开始逐渐向中心渗透的。所以，如图 10.26 所示射流管喷射出流存在一个等速核心区，即流束刚离开射流管喷口时，流束中有一个速度等于喷口速度的等速核心区，等速核心区随喷射距离的增加而减小，当超过一定距离后消失。等速核心区一般呈三角形分布，采用有限元分析可得到射流流场特性，也可采用以下经验公式计算等速核心区的长度，即射流初始段 L，如 $L = 4.19D_N$，D_N 为喷嘴直径。目前，涉及射流阀特性的基础理论还不够成熟，仅处于半经验阶段，普遍采用实验法。为了充分利用射流的动能，一般使喷嘴端面与接收器之间的距离 $L_c \leqslant L$。

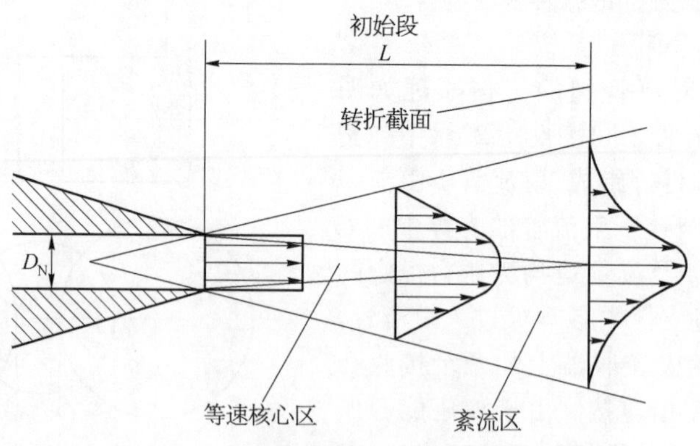

图 10.26　射流管喷射出流的等速核心区

2）基本参数与基本特性　射流管阀设计时，鉴于目前成熟的基础理论较少，还不能进行精确的理论分析计算，主要靠经验和试验来设计。目前可参照实验结果确定主要几何参数，包括喷嘴的锥角、喷嘴孔直径、喷嘴端面至接收孔的距离、接收孔直径以及孔间距等。通过射流管喷嘴的流量方程式为

$$Q_N = C_d A_N \sqrt{\frac{2}{\rho}(p_s - p_L - p_0)}$$

式中　p_s——供油压力；

p_L——管内压降；

p_0——喷嘴外介质的压力；

A_N——喷嘴面积，$A_N = \frac{\pi D_N^2}{4}$；

D_N——喷嘴直径；

C_d——喷嘴流量系数。

实验结果表明，当喷嘴锥角 $\theta_s = 0$ 时，$C_d = 0.68 \sim 0.70$；当 $\theta_s = 6°8'$ 时，$C_d = 0.86 \sim 0.90$；当 $\theta_s = 13°24'$ 时，$C_d = 0.89 \sim 0.91$。因此射流管喷嘴的最佳锥角为 $\theta_s = 13°24'$。在小功率液压伺服系统中，射流管直接用作功率级放大元件时，喷嘴直径 $D_N = 1 \sim 2.5$ mm；当射流管作为伺服阀的前置放大元件时，$D_N = 0.1 \sim 0.9$ mm。

为保证射流管喷嘴输出到接收孔的能量达到最大，通常取接收孔面积 A_0 和射流管喷嘴面积 A_N 的比值为

$$\frac{A_0}{A_N} = 1.5 \sim 2.5$$

射流管喷嘴至接收孔之间的距离 L_c 与喷嘴直径 D_N 的比值为

$$\lambda = \frac{L_c}{D_N} = 1.5 \sim 4$$

两个接收孔之间的横挡 $b = 0.2 \sim 0.3$ mm。b 值不等于零，可以在工艺上防止接收器使用过程中因射流管液流的冲蚀而过早丧失使用性能。

射流管的静态特性主要有流量特性、泄漏量特性、压力特性等。空载流量特性是指在负载压力为零时，接收孔的负载流量与射流管端面位移的关系。流量特性曲线在原点的斜率即为零位流量增益。泄漏量特性是指两个负载口堵死，从阀的回油口测得的泄漏流量和输入电流之间的关系。射流管在中间位置时，射流管喷嘴流量全部损失，因此它也是射流管阀的零位泄漏流量。当供油压力一定时，射流管喷嘴流量为一定值。图 10.27 所示为 CSDK3 型射流管电液伺服阀流量特性与泄漏量特性。

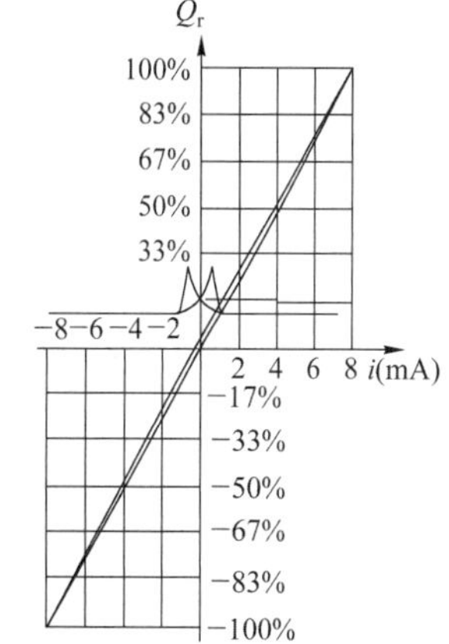

图 10.27　CSDK3 型射流管电液伺服阀流量特性与泄漏量特性

压力特性是指切断负载，当负载流量为零时，两个接收孔的恢复压力之差，即负载压力与射流管端面位移之间的关系。压力特性曲线在原点的斜率即为零位压力增益。压力-流量特性是指在不同射流管端面位移的情况下，负载流量与负载压力在稳态下的关系。压力-流量曲线在原点的负斜率为零位流量-压力系数。图 10.28 所示为 CSDK3 型射流管电液伺服阀压力特性。图 10.29 所示为 CSDK3 型射流管电液伺服阀频率特性。

3) 喷流特性　射流管的喷射出流过程及其特性具有一定的规律。图 10.30 所示为射流管装置利用喷流工作时的自由喷流及其等速核心区几何关系图，可用于检测喷流的压力特性，即喷射出口各个位置的压力分布情况。一般测压接收孔是一个小直径的管路，其轴线平行于喷流轴

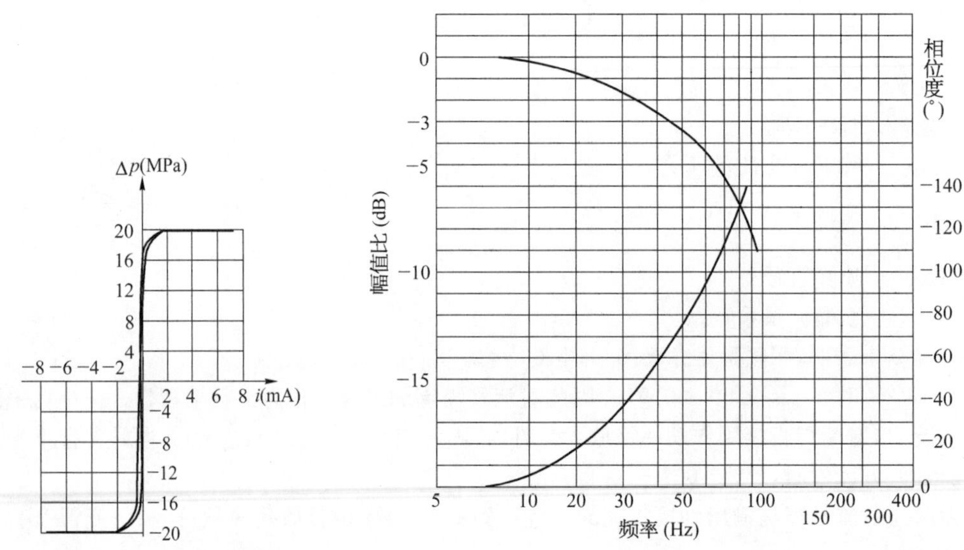

图 10.28　CSDK3 型射流管电液伺服阀压力特性

图 10.29　CSDK3 型射流管电液伺服阀频率特性

线。这就提供了一种测定喷流中任意一点总压力的方法。射流管的运动可用波纹管靠气压驱动或电驱动等方式来实现。由于喷流是发散的，其速度向量除了在轴线上的以外，与喷流轴线是不平行的。但若把管压看成是一点的压力，则喷流发散引起的误差是很小的。如果喷流流入大气，则在喷流中任意一点的平均静压力可以认为是大气压力，因此，装在射流管上的压力计将记录喷流的动态压力。射流管装置没有要求严格的密封表面，它可以在很宽的温度范围内工作，制造相对也比较容易。然而当射流管处在中位时，喷流会直接逸散到大气中去，因此会消耗相当数量的空气。

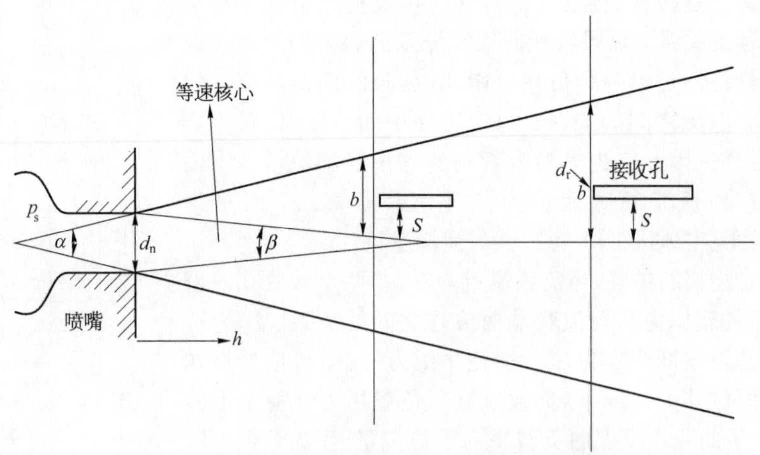

图 10.30　自由喷流及其等速核心区的几何关系

扎尔门松(Zalmanzon)和西米科娃(Semikova)在不可压缩紊流的喷流范畴内提出了压力分布的精确数字描述。他们把喷流的边界定义为一些点的轨迹，在这些点上，动态压力是基准 h 处的最大动态压力的 5%。当射流喷射角度 $\alpha = 14^\circ$ 时，等速核心区角度 $\beta = 11^\circ 26'$，恒速核心的长

度是 $5d_n$。从图 10.30 的几何关系可得出恒速核心边缘与喷流边界之间区域的宽度 $b = 0.252h(h < 5d_n)$。在这个区域内压力分布可以恰当地用 $p/p_s = 1$（在恒速核心内）和以下经验公式来描述。当 $h < 5d_n$ 时，有

$$\frac{p}{p_s} = \left[1 - \left(\frac{s}{b}\right)^{3/2}\right]^4 \tag{10.1}$$

式中 p——喷流任一点上的动压力；

p_s——喷嘴入口处的压力。

在核心区间以外，当 $h > 5d_n$时，有

$$b = (d_n/2) + 0.152h$$

$$\frac{p}{p_s} = \left\{\frac{\left[1 - \left(\frac{s}{b}\right)^{3/2}\right]^2}{0.3 + 0.14\frac{h}{d_n}}\right\}^2 \tag{10.2}$$

这些方程式可以提供输出压力和输入压力之间的各种函数关系。例如，如射流管只限于沿喷流轴线运动，则输出压力为

$h < 5d_n$ 时
$$\frac{p}{p_s} = 1$$

$h > 5d_n$ 时
$$\frac{p}{p_s} = \left(\frac{1}{0.3 + 0.14\frac{h}{d_n}}\right)^2 \tag{10.3}$$

如果射流管偏离喷流一个固定的距离 h，则将获得图 10.31 所示的特性。如果把这些运动综合起来，可以得到其他的关系。

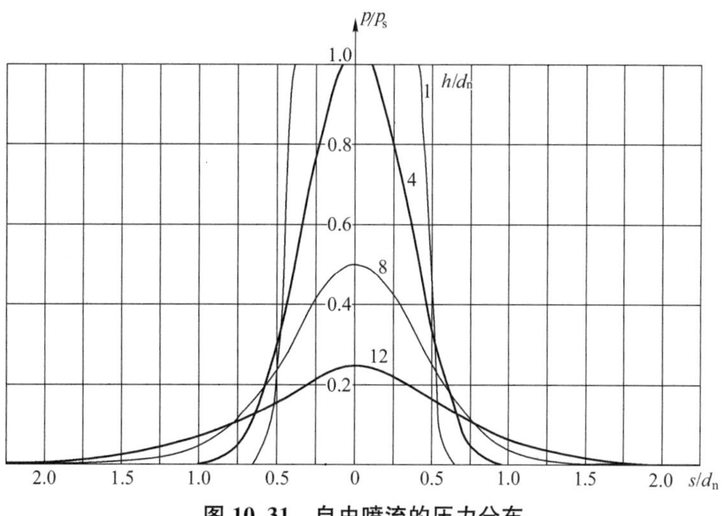

图 10.31　自由喷流的压力分布

上面的讨论是在接收孔直径 d_r 相对于喷流直径很小的条件下进行的。当接收孔直径增大时，就不能测出在某一点的压力，但仍能指示接收孔端面面积上的平均压力。扎尔门松和西米科娃指出，在 $6 < (h/d_n) < 10$ 的范围内，当 $d_n = 0.8$ mm、$d_r = 0.27$ mm 时，理论计算的平均压力

与实际测量的结果非常一致。当接收孔直径进一步增大时会出现这种情况，接收孔妨碍流动，因此不能再使用式(10.1)～式(10.3)。例如，当 $d_n = d_r = 0.8$ mm 时，记录的压力比理论值要小，误差在 $h/d_n = 6$ 时约为 16%。

4) 射流管阀的特点

(1) 抗污染能力强，工作可靠，寿命长，事故率低。主要原因有：液压能源压力为 20～30 MPa 的射流管，其喷嘴直径约为 0.2 mm。这是阀内最小通流尺寸，它比喷嘴挡板阀的最小通流尺寸 0.03～0.05 mm 大一个数量级。从当前所能达到的过滤精度来说，已足够保证油液通过而不会堵塞。此外，射流管只有一个喷嘴出口，如果喷嘴出口被堵塞，射流管两腔的压力相等，负载压力为零，射流管阀的这种功能就是通常所说的"失效归零"。喷嘴挡板阀却不同，它有两个喷嘴出口，如果其中一个喷嘴出口被堵塞，一个负载口压力达到最大，另一个负载口压力达到最小，负载压力达到最大，负载因失去控制而一直向一个方向运动，容易发生事故。因为射流管只有一个喷嘴出口，喷嘴出口磨损并不影响射流阀的正常使用。喷嘴挡板阀的两个喷嘴如果磨损程度不一致，就将使其桥式油路失去平衡不能正常工作，这也就是射流管阀使用寿命长的原因。

(2) 动态响应较慢。射流管阀的特性目前不容易预测，主要靠实验确定，其动特性也不如喷嘴挡板阀，原因是它的射流管惯量较大，因此动态响应慢。

(3) 温度的变化引起液体黏度的变化，黏度变化将直接影响喷嘴流速，从而影响射流管阀的特性。喷嘴挡板阀是两个喷口差动工作的，对黏度变化不敏感。

电液伺服阀应有极高的性能指标，以满足电液伺服系统的工作要求。但工作油液的污染是引起伺服阀不能正常工作的主要因素，因此希望有抗污染能力强的伺服阀。射流管伺服阀由于射流喷嘴大，射流管和接收器间距大，由污粒等工作液中杂物引起的危害小，维护管理容易，从构造上说属于抗污染能力强的伺服阀。

10.4.1.2 偏转板射流阀

偏转板射流阀也称偏转板式射流管放大元件，它的基本结构如图 10.32 所示。射流管固定不动，偏转板位于喷口与接收小孔之间，前一级放大元件操纵偏转板平移，即输入位移量 x，使射流偏转，两个接收小孔间有压力及流量输出，这种结构的元件称偏转板式射流放大元件，即偏转板射流阀。

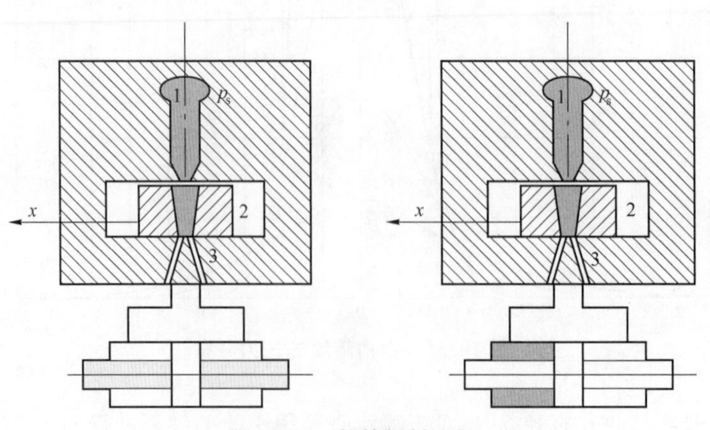

图 10.32 偏转板射流阀

1—射流管；2—偏转板；3—接收小孔

10.4.1.3　射流管力反馈伺服阀

射流管力反馈电液伺服阀如图 10.33 所示。它的第一级为液压射流放大器，由射流管及位于射流管喷口正对面的两个接收口组成，第二级为主阀滑阀，一级和二级之间的力矩马达的衔铁组件之间有力反馈装置。射流管安装在力矩马达的衔铁组件上，油源通过绕性管供油；两个接收口分别通到滑阀的两端。无输入信号时，射流管伺服阀处于零位状态，射流管的喷嘴与两个接收器处于中立位置，即对称位置状态，喷口喷出的射流均等地进入两个接收口，射流动能在接收口内转化为压力势能，滑阀两端的压力相等，因而滑阀处于中位，电液伺服阀无流量输出。当力矩马达有输入信号时，通电线圈产生磁场使衔铁磁化，衔铁的磁场和永久磁铁的磁场相互作用，力矩马达组件产生的偏转扭矩使射流管组件绕着一个支点旋转，射流管偏离中间位置，使其中一个接收口接收的射流动能多于另一个，因而在滑阀两端形成压差，使滑阀产生位移，并输出流量；同时阀芯移动推动反馈弹簧组件，对射流管产生反向力矩和电流产生的正向力矩相平衡，反馈杆及滑阀处于某一控制位置，输出稳定的控制流量。信号电流极性相反时，输出液流也随之反向。反馈装置使电液伺服阀的输出流量与信号电流成正比。

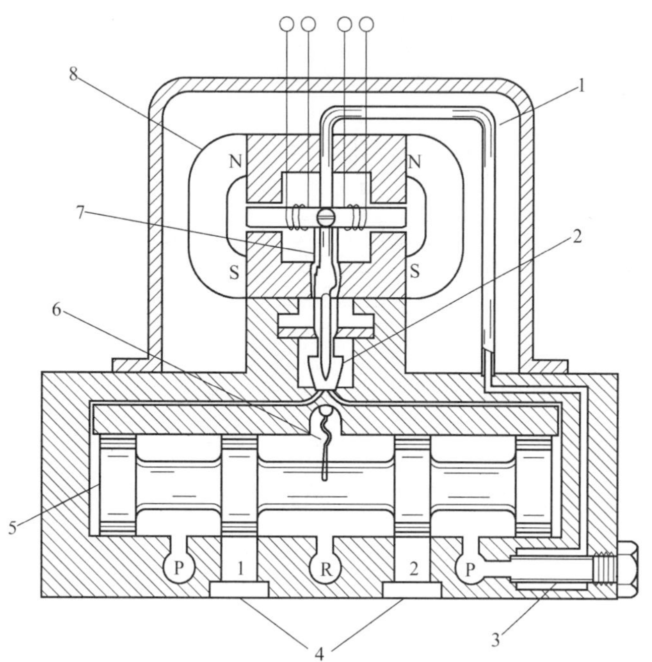

图 10.33　射流管力反馈电液伺服阀(R. Atchley, 1957)

1—射流管供油口；2—可动射流管及其接收口；3—油滤；4—负载口；
5—滑阀；6—悬臂反馈弹簧；7—弹簧管；8—力矩马达

射流管及接收口的最小流道尺寸(约 0.23 mm)一般要比喷嘴挡板液压放大器的喷嘴挡板间隙(0.03～0.05 mm)大若干倍，因而不易被工作液中的污染物堵塞，抗污染能力强。射流管液压放大器的输出功率高于喷嘴挡板阀液压放大器，故可选用直径较大的滑阀作为第二级。这样，驱动滑阀的力较大，抗污染能力也得到加强，且提高了伺服阀的可靠性。此外，射流管放大器是一个单源系统，在喷口被局部堵塞的情况下，不会丧失控制功能，也不会引起大的零漂，伺服系统仍然能够继续工作。当然，某些性能会有所下降。射流管放大器的缺点是低温时分辨率变差和零漂变大。射流管力反馈电液伺服阀在导弹伺服系统中，尤其是在气动伺服系统中也有较多的应用。

10.4.1.4 偏转板射流伺服阀

偏转板射流式力反馈伺服阀结构原理如图10.34所示，它由力矩马达、偏转板、射流盘、滑阀等组成。第一级为偏转板液压放大器，第二级为滑阀液压放大器，第二级与力矩马达的衔铁组件之间有用于反馈的锥形弹簧杆。滑阀位移通过反馈杆产生机械力反馈到力矩马达衔铁组件。

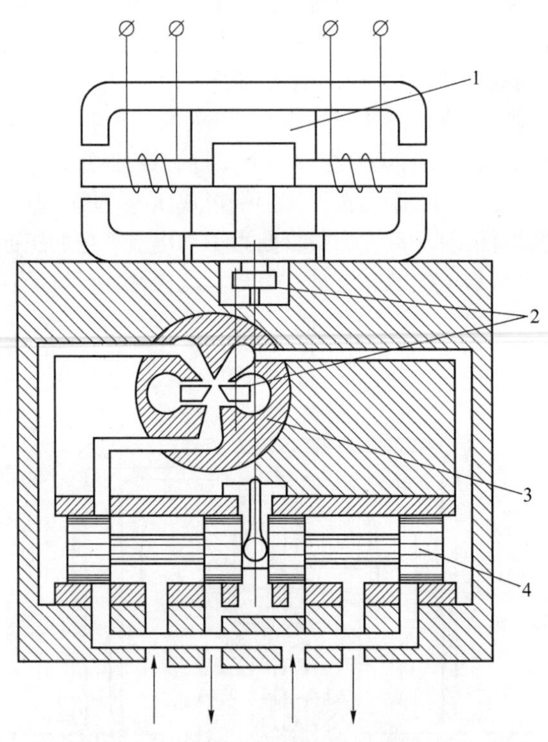

图10.34 偏转板射流式力反馈伺服阀

1—力矩马达；2—偏转板；3—射流盘；4—滑阀

偏转板射流液压放大器的核心部分是射流盘和偏转板两个功能元件。射流盘是一个开有人体形孔的圆片，人体形孔中包括一个射流喷嘴、两个接收通道和一个回油腔。两个接收通道的入口由分油界面隔离，分油界面正对着喷嘴出口的中心。喷嘴由油源供油，两个接收通道则分别通至滑阀的两端，偏转板是一个开有V形通道的薄片，它安装在衔铁组件上，插入射流盘的回油腔中，位于喷嘴和接收通道之间，可做垂直于喷嘴轴线方向的运动，其位置受力矩马达的控制。

无信号时，偏转板保持在中位上，其上面的V形通道正对着喷嘴出口，喷嘴喷出的射流均等地进入两个接收通道，射流动能在接收口内转换为压力势能，使滑阀两端的压力相等，滑阀处于中位，电液伺服阀无流量输出。而当偏转板在信号电流作用下偏离中间位置，其V形通道便使射流偏转，使射入一个接收通道的油液比射入另一个的多，从而使滑阀两端的压力不相等，滑阀两端产生的压差控制阀芯运动，滑阀偏离中间位置而输出流量。阀芯位移又带动反馈杆产生变形，以力矩的形式反馈到力矩马达的衔铁上，与衔铁产生的电磁力矩相平衡。

偏转板射流液压放大器的工作原理和射流管液压放大器一样，也是把射流的动能转换成压力势能，并根据输入信号的大小和极性来分配这些能量，因而偏转板射流伺服阀和射流管伺服阀的特点相同。

与射流管液压放大器相比，偏转板射流液压放大器的主要优点是不需要绕性供油管，结构简单、工作可靠，并且消除了结构上可能出现的振动；偏转板作为力矩马达的负载，质量小，使伺服阀有可能获得较好的动态特性；射流通过V形通道时，作用在偏转板上的液流力小，因而可以用较小的力矩马达来控制较大的输出流量；喷嘴的出口和接收通道的入口都是矩形的，与射流管的圆形孔口相比，其流量增益较大，伺服阀的响应速度较快，射流盘的人体形孔采用电火花加工法一次制成，因而保证了尺寸的一致性，并且可以采用抗蚀耐磨的材料来制造。

10.4.2 结构与特点

如图10.35和图10.36所示，分别为射流管电液伺服阀结构原理图和结构组成图。该阀为力反馈两级流量控制阀，由线圈、衔铁、永久磁铁、射流管、喷嘴、接收器、主阀芯、反馈杆、过滤器、负载接口等部件组成。力矩马达采用永磁结构，弹簧管支承衔铁射流管组件，并使马达与液压部分隔离，力矩马达为干式马达。前置级为射流放大器，它由射流管与接收器组成。当马达线圈输入控制电流时产生磁场，导致衔铁生成控制磁通的磁场并与永磁铁磁场相互作用，该力作用在衔铁上并产生偏转力矩，使衔铁、弹簧管、喷嘴组件产生一个正比于力矩的偏转小角度。射流管和喷嘴相对接收器发生偏转，接收器两侧接收的喷嘴高速射流量不同，导致接收器一腔压力升高，另一腔压力降低，连接这两腔的主阀芯两端形成压差，控制主阀芯产生位移。同时，阀芯位置通过反馈杆反馈至力矩马达反馈组件，直到反馈组件产生的力矩与马达力矩相平衡，使喷嘴工作在两接收器之间的某一位置。这样，输入控制电流越大，射流管偏转量越大，主阀芯两边的压差越大，主阀芯位移越大，输出流量或压力越大。当阀芯位移与控制电流的大小成正比时，阀的输出流量与控制电流的大小成比例。一般来说，射流放大器流量和压力增益较高，射流管伺服阀分辨率好，低压工作性能好。

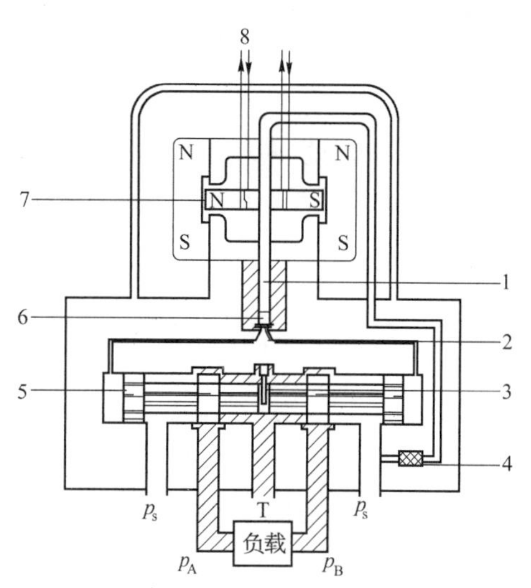

图10.35 CSDY系列射流管电液伺服阀结构原理图

1—射流管；2—接收器；3—反馈杆；4—过滤器；5—阀芯；6—喷嘴；7—衔铁；8—线圈

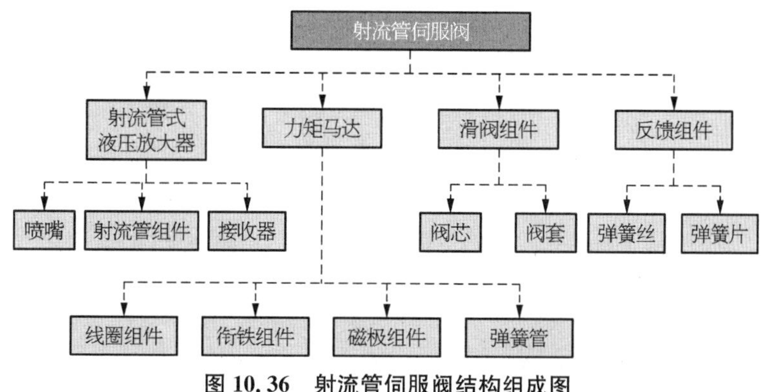

图10.36 射流管伺服阀结构组成图

射流管由力矩马达带动偏转。射流管焊接于衔铁上，并由薄壁弹簧片支承。液压油通过柔性的供压管进入射流管，从射流管喷射出的液压油进入与滑阀两端控制腔分别相通的两个接收孔，推动主阀芯移动。射流管的侧面装有弹簧板及反馈弹簧丝，其末端插入阀芯中间的小槽内，阀芯移动推动反馈弹簧丝，构成对力矩马达的力反馈。力矩马达借助薄壁弹簧片实现对液压部分的密封隔离。射流管伺服阀的最大优点是抗污染能力强；缺点是动态响应较慢，目前特性不易预测，力矩马达结构及工艺复杂，细长的射流管及柔性供油管容易出现结构谐振。

射流管电液伺服阀的特点如下：

(1) 力矩马达一般采用整体焊接工艺，结构牢固，能在恶劣环境条件下正常工作。

(2) 射流管放大器结构独特，可以通过 200 μm 的污染颗粒而不发生故障。

(3) 射流管为单输入型的前置级，射流管被堵塞时，主阀芯两侧的控制压力仍然相等，伺服阀能自动复零，不会产生错误的“满舵”现象。双喷嘴挡板式电液伺服阀当某一喷嘴堵塞时，主阀芯两侧的控制压力不相同，伺服阀不能自动回到零位。

(4) 射流放大器没有喷嘴挡板放大器的压力负反馈，所以前置级的流量和压力增益都比较高。

(5) 驱动阀芯的力大。

(6) 分辨率通常小于 0.1%（最大 0.25%）。

(7) 适用工作压力范围广，在 0.5 MPa 供油压力时仍能工作。

10.5 射流管伺服阀射流前置级压力特性

10.5.1 接收器接收孔的接收面积

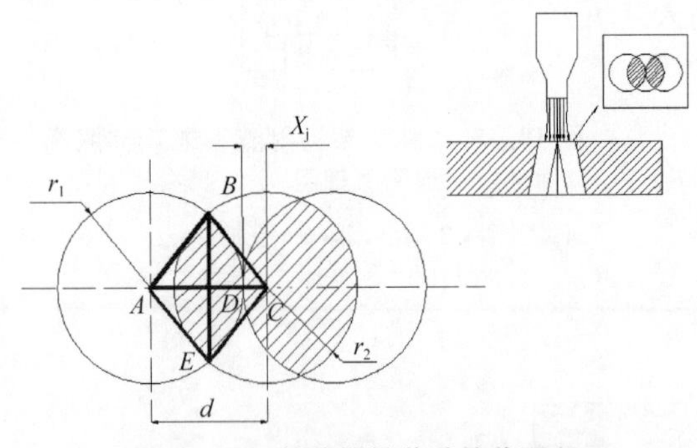

图 10.37 接收器接收孔接收面积

射流管伺服阀接收器接收面积模型如图 10.37 所示，左圆为左接收孔（假设为入口）投影，右圆为右接收孔射流管出口投影，A 点为左圆圆心，C 点为右圆圆心，B、E 点为两圆的交点，D 点为 AC 与 BE 的交点，X_j 为射流管位移，即偏移值，r_1 为左接收孔半径，并假设左、右接收孔半径相等，r_2 为射流管射流口半径，d 为接收器和射流管之间的中心距，并假设以向左为正。图中阴影部分的面积等于接收孔的接收面积，左接收孔的接收面积等于两个扇形面积之和 $S_{扇ABE}+S_{扇CBE}$ 减去两个三角形面积之和 $S_{\triangle ABE}+S_{\triangle CBE}$。

接收器左接收孔的接收面积为

$$\begin{aligned}A_1 = {} & r_1^2\arccos\frac{(r_1-X_j)_2+r_1^2-r_2^2}{2r_1(r_1-X_j)}-\frac{(r_1-X_j)^2+r_1^2-r_2^2}{2(r_1-X_j)}\sqrt{r_1^2-\frac{[(r_1-X_j)^2+r_1^2-r_2^2]^2}{4(r_1-X_j)^2}}\\ & +r_2^2\arccos\frac{(r_1-X_j)^2-r_1^2+r_2^2}{2r_2(r_1-X_j)}-\frac{(r_1-X_j)^2-r_1^2+r_2^2}{2(r_1-X_j)}\sqrt{r_2^2-\frac{[(r_1-X_j)^2-r_1^2+r_2^2]^2}{4(r_1-X_j)^2}}\end{aligned} \tag{10.4}$$

由于接收孔轴线与垂直方向存在夹角 φ，则实际接收面积为

$$A_{x1} = \frac{A_1}{\cos\varphi} \tag{10.5}$$

由于接收器左、右接收孔的结构对称性，同理可计算右接收孔的接收面积 A_2。

当射流管偏移值为零时，左接收孔的接收面积等于右接收孔的接收面积，即零位接收面积 A_0 为

$$A_0 = r_1^2 \arccos\frac{2r_1^2 - r_2^2}{2r_1^2} - \frac{2r_1^2 - r_2^2}{2r_1}\sqrt{r_1^2 - \frac{(2r_1^2 - r_2^2)^2}{4r_1^2}} + r_2^2 \arccos\frac{r_2^2}{2r_1 r_2} - \frac{r_2^2}{2r_1}\sqrt{r_2^2 - \frac{r_2^4}{4r_1^2}} \tag{10.6}$$

假设接收孔直径与射流管直径之比 $r_1/r_2 = k$，零位接收面积与接收孔截面积之比 K 为

$$K = \frac{A_0}{A_a} = k^2 \arccos\frac{2k^2 - 1}{2k^2} - \frac{2k^2 - 1}{2k}\sqrt{k^2 - \frac{(2k^2 - 1)^2}{4k^2}} + k\arccos\frac{1}{2k} - \frac{1}{2k}\sqrt{k^2 - \frac{1}{4k}} \tag{10.7}$$

由接收器接收孔接收面积数学模型可知，接收孔直径与射流管直径之比 $k \geqslant 0.5$，当接收孔直径与射流管直径之比 $k = 0.5$ 时，零位接收面积与接收孔截面积之比 $K = 1$，不存在局部压力损失；当接收孔直径与射流管直径之比 $k > 0.5$ 时，零位接收面积与接收孔截面积之比 $K < 1$，存在局部压力损失。

10.5.2 射流管前置级模型与压力特性

如图 10.38 所示为射流管伺服阀前置级结构示意图。截面 S 为供油截面，供油压力为 p_s，供油速度为 0；截面 i 为速度达到最大的截面，压力为 p_i，速度为 v_i；截面 R 为接收器压力恢复截面，恢复压力 p_1、p_2 为最大，压力恢复截面的平均速度为 v_1、v_2。忽略射流管与接收器之间的压力损失。射流伺服阀前置级区域流体流动过程分为两个阶段：第一阶段是液压油从 S 截面流至 i 截面；第二阶段是液压油从 i 截面流至 R 截面。

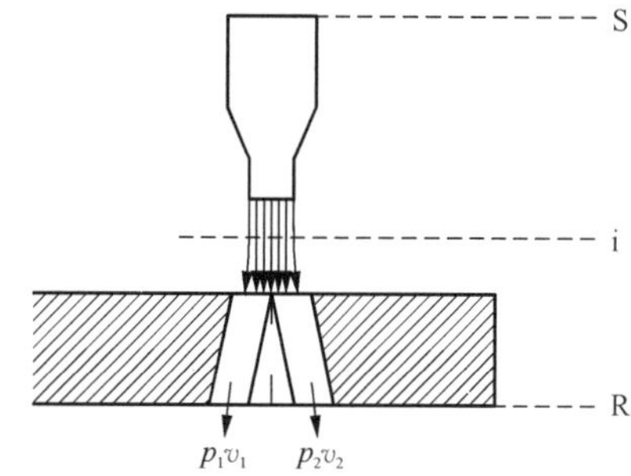

图 10.38　射流管及接收器结构示意图

第一阶段：液压油由 S 截面进入射流管，供油压力为 p_s，供油速度为 0，到达速度最大截面 i，压力为 p_i，最大速度为 v_i，S 截面和 i 截面之间的流体满足伯努利方程式。

$$h_s + \frac{p_s}{\rho g} + \frac{v_s^2}{2g} = h_i + \frac{p_i}{\rho g} + \frac{v_i^2}{2g} + \zeta\frac{v_i^2}{2g} \tag{10.8}$$

式中　ζ——能量损失系数；

　　　ρ——液压油的密度。

忽略重力能，h_s、$h_i \approx 0$，$v_s \ll v_i$，$v_s \approx 0$，则式(10.8)为

$$(1+\zeta)\frac{v_i^2}{2g} = \frac{p_s}{\rho g} - \frac{p_i}{\rho g} \tag{10.9}$$

喷嘴出油孔处的流速为

$$v_i = \frac{1}{\sqrt{1+\zeta}}\sqrt{\frac{2(p_s - p_i)}{\rho}} = C_v\sqrt{\frac{2(p_s - p_i)}{\rho}} \tag{10.10}$$

式中　C_v——喷嘴流速系数，$C_v = \frac{1}{\sqrt{1+\zeta}}$。

第二阶段：接收器接收由射流管射流而出的液压油，到达压力恢复截面 R，左、右接收孔恢复压力分别为 p_1、p_2，左、右压力恢复截面的平均速度分别为 v_1、v_2，i 截面和 R 截面之间的流体满足伯努利方程式。

$$h_i + \frac{p_i}{\rho g} + \frac{v_i^2}{2g} = h_R + \frac{p_n}{\rho g} + \frac{v_n^2}{2g} + h_\xi + h_l \tag{10.11}$$

式中　n——左、右接收孔，左接收孔 n 取 1，右接收孔 n 取 2。

重力势能 h_i、h_R 以及沿程压力损失 h_l 忽略不计时，式(10.11)为

$$p_n = p_i + \left(\frac{v_i^2}{2g} - \frac{v_n^2}{2g} - h_\zeta\right)\rho g \tag{10.12}$$

$$h_\xi = C_i\frac{v_i^2}{2g}\left(1 - \frac{A_n}{A_a}\cos\varphi\right)^2 \tag{10.13}$$

式中　h_ζ——流动过程中由于管道截面突然扩大而产生的局部损失；

A_a——左接收孔截面积；

C_i——入口处的能量损失系数，取 0.95。

接收器左、右接收孔内的流体分别满足连续性方程，即从 i 截面流入的液压油流量等于从 R 截面流出的液压油流量。

左接收孔有

$$v_i A_{x1} = v_1 A_a \tag{10.14}$$

右接收孔有

$$v_i A_{x2} = v_2 A_a \tag{10.15}$$

联立式(10.4)～式(10.15)，可得接收器左、右腔的恢复压力分别为

$$p_1 = p_i + C_v^2\left[1 - C_i\left(1 - \frac{A_1}{A_a}\cos\varphi\right)^2\right](p_s - p_i) \tag{10.16}$$

$$p_2 = p_i + C_v^2\left[1 - C_i\left(1 - \frac{A_2}{A_a}\cos\varphi\right)^2\right](p_s - p_i) \tag{10.17}$$

当射流管的偏移值为零时，左腔恢复压力等于右腔恢复压力，且等于零位恢复压力 p_0。

$$p_0 = p_i + C_v^2[1 - C_i(1-K)^2](p_s - p_i) \tag{10.18}$$

计算结果及其分析：取供油压力为 10 MPa，回油压力为 0，流体介质为 10 号航空液压油，射流放大器结构参数取前述最优值，展开计算。根据式(10.4)～式(10.18)的射流管伺服阀数学模型，可得到射流管偏转位移、射流管直径和接收孔直径对左右接收孔接收面积和恢复压力的影响规律，如图 10.39～图 10.41 所示。

由图 10.39 中的曲线 1、2 可以得出：射流管处于零位时，左右接收器的接收孔面积相等；射流管偏移值增大，两接收孔的接收面积之比 A_1/A_2 增大，接收面积存在明显的饱和区域。

由图 10.40 中的曲线 1、2 可以得出：射流管处于零位时，接收器左右接收孔的接收面积相等，接收器的左右恢复压力相等。射流管偏移值增大，左右两个接收孔的恢复压力存在明显的饱和区域。左右接收孔半径 r_1 不变，射流管半径 r_2 增大时，恢复压力增大，这是因为从射流管中喷出的流体质量增加，分配到接收孔中的动能增加；射流管半径 r_2 增大，接收面积增大，局部压力损失减小。由图中的曲线 2、3 可以看出：射流管半径 r_2 不变，左右接收孔半径 r_1 增大时，从射流管中喷出的流体质量相同，接收面积的增加可以忽略，但接收孔截面积增加，局部压力损失明显增加，恢复压力减小。

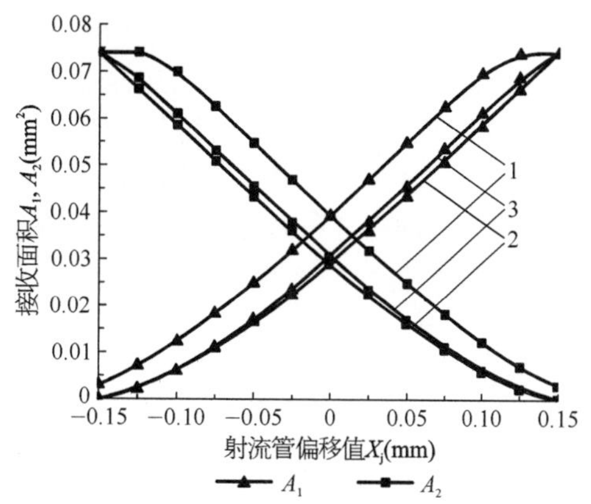

图 10.39 接收器接收面积曲线

1— $r_1=0.15$，$r_2=0.18$；2— $r_1=0.15$，$r_2=0.15$；3— $r_1=0.18$，$r_2=0.15$

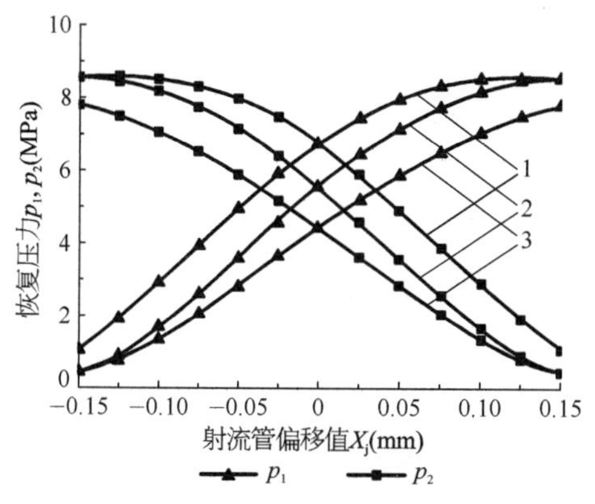

图 10.40 不同喷嘴与接收孔孔径下的恢复压力

1— $r_1=0.15$，$r_2=0.18$；2— $r_1=0.15$，$r_2=0.15$；3— $r_1=0.18$，$r_2=0.15$

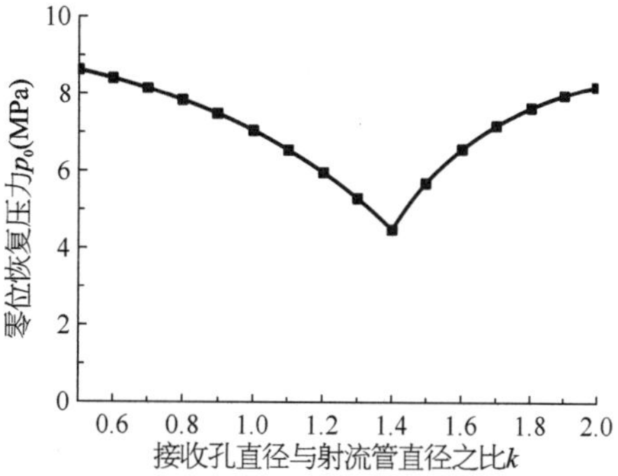

图 10.41 零位恢复压力随接收孔直径与射流管直径之比变化曲线

图 10.41 示出了零位恢复压力随接收孔直径与射流管直径之比 k 值的变化曲线。零位恢复压力在接收孔直径与射流管直径之比 k 变化区间[0.2, 1.4]呈减小趋势，在变化区间(1.4, 2]呈增大趋势。

10.5.3 射流旋涡与射流负压现象

上述数学模型假设不考虑射流管与接收器之间的压力损失。这里建立 CFD 流场仿真，进一步分析射流管与接收器之间的流场情况。采用 ANSYS 软件研究射流管不同偏移值下，射流管伺服阀前置级内部流场情况。建立如图 10.42 所示的结构模型，并划分网格。射流管伺服阀的主要结构参数：喷嘴管半径 $r_2=0.15$ mm，左右接收管直径相等且两管之间无间隙，$r_1=0.15$ mm。流体介质设为液压油，密

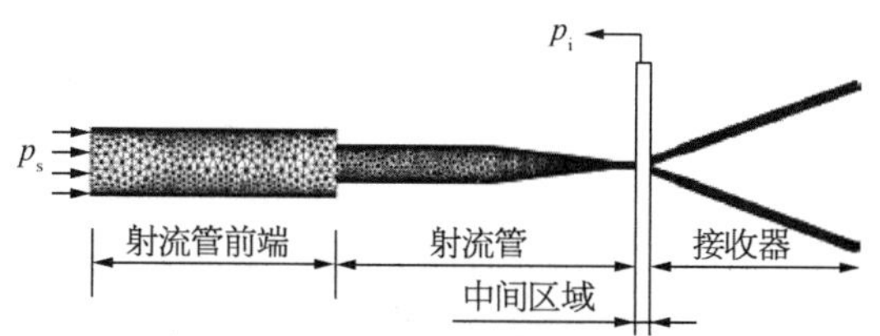

图 10.42 射流管伺服阀网格模型

度为 850 kg/m^3，流体动力黏度 0.008 5 N·s/m^2；流体流动状态为紊流，采用 $k-\varepsilon$ 湍流模型。边界条件设定如下：入口为压力入口边界(20 MPa)，出口为压力边界(0.9 MPa)，其余均为 wall 边界，忽略内部流体与壁面的热交换，壁面设为绝热壁面，壁面边界无滑移速度边界，收敛残差精度为 1×10^{-5}。

图 10.43 示出了射流管偏移值为 0 mm 时的压力云图与压力等值线图。从图中可以看出：在射流管前端部分压力为稳定值，压力在射流管喷嘴前段开始急剧下降，在射流管与接收器之间区域达到最小值，进入接收孔后压力恢复至稳定值，与数学模型假设的流动过程一致。

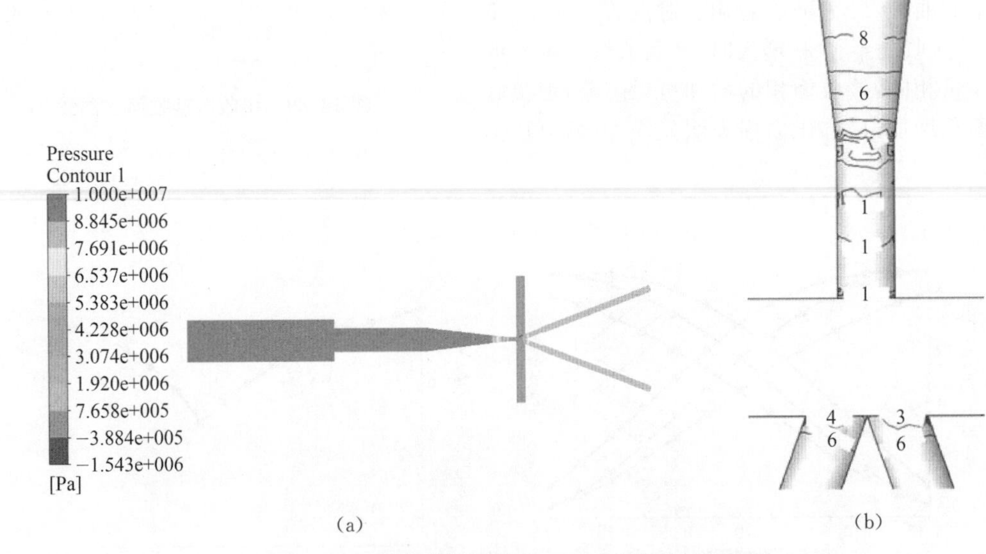

图 10.43 射流管偏移值为 0 mm 时的压力分布图

(a) 压力云图；(b) 压力等值线图(MPa)

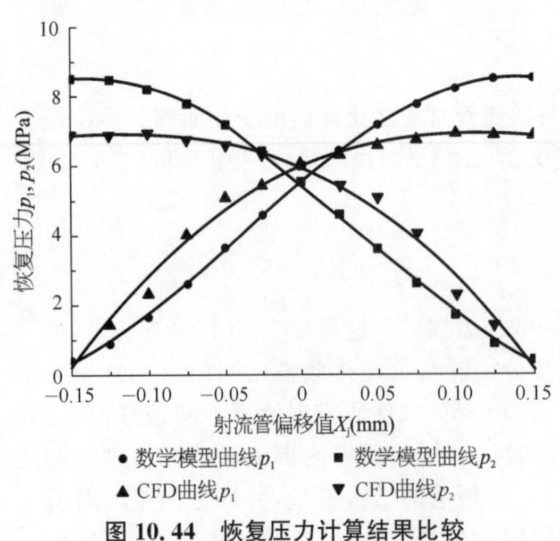

图 10.44 恢复压力计算结果比较

图 10.44 示出了两种计算方法所得恢复压力随偏移值变化曲线。从图中可以看出：两种计算方法所得恢复压力变化趋势一致；偏移值增大，数学模型计算的恢复压力与 CFD 计算的恢复压力之差增大；偏移值减小，数学模型计算的恢复压力与 CFD 计算的恢复压力的差值达到了允许的误差范围内。

图 10.45 示出了射流管偏移值 X_j 为 0 mm、0.025 mm、0.05 mm、0.075 mm、0.1 mm 和 0.15 mm 时的速度矢量图。由图中可以看出：在高压射流状态下，射流管与接收器之间区域出现了旋涡，旋涡吸收了射流的能量并耗散掉这部分能量，导致射流能量降低，产生了环状负压效应，进入接收器流体能量降低，恢复压力降低。环状负压效应是恢复压力降低的一个主要原因。射流管伺服阀容易出现射流负压现象，即流体在射流出口某处或某几处出现环状负压区域的现象。

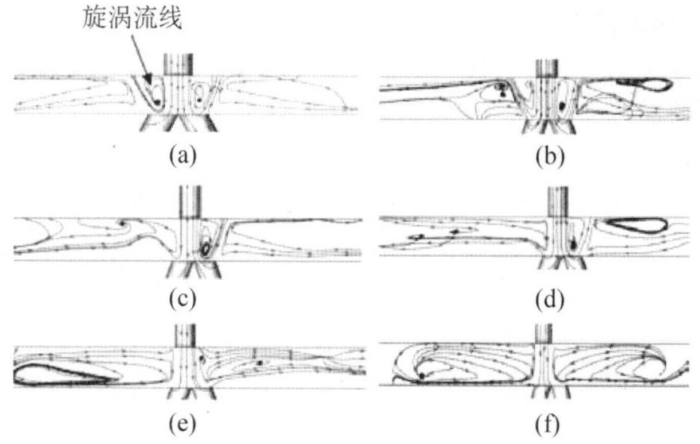

图 10.45　速度矢量与漩涡状态图

(a) $X_j = 0$ mm; (b) $X_j = 0.025$ mm; (c) $X_j = 0.05$ mm; (d) $X_j = 0.075$ mm; (e) $X_j = 0.1$ mm; (f) $X_j = 0.15$ mm

射流管偏移值为 0 mm 时，射流束两边出现了相同状态的环状旋涡；偏移值增大，左旋涡扩大，环状负压效应增加，右旋涡减小，环状负压效应减小。结合图 10.43 可以看出，在供油压力为 10 MPa 时，偏移值增大，左旋涡扩大，环状负压效应增加，偏移值减小，右旋涡变小，环状负压效应减小；在环状负压效应较大的情况下，CFD 计算的恢复压力与数学模型计算的恢复压力最大误差在 2 MPa 左右，在环状负压效应较小的情况下，最大误差在 0.5 MPa 左右。从而可知在忽略环状旋涡压力损失的情况下所建立数学模型的计算结果与实际结果的差异。

10.5.4　阀体疲劳寿命定量计算

电液伺服阀壳体结构复杂，采用数字化设计可以准确掌握壳体的危险薄弱部位及其疲劳寿命次数，进行预先评估和再设计。为了减轻重量，电液伺服阀一般采用铝合金材料。壳体形状复杂，厚薄不均匀。按照 GJB 3370—1998《飞机电液流量伺服阀通用规范》要求，进行压力脉冲试验。阀体进行数字化设计时，采用 ANSYS 有限元分析可计算三维阀体各部位在压力脉冲载荷作用下的应力分布值，然后对照已有的材料应力-疲劳寿命曲线（$S-N$ 曲线），便可得知疲劳寿命次数。图 10.46 所示为某射流管伺服阀阀体疲劳寿命次数的数字化设计结果，该阀体材料为 7075 铝合金，供油口内部和阀套连接沟槽附近两侧为薄弱部位（厚度 1.15 mm），有限元设计寿命为 3.83 万次。该阀体的 42 MPa 脉冲压力试验结果寿命次数为 3.13 万次，试验与数字化设计结果一致。

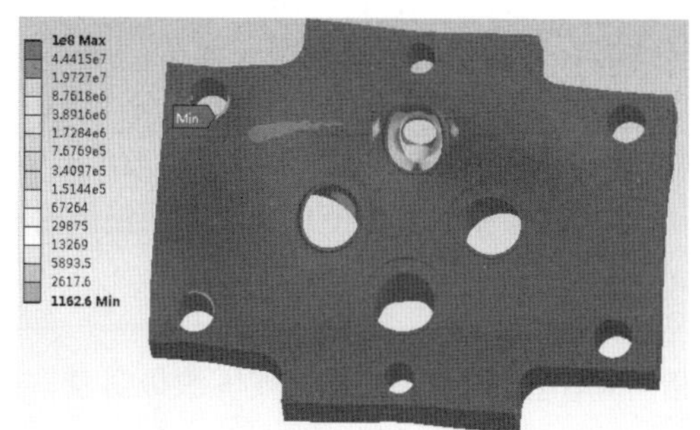

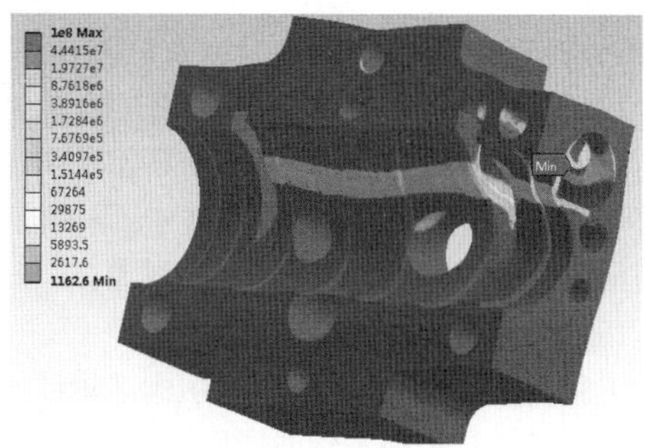

图 10.46　某射流管伺服阀阀体疲劳寿命次数的数字化设计结果

通过数字化设计后，找到了薄弱环节和改进措施，已用于某型号产品的改进设计过程。

(1) 射流管伺服阀前置级压力特性数学模型反映了压力特性的变化趋势，可以根据数学模型进行关键结构参数的设计与改进。

(2) 射流管直径增大，接收孔接收面积增大，恢复压力增大；接收孔直径增大，接收孔接收面积增大，恢复压力减小。接收孔直径与射流管直径之比 k 的最佳取值区间为[1.3，1.5]。

(3) 当射流管直径等于两个接收孔直径时，射流管与接收器之间存在射流旋涡，产生了环状负压效应，这是导致简化模型较 CFD 计算的恢复压力偏高的原因；随射流管偏移值增大，射流环状旋涡扩大，环状负压效应增加，恢复压力降低的趋势增加。该结果为进一步分析射流伺服阀旋涡产生的条件提供了理论基础。射流管伺服阀容易出现射流负压现象，即流体在射流出口某处或某几处出现环状负压区域的现象。

10.6 射流管伺服阀零偏零漂产生机理与抑制措施

除加速度零漂外，从根本上说，电液伺服阀产生零偏、零漂的原因在于伺服阀各级结构的不对称。结构的不对称意味着各级零部件不处于理想中位，从而导致功率级阀芯不处于零位，产生流量输出，即零偏。为了纠正零偏，加载纠偏电流后，使功率级阀芯处于零位，但它是在特定工作条件和环境下的各种力相互作用下处于零位的。一旦工作条件和工作环境发生变化，各作用力的平衡即遭到破坏，也就意味着有力的输出，从而推动功率级阀芯移动到新的位置，达到新的平衡，这就造成了零漂。

抑制零漂的措施，除针对加速度零漂的改变伺服阀结构参数外，其余均依赖于伺服阀各级零部件对称度的提高和装配对称度的提升。

10.6.1 零偏零漂的定义及其产生机理

10.6.1.1 零偏的定义

电液伺服阀在装配完毕后，在输入电流为零时其输出流量并不为零。为了使其输出流量为零，必须加载一个纠偏电流。该纠偏电流与额定电流的百分比，称为伺服阀的零偏。

10.6.1.2 零漂的定义

由于电液伺服阀的调试和检验工作是在标准试验条件下进行的，例如温度为 20 ℃，供油压力 21 MPa。当工作条件和环境条件发生变化时，电液伺服阀的零位仍会变化，即发生了零偏漂移，简称零漂。此时为了其输出流量为零，需再加载一个纠偏电流。零漂由该纠偏电流与额定电流的百分比表示。

由此可见，零漂是随工作条件和环境随时变化的。在实际工作中，供油压力、回油压力、油温、离心加速度、零值电流自身以及流体介质的变化，都有可能引起电液伺服阀零漂。

10.6.1.3 零漂的种类

按照引发零漂的起因，已知的零漂种类主要包括供油压力零漂、回油压力零漂、温度零漂、加速度零漂、零值电流零漂。在实践中，不同流体介质即产品检验和实际使用采用不同流体时也会引起伺服阀的零漂，称为流体介质零漂。

10.6.1.4 加速度零漂

工程实际中，加速度方向与主阀芯轴线方向相同时，电液伺服阀的加速度零漂最明显。本小节以加速度 a 与主阀芯轴线同向为背景进行分析。

如图 10.47 所示，由于衔铁组件质心 O' 与弹簧管旋转中心 O 不重合——相距 d_e，在加速度 a 的作用下，绕弹簧管旋转中心 O 旋转角度 θ。

1）衔铁组件受力引起的零漂　将加速度 a 分解得切向加速度 a_τ 和法向加速度 a_n。法向加速度 a_n 与衔铁挡板组件质量所产生的力由弹簧管来平衡。由于 θ 很小（< 5°），则切向加速度 a_τ 的大小为

$$a_\tau \approx a \tag{10.19}$$

切向加速度 a_τ 垂直于衔铁挡板中心线，产生对弹簧管旋转中心的附加力矩为

$$T = m_a a d_e \tag{10.20}$$

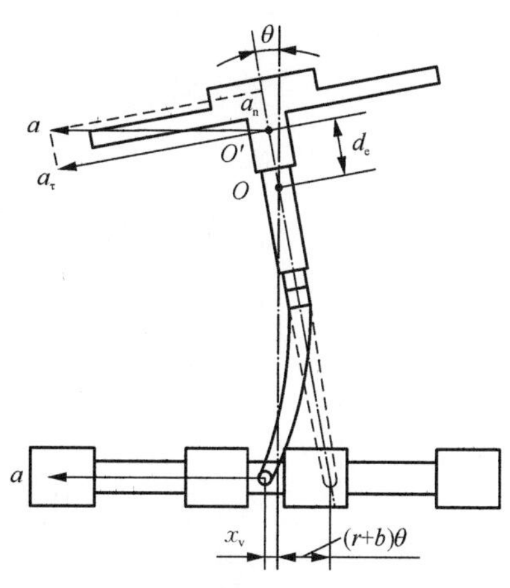

图 10.47　加速度作用下中的电液伺服阀受力分析

式中　m_a——衔铁挡板组件质量(kg)；

d_e——弹簧管旋转中心至衔铁挡板组件质心的距离(m)。

衔铁挡板组件在常规环境下的运动方程为

$$k_t \Delta i = J_a \frac{d^2\theta}{dt^2} + B_a \frac{d\theta}{dt} + (k_a - k)\theta + T_L$$

在加速度场中的运动方程为

$$k_t \Delta i + m_a a d_e = J_a \frac{d^2\theta}{dt^2} + B_a \frac{d\theta}{dt} + (k_a - k)\theta + T_L \tag{10.21}$$

式中　k_t——电磁力矩系数(V · s/rad)；

J_a——衔铁组件的转动惯量(kg · m²)；

B_a——衔铁组件的阻尼系数；

k——磁扭矩弹簧刚度(N · m /rad)；

k_a——弹簧管刚度(N · m /rad)；

T_L——衔铁所拖动的负载力矩(N · m)。

稳态时，各微分项为零，则

$$k_t \Delta i + m_a a d_e = (k_a - k)\theta + T_L \tag{10.22}$$

可得

$$\theta = \frac{k_t \Delta i - T_L + m_a a d_e}{k_a - k} \tag{10.23}$$

对于电液伺服阀，滑阀开口量 x_v 与衔铁转角 θ 成比例，即

$$x_v = K_1 \theta = K_1 \frac{k_t \Delta i - T_L + m_a a d_e}{k_a - k} \tag{10.24}$$

式中　K_1——由伺服阀结构参数决定的系数。

2）主阀芯受力引起的零漂　在加速度下，作用于主阀芯的附加力

$$F = m_v a \tag{10.25}$$

式中 m_v——主阀芯质量(kg)。

F 与 a 同向。在加速度场中，主阀芯的动力学微分方程由常规环境下的方程

$$F_t = m_v \frac{d^2 x_v}{dt^2} + (B_v + B_{f0}) \frac{dx_v}{dt} + k_{f0} x_v + F_i \tag{10.26}$$

可变为

$$F_t + m_v a = m_v \frac{d^2 x_v}{dt^2} + (B_v + B_{f0}) \frac{dx_v}{dt} + k_{f0} x_v + F_i \tag{10.27}$$

式中 F_t——主阀芯所受的液压驱动力(N)；

B_v——阀芯阀套间的黏性阻尼系数(N·s/m)；

B_{f0}——瞬态液动力产生的阻尼系数(N·s/m)；

k_{f0}——阀芯稳态液动力的弹性系数(N/m)；

F_i——反馈杆变形所产生的回位力(N)。

反馈杆变形所产生的回位力

$$F_i = k_f[(r+b)\theta + x_v] \tag{10.28}$$

式中 k_f——反馈杆刚度(N/m)；

r——弹簧管旋转中心与射流喷口的距离(m)；

b——射流喷口与反馈杆端部的距离(m)。

加速度条件下，此处的 F_t 为由于衔铁产生偏转角 θ，进而带动射流喷管产生转角，偏离中位，使主阀芯两端恢复压力不同，进而产生驱动力。其产生根源在于衔铁组件受力，由其导致的零漂已经在上节阐述，不可重复计算。则由式(10.27)与式(10.28)得

$$m_v a = m_v \frac{d^2 x_v}{dt^2} + (B_v + B_{f0}) \frac{dx_v}{dt} + k_f(r+b)\theta + (k_{f0} + k_f) x_v \tag{10.29}$$

稳态时，各微分项为零，则

$$x_v = \frac{m_v a - k_f(r+b)\theta}{k_{f0} + k_f} \tag{10.30}$$

由衔铁组件受加速度引发的零漂和主阀芯受加速度引发的零漂方向相同，则由式(10.24)和式(10.30)得，加速度引发的总零漂位移为

$$x_v = K_1 \frac{K_t \Delta i - T_L + m_a a d_e}{k_a - k} + \frac{m_v a - k_f(r+b)\theta}{k_{f0} + k_f} \tag{10.31}$$

10.6.1.5 射流管伺服阀稳态时的力平衡

理论上讲，射流管伺服阀的各级零部件形状、结构以及装配位置是对称的。但由于加工精度、装配水平所限，尚无法达到理想的对称状态。实践证明，造成零漂的主要原因是伺服阀各级不对称、不在理想零位。

稳态时，衔铁组件力平衡方程式为

$$k_t \Delta i + k_m \theta = k_a \theta + T_L \tag{10.32}$$

$$T_L = T_{L1} + T_{L2} \tag{10.33}$$

$$T_{L1} = F_d r \tag{10.34}$$

$$T_{L2} = F_i(r+b) = k_f[(r+b)\theta + x_v](r+b) \tag{10.35}$$

式中 T_{L1}——射流反力对弹簧管旋转中心产生的旋转力矩；

F_d——射流反力；

T_{L2}——反馈弹簧杆变形回位力对弹簧管旋转中心产生的旋转力矩。

实际中力矩马达的衔铁并不处于两导磁体的绝对正中位置，四处工作气隙 g 不相等，则意味着衔铁有一个预置的偏角 θ，此时在没有控制电流输入的情况下力矩马达就会有力的输出，同时弹簧管也会产生偏角 θ，射流喷口偏离中位以及反馈杆产生形变，最终达到力平衡。

10.6.1.6　供油压力零漂

供油压力零漂的产生原因主要在于：

(1) 射流管喷口与两接收管口相对位置的不对中。

(2) 两接收管口形状的不对称。

(3) 接收管体形状的不对称。

射流喷口与两接收管口的相对位置不对中如图 10.48 所示。假定在某一供油压力 p_s 为 7 MPa 时调试，恢复压力 p_1 为 3.5 MPa，p_2 为 3.8 MPa，两者相差 0.3 MPa，在图示位置时滑阀输出流量为 0。

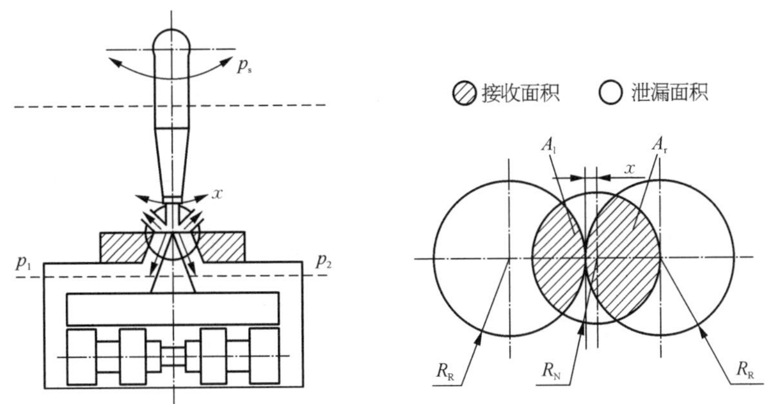

图 10.48　射流管伺服阀喷管与接收孔安装位置示意图

在供油压力 p_s 变化为 14 MPa 后，两接收孔的恢复压力 p_1、p_2 随之变为 7 MPa、7.6 MPa，两侧的压力差则随之变为 0.6 MPa，破坏了式(10.32)所示的力平衡。富余的压差力必然会推动阀芯移动，从而产生零漂。

与上述分析类似，两接收管口形状的不对称，以及接收管体形状的不对称都会引发供油压力的零漂。

10.6.1.7　回油压力零漂

回油压力零漂的产生主要在于回油压力的变化引起了弹簧管刚度的变化，破坏了式(10.32)所示的力平衡。一般回油压力增大，弹簧管刚度变大；反之，弹簧管刚度减小。一旦弹簧管刚度变化，会使射流喷管移动，进而产生压差力，推动阀芯移动，从而产生零漂。

必须特别指出的是，回油压力零漂的根源在于伺服阀各零部件不在理想的中位。如果各零部件处于理想中位，零位时没有纠偏电流引发的各级弹簧管反力，即使回油压力变化也不会产生零漂。

回油压力对弹簧管刚度的影响目前尚无研究报道。

10.6.1.8 温度零漂

实践证明，造成温度零漂的主要原因是伺服阀各级不在理想零位，主要包括下述各种原因。

1）温度对弹簧管、反馈杆刚度的影响 伺服阀弹性元件如弹簧管、反馈杆等材料的弹性模量一般会随温度上升而下降。例如通常采用的 3J1 和 QBe1.9 等材料，当温度从 50 ℃变化至 80 ℃时刚度变化值一般在 1.5%以内。

弹簧管、反馈杆刚度的变化则意味着式(10.32)所示的力平衡受到破坏，势必引起零漂。

2）温度对力矩马达衔铁气隙的影响 衔铁常用的材料为 1J50，外罩壳常用铝合金 LD10，导磁体常用 1J50 合金，永磁体通常采用可加工磁钢 Fe-Cr-Co 系永磁合金或不宜机加工的 Al-Ni-Co 永磁合金，具体见表 10.5。

表 10.5 电液伺服阀部件材料及热膨胀系数

部件名称	材料名称	线膨胀系数 α($\times10^{-6}$/℃)	温度范围(℃)
衔铁	1J50	9.2	20～200
外罩壳	铝合金 LD10	23.6	20～100
导磁体	1J50	9.2	20～200
永磁体	Fe-Cr-Co	—	—
永磁体	Al-Ni-Co	—	—

由于力矩马达各材料的热膨胀系数不全一致，会导致力矩马达衔铁气隙 g 发生改变。而

$$k_t = N\mu_0 A_g M_0 \frac{a}{g^2} \tag{10.36}$$

$$k_m = \mu_0 A_g M_0^2 \frac{a^2}{g^3} \tag{10.37}$$

式中 N——线圈匝数；

μ_0——空气磁导率；

A_g——磁极面面积；

M_0——永磁体磁动势。

由式(10.36)、式(10.37)知，衔铁气隙 g 的改变会引起电磁力矩系数与磁扭矩弹簧刚度的变化，从而破坏式(10.32)所示的力平衡，引起零漂。

3）温度对流体介质的影响 温度的变化可以引起流体介质显著的黏度变化。黏度变化则可能导致射流喷管内流动状态的变化，继而使出口流量发生变化，引起射流反力发生变化，破坏式(10.32)所示的力平衡引发零漂。

10.6.1.9 零值电流零漂

一般而言，零值电流零漂主要是由两个控制线圈的匝数差异导致电阻不同造成的。

10.6.1.10 流体介质零漂

流体介质的不同主要表现在其密度不同、黏度不同，前者会使射流管所受的射流反力发生变化，破坏式(10.32)所示的力平衡引发零漂。黏度不同有可能导致射流喷管内流动状态的变化，继而使出口流量发生变化，同样引起射流反力发生变化，破坏式(10.32)所示的力平衡引发零漂。

但上述分析的前提是射流管口与两接收管口相对位置的不对中、两接收管口形状的不对称或接收管体形状的不对称，或几种情形兼具。

10.6.2 零偏零漂抑制措施

10.6.2.1 加速度零漂的抑制措施

由式(10.31)可知，通过设计调整以下参数，可以降低加速度引起的零漂：

(1) 减小衔铁组件的质量 m_a。

(2) 降低衔铁组件质心 O' 与弹簧管旋转中心 O 的距离 d_e。

(3) 加大弹簧管的刚度 k_a。

(4) 降低电磁力矩系数 k_t。

(5) 降低磁扭矩弹簧刚度 k_m。

(6) 减小主阀芯的质量 m_v。

(7) 加大反馈杆刚度 k_f。

10.6.2.2 供油压力零漂的抑制措施

根据以上分析，供油压力零漂的抑制措施如下：

(1) 提高射流管喷口与两接收管口相对位置的对中度。

(2) 提高两接收管空间位置的对称度，主要指两接收管的夹角与中线的对称。

(3) 接收管体形状的不对称。

10.6.2.3 回油压力零漂的抑制措施

抑制回油压力零漂要依赖于伺服阀各级零部件对称度的提高和装配对称度的提升。

10.6.2.4 温度零漂的抑制措施

抑制温度零漂要依赖于伺服阀各级零部件对称度的提高和装配对称度的提升。

10.6.2.5 零值电流零漂的抑制措施

抑制零值电流零漂主要靠控制线圈的匝数。

10.6.2.6 流体介质零漂的抑制措施

抑制流体介质零漂要依赖于伺服阀各级零部件对称度的提高和装配对称度的提升。

10.6.3 实践案例

射流管伺服阀的数字化设计技术案例，可用于零偏、零漂产生机理分析，以及抑制零偏或零漂措施的评估。从机理上看，射流管伺服阀各零件、部件、组件，以及装配过程、实验过程、使用环境等，均可能导致射流管伺服阀产生零偏或零漂。如图 10.49 所示为某射流管伺服阀零偏与零漂产生机理的鱼刺图案例。射流伺服阀有七大类零偏漂移，包括力矩马达引发的零偏漂移，射流前置级引发的零偏漂移，滑阀级引发的漂移，制造、装配、调试工艺引起的漂移，以及设计方案引起的零偏漂移。此外，还包括供油压力零漂、回油压力零漂、温度零漂、加速度零漂、零值电流零漂以及流体介质变化引起的零漂。表 10.6 所列为射流管伺服阀零位漂移产生机理与抑制措施的数字化设计案例。

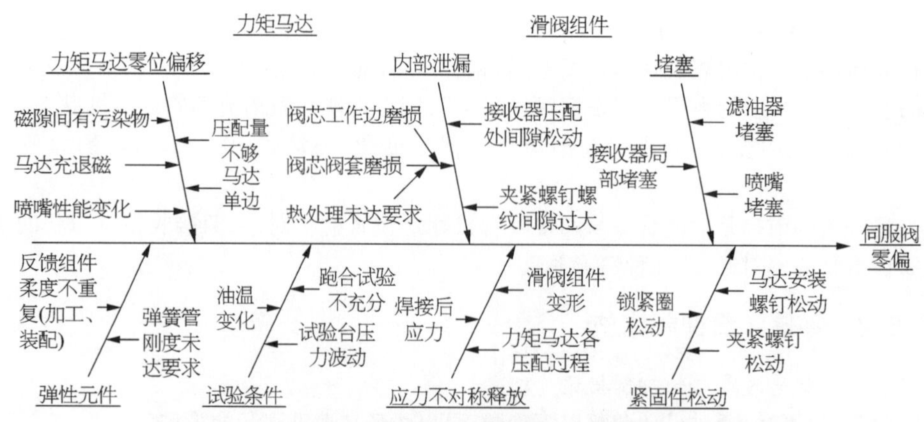

图 10.49　某射流管伺服阀零偏与零漂产生机理的鱼刺图案例

表 10.6　射流管伺服阀零位漂移产生机理与抑制措施的数字化设计案例

分类	影响因素	零偏漂移机理	量化说明
加工	接收孔大小有差异	零位时接收面积不同，从而接收流量不同，主阀芯两端有压力差，导致阀零偏	接收孔半径相差 0.005 mm，零偏电流约增加 1.65%
	主阀阀口遮盖量不同	零位特性变化，执行机构两端零位压力差改变，产生零漂	—
	阀芯阀套间隙加工不合适	环境温度变化，间隙改变，易在工作过程中造成卡滞，回不到零位	—
装配	力矩马达对接收器安装偏差	使得两接收孔接收流量不同，引起阀芯两端控制压力不一致所致	安装偏差每增加 0.03 mm，纠偏电流增加 0.1%
	力矩马达气隙变化	气隙变化，相同电流下力矩马达产生的力矩变化，零偏电流发生变化	气隙每增加 0.583 μm，零偏增加 1%
	阀套、阀体定位不准确	导致力矩马达对接收器安装偏差	—
	阀芯、阀套不对称磨损	造成单边零位泄漏增大，引起零漂	—
	装配时形成不对称应力	服役过程中应力释放，使伺服阀结构的对称性遭到破坏，引发零漂	—
环境	温度变化	引发应力的不对称释放，导致伺服阀结构不对称，产生零漂使阀芯、阀套间隙减小，引发卡滞	—
	离心加速度	产生的惯性力使力矩马达衔铁和阀芯产生偏移	离心加速度 10g，离心零漂为 1%
工作介质变化	调试介质为 10 号航空液压油 工作介质为 RP3 煤油	主要由于 RP3 燃油黏性小，渗透性强，使得阀芯夹紧螺钉处的泄漏增大，且泄漏量不一致，引起阀芯两端控制压力不一致所致	—

10.7 三维离心环境下射流管伺服阀的零偏特性

射流管伺服阀由于具有精度高、响应快、工作可靠等优点，广泛应用于航空航天领域的电液伺服系统，例如航空发动机燃油控系统、舵机控制系统等工作环境恶劣而稳定性要求较高的场合。目前，美国、俄罗斯等国军用飞机和民用飞机都采用射流管伺服阀。军用飞机、民用飞机、导弹以及火箭等飞行器在空间飞行时往往要经历大加速度运动，此时射流管伺服阀处于三维离心环境且受到离心加速度作用，其离心加速度甚至瞬时高达 $100g$。作为电液伺服系统的核心元件，射流管伺服阀在离心环境中的零位工作特性直接影响电液伺服系统的稳定性和可靠性。零偏是指使射流管伺服阀输出流量曲线中实际零点相对于坐标原点的偏移。在三维离心环境中，射流管伺服阀零部件受到离心力而产生离心零偏，将直接影响射流管伺服阀的零位工作特性，进而影响电液伺服系统的性能。

以下阐述三维离心环境下射流管伺服阀的力学模型以及零偏特性的影响因素，介绍离心实验方法。为定性分析和定量研究三维离心环境下射流管伺服阀零偏特性，本节仅仅考虑离心环境下射流管伺服阀产生的零偏，通过建立三维离心环境下射流管伺服阀的流固耦合动力学模型，可获得射流管伺服阀离心零偏值与结构参数和工作条件的映射关系。

10.7.1 三维离心环境下射流管伺服阀力学模型

如图 10.50 所示为射流管伺服阀结构简图，由永磁动铁式力矩马达、射流管前置放大级和滑阀功率放大级构成。P 口为进油口，一条油路通过射流管进入射流前置级，一条油路进入滑阀功率级。O 口为回油口，前置级和滑阀级通过回油口连接油箱，A、B 口为负载口。

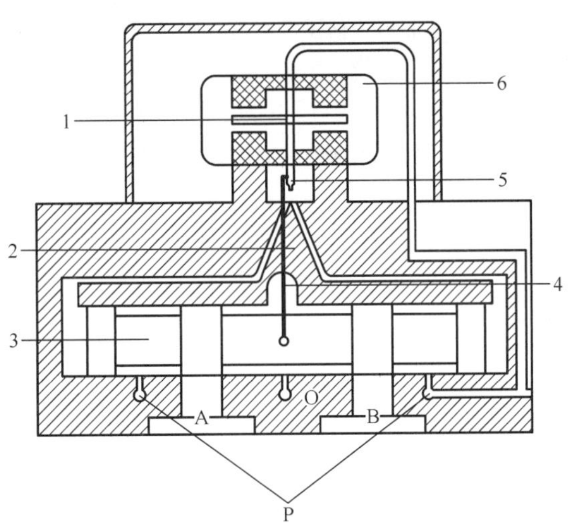

图 10.50 射流管伺服阀结构简图

1—衔铁枢轴；2—接收器；3—滑阀；4—反馈杆；5—射流管及喷嘴；6—力矩马达

射流管由衔铁枢轴来支撑，并可随衔铁摆动。压力油从 P 口进入从射流管射出，冲到接收器的两个接收孔中，进入分别与两个接收孔相连接的滑阀两腔，其余压力油通过回油口 O 回到油箱。液压能通过射流管的喷嘴转换为液流的动能，液流被接收孔接收后，又将其动能转变为压力能。当力矩马达无电流输入时，射流管处于中位，伺服阀无流量输出；当力矩马达有电流输入时，射流管摆动一个偏角，两接收孔接收流量不同，滑阀两端产生压力差。滑阀运动到压力差与反馈杆的力平衡时停止运动，伺服阀输出流量。

为分析方便，现假定：①油液不可压缩；②流体流动为恒定流动；③只考虑离心环境因素引起的射流管伺服阀稳态零偏。

由于射流管伺服阀元件尺寸小，离心运动产生的离心势能对流体流动过程影响极小，可以忽略不计，假设离心环境下射流管伺服阀前置级压力特性与常规环境下相同。

如图 10.51 所示为射流管伺服阀前置级射流过程示意图。流体从起始截面进入射流管，从喷嘴中射出，忽略喷嘴至接收器之间的流动过程及压力损失，然后接收器的两接收孔分别接收射流流体，到达压力恢复截面恢复流体压力，在滑阀两端的容腔内形成压力差。

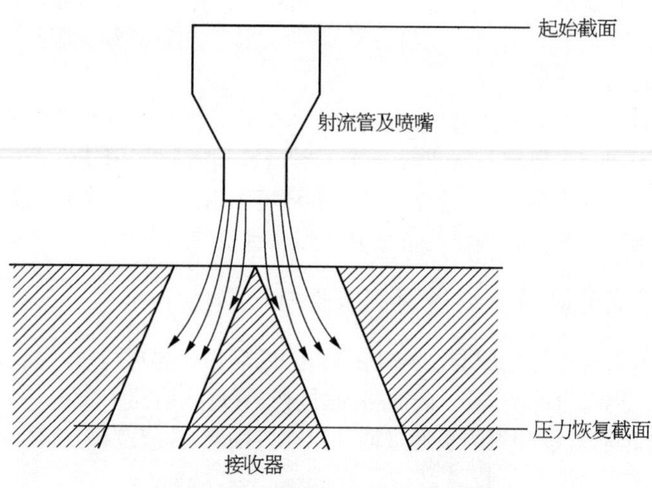

图 10.51　前置级射流过程示意图

流体从起始截面进入射流管，压力为 p_s，速度为 0。射流流体，喷嘴出口处至接收孔入口处区间压力认为等于回油压力 p_i。喷嘴等效为小孔，应用小孔节流公式

$$v_0 = c_v \sqrt{\frac{2(p_s - p_i)}{\rho}} \tag{10.38}$$

式中　v_0——喷嘴出口流速；

c_v——喷嘴流速系数；

p_s——进油口压力；

p_i——回油口压力；

ρ——流体密度。

流体从接收孔入口进入接收孔，流体速度降低，速度能转化为压力能，到达压力恢复截面恢复流体压力。针对接收孔入口和压力恢复截面之间的流体应用伯努利方程

$$h_i + \frac{p_i}{\rho g} + \frac{v_1^2}{2g} = h_R + \frac{p_n}{\rho g} + \frac{v_n^2}{2g} + h_\xi + h_l \tag{10.39}$$

其中，n 表示左右接收孔，左接收孔 n 取 2，右接收孔 n 取 3；重力势能 h_i、h_R 以及沿程压力损失 h_l 忽略不计，上式可写成

$$p_n = p_i + \left(\frac{v_1^2}{2g} - \frac{v_n^2}{2g} - h_\xi\right)\rho g \tag{10.40}$$

式中 h_ξ——流动过程中由于管道截面突然扩大而产生的局部损失。

$$h_\xi = c_i \frac{v_1^2}{2g}\left(1 - \frac{A_n}{A_a}\cos\varphi\right)^2 \tag{10.41}$$

式中 A_n——接收孔接收面积；

A_a——接收孔截面积；

φ——接收孔轴线与竖直方向的夹角；

c_i——入口能量损失系数，取 0.95。

接收器左右接收孔内的流体分别满足连续性方程，即从接收器入口截面流入的液压油流量等于从压力恢复截面流出的液压油流量。

$$v_1 A_n = v_n A_a \tag{10.42}$$

结合式(10.38)～式(10.42)可得滑阀两端容腔的压力差为

$$p_L = c_v^2 c_i (p_s - p_i)\left(\frac{A_1^2 - A_2^2}{A_a}\cos^2\varphi - 2\frac{A_1 - A_2}{A_a}\cos\varphi\right) \tag{10.43}$$

式中 p_L——滑阀两端容腔的压力差。

10.7.2 三维离心环境下射流管伺服阀的零偏值

10.7.2.1 射流管伺服阀运动分析坐标系

如图 10.52 所示为射流管伺服阀运动分析坐标系示意图。假设坐标系 O_1mwn 为大地固定坐标系，坐标系 O_2xyz 与射流管伺服阀固定并随射流管伺服阀一起以任意离心加速度 a_n 在固定坐标系内绕轴运动，而其自身并没有自转运动，其中 n 与 x、w 与 y、m 与 z 在射流管伺服阀做离心运动的起始阶段分别相互平行。

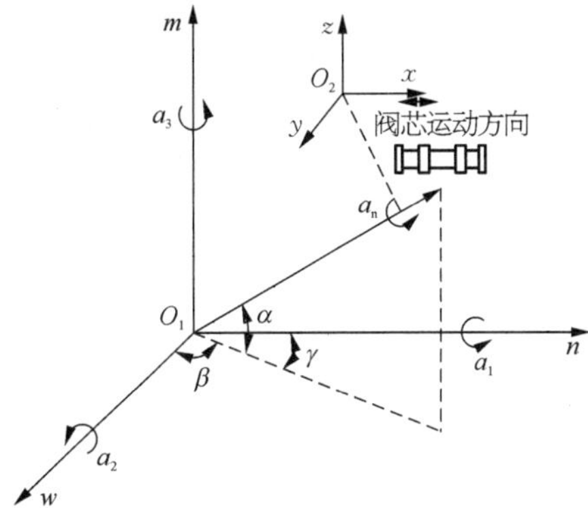

图 10.52 射流管伺服阀运动分析坐标系

滑阀阀芯运动方向(阀芯轴线方向)与衔铁运动平面在同一平面，设为 xz 平面，其中以阀芯运动方向为 x 方向，以在衔铁运动平面内与阀芯运动方向垂直方向为 z 方向，以与 xz 平面垂直方向为 y 方向。α 为任意离心加速度方向与 nw 平面的夹角，β 为任意离心加速度方向在 nw 平面的投影与 w 轴夹角，γ 为任意离心加速度方向在 nw 平面的投影与 n 轴夹角。离心加速度 a_1、a_2 和 a_3 的方向分别为 n 方向、w 方向和 m 方向。

10.7.2.2 射流管伺服阀绕 n 轴旋转时的零偏

射流管伺服阀绕 n 轴旋转时，衔铁组件受到垂直于 x 方向的离心力，但衔铁组件在 yz 平面限制自由度，所以射流管伺服阀绕 n 轴旋转时，可能使衔铁组件产生倾覆作用，而不能使射流管伺服阀产生零偏。

10.7.2.3 射流管伺服阀绕 w 轴旋转时的零偏

射流管伺服阀绕 w 轴旋转时，衔铁组件和滑阀收到垂直于 y 轴的离心力，分别考虑离心力

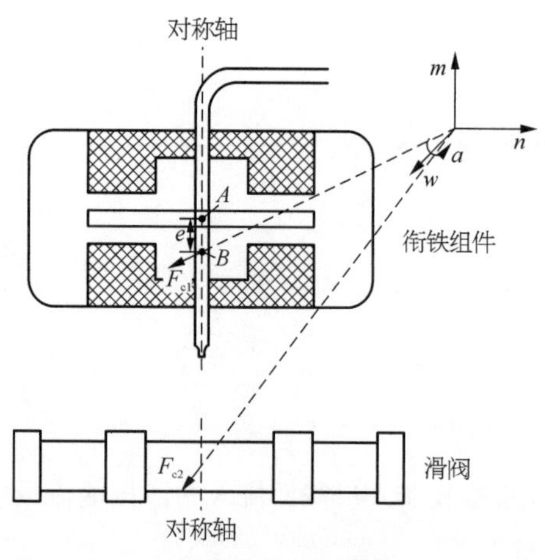

图 10.53　衔铁组件及滑阀受离心力示意图

作用于衔铁组件以及滑阀时的零偏，总零偏即为两部分零偏之和。图 10.53 示出了衔铁组件及滑阀受离心力示意图，其中点 A 和点 B 分别表示衔铁组件的旋转中心与质量中心，e 为 AB 之间的距离，F_{c1} 和 F_{c2} 分别表示当离心加速度为 a 时衔铁组件与滑阀所受的离心力。

衔铁组件受到离心作用时，垂直于衔铁组件对称轴方向的力可以使衔铁组件产生偏心运动，离心力为

$$F_{c1} = m_t a \sin\theta_{c1} \tag{10.44}$$

式中　F_{c1}——作用于衔铁组件的离心力分量；
m_t——衔铁组件质量；
a——离心加速度；
θ_{c1}——衔铁组件所受离心力方向与对称轴的夹角。

由离心力产生的衔铁组件离心力矩为

$$M_c = F_{c1} e \tag{10.45}$$

式中　M_c——离心力矩；
e——衔铁组件的质量中心对旋转中心的偏心距离。

衔铁组件受到离心作用产生离心力矩时的稳态平衡方程为

$$\begin{aligned} K_t \Delta I + K_m \theta &= K_a \theta + T_r + M_c \\ T_r &= (r+b) K_f [(r+b)\theta + x_v] \end{aligned} \tag{10.46}$$

式中　K_t——电磁力矩系数；
ΔI——离心环境下射流管伺服阀总纠偏电流；
K_m——磁扭矩弹簧刚度；
K_a——弹簧管刚度；
T_r——反馈杆反馈力矩；
M_c——作用于衔铁组件的离心力矩；
K_f——反馈杆刚度；
θ——射流管偏转角度；
x_v——滑阀位移。

滑阀阀芯受到离心作用，使滑阀产生偏移的离心力分量为

$$F_{c2} = m_s a \sin\theta_{c2} \tag{10.47}$$

式中　F_{c2}——作用于滑阀阀芯上的离心力分量；
m_s——滑阀阀芯的质量；
θ_{c2}——滑阀所受离心力方向与对称轴的夹角。

阀芯的运动方程为

$$\begin{aligned} p_L A_s &= T_s + F_{c2} \\ T_s &= K_f [(r+b)\theta + x_v] \end{aligned} \tag{10.48}$$

式中　p_L——为了抑制滑阀离心零偏而在滑阀两端产生的压差，由式(10.43)确定；

A_s——滑阀端部面积；

F_{c2}——作用于滑阀阀芯上的离心力；

T_s——反馈力。

施加纠偏电流，纠正离心作用产生的零偏，使滑阀归于零位，联立式(10.44)～式(0.48)，取稳态，将式中关于时间的微分取作0，滑阀位移 x_v 取作0，得到纠偏电流为

$$\Delta I = \frac{M_c}{K_t} - \frac{K_a + K_f(r+b)^2 - K_m}{K_t}\theta_2 = \frac{m_t a \sin\theta_{c1} e}{K_t} - \frac{K_a + K_f(r+b)^2 - K_m}{K_t}\theta_2 \quad (10.49)$$

式中　ΔI——离心环境下射流管伺服阀总纠偏电流，方向与绝对值较大的一项相同；

θ_2——抑制滑阀零偏的射流管的偏转角。

由于射流管伺服阀前置级压力建立方程的复杂性，需要利用迭代法求出式(10.48)两端相等时的 θ_2 值，即为抑制滑阀阀芯离心零偏，射流管所需要偏转的角度。

令

$$\Delta I_1 = \frac{M_c}{K_t} \quad (10.50)$$

式中　ΔI_1——离心环境下由于衔铁组件离心力而需施加的稳态纠偏电流；

K_t——电磁力矩系数。

$$\Delta I_2 = -\frac{K_a + K_f(r+b)^2 - K_m}{K_t}\theta_2 \quad (10.51)$$

式中　ΔI_2——离心环境下由于滑阀离心力而需施加的纠偏电流；

r——射流管旋转中心与射流管喷嘴出口距离；

b——射流喷嘴出口与滑阀运动轴线的距离。

一般零偏以百分比形式给出，稳态零偏指稳态纠偏电流占额定电流的百分比，因此有

$$z_1 = \frac{\Delta I_1}{I_N},\ z_2 = \frac{\Delta I_2}{I_N},\ z_0 = \frac{\Delta I}{I_N} \quad (10.52)$$

式中　z_1——以百分比形式给出的衔铁组件零偏；

z_2——以百分比形式给出的滑阀零偏；

z_0——以百分比形式给出的零偏；

I_N——射流管伺服阀额定电流。

10.7.2.4　射流管伺服阀绕 *m* 轴旋转时的零偏

射流管伺服阀绕 m 轴旋转时，射流管伺服阀运动部件质量中心与旋转轴心不重合，有作用于衔铁组件的离心力矩和作用于滑阀阀芯的离心力，离心力方向垂直于 z 轴，作用点均在各部件的质量中心。射流管伺服阀部件在 xy 平面有运动趋势，射流管伺服阀部件在 xy 平面没有限制自由度，所以射流管伺服阀绕 m 轴旋转时，能够使射流管伺服阀产生零偏。

参照稳态零偏的求解过程，只需 $\theta_{c1} = 90°$ 和 $\theta_{c2} = 90°$，即为射流管伺服阀绕 m 轴旋转时的零偏。

10.7.2.5　射流管伺服阀绕任意轴旋转时的零偏

射流管伺服阀绕任意轴旋转时，可以将射流管伺服阀的旋转运动分解到 nmw 三个方向，射流管伺服阀的零偏为三个方向的零偏总和。根据上述分析可得射流管伺服阀绕任意轴旋转时的

零偏值为

$$z_n = \left[\frac{m_t a_n(\cos\alpha\cos\beta + \sin\alpha)e\sin\theta_{c1}}{K_t} - \frac{K_a + K_f(r+b)^2 - K_m}{K_t}\theta_{2n}\right]/I_N \qquad (10.53)$$

式中　θ_{2n}——经过迭代后求出的抑制滑阀阀芯零偏的射流管偏角，即对下式进行迭代求出 θ_{2n}。

$$p_{L(\theta_{2n})}A_s - K_f(r+b)\theta_{2n} - m_s a_n(\cos\alpha\cos\beta + \sin\alpha)\sin\theta_{c2} = 0 \qquad (10.54)$$

由式(10.53)和式(10.54)可知影响三维离心环境下射流管伺服阀零偏值的主要因素有：运动部件的质量、衔铁组件偏心距、力矩马达电磁力矩系数等。对比相同离心加速度值，不同旋转方向的射流管伺服阀稳态零偏值可知，射流管伺服阀绕 m 轴旋转时的稳态零偏值最大。

10.7.3　案例讨论

以某型射流管伺服阀为例，主要参数为：额定工作压力为 4 MPa，额定工作电流为 40 mA，射流管喷嘴半径为 0.11 mm，接收孔半径为 0.15 mm，滑阀直径为 7 mm，其他计算参数见表 10.7。根据上述分析得到的三维离心环境下任意离心加速度方向射流管伺服阀的零偏值表达式(10.53)、式(10.54)，可分别得出射流管伺服阀的离心零偏值，以及结构参数对零偏值的影响。

表 10.7　某型射流管伺服阀计算参数表

参　数	数　值	参　数	数　值
p_i	0.6 MPa	K_f	200 N/m
c_v	0.97	r	18.9 mm
ρ	850 kg/m³	b	10.66 mm
φ	22.5°	m_s	155 × 10⁻³ kg
c_i	0.95	m_t	1.9 × 10⁻² kg
k_t	4.3 N·m/A	e	2 mm
K_m	13.5 N·m/rad	I_N	40 mA
K_a	15.5 N·m/rad		

图 10.54 示出了根据式(10.52)、式(10.47)和式(10.50)分别求出的射流管伺服阀总零偏，衔铁组件零偏和滑阀零偏。

由图 10.54 可见，三维离心环境下射流管伺服阀总零偏、衔铁组件零偏和滑阀零偏均与离心加速度值成正比，其中 g 为地球表面重力加速度，取 9.8 m/s²。三维离心环境下射流管伺服阀的总零偏等于衔铁组件离心零偏减去滑阀离心零偏。图中滑阀离心零偏为负表示零偏方向与总零偏和衔铁组件零偏方向相反。并且由图可见，三维离心环境下射流管伺服阀产生零偏时，衔铁组件偏心作用最大，滑阀阀芯偏心作用次之。

10.7.3.1　衔铁组件偏心距离的影响

图 10.55 所示为衔铁组件偏心距离 e 对射流管伺服阀的零偏值的影响。结果表明：衔铁组

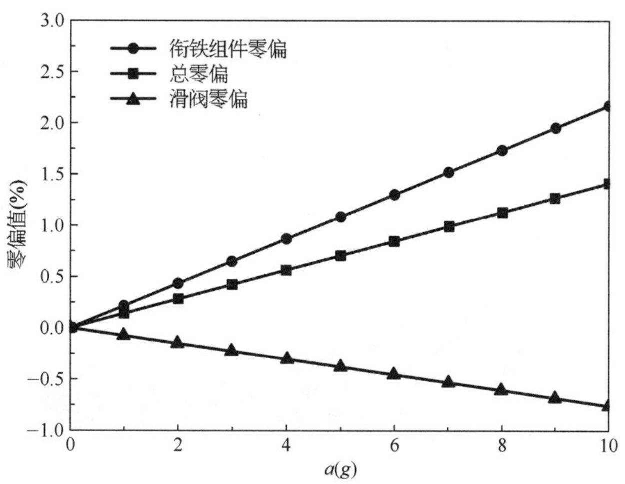

图 10.54　离心加速度下射流管伺服阀零偏值

件偏心距离越小，射流管伺服阀的离心零偏值越小，零偏值与衔铁组件偏心距离呈线性关系，这是因为衔铁组偏心距离越小，相同离心加速度值时，衔铁组件受到的离心力矩越小，因而衔铁组件离心零偏越小。由图可知，当衔铁组件偏心距为 0.695 mm 时，任何离心加速度下射流管伺服阀的零偏值均为 0，此时射流管组件偏心作用与滑阀偏心作用正好抵消。令式(10.49)的零偏值等于 0，可得衔铁组件偏心距为

$$e=\frac{K_a+K_f(r+b)^2-K_m}{m_t a}\theta_2 \tag{10.55}$$

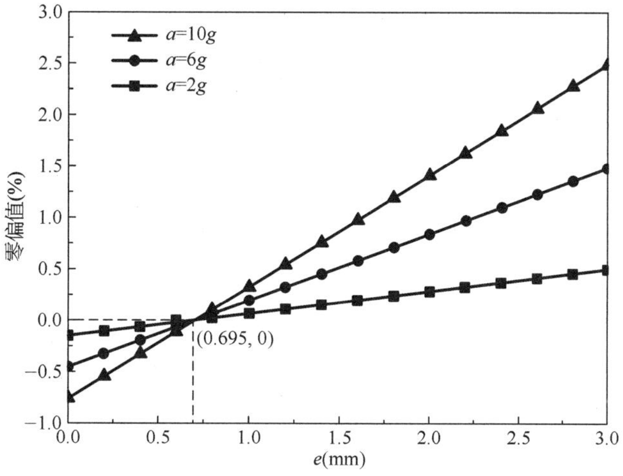

图 10.55　零偏值随衔铁组件偏心距离变化曲线

10.7.3.2　电磁力矩系数的影响

图 10.56 示出了电磁力矩系数对射流管伺服阀零偏值影响的变化曲线。

结果表明：随着电磁力矩系数的增大，射流管伺服阀的零偏值减小，这是因为电磁力矩系数增大，相同电流下力矩马达提供的偏转力矩增大，则射流管偏角增加，抑制滑阀压差增加，相

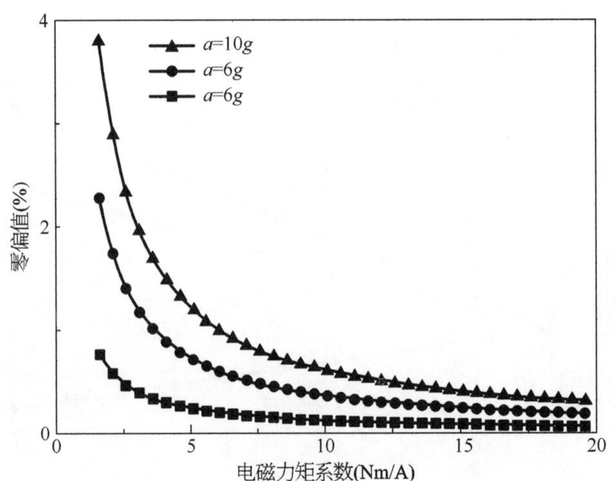

图 10.56　零偏值随电磁力矩系数变化曲线

同离心加速度值时,则需要纠偏电流更小,即零偏值减小。但由曲线可以看出,随着电磁力矩系数增加,射流管伺服阀零偏值减小的程度越来越轻,因此既要使射流管伺服阀零偏值变小,又不能使电磁力矩系数太大从而使额定工作电流太小,应根据实际情况选择适当的电磁力矩系数。

10.7.3.3　反馈杆刚度的影响

图 10.57 示出了反馈杆刚度 K_f 对射流管伺服阀零偏值影响的变化曲线。

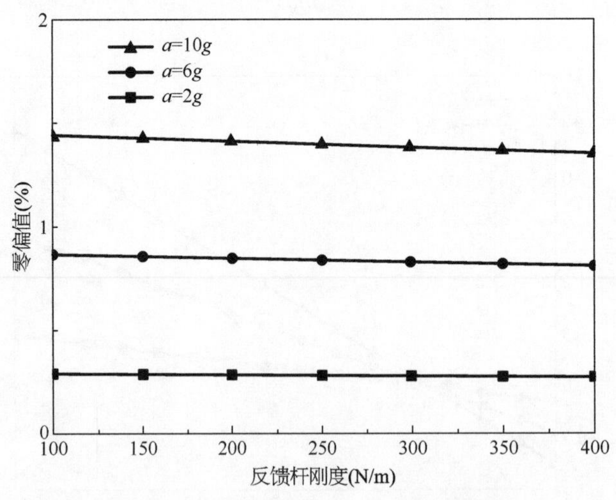

图 10.57　零偏值随反馈杆刚度变化曲线

由图可见,在同一离心加速度的条件下,射流管伺服阀零偏值随着反馈杆刚度的增加而稍微减小,这是因为相同离心加速度条件下,滑阀所受的离心力相同,因射流管偏转而滑阀受到的液压力与反馈杆的反馈力之差就需要不变。反馈杆刚度增加时,射流管偏角就需要增大,即滑阀离心零偏增大,而衔铁组件受到的离心力矩不变,即衔铁组件离心零偏不变,因此总零偏减小,但是由于射流管偏转角度比较小,与离心力相比,反馈力非常小,因此反馈杆刚度对射流管伺服阀的零偏值影响并不大。

10.7.3.4　运动部件质量的影响

图 10.58 示出了滑阀质量对射流管伺服阀零偏值的影响变化曲线。由图中可以看出：射流管伺服阀离心零偏值随着滑阀质量增大而增加，图中明显存在一个滑阀质量值可以使射流管伺服阀零偏值为 0。

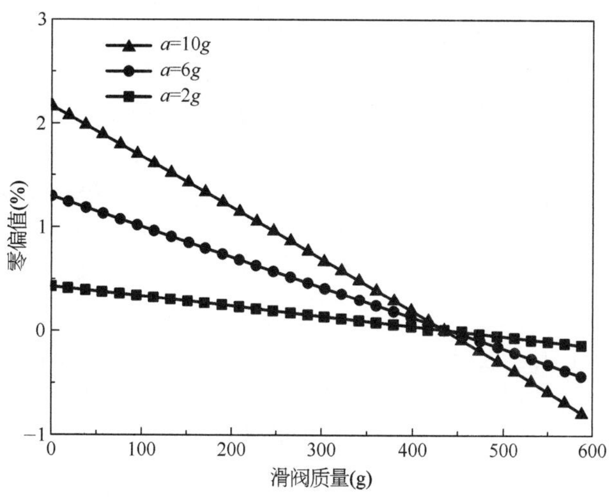

图 10.58　零偏值随滑阀质量变化曲线

图 10.59 所示为射流管伺服阀在任意加速度下使零偏值为 0 时，衔铁组件质量和滑阀质量关系曲线。可以看出，使射流管伺服阀离心零偏为 0 时，滑阀质量与衔铁组件质量之比是一个恒值。经计算，在滑阀质量与衔铁组件质量之比为 25 时，离心环境中，射流管产生的偏角使滑阀两端产生的液压力正好等于作用于滑阀上的离心力，即射流管伺服阀零偏为 0。

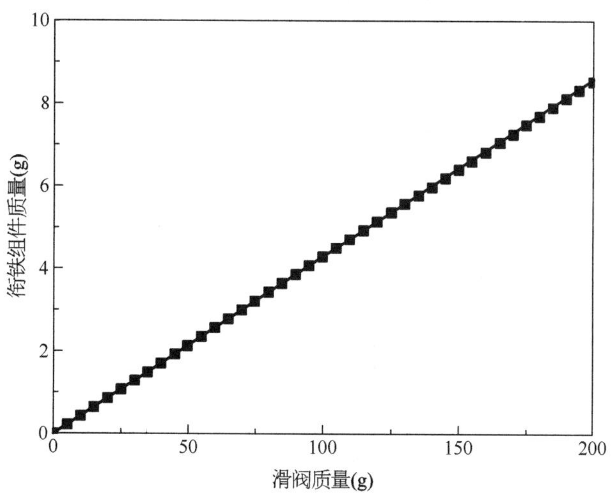

图 10.59　零偏值为 0 时的衔铁组件质量和滑阀质量关系

由此可知，存在一个滑阀质量与衔铁组件质量之比可使得各加速度值条件下射流管伺服阀的离心零偏均为 0，由于公式的复杂性，并不能得出一个完整的表达此质量比的公式，但是可以得到射流管伺服阀离心零偏值为零时滑阀质量与衔铁组件质量之比的一般求解步骤为：首先假设滑阀质量 m_s，再令 $x_u = 0$，利用迭代法求解式(10.48)中的射流管偏转角 θ，此值即为抑制滑阀零偏的射流管伺服阀偏转角 θ_2。然后将 θ_2 代入式(10.49)，由式(10.49)等于 0 求得衔铁组件质量 m_t，即可求得此质量比(m_s/m_t)。

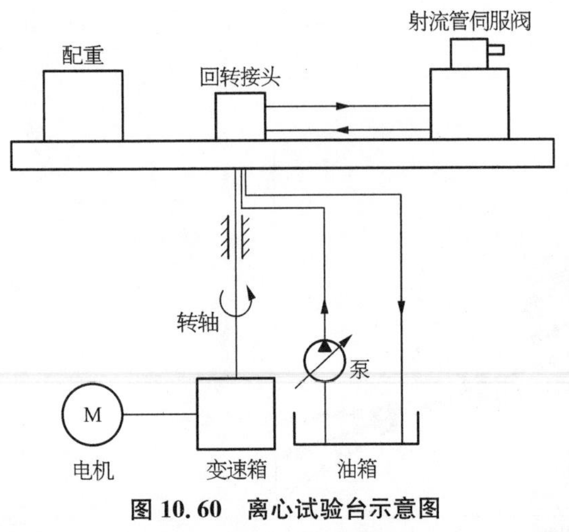

图 10.60　离心试验台示意图

10.7.3.5　案例试验结果

离心试验台如图 10.60 所示，试验台由电机、变速箱、油箱、泵、配重、回转接头和射流管伺服阀安装台组成。油液的旋转部分与静止部分由回转接头连接。泵站提供 4 MPa 的额定压力。启动离心机并保持稳定旋转速度 1 min 后，给射流管伺服阀放大器输入频率为 0.005 Hz、幅值为 4 mA 的三角波信号，记录离心环境下伺服阀的完整循环曲线并由计算机计算出其零偏值。

表 10.8 示出了离心试验台测定的某型射流管伺服阀的零偏值以及理论计算零偏值。由表可以看出试验零偏与理论零偏的趋势相吻合。但同样加速度值条件下会出现误差值，这是因为射流管伺服阀由于安装等非力学因素本身具有 1%的零偏，离心试验过程中破坏了衔铁组件与滑阀原来的力平衡关系从而重新达到新的力平衡关系，但其差值均在合理范围之内，即均小于射流管伺服阀本身具有的零偏值。可以通过本节介绍的计算方法在一定程度上预测射流管伺服阀在各加速度值及三维运动方向时的零偏值，为射流管伺服阀设计、制造和控制提供定量评估与分析依据。

表 10.8　某型射流管伺服阀离心零偏值的试验结果与计算结果

绕行方向	加速度值(g)	试验零偏 (%)	理论零偏 (%)
m	8.0	0.7	1.32
	−8.0	1.125	1.32
n	2.0	0.225	0.33
	−2.0	0.375	0.33
w	2.0	0.05	0
	−2.0	0.125	0

10.7.4　三维离心环境下零偏的抑制措施

(1) 通过建立三维离心环境下射流管伺服阀离心零偏的数学模型，可以分析衔铁组件偏心距、电磁力矩系数、反馈杆刚度、运动部件质量等结构参数对射流管伺服阀零偏特性的影响，发现射流管伺服阀离心零偏值与离心加速度值呈线性关系。衔铁组件偏心距、电磁力矩系数与运动部件质量是影响射流管伺服阀离心零偏的主要因素，反馈杆刚度对零偏影响不大。

（2）射流管伺服阀绕 n 轴旋转时，离心零偏值为零；射流管伺服阀绕 m 轴旋转时，离心零偏值最大；射流管伺服阀绕任意轴旋转时，旋转运动可以分解为绕三个方向的旋转运动，总零偏为三个方向的离心零偏之和。可作为减小三维离心环境下射流管伺服阀零偏值的措施。

（3）采用适当的衔铁组件偏心距或者滑阀质量与衔铁组件运动部件质量之比可实现各加速度值条件下射流管伺服阀离心零偏均为0。

参考文献

[1] 訚耀保，付嘉华，金瑶兰．射流管伺服阀前置级冲蚀磨损数值模拟[J]．浙江大学学报，2015，49(12)：2252－2260.

[2] 訚耀保，王玉．射流管伺服阀前置级压力特性[J]．航空动力学报，2015，30(12)：3058－3064.

[3] 訚耀保，李长明，江金林．三维离心环境下的电液伺服阀特性分析[J]．机械工程学报，2015，51(2)：169－177.

[4] Yin Y B, Fu J H, Yuan J Y, et al. Erosion wear characteristics of hydraulic jet pipe servovalve [C] // Proceedings of 2015 Autumn Conference on Drive and Control, The Korean Society for Fluid Power & Construction Equipment, 2015. 10. 23: 45－50.

[5] Yin Y B, Li C M, Peng B X. Analysis of pressure characteristics of hydraulic jet pipe servo valve [C] // Proceedings of the 12th International Symposium on Fluid Control, Measurement and Visualization(FLUCOME2013), November 18－23, 2013, Nara, Japan: 1－10.

[6] 訚耀保．射流管伺服阀欧美专利分析[J]．液压气动与密封，2012，32(2)：68－73.

[7] 訚耀保．射流管伺服阀在飞机液压系统中的应用[J]．液压气动与密封，2012(7)：8－12.

[8] 訚耀保，张鹏，岑斌．偏转板射流伺服阀前置级流场分析[J]．中国工程机械学报，2015，13(1)：1－7.

[9] 訚耀保，张鹏，张阳．偏转板伺服阀压力特性研究[J]．流体传动与控制，2014(4)：10－15.

[10] 訚耀保，郑云平．油温对射流管式伺服阀力矩马达振动特性的影响[J]．流体传动及控制，2016(6)：1－5.

[11] 訚耀保，费春皓，胡云堂．射流管伺服阀力矩马达的振动特性分析[J]．流体传动与控制，2014(6)：1－5.

[12] 訚耀保．极端环境下的电液伺服控制理论及应用技术[J]．上海：上海科学技术出版社，2012.

[13] 訚耀保．射流伺服阀流场分析[R]．航空科学基金项目结题报告(20120738001)，2014. 9. 30.

[14] 訚耀保．偏转板射流伺服阀和射流管伺服阀的基础理论研究[R]．国家自然科学基金资助项目进展报告(51475332)，2015. 12. 20.

[15] 訚耀保．极端环境下飞行器电液伺服阀特性研究[R]．国家自然科学基金资助项目结题报告(50775161)，2011. 1. 20.

[16] 訚耀保．飞行器舵机系统关键基础理论研究[R]．上海市浦江人才计划(A类)总结报告(06PJ14092)，2008. 9. 30.

[17] 王辉强．射流管伺服阀射流放大器与阀体疲劳寿命分析[D]．上海：同济大学硕士学位论文，2012.

[18] 付嘉华．射流管电液伺服阀磨损机理研究[D]．上海：同济大学硕士学位论文，2016.

[19] Cobb E, Jones E. Adjustable receiver port construction for jet pipe servovalve: US3584638A [P]. 1971－6－15.

[20] General Electric Company. Improvements in control systems : UK GB1210689A [P]. 1970－10－28.

[21] Elmberg D R. Servovalve assembly: UK GB2043961A [P]. 1980－10－8.

[22] Kast H B. Shear-type fail-fixed servovalve: US4510848A [P]. 1985－4－16.

[23] Howard Berdolt Kast. Fail-fixed servovalve: US3922955A [P]. 1975－12－2.

[24] Toot P D. Fail-fixed servovalve: US4227443A [P]. 1980－10－14.

[25] Nicholson R D. Electrohydraulic servovalve: US4378031A [P]. 1983－3－29.

[26] Hart K E. Hydraulic warming system for use in low ambient temperature applications: US6397590B1 [P]. 2002 - 6 - 4.
[27] Achmad M. Methods and apparatus for splitting and directing a pressurized fluid jet within a servovalve: US2006216167A1 [P]. 2006 - 9 - 28.
[28] Bartholomew R D, Ala H. Optical feedback loop system for a hydraulic servovalve: US4660589A [P]. 1987 - 4 - 28.

第11章 电液伺服阀优化设计

电液伺服阀的设计和分析过程中,如何保证电液伺服阀的快速性和稳定性,实现电液伺服阀的指标参数优化至关重要。本章从幅值裕度和力矩马达综合刚度两个方面取得电液伺服阀的优化分析方法。幅值裕度影响力反馈电液伺服阀的稳定性和快速性。首先通过电液伺服阀的频率特性分析其频宽、相位裕度与幅值裕度之间的关系,从幅值裕度的角度探讨如何优化电液伺服阀的结构和性能参数。引入相对频率幅值比的概念,提出电液伺服阀的频率特性和力矩马达综合刚度的确定方法。提出基于电液伺服阀力矩马达综合刚度的优化设计方法,即电液伺服阀力矩马达的相对频率幅值比和相对频宽的设计概念,利用相对频率幅值比与相对频宽、幅值裕度和相位裕度的关系可以进行电液伺服阀力矩马达综合刚度的优化设计。

本章介绍一种主阀芯两端带节流器的新型电液伺服阀,并详细介绍该阀的具体结构和特性。结合工程实际中存在的结构非对称现象,分析具有对称与不对称喷嘴挡板初始间隙、对称与不对称喷嘴直径时的电液伺服阀的特性,同时提出一种喷嘴容腔带节流器的喷嘴挡板式新型单级电液伺服阀。借助型号产品试验数据及试验现象,验证了所提出的优化设计方法。针对试验过程中发现的问题,提出和验证了所提倡的制振措施。电液伺服阀喷嘴挡板阀非对称结构在一定程度上解释了电液伺服阀使用和试验过程中出现的现象。

11.1 基于幅值裕度的电液伺服阀优化设计

通过分析电液伺服阀的频率特性及其频宽、相位裕度与幅值裕度之间的关系,从幅值裕度的角度探讨如何优化电液伺服阀的结构和性能参数。首先分析力反馈电液伺服阀的频宽和相位裕度与幅值裕度之间的关系,得出电液伺服阀在不同阻尼比时的频宽比和幅值裕度关系的曲线族、相位裕度和幅值裕度关系的曲线族。给出电液伺服阀设计和稳定性分析时如何运用这两个典型曲线族图进行力矩马达综合刚度和结构参数优化设计的方法和步骤,进行理论结果和仿真结果的对比分析。

11.1.1 概述

电液伺服阀及电液伺服控制起源于第二次世界大战前后导弹与火箭的姿态控制。1950年美国人W.C. Moog首次开发了航天航空用电液伺服阀。20世纪50年代起,液压技术在航空、航天、船舶、冶金和汽车等行业中得到了广泛的应用,电磁阀、比例阀、伺服阀相继问世。电液伺服阀是电液伺服系统的重要元件,其性能直接影响控制系统的性能。电液伺服阀的设计和分析过程中,如何保证电液伺服阀的快速性和稳定性,实现电液伺服阀的指标参数优化至关重要。

11.1.2 理论分析

11.1.2.1 基本方程

分析电液伺服阀的数学模型时,假设电液伺服阀的主阀为理想零开口四通滑阀,且不考虑内泄漏。

1) 双喷嘴挡板至主阀芯左右容腔的流量线性方程

$$Q_{Lp} = K_{qp} r\theta - K_{cp} p_{Lp} \tag{11.1}$$

式中 K_{qp}——喷嘴挡板阀的负载口流量增益;

r——喷嘴孔轴心到衔铁旋转中心的距离;

θ——衔铁的旋转角度;

K_{cp}——喷嘴挡板阀负载口压力-流量系数;

Q_{Lp}——主阀芯运动时左右两腔负载口产生的流量;

p_{Lp}——主阀芯两端的负载压差。

2) 主阀芯运动时主阀芯左右容腔的流量平衡方程

$$Q_{Lp} = A_v \dot{x}_v + C_{tp} p_{Lp} + \frac{V_{op}}{2\beta_e} \dot{p}_{Lp} \tag{11.2}$$

式中 A_v——主阀芯的截面积;

x_v——主阀芯位移;

C_{tp}——喷嘴挡板阀总泄漏系数,由于补偿腔泄漏很小,故设 $C_{tp}=0$;

β_e——油液弹性系数;

V_{op}——阀芯处于中位时由喷嘴、主阀芯和固定节流器组成的一个容腔体积。

3) 主阀芯的力平衡方程

$$A_v p_{Lp} = m_v \ddot{x}_v + (B_v + B_f)\dot{x}_v + (K_f + K_{f0})x_v \tag{11.3}$$

式中 m_v——主阀芯的质量;

B_v——阀芯运动黏性阻尼系数;

B_f——阀芯的瞬态液动力系数;

K_f——反馈杆的弹簧刚度;

K_{f0}——作用在主阀芯上的稳态液动力刚度。

4) 衔铁组件的力矩平衡方程

$$K_t i = J_a \ddot{\theta} + B_a \dot{\theta} + K_{mf}\theta + K_f(r+b)x_v + rA_N p_{Lp} \tag{11.4}$$

$$K_{mf} = K_{an} + K_f(r+b)^2 \tag{11.5}$$

式中 K_t——力矩马达的力矩常数;

i——力矩马达的输入电流;

J_a——衔铁及其负载的转动惯量;

B_a——衔铁的机械支承和负载的黏性阻尼系数;

K_{mf}——力矩马达的综合刚度;

A_N——喷嘴孔的面积;

b——喷嘴孔到阀芯中心的距离;

K_{an}——衔铁挡板的净刚度。

11.1.2.2 频率特性

考虑式(11.1)~式(11.5)的基本方程式并简化可得到从输入信号控制电流 i 至输出信号阀芯位移 x_v 之间的电液伺服阀开环传递函数和闭环传递函数分别为

$$G(s)H(s)=\frac{K_{vf}}{s\left(\frac{1}{\omega_{mf}^2}s^2+\frac{2\xi_{mf}}{\omega_{mf}}s+1\right)} \tag{11.6}$$

$$G_B(s)=\frac{\frac{K_t}{K_f(r+b)}}{\frac{1}{K_{vf}\omega_{mf}^2}s^3+\frac{2\xi_{mf}}{K_{vf}\omega_{mf}}s^2+\frac{1}{K_{vf}}s+1} \tag{11.7}$$

式中 $G(s)$——电液伺服阀前向通道传递函数；

$H(s)$——电液伺服阀反馈回路传递函数；

K_{vf}——速度放大系数；

ω_{mf}——力矩马达的固有频率；

ξ_{mf}——力矩马达的阻尼比；

$G_B(s)$——闭环传递函数。

且

$$\omega_{mf}=\sqrt{\frac{K_{mf}}{J_a}} \tag{11.8}$$

$$\xi_{mf}=\frac{B_a}{2\sqrt{K_{mf}J_a}} \tag{11.9}$$

$$K_{vf}=\frac{rK_{qp}K_f(r+b)}{A_vK_{mf}} \tag{11.10}$$

由式(11.6)可得开环传递函数的幅频特性为

$$|G(j\omega)H(j\omega)|=\frac{K_{vf}}{\sqrt{\left(\frac{2\xi_{mf}\omega^2}{\omega_{mf}}\right)^2+\left(\omega-\frac{\omega^3}{\omega_{mf}^2}\right)^2}} \tag{11.11}$$

式中 $G(j\omega)$——前向通道频率特性；

$H(j\omega)$——反馈回路频率特性；

ω——频率。

开环相频特性为

$$\angle G(j\omega)H(j\omega)=-180^\circ+\arctan\frac{1-\omega^2/\omega_{mf}^2}{2\xi_{mf}\omega/\omega_{mf}} \tag{11.12}$$

由式(11.12)可求出相位穿越频率为

$$\omega_g=\omega_{mf} \tag{11.13}$$

电液伺服阀的幅值裕度为

$$K_g=\left|\frac{1}{G(j\omega_g)H(j\omega_g)}\right|=2\xi_{mf}\frac{\omega_{mf}}{K_{vf}} \tag{11.14}$$

根据幅频宽的定义，可得式(11.7)所示的闭环传递函数的幅频宽 ω_b 应满足表达式

$$\frac{1}{\sqrt{\left(1-\frac{2\xi_{mf}\omega_b^2}{K_{vf}\omega_{mf}}\right)^2+\left(\frac{\omega_b}{K_{vf}}-\frac{\omega_b^3}{K_{vf}\omega_{mf}^2}\right)^2}}=0.707 \tag{11.15}$$

将式(11.14)代入式(11.15)，整理后可得

$$\left(1-\frac{4\xi_{mf}^2}{K_g}\bar{\omega}_b{}^2\right)^2+\bar{\omega}_b{}^2\left(1-\frac{4\xi_{mf}^2}{K_g^2}\bar{\omega}_b{}^2\right)^2=2 \tag{11.16}$$

式中 $\bar{\omega}_b$——频宽比。

$$\bar{\omega}_b=\frac{\omega_b}{K_{vf}} \tag{11.17}$$

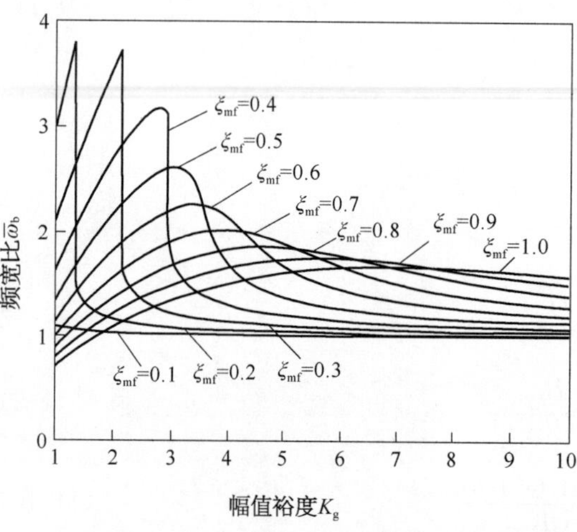

图 11.1 电液伺服阀频宽比与幅值裕度的关系曲线

式(11.16)表示在某一阻尼比时，电液伺服阀的幅值裕度 K_g 和频宽比 $\bar{\omega}_b$ 之间的关系。当取不同的阻尼比 ξ_{mf}值可得到一系列频宽比和幅值裕度之间的 $\bar{\omega}_b$ - K_g 关系曲线族。如图 11.1 所示，每条曲线的起始点由稳定条件决定。根据劳斯-赫尔维茨判据，式(11.7)所示的闭环传递函数的稳定条件为

$$\frac{K_{vf}}{\omega_{mf}}<2\xi_{mf} \tag{11.18}$$

将式(11.14)代入式(11.18)可得到幅值裕度约束条件为：$K_g>1$，即图 11.1 的每条曲线横坐标都必须大于 1。

由式(11.6)可得开环传递函数剪切频率 ω_c 的表达式为

$$\frac{K_{vf}}{\sqrt{\left(\frac{2\xi_{mf}\omega_c^2}{\omega_{mf}}\right)^2+\left(\omega_c-\frac{\omega_c^3}{\omega_{mf}^2}\right)^2}}=1 \tag{11.19}$$

把剪切频率 ω_c 代入式(11.12)可得相位裕度表达式为

$$\gamma=180°+\angle G(j\omega_c)H(j\omega_c)=\arctan\frac{1-\omega_c^2/\omega_{mf}^2}{2\xi\omega_c/\omega_{mf}} \tag{11.20}$$

将式(11.14)代入式(11.19)和式(11.20)可得

$$\left(\frac{4\xi_{mf}^2}{K_g}\bar{\omega}_c{}^2\right)^2+\bar{\omega}_c{}^2\left(1-\frac{4\xi_{mf}^2}{K_g^2}\bar{\omega}_c{}^2\right)^2=1 \tag{11.21}$$

$$\gamma=\arctan\frac{1-\xi_{mf}^2\bar{\omega}_c{}^2/K_g^2}{4\xi_{mf}^2\bar{\omega}_c/K_g^2} \tag{11.22}$$

式中 $\bar{\omega}_c$——相对剪切频率。

$$\bar{\omega}_c=\frac{\omega_c}{K_{vf}} \tag{11.23}$$

式(11.22)表示在某一阻尼比时电液伺服阀幅值裕度 K_g 和相位裕度 γ 之间的关系。阻尼比 ξ_{mf} 取不同值时，可通过式(11.21)和式(11.22)得到一系列相位裕度和幅值裕度的 γ-K_g 关系曲线族，如图 11.2 所示。

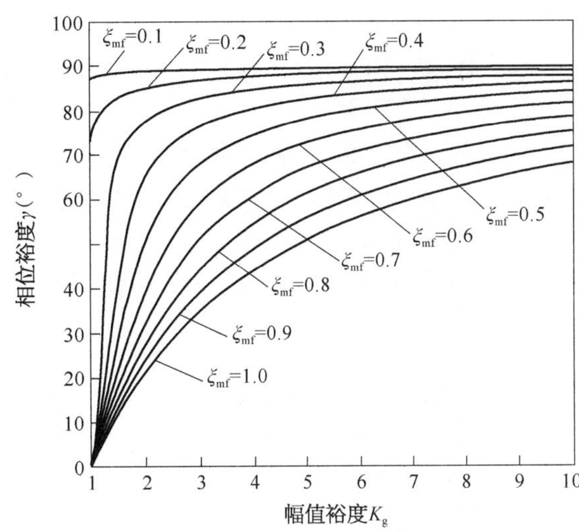

图 11.2 电液伺服阀相位裕度与幅值裕度的关系曲线

11.1.3 优化设计

11.1.3.1 参数优化设计

为使电液伺服阀具有满意的稳定性余量，一般希望：$\gamma = 30° \sim 60°$，$K_g > 2$。以电液伺服阀力矩马达综合刚度 K_{mf} 优化设计为例，在电液伺服阀设计和稳定性分析时，可运用上述稳定性原则和所得出的两个典型曲线族，其优化设计步骤可描述如下：

(1) 确定力矩马达阻尼比 ξ_{mf} 的大小，通过查阅图 11.2 所示的相位裕度和幅值裕度关系的 γ-K_g 曲线族，选择合适的幅值裕度 K_g。

(2) 通过查阅图 11.1 所示的频宽比和幅值裕度关系的 $\bar{\omega}_b$ - K_g 曲线族，可获得相应的频宽比 $\bar{\omega}_b$。

(3) 将幅值裕度 K_g 和频宽比 $\bar{\omega}_b$ 分别代入式(11.14)和式(11.17)，可得力矩马达的综合刚度优化参数值 K_{mf} 和相应的频宽。

(4) 利用夹逼法，多次执行上述步骤，可得到力矩马达的综合刚度优化参数值 K_{mf}、频宽及稳定性的最佳组合关系。

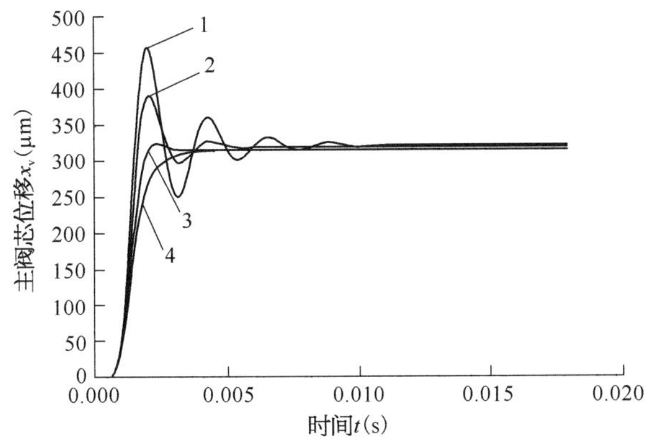

图 11.3 不同幅值裕度时电液伺服阀阀位移阶跃响应曲线

1—K_g=2；2—K_g=3；3—K_g=5；4—K_g=7

11.1.3.2 仿真分析

通过式(11.1)～式(11.5)的基本方程式，可利用 Simulink 建立以控制电流 i 为输入信号、以主阀芯位移 x_v 为输出信号的电液伺服阀非线性仿真模型。在其他参数不变的情况下，从幅值裕度 K_g 的角度出发，改变力矩马达综合刚度 K_{mf}，从而获得不同幅值裕度 K_g 时的主阀芯位移的阶跃响应曲线。

图 11.3 所示为阻尼比 $\xi_{mf} = 0.707$ 时幅值裕度 K_g 分别取 2、3、5、7 时所对应的阀位移阶跃响应曲线。数学仿真结果表明，幅值裕度指标的确定对电液伺服阀的快速性和稳定性都有较大的影响。结合理论分析结果可知，利用幅值裕度与频宽比、相位裕度的曲线族关系，有助于对电液伺服阀的结构参数进行优化设计。

11.2 电液伺服阀力矩马达综合刚度优化设计

电液伺服阀力矩马达的综合刚度直接影响电液伺服系统的动态性能。本节提出利用相对频率幅值比和相对频宽的电液伺服阀力矩马达的设计概念，并分析相对频率幅值比与相对频宽、幅值裕度和相位裕度之间的关系，得出相应关系的曲线族，还给出了基于曲线族的力矩马达优化参数设计实例，为电液伺服阀力矩马达综合刚度的优化设计提供理论依据。

11.2.1 概述

电液控制系统中，电液伺服阀将电气信号转换成液压信号，起到信号放大作用，是液压系统中最精密的核心控制元件，其性能直接影响系统的特性。电液伺服阀具有动态响应快、控制精度高、使用寿命长等优点，已广泛应用于航空、航天、舰船等领域。几十年来，中国航空航天系统等研制了高性能的飞行器电液伺服阀。一般工业用电液伺服阀的可靠性和精度难以满足飞行器电液伺服系统的特殊要求。飞行器电液伺服阀实现了小型轻量化、模块化，但是电液伺服阀在极限环境下如何保持正常工作，需要研究电液伺服阀力矩马达的设计方法和性能。

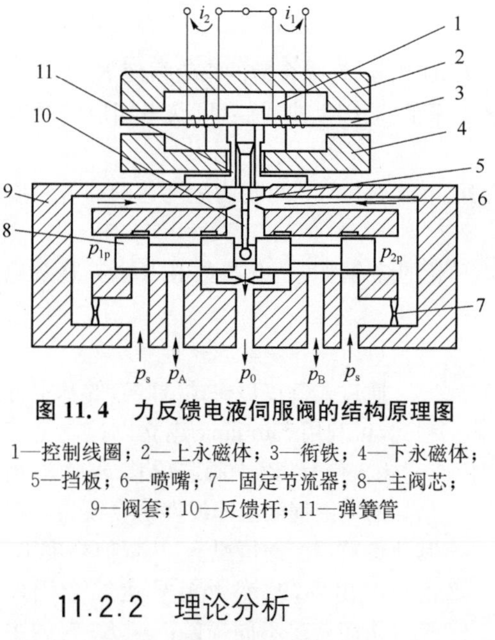

图 11.4　力反馈电液伺服阀的结构原理图

1—控制线圈；2—上永磁体；3—衔铁；4—下永磁体；5—挡板；6—喷嘴；7—固定节流器；8—主阀芯；9—阀套；10—反馈杆；11—弹簧管

图 11.4 所示为力反馈电液伺服阀的结构原理图。力反馈电液伺服阀由动铁式力矩马达和双喷嘴挡板阀组成的前置放大级以及滑阀功率放大级两部分构成。当输入控制电流 $\Delta i=0$ 时，衔铁由弹簧管支承处于上下永磁体的中间位置，挡板处于两喷嘴之间，主阀芯在零位，电液伺服阀不输出信号。当输入控制电流 Δi 时，衔铁组件发生偏转，挡板相对中间位置也发生偏移，两喷嘴压差变化导致主阀芯两端产生压差，主阀芯偏离零位，电液伺服阀打开并输出相应大小的流量。当改变控制电流的大小和方向时，可以相应地改变控制流量的大小和方向，且阀的输出量以及衔铁偏转角度均与控制电流成比例。

11.2.2 理论分析

电液伺服阀从输入控制电流 i 至输出阀芯位移 x_v 之间的传递函数框图如图 11.5 所示。

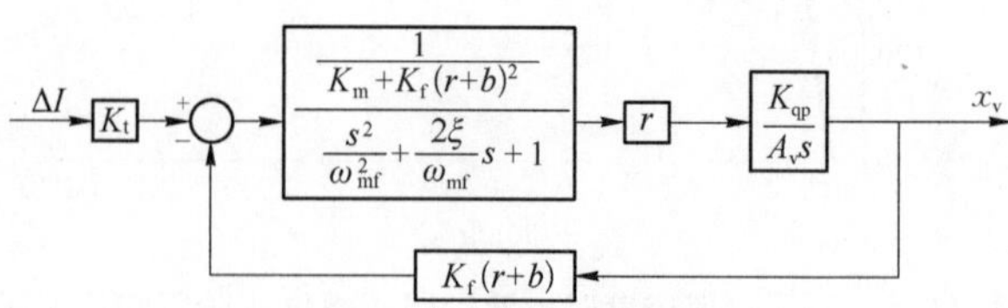

图 11.5　传递函数框图

开环传递函数为

$$G(s)H(s)=\frac{K_{vf}}{s\left(\frac{1}{\omega_{mf}^2}s^2+\frac{2\xi_{mf}}{\omega_{mf}}s+1\right)} \tag{11.24}$$

式中　K_{vf}——速度放大系数；

ω_{mf}——力矩马达固有频率；

ξ_{mf}——力矩马达阻尼比。

电液伺服阀的闭环传递函数为

$$G_{\mathrm{B}}(s)=\frac{\dfrac{K_{\mathrm{t}}}{K_{\mathrm{f}}(r+b)}}{\dfrac{1}{K_{\mathrm{vf}}\omega_{\mathrm{mf}}^{2}}s^{3}+\dfrac{2\xi_{\mathrm{mf}}}{K_{\mathrm{vf}}\omega_{\mathrm{mf}}}s^{2}+\dfrac{1}{K_{\mathrm{vf}}}s+1} \tag{11.25}$$

式中 K_{t}——力矩马达力矩常数；

K_{f}——反馈杆刚度；

r——喷嘴孔轴心到衔铁旋转中心的距离；

b——喷嘴孔到阀芯中心的距离。

式(11.24)和式(11.25)中各符号的数学表达式为

$$\omega_{\mathrm{mf}}=\sqrt{\frac{K_{\mathrm{mf}}}{J_{\mathrm{a}}}} \tag{11.26}$$

$$\xi_{\mathrm{mf}}=\frac{B_{\mathrm{a}}}{2\sqrt{K_{\mathrm{mf}}J_{\mathrm{a}}}} \tag{11.27}$$

$$K_{\mathrm{vf}}=\frac{rK_{\mathrm{qp}}K_{\mathrm{f}}(r+b)}{A_{\mathrm{v}}K_{\mathrm{mf}}} \tag{11.28}$$

$$K_{\mathrm{mf}}=K_{\mathrm{an}}+K_{\mathrm{f}}(r+b)^{2} \tag{11.29}$$

影响传递函数特性的三个主要参数为 ω_{mf}、ξ_{mf}和 K_{vf}。其中，K_{mf}的取值大小直接影响 ω_{mf}、ξ_{mf}和 K_{vf}的数值大小，如何确定 K_{mf}和 ξ_{mf}的大小对电液伺服阀的设计和动态性能分析具有重要的意义。

根据幅频宽的定义，可得出式(11.25)所示的闭环传递函数的幅频宽 ω_{b} 应满足

$$\frac{1}{\sqrt{\left(1-\dfrac{2\xi_{\mathrm{mf}}\omega_{\mathrm{b}}^{2}}{K_{\mathrm{vf}}\omega_{\mathrm{mf}}}\right)^{2}+\left(\dfrac{\omega_{\mathrm{b}}}{K_{\mathrm{vf}}}-\dfrac{\omega_{\mathrm{b}}^{3}}{K_{\mathrm{vf}}\omega_{\mathrm{mf}}^{2}}\right)^{2}}}=0.707 \tag{11.30}$$

引入相对量 R_{f} 和 $\overline{\omega}_{\mathrm{b0}}$，且定义 R_{f} 和 $\overline{\omega}_{\mathrm{b0}}$ 分别为相对频率幅值比和相对频宽。

$$R_{\mathrm{f}}=\frac{\omega_{\mathrm{mf}}}{K_{\mathrm{vf}}}=\sqrt{\frac{K_{\mathrm{mf}}^{3}\alpha^{2}}{J_{\mathrm{a}}}} \tag{11.31}$$

$$\overline{\omega}_{\mathrm{b0}}=\frac{\omega_{\mathrm{b}}}{(K_{\mathrm{vf}}\omega_{\mathrm{mf}}^{2})^{1/3}}=\frac{\omega_{\mathrm{b}}}{(1/\alpha J_{\mathrm{a}})^{1/3}} \tag{11.32}$$

$$\alpha=\frac{A_{\mathrm{v}}}{K_{\mathrm{f}}(r+b)rK_{\mathrm{qp}}}$$

将式(11.31)和式(11.32)代入式(11.30)，经整理可得

$$(1-2\xi_{\mathrm{mf}}R_{\mathrm{f}}^{1/3}\,\overline{\omega}_{\mathrm{b0}}^{\,2})^{2}+\overline{\omega}_{\mathrm{b0}}^{\,2}(R_{\mathrm{f}}^{2/3}-\overline{\omega}_{\mathrm{b0}}^{\,2})^{2}=2 \tag{11.33}$$

式(11.33)表示在某一阻尼比 ξ_{mf}时，力矩马达的相对频率幅值比 R_{f} 和相对频宽 $\overline{\omega}_{\mathrm{b0}}$之间的关系。当取不同的 ξ_{mf}时，可得到 $\overline{\omega}_{\mathrm{b0}}$- R_{f} 关系的系列曲线族，如图 11.6 所示，每条曲线的起始

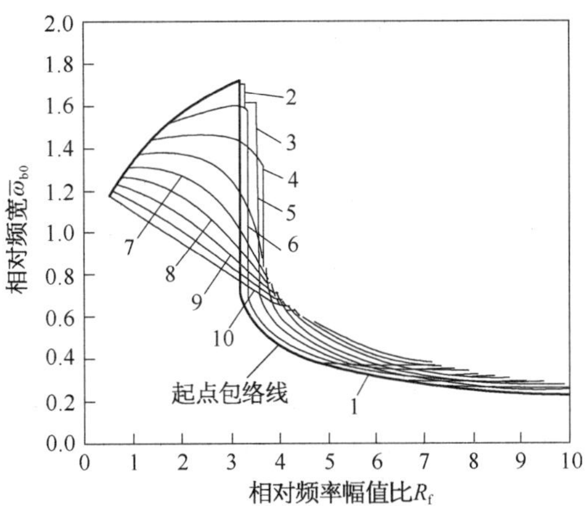

图 11.6 电液伺服阀相对频宽和相对频率幅值比的关系曲线图

1—$\xi_{\mathrm{mf}}=0.1$；2—$\xi_{\mathrm{mf}}=0.2$；3—$\xi_{\mathrm{mf}}=0.3$；4—$\xi_{\mathrm{mf}}=0.4$；5—$\xi_{\mathrm{mf}}=0.5$；6—$\xi_{\mathrm{mf}}=0.6$；7—$\xi_{\mathrm{mf}}=0.7$；8—$\xi_{\mathrm{mf}}=0.8$；9—$\xi_{\mathrm{mf}}=0.9$；10—$\xi_{\mathrm{mf}}=1.0$

点由稳定条件决定。根据劳斯-赫尔维茨判据，式(11.25)所示的闭环传递函数的稳定条件为

$$\frac{K_{vf}}{\omega_{mf}} < 2\xi_{mf} \tag{11.34}$$

将式(11.31)代入式(11.34)，可得出满足稳定条件的相对频率幅值比 R_f 的约束条件为

$$R_f > \frac{1}{2\xi_{mf}} \tag{11.35}$$

由式(11.33)和式(11.35)可得到满足稳定条件的相对频率幅值比 R_f 和相对频宽 $\bar{\omega}_{b0}$ 的曲线起点包络线，即各曲线族的起点。图示的起点包络线存在一个拐点，在拐点处纵坐标取值急剧下降。该现象表明：当力矩马达的阻尼比 ξ_{mf} 小于该拐点所对应的阻尼比时，电液伺服阀难以实现较大的频宽。

为此，进行电液伺服阀的设计时，必须同时考虑相位裕度和幅值裕度两个指标，以下分析电液伺服阀幅值裕度 K_g 和相位裕度 γ 与相对频率幅值比 R_f 之间的关系。

由式(11.24)可得出开环传递函数的幅频特性为

$$|G(j\omega)H(j\omega)| = \frac{K_{vf}}{\sqrt{\left(\frac{2\xi_{mf}\omega^2}{\omega_{mf}}\right)^2 + \left(\omega - \frac{\omega^3}{\omega_{mf}^2}\right)^2}} \tag{11.36}$$

开环相频特性为

$$\angle G(j\omega)H(j\omega) = -180° + \arctan\frac{1-\omega^2/\omega_{mf}^2}{2\xi_{mf}\omega/\omega_{mf}} \tag{11.37}$$

由式(11.37)可得到相位穿越频率为

$$\omega_p = \omega_{mf} \tag{11.38}$$

电液伺服阀的幅值裕度为

$$K_g = \frac{1}{|G(j\omega)H(j\omega)|} = \frac{2\xi_{mf}\omega_{mf}}{K_{vf}} = 2\xi_{mf}R_f \tag{11.39}$$

式(11.39)表示在某一阻尼比时，力矩马达的相对频率幅值比 R_f 和幅值裕度 K_g 之间的关系。当力矩马达取不同的阻尼比 ξ_{mf} 时，可得到 K_g - R_f 关系的系列曲线族，如图 11.7 所示。由式(11.35)和式(11.39)可知，幅值裕度 $K_g>1$，即图中各曲线起点纵坐标均为 1。

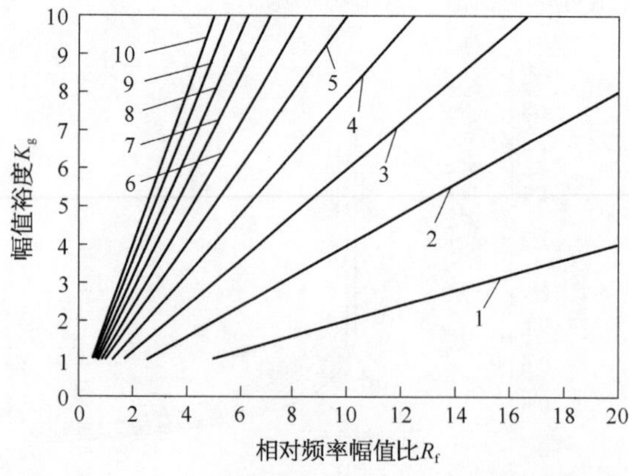

图 11.7 电液伺服阀幅值裕度与相对频率幅值比的关系曲线

1—$\xi_{mf}=0.1$；2—$\xi_{mf}=0.2$；3—$\xi_{mf}=0.3$；4—$\xi_{mf}=0.4$；5—$\xi_{mf}=0.5$；6—$\xi_{mf}=0.6$；7—$\xi_{mf}=0.7$；8—$\xi_{mf}=0.8$；9—$\xi_{mf}=0.9$；10—$\xi_{mf}=1.0$

由式(11.36)可得剪切频率 ω_c 的表达式为

$$\frac{K_{vf}}{\sqrt{\left(\frac{2\xi_{mf}\omega_c^2}{\omega_{mf}}\right)^2 + \left(\omega_c - \frac{\omega_c^3}{\omega_{mf}^2}\right)^2}} = 1 \tag{11.40}$$

相位裕度表达式为

$$\gamma = 180° + \varphi(\omega_c) = \arctan \frac{1 - \omega_c^2/\omega_{mf}^2}{2\xi_{mf}\omega_c/\omega_{mf}} \tag{11.41}$$

将式(11.31)代入式(11.40)和式(11.41)可得

$$(2\xi_{mf}R_f^{1/3}\,\bar{\omega}_{c0}^{\ 2})^2 + \bar{\omega}_{c0}^{\ 2}(R_f^{2/3} - \bar{\omega}_{c0}^{\ 2})^2 = 1 \tag{11.42}$$

$$\gamma = \arctan \frac{R_f^{2/3} - \bar{\omega}_{c0}^{\ 2}}{2\xi_{mf}R_f^{1/3}\,\bar{\omega}_{c0}^{\ 2}} \tag{11.43}$$

式中　$\bar{\omega}_{c0}$——相对剪切频率。

$$\bar{\omega}_{c0} = \frac{\omega_c}{(K_{vf}\omega_{mf}^2)^{1/3}} = \frac{\omega_c}{(1/\alpha J_a)^{1/3}} \tag{11.44}$$

式(11.43)表示在某一阻尼比时，力矩马达的相对频率幅值比 R_f 和相位裕度 γ 之间的关系。当取不同的阻尼比 ξ_{mf} 时，可通过式(11.42)和式(11.43)得到 γ - R_f 关系的系列曲线族，如图11.8所示。由式(11.35)、式(11.42)和式(11.43)可得到满足稳定条件的相对频率幅值比 R_f 和相位裕度 γ 的起点包络线。图示的起点包络线存在一个拐点，相对频率幅值比 R_f 超过拐点后，相位裕度迅速上升。

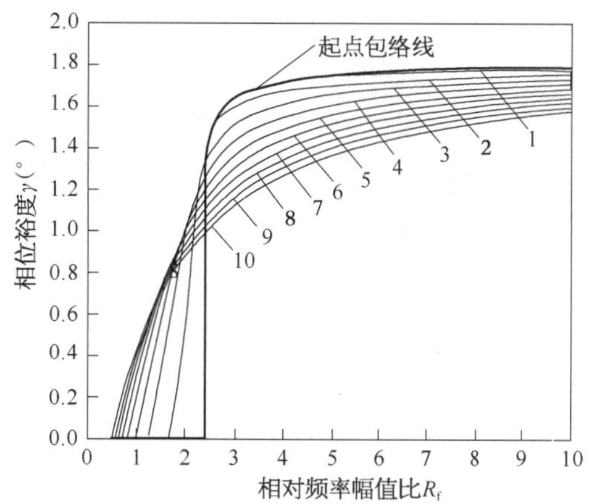

图 11.8　电液伺服阀相位裕度与相对频率幅值比的关系曲线

1—ξ_{mf}=0.1；2—ξ_{mf}=0.2；3—ξ_{mf}=0.3；4—ξ_{mf}=0.4；5—ξ_{mf}=0.5；6—ξ_{mf}=0.6；7—ξ_{mf}=0.7；8—ξ_{mf}=0.8；9—ξ_{mf}=0.9；10—ξ_{mf}=1.0

11.2.3　力矩马达设计

通过上述理论分析，得出了电液伺服阀相对频宽和相对频率幅值比 $\bar{\omega}_{b0}$ - R_f、幅值裕度与相对频率幅值比 K_g - R_f 以及相位裕度与相对频率幅值比 γ - R_f 的三个典型曲线图。利用这三个典型曲线图的曲线族可以对电液伺服阀力矩马达进行分析和设计。其分析和设计的步骤可归纳为：

(1) 确定电液伺服阀力矩马达的阻尼比 ξ_{mf}，通过查阅相对频宽和相对频率幅值比 $\bar{\omega}_{b0}$ - R_f 的关系曲线图，选择合适的相对频宽 $\bar{\omega}_{b0}$ 和相对频率幅值比 R_f。

(2) 通过查阅幅值裕度与相对频率幅值比 K_g - R_f 的关系曲线图和相位裕度与相对频率幅值比 γ - R_f 的关系曲线图，反复校核步骤(1)的相对频率幅值比 R_f。

(3) 用夹逼法执行上述步骤，确定最理想的相对频率幅值比 R_f 和相对频宽 $\bar{\omega}_{b0}$。

(4) 将取得的 R_f 和 $\bar{\omega}_{b0}$ 分别代入式(11.31)和式(11.32)，可得出力矩马达综合刚度 K_{mf} 和频宽 ω_b。

为使电液伺服阀具有满意的稳定余量，一般希望：γ=30°～60°，K_g>2。例如，某飞行器电液伺服阀设计时，通过代入某型号飞行器电液伺服阀的结构参数的方式来验证。对于力矩马达综合刚度的优化方法，设计某飞行器电液伺服阀时，取力矩马达阻尼比 ξ_{mf}=0.7，按照上述步骤进行反复分析和设计，并通过上述曲线族可以查得：R_f = 1.43，$\bar{\omega}_{b0}$ = 1.2291，K_g = 2.002，γ =

$32.488°$。将上述 R_f 和 $\overline{\omega}_{b0}$ 分别代入式(11.31)和式(11.32)，可得到力矩马达综合刚度 K_{mf} 和频宽 ω_b。

11.3　带补偿节流器的电液伺服阀

本节研究一种具有补偿节流器的两级电液伺服阀，在主阀芯两端分别增加一个节流口，改善电液伺服阀的特性。具有一对阻尼节流器的两级电液伺服阀新结构，能调节和优化阀的动态特性。建立新型电液伺服阀传递函数并作了简化，引入阻尼节流器参数 K_z 还分析了诸参数对阀特性的影响。

11.3.1　结构原理

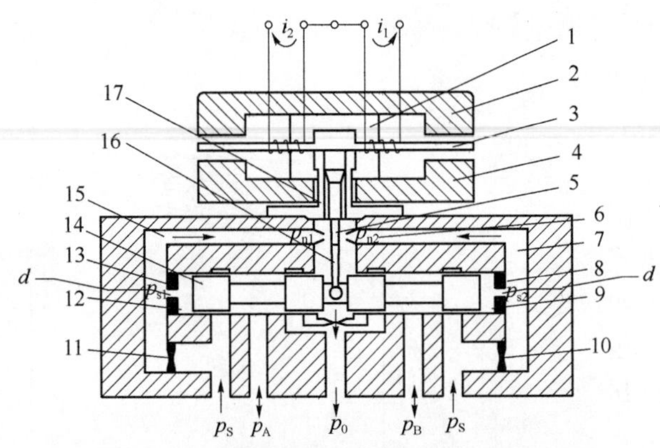

图 11.9　带补偿节流器的力反馈两级电液伺服阀

1—控制线圈；2—上永磁体；3—衔铁；4—下永磁体；5—挡板；6—喷嘴；7—第一补偿容腔；8—第一补偿节流器；9—第二补偿容腔；10—第一固定节流器；11—第二固定节流器；12—第四补偿容腔；13—第二补偿节流器；14—主阀芯；15—第三补偿容腔；16—反馈杆；17—弹簧管

图 11.9 所示为带补偿节流器的电液伺服阀结构示意图。该阀在喷嘴挡板式双级电液伺服阀的基础上增加了第一补偿节流器 8 和第二补偿节流器 13，它们分别位于主阀芯 14 的左右两端，并分别将右端的压力补偿容腔分为第一补偿容腔 7 和第二补偿容腔 9，将左端的压力补偿容腔分为第三补偿容腔 15 和第四补偿容腔 12。当控制线圈 1 获得控制信号使得衔铁 3 产生一定角度的顺时针偏转，挡板 5 向左偏移导致喷嘴 6 处的压力发生变化，其中右端喷嘴压力 p_{n2} 减小使第一补偿节流器 8 两端形成压力差，同时第二补偿容腔 9 压力 p_{s2} 因 p_{n2} 影响逐渐减小，同理主阀芯左端压力 p_{s1} 因 p_{n1} 影响逐渐增大，主阀芯 14 两端形成压力差，主阀芯右移。运动过程中，补偿节流器 8 和 13 的作用使喷嘴处的压力突变不会瞬间作用到主阀芯两端，从而大大减少了控制过程中的振荡，减小振荡幅度，提高电液伺服阀的响应性能。

11.3.2　理论分析

11.3.2.1　数学模型

为了推导电液伺服阀的数学模型，做以下假设：

(1) 伺服阀为理想零开口四通滑阀。

(2) 不考虑补偿腔泄漏。

(3) 主阀芯两端补偿节流器采用细长孔的结构形式，且两补偿节流器结构相同。

1) 补偿节流器流量平衡方程　两端喷嘴的压力差为

$$p_{Lp} = p_{n1} - p_{n2} \tag{11.45}$$

式中　p_{n1}——第四补偿腔压力；

p_{n2}——第一补偿腔压力。

主阀芯两端的压力差为

$$p_{\mathrm{Lp1}} = p_{\mathrm{s1}} - p_{\mathrm{s2}} \tag{11.46}$$

式中　p_{s1}——第三补偿腔压力；

p_{s2}——第二补偿腔压力。

两补偿节流器流量方程分别为

$$Q_{\mathrm{Lp}} = \frac{\pi d^4 (p_{\mathrm{n1}} - p_{\mathrm{s1}})}{128\mu L} \tag{11.47}$$

$$Q_{\mathrm{Lp}} = \frac{\pi d^4 (p_{\mathrm{s2}} - p_{\mathrm{n2}})}{128\mu L} \tag{11.48}$$

式中　d——补偿节流器孔径；

L——补偿节流器长度；

μ——动力黏度；

Q_{Lp}——喷嘴挡板阀负载流量。

由式(11.47)和式(11.48)得

$$Q_{\mathrm{Lp}} = K_{\mathrm{z}}(p_{\mathrm{Lp}} - p_{\mathrm{Lp1}}) \tag{11.49}$$

式中　K_{z}——节流器液阻系数。

$$K_{\mathrm{z}} = \frac{\pi d^4}{256\mu L} \tag{11.50}$$

2）喷嘴挡板输给阀芯的流量线性方程

$$Q_{\mathrm{Lp}} = K_{\mathrm{qp}} r\theta - K_{\mathrm{cp}} p_{\mathrm{Lp}} \tag{11.51}$$

式中　K_{qp}——喷嘴挡板阀流量增益；

r——喷嘴孔轴心到衔铁旋转中心的距离；

θ——衔铁的旋转角度；

K_{cp}——喷嘴挡板阀压力-流量系数。

3）阀芯运动的流量平衡方程

$$Q_{\mathrm{Lp}} = A_{\mathrm{v}}\dot{x}_{\mathrm{v}} + C_{\mathrm{tp}} p_{\mathrm{Lp}} + \frac{V_{\mathrm{op1}}}{2\beta_{\mathrm{e}}}\dot{p}_{\mathrm{Lp1}} + \frac{V_{\mathrm{op}}}{2\beta_{\mathrm{e}}}\dot{p}_{\mathrm{Lp}} \tag{11.52}$$

式中　A_{v}——主阀芯端面积；

x_{v}——主阀芯位移；

C_{tp}——喷嘴挡板阀总泄漏系数，由于补偿腔泄漏很小，故设 $C_{\mathrm{tp}}=0$；

β_{e}——油液弹性系数；

V_{op1}——主阀芯中位时第二或第三补偿腔体积；

V_{op}——主阀芯中位时第一或第四补偿腔体积。

4）阀芯力平衡方程

$$A_{\mathrm{v}} p_{\mathrm{Lp1}} = m_{\mathrm{v}}\ddot{x}_{\mathrm{v}} + (B_{\mathrm{v}} + B_{\mathrm{f}})\dot{x}_{\mathrm{v}} + (K_{\mathrm{f}} + K_{\mathrm{f0}})x_{\mathrm{v}} \tag{11.53}$$

式中　m_{v}——输出级阀芯质量；

B_v——阀芯运动黏性阻尼系数；

B_f——阀芯瞬态液动力系数；

K_f——反馈杆刚度；

K_{f0}——作用在主阀芯上的液动力刚度。

5）衔铁组件的力矩方程

$$K_t i = J_a \ddot{\theta} + B_a \dot{\theta} + K_{mf}\theta + K_f(r+b)x_v + rA_N p_{Lp} \tag{11.54}$$

$$K_{mf} = K_{an} + K_f(r+b)^2 \tag{11.55}$$

式中 K_t——力矩马达的力矩常数；

i——控制电流；

J_a——衔铁及任何加于其上的负载转动惯量；

B_a——衔铁的机械支承和负载的黏性阻尼系数；

K_{mf}——衔铁挡板的净刚度；

A_N——喷嘴孔面积；

r——喷嘴孔轴心到衔铁旋转中心的距离；

b——喷嘴孔到阀芯中心的距离；

K_{an}——力矩马达净刚度。

11.3.2.2 传递函数

由式(11.45)～式(11.54)式可得到从控制电流 i 到主阀芯位移 x_v 的传递函数框图，如图 11.10 所示。图中 ξ_{mf} 为力矩马达阻尼比，ω_{mf} 为力矩马达固有频率。

$$\xi_{mf} = \frac{B_a}{2\sqrt{K_{mf}J_a}},\ \omega_{mf} = \sqrt{K_{mf}/J_a} \tag{11.56}$$

一般情况下，伺服阀内部的容腔体积小，油液压缩性可忽略不计，图11.10 压力反馈回路的开环增益比力反馈回路开环增益小得多。因此，力反馈两级电液伺服阀的力反馈回路起着主导作用。此时，图 11.10 可化简成图 11.11 的形式。

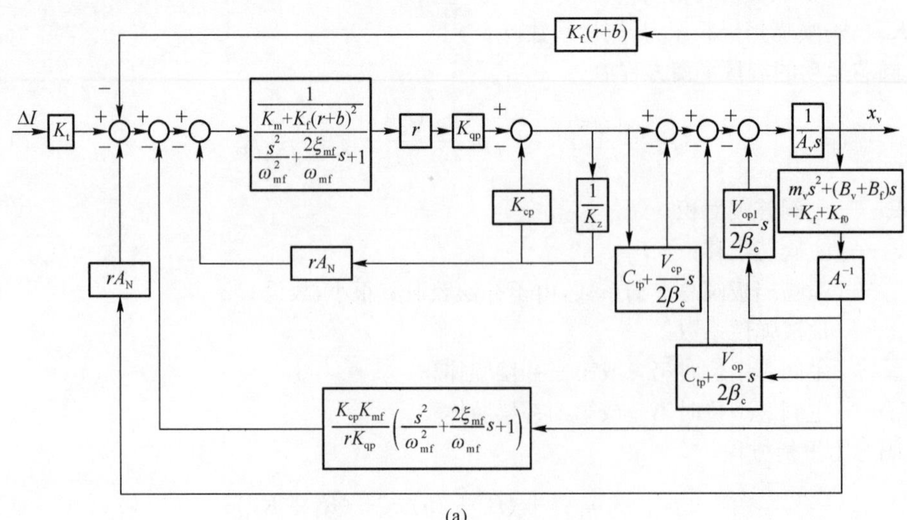

(a)

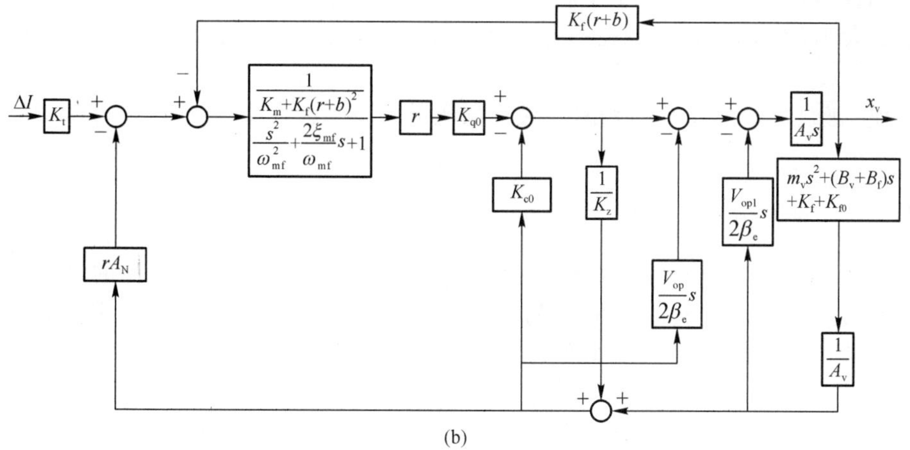

图 11.10　传递函数框图

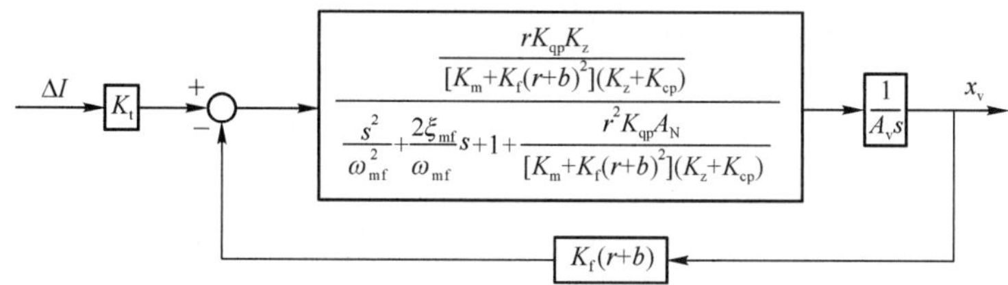

图 11.11　简化后的传递函数框图

开环传递函数为

$$G(s)H(s)=\frac{\dfrac{K_f(r+b)rK_{qp}}{A_v K_{mf}\left(1+\dfrac{K_{cp}}{K_z}\right)B}}{s\left(\dfrac{s^2}{\omega_{mf}^2 B}+\dfrac{2\xi_{mf}s}{\omega_{mf}B}+1\right)} \tag{11.57}$$

$$B=1+\frac{r^2 A_N K_{qp}}{K_{mf}(K_z+K_{cp})}$$

闭环传递函数为

$$G_B(s)=\frac{\dfrac{K_t}{K_f(r+b)}}{\dfrac{s^3}{\omega_{mf}^2 K_{vf0}}+\dfrac{2\xi_{mf}s^2}{\omega_{mf}K_{vf0}}+\left(\dfrac{1}{K_{vf0}}+C\right)s+1} \tag{11.58}$$

$$K_{vf0}=\frac{K_f(r+b)K_{qp}r}{K_{mf}A_v\left(1+\dfrac{K_{cp}}{K_z}\right)},\ C=\frac{rA_vA_N}{K_zK_f(r+b)} \tag{11.59}$$

式中　K_{vf0}——速度放大系数。

11.3.2.3　结果分析

式(11.58)和式(11.59)为带补偿节流器的电液伺服阀传递函数模型。若主阀芯两端不加节流器，则 $K_{cp}/K_z \ll 1$，且 $C \ll 1/K_{vf0}$，此时式(11.58)与普通电液伺服阀传递函数一致。同时还可以看出，K_z 只影响速度放大系数 K_{vf0}，而不影响力矩马达阻尼比 ξ_{mf} 和力矩马达固有频率 ω_{mf} 的大小，因此调节 K_z 能在一定程度上既提高阀的响应快速性又不影响力矩马达的稳定性。

一般地，速度放大系数 K_{vf0} 越小，电液伺服阀的频宽越大。这里液阻 K_z 可微调速度放大系数。

11.3.3 特性分析

1) 特性影响分析　通过式(11.49)～式(11.55)，可进行带补偿节流器的电液伺服阀从输入控制电流 i 至输出主阀芯位移 x_v 的非线性特性仿真。新结构带来三个新参数：容腔容积 V_{op1}、节流器孔径 d 和节流器长度 L。下面分别分析这三个参数对电液伺服阀特性的影响。

图 11.12 所示为容腔 V_{op1}(mm^3)分别为 10、20、30、40、50 和 100 时的阶跃响应曲线。图中各响应曲线基本重合，说明容腔大小对阀的响应特性影响不大。

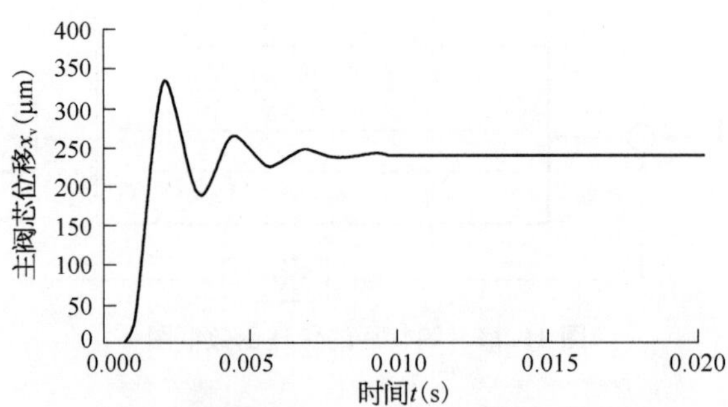

图 11.12　容腔容积变化时电液伺服阀的响应曲线

图 11.13 所示为节流器长度 L 为 2 mm，直径 d(μm)分别为 450、400、350 以及不带补偿节流器时的电液伺服阀的阶跃响应曲线。图 11.14 所示为节流器直径 d 为 350 μm，长度 L(mm)分别为 1.5、2、2.5 以及不带补偿节流器时的电液伺服阀的阶跃响应曲线。通过图 11.13 和图 11.14 的特性曲线分析可知，补偿节流器具有改善电液伺服阀动态特性的功能，且补偿节流器的孔径 d 和长度 L 需要保持一个合理的比值，此时电液伺服阀可实现较好的动态性能。

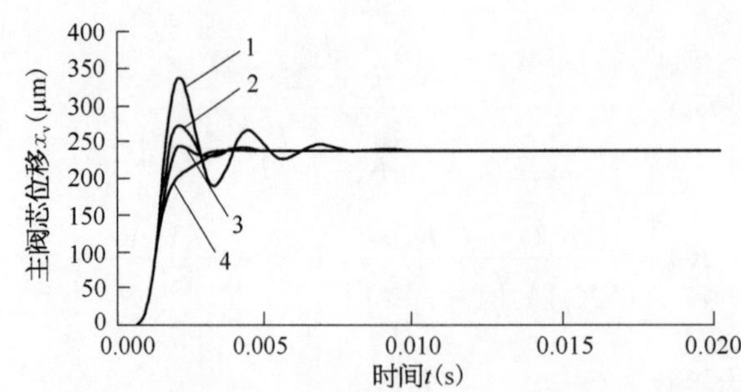

图 11.13　补偿节流器孔径变化时电液伺服阀的响应曲线

1—不带补偿节流器；2—r=450 μm；3—r=400 μm；4—r=350 μm

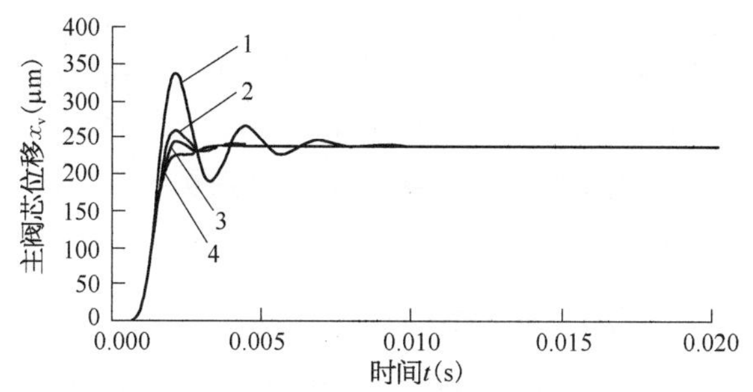

图 11.14　补偿节流器长度变化时电液伺服阀的响应曲线

1—不带补偿节流器；2—L=1.5 mm；3—L=2 mm；4—L=2.5 mm

2）结论

（1）带有补偿节流器的电液伺服阀可以通过补偿节流器的参数优化设计，实现补偿节流器的孔径和长度的合理比值，从而取得较好的动态性能。

（2）结合带有补偿节流器的电液伺服阀传递函数模型，可通过可调参量液阻 K_z 对电液伺服阀模型分析。仿真结果表明新结构形成的容腔大小对阀的性能影响不大。

（3）本节的理论方法和结果可作为新型电液伺服阀的设计和分析的理论依据。

11.4　非对称喷嘴挡板式单级电液伺服阀

喷嘴挡板式电液伺服阀在制造和使用过程中往往存在严重的不对称现象，如两个喷嘴大小不相同、装配时喷嘴挡板间隙难以做到对称布置、环境温度变化造成几何结构不对称等。电液伺服阀在使用过程中往往需要承受极端温度、振动、冲击和加速度的极限工作环境的考核，容易导致结构和性能的不对称，如何取得喷嘴挡板阀结构和性能之间的对应关系至关重要。目前具有非对称喷嘴挡板的电液伺服阀的研究尚不多见。为此，本节分析喷嘴挡板阀的非对称结构，包括不对称喷嘴、不对称阻尼节流器等，得出非对称喷嘴挡板式电液伺服阀的基本特性，为研制新型电液伺服阀提供基础理论。

所提倡的一种新型非对称喷嘴挡板式电液伺服阀，是在两喷嘴容腔处设置一对阻尼节流器，用于补偿电液伺服阀的动态特性。本节主要分析该阀的结构和特性，包括喷嘴容腔和负载压力特性、零位压力特性、力矩马达的驱动力和刚度设计方法。理论和试验结果表明：内置阻尼节流器的电液伺服阀喷嘴容腔的零位压力小于供油压力的 50%，负载容腔的零位压力大于供油压力的 50%。液阻系数不对称时，负载压力不对称，其交点偏离中位。为了提高零位时负载压力的线性度，建议液阻系数取值在 1.5～2.5。

电液伺服阀起源于第二次世界大战前后，用于导弹与火箭的姿态控制。20 世纪 50 年代，美国人 W. C. Moog 发明了世界上第一台喷嘴挡板式两级电液伺服阀。以后电液伺服阀逐步应用于飞机助力操纵系统以及各个工业领域的自动化控制系统。与一般滑阀相比，喷嘴挡板阀结构简单，具有突出的优点，如：没有相对滑动的圆柱配合面，抗污染能力强；挡板运动部分的惯性小，位移量小，动态响应速度和灵敏度高；制造公差和成本相对较低。喷嘴挡板阀已经广泛应用于航空航天、船舶、冶金、机床等行业的大流量液压系统。

喷嘴挡板式电液伺服阀在制造和使用过程中往往存在严重的不对称现象，如两个喷嘴大小不相同、装配时喷嘴挡板间隙难以做到对称布置、环境温度变化造成几何结构不对称等。电液伺服阀在使用过程中往往需要承受极端温度、振动、冲击和加速度的极限工作环境的考核，容易导致几何结构和性能的不对称现象，如何取得喷嘴挡板阀几何结构和性能之间的对应关系至关重要。目前具有非对称喷嘴挡板的电液伺服阀的研究尚不多见。为此，本节分析喷嘴挡板阀的非对称结构，包括不对称喷嘴、不对称阻尼节流器等，得出非对称喷嘴挡板式电液伺服阀的基本特性，为新型电液伺服阀的研制及其应用提供基础理论。

11.4.1 喷嘴挡板式电液伺服阀结构

图 11.15 所示为带阻尼节流器的喷嘴挡板式电液伺服阀结构原理图。该新型喷嘴挡板式电液伺服阀在喷嘴容腔处设置了一对阻尼节流器 7。电液伺服阀由动铁式力矩马达和喷嘴挡板阀两部分构成。当输入控制电流 Δi 时，力矩马达的衔铁组件 3 产生磁场并与上磁体 2 和下磁体 4 的电磁铁磁场发生作用，衔铁组件 3 发生偏转，和衔铁组件刚性连接的挡板 11 相对于中立位置发生偏移，导致两个喷嘴容腔内的压力发生变化，产生压差(p_1-p_2)，从而驱动执行机构。当改变控制电流 Δi 的大小和方向时，可以改变电液伺服阀输出流量的大小和方向或者负载压力的大小，从而改变执行机构的运动快慢和运动方向或者输出力的大小。图中，p_s 为供油压力；p_1、p_2 分别为和执行机构相连接的两个负载腔压力；p_0 为回油压力；p_1'、p_2'分别为两个喷嘴容腔的压力。

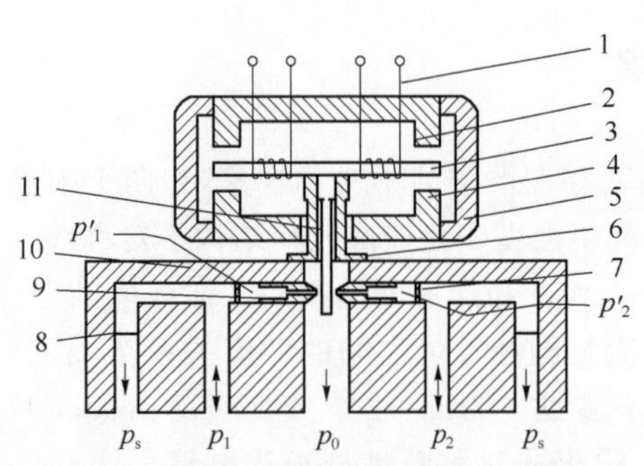

图 11.15 带阻尼节流器的喷嘴挡板式电液伺服阀结构原理图

1—控制线圈；2—上磁体；3—衔铁；4—下磁体；5—磁铁；6—弹簧管；7—阻尼节流器；8—固定节流器；9—喷嘴；10—阀套；11—挡板

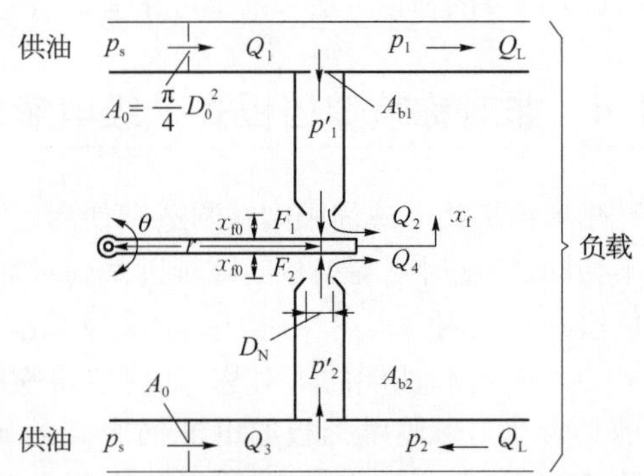

图 11.16 带阻尼节流器的双喷嘴挡板式电液伺服阀示意图

11.4.2 理论分析

11.4.2.1 喷嘴挡板式电液伺服阀压力-流量方程

1) 喷嘴挡板阀的静态压力特性　如图 11.16 所示为带阻尼节流器的双喷嘴挡板式电液伺服阀示意图。假设两个喷嘴容腔的体积很小，可忽略容腔中油液的压缩性。喷嘴挡板式电液伺服阀在两个喷嘴容腔处设置了两个固定节流孔 A_{b1} 和 A_{b2}，用于调节负载容腔压力的线性度及其动态特性。

考虑供给油液的流量连续性，可得

$$Q_1 = Q_2 + Q_L \tag{11.60}$$

节流孔 A_0 和 A_{b1} 以及喷嘴处的流量方程为

$$Q_1 = C_{d0}A_0\sqrt{\frac{2}{\rho}(p_s - p_1)} \tag{11.61}$$

$$Q_2' = C_{db1}A_{b1}\sqrt{\frac{2}{\rho}(p_1 - p_1')} \tag{11.62}$$

$$Q_2 = C_{df}\pi D_N(x_{f0} - x_f)\sqrt{\frac{2}{\rho}p_1'} \tag{11.63}$$

式中 C_{d0}——固定节流器的流量系数,通常取 0.61;

C_{db1}——喷嘴 1 容腔节流器的节流系数,通常取 0.61;

C_{df}——喷嘴的节流系数。

由式(11.60)~式(11.63)可得

$$Q_L = Q_1 - Q_2 = C_{d0}A_0\sqrt{\frac{2}{\rho}(p_s - p_1)} - C_{df}\pi D_N(x_{f0} - x_f)\sqrt{\frac{2}{\rho}p_1'} \tag{11.64}$$

忽略喷嘴容腔中油液的压缩性,有 $Q_2 = Q_2'$,并由式(11.62)和式(11.63)可得负载控制压力为

$$p_1 = \left\{1 + \left[\frac{C_{df}\pi D_N(x_{f0} - x_f)}{C_{db1}A_{b1}}\right]^2\right\}p_1' \tag{11.65}$$

当负载固定不动,即 $Q_L = 0$ 时,由式(11.64)和式(11.65)可得喷嘴容腔内油液的静态压力为

$$p_1' = \left\{1 + \left[\frac{C_{df}\pi D_N(x_{f0} - x_f)}{C_{db1}A_{b1}}\right]^2 + \left[\frac{C_{df}\pi D_N(x_{f0} - x_f)}{C_{d0}A_0}\right]^2\right\}^{-1}p_s \tag{11.66}$$

同理,可得

$$p_2 = \left\{1 + \left[\frac{C_{df}\pi D_N(x_{f0} + x_f)}{C_{db2}A_{b2}}\right]^2\right\}p_2' \tag{11.67}$$

$$p_2' = \left\{1 + \left[\frac{C_{df}\pi D_N(x_{f0} + x_f)}{C_{db2}A_{b2}}\right]^2 + \left[\frac{C_{df}\pi D_N(x_{f0} + x_f)}{C_{d0}A_0}\right]^2\right\}^{-1}p_s \tag{11.68}$$

根据喷嘴挡板阀的设计准则,一般有

$$\frac{C_{df}A_f}{C_{d0}A_0} = \frac{C_{df}\pi D_N x_{f0}}{C_{d0}A_0} = 1 \tag{11.69}$$

令 $k_{b1} = C_{df}\pi D_N x_{f0}/C_{db1}A_{b1}$ 和 $k_{b2} = C_{df}\pi d_N x_{f0}/C_{db2}A_{b2}$ 分别为喷嘴 1 和喷嘴 2 处的液阻系数比。由式(11.66)和式(11.68)可以得到在不同液阻系数比时两个喷嘴容腔的压力特性曲线,如图 11.17 所示。

图 11.17 中,曲线 1 和曲线 2 是不带阻尼节流器的普通喷嘴挡板式电液伺服阀两个喷嘴容腔的压力特性曲线,且零位时,有 $p_{10}'/p_s = p_{20}'/p_s = 0.5$。曲线 3~8 为带阻尼节流器的喷嘴挡板式电液伺服阀在不同液阻系数比时的压力特性曲线:零位时,有 $p_{10}'/p_s = p_{20}'/p_s < 0.5$;液阻系数比越大,曲线下移越多,压力调节范围越大;当两个阻尼节流孔不对称,即 $A_{b1} \neq A_{b2}$ 时,如曲线 3 和曲线 6 所示的喷嘴容腔的压力特性具有不对称现象,且零位时,有 $p_{10}'/p_s \neq p_{20}'/p_s$。

由式(11.65)和式(11.67)可以得到在不同液阻系数比时两个负载容腔的静态压力特性曲

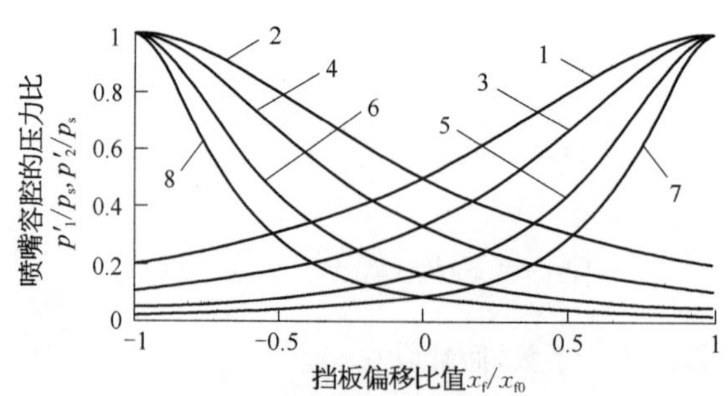

图 11.17　喷嘴容腔的静态压力特性

1—$k_{b1}=0$ 时 p'_1/p_s；2—$k_{b2}=0$ 时 p'_2/p_s；3—$k_{b1}=1$ 时 p'_1/p_s；4—$k_{b2}=1$ 时 p'_2/p_s；5—$k_{b1}=2$ 时 p'_1/p_s；6—$k_{b2}=2$ 时 p'_2/p_s；7—$k_{b1}=3$ 时 p'_1/p_s；8—$k_{b2}=3$ 时 p'_2/p_s

线，如图 11.18 所示。曲线 1 和 2 分别是不带阻尼节流器的普通喷嘴挡板式电液伺服阀两个负载容腔的压力特性曲线，且零位时，有 $p_{10}/p_s = p_{20}/p_s = 0.5$。曲线 3～8 为带阻尼节流器的喷嘴挡板式电液伺服阀在不同液阻系数比时的负载压力特性曲线：零位时，有 $p_{10}/p_s = p_{20}/p_s > 0.5$；液阻系数比越大，曲线上移越多，压力调节范围越小；当两个阻尼节流孔不对称，即 $A_{b1} \neq A_{b2}$ 时，如曲线 4 和 5 所示负载容腔的压力特性具有不对称现象，且零位时，$p_{10}/p_s \neq p_{20}/p_s$。这种非对称喷嘴挡板式电液伺服阀可用于液压力控制系统和非对称液压缸的负载匹配控制。

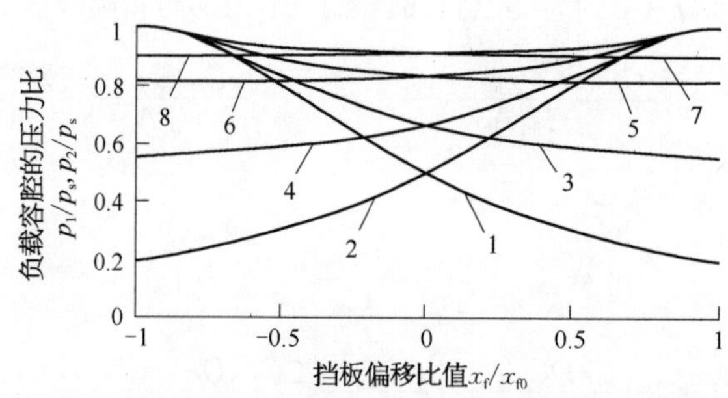

图 11.18　负载容腔的静态压力特性

1—$k_{b1}=0$ 时 p_1/p_s；2—$k_{b2}=0$ 时 p_2/p_s；3—$k_{b1}=1$ 时 p_1/p_s；4—$k_{b2}=1$ 时 p_2/p_s；5—$k_{b1}=2$ 时 p_1/p_s；6—$k_{b2}=2$ 时 p_2/p_s；7—$k_{b1}=3$ 时 p_1/p_s；8—$k_{b2}=3$ 时 p_2/p_s

由图 11.17 和图 11.18 可知，带阻尼节流器的双喷嘴挡板式电液伺服阀的负载压力变化范围小，喷嘴容腔压力变化范围大，增加了电气信号的控制范围，提高了喷嘴挡板阀的控制精度和能源利用效率。当不带阻尼节流器的双喷嘴挡板式电液伺服阀在喷嘴处发生堵塞现象时，可参考带非对称阻尼节流器的双喷嘴挡板式电液伺服阀，分析对称堵塞（$A_{b1}=A_{b2}$）以及非对称堵塞（$A_{b1}\neq A_{b2}$）情况下喷嘴容腔压力特性和负载压力特性。

液压伺服系统一般工作在喷嘴挡板阀的零位附近，常常要求负载口的压力变化过程平稳。为了取得喷嘴挡板阀负载压力在零位时的线性度，引入数学中的曲率概念。曲率描述曲线的弯曲程度，指曲线上某个点的切线方向角对弧长的转动率，表示曲线偏离切线的程度。曲率越大，曲线的弯曲程度越大。为了使负载压力曲线变化平缓，曲率越小越好。曲率表达式为

$$\lambda = \lim_{\Delta s \to 0} \left| \frac{\Delta \alpha}{\Delta s} \right| = \frac{|y''|}{(1 + y'^2)^{3/2}} \tag{11.70}$$

式中　λ——曲线的曲率；

$\Delta\alpha$——曲线上一段弧长两个端点切线的转角之差；

Δs——曲线上相应的弧长；

y——曲线的函数。

由式(11.65)～式(11.68)可得，在零位($x_f/x_{f0}=0$)时负载压力曲线p_1/p_s、p_2/p_s的曲率分别为

$$\lambda_1=\frac{4(k_{b1}^2+1)+6(k_{b1}^2+1)^2-2}{(k_{b1}^2+2)^4\left[1+\frac{4}{(2+k_{b1}^2)^4}\right]^{\frac{3}{2}}} \tag{11.71}$$

$$\lambda_2=\frac{4(k_{b2}^2+1)+6(k_{b2}^2+1)^2-2}{(k_{b2}^2+2)^4\left[1+\frac{4}{(2+k_{b2}^2)^4}\right]^{\frac{3}{2}}} \tag{11.72}$$

由式(11.71)和式(11.72)可以得到在零位时负载压力曲线的曲率和液阻系数的关系曲线，如图11.19所示。液阻系数为0.6时，曲率达到峰值0.39。为了提高零位时负载压力曲线的线性度，一般选择工作点时应尽量避免在曲率峰值附近的区域。考虑实际压力控制范围，建议液阻系数取值范围在1.5～2.5，曲率值较适中。

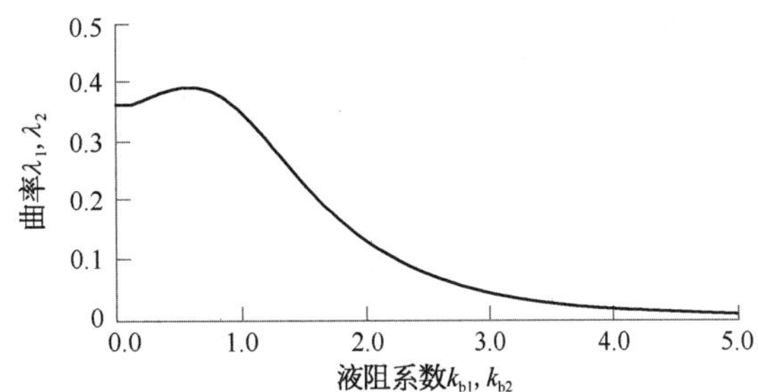

图11.19　零位时负载压力曲线的曲率特性

2) 零位压力特性　设$x_f=0$，由式(11.65)～式(11.69)可得喷嘴挡板式电液伺服阀在零位时各容腔的压力计算式为

$$p'_{10}=\frac{p_s}{2+k_{b1}^2} \tag{11.73}$$

$$p'_{20}=\frac{p_s}{2+k_{b2}^2} \tag{11.74}$$

$$p_{10}=\frac{1+k_{b1}^2}{2+k_{b1}^2}p_s \tag{11.75}$$

$$p_{20}=\frac{1+k_{b2}^2}{2+k_{b2}^2}p_s \tag{11.76}$$

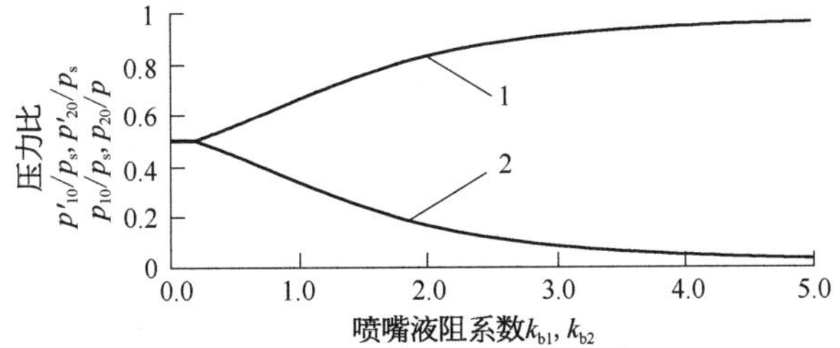

图11.20　零位压力特性

1—负载容腔压力比；2—喷嘴容腔压力比

如图11.20所示为喷嘴容腔和负载容腔的零位压力特性曲线。可见，零位压力随喷嘴液阻系数改变而变化，液阻系数为零时，负载压力为供油压力的50%，即$p'_{10}/p_s=p_{10}/p_s=0.5$，$p'_{20}/p_s=p_{20}/p_s=0.5$；液阻系数越大，喷嘴容腔的零位压力越低，负载容腔的零位压力越高，且$p'_{10}/p_s=p'_{20}/p_s<0.5$，$p_{10}/p_s=p_{20}/p_s>0.5$。

11.4.2.2 挡板的驱动力

力矩马达需要提供足够的力，以满足驱动挡板的需要，为此分析挡板驱动力的计算方法。利用伯努利方程可得到喷嘴1处的流体作用于挡板的力为

$$F_1 = \left(p_1' + \frac{1}{2}\rho v_1^2\right)A_N \tag{11.77}$$

式中 v_1——流体在喷嘴孔出口处的速度。

$$v_1 = \frac{Q_2}{A_N} = \frac{C_{df}\pi D_N(x_{f0} - x_f)\ \sqrt{2p_1'/\rho}}{\pi D_N^2/4} = \frac{4C_{df}(x_{f0} - x_f)\ \sqrt{2p_1'/\rho}}{D_N} \tag{11.78}$$

式中 A_N——喷嘴孔面积。

由式(11.77)和式(11.78)可得

$$F_1 = p_1'A_N + 4\pi C_{df}^2(x_{f0} - x_f)^2 p_1' \tag{11.79}$$

同理，可得

$$F_2 = p_2'A_N + 4\pi C_{df}^2(x_{f0} + x_f)^2 p_2' \tag{11.80}$$

由式(11.79)、式(11.80)和式(11.66)、式(11.68)可得，挡板的驱动力为

$$F_1 - F_2 = (p_1' - p_2')A_N + 4\pi C_{df}^2 x_{f0}^2 (p_1' - p_2') + 4\pi C_{df}^2 x_f^2 (p_1' - p_2') - 8K_{ps}\pi C_{df}^2 x_{f0} p_s x_f \tag{11.81}$$

$$K_{ps} = [1 + (k_{b1}^2 + 1)(1 - \overline{x})^2]^{-1} + [1 + (k_{b2}^2 + 1)(1 - \overline{x})^2]^{-1} \tag{11.82}$$

其中

$$\overline{x} = x_f / x_{f0}$$

式中 K_{ps}——稳态压力系数。

喷嘴挡板阀在中立位置时，$\overline{x} = 0$，有

$$K_{ps} = [2 + k_{b1}^2]^{-1} + [2 + k_{b2}^2]^{-1} \tag{11.83}$$

从式(11.83)可以看出，喷嘴挡板阀稳态压力系数 $K_{ps} < 1$。

一般喷嘴挡板阀设计时要求$(x_{f0}/D_N) < 1/16$。此时，式(11.81)第二项远小于第一项。由于$x_f < x_{f0}$，第三项远小于第二项。式(11.81)可简化为

$$F_1 - F_2 = (p_1' - p_2')A_N - 8K_{ps}\pi C_{df}^2 x_{f0} p_s x_f \tag{11.84}$$

喷嘴挡板阀的刚度近似为

$$\frac{d(F_1 - F_2)}{dx_f} = -8K_{ps}\pi C_{df}^2 x_{f0} p_s \tag{11.85}$$

式(11.83)和式(11.85)表明：节流器的面积越小，喷嘴挡板阀刚度的绝对值越小。由式(11.84)和式(11.66)、式(11.68)可以进行力矩马达的驱动力设计计算。

11.4.3 应用分析

(1) 某型号飞行器双级电液伺服阀的一级采用喷嘴挡板阀的结构形式，产品测试时一般检测喷嘴容腔的压力。装配后测试时，发现零位压力小于供油压力的50%。分解后发现固定节流器入口处有毛刺，去毛刺并再次装配测试后零位压力恢复至供油压力的50%。节流器入口有毛

刺时，相当于液阻系数增大，如图 11.17 的曲线 3 和曲线 8；去毛刺后，相当于图 11.17 的曲线 1 和曲线 2。这一实测结果与本节图 11.17 和图 11.20 的曲线 2 所示结果一致。

(2) 某产品喷嘴挡板式电液伺服阀测试时，零位时两个负载腔的压力不同，且均大于供油压力的 50%。分解后发现喷嘴形状不好且有较大毛刺，两个喷嘴的堵塞程度不一致。当喷嘴出现不对称堵塞时，两个负载腔的压力不相同，且均大于供油压力的 50%，和图 11.18 中的曲线 4 和曲线 5 在零位时的数值一致。调换形状对称且没有毛刺的左右喷嘴和节流孔后恢复正常。试验现象和理论分析结果一致。

(3) 某产品电液伺服阀和伺服机构曾出现抖动现象；高温和低温时测试没出现问题；恢复常温后，压力特性曲线出现锯齿形状。分析后发现两个喷嘴和固定节流器的装配应力不一致，由于高低温循环的热胀冷缩作用引起了配合尺寸变化的不对称现象，特别是喷嘴挡板阀流量系数的不对称性增大，导致负载压力的瞬时不对称性加剧，造成了压力波动。测试结果表明：考虑装配应力并改进装配工艺，增加液压温度配对试验后，电液伺服阀消除了压力波动现象。

11.5 力反馈两级电液伺服阀喷嘴挡板阀的非对称性

电液伺服阀的制造和装配过程中，喷嘴挡板阀理论上对称的微小结构经常会出现非对称特性，如非对称的喷嘴挡板间隙和非对称的喷嘴直径。结构上的微小非对称性可能会对电液伺服阀的特性造成极大的影响，一些非对称结构也可能具有提高电液伺服阀性能的作用。目前为止，电液伺服阀喷嘴挡板阀不对称性结构及其对阀特性的影响研究很少。为此，本节将非对称结构分为非对称喷嘴挡板间隙和非对称喷嘴直径两种形式，分别讨论喷嘴挡板阀容腔的压力特性和电液伺服阀的响应特性。

11.5.1 喷嘴挡板初始间隙对称与不对称特性

11.5.1.1 基本方程

1) 喷嘴挡板阀压力流量平衡方程　图 11.21 所示为喷嘴挡板初始间隙变化时双喷嘴挡板阀的原理图。如图所示，当挡板处于零位时，上下喷嘴与挡板之间距离称为喷嘴挡板初始间隙；当两喷嘴与挡板的距离相等(图中 $x_{f01}=x_{f02}$)时，称为喷嘴挡板初始间隙对称；当两喷嘴与挡板距离不相等(图中 $x_{f01}\neq x_{f02}$)时，称为喷嘴挡板初始间隙不对称。

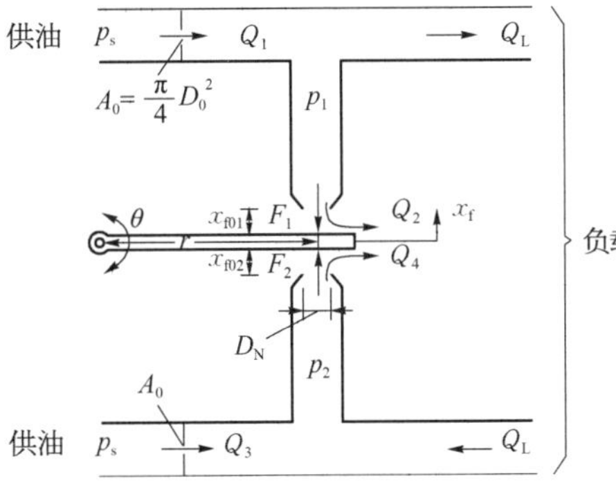

供油 p_s Q_1 Q_L $A_0=\frac{\pi}{4}D_0^2$ p_1 θ x_{f01} F_1 Q_2 x_f 负载 x_{f02} F_2 Q_4 D_N p_2 A_0 供油 p_s Q_3 Q_L

图 11.21　不对称喷嘴挡板间隙式喷嘴挡板伺服阀原理图 ($x_{f01}\neq x_{f02}$)

喷嘴挡板阀的设计一般遵循以下准则

$$\frac{C_{df}A_f}{C_{d0}A_0}=\frac{C_{df}\pi D_N x_{f0}}{C_{d0}A_0}=1 \tag{11.86}$$

设图 11.21 中 x_{f01}、x_{f02} 与 x_{f0} 的关系如下

$$k_{g1}=\frac{x_{f01}}{x_{f0}} \tag{11.87}$$

$$k_{g2}=\frac{x_{f02}}{x_{f0}} \tag{11.88}$$

式中　k_{g1}、k_{g2}——挡板偏移系数。

根据图 11.21 以及液流的流量连续性可得

$$Q_1 = Q_2 + Q_L \tag{11.89}$$

由节流孔流量方程得

$$Q_1 = C_{d0} A_0 \sqrt{\frac{2}{\rho}(p_s - p_1)} \tag{11.90}$$

$$Q_2 = C_{df} \pi D_N (x_{f01} - x_f) \sqrt{\frac{2}{\rho} p_1} \tag{11.91}$$

由式(11.90)和式(11.91)可得

$$Q_L = Q_1 - Q_2 = C_{d0} A_0 \sqrt{\frac{2}{\rho}(p_s - p_1)} - C_{df} \pi D_N (x_{f01} - x_f) \sqrt{\frac{2}{\rho} p_1} \tag{11.92}$$

同样由节流孔流量方程得

$$Q_3 = C_{d0} A_0 \sqrt{\frac{2}{\rho}(p_s - p_2)} \tag{11.93}$$

$$Q_4 = C_{df} \pi D_N (x_{f02} + x_f) \sqrt{\frac{2}{\rho} p_2} \tag{11.94}$$

同理,可得

$$Q_L = Q_4 - Q_3 = C_{df} \pi D_N (x_{f02} + x_f) \sqrt{\frac{2}{\rho} p_2} - C_{d0} A_0 \sqrt{\frac{2}{\rho}(p_s - p_2)} \tag{11.95}$$

由式(11.92)和式(11.95)求得主阀芯两端的稳态压力($Q_L = 0$ 时)表达式为

$$p_1 = \left\{1 + \left[\frac{C_{df} \pi D_N (x_{f01} - x_f)}{C_{d0} A_0}\right]^2\right\}^{-1} p_s \tag{11.96}$$

$$p_2 = \left\{1 + \left[\frac{C_{df} \pi D_N (x_{f02} + x_f)}{C_{d0} A_0}\right]^2\right\}^{-1} p_s \tag{11.97}$$

由式(11.96)和式(11.97)可得喷嘴压力与供油压力的比值随着挡板相对位移变化的曲线族,如图 11.22 所示。

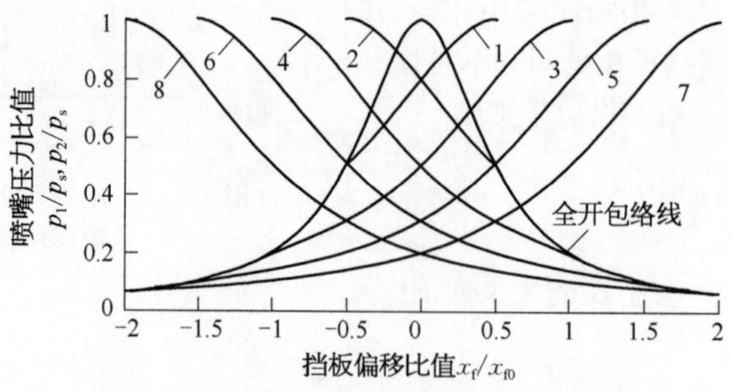

图 11.22　喷挡间隙不同时喷嘴压力比曲线族

1—$k_{g1} = 0.5$; 2—$k_{g2} = 0.5$; 3—$k_{g1} = 1$; 4—$k_{g2} = 1$;
5—$k_{g1} = 1.5$; 6—$k_{g2} = 1.5$; 7—$k_{g1} = 2$; 8—$k_{g2} = 2$

同时,可得到主阀芯两端的零位压力 ($Q_L = 0$) 为

$$p_{10} = \left[1 + \left(\frac{C_{df}\pi D_N x_{f01}}{C_{d0} A_0}\right)^2\right]^{-1} p_s = \frac{1}{1 + k_{g1}^2} p_s \tag{11.98}$$

$$p_{20} = \left[1 + \left(\frac{C_{df}\pi D_N x_{f02}}{C_{d0} A_0}\right)^2\right]^{-1} p_s = \frac{1}{1 + k_{g2}^2} p_s \tag{11.99}$$

由式(11.98)和式(11.99)可得挡板零位时喷嘴压力与供油压力的比值随着挡板偏移系数变化的曲线图,如图 11.23 所示。

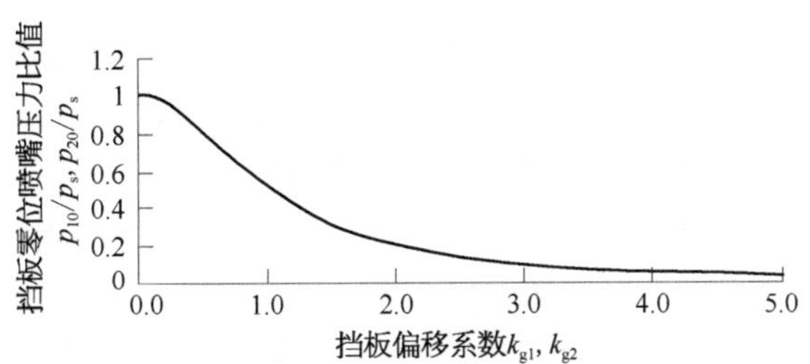

图 11.23　喷挡间隙变化时挡板零位喷嘴稳态压力比曲线

式(11.92)零位线性化后的形式为

$$\Delta Q_L = \Delta \frac{\partial Q_L}{\partial x_f}\bigg|_0 x_f + \frac{\partial Q_L}{\partial p_1}\bigg|_0 \Delta p_1 \tag{11.100}$$

在零位求式(11.92)的偏导并利用式(11.98)可得

$$\frac{\partial Q_L}{\partial x_f}\bigg|_0 = \sqrt{\frac{2}{1 + k_{g1}^2}} C_{df}\pi D_N \sqrt{p_s/\rho} \tag{11.101}$$

$$\frac{\partial Q_L}{\partial p_1}\bigg|_0 = -\left(\frac{1}{k_{g1}} + k_g\right)\sqrt{\frac{1 + k_{g1}^2}{2}} \frac{C_{df}\pi D_N x_{f0}}{\sqrt{\rho p_s}} \tag{11.102}$$

将式(11.101)和式(11.102)代入式(11.100)得

$$\Delta Q_L = \sqrt{\frac{2}{1 + k_{g1}^2}} C_{df}\pi D_N \sqrt{p_s/\rho}\Delta x_f - \left(\frac{1}{k_{g1}} + k_{g1}\right)\sqrt{\frac{1 + k_{g1}^2}{2}} \frac{C_{df}\pi D_N x_{f0}}{\sqrt{\rho p_s}}\Delta p_1 \tag{11.103}$$

同理,可求得式(11.103)线性化后的表达式为

$$\Delta Q_L = \sqrt{\frac{2}{1 + k_{g2}^2}} C_{df}\pi D_N \sqrt{p_s/\rho}\Delta x_f + \left(\frac{1}{k_{g2}} + k_{g2}\right)\sqrt{\frac{1 + k_{g2}^2}{2}} \frac{C_{df}\pi D_N x_{f0}}{\sqrt{\rho p_s}}\Delta p_2 \tag{11.104}$$

2) 喷嘴液流作用在挡板上的液动力计算　如图 11.21 所示,利用伯努利方程可求出射流作用在挡板上的液动力为

$$F_1 = \left(p_1 + \frac{1}{2}\rho v_1^2\right) A_N \tag{11.105}$$

$$v_1 = \frac{Q_2}{A_N} = \frac{C_{df}\pi D_N (x_{f01} - x_f)\sqrt{2p_1/\rho}}{\pi D_N^2/4} = \frac{4C_{df}(x_{f01} - x_f)\sqrt{2p_1/\rho}}{D_N} \tag{11.106}$$

式(11.106)代入式(11.105)可得

$$F_1 = p_1 A_N + 4\pi C_{df}^2 (x_{f01} - x_f)^2 p_1 \tag{11.107}$$

用类似的方法可推导 F_2 的方程为

$$F_2 = p_2 A_N + 4\pi C_{df}^2 (x_{f02} + x_f)^2 p_2 \tag{11.108}$$

由式(11.107)和式(11.108)得，作用在挡板上的净力为

$$F_1 - F_2 = A_N(p_1 - p_2) + 4\pi C_{df}^2 [(x_{f01} - x_f)^2 p_1 - (x_{f02} + x_f)^2 p_2] \tag{11.109}$$

11.5.1.2 初始间隙对称或不对称喷嘴挡板阀特性

根据上述喷嘴挡板初始间隙不对称的电液伺服阀喷嘴挡板阀的分析结果，同时考虑主阀芯运动的流量平衡方程、力矩马达力矩平衡方程和主阀芯力平衡方程，可利用 MATLAB/Simulink 建立电液伺服阀的仿真模型。通过改变两喷嘴挡板间隙 x_{f01}、x_{f02} 可得到不同情况下主阀芯位移和挡板偏转角的响应曲线以及容腔压力变化曲线。可得出以下结论：

(1) 单个喷嘴挡板初始间隙变化对电液伺服阀响应特性影响较小。从仿真结果看，喷嘴挡板初始间隙越小，电液伺服阀的响应越快。

(2) 双喷嘴挡板初始间隙同时变化对电液伺服阀响应特性影响较大。

(3) 双喷嘴挡板初始间隙变化量不同会引起电液伺服阀零位偏移。

11.5.2 喷嘴直径对称与不对称特性

11.5.2.1 基本方程

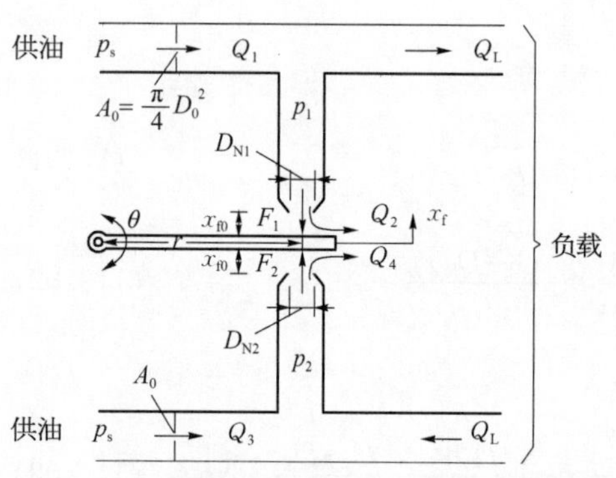

图 11.24 喷嘴直径不对称的双喷嘴挡板阀

1) 喷嘴挡板阀压力流量平衡方程　图 11.24 所示为喷嘴直径变化时双喷嘴挡板阀的原理图。当两喷嘴直径相同(图中 $D_{N1} = D_{N2}$)时称为喷嘴直径对称，当两喷嘴直径不同时称为喷嘴直径不对称。

设图 11.24 中 D_{N1}、D_{N2} 与 D_N 的关系如下

$$k_{d1} = \frac{D_{N1}}{D_N} \tag{11.110}$$

$$k_{d2} = \frac{D_{N2}}{D_N} \tag{11.111}$$

式中　k_{d1}、k_{d2} ——喷嘴直径变化系数。

根据图 11.24 以及液流的流量连续性可得

$$Q_1 = Q_2 + Q_L \tag{11.112}$$

由节流孔流量方程得

$$Q_1 = C_{d0} A_0 \sqrt{\frac{2}{\rho}(p_s - p_1)} \tag{11.113}$$

$$Q_2 = C_{df} \pi D_{N1} (x_{f0} - x_f) \sqrt{\frac{2}{\rho} p_1} \tag{11.114}$$

由式(11.113)和式(11.114)可得

$$Q_L = Q_1 - Q_2 = C_{d0} A_0 \sqrt{\frac{2}{\rho}(p_s - p_1)} - C_{df} \pi D_{N1} (x_{f0} - x_f) \sqrt{\frac{2}{\rho} p_1} \tag{11.115}$$

同样由节流孔流量方程得

$$Q_3 = C_{d0} A_0 \sqrt{\frac{2}{\rho}(p_s - p_2)} \tag{11.116}$$

$$Q_4 = C_{df} \pi D_{N2} (x_{f0} + x_f) \sqrt{\frac{2}{\rho} p_2} \tag{11.117}$$

同理，可得

$$Q_L = Q_4 - Q_3 = C_{df} \pi D_{N2} (x_{f0} + x_f) \sqrt{\frac{2}{\rho} p_2} - C_{d0} A_0 \sqrt{\frac{2}{\rho}(p_s - p_2)} \tag{11.118}$$

同样，可得稳态时 p_1、p_2 与 p_s 的关系式如下

$$p_1 = \left\{1 + \left[\frac{C_{df} \pi D_{N1} (x_{f0} - x_f)}{C_{d0} A_0}\right]^2\right\}^{-1} p_s \tag{11.119}$$

$$p_2 = \left\{1 + \left[\frac{C_{df} \pi D_{N2} (x_{f0} + x_f)}{C_{d0} A_0}\right]^2\right\}^{-1} p_s \tag{11.120}$$

由式(11.119)和式(11.120)可得喷嘴压力与供油压力的比值随着挡板相对位移变化的曲线族，如图 11.25 所示。

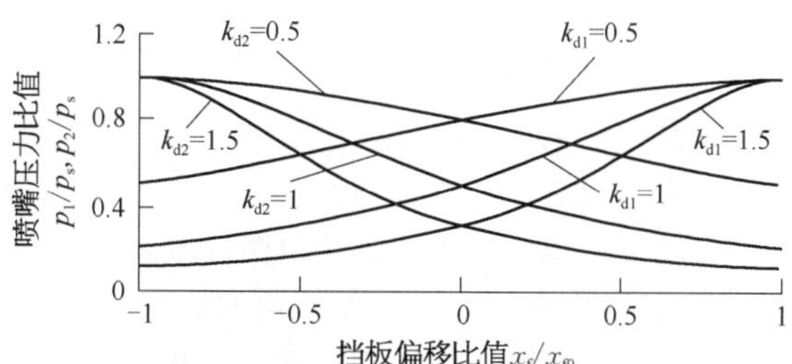

图 11.25　喷嘴直径不同时喷嘴压力比曲线族

此时，挡板中位时的零位压力表达式为

$$p_{10} = \left[1 + \left(\frac{C_{df} \pi D_{N1} x_{f0}}{C_{d0} A_0}\right)^2\right]^{-1} p_s = \frac{1}{1 + k_{d1}^2} p_s \tag{11.121}$$

$$p_{20} = \left[1 + \left(\frac{C_{df} \pi D_{N2} x_{f0}}{C_{d0} A_0}\right)^2\right]^{-1} p_s = \frac{1}{1 + k_{d2}^2} p_s \tag{11.122}$$

由式(11.121)和式(11.122)可得挡板零位时喷嘴压力与供油压力的比值随着挡板偏移系数变化的曲线，如图 11.26 所示。

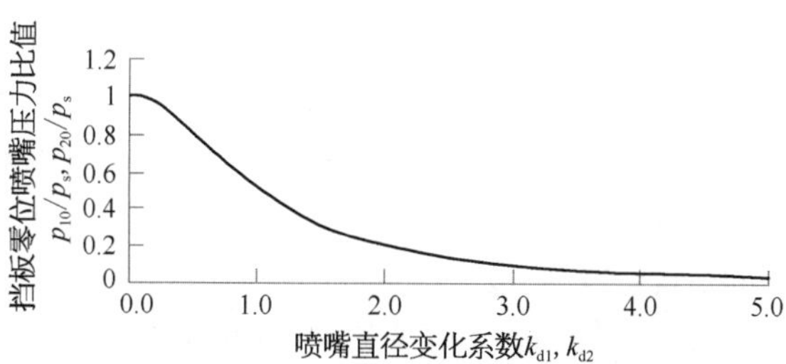

图 11.26　喷嘴直径系数变化时挡板零位喷嘴稳态压力比曲线

流量压力方程线性化的表达式为

$$\Delta Q_L = k_{d1}\sqrt{\frac{2}{1+k_{d1}^2}}C_{df}\pi D_N\sqrt{p_s/\rho}\Delta x_f - \left(\frac{1}{k_{d1}}+k_{d1}\right)\sqrt{\frac{1+k_{d1}^2}{2}}\frac{C_{df}\pi D_N x_{f0}}{\sqrt{\rho p_s}}\Delta p_1 \quad (11.123)$$

$$\Delta Q_L = k_{d2}\sqrt{\frac{2}{1+k_{d2}^2}}C_{df}\pi D_N\sqrt{p_s/\rho}\Delta x_f + \left(\frac{1}{k_{d2}}+k_{d2}\right)\sqrt{\frac{1+k_{d2}^2}{2}}\frac{C_{df}\pi D_N x_{f0}}{\sqrt{\rho p_s}}\Delta p_2 \quad (11.124)$$

2) 喷嘴液流作用在挡板上的液动力计算　如图 11.25 所示，利用伯努利方程可求出射流作用在挡板上的液动力为

$$F_1 = \left(p_1 + \frac{1}{2}\rho v_1^2\right)A_{N1} \quad (11.125)$$

$$v_1 = \frac{Q_2}{A_{N1}} = \frac{C_{df}\pi D_{N1}(x_{f0}-x_f)\sqrt{2p_1/\rho}}{\pi D_{N1}^2/4} = \frac{4C_{df}(x_{f0}-x_f)\sqrt{2p_1/\rho}}{D_{N1}} \quad (11.126)$$

式(11.126)代入式(11.125)可得

$$F_1 = p_1 A_{N1} + 4\pi C_{df}^2(x_{f0}-x_f)^2 p_1 \quad (11.127)$$

用类似的方法可推导 F_2 的方程为

$$F_2 = p_2 A_{N2} + 4\pi C_{df}^2(x_{f0}+x_f)^2 p_2 \quad (11.128)$$

由式(11.127)和式(11.128)得，作用在挡板上的净力为

$$F_1 - F_2 = A_{N1}p_1 - A_{N2}p_2 + 4\pi C_{df}^2[(x_{f0}-x_f)^2 p_1 - (x_{f0}+x_f)^2 p_2] \quad (11.129)$$

11.5.2.2　对称喷嘴直径与不对称喷嘴直径的影响

利用 MATLAB/Simulink 建立喷嘴直径不对称的电液伺服阀仿真模型。通过改变两喷嘴直径 D_{N1}、D_{N2} 可得到不同情况下主阀芯位移和挡板偏转角的响应曲线以及喷嘴容腔压力变化曲线。对称喷嘴直径与不对称喷嘴直径的影响主要表现在以下几个方面：

(1) 单个喷嘴直径变化对电液伺服阀响应特性影响较小。从理论结果看，喷嘴直径越大，电液伺服阀的响应越快。

(2) 双喷嘴直径同时变化对电液伺服阀响应特性影响较大。

(3) 双喷嘴直径变化量不同会引起电液伺服阀零位偏移。

力反馈电液伺服阀喷嘴挡板阀的性能试验中曾发生以下现象：某飞行器电液伺服阀在生产、制造、调试合格后，出厂前经过高低温下(−40 ℃, 120 ℃)环境试验考核。环境试验过程为：将伺服阀安装在高低温实验设备上，将环境和油液温度调节到技术条件规定的温度，一般保温 24 h 后启动油泵。输入额定电流的正弦波信号作流量回线，验证基本功能。然后，油液循环自然升温，温度上升至最高温后停机，记录温漂范围和幅值。在测试过程中发现某些电液伺服阀在极限高低温(−40 ℃, 120 ℃)下测试没有问题。恢复常温后，在0 ℃、40 ℃、70 ℃测试时，流量出现了锯齿波曲线，其反馈特性也发生变化。试验中还发现，温度零漂较大的阀其喷嘴端部具有较大的毛刺，若更换没有毛刺或毛刺很小的喷嘴，即可使温漂显著减小；节流孔形状不好或有较大毛刺时，电液伺服阀产生较大的零偏；若调换左右喷嘴或节流孔则产生反向的零位漂移。

导致产生上述试验现象的主要原因有：

(1) 结合电液伺服阀的结构，考虑到液压油温度由低温向高温转变过程中，油温升高可能导致节流孔和喷嘴挡板可变节流孔之间的雷诺数变化增大，温升经油液和阀内元件之间传热，内部零件由于热胀冷缩作用引起了喷嘴阀口特性变化，喷嘴挡板间距发生变化，特别是喷嘴挡板流量

系数不对称性增大，从而使油液压力脉动导致喷嘴腔油液压力的瞬时不对称性加剧，造成了压力和流量之间的波动。本章第五节的分析结果表明，当喷嘴挡板间隙发生变化时电液伺服阀的响应特性发生变化，同时还引起零位偏移，理论分析的结果与试验现象一致。

(2) 喷嘴部分受油液污染物影响时，例如毛刺、金属颗粒以及运行时产生颗粒，可能导致喷嘴出口堵塞或半堵塞。两喷嘴堵塞状况不同时输出流量会发生偏移现象，调换左右喷嘴时其零位反向漂移。本节两种非对称结构下电液伺服阀响应特性分析的结果可视为喷嘴堵塞的一种状况，分析结果表明当喷嘴容腔两节流器开度不同时，电液伺服阀的响应特性因挡板的偏移方向不同而发生改变，同时也会发生零位漂移。

针对试验现象所采取的措施有：

(1) 电液伺服阀的生产、制造过程中，可采用通过喷嘴挡板阀负载容腔压力间接测量进行喷嘴筛选，即流量配对和压力配对的筛选。保证同一台伺服阀的喷嘴具有相同的喷嘴内径，从而减少喷嘴的不对称性引起的故障。

(2) 增加液压温度配对试验，如 0 ℃、40 ℃、70 ℃的三组温度时的配对筛选。生产加工上，要求节流孔孔型好、没有毛刺、节流长度尽量小，喷嘴孔型好、端面环度尽量窄、没有毛刺；要求考虑喷嘴环带宽度、同轴度等指标，采用专用刀具和工装加工固定节流孔和喷嘴孔。

参考文献

[1] 訚耀保，孟伟. 非对称喷嘴挡板式电液伺服阀特性分析. 中国机械工程，2011，22(4)：957-960，970.

[2] 訚耀保，孟伟，黄伟达. 电液伺服阀力矩马达的综合刚度[J]. 机械设计与研究，2009，25(5)：82-84.

[3] 訚耀保，孟伟，徐涛. 基于幅值裕度的电液伺服阀优化设计[J]. 中国工程机械学报，2009，7(2)：161-165.

[4] Yin Y B, Meng W, Sheng Y Z, et al. Analysis of electro-hydraulic servovalve with an asymmetric nozzle flapper [C]// Proceedings of 2009 Asia-Pacific International Symposium on Aerospace Technology. Japan: The Japan Society for Aeronautical and Space Sciences, 2009: 103-108.

[5] Yin Y B, Li C M, Zhou A G, et al. Research on characteristics of hydraulic servovalve under vibration environment [C] //Proceedings of the Seventh International Conference on Fluid Power Transmission and Control (ICFP 2009), Hangzhou, April 7-10, 2009, Beijing: Beijing World Publishing Corporation, 2009: 917-921.

[6] 訚耀保，孟伟. 喷嘴挡板伺服阀的喷嘴挡板间隙的一种间接测量方法：CN101694378A[P]. 2010-04-14.

[7] 訚耀保，李玲，孟伟. 带阻尼节流器的喷嘴挡板阀：CN201714727U[P]. 2011-01-19.

[8] 訚耀保. 极端环境下的电液伺服控制理论及应用技术[J]. 上海：上海科学技术出版社，2012.

[9] 訚耀保. 极端环境下飞行器电液伺服阀特性研究[R]. 国家自然科学基金资助项目结题报告(50775161)，2011. 1. 20.

[10] 訚耀保. 偏转板射流伺服阀和射流管伺服阀的基础理论研究[R]. 国家自然科学基金资助项目进展报告(51475332)，2015. 12. 20.

[11] 訚耀保. 射流伺服阀流场分析[R]. 航空科学基金项目结题报告(20120738001)，2014. 9. 30.

[12] 訚耀保. 飞行器舵机系统关键基础理论研究[R]. 上海市浦江人才计划(A类)总结报告(06PJ14092)，2008. 9. 30.

[13] 孟伟. 电液伺服阀性能的关键技术研究[D]. 上海：同济大学硕士学位论文，2010.

[14] 王显正，范崇托. 控制理论基础[M]. 北京：国防工业出版社，1980.

[15] 朱忠惠，陈孟荦. 推力矢量控制伺服系统[M]. 北京：宇航出版社，1995.

[16] 同济大学应用数学系. 高等数学[M]. 北京：高等教育出版社，2006.

第 12 章

极端温度环境下的电液伺服阀

电液伺服阀作为液压伺服系统的核心部件，其性能（如零位、增益、滞回宽度等特性）直接决定了电液伺服系统的特性。当环境温度变化时，液压滑阀阀芯阀套之间的滑动副间隙发生变化，容易引起阀芯阀套间的磨损、卡死、卡滞、压力损失增加或泄漏加剧等现象；油液黏度随油温变化而变化，阀开口处的节流作用产生温升，造成阀内温度分布不均匀，阀内局部受热，阀芯阀套发生热膨胀；磁性材料性能也受温度影响。为此，需要分析温度对电液伺服阀配合间隙以及阀内流场等的影响，包括环境温度对电液伺服阀滑阀零件尺寸以及配合间隙的影响，不同初始温度下阀内流场分布和温度分布，以及液压油的高低温特性，温度对永磁体、导磁体的影响。

12.1 温度对电液伺服阀配合间隙的影响

温度变化引起电液伺服阀组成部件及其配合尺寸发生变化，进而影响电液伺服阀的性能。环境温度变化对液压元件最直接的影响是热胀冷缩引起零件变形，配合间隙发生变化：间隙过大会增加阀内部泄漏；间隙过小，阀芯阀套容易卡死。电液伺服阀体积小，组成伺服阀的零件尺寸更小，其中很多零件还有特殊的形状。例如反馈杆是一根又细又长的弹性杆，最大直径只有 1.5 mm，而长度大于 30 mm；反馈杆一端为圆柱体，另一端为毫米级的球体，中部为圆锥体；弹簧管的中部壁厚为 0.05～0.07 mm，要求承受 30 MPa 的压力；挡板也是一个细长的零件，大端外径只有 3 mm，而中间有一个 1.5 mm 的精密通孔，小端有两个对称的小平面。其他零件，如喷嘴、节流孔等也都是小而特殊的零件。电液伺服阀各零件之间具有各种轴向尺寸和径向尺寸配合情况，如阀芯和阀套之间的间隙配合量为 1.5～4 μm；阀套和阀体之间的过盈配合量为 2 μm（或间隙配合 2 μm）；衔铁中孔和弹簧管的小端外径为过盈配合，过盈量为 8～12 μm；弹簧管中孔与挡板大端之间是过盈配合，过盈量为 4～6 μm；挡板内径与反馈杆之间为过盈配合，过盈量为 3～5 μm；反馈杆下的小球与阀芯的中槽为无间隙啮合；喷嘴和阀体为过盈配合，喷嘴前端的压入量为4～7 μm。当温度降低，配合量减小、间隙增加时，会造成泄漏量过大，电液伺服阀零漂大，某些结构的伺服阀节流孔组件在阀体内会出现窜动等现象；温度升高，如过盈配合尺寸增大时，配合应力增大，变形量增加。此外，温度升高时，阀芯以小球为中心向两端热膨胀，阀套在阀体内轴向对称膨胀，轴向配合的不对称性还可能引起零漂现象。

材料的热膨胀性常用线膨胀系数 α 表示，其含义为温度每上升 1 ℃，单位长度的伸长量（1/℃）。由材料力学可知，物体温度上升 ΔT 时，材料长度的伸长量为

$$\Delta l = \alpha l \Delta T \tag{12.1}$$

某飞行器电液伺服阀常用的几种材料平均线膨胀系数见表 12.1。

表 12.1　某飞行器电液伺服阀部件材料及其热膨胀系数

部件名称	材料名称	线膨胀系数 $\alpha\times10^{-6}(1/℃)$	温度范围(℃)
阀芯	Cr12MoV	11.4	20～400
阀套	Cr12MoV	11.4	20～400
弹簧管衔铁	QBe1.9	17.6	20～200
挡板	1J50	9.2	20～200
反馈杆导磁体	Ni36CrTiAl	12～14	20～100
节流阻尼件	Ni36CrTiAl	12～14	20～100
阀体	1J50	9.2	20～200
喷嘴	黄铜 HFe59-1-1	22	20～300
线隙式滤管	0Cr17Ni4Cu4Nb	11.1	20～200
	Ni36CrTiAl	12～14	20～100
	1Cr18Ni9Ti	17	20～200

采用这些工程材料的一些精密配合偶件之间由于其间隙很小，既要保证被包容件在包容件里能往复运动，又要保证密封性，尽量减小泄漏量，这就要求精密配合偶件设计时尽量考虑采用热膨胀系数较小或者相近的材料作配合偶件，以保证其温度适应性和可靠性。由于温度变化引起的电液伺服阀零件尺寸的变化，从而影响电液伺服阀的输出性能。配合量减小时会造成电液伺服阀零漂大，节流孔组件在阀体内窜动等；温度升高过盈配合尺寸增大，会造成配合处应力增大，严重时会造成变形量增加。电液伺服阀常用的密封材料为丁腈橡胶。密封件材料与工作液相适应，对石油基液压油，可采用丁腈橡胶、氟硅橡胶等；而工作液为抗燃油时，如磷酸酯液压油，则应采用丁基橡胶。选用密封件材料时，还应考虑阀的工作环境和工作液的温度。丁腈橡胶中材料牌号为 5080，可用于环境和工作液环境温度范围为 −40～150 ℃；氟硅橡胶较软，其强度不如 5080。在低温下，丁腈橡胶密封件会发生硬化冷脆现象，材料弹性降低，低温导致过盈量减小，引起阀套和阀体的密封面接触压力下降，泄漏量增大。同时，由于低温下材料的弹性变形回复能力降低，密封件对偏心的追随能力降低；高温时橡胶密封件、软管等器件易出现早期老化、材料失去弹性，强度降低，耐压性降低，同时永久变形增加，引发失效的现象。工作温度越高，O 形圈的永久密封变形也就越大。当永久变形大于 40%时，O 形圈就会失去密封能力而发生泄漏。在低温工作时，橡胶材料 O 形圈压缩变形的初始应力也将随着 O 形圈的弛张过程和温度下降而逐渐降低甚至消失。

温度变化时阀套和阀芯径向配合间隙的变化量由两部分组成：一部分为阀套内半径的变化量；另一部分为阀芯半径的变化量。阀芯和阀套之间径向间隙的变化量可近似表达为

$$\delta=[\eta\alpha_1(r_2-r_1)+\alpha_2 r_1]\Delta T \tag{12.2}$$

式中　α_1、α_2——阀套和阀芯的材料线膨胀系数(1/℃)；

r_1、r_2——阀芯半径和阀套外半径(mm)；

η——阀套和阀体配合对阀套膨胀量的影响系数。

图 12.1 和图 12.2 分别为某飞行器电液伺服阀阀套和阀芯的结构示意图。其中，A、B、C 分别为阀套节流窗口之间的轴向配合距离。阀套内径为6 mm，外径为 16 mm，阀芯与阀套常温下的配合间隙为 4 μm。当温度升高时，其配合间隙减小。温度过高时，阀芯阀套之间的相对运动受到影响，可能导致卡死。环境温度 25 ℃，当液压油温度升高至 120 ℃时，阀套和阀芯的材料线膨胀系数 $\alpha_1=11.4\times10^{-6}$/℃，根据式(12.2)可算得阀套间隙变化量 δ 为3.8 μm。此时，理论上可得知阀芯阀套之间的配合状态由间隙配合转化为过盈配合的临界状态，温度高于 120 ℃时往往导致卡死现象。

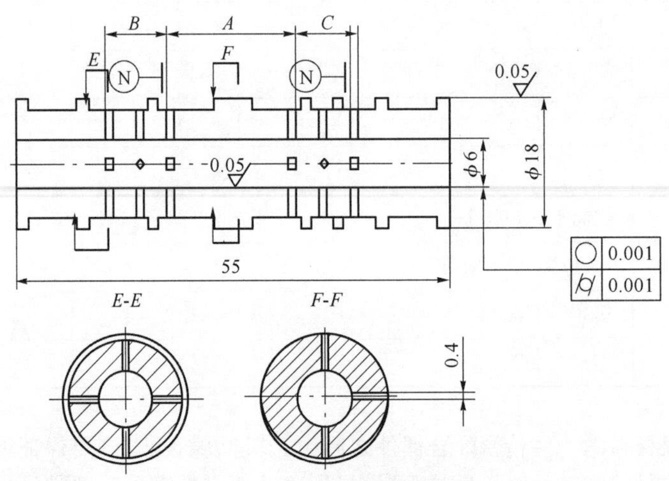

图 12.1　电液伺服阀阀套结构

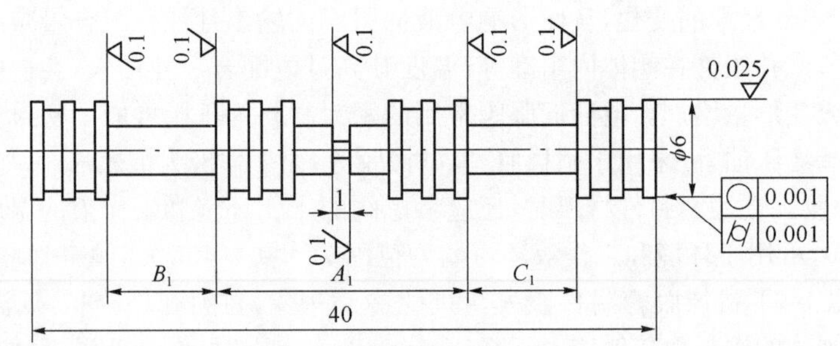

图 12.2　电液伺服阀阀芯结构

衔铁和上下导磁体受热胀冷缩作用，气隙发生变化。常温下，初始气隙长度为 0.25 mm，温度 150 ℃时气隙长度为 0.244 mm，低温－40 ℃时长度为0.253 mm。气隙变化间接影响了控制线圈的磁通量。材料受热膨胀，也容易导致喷嘴挡板处的间隙随温度升高而变小，进而影响流量、压力增益。

12.2　温度对液压油黏度的影响

液压油黏度随温度升高而降低，随压力增加而增大。在－20～80 ℃下，液压油黏度随温度变化关系为

$$\gamma_{pt} = \gamma_0 e^{\alpha p - \lambda(t - t_0)} \tag{12.3}$$

式中　γ_{pt}——温度 t ℃，压力 p 时的液压油运动黏度；

γ_0——温度 t_0 ℃，压力为 0.1 MPa 时的液压油运动黏度；

λ——液压油黏温系数，可取$(1.8\sim3.6)\times10^{-2}$/℃；

α——黏压系数，取决于液体的流体性质，可近似取为$(2\sim3)\times10^{-8}$/Pa。

常用体积热膨胀系数 γ 表示液压油的热膨胀性能。表 12.2 所示为 YH－12 航空液压油的体积热膨胀系数。

表 12.2　YH－12 航空液压油体积热膨胀系数

液压油温度(℃)	－30～0	0～20	20～50	50～80	80～110	110～150
体积热膨胀系数 $\gamma(10^{-4}/K)$	6.7	8.1	8.6	9.0	9.5	9.8

12.3　温度对阀腔流场的影响

液压油通过电液伺服阀进口流入，由节流口进入阀腔后流出。滑阀通常有几个阀腔，这里采用其中一个阀腔来研究阀内流体的流动状态。如图 12.3 所示，为方便起见，将模型简化为一个入口压力 10 MPa，节流口开度 0.2 mm，出口压力 0.1 MPa 的二维模型。为分析不同初始温度下的流场，作以下假设：

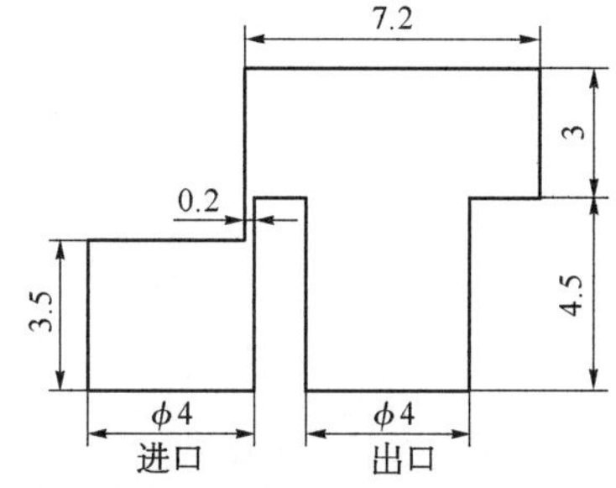

图 12.3　阀口开度为 50%时的阀腔简化二维模型

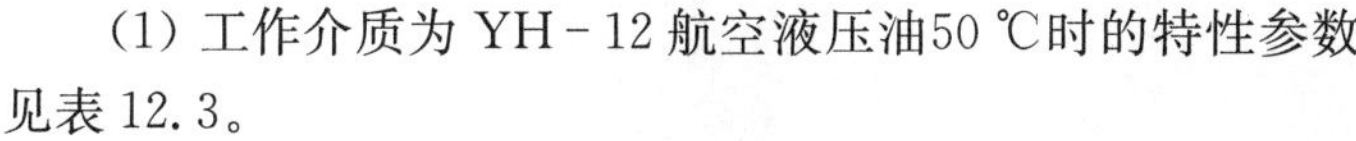

(1) 工作介质为 YH－12 航空液压油50 ℃时的特性参数见表 12.3。

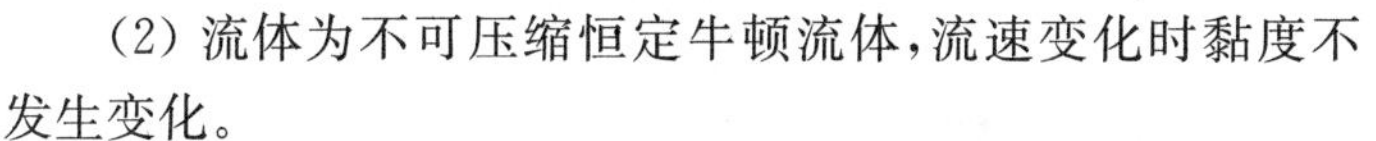

(2) 流体为不可压缩恒定牛顿流体，流速变化时黏度不发生变化。

(3) 采用有限体积数值计算方法 SIMPLE（simi－implicit method for pressure linked equations)求解离散方程组。

(4) 固壁界面采用无滑移边界和壁面函数法条件求解，假设壁面温度与周围环境温度一致。

(5) 在不同温度下按照流动以及模型的雷诺数计算结果可知，低温－40 ℃时为层流，50 ℃和 150 ℃时为紊流状态。层流采用 Laminar(层流)模型直接进行流动模拟，考虑流动过程中的能量转换和损失，求解流体时采用流体流动质量守恒方程、动量守恒 N－S 方程和能量守恒方程。

表 12.3　YH－12 航空液压油 50 ℃时的计算参数

YH－12 航空液压油参数	数值	YH－12 航空液压油参数	数值
动力黏度 μ(Pa・s)	0.010 21	比热容 C_v[J/(kg・℃)]	2 040
热导率 λ[W/(m・℃)]	0.122	密度 $\rho(kg/m^3)$	847

紊流时采用 k-ε 紊流模型,紊流动能为

$$k = 1.5 \times (vI)^2 \tag{12.4}$$

紊流能量耗散为

$$\varepsilon = c_u^{0.75} k^{1.5} / l \tag{12.5}$$

式中 v——入口速度;
　　I——紊流强度;
　　c_u——系数,取为 0.09;
　　l——紊流长度。

网格划分在 Gambit 上首先分为 21 520 个四面体网格,经过 Fluent 初步计算温度,以温度梯度为基点采用自适应性网格修改功能改进网格后继续运算。计算结果如图 12.4～图 12.6 所示。

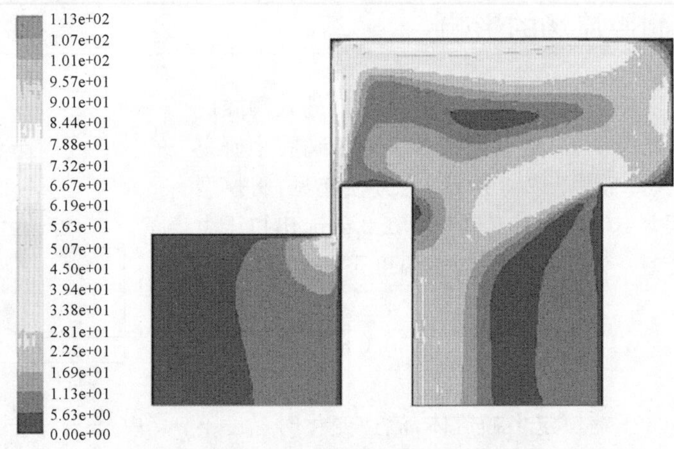

图 12.4　初始温度 50 ℃时阀腔内流体速度分布

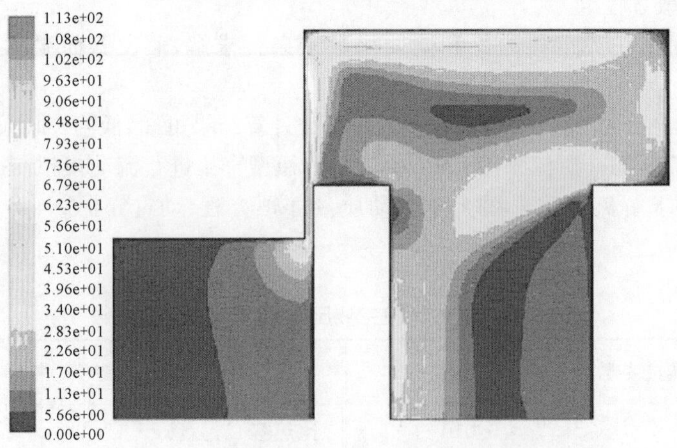

图 12.5　初始温度 150 ℃时阀腔内流体速度分布

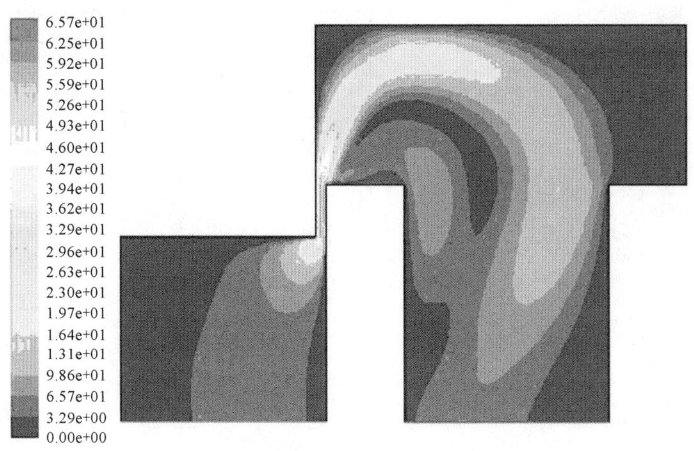

图 12.6　初始温度−40 ℃时阀腔内流体速度分布

由图 12.4～图 12.6 对比可得：阀道内的速度在节流口处出现高速射流，阀腔内出现旋涡现象，旋涡从主流中吸收大量的能量，加大了流道中的能量损失，容易引起阀腔中的温升。经过图 12.4 和图 12.5 对比可得，紊流时速度分布变化不大；图 12.6 的层流时出口速度比紊流要低。

图 12.7～图 12.9 分别为初始温度 50 ℃、150 ℃、−40 ℃时阀腔内流体的温度分布。由图 12.7 和图 12.8 可得：由于紊流时液体流速较高，温升集中在节流口处，黏性制约力减弱，惯性力起主导作用，液体能量主要消耗在动能损失上，对阀内流体温升变化影响不大；图 12.9 的层流时黏性力起主导作用，液体能量大部分消耗在液体之间的摩擦损失上，在阀腔出口处温度最高达到了−31.7 ℃。例如在进口压力 10.5 MPa、出口压力 2.3 MPa 时，伺服阀在中、高温时，节流产生的热量传递到阀芯后达到热平衡时，阀芯的温升为 5～6 ℃；低温时约为 8 ℃。

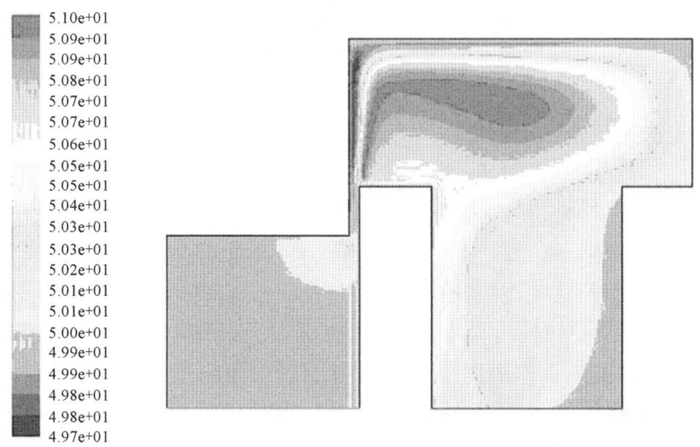

图 12.7　初始温度 50 ℃时阀腔内流体温度分布

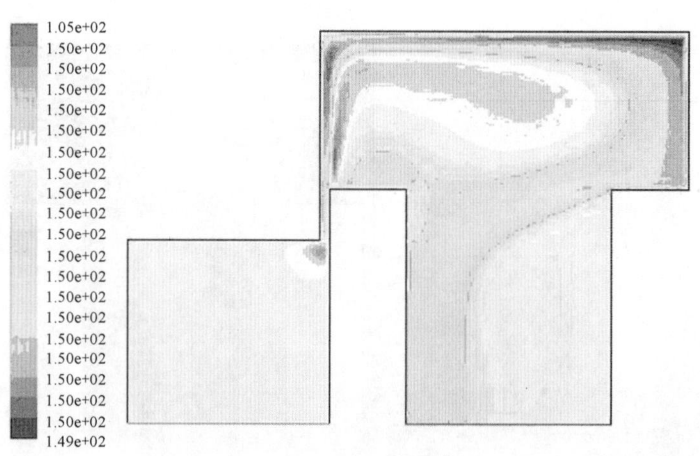

图 12.8 初始温度 150 ℃ 阀腔内流体温度分布

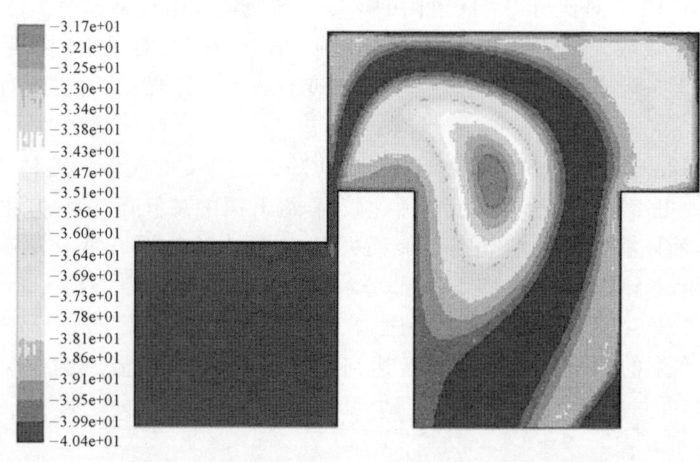

图 12.9 初始温度−40 ℃时阀腔内流体温度分布

12.4 温度对磁性材料的影响

环境温度也影响磁性材料特性,进而影响伺服阀流量增益等性能。电液伺服阀的力矩马达永磁体通常采用可加工磁钢 Fe - Cr - Co 系永磁合金或不宜机加工的 Al - Ni - Co 系永磁合金。目前在某些电液伺服阀中开始使用剩磁、矫顽力以及磁能积较大且机械强度较高的永磁材料钕铁硼(NdFeB)。选取磁性材料时,需要考虑涡流、磁滞以及线圈电阻热功耗导致的线圈发热以及环境温度的影响,永磁体最高工作温度应低于材料的居里温度点(一般在 310~400 ℃)。

导磁体常用材料为铁镍软磁合金 1J50。温度升高时,硬磁材料的剩磁感应和矫顽力下降。当温度在−60~100 ℃时,软磁材料 1J50 的起始磁导率在 4 000~7 000 H/m 内变动,最大磁导率在 38 000~50 000 H/m 内变动。软磁材料的磁导率下降,磁阻增加,也会使工作点发生变动。

12.5 试验案例及其结果分析

1) 电液伺服阀高温、低温性能试验中发现的问题　某飞行器电液伺服阀在生产、制造、调试合格后，出厂前经过高低温(−40 ℃，120 ℃)环境试验考核。环境试验过程中，将电液伺服阀安装在高低温实验设备上，环境和油液温度调节到技术条件规定的温度，一般保温 24 h 后启动油泵。输入额定电流的正弦波信号做流量循环试验，验证基本功能。然后，油液循环自然升温，温度上升至最高温度后停机，记录温漂范围和幅值。

在某几次测试过程中发现某些电液伺服阀在高低温(−40 ℃，120 ℃)下测试没有问题。恢复常温后，分别在温度为 0 ℃、40 ℃、70 ℃时进行性能测试，流量出现了锯齿波曲线。此外，经常在试验中发现，温度零漂较大的电液伺服阀其喷嘴端部具有较大的毛刺，若更换没有毛刺或毛刺小的喷嘴，即可使温漂显著减小；节流孔形状不好或有较大毛刺时，伺服阀温漂大；若调换左右喷嘴或节流孔可以使温漂反向。

2) 原因分析

(1) 结合电液伺服阀的结构，考虑到液压油温度由低温向高温转变过程中，油温升高可能导致节流孔和喷嘴挡板可变节流孔之间的流体流动状态变化，温升经油液和阀内元件之间传热，内部零件由于热胀冷缩作用引起了喷嘴阀口特性变化，喷嘴挡板间距发生变化，特别是喷嘴挡板流量系数不对称性增大，从而使油液压力脉动导致喷嘴腔油液压力的瞬时不对称性加剧，造成压力和流量之间的波动。

(2) 液压系统低温时，由于温升导致液流流动状态发生改变，当由低温时的附壁流动转为自由流动时，流动呈现不稳定状态，流态切换时，流量系数发生突变，可能导致阀的输出发生突变，流量出现“跳突”现象。

(3) 喷嘴部分受油液污染物影响时，如毛刺、金属颗粒以及运行时产生颗粒，可能导致喷嘴出口堵塞或半堵塞。喷嘴半堵塞时输出流量会发生偏移现象。

(4) 在某次试验中，油箱中油液量较少，导致温升很快，达到 5～10 ℃/min，在很短时间里达到了 100 ℃。

3) 针对上述问题所采取的工艺措施

(1) 电液伺服阀的生产、制造过程中，进行喷嘴筛选，即流量配对和压力配对的筛选。

(2) 增加液压温度配对试验，如 0 ℃、40 ℃、70 ℃三组温度时的配对筛选。

(3) 生产加工上，考虑喷嘴环带宽度、同轴度等对喷嘴输出的影响，采用专用刀具和工装加工固定节流孔和喷嘴孔，采取措施通过改变公差和增加测试，筛选出合格的配对产品，保证同一台伺服阀的喷嘴具有相同的喷嘴内径，从而减少喷嘴的不对称性引起的故障。

(4) 为减少黏度随温度变化产生的零漂，应尽量保证液压放大器的对称性，减少黏度对流动性能的影响，要求节流孔孔型好、没有毛刺、节流长度尽量小，喷嘴孔型好、端面环度尽量窄、没有毛刺。而要做到这点，应使节流孔和喷嘴基体具有较高的硬度，孔型和环带应进行磨削加工。

4) 结论

(1) 设计电液伺服阀时应满足在高低温环境下均能正常工作的要求，配合尺寸设计需要综合考虑大温度范围的影响，保证阀芯灵活运动，且尽可能小的内泄漏。

(2) 电液伺服阀在节流口处出现高速射流，阀内出现漩涡现象，易引起阀腔内部的局部温升。高温时，处于紊流状态，流速较高，温升集中在节流口处；低温时，处于层流状态，主要为液体的摩擦损失。

(3) 选取磁性材料时，需要考虑涡流、磁滞以及线圈电阻热功耗导致的线圈发热以及环境温度的影响，包括永磁体的居里点温度和软磁材料的温度特性等。

参考文献

[1] 闾耀保，俞丛义，陆泰琳，等. 极端温度环境下飞行器液压蓄能器与气瓶特性研究[J]. 流体传动与控制，2006(5)：10－13.

[2] 闾耀保，肖其新，闫世敏. 温度对电液伺服阀的影响分析[J]. 流体传动与控制，2008(6)：23－26.

[3] 闾耀保，俞丛义，陆泰琳，等. 飞行器液压控制系统气腔压力特性研究[J]. 自动驾驶仪与红外技术，2006(2)：8－12.

[4] 闾耀保，黄伟达，李玲，等. 电液伺服阀阀套组件装配应力有限元分析[J]. 液压气动与密封，2010，30(12)：28－32.

[5] 闾耀保，徐娇珑，胡兴华，等. 飞机液压系统油液温度分析[J]. 液压与气动，2010(9)：55－58.

[6] 闾耀保，徐娇珑，胡兴华，等. 飞机液压系统油液温度分析[C]//第六届全国流体传动与控制学术会议暨中国-日本流体动力主题论坛第一次会议论文集，兰州，2010：1－4.

[7] 闾耀保. 极端环境下的电液伺服控制理论及应用技术[M]. 上海：上海科学技术出版社，2012.

[8] 工程材料实用手册编辑委员会. 工程材料实用手册[M]. 北京：中国标准出版社，2002.

[9] 任光融，张振华. 电液伺服阀制造工艺[M]. 北京：宇航出版社，1988.

[10] 张俊. 高低温环境对液压元件的影响[J]. 机床与液压，2002(5)：165－166.

[11] 林其壬，赵佑民. 磁路设计原理[M]. 北京：机械工业出版社，1987.

[12] 沈德均，王志山. 力反馈电液伺服阀的温度零飘[J]. 液压与气动，1983(3)：15－21.

第 13 章 振动、冲击、离心环境下的电液伺服阀

电液伺服机构随整机的使用过程往往需要承受各种振动冲击环境的考核。飞行器飞行过程中，受到各种环境因素的影响，特别是复杂的冲击、振动环境的影响。地面实验室的理想情况下，一般电液伺服阀阀体是静止不动的，阀体位移、运动速度、运动加速度均为零，电液伺服阀各部件的运动状态不受牵连运动的影响。当电液伺服阀所在整机如伺服机构部件受到振动、冲击后，电液伺服阀的阀体不再静止，阀内各部件同时受到阀体牵连运动的影响而变为合成运动，即阀内各部件相对阀体具有运动，同时阀体相对于绝对坐标系处于运动状态。本章介绍电液伺服阀在振动、冲击或离心环境下工作时的数学模型、基本特性以及制振措施。

13.1 振动、冲击环境下的电液伺服阀

本节所研究的振动冲击信号归纳为三类：单位阶跃加速度信号、单位脉冲加速度信号和振动信号。以力反馈式两级电液伺服阀如某飞行器电液伺服阀和 Moog 31 型电液伺服阀为对象，分别介绍单位阶跃加速度、单位脉冲加速度下的电液伺服阀特性，以及振动环境下电液伺服阀的频率响应特性、抗冲击措施和制振措施。

13.1.1 振动、冲击环境下的电液伺服阀数学模型

所研究的振动信号与主滑阀阀芯运动方向相同，均为 x 方向，电液伺服阀阀体在 x 方向上做平动。平动式牵连运动的合成运动规律如下

$$x_v = x_r + x,\ \frac{dx_v}{dt} = \frac{dx_r}{dt} + \frac{dx}{dt},\ \frac{d^2x_v}{dt^2} = \frac{d^2x_r}{dt^2} + \frac{d^2x}{dt^2}$$

式中 x_v、$\frac{dx_v}{dt}$、$\frac{d^2x_v}{dt^2}$——主滑阀阀芯的绝对位移、绝对速度、绝对加速度；

x_r、$\frac{dx_r}{dt}$、$\frac{d^2x_r}{dt^2}$——主阀芯相对于阀体的位移、速度、加速度；

x、$\frac{dx}{dt}$、$\frac{d^2x}{dt^2}$——阀体相对于绝对坐标系的位移、速度、加速度。

变换可得

$$x_r = x_v - x,\ \frac{dx_r}{dt} = \frac{dx_v}{dt} - \frac{dx}{dt},\ \frac{d^2x_r}{dt^2} = \frac{d^2x_v}{dt^2} - \frac{d^2x}{dt^2}$$

为得到振动冲击环境下电液伺服阀的数学模型，需要将理想工况下所涉及的一些数学表达

式做相应的调整。双喷嘴挡板阀的挡板具有位移 x_f 时，双喷嘴挡板阀两负载口有流量 Q_1、Q_2，两控制腔压力分别为 p_{1P}、p_{2P}。两喷嘴与回油节流孔之间的回油溢流腔压力为 p_r，容积为 V_r，由于油液受压后体积会压缩。考虑双喷嘴挡板阀和主阀两腔液压油的压缩性，可得到主阀芯的控制压力式为

$$\frac{\mathrm{d}p_{LP}}{\mathrm{d}t}=\frac{2\beta_e}{V_{0P}}\left(Q_L-A_v\frac{\mathrm{d}x_r}{\mathrm{d}t}\right) \tag{13.1}$$

通过滑阀受力情况的分析，可得到滑阀的运动方程为

$$\frac{\mathrm{d}^2x_r}{\mathrm{d}t^2}=\frac{1}{m_v}\left[F_t-(B_v+B_{f0})\frac{\mathrm{d}x_r}{\mathrm{d}t}-K_{f0}x_r-F_i\right]-\frac{\mathrm{d}^2x}{\mathrm{d}t^2} \tag{13.2}$$

由于滑阀阀芯的移动，反馈杆球头受其牵引，反馈杆随之产生挠性变形。反馈杆的力平衡式为

$$F_i=K_f[(r+b)\theta+x_r] \tag{13.3}$$

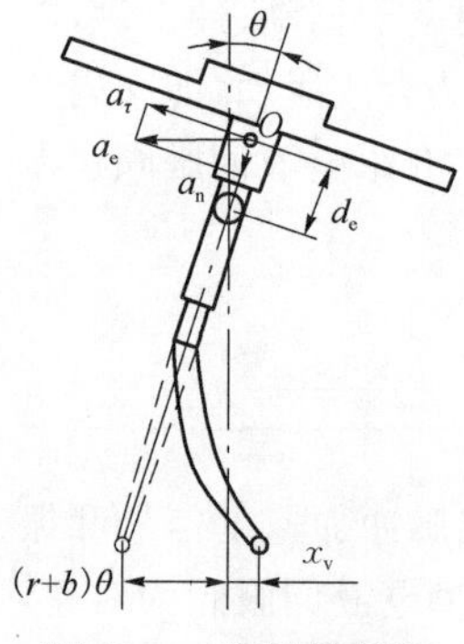

图 13.1 衔铁挡板组件受牵连加速度示意图

此外，衔铁挡板组件与弹簧管顶端刚性连接，弹簧管为弹性元件，在伺服阀阀体振动时，衔铁挡板组件也会受到牵连运动的影响，如图 13.1 所示。

衔铁挡板质心与弹簧管旋转中心不重合，相距 d_e。由牵连加速度 a_e 分解得切向加速度 a_τ 和法向加速度 a_n。法向加速度与衔铁挡板组件质量所产生的力可以由弹簧管来平衡；而切向加速度与衔铁挡板组件质量所产生的力垂直于衔铁挡板中心线，该力将产生对弹簧管的附加力矩。由于 θ 相当小，则

$$a_\tau\approx a_e$$

$$a_e=\frac{\mathrm{d}^2x}{\mathrm{d}t^2}$$

衔铁由弹簧管支撑，悬于上下导磁体工作气隙之间。它受电磁力矩作用而产生偏转，由于其与挡板反馈杆组件刚性连接，所以也受到挡板液动力力矩、反馈杆回位力矩的作用。衔铁的力矩平衡方程式为

$$T_d+m_a\frac{\mathrm{d}^2x}{\mathrm{d}t^2}d_e=J_a\frac{\mathrm{d}^2\theta}{\mathrm{d}t^2}+B_a\frac{\mathrm{d}\theta}{\mathrm{d}t}+K_a\theta+T_L \tag{13.4}$$

上述方程式组成了振动冲击环境下电液伺服阀的数学模型。根据此数学模型可以通过数学计算和仿真来分析振动冲击环境下的电液伺服阀特性。由式(13.2)和式(13.4)可以看出采用加速度形式的振动信号最方便研究。下述的振动信号、冲击信号均采用加速度形式。

13.1.2 单位阶跃加速度环境下的电液伺服阀

以力反馈式电液伺服阀如某飞行器电液伺服阀和 Moog 31 型电液伺服阀为例，根据上述数学模型，在单位阶跃加速度环境下，且在不同结构参数时，即电液伺服阀的负载压力 p_L、衔铁挡板组件质量 m_a、主阀芯质量 m_v、弹簧管刚度 K_a、衔铁挡板组件质心与弹簧管旋转中心的距离 d_e、喷嘴挡板放大器单个控制腔的容积 V_{0P} 等不同时，可由上述方程式通过数学仿真取得主阀位移 x_r、挡板位移 x_f、衔铁位移 x_g 的响应特性。

13.1.2.1 负载压力的影响

假设电液伺服阀的供油压力为 21 MPa,分别选取无负载压力、轻负载压力 7 MPa 和负载压力 14 MPa 做比较,分析负载压力不同时三处特征点位移的变化。由图 13.2 可知,阀体在单位阶跃加速度环境下,供油压力一定时,负载压力越小,滑阀位移越小。滑阀位移迅速增大后(10 ms)趋于稳定。由图 13.3 和图 13.4 可知,单位阶跃加速度环境下,供油压力一定时,负载压力越小,挡板与衔铁位移有所增大。挡板与衔铁位移快速增大后迅速降低(5 ms),然后趋于稳定。

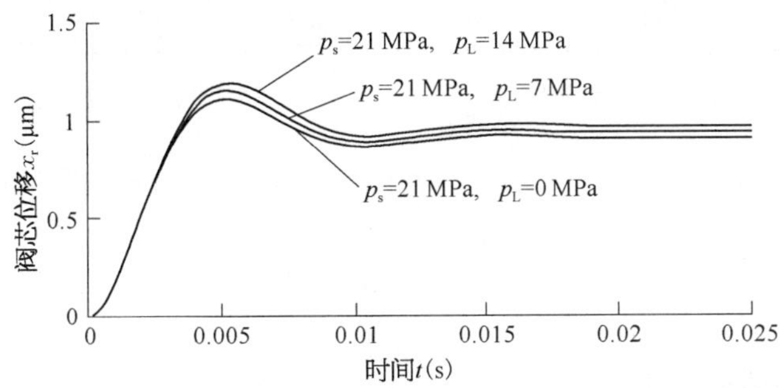

图 13.2 阀体单位阶跃加速度下负载压力对阀芯位移的影响

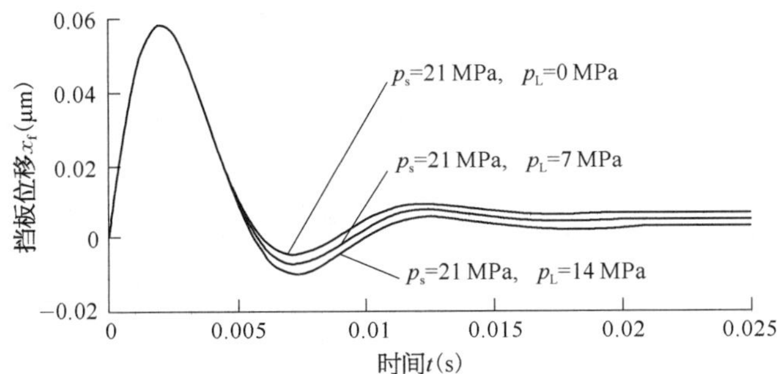

图 13.3 阀体单位阶跃加速度下负载压力对挡板位移的影响

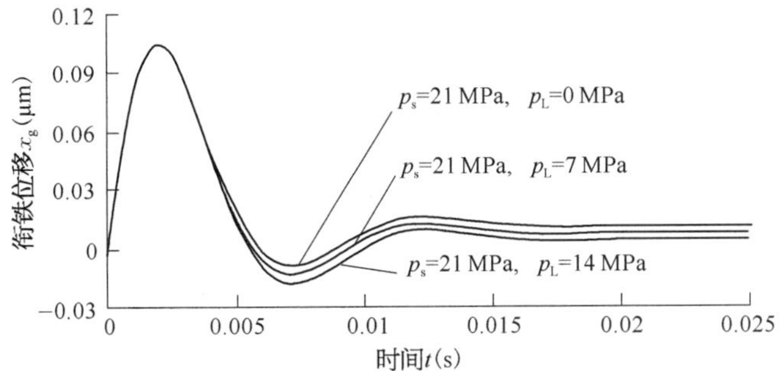

图 13.4 阀体单位阶跃加速度下负载压力对衔铁位移的影响

13.1.2.2 衔铁挡板组件质量的影响

衔铁有多种结构,广泛采用的有平臂式和斜臂式两种,如图 13.5 和图13.6 所示。平臂式结构工艺性好,加工比较容易;斜臂式结构刚性较好,但是加工比较困难。由于结构不同,其质量差别较大,等臂长臂宽的两种衔铁,后者要比前者轻 1/4～1/3。挡板组件也有多种结构,其质量也有所差异。但是相对衔铁质量来说，挡板组件质量较小，两者比例大约 1∶10，故可以忽略不计。分析衔铁挡板组件质量变化时，电液伺服阀特征点位移量的变化情况，以期得出抗振措施。

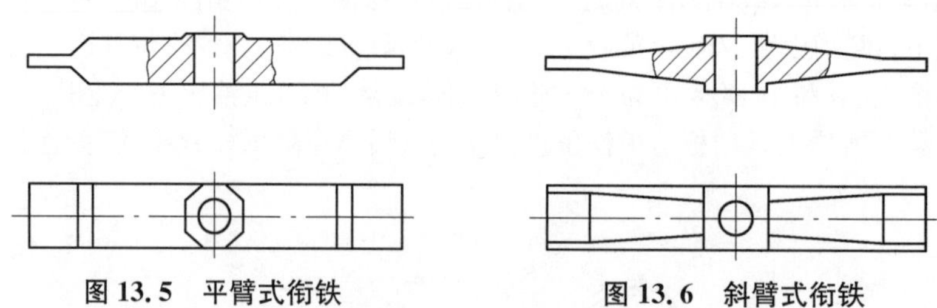

图 13.5　平臂式衔铁　　　图 13.6　斜臂式衔铁

在阀体单位阶跃加速度环境下，衔铁挡板组件质量越大，主滑阀位移量越大，且挡板与衔铁的位移超调量越大。为了提高电液伺服阀的抗振性能，不妨先降低衔铁挡板组件的质量。仿真计算结果表明：挡板与衔铁位移量在短时间（5 ms）内快速增大后迅速降低，经过短时间（约 15 ms）后趋于稳定。

13.1.2.3　主阀芯质量的影响

阀体受到单位阶跃加速度时，滑阀阀芯质量影响电液伺服阀三处特征点位移量。由仿真结果可知，阀体受到单位阶跃加速度时，不同的主滑阀阀芯质量对于滑阀位移 x_r、挡板位移 x_f、衔铁位移 x_g 几乎无影响。其主要原因是滑阀阀芯处于功率级，属于前置级双喷嘴挡板放大器的控制对象。

13.1.2.4　弹簧管刚度的影响

弹簧管是力矩马达的重要组成部分，其刚度影响电液伺服阀特征点位移。由图 13.7～图 13.9 可知，在单位阶跃加速度环境下，弹簧管刚度越大，滑阀阀芯位移超调量越小，过渡时间越短，且挡板与衔铁位移超调量越小，最终达到稳定状态。由此可知，弹簧管刚度的变化主要影响

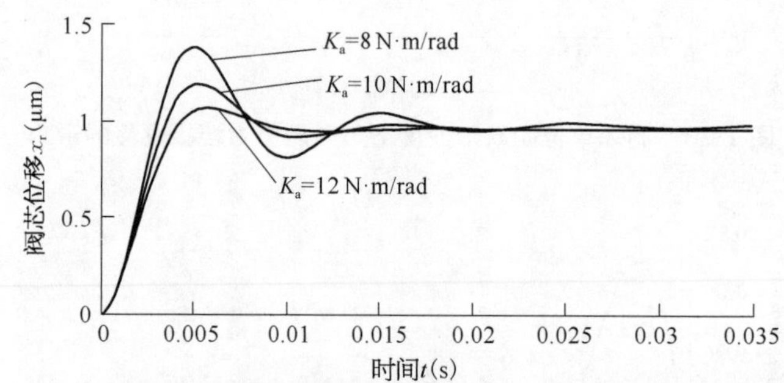

图 13.7　单位阶跃加速度下弹簧管刚度对主滑阀阀芯位移的影响

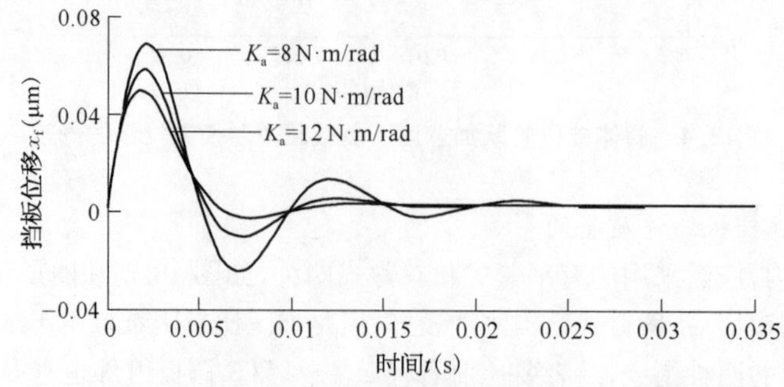

图 13.8　单位阶跃加速度下弹簧管刚度对挡板位移的影响

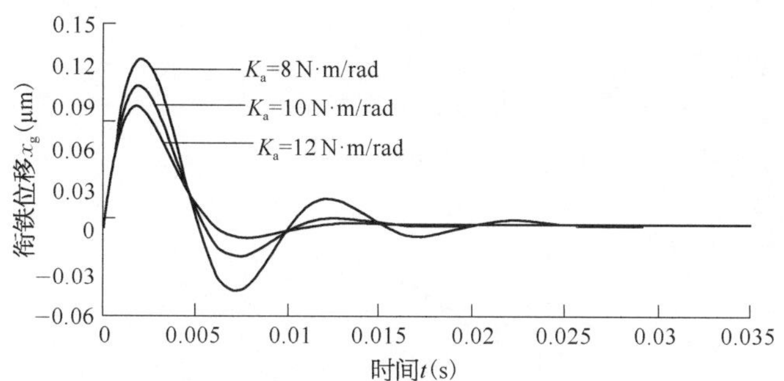

图 13.9 单位阶跃加速度下弹簧管刚度对衔铁位移的影响

滑阀位移 x_r、挡板位移 x_f、衔铁位移 x_g 的超调量和过渡时间。

13.1.2.5 衔铁挡板组件质心与弹簧管旋转中心距离的影响

由于衔铁质量远大于挡板质量,衔铁挡板组件质心可以看作衔铁的质心。对于衔铁而言,不论是采用平臂式结构还是斜臂式结构,衔铁都是规则的对称结构,其质心为其几何中心。对于弹簧管而言,也是形状规则的对称结构,其旋转中心为其几何中心。衔铁挡板组件质心与旋转中心之间距离影响电液伺服阀特征点位移量。在单位阶跃加速度环境下,减小衔铁挡板组件质心与弹簧管旋转中心之间的距离,可以有效降低主滑阀阀芯的位移,达到稳定时 x_r 与 d_e 近似呈线性关系;还可以大幅降低挡板和衔铁位移的超调量,并缩短其过渡时间。

由此可知,通过减小衔铁挡板组件质心与弹簧管旋转中心之间的距离,可以大幅降低滑阀阀芯位移、挡板和衔铁位移的超调量,缩短其过渡时间等,可有效提高电液伺服阀的抗振特性。

13.1.2.6 喷嘴挡板放大器控制腔容积的影响

对于 Moog 31 型电液伺服阀而言,单个喷嘴放大器控制腔的容积约为47.4 mm^3,该容腔内充满了液压油,相当于"液压弹簧"。在单位阶跃加速度环境下,喷嘴挡板放大器控制腔容积的大小对于滑阀位移 x_r、挡板位移 x_f、衔铁位移 x_g 几乎没有影响。其主要原因是控制滑阀阀芯的喷嘴挡板放大器负载压力变化率过小,不能显著压缩控制腔容积内液压油,该容积内的"液压弹簧"刚度相对较软,没有发挥作用。

13.1.3 单位脉冲加速度环境下的电液伺服阀

以单位脉冲加速度冲击作为输入信号,阀位移作为输出信号时,分析各结构参数对 Moog 31 型力反馈式电液伺服阀响应特性的影响。

13.1.3.1 负载压力的影响

电液伺服阀供油压力为 21 MPa,分别选取无负载压力、轻负载压力 7 MPa 和负载压力 14 MPa,分析不同负载压力时三处特征点位移的变化情况。由图 13.10 可知,在单位脉冲加速度环境下,主滑阀开口会在短时间内(2.5 ms)开启一个较大的位移(350 μm,约为滑阀设计的最大开口量),实际工作时有可能引起后续执行机构的误动作。由图 13.11 可知,单位脉冲加速度会引起挡板的较大位移(45 μm),超过了喷嘴挡板原始距离,说明挡板已经与喷嘴基本相接触。由图 13.12 可知,单位脉冲加速度会引起衔铁较大的位移(80 μm),接近衔铁气隙原始距离的 1/3,有可能造成衔铁与导磁体的吸合。短时振荡后(约 15 ms),滑阀位移 x_r、挡板位移 x_f、衔铁位移 x_g 趋于零位。负载压力变化时,三处特征点位移量的振荡过程差别不大。

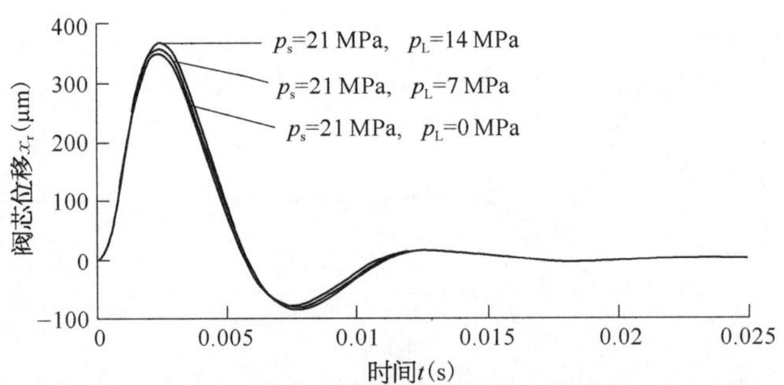

图 13.10　单位脉冲加速度下负载压力对主滑阀阀芯位移的影响

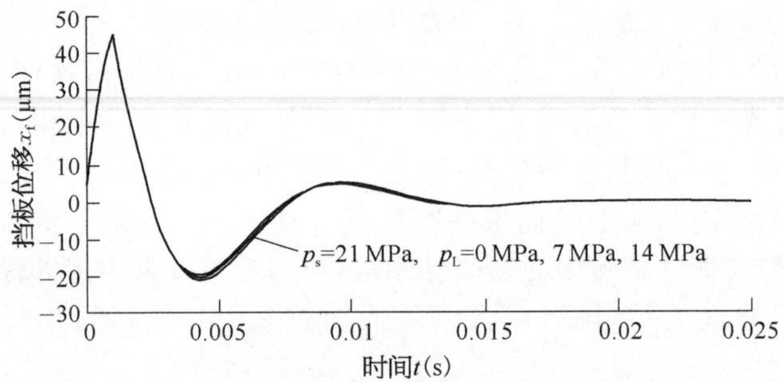

图 13.11　单位脉冲加速度下负载压力对挡板位移的影响

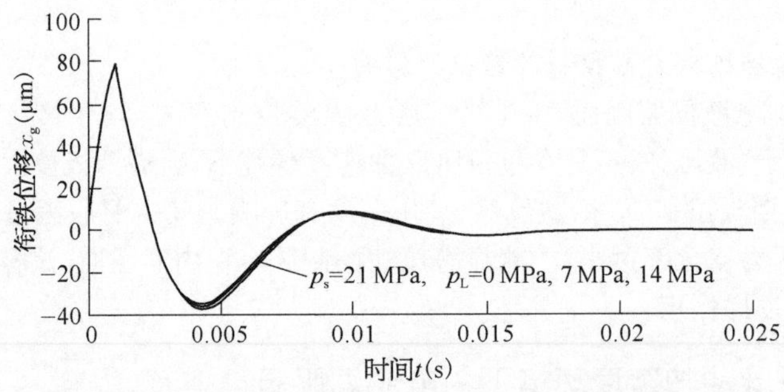

图 13.12　单位脉冲加速度下负载压力对衔铁位移的影响

13.1.3.2　衔铁挡板组件质量的影响

由于结构的不同，衔铁挡板组件的质量会有差别。在单位脉冲加速度环境下，不同衔铁挡板组件质量对电液伺服阀特征点位移的影响不同。由图 13.13～图 13.15 可知，在单位脉冲环境下，当衔铁挡板组件的质量变大时，主滑阀阀芯的最大位移、挡板的最大位移、衔铁的最大位移会相应增大。即衔铁挡板组件质量越大，三处特征点位移的峰值越大，而且峰值的增量与衔铁挡板组件质量的增量近似呈线性关系。从振荡时间来看，衔铁挡板组件质量变大时，三处特征点位移的振荡时间变化不大，基本在振荡约 15 ms 后，滑阀位移 x_r、挡板位移 x_f、衔铁位移 x_g 趋于零位。

由上所述，通过降低衔铁挡板组件的质量，可以有效降低在单位脉冲加速度环境下三处特征点位移的峰值，从而提高电液伺服阀的抗冲击性能。比如采用斜臂式结构，同等情况下比采用平

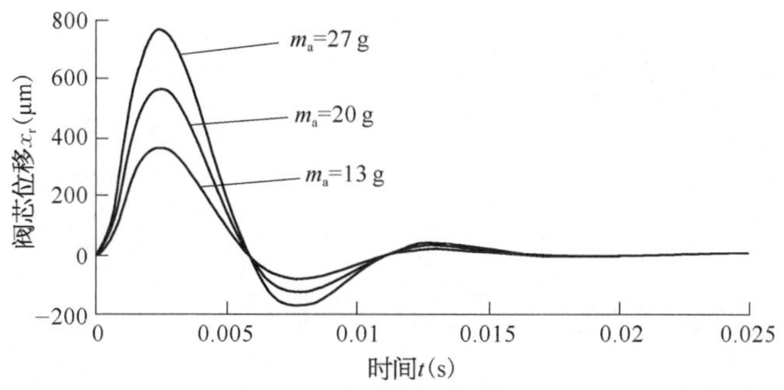

图 13.13　单位脉冲加速度下衔铁挡板组件质量对主阀芯位移的影响

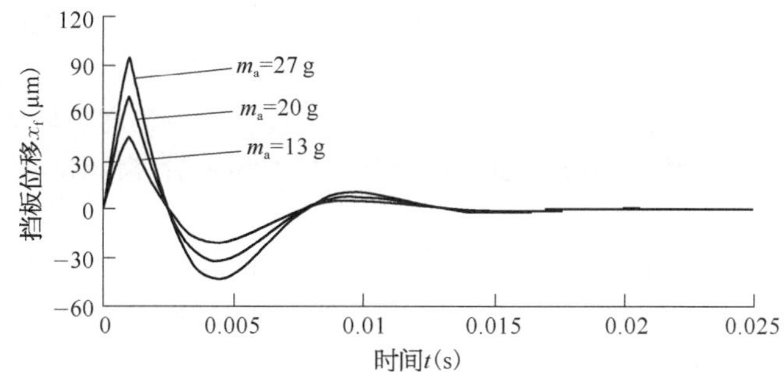

图 13.14　单位脉冲加速度下衔铁挡板组件质量对挡板位移的影响

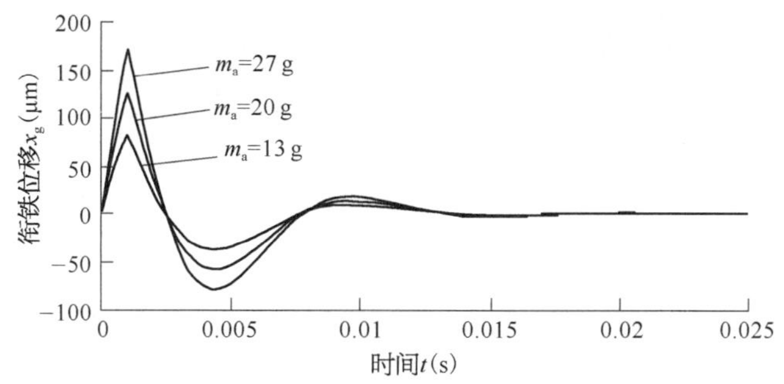

图 13.15　单位脉冲加速度下衔铁挡板组件质量对衔铁位移的影响

臂式结构的抗冲击性能要好一些。一般情况下，衔铁常用的制造材料为铁镍软磁合金 1J50，如果能采用更轻密度的材料来降低衔铁挡板组件的质量，同样也可以提高电液伺服阀的抗冲击性能。

13.1.3.3　主阀芯质量的影响

在单位脉冲加速度环境下，主滑阀阀芯质量的变化对于滑阀位移 x_r、挡板位移 x_f、衔铁位移 x_g 几乎没有影响。其主要原因是滑阀阀芯处于功率级，属于前置级双喷嘴挡板放大器的控制对象。如图 13.16 所示，在单位脉冲加速度作用下，伺服阀短时振荡(约 15 ms)后，滑阀位移 x_r、挡板位移 x_f、衔铁位移 x_g 趋于零位。

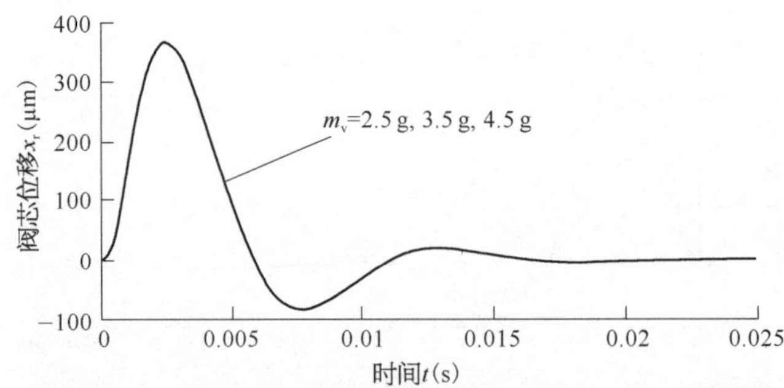

图 13.16 单位脉冲加速度下阀芯质量对主阀芯位移的影响

13.1.3.4 弹簧管刚度的影响

弹簧管是力矩马达的重要组成部分，其刚度对电液伺服阀特征点位移量有一定影响。由图13.17可知，在单位脉冲加速度环境下，弹簧管刚度增大时，滑阀阀芯位移振荡峰值会大幅降低，过渡时间缩短。由图13.18和图13.19可以看出，在单位脉冲加速度环境下，弹簧管刚度增大时，挡板与衔铁位移振荡峰值会降低，过渡时间缩短。短时振荡后，滑阀位移 x_r、挡板位移 x_f、衔铁位移 x_g 趋于零位。

由此可知，在单位脉冲加速度环境下，通过增大弹簧管的刚度，可以有效降低滑阀位移 x_r、挡板位移 x_f、衔铁位移 x_g 的振荡峰值，从而提高电液伺服阀的抗冲击性能。增大弹簧管刚度的措施可以通过如下的理论分析来得出。

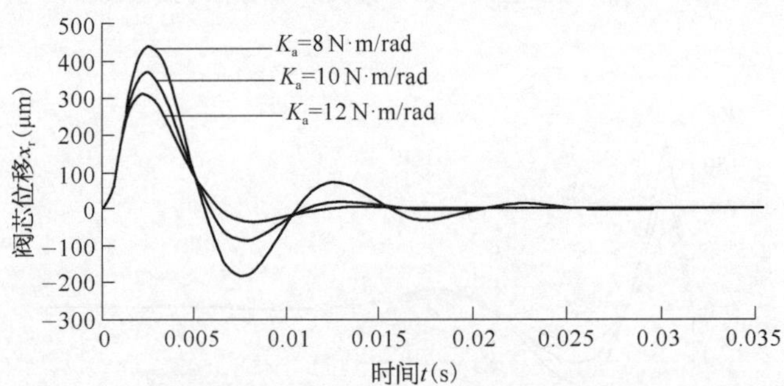

图 13.17 单位脉冲加速度下弹簧管刚度对主阀芯位移的影响

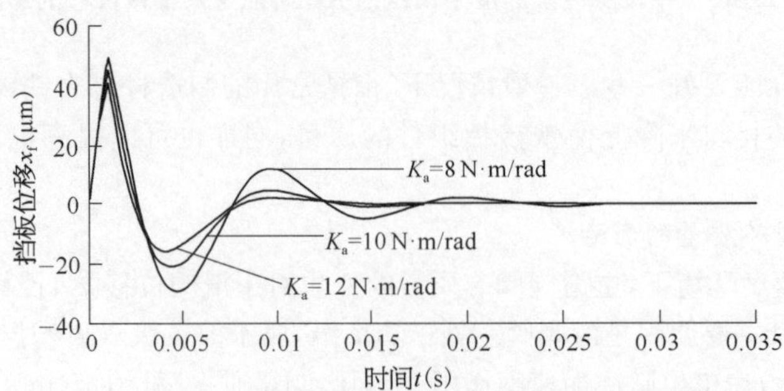

图 13.18 单位脉冲加速度下弹簧管刚度对挡板位移的影响

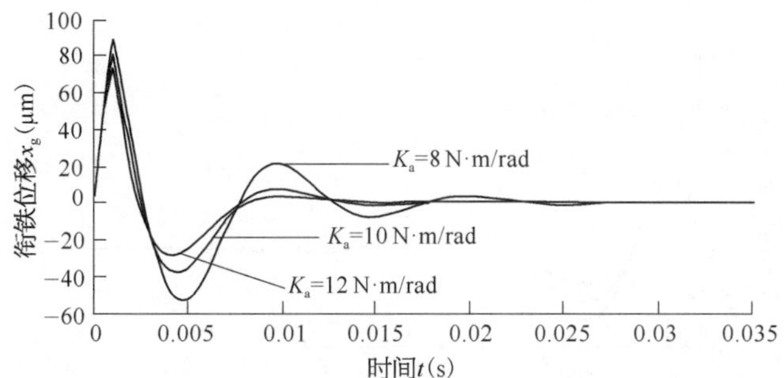

图 13.19　单位脉冲加速度下弹簧管刚度对衔铁位移的影响

弹簧管相当于一根空心悬臂梁,其刚度计算式为

$$K_a = \frac{EI}{l}$$

$$I = \frac{\pi}{64}(d_1^4 - d^4)$$

式中　E——材料的弹性模数(Pa);

I——弹簧管的截面惯性矩(m^4);

d_1、d——弹簧管薄壁处的外径和内径(m);

l——弹簧管的有效长度(m)。

通过以上分析可知,增大弹簧管刚度的措施有如下几种:

(1) 在保证可靠性与可行性的前提下,选用弹性模数更大的材料来制作弹簧管。

(2) 通过设计来增大弹簧管的截面惯性矩,比如加大外径、减小内径。

(3) 减小弹簧管的有效长度。

当然,以上所列措施可以单项采用,也可以同时采用几项。

13.1.3.5　衔铁挡板组件质心与弹簧管旋转中心距离的影响

由图 13.20～图 13.22 可知,在单位脉冲加速度环境下,衔铁挡板组件质心与弹簧管旋转中心距离 d_e 变大时,主滑阀阀芯的最大位移、挡板的最大位移、衔铁最大位移相应增大。即 d_e 越大,三者的峰值越大,三处特征点位移的峰值越大,而且峰值的增量与衔铁挡板组件质量的增量近似呈线性关系。从振荡时间来看,三处特征点位移的振荡时间变化不大,在振荡约 15 ms 后,滑阀位移 x_r、挡板位移 x_f、衔铁位移 x_g 趋于零位。

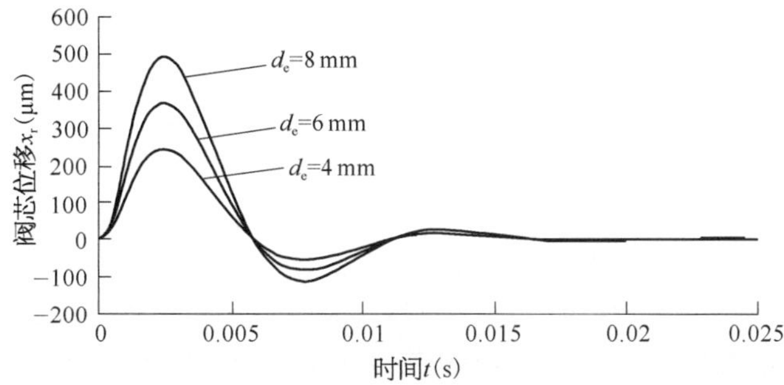

图 13.20　单位脉冲加速度下衔铁挡板组件质心与弹簧管旋转中心距离对主阀芯位移的影响

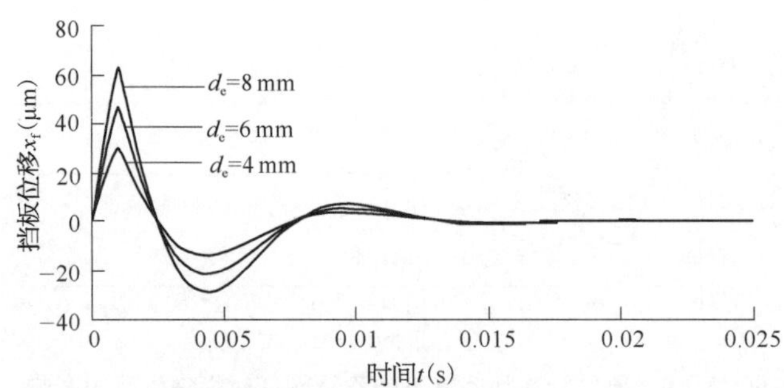

图 13.21　单位脉冲加速度下衔铁挡板组件质心与弹簧管旋转中心距离对挡板位移的影响

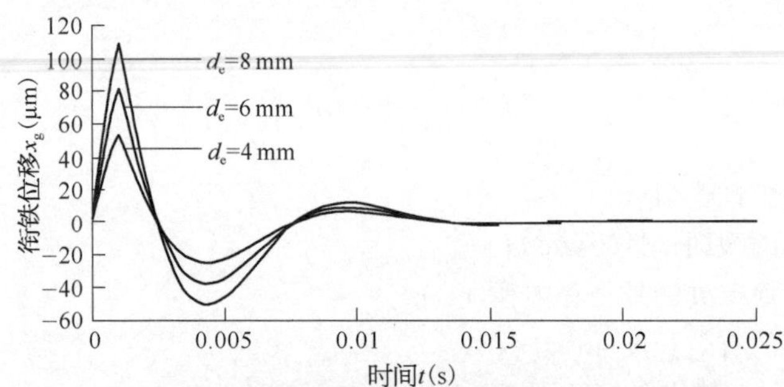

图 13.22　单位脉冲加速度下衔铁挡板组件质心与弹簧管旋转中心距离对衔铁位移的影响

由上述可知，通过减小衔铁挡板组件质心与弹簧管旋转中心距离 d_e 可以有效降低电液伺服阀三处特征点位移的振荡峰值，提高电液伺服阀的抗冲击性能。比如可以通过减小弹簧管的有效长度等措施来减小 d_e。

13.1.3.6　喷嘴挡板放大器控制腔容积的影响

以 Moog 31 型电液伺服阀为例，单个喷嘴放大器控制腔的容积约为47.4 mm^3，该容腔内的液压油相当于"液压弹簧"。"液压弹簧"刚度较小，在单位脉冲加速度环境下，喷嘴挡板放大器控制腔容积的大小对于滑阀位移 x_r、挡板位移 x_f、衔铁位移 x_g 几乎没有影响。

13.1.3.7　电液伺服阀抗冲击的措施

冲击环境对电液伺服阀性能的影响，以 Moog 31 型电液伺服阀数据为例，主要表现在以下两个方面：

(1) 加速度环境主要影响主阀芯的开启量。单位阶跃加速度环境下，主阀芯最终会开启约 0.97 μm 的开口量，挡板会出现约 0.002 8 μm 的偏移，衔铁会出现约 0.005 μm 的偏移。

(2) 在单位脉冲加速度环境下，主阀开口在短时间内(约 2.5 ms 时)会出现约 350 μm 的开口量峰值，大约为滑阀最大开口量，有可能引起系统中后续执行机构的误动作；挡板在短时间内会出现约 45 μm 的开口量峰值，喷嘴与挡板已经接触；衔铁在短时间内会出现约 80 μm 的开口量峰值，接近衔铁气隙原始距离的安全限 1/3，有可能发生衔铁与导磁体吸合使得电液伺服阀出现故障；经短时震荡(约 15 ms)后，三处特征点偏移量都回归零位。

为了提高电液伺服阀的抗冲击性能，主要措施有：

(1) 降低衔铁挡板组件的质量，比如对于衔铁来说，与平臂式结构相比，采取斜臂式结构可以有效降低衔铁质量。

(2) 减小衔铁挡板组件质心与弹簧管旋转中心的距离。由于衔铁挡板组件的质量主要集中在衔铁上，衔铁、挡板、弹簧管在弹簧管顶端刚性连接，则衔铁挡板组件的质心位于弹簧管端部；而弹簧管相当于一段空心悬臂梁，其旋转中心为其几何中心；则通过减小弹簧管的长度就可以有效减小衔铁挡板组件质心与弹簧管旋转中心的距离。

(3) 增大弹簧管的刚度。还可以通过增加弹簧管的外径、减小弹簧管的内径或其他措施来增加弹簧管刚度。

13.1.4 振动条件下的电液伺服阀

分析力反馈式电液伺服阀在振动信号作用下的频率响应特性，包括负载压力 p_L、衔铁挡板组件质量 m_a、主阀芯质量 m_v、弹簧管刚度 K_a、衔铁挡板组件质心与弹簧管旋转中心距离 d_e、喷嘴挡板放大器单个控制腔的容积 V_{0P} 等参数变化时，主滑阀位移 x_r、挡板位移 x_f、衔铁位移 x_g 的变化特性。

13.1.4.1 各参数对滑阀位移频率响应的影响

当 p_L、m_a、m_v、K_a、d_e、V_{0P} 等参数不同时，主滑阀位移 x_r 对振动信号的频率响应也有所不同。由图 13.23～图 13.28 可知，滑阀位移对于低频段振动信号(＜150 Hz)较为敏感。在振动信号约为 90 Hz 时，幅频增益最大，会出现共振。由图 13.23 可知，负载压力的变化会小幅影响滑阀位移对振动信号的幅频特性，即负载压力越高，幅频增益小幅增大；负载压力的变化对于其相频特性影响不大。由图 13.24 和图 13.27 可知，衔铁挡板组件质量的增加、衔铁挡板组件质心与弹簧管旋转中心距离的增加会相应加大滑阀位移对振动信号的幅频增益，也验证了本章前两节中 m_a、d_e 增大时滑阀位移超调量增大和振荡峰值增大的结论。但 m_a、d_e 增大时不会影响滑阀位移对振动信号的幅频宽度和相频特性。由图 13.25 和图 13.28 可知，阀芯质量、喷嘴挡板放大器控制腔容积的变化基本不影响滑阀开口对振动信号的幅频特性和相频特性。由图 13.26 可知，弹簧管刚度的增加会减小滑阀位移对振动信号的幅频增益的峰值，减小其幅频宽度，但是会增加其相频宽度，也验证了本章前两节中 K_a 增大时滑阀位移超调量减小和振荡峰值减小的结论。

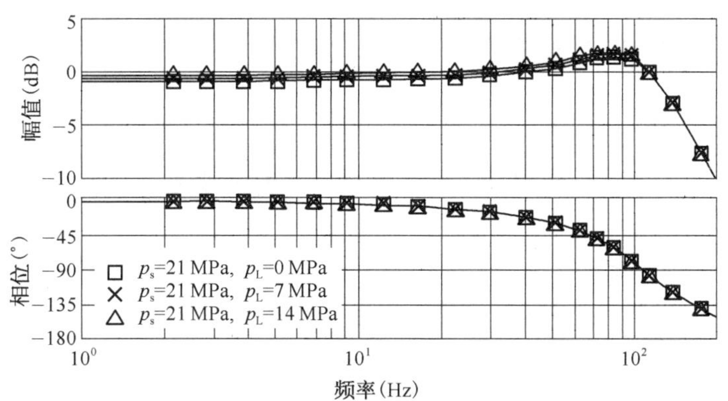

图 13.23 不同负载压力下主阀芯位移对振动信号的伯德图

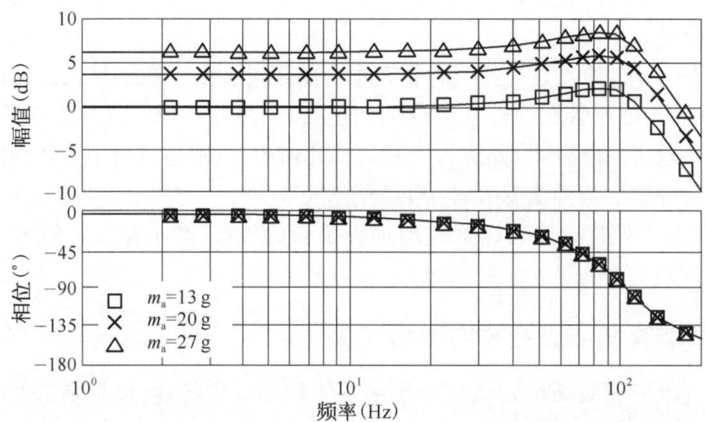

图 13.24　不同衔铁挡板组件质量下主阀芯位移对振动信号的伯德图

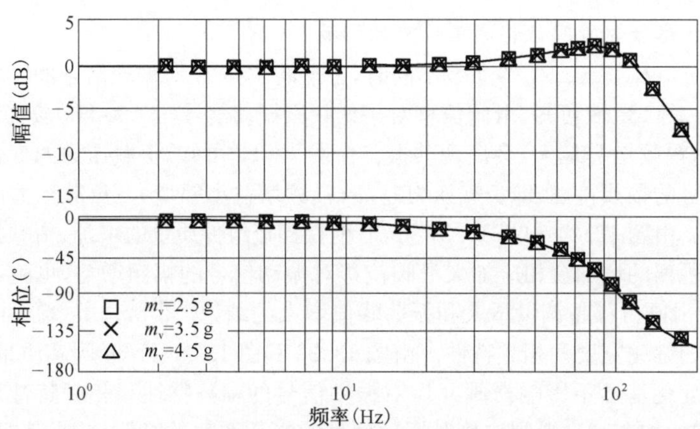

图 13.25　不同阀芯质量下主阀芯位移对振动信号的伯德图

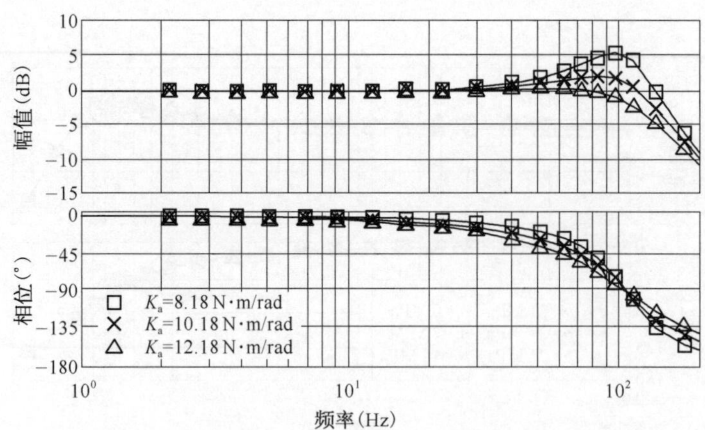

图 13.26　不同弹簧管刚度下主阀芯位移对振动信号的伯德图

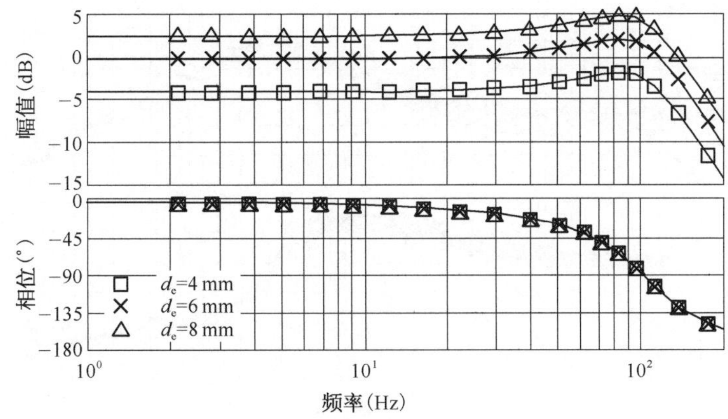

图 13.27 不同衔铁挡板组件质心与弹簧管旋转中心距离下主阀芯位移对振动信号的伯德图

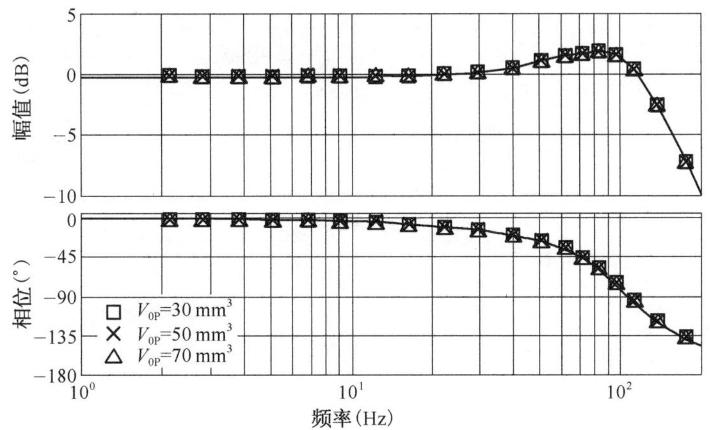

图 13.28 不同喷嘴挡板放大器控制腔容积下主阀芯位移对振动信号的伯德图

13.1.4.2 各参数对挡板位移频率响应的影响

分析 p_L、m_a、m_v、K_a、d_e、V_{0P} 等参数变动时，挡板位移 x_f 对振动信号的频率响应。由图13.29～图13.34可知，挡板位移对于较宽频率的振动信号(0～2 000 Hz)较为敏感，在振动信号约为100 Hz时，幅频增益最大，会出现共振。由图13.29可知，负载压力增大时，在振动信号频率小于10 Hz时，挡板位移对振动信号的幅频增益会有所降低；而振动信号在小于40 Hz时，挡板位移对振动信号的相位提前角会有所增加。此外负载压力的增大会使挡板位移对振动信号的幅频宽度增加。由图13.30和图13.33可知，衔铁挡板组件质量的增加、衔铁挡板组件质心与弹簧管旋转中心距离的增加会加大挡板位移对振动信号的幅频增益，即 m_a、d_e 增大时挡板位移超调量增大和振荡峰值增大。但 m_a、d_e 增大时不会影响挡板位移对振动信号的幅频宽度和相频特性。由图13.31和图13.34可知，阀芯质量、喷嘴挡板放大器控制腔容积的变化基本不影响挡板位移对振动信号的幅频特性和相频特性。由图13.32可知，弹簧管刚度的增加会减小挡板位移对振动信号的幅频增益的峰值，减小其幅频宽度，但是会增加其相频宽度，即 K_a 增大时衔铁位移超调量减小和振荡峰值减小。

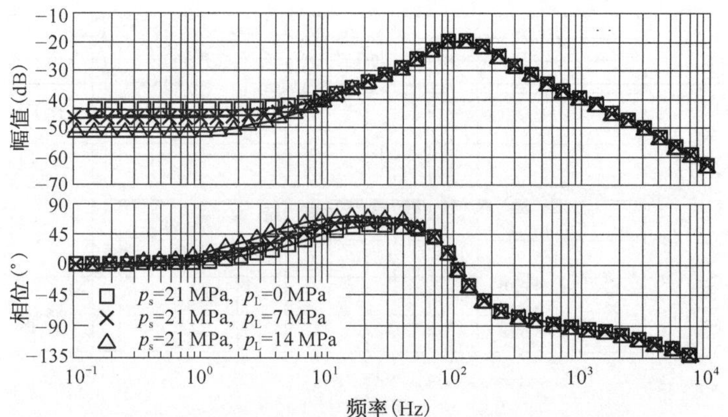

图 13.29 不同负载压力下挡板位移对振动信号的伯德图

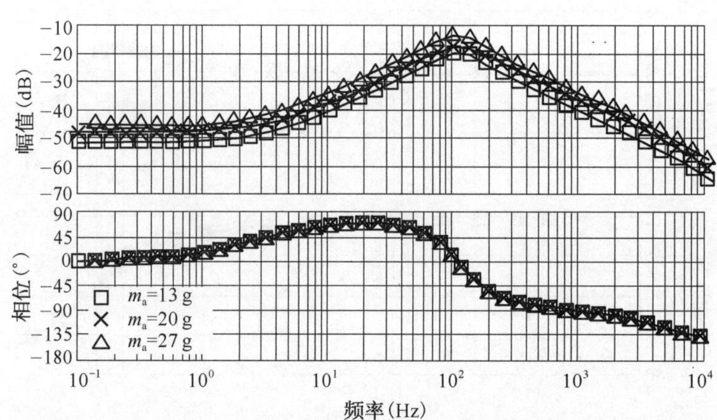

图 13.30 不同衔铁挡板组件质量下挡板位移对振动信号的伯德图

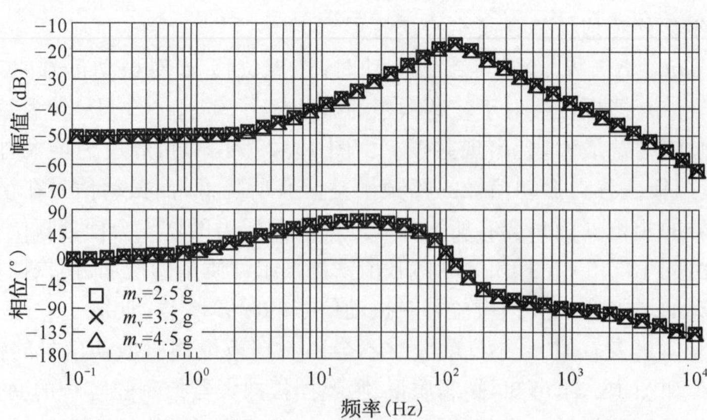

图 13.31 不同阀芯质量下挡板位移对振动信号的伯德图

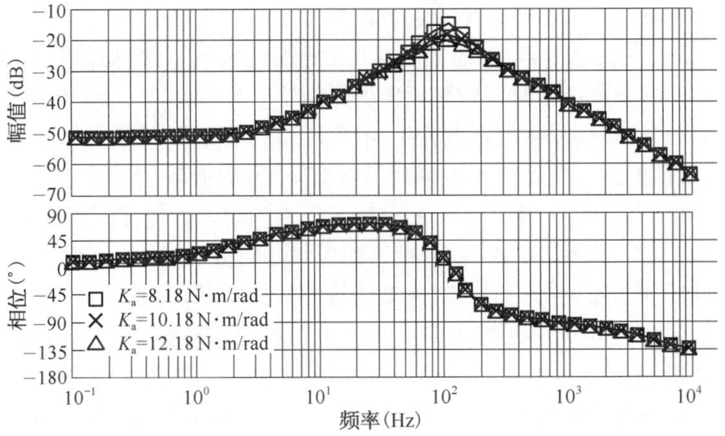

图 13.32　不同弹簧管刚度下挡板位移对振动信号的伯德图

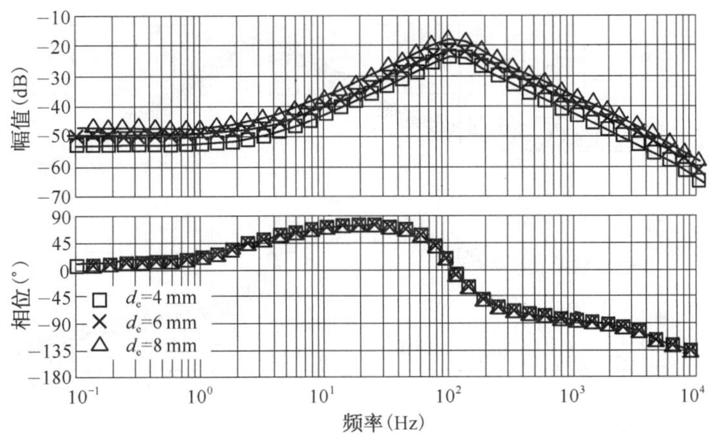

图 13.33　不同衔铁挡板组件质心与弹簧管旋转中心距离下挡板位移对振动信号的伯德图

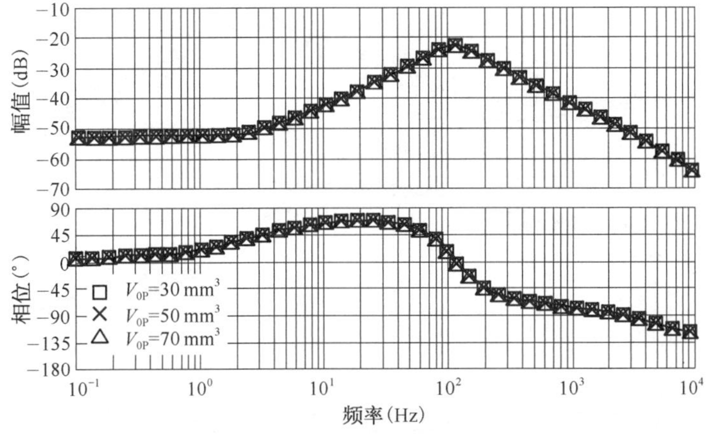

图 13.34　不同喷嘴挡板放大器控制腔容积下挡板位移对振动信号的伯德图

13.1.4.3 各参数对衔铁位移频率响应的影响

分析 p_L、m_a、m_v、K_a、d_e、V_{0P} 等参数变动时，衔铁位移 x_g 对振动信号的频率响应。由图13.35～图13.40可知，衔铁位移对于较宽频率的振动信号(0～2 000 Hz)较为敏感，在振动信号约为100 Hz时，幅频增益最大，会出现共振。由图13.35可知，负载压力增大时，在振动信号频率小于10 Hz时，衔铁位移对振动信号的幅频增益会降低；而振动信号在小于40 Hz时，衔铁位移对振动信号的相位提前角会有所增加。此外负载压力的增大会使得衔铁位移对振动信号的幅频宽度增加。由图13.36和图13.39可知，衔铁挡板组件质量的增加、衔铁挡板组件质心与弹簧管旋转中心距离的增加会加大衔铁位移对振动信号的幅频增益，即 m_a、d_e 增大时衔铁位移超调量增大和振荡峰值增大。但 m_a、d_e 增大时不会影响衔铁位移对振动信号的幅频宽度和相频特性。由图13.37和图13.40可知，阀芯质量、喷嘴挡板放大器控制腔容积的变化基本不影响衔铁位移对振动信号的幅频特性和相频特性。由图13.38可知，弹簧管刚度的增加会减小衔铁位移对振动信号的幅频增益的峰值，减小其幅频宽度，但是会增加其相频宽度，即 K_a 增大时衔铁位移超调量减小和振荡峰值减小。

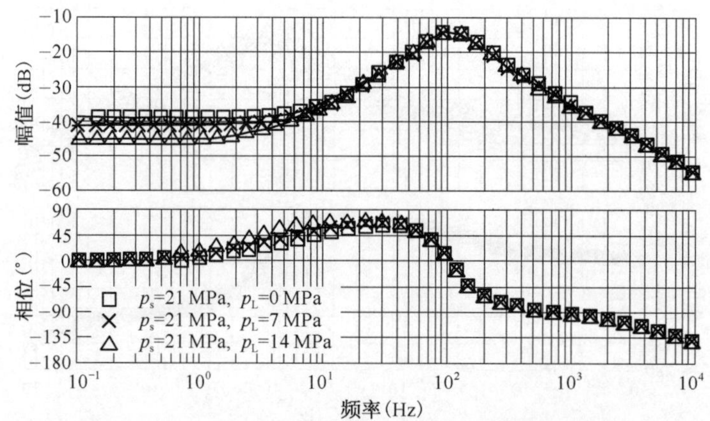

图13.35 不同负载压力下衔铁位移对振动信号的伯德图

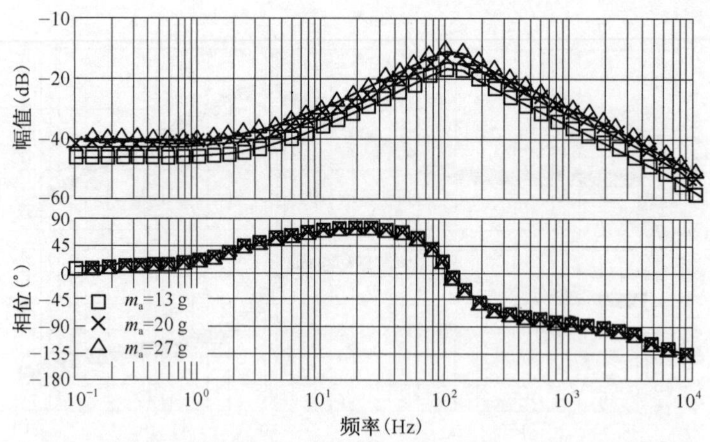

图13.36 不同衔铁挡板组件质量下衔铁位移对振动信号的伯德图

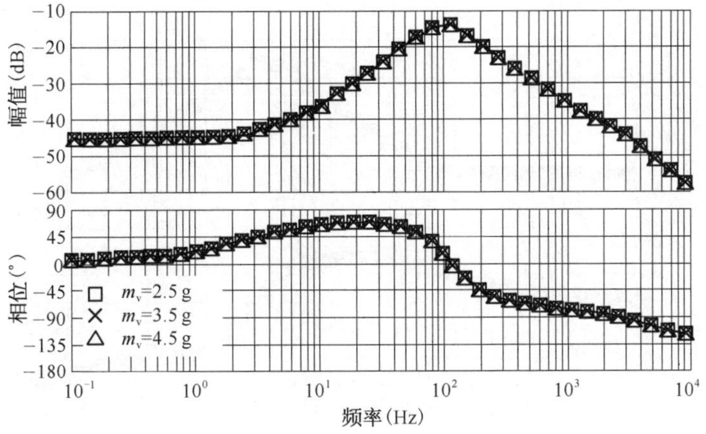

图 13.37 不同阀芯质量下衔铁位移对振动信号的伯德图

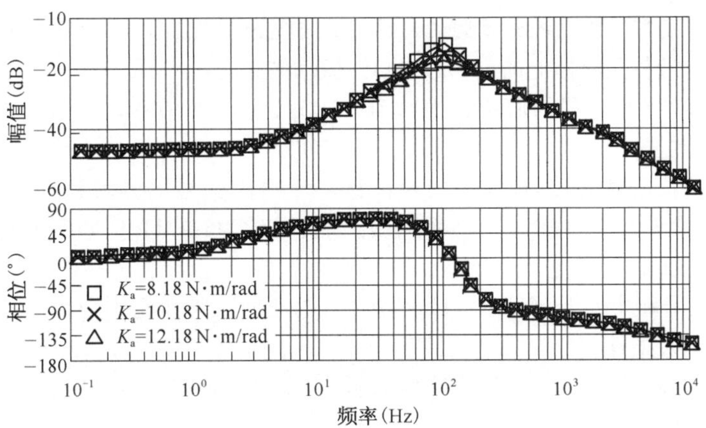

图 13.38 不同弹簧管刚度下衔铁位移对振动信号的伯德图

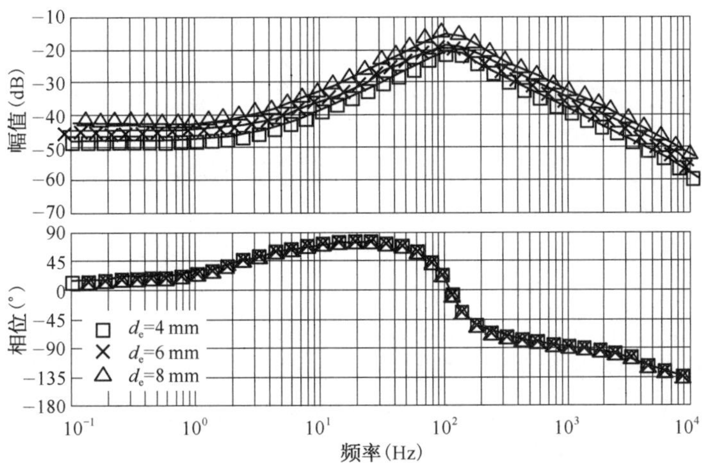

图 13.39 不同衔铁挡板组件质心与弹簧管旋转中心距离下衔铁位移对振动信号的伯德图

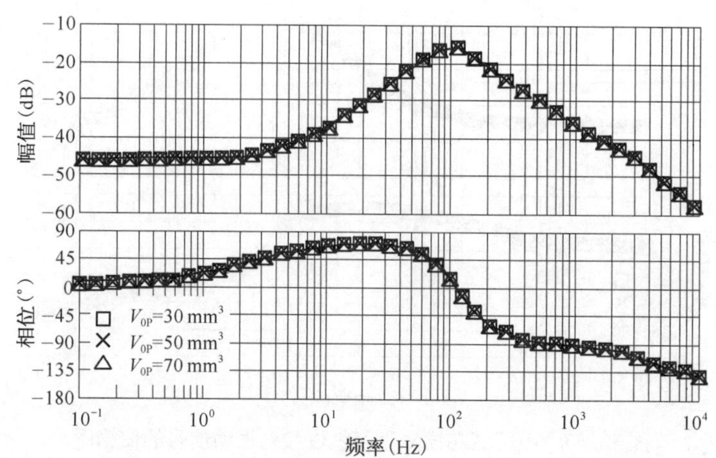

图 13.40 不同喷嘴挡板放大器控制腔容积下衔铁位移对振动信号的伯德图

13.1.4.4 振动环境下电液伺服阀的影响因素与制振措施

振动环境下电液伺服阀性能的影响因素与耐振动措施有：

(1) 主阀位移对于低频段的振动信号(<150 Hz)较为敏感，在振动信号约为 90 Hz 时，幅频增益最大，会出现共振。

(2) 衔铁与挡板刚性连接，衔铁与挡板位移对于振动信号的频域特性一致，两者对较宽频率的振动信号(0～2 000 Hz)较为敏感，在振动信号约为100 Hz时，幅频增益最大，会出现共振。

(3) 当振动信号频率处于 90～100 Hz 范围时，电液伺服阀性能所受影响最大，应采取措施改善电液伺服阀安装条件。

电液伺服阀的性能会受到振动冲击环境的影响，主要表现在电液伺服阀的特征点偏移量的影响：

(1) 在单位阶跃加速度环境下，主滑阀阀芯最终会开启约 0.97 μm 的开口量，挡板会出现约 0.002 8 μm 的偏移，衔铁会出现约 0.005 μm 的偏移。

(2) 在单位脉冲加速度环境下，主滑阀开口在短时间内(约 2.5 ms 时)会出现约 350 μm 的开口量峰值，大约为滑阀最大开口量，有可能引起系统中后续执行机构的误动作；挡板在短时间内会出现约 45 μm 的开口量峰值，喷嘴与挡板已经接触；衔铁在短时间内会出现约 80 μm 的开口量峰值，接近了衔铁气隙原始距离的安全限 1/3，有可能发生衔铁与导磁体吸合使得电液伺服阀出现故障；经短时振荡(约 15 ms)后，三处特征点偏移量都回归零位。

(3) 采取如下措施可以提高电液伺服阀的抗振、抗冲击性能。

① 降低衔铁挡板组件的质量，比如对于衔铁来说，与平臂式结构相比，采取斜臂式结构可以有效降低衔铁质量。

② 减小衔铁挡板组件质心与弹簧管旋转中心的距离。由于衔铁挡板组件的质量主要集中在衔铁上，衔铁、挡板、弹簧管在弹簧管顶端刚性连接，则衔铁挡板组件的质心位于弹簧管端部；而弹簧管相当于一段空心悬臂梁，其旋转中心为其几何中心；则通过减小弹簧管的长度就可以有效减小衔铁挡板组件质心与弹簧管旋转中心的距离。

③ 增大弹簧管的刚度。还可以通过增加弹簧管的外径、减小弹簧管的内径或其他措施来增加弹簧管刚度。

④ 为提高电液伺服阀的频率特性，由于滑阀开口对于低频段的信号(<150 Hz)较为敏感，在振动信号约为 90 Hz 时，幅频增益最大，会出现共振。衔铁与挡板刚性连接，衔铁与挡板偏移量对于振动信号的频域特性是一致的，两者对于较宽频率的振动信号(0～2 000 Hz)较为敏感，在振动信号约为 100 Hz 时，幅频增益最大，会出现共振。由此可知，当振动信号频率处于 90～100 Hz 时，电液伺服阀性能的影响最大，应尽量避免电液伺服阀在该频率振动环境下工作，或者在该频率时采取相应的制振措施。

13.2 离心环境下的电液伺服阀

电液伺服机构按照整机的使用条件往往需要承受各种振动、冲击环境的考核。离心环境下电液伺服阀如何建模以及其特性如何，都是需要重点研究和解决的重要课题。导弹、火箭等航天器飞行过程中，为了按一定轨道稳定飞行，飞行器将作俯仰、偏航和滚动等动作。此时电液伺服阀阀体可以看作处于离心环境中的类似圆周运动状态。该工况下研究电液伺服阀内各部件的动作时，需要考虑离心环境的影响。为此，在上一节研究振动、冲击环境对电液伺服阀内各部件运动影响的基础上，本节研究牵连运动为离心运动时，电液伺服阀内各部件运动的特性。以力反馈式电液伺服阀为对象，如 Moog 31 型，分别分析匀速圆周运动式离心环境、匀加速圆周运动式离心环境下的电液伺服阀特性。

13.2.1 牵连运动为圆周运动时的加速度合成定理

在牵连运动为圆周运动时，点的加速度矢量表达式为

$$\vec{a}_a = \vec{a}_e + \vec{a}_r + \vec{a}_C$$

式中 $\vec{a}_a$——绝对加速度，动点相对于定参考系运动的加速度(m/s²)；

$\vec{a}_e$——牵连加速度，动参考系上与动点相重合的那一点相对于定参考系的加速度(m/s²)；

$\vec{a}_r$——相对加速度，动点相对于动参考系运动的加速度(m/s²)；

$\vec{a}_C$——科里奥利加速度，牵连运动为转动时，牵连运动与相对运动相互影响而出现的一项附加的加速度(m/s²)。

$$\vec{a}_C = 2\vec{\omega} \times \vec{v}_r$$

其大小确定如下

$$a_C = 2\omega v_r \sin\theta$$

式中 θ——角速度矢与相对速度矢的夹角。

科里奥利加速度方向由右手法则确定，如图 13.41 所示。

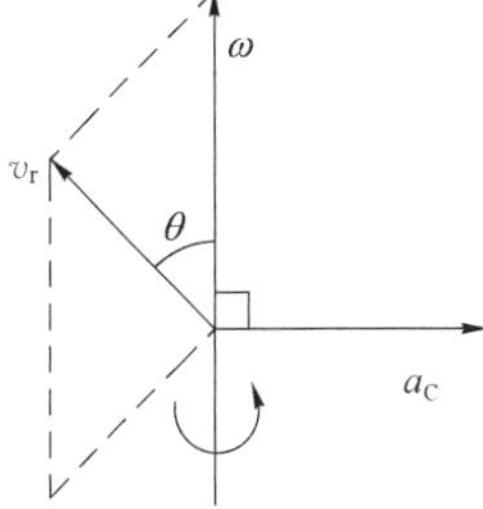

图 13.41 右手法则

13.2.2 离心环境为匀速圆周运动时的电液伺服阀

按照离心环境的离心坐标系方向，将电液伺服阀匀速圆周运动时的布置方式分为两种形式：电液伺服阀在主滑阀阀芯方向与离心运动角速度矢 ω 同面垂直的布局形式，如图 13.42a 所示；电液伺服阀在主滑阀阀芯方向与离心运动角速度矢 ω 异面垂直的布局形式，如图 13.42b 所示。

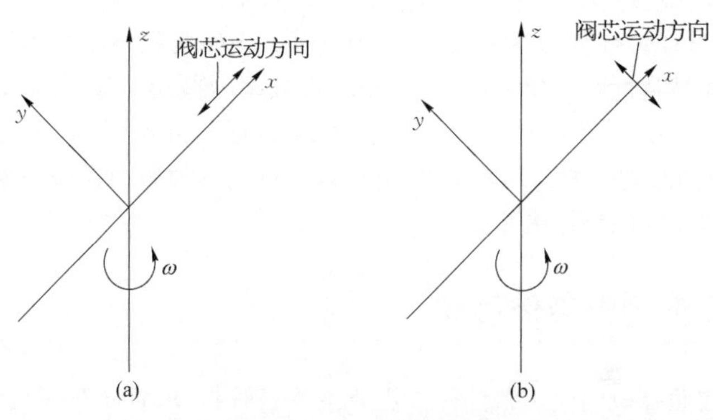

图 13.42　离心环境示意图

(a) 同面垂直；(b) 异面垂直

13.2.2.1　主滑阀阀芯方向与离心运动角速度矢 ω 同面垂直

1) 主滑阀阀芯各项加速度分析　由于牵连运动为匀速圆周运动，故主阀芯受到的牵连加速度只有向心加速度，其加速度值为

$$a_e = \omega^2 R$$

式中　ω——匀速圆周运动角速度(rad/s)；

R——匀速圆周运动的半径(m)。

其方向沿 x 轴正向。

主阀芯所受相对加速度为

$$a_r = \frac{d^2 x_r}{dt^2}$$

该项加速度为所求项，沿 x 轴方向，其自身带正负号。

主阀芯所受科里奥利加速度为

$$a_C = 2\omega \frac{dx_r}{dt}$$

沿 y 轴方向，其自身带正负号。该项加速度所产生的力将引起主滑阀阀芯与阀套之间摩擦阻力的增加，总是起阻碍作用。但是由于阀芯阀套间有液压油膜的润滑，摩擦因数很小；且阀芯质量很小(2.547 g)，则由此项加速度引起的阀芯阀套间的正压力也很小，所以其引起的摩擦阻力可不计(以下同)。

2) 衔铁挡板组件各项加速度分析　由于牵连运动为匀速圆周运动，所以衔铁挡板组件所受牵连加速度只有向心加速度，其加速度值为

$$a_e = \omega^2 R$$

其方向沿 x 轴正向。

衔铁挡板组件所受相对加速度为

$$a_r = \frac{d^2\theta}{dt^2} d_e$$

由于 θ 很小,故将其看作沿 x 轴方向,自身带正负号。

衔铁挡板组件所受科里奥利加速度为

$$a_C = 2\omega \frac{d\theta}{dt}$$

沿 y 轴方向,其自身带正负号。该项加速度所产生的力不会引起摩擦阻力等附加项,将其省略。

3) 电液伺服阀的数学模型修正与特性分析　考虑油液的压缩性,双喷嘴挡板阀两个喷嘴和主阀芯之间的两个容腔的控制压力式为

$$\frac{dp_{LP}}{dt} = \frac{2\beta_e}{V_{0P}}\left(Q_L - A_v \frac{dx_r}{dt}\right) \tag{13.5}$$

滑阀受力方程式为

$$\frac{d^2 x_r}{dt^2} = \frac{1}{m_v}\left[F_t - (B_v + B_{f0})\frac{dx_r}{dt} - K_{f0}x_r - F_i\right] + \omega^2 R \tag{13.6}$$

由于滑阀阀芯的移动,反馈杆球头受其牵引,反馈杆随之产生挠性变形。反馈杆力平衡式为

$$F_i = K_f[(r+b)\theta + x_r] \tag{13.7}$$

衔铁由弹簧管支撑,悬于上下导磁体工作气隙之间。它受电磁力矩作用而产生偏转,由于其与挡板反馈杆组件刚性连接,受到挡板液动力力矩、反馈杆回位力矩的作用。衔铁的力平衡式为

$$T_d + m_a\omega^2 R d_e = J_a \frac{d^2\theta}{dt^2} + B_a \frac{d\theta}{dt} + K_a\theta + T_L \tag{13.8}$$

式(13.5)～式(13.8)组成了匀速圆周运动式离心环境中,主滑阀阀芯方向与离心运动角速度矢 ω 同面垂直条件下的电液伺服阀数学模型。

由式(13.5)～式(13.8)可知,阀控缸模型分析方法、弹簧杆的反馈力计算公式在振动环境与离心环境下是通用的。在式(13.6)和式(13.8)中都有离心加速度 $\omega^2 R$ 。将离心加速度 $\omega^2 R$ 与加速度 d^2x/dt^2 均看作常数时,数学模型是相同的。由此可以得出,在离心环境为匀速圆周运动下,主滑阀阀芯方向与离心运动角速度矢同面垂直时的电液伺服阀特性与阶跃加速度下的电液伺服阀特性是相同的。

以 Moog 31 型电液伺服阀为例,考察不同离心加速度($a_e = \omega^2 R$) 下的匀速圆周离心运动对电液伺服阀的影响。由图 13.43～图 13.45 可知,滑阀位移、挡板位移、衔铁稳定位移与离心加速度的大小呈线性关系。该关系可以由式(13.5)～式(13.8)等推出。

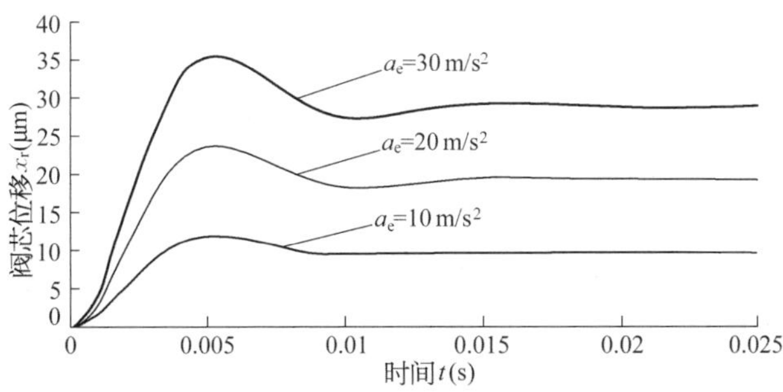

图 13.43　不同离心加速度下的阀芯位移

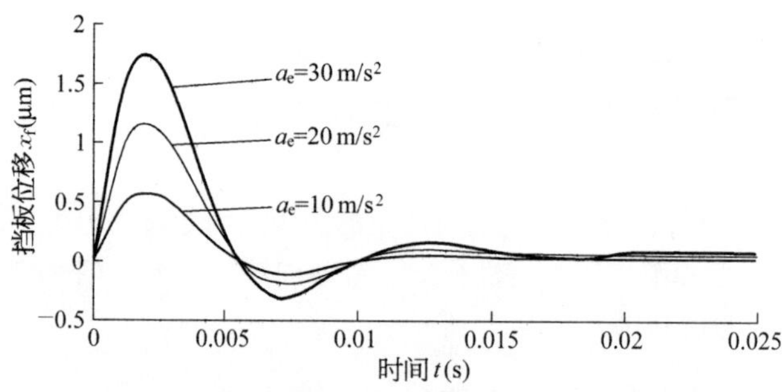

图 13.44　不同离心加速度下的挡板位移

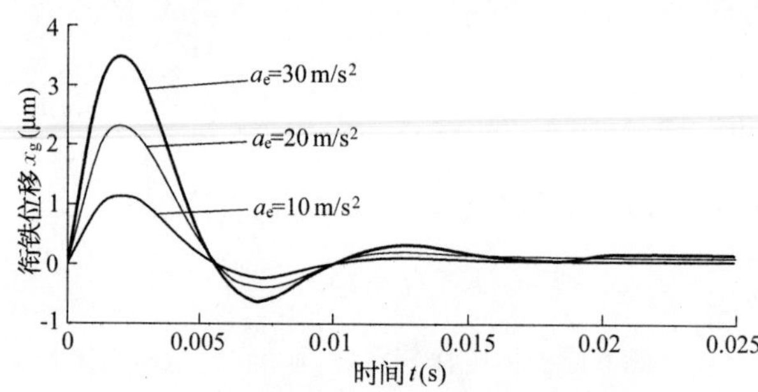

图 13.45　不同离心加速度下的衔铁位移

$$x_r = \left\{ \begin{array}{l} \left\{ m_a d_e \left[\dfrac{K_{q0}}{K_{c0}} A_v r - K_f(r+b) \right] - \left[K_a - K_m + r^2 \left(A_N \dfrac{K_{q0}}{K_{c0}} - 8\pi C_{df}^2 p_s x_{f0} \right) + \right. \right. \\ \left. \left. K_f (r+b)^2 \right] m_v \right\} \Big/ \left\{ \left[K_a - K_m + r^2 \left(A_N \dfrac{K_{q0}}{K_{c0}} - 8\pi C_{df}^2 p_s x_{f0} \right) + K_f(r+b)^2 \right] (K_f \right. \\ \left. + K_{f0}) + \left[\dfrac{K_{q0}}{K_{c0}} A_v r - K_f(r+b) \right] K_f(r+b) \right\} \end{array} \right\} a_e$$

$$x_f = \frac{m_a d_e (K_f + K_{f0}) + K_f(r+b) m_v}{(K_f + K_{f0}) \left[K_a - K_m + r^2 \left(A_N \dfrac{K_{q0}}{K_{c0}} - 8\pi C_{df}^2 p_s x_{f0} \right) + K_f (r+b)^2 \right]} r a_e$$

$$x_g = \frac{m_a d_e (K_f + K_{f0}) + K_f(r+b) m_v}{(K_f + K_{f0}) \left[K_a - K_m + r^2 \left(A_N \dfrac{K_{q0}}{K_{c0}} - 8\pi C_{df}^2 p_s x_{f0} \right) + K_f (r+b)^2 \right]} a a_e$$

线性关系如下

$$x_r = 0.97 a_e,\ x_f = 0.0028 a_e,\ x_g = 0.005 a_e$$

12.2.2.2　主滑阀阀芯方向与离心运动角速度矢 ω 异面垂直

分析匀速圆周运动式离心环境中，主滑阀阀芯方向与离心运动角速度矢 ω 异面垂直条件下的电液伺服阀特性。

1) 主滑阀阀芯各项加速度分析　由于牵连运动为匀速圆周运动，则主阀芯所受牵连加速度只有向心加速度，其加速度值为

$$a_e = \omega^2 R$$

其方向沿 x 轴正向。该项加速度所产生的力将引起主滑阀阀芯与阀套之间摩擦阻力的变化，原因同"主滑阀阀芯方向与离心运动角速度矢 ω 同面垂直"部分所述，可不计。

主阀芯所受相对加速度为

$$a_{\mathrm{r}} = \frac{\mathrm{d}^2 x_{\mathrm{r}}}{\mathrm{d}t^2}$$

该项加速度为所求项，沿 y 轴方向，其自身带正负号。

主阀芯所受科里奥利加速度为

$$a_{\mathrm{C}} = 2\omega \frac{\mathrm{d}x_{\mathrm{r}}}{\mathrm{d}t}$$

沿 x 轴方向，其自身带正负号。该项加速度所产生的力将引起主滑阀阀芯与阀套之间摩擦阻力的变化，可不计。

2）衔铁挡板组件各项加速度分析　由于牵连运动为匀速圆周运动，则衔铁挡板组件所受牵连加速度只有向心加速度，其加速度值为

$$a_{\mathrm{e}} = \omega^2 R$$

方向沿 x 轴正向。该项加速度所产生的力不会引起摩擦阻力等附加项，故将其省略。

衔铁挡板组件所受相对加速度为

$$a_{\mathrm{r}} = \frac{\mathrm{d}^2 \theta}{\mathrm{d}t^2} d_{\mathrm{e}}$$

由于 θ 很小，故将其看作沿 y 轴方向，自身带正负号。

衔铁挡板组件所受科里奥利加速度为

$$a_{\mathrm{C}} = 2\omega \frac{\mathrm{d}\theta}{\mathrm{d}t}$$

沿 x 轴方向，其自身带正负号。该项加速度所产生的力不会引起摩擦阻力等附加项，故将其省略。

3）电液伺服阀的数学模型与特性分析　离心环境为匀速圆周运动、主滑阀阀芯方向与离心运动角速度矢异面垂直时，除了阀芯所受的离心加速度和科里奥利加速度会引起阀芯阀套间的摩擦阻力变化外，其他没有变化。而由于阀芯阀套间有液压油膜的润滑，摩擦因数很小；且阀芯质量很小(2.547 g)，所以由有两加速度引起的阀芯阀套间的正压力也很小，其引起的摩擦阻力变化可不计，电液伺服阀的灵活性不会受到影响。所以离心环境为匀速圆周运动、主滑阀阀芯方向与离心运动角速度矢异面垂直时的电液伺服阀特性与理想环境下的特性相同。

建议在安装使用时，按照主滑阀阀芯与预计可能会遇到的离心运动角速度矢 ω 互相异面垂直的方法布置电液伺服阀。

13.2.3　离心环境为匀加速圆周运动时的电液伺服阀

本节分析离心环境为匀加速圆周运动时两种布置方式的电液伺服阀特性：如图 13.42a 所示，电液伺服阀在主滑阀阀芯方向与离心运动角速度矢 ω 同面垂直环境下的特性；如图 13.42b 所示，电液伺服阀在主滑阀阀芯方向与离心运动角速度矢 ω 异面垂直环境下的特性。

13.2.3.1　主滑阀阀芯方向与离心运动角速度矢 ω 同面垂直

本节分析匀加速圆周运动式离心环境中，主滑阀阀芯方向与离心运动角速度矢 ω 同面垂直条件下的电液伺服阀特性。

1）主滑阀阀芯各项加速度分析　由于牵连运动为匀加速圆周运动，牵连加速度可以用切向牵连加速度和法向牵连加速度来表示。主滑阀阀芯所受切向牵连加速度为

$$a_e^\tau = \alpha R$$

式中　α——角加速度（rad/s^2）。

沿 y 轴方向，自身带正负号。该项加速度将引起阀芯阀套间摩擦力的变化，原因同 13.2.2.1 小节所述，可不计。

主滑阀阀芯所受法向牵连加速度为

$$a_e^n = \left(\int_0^t \alpha \mathrm{d}t\right)^2 R$$

方向沿 x 轴正向。

主滑阀阀芯所受相对加速度为

$$a_r = \frac{\mathrm{d}^2 x_r}{\mathrm{d}t^2}$$

该项加速度为所求项，沿 x 轴方向，其自身带正负号。

主滑阀阀芯所受科里奥利加速度为

$$a_C = 2\int_0^t \alpha \mathrm{d}t \frac{\mathrm{d}x_r}{\mathrm{d}t}$$

沿 y 轴方向，其自身带正负号。该项加速度所产生的力将引起主滑阀阀芯与阀套之间摩擦阻力的增加，原因同“主滑阀阀芯方向与离心运动角速度矢 ω 同面垂直”部分所述，可不计。

2）衔铁挡板组件各项加速度分析　衔铁挡板组件所受切向牵连加速度为

$$a_e^\tau = \alpha R$$

沿 y 轴方向，自身带正负号，单位 m/s^2。该项加速度所产生的力不会引起摩擦阻力等附加项，将其省略。

衔铁挡板组件所受法向牵连加速度为

$$a_e^n = \left(\int_0^t \alpha \mathrm{d}t\right)^2 R$$

方向沿 x 轴正向。

衔铁挡板组件所受相对加速度为

$$a_r = \frac{\mathrm{d}^2 \theta}{\mathrm{d}t^2} d_e$$

由于 θ 很小，故将其看作沿 x 轴方向，自身带正负号。

衔铁挡板组件所受科里奥利加速度为

$$a_C = 2\int_0^t \alpha \mathrm{d}t \frac{\mathrm{d}\theta}{\mathrm{d}t}$$

沿 y 轴方向，其自身带正负号。该项加速度所产生的力不会引起摩擦阻力等附加项，将其省略。

3）电液伺服阀的数学模型修正与特性分析　考虑双喷嘴挡板阀两个喷嘴容腔内油液的压缩性，可得到主阀芯两端的负载压力为

$$\frac{\mathrm{d}p_{LP}}{\mathrm{d}t}=\frac{2\beta_e}{V_{0P}}\left(Q_L-A_v\frac{\mathrm{d}x_r}{\mathrm{d}t}\right) \tag{13.9}$$

滑阀力平衡式为

$$\frac{\mathrm{d}^2x_r}{\mathrm{d}t^2}=\frac{1}{m_v}\left[F_t-(B_v+B_{f0})\frac{\mathrm{d}x_r}{\mathrm{d}t}-K_{f0}x_r-F_i\right]+\left(\int_0^t\alpha\mathrm{d}t\right)^2R \tag{13.10}$$

$$F_t=p_{LP}A_v$$

$$B_{f0}=(L_1-L_2)C_d\omega\sqrt{\rho(p_s-p_L)}$$

$$K_{f0}=0.43\omega(p_s-p_L)$$

式中 F_t——主阀芯的驱动力(N)；

F_i——反馈杆变形所产生的力(N)；

m_v——阀芯与阀腔油液质量，2.547×10^{-3} kg；

B_v——阀芯与阀套间的黏性阻尼系数，0.003 4 N·s/m；

B_{f0}——阀芯瞬态液动力产生的阻尼系数(N·s/m)；

K_{f0}——阀芯稳态液动力的弹性系数(N/m)；

A_v——主阀芯阀肩横截面面积，1.662×10^{-5} m^2；

C_d——流量系数，0.61；

ω——阀芯面积梯度，7.5×10^{-3} m；

ρ——液压油密度，850 kg/m^3；

L_1——稳定阻尼长度，5×10^{-3} m；

L_2——不稳定阻尼长度，4×10^{-3} m。

由于滑阀阀芯的移动，反馈杆球头受其牵引，反馈杆随之产生挠性变形。反馈杆力平衡式为

$$F_i=K_f[(r+b)\theta+x_r] \tag{13.11}$$

衔铁由弹簧管支承，悬于上下导磁体工作气隙之间。它受电磁力矩作用而产生偏转，由于其与挡板反馈杆组件刚性连接，所以也受到挡板液动力力矩、反馈杆回位力矩的作用。弹簧管力矩平衡式为

$$T_d+m_a\left(\int_0^t\alpha\mathrm{d}t\right)^2Rd_e=J_a\frac{\mathrm{d}^2\theta}{\mathrm{d}t^2}+B_a\frac{\mathrm{d}\theta}{\mathrm{d}t}+K_a\theta+T_L \tag{13.12}$$

式中 J_a——衔铁挡板反馈杆组件的转动惯量，2.17×10^{-7} kg·m^2；

B_a——衔铁挡板反馈杆组件的阻尼系数，0.05；

K_a——弹簧管刚度，10.18 N·m/rad；

T_L——衔铁运动时所拖动的负载力矩。

式(13.9)～式(13.12)组成了匀加速圆周运动式离心环境中，主滑阀阀芯方向与离心运动角速度矢 ω 同面垂直条件下的电液伺服阀数学模型。

针对 Moog 31 型力反馈式电液伺服阀，在离心半径 $R=1$ m、不同角加速度时的电液伺服阀特性如图 13.46～图 13.48 所示，不论角加速度的大小，阀芯、衔铁、挡板的位移都会随着时间的增加而变大，有所不同的是阀芯的位移大致按照抛物线的方式增长，衔铁、挡板的位移大致按照线性方式增长。角加速度越大，三者的位移增长越快。

在工程应用中，应尽量避免电液伺服阀主滑阀阀芯方向与离心运动角速度矢 ω 同面垂直的布置方式。

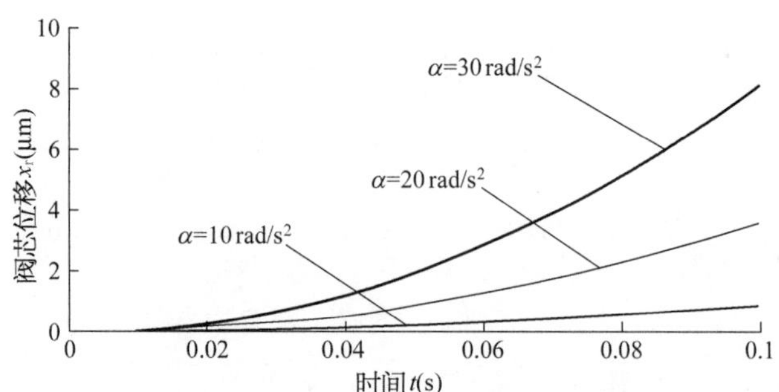

图 13.46　不同角加速度下的阀芯位移

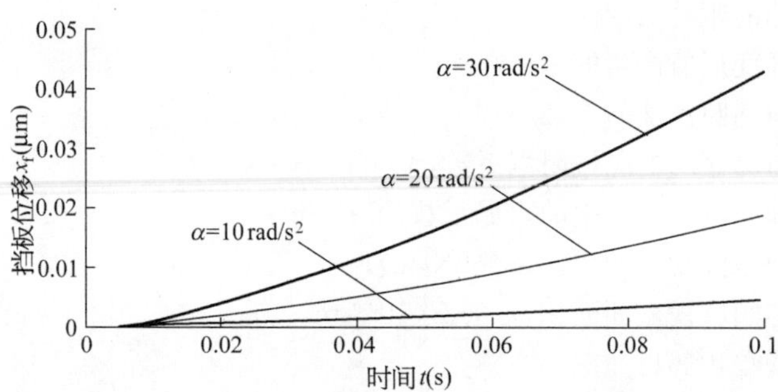

图 13.47　不同角加速度下的挡板位移

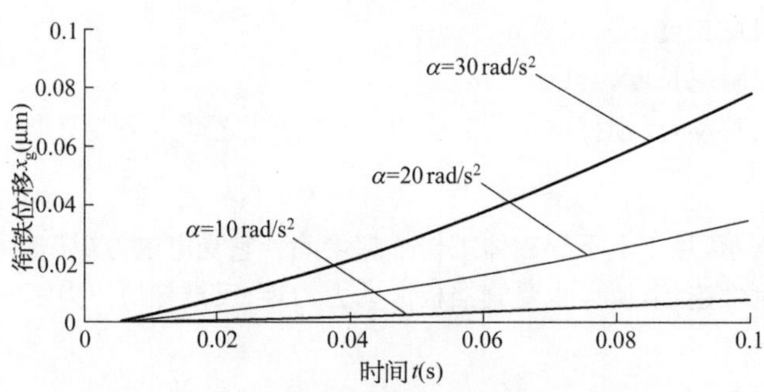

图 13.48　不同角加速度下的衔铁位移

13.2.3.2　*主滑阀阀芯方向与离心运动角速度矢 ω 异面垂直*

本节分析匀加速圆周运动式离心环境中，主滑阀阀芯方向与离心运动角速度矢 ω 异面垂直条件下的电液伺服阀特性。

1）主滑阀阀芯各项加速度分析　由于牵连运动为匀加速圆周运动，牵连加速度可以用切向牵连加速度和法向牵连加速度来表示。主滑阀阀芯所受切向牵连加速度为

$$a_e^\tau = \alpha R$$

沿 y 轴方向，自身带正负号。

主滑阀阀芯所受法向牵连加速度为

$$a_e^n = \left(\int_0^t \alpha \mathrm{d}t\right)^2 R$$

方向沿 x 轴正向。该项加速度将引起阀芯阀套间摩擦力的变化，可不计。

主滑阀阀芯所受相对加速度为

$$a_r = \frac{d^2 x_r}{dt^2}$$

该项加速度为所求项，沿 y 轴方向，其自身带正负号。

主滑阀阀芯所受科里奥利加速度为

$$a_C = 2\int_0^t \alpha dt \frac{dx_r}{dt}$$

沿 x 轴方向，其自身带正负号。该项加速度所产生的力将引起主滑阀阀芯与阀套之间摩擦阻力的增加，原因同“主滑阀阀芯方向与离心运动角速度矢 ω 同面垂直”部分所述，可不计。

2）衔铁挡板组件各项加速度分析　衔铁挡板组件所受切向牵连加速度为

$$a_e^\tau = \alpha R$$

沿 y 轴方向，自身带正负号。衔铁挡板组件所受法向牵连加速度为

$$a_e^n = \left(\int_0^t \alpha dt\right)^2 R$$

方向沿 x 轴正向。该项加速度所产生的力不会引起摩擦阻力等附加项，将其省略。

衔铁挡板组件所受相对加速度为

$$a_r = \frac{d^2\theta}{dt^2} d_e$$

由于 θ 很小，故将其看作沿 x 轴方向，自身带正负号。

衔铁挡板组件所受科里奥利加速度为

$$a_C = 2\int_0^t \alpha dt \frac{d\theta}{dt}$$

沿 x 轴方向，其自身带正负号。该项加速度所产生的力不会引起摩擦阻力等附加项，将其省略。

3）电液伺服阀的数学模型修正与特性分析　主阀芯两端的负载压力式为

$$\frac{dp_{LP}}{dt} = \frac{2\beta_e}{V_{0P}}\left(Q_L - A_v \frac{dx_r}{dt}\right) \tag{13.13}$$

滑阀力平衡式为

$$\frac{d^2 x_r}{dt^2} = \frac{1}{m_v}\left[F_t - (B_v + B_{f0})\frac{dx_r}{dt} - K_{f0} x_r - F_i\right] + \alpha R \tag{13.14}$$

反馈杆力平衡式可变为

$$F_i = K_f[(r+b)\theta + x_r] \tag{13.15}$$

弹簧管力矩平衡式可变为

$$T_d + m_a \alpha R d_e = J_a \frac{d^2\theta}{dt^2} + B_a \frac{d\theta}{dt} + K_a\theta + T_L \tag{13.16}$$

式(13.13)～式(13.16)组成了匀加速圆周运动式离心环境中，主滑阀阀芯方向与离心运动角速度矢 ω 同面垂直条件下的电液伺服阀数学模型。

由式(13.13)～式(13.16)可知：阀控缸模型分析方法、弹簧杆的反馈力计算公式在振动环境与离心环境下是通用的。式中有振动加速度 d^2x/dt^2，在式(13.14)和式(13.16)中有切向牵连

加速度 αR。将离心加速度 αR 与振动加速度 $\mathrm{d}^2x/\mathrm{d}t^2$ 均看作常数时，即匀加速圆周运动的加速度为定值，则切向牵连加速度为定值，数学模型是相同的。由此可以得出，在离心环境为匀加速圆周运动下，主滑阀阀芯与离心运动角速度矢 ω 异面垂直时的电液伺服阀特性与阶跃加速度下的电液伺服阀特性是相同的，此处不再重复。

不同切向牵连加速度（$a_e^\tau=\alpha R$）下的匀加速圆周运动式离心运动对电液伺服阀的影响，即滑阀位移、挡板位移、衔铁位移与切向牵连加速度的大小呈如下线性关系

$$x_r=\left\{\begin{aligned}&\left\{m_a d_e\left[\frac{K_{q0}}{K_{c0}}A_v r-K_f(r+b)\right]-\left[K_a-K_m+r^2\left(A_N\frac{K_{q0}}{K_{c0}}-8\pi C_{df}^2 p_s x_{f0}\right)+\right.\right.\\&\left.\left.K_f(r+b)^2\right]m_v\right\}\Big/\left\{\left[K_a-K_m+r^2\left(A_N\frac{K_{q0}}{K_{c0}}-8\pi C_{df}^2 p_s x_{f0}\right)+K_f(r+b)^2\right](K_f\right.\\&\left.+K_{f0})+\left[\frac{K_{q0}}{K_{c0}}A_v r-K_f(r+b)\right]K_f(r+b)\right\}\end{aligned}\right\}a_e^\tau \tag{13.17}$$

$$x_f=\frac{m_a d_e(K_f+K_{f0})+K_f(r+b)m_v}{(K_f+K_{f0})\left[K_a-K_m+r^2\left(A_N\dfrac{K_{q0}}{K_{c0}}-8\pi C_{df}^2 p_s x_{f0}\right)+K_f(r+b)^2\right]}ra_e^\tau \tag{13.18}$$

$$x_g=\frac{m_a d_e(K_f+K_{f0})+K_f(r+b)m_v}{(K_f+K_{f0})\left[K_a-K_m+r^2\left(A_N\dfrac{K_{q0}}{K_{c0}}-8\pi C_{df}^2 p_s x_{f0}\right)+K_f(r+b)^2\right]}aa_e^\tau \tag{13.19}$$

线性关系如下

$$x_r=0.97a_e^\tau,\ x_f=0.002\,8a_e^\tau,\ x_g=0.005a_e^\tau$$

与上一节比较可知：在离心环境为匀加速圆周运动下，采用主滑阀阀芯与离心运动角速度矢 ω 异面垂直布置较好。因为这种情况下，阀芯、衔铁、挡板的位移与切向牵连加速度呈线性关系，在切向牵连加速度确定时，三者的位移也为定值，易于通过各种补偿的方法来纠偏。而如果采取主滑阀阀芯与离心运动角速度矢同面垂直布置时，三者的位移随时间的增加而变长，而且与时间的关系不一致，不利于采取措施进行纠偏。

13.2.4 一维离心环境下电液伺服阀的零偏值

电液伺服阀的纠偏电流也称零偏值，是指使电液伺服阀处于零位时需要输入的电流值，通常采用额定电流的百分比来表示。理想情况下电液伺服阀中立位置两侧的结构完全对称，零偏值为零。但是电液伺服阀受到离心力作用时，其零位往往会发生变化，导致产生一定的零偏值。电液伺服机构的精确控制需要分析离心环境下零偏值。分析电液伺服阀喷嘴容腔的静态压力特性，它是液压伺服系统、电液伺服阀工作点设计以及系统设计和分析的基础。取得离心环境下电液伺服阀零偏值的理论计算式，得到零偏的变化规律，并通过实验验证理论和计算式的正确性。建立离心环境下电液伺服阀的运动部件和控制体的动力学模型，得出在离心环境下零偏值与离心加速度值的关系表达式。满足设计准则的喷嘴挡板式电液伺服阀喷嘴压力为供油压力的 20%～100%；零位时两喷嘴压力均为供油压力的 50%。离心环境下电液伺服阀零偏值与离心加速度值呈线性关系，且零偏值与衔铁挡板组件质量及其力臂、主阀芯质量、喷嘴容腔内油液质量等因素有关。

飞行器按照一定轨道稳定飞行，进行俯仰、偏航和滚动等空间飞行动作时，系统工作在复杂的空间离心环境之中。电液伺服阀作为电液伺服系统的核心元件，在离心环境中的工作特性将

直接影响系统的稳定性和可靠性，在离心复杂环境下电液伺服阀如何工作、是否能够正常工作的基础理论目前极少有研究报道，有文献分析了一维离心力作用下电液伺服阀的一级喷嘴挡板阀特性及其影响因素，但没有涉及离心力场中流体伯努利方程以及一维离心环境下电液伺服阀包括主阀在内的阀零偏特性及其影响因素。电液伺服阀将喷嘴挡板前置级的控制压力之差作用于主阀芯两端面，驱动主阀芯运动，其控制压力较高，但主阀芯两端的压力差相对喷嘴挡板控制腔的压力是很小的。喷嘴容腔内的液体所承受的离心力和主阀芯所承受的离心力的机理如何，该离心力如何影响电液伺服阀的零偏量，以及零偏量的主要影响因素等研究尚不多见。为此，本节建立一维离心环境下电液伺服阀内油液控制体和运动部件的力学模型，分析一维离心环境下电液伺服阀的零偏量计算方法。

13.2.4.1 电液伺服阀喷嘴挡板前置级静态压力特性

图 13.49 所示为电液伺服阀结构示意图，离心环境下电液伺服阀在纠偏电流作用下主阀芯回到零位状态。图中 a 为离心加速度，采用笛卡儿坐标系且定义主阀芯的轴线方向为 x 方向，挡板方向为 z 方向，θ 为衔铁挡板组件偏转的角度，r 为喷嘴中心到弹簧管旋转中心的距离，r_g 为衔铁挡板组件的质心到弹簧管旋转中心的距离，b 为反馈杆小球中心到喷嘴中心的距离，d_0 为固定节流孔直径，d_n 为喷嘴直径，Q_1、Q_3 分别为经过两个固定节孔的流量，Q_2、Q_4 分别为通过两个喷嘴挡板节流孔的流量，p_s 为供油压力，p_1、p_2 分别为两个喷嘴控制腔的压力，p_0 为回油压力，p_A、p_B 分别为两个负载腔的压力。

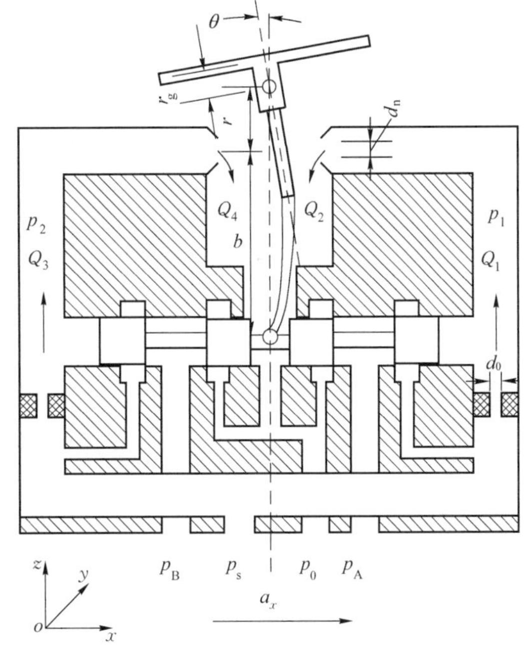

图 13.49 电液伺服阀结构示意图

电液伺服阀右侧的固定节流孔和喷嘴的流量方程分别为

$$Q_1 = C_{d0} A_0 \sqrt{\frac{2}{\rho}(p_s - p_1)} \tag{13.20}$$

$$Q_2 = C_{df} \pi d_n (x_{f0} - x_f) \sqrt{\frac{2}{\rho} p_1} \tag{13.21}$$

式中 C_{d0}——固定节流孔流量系数；
A_0——固定节流孔面积，$A_0 = \pi d_0^2/4$；
C_{df}——可变节流孔流量系数；
x_{f0}——喷嘴挡板之间的初始间隙；
ρ——油液密度；
x_f——挡板位移。

滑阀右侧端面处的流量方程为

$$Q_{LV} = Q_2 - Q_1 = C_{df} \pi d_n (x_{f0} - x_f) \sqrt{\frac{2}{\rho} p_1} - C_{d0} A_0 \sqrt{\frac{2}{\rho}(p_s - p_1)} \tag{13.22}$$

同理,电液伺服阀左侧的诸流量方程分别为

$$Q_3 = C_{d0}A_0\sqrt{\frac{2}{\rho}(p_s - p_2)} \tag{13.23}$$

$$Q_4 = C_{df}\pi d_n(x_{f0} + x_f)\sqrt{\frac{2}{\rho}p_2} \tag{13.24}$$

$$Q_{LV} = Q_3 - Q_4 = C_{d0}A_0\sqrt{\frac{2}{\rho}(p_s - p_2)} + C_{df}\pi d_n(x_{f0} + x_f)\sqrt{\frac{2}{\rho}p_2} \tag{13.25}$$

电液伺服阀处于零位、稳定状态时,一般有

$$Q_{LV} = Q_2 - Q_1 = Q_3 - Q_4 = 0 \tag{13.26}$$

此时,由式(13.20)~式(13.26)可得电液伺服阀的静态($Q_{LV}=0$)压力特性式为

$$p_1 = \frac{p_s}{1+\left[\frac{C_{df}\pi d_n(x_{f0}-x_f)}{C_{d0}A_0}\right]^2},\ p_2 = \frac{p_s}{1+\left[\frac{C_{df}\pi d_n(x_{f0}+x_f)}{C_{d0}A_0}\right]^2} \tag{13.27}$$

由式(13.27)可得主阀芯两端的控制压差为

$$p_{LV} = \frac{4k^2\left(\frac{x_f}{x_{f0}}\right)p_s}{1+2k^2\left[1+\left(\frac{x_f}{x_{f0}}\right)^2\right]+k^4\left[1-\left(\frac{x_f}{x_{f0}}\right)^2\right]^2} \tag{13.28}$$

$$k = \frac{C_{df}A_{f0}}{C_{d0}A_0} = \frac{C_{df}\pi d_n x_{f0}}{C_{d0}A_0} \tag{13.29}$$

设无因次压力比为 $\overline{p}_1 = p_1/p_s$,$\overline{p}_2 = p_2/p_s$,$\overline{p}_{LV} = p_{LV}/p_s = p_1/p_s - p_2/p_s$。设喷嘴挡板阀的位移比为 $\overline{x}_f = x_f/x_{f0}$,且 $-1 \leqslant \overline{x}_f \leqslant 1$。则静态压力特性式(13.27)和主阀芯两端的控制压差式(13.28)的无因次式分别为

$$\overline{p}_1 = \frac{1}{1+k^2(1-\overline{x}_f)^2},\ \overline{p}_2 = \frac{1}{1+k^2(1+\overline{x}_f)^2} \tag{13.30}$$

$$\overline{p}_{LV} = \frac{4k^2\,\overline{x}_f}{1+2k^2(1+\overline{x}_f^2)+k^4(1-\overline{x}_f^2)^2} \tag{13.31}$$

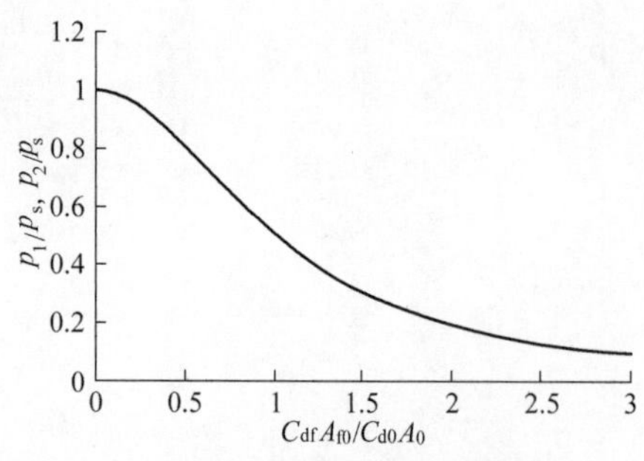

图 13.50 喷嘴零位压力与喷嘴和固定节流孔的有效面积之比的关系

图 13.50 所示为喷嘴零位压力与喷嘴和固定节流孔的有效面积之比的关系。可见,喷嘴挡板阀的喷嘴零位压力与喷嘴和固定节流孔的有效面积之比有关,且喷嘴零位压力为供油压力的 20%~100%。当喷嘴和固定节流孔的有效面积之比为 1∶1 时,零位压力为 $0.5p_s$;面积比为 1∶2 时,零位压力为 $0.8p_s$;面积比为 2∶1 时,零位压力为 $0.2p_s$。可以考虑采用不同的节流孔面积比达到不同的零位压力,从而实现喷嘴挡板阀和不对称结构主阀芯或液压缸的匹配控制。

式(13.27)和式(13.28)表明:喷嘴挡板式两级

电液伺服阀主阀芯两腔的控制压差为喷嘴挡板阀位移的函数，和供油压力成正比；且与喷嘴挡板的初始间隙值、挡板的位移以及固定节流孔面积与喷嘴开口面积的比值有关，与主阀芯的开口量无关。通常，喷嘴挡板阀在零位（$x_{f0}=0$）时，取控制压力 $p_{10}=p_{20}=0.5p_s$ 作为设计准则。按照该设计准则，要求在零位时固定节流孔面积和喷嘴开口面积的比值应满足

$$k=\frac{C_{df}A_{f0}}{C_{d0}A_0}=\frac{C_{df}\pi d_n x_{f0}}{C_{d0}A_0}=1 \tag{13.32}$$

一般情况下，满足式(13.32)的喷嘴挡板式电液伺服阀，由式(13.30)和式(13.31)可得静态压力以及主阀芯两端的控制压差分别为

$$\overline{p}_1=\frac{1}{1+(1-\overline{x}_f)^2},\ \overline{p}_2=\frac{1}{1+(1+\overline{x}_f)^2} \tag{13.33}$$

$$\overline{p}_{LV}=\frac{4\,\overline{x}_f}{4+\overline{x}_f^4} \tag{13.34}$$

图 13.51 所示为由式(13.33)和式(13.34)得到的喷嘴压力和主阀芯控制压差与挡板位移的关系。当喷嘴挡板阀处于最大开口量（$x_{f0}=x_f$）时，有 $p_1=p_s$，$p_2=0.2p_s$，主阀芯两端的控制压差达到最大值，$p_{LV}=0.8p_s$；零位时两喷嘴压力为供油压力的 50%，主阀芯两端的控制压差为零，且零位附近的主阀芯控制压差和阀位移近似成正比。

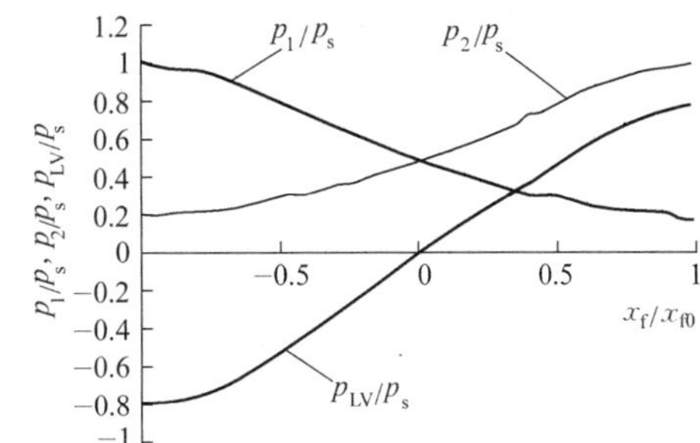

图 13.51　喷嘴压力和主阀芯控制压差与挡板位移的关系

电液伺服阀正常工作时，喷嘴挡板阀开口量 $x_{f0}\ll x_f$，因此可忽略式(13.34) 分母中$\overline{x}_f$ 的四次方项，有

$$\overline{p}_{LV}=\overline{x}_f \tag{13.35}$$

13.2.4.2　离心环境下电液伺服阀的纠偏电流

电液伺服阀在纠偏电流作用下，衔铁挡板位置发生偏转，主阀芯受力主要有两端压差产生的驱动力、离心力以及反馈杆作用力。忽略回油压力，当主阀芯处于零位时，阀芯的力平衡方程为

$$p_{LV}A_v=m_v a_x+K_f\theta(r+b) \tag{13.36}$$

式中　A_v——滑阀端面的面积；

a_x——离心加速度在 x 方向的分量；

m_v——滑阀阀芯组件的等效质量；

K_f——力反馈杆刚度。

力矩马达输出力矩

$$T_d=K_t\Delta i+K_m\theta \tag{13.37}$$

式中　K_t——力矩马达电磁力矩系数；

K_m——力矩马达磁弹性常数。

力反馈杆产生的力矩为

$$T_s=K_f\theta(r+b)^2 \tag{13.38}$$

衔铁挡板平衡时，有

$$T_d = K_t \Delta i + K_m \theta = T_s + K_a \theta + (F_1 - F_2) r + m_a a_x r_g \tag{13.39}$$

式中 K_a——弹簧管刚度；

m_a——衔铁挡板组件质量；

F_1、F_2——作用于挡板两侧的液流力。

由式(13.37)～式(13.39)可得，输入纠偏电流应为

$$\Delta i = [K_f \theta (r+b)^2 + K_a \theta - K_m \theta + (F_1 - F_2) r + m_a a_x r_g] K_t^{-1} \tag{13.40}$$

13.2.4.3 一维离心环境下电液伺服阀的零偏值

不可压缩的理想流体在恒定流动中，流体的拉格朗日-伯努利方程为

$$\frac{p}{\rho} + \frac{v^2}{2} + U = C \tag{13.41}$$

式中 U——与流体质量力有关的函数，即力势函数；

C——伯努利常数。

式(13.41)表明流场中存在力势函数，即流体在有势力作用下的能量平衡方程，惯性力、重力、离心力等均为有势力。该式可适用于不可压缩理想流体整体恒定流动时整个有势流场或非势流场的某一流线上。

在重力场中，由式(13.41)可得到常规的伯努利方程。假设离心加速度方向与电液伺服阀阀芯轴线以及喷嘴轴线方向一致，电液伺服阀内流道尺寸小。由式(13.41)可得一维离心力场中伺服阀内流体的拉格朗日-伯努利方程为

$$\frac{p_1}{\rho a_x} + \frac{v_1^2}{2a_x} + x_1 = \frac{p_2}{\rho a_x} + \frac{v_2^2}{2a_x} + x_2 \tag{13.42}$$

由于挡板偏转角度极小，可近似认为 $x_f = r\theta$。将式(13.35)代入式(13.36)，可得衔铁挡板组件的偏转角度为

$$\theta = \frac{m_v a_x}{\dfrac{r p_s A_v}{x_{f0}} - K_f (r+b)} \tag{13.43}$$

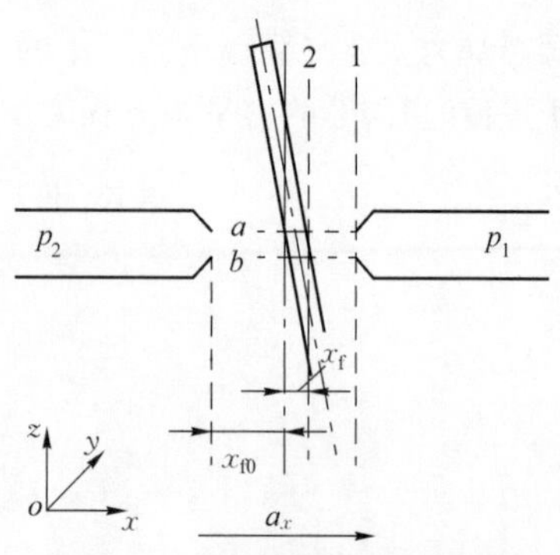

图 13.52 双喷嘴挡板受力图

图 13.52 所示为双喷嘴挡板受力图。以图中所示的喷嘴口断面 1 至挡板断面 2 之间的流体作为研究对象，不计喷嘴前端的流体和壁面的摩擦损失，以喷嘴挡板阀零位为参考，忽略重力势能以及挡板厚度的影响，考虑离心力场对流体的作用时，由式(13.42)可得

$$p_{1e} + \rho a_x(-x_f) + \frac{\rho v_1^2}{2} = p_1 + \rho a_x(-x_{f0}) \tag{13.44}$$

式中 v_1——喷嘴处油液流速；

p_{1e}——液体作用在挡板上的压力。

考虑离心力作用时，由式(13.44)和动量定理可得流体作用在挡板右侧的力为

$$F_1 = p_{1e} A_n + \rho v_1^2 A_n = \left[p_1 + \frac{1}{2} \rho v_1^2 - \rho a_x (x_{f0} - x_f) \right] A_n \tag{13.45}$$

式中 A_n——喷嘴面积。

由式(13.21)可得右侧喷嘴处流速为

$$v_1 = \frac{Q_2}{A_n} = \frac{4C_{df}(x_{f0} - x_f)}{d_n}\sqrt{\frac{2}{\rho}p_1} \tag{13.46}$$

同理,流体作用在挡板左侧的力和喷嘴处流速分别为

$$F_2 = \left[p_2 + \frac{1}{2}\rho v_2^2 + \rho a_x(x_{f0} + x_f)\right]A_n \tag{13.47}$$

$$v_2 = \frac{Q_4}{A_n} = \frac{4C_{df}(x_{f0} + x_f)}{d_n}\sqrt{\frac{2}{\rho}p_2} \tag{13.48}$$

喷嘴挡板阀一般在零位附近工作,近似有 $p_1 = p_2 = 0.5p_s$,由式(13.45)和式(13.47)可得挡板承受的净液压作用力为

$$F_1 - F_2 = p_{LV}A_n + 4\pi C_{df}^2 x_{f0}^2 p_{LV} + 4\pi C_{df}^2 x_f^2 p_{LV} - 8\pi C_{df}^2 x_{f0} x_f p_s - 2\rho a_x A_n x_{f0} \tag{13.49}$$

通常喷嘴挡板阀设计时满足 $x_{f0}/d_n = 1/8 \sim 1/16$,式(13.49)的第二项与第一项相比可以忽略。又有 $x_f < x_{f0}$,式中第三项小于第二项。因此,挡板承受的净液压作用力可近似表示为

$$F_1 - F_2 = p_{LP}A_n - 8\pi C_{df}^2 x_{f0} x_f p_s - 2\rho a_x A_n x_{f0} \tag{13.50}$$

式(13.50)考虑了离心场对电液伺服阀的作用,与未考虑离心场时的情况相比,液体对挡板的作用力增加了离心加速度项,即 $-2\rho a_x A_n x_{f0}$。

由式(13.40)和式(13.50)可得,电液伺服阀在离心力作用下的纠偏电流值为

$$\Delta i = \left[\frac{K_f(r+b)^2 + K_a - K_m + p_s x_{f0}^{-1} A_n r^2 - 8\pi C_{df}^2 x_{f0} r^2 p_s}{p_s x_{f0}^{-1} A_v r - K_f(r+b)} m_v - 2\rho A_n x_{f0} r + m_a r_g\right] K_t^{-1} a_x \tag{13.51}$$

式(13.51)右侧括号内第一项为一维离心力作用下主阀芯质量对电液伺服阀零偏值的作用项;第二项为离心场作用于喷嘴处流体而产生的零偏项;第三项为衔铁挡板组件受离心力作用产生的零偏项。可见,一维离心环境下电液伺服阀零偏值与离心加速度和力矩马达电磁力矩系数的大小呈线性关系,且与主阀芯质量、喷嘴容腔内油液质量、衔铁挡板组件质量、衔铁挡板组件质心到旋转中心距离等因素有关。

13.2.4.4 *应用实例与试验分析*

根据某型电液伺服阀基本参数(表13.1),以式(13.51)为一维离心环境下电液伺服阀零偏值的计算式,对一维离心环境下电液伺服阀的零偏值进行实例计算,进而对一维离心环境下零偏量的主、次要影响因素进行分析。综合分析一维离心环境下电液伺服阀包括力马达、一级喷嘴挡板阀、二级主滑阀在内的阀零偏特性及其影响因素。

表13.1 电液伺服阀实例主要参数

参数项	参数值	参数项	参数值
力矩马达的电磁力矩系数 K_t (N·m/A)	2.77	力矩马达的磁弹性常数 K_m (N·m/rad)	6.86
喷嘴中心到弹簧管旋转中心距离 r(m)	8.05×10^{-3}	反馈杆小球中心到喷嘴中心距离 b(m)	1.4×10^{-2}

(续表)

参 数 项	参数值	参 数 项	参数值
反馈杆刚度 K_f(N/m)	3 700	喷嘴孔直径 d_f(m)	3.5×10^{-4}
主阀芯阀肩横截面面积 A_v(m^2)	1.662×10^{-5}	衔铁挡板组件质量 m_a(kg)	1.3×10^{-2}
初始喷挡间隙 x_{f0}(m)	3.37×10^{-5}	主阀芯质量 m_v(kg)	2.5×10^{-3}
弹簧管刚度 K_a(N·m/rad)	10.18	衔铁挡板组件质心到弹簧管旋转中心距离 r_g(m)	1×10^{-3}
喷嘴挡板节流孔流量系数 C_{df}	0.62	额定供油压力 p_s(Pa)	2.1×10^7
液压油密度 ρ (kg/m^3)	850	额定电流(A)	0.01

计算结果显示：式(13.51)右侧括号内三项的数值分别为 2.7×10^{-7}、-4.44×10^{-11}、1.3×10^{-5}。可见，第三项的衔铁挡板组件受离心力作用产生的零偏项的数值最大；第一项主阀芯质量对电液伺服阀零偏值的作用项次之；第二项喷嘴处流体而产生的零偏项的数值最小。将实例数据代入式(13.51)可知，电液伺服阀先导级喷嘴挡板阀的零位压力增益(式中主阀芯系数项中 $p_s x_{f0}^{-1}$)极大，离心力使衔铁挡板组件发生微小转动时，主阀芯两侧控制压差 p_{LP} 会发生较大的变化，从而主阀芯上所受离心力对电液伺服阀零偏值的影响很小；而离心场作用于喷嘴容腔内流体而产生的零偏项由于喷嘴尺寸和初始喷嘴挡板间隙很小而极小，其对电液伺服阀零偏的影响完全可以忽略不计。

根据上述分析，可得一维离心环境下电液伺服阀零偏值的近似计算式为

$$\Delta i \approx m_a r_g K_t^{-1} a_x \tag{13.52}$$

可见，一维离心环境下电液伺服阀零偏值与离心力大小近似呈线性关系，零偏值大小的主要影响因素有：离心力对衔铁组件的作用，离心力沿主阀芯轴线上的分量，伺服阀力矩马达的电磁力矩系数。衔铁挡板组件为对称结构，质心在对称轴上，优化衔铁挡板组件结构和质量分布，减小衔铁挡板质心到旋转中心距离，可有效减小一维离心环境下电液伺服阀的零偏值；优化电液伺服阀安装方式，增大离心力与滑阀轴线夹角，也可有效减小离心力对电液伺服阀的零偏影响；增大力矩马达的电磁力矩系数也可减小电液伺服阀的零偏值。

试验时将电液伺服阀按规定的轴线方向安装于臂式离心机离开旋转中心一定距离的某处，当离心试验机在某一旋转速度时，电液伺服阀具有一定的离心加速度。图 13.53 所示为在某电液伺服机构离心试验原理图。液压泵和油箱安装在地面上，液压管路的静止部分和旋转部分由回转接头连接；离心机臂由配重和被试件保持平衡。离心机转轴以角速度 ω 在 x 轴和 y 轴所确定的平面内旋转；电液伺服阀和液压缸安装在离心机的臂端，绕离心机驱动轴旋转，电液伺服机构的电液伺服阀和液压缸承受离心力，包括沿 x 向的离心力。图 13.54 所示为电液伺服阀零偏值与离心加速度关系的理论结果和实验结果，实验结果来源于文献，理论结果根据式(13.52)得到，其中电液伺服阀参数为 $m_a = 3.45$ g、$r_g = 1.627$ mm、$K_t = 2.55$ N·m/A，实验结果包含了电液伺服阀的初始零偏值−0.4%。由图可见，离心条件下电液伺服阀的零偏值和离心加速度值的大小成正比，理论结果和实验结果一致。

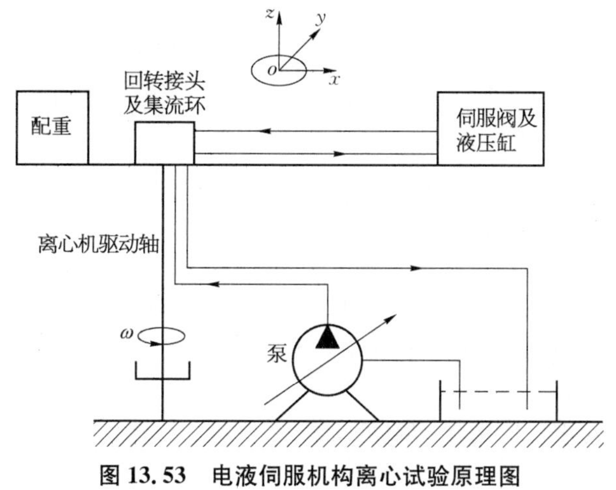

图 13.53　电液伺服机构离心试验原理图

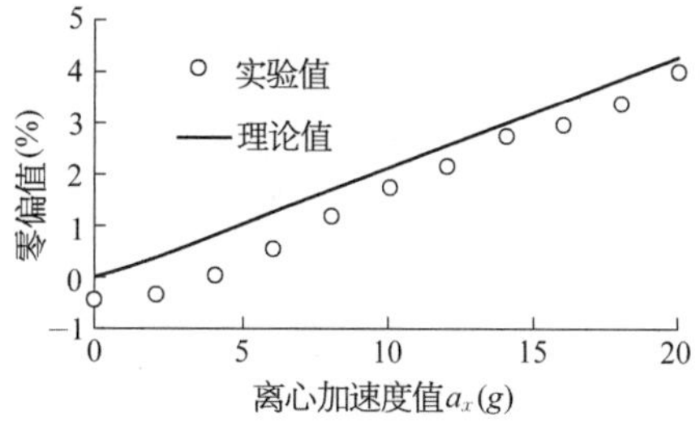

图 13.54　电液伺服阀零偏值与离心加速度关系的理论结果和实验结果

13.2.4.5　结论

(1) 喷嘴挡板阀喷嘴零位压力与喷嘴和固定节流孔的有效面积之比有关，且零位压力为供油压力的 20%～100%。满足设计准则的喷嘴挡板式电液伺服阀的喷嘴压力为供油压力的 20%～100%。当喷嘴挡板阀处于最大开口量时，一个喷嘴内的压力和供油压力相等，另一个喷嘴内的压力为供油压力的 20%，主阀芯控制压差达到最大值，且为供油压力的 80%。零位时两喷嘴压力均为供油压力的 50%。

(2) 通过建立一维离心环境下电液伺服阀运动部件和控制体的动力学模型取得了离心加速度和电液伺服阀零偏值的数学关系式。一维离心环境下电液伺服阀的零偏值与离心加速度呈线性关系，且零偏值与衔铁挡板组件质量及其力臂、主阀芯质量、喷嘴容腔内油液质量等因素有关。

(3) 零偏值主要取决于衔铁挡板组件质量及其力臂、离心加速度的大小。通过衔铁挡板优化设计、电液伺服阀安装方式以及力矩马达电磁力矩系数优化设计等措施来有效减小一维离心环境对电液伺服阀零偏值的影响。

(4) 通过离心加速度传感器检测和反馈离心加速度信号进行电液伺服阀的零偏值校正，可以实现一维离心环境下液压控制系统的精确与平滑控制。

13.2.5　离心环境下电液伺服阀的性能

不同的离心环境，电液伺服阀布置方式不同，电液伺服阀特性所受影响也会不同：

(1) 离心环境为匀速圆周运动，主滑阀阀芯与离心运动角加速度矢同面垂直时，电液伺服阀特性与阶跃加速度条件下的电液伺服阀特性相同，滑阀位移、挡板位移、衔铁位移与离心加速度的大小呈线性关系。

(2) 离心环境为匀速圆周运动，主滑阀阀芯与离心运动角加速度矢异面垂直时，电液伺服阀特性不受其影响，与理想环境下的特性相同。

(3) 离心环境为匀加速圆周运动，主滑阀阀芯与离心运动角加速度矢同面垂直时，阀芯、衔铁、挡板的位移会随时间的增加而变大：阀芯的位移大致按照抛物线的方式增长；衔铁、挡板的位移大致按照线性方式增长。而且角加速度越大，三者的位移增长越快。

(4) 离心环境为匀加速圆周运动，主滑阀阀芯与离心运动角加速度矢异面垂直时，电液伺服阀特性与阶跃加速度下的电液伺服阀特性相同。滑阀位移、挡板位移、衔铁位移与切向牵连加速度的大小呈线性关系。

(5) 离心环境下电液伺服阀产生一定的零偏值。

工程应用时,建议采用电液伺服阀主滑阀阀芯与离心运动角速度矢异面垂直布置的方式,该种情况下易于采取补偿措施来纠偏。

13.3 三维离心环境下的电液伺服阀特性

电液伺服阀最早出现于第二次世界大战期间,20 世纪 50 年代采用反馈和干式力矩马达实现闭环控制并提高了可靠性。双喷嘴挡板式电液伺服阀由于精度高、响应快、体积小、重量轻等特点,广泛应用于航空航天领域。作为飞行器姿控系统的核心部件,电液伺服阀的可靠性直接决定飞行任务的成败,为此各国学者对其关键零部件优化、振动啸叫机理、内部流场分析、非线性建模方法进行了研究。飞行器工作时电液伺服阀时常处于离心环境中,如嫦娥系列登月探测器,在绕地、绕月及地-月转移轨道中,通过俯仰、偏转及滚动改变姿态飞行时,电液伺服阀的空间姿态随之改变,因此处在三维离心环境下工作。目前的研究多集中在一维离心环境。通过流体动力学分析离心环境对单、双喷嘴挡板阀各部件以及液动力的影响,研究伺服阀的零偏值;采用刚体动力学分析离心环境对电液伺服阀惯性零部件的作用,提出调整结构参数来降低伺服阀零漂值;在建立地震试验台数学模型时考虑离心力对伺服阀的影响;建立一维离心环境下双喷嘴挡板式伺服阀各运动部件与油液之间的流固耦合数学模型。

三维离心环境下电液伺服阀的性能尚不明确。为此,本节通过转动式牵连运动动力学理论分析电液伺服阀及其零件在三维离心环境下的动力学模型以及整阀特性,并结合某型号电液伺服阀进行试验验证。着重分析离心环境角速度矢与主阀芯轴向同面垂直、异面垂直及平行三种典型空间姿态下的电液伺服阀基本特性。根据转动式牵连运动动力学理论,得到衔铁挡板组件、主阀芯的动力学特性以及三维离心环境下的电液伺服阀数学模型,分析离心环境对电液伺服阀衔铁、挡板以及主阀芯三处特征位移的影响。得到电液伺服阀耐加速度性能的布局措施,当主阀芯轴向与离心角速度矢平行布局时伺服阀耐加速度能力最强;当主阀芯轴向与离心角速度矢异面垂直布局时伺服阀耐加速度能力次之;当主阀芯轴向与离心角速度矢同面垂直布局时伺服阀耐加速度能力最差。采用某型电液伺服阀进行验证,根据控制电流为零时的空载流量求得主阀芯偏移量,得到其与离心加速度的数学关系。

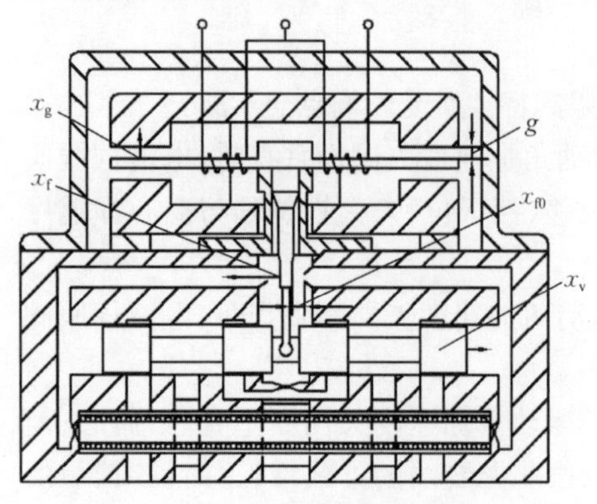

图 13.55 双喷嘴挡板式电液伺服阀

x_g—衔铁位移;x_f—挡板位移;x_v—主阀芯位移;g—衔铁导磁体初始气隙;x_{f0}—喷嘴挡板初始间隙

13.3.1 电液伺服阀的特征位移与三维离心环境

13.3.1.1 电液伺服阀的三个特征位移

如图 13.55 所示,双喷嘴挡板式电液伺服阀工作时需要满足以下三个基本条件:

(1) 为避免衔铁与导磁体发生吸合,衔铁位移应小于衔铁导磁体初始气隙的 1/3,即 $x_g < g/3$。

(2) 应避免喷嘴与挡板发生碰撞,且满足弹簧管疲劳强度要求,挡板位移 x_f 不宜过大。

(3) 为保证流量输出精度,主阀芯位移 x_v 应在饱和范围内,零偏零漂不易过大。

为此,将衔铁、挡板、主阀芯定义为特征零件,其位移值定义为特征位移。

13.3.1.2　电液伺服阀的空间姿态

随飞行器三维空间飞行，电液伺服阀可以呈任意三维姿态布局。本小节主要研究如图13.56所示的三种典型姿态布局。此处，定义飞行器角速度矢的方向为 z 轴，按照笛卡儿坐标系确定 x、y 轴。图13.56a所示为电液伺服阀的主阀芯轴向与离心角速度矢同面垂直的状态，即在 xOz 面内主阀芯轴向与角速度矢垂直；图13.56b所示为主阀芯轴向与离心角速度矢异面垂直，即主阀芯轴向垂直于角速度矢所在的 xOz 面；图13.56c所示为主阀芯轴向与离心角速度矢在空间内平行。

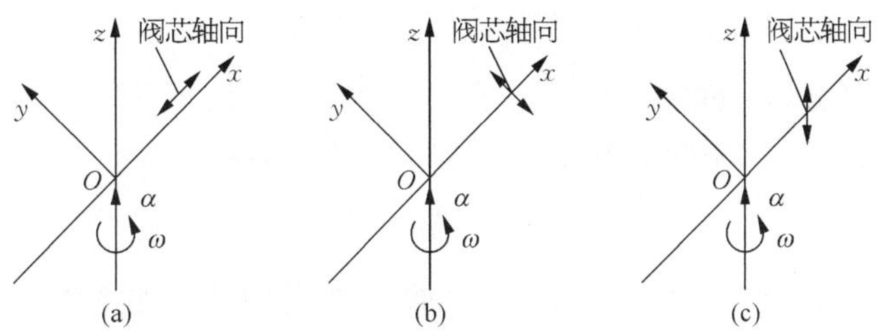

图13.56　电液伺服阀在飞行器离心环境下的空间布局示意图

(a) ω 与阀芯同面垂直；(b) ω 与阀芯异面垂直；(c) ω 与阀芯平行

α—角加速度矢；ω—角速度矢

13.3.1.3　两种典型的离心环境

例如，登月探测器的绕地、绕月飞行轨迹大致为椭圆，地-月转移轨道近似两段相切的圆弧，同时飞行器在不同阶段会加速、减速及匀速飞行，为电液伺服阀形成不同的离心环境轨迹。

可将飞行器轨迹分解为多段曲率半径不同的圆弧，将飞行器的加速、减速及匀速飞行简化为匀速和匀加速运动，得到两种典型的离心环境轨迹，即匀速圆周运动（$\omega=$ 常数 $\neq 0$，$\alpha=0$）和匀加速圆周运动（$\alpha=$ 常数 $\neq 0$）。

13.3.1.4　离心环境下的加速度合成定理

根据点的运动合成理论，分别定义固定于绕飞星体和航天飞行器上的坐标系为定参考系和动参考系。则：①特征零件相对于绕飞星体的运动为绝对运动；②特征零件相对于航天飞行器的运动为相对运动；③航天飞行器相对于绕飞星体的运动为牵连运动，该牵连运动即离心环境。

牵连运动为圆周运动时，点的加速度矢量方程同13.2.1节。

13.3.2　三维离心环境下的电液伺服阀数学模型

13.3.2.1　离心环境为匀速圆周运动的情况

1）主阀芯轴向与角速度矢同面垂直　电液伺服阀主阀芯轴向与角速度矢同面垂直布局时，如图13.56a所示。

(1) 主阀芯受力。主阀芯所受牵连加速度即向心加速度 a_e 为

$$a_e=\omega^2 R \tag{13.53}$$

式中　R——匀速圆周运动的半径(m)，其方向沿 x 轴正向。

ω——定值。

则 $a_e=C$，C 为常数。牵连加速度 a_e 作用于主阀芯的附加力为

$$F=m_v C \tag{13.54}$$

式中　m_v——主阀芯质量(kg)。

主阀芯运动的相对加速度 a_r 为

$$a_r = \frac{d^2 x_r}{dt^2} \tag{13.55}$$

式中　x_r——主阀芯对阀体的相对位移(m),其方向沿 x 轴方向,自身带正负号。

主阀芯所受科里奥利加速度 a_C 为

$$a_C = 2\omega \frac{dx_r}{dt} \tag{13.56}$$

其方向沿 y 轴方向,自身带正负号。

科里奥利加速度 a_C 引起主阀芯阀套间的附加摩擦阻力为

$$F_f = C_f m_v a_C$$

由于 m_v 很小(约 2.547×10^{-3} kg),且主阀芯阀套间为油膜润滑,摩擦因数 C_f 很小(<0.005),则 F_f 很小,假设可不计。

(2) 衔铁挡板组件受力。衔铁挡板组件所受牵连加速度为向心加速度 a_e,和式(13.53)相同,沿 x 轴正向。此处 a_e 产生作用于衔铁挡板组件的附加力矩为

$$T = m_a C d_e \tag{13.57}$$

式中　m_a——衔铁挡板组件质量(kg);

d_e——弹簧管旋转中心至衔铁挡板组件质心的距离(m)。

衔铁挡板组件运动的相对加速度 a_r 为

$$a_r = \frac{d^2\theta}{dt^2} d_e \tag{13.58}$$

式中　θ——衔铁偏转角(rad)。

由于 θ 很小($<5°$),a_r 可看作沿 x 轴方向,自身带正负号。衔铁挡板组件所受科里奥利加速度 a_C 为

$$a_C = 2\omega \frac{d\theta}{dt} d_e \tag{13.59}$$

其方向沿 y 轴方向,自身带正负号。

科里奥利加速度 a_C 引发加载于力矩马达的倾覆力矩,但不会影响电液伺服阀性能,这里忽略不计。

(3) 电液伺服阀的数学模型与特性。根据式(13.54)、式(13.57),可得到离心环境为匀速圆周运动、离心运动角速度矢与主阀芯轴向同面垂直时,电液伺服阀的部分数学模型如式(13.60)~式(13.63)所示。衔铁运动方程为

$$T_d + m_a C d_e = J_a \frac{d^2\theta}{dt^2} + B_a \frac{d\theta}{dt} + k_a \theta + T_L \tag{13.60}$$

式中　T_d——电磁力矩(N·m);

J_a——衔铁挡板组件的转动惯量(kg·m^2);

B_a——衔铁挡板组件的阻尼系数;

k_a——弹簧管刚度(N·m /rad)；

T_L——衔铁运动时所拖动的负载力矩(N·m)。

双喷嘴挡板阀控制腔的压缩性方程为

$$\frac{\mathrm{d}p_{LP}}{\mathrm{d}t} = \frac{2\beta_e}{V_{0p}}\left(Q_{LP} - A_v \frac{\mathrm{d}x_r}{\mathrm{d}t}\right) \tag{13.61}$$

式中 p_{LP}——主阀芯两端的压力差(Pa)；

β_e——液压油的弹性系数(Pa)；

V_{0p}——双喷嘴挡板阀单个控制腔的容积(m^3)；

Q_{LP}——双喷嘴挡板阀负载流量(m^3/s)；

A_v——主阀芯阀肩横截面积(m^2)。

主阀芯的动力学方程为

$$F_t = m_v \frac{\mathrm{d}^2 x_r}{\mathrm{d}t^2} + (B_v + B_{f0})\frac{\mathrm{d}x_r}{\mathrm{d}t} + k_{f0} x_r + F_i - m_v C \tag{13.62}$$

式中 F_t——主阀芯所受的液压驱动力(N)；

B_v——阀芯阀套间的黏性阻尼系数(N·s/m)；

B_{f0}——瞬态液动力产生的阻尼系数(N·s/m)；

k_{f0}——阀芯稳态液动力的弹性系数(N/m)；

F_i——反馈杆变形所产生的回位力(N)。

反馈杆的力平衡方程为

$$F_i = k_f[(r+b)\theta + x_r] \tag{13.63}$$

式中 k_f——反馈杆刚度(N/m)；

r——弹簧管旋转中心与喷嘴中线的距离(m)；

b——喷嘴中线与反馈杆球头球心的距离(m)。

式(13.60)～式(13.63)以及文献的常规方程式构成了离心环境下的电液伺服阀数学模型。稳态时数学模型中的各微分项均为零，可得三处特征位移稳态偏移量与控制电流 Δi 以及离心加速度 a_e 的关系式如下

$$x_g = \frac{a(k_{f0}+k_f)k_t\Delta i + a[(k_{f0}+k_f)m_a d_e - k_f(r+b)m_v]a_e}{(k_{f0}+k_f)[k_a - k_m + (k_{p0}A_N - 8\pi C_{df}^2 P_s x_{f0})r^2] + k_f(r+b)[k_{f0}(r+b) + k_{p0}A_v r]}$$

$$x_f = \frac{r(k_{f0}+k_f)k_t\Delta i + r[(k_{f0}+k_f)m_a d_e - k_f(r+b)m_v]a_e}{(k_{f0}+k_f)[k_a - k_m + (k_{p0}A_N - 8\pi C_{df}^2 P_s x_{f0})r^2] + k_f(r+b)[k_{f0}(r+b) + k_{p0}A_v r]}$$

$$x_r = \frac{[k_{p0}A_v r - k_f(r+b)]k_t\Delta i + \{m_a d_e[k_{p0}A_v r - k_f(r+b)] + m_v[k_a - k_m + (k_{p0}A_N - 8\pi C_{df}^2 P_s x_{f0})r^2 + k_f(r+b)^2]\}a_e}{(k_{f0}+k_f)[k_a - k_m + (k_{p0}A_N - 8\pi C_{df}^2 P_s x_{f0})r^2] + k_f(r+b)[k_{f0}(r+b) + k_{p0}A_v r]}$$

以试验用某型号电液伺服阀为例，其主要结构参数见表 13.2。当控制电流为零时，将表 13.2 中各参数代入上述计算式得电液伺服阀三处特征位移的稳态偏移量如下：

$$x_g = 0.002a_e\ \mu\text{m},\ x_f = 0.001a_e\ \mu\text{m},\ x_r = 0.36a_e\ \mu\text{m}$$

在空载工况（$p_s = 21$ MPa，$p_L = 0$）下，根据由式(13.60)～式(13.63)构成的离心环境下的电液伺服阀数学模型，在 MATLAB/Simulink 中建立仿真模型进行迭代计算，可得伺服阀三处特征位移对阶跃离心加速度的响应分别如图 13.57～图 13.59 所示。说明该空间布局下的电液伺服阀对匀速圆周运动式的离心环境较为敏感，耐加速度能力较差。

表 13.2　电液伺服阀结构参数表

参　数	数　量	单　位
衔铁导磁体初始气隙 g	0.25×10^{-3}	m
磁极面积 A_g	8.1×10^{-6}	m^2
衔铁臂长 a	14.5×10^{-3}	m
线圈匝数 N	4 000	匝
永磁体动势 M_0	294.72	At
电磁力矩系数 k_t	2.784	V·s/rad
磁扭矩弹簧刚度 k_m	5.948 6	N·m/rad
衔铁组件转动惯量 J_a	2.17×10^{-7}	$kg\cdot m^2$
衔铁组件质量 m_a	1.45×10^{-2}	kg
衔铁质心与弹簧管旋转中心距离 d_e	2×10^{-3}	m
弹簧管刚度 k_a	10.18	N·m/rad
弹簧管旋转中心与喷嘴中心距离 r	8.05×10^{-3}	m
喷嘴直径 D_N	0.35×10^{-3}	m
喷嘴挡板初始间隙 x_{f0}	$0.033\,7\times10^{-3}$	m
回油节流口直径 D_r	0.4×10^{-3}	m
主阀芯直径 d_v	4.6×10^{-3}	m
主阀芯质量 m_v	2.547×10^{-3}	kg
主阀芯面积梯度 w	1.5×10^{-3}	m
反馈杆刚度 k_f	3 500	N/m
喷嘴中心线到球头距离 b	1.4×10^{-2}	m
主阀设计最大开口 x_{rmax}	0.4	mm
伺服阀额定流量 Q_n	4.5	L/min

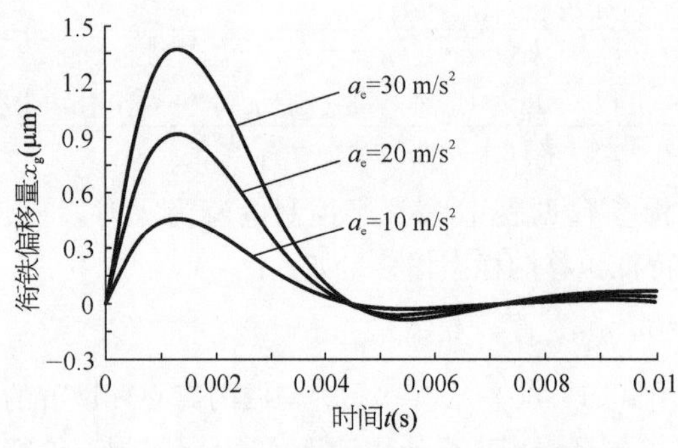

图 13.57　离心加速度下的衔铁偏移量

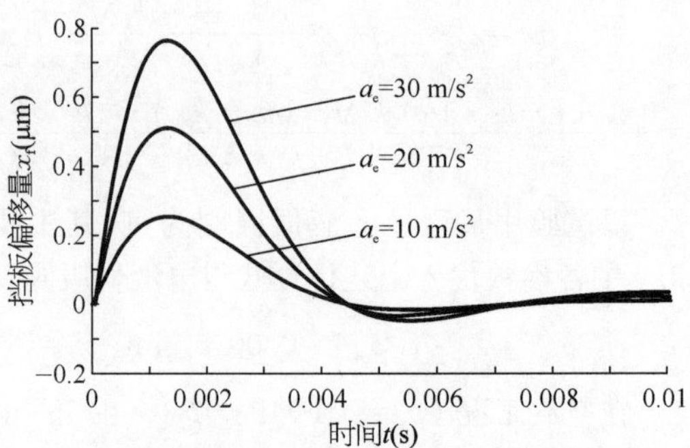

图 13.58　离心加速度下的挡板偏移量

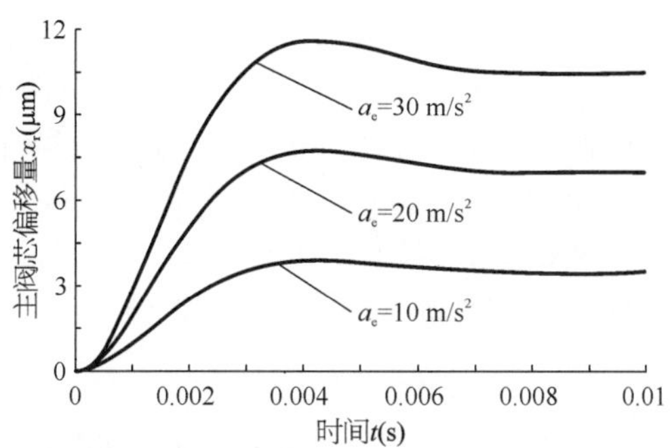

图 13.59　离心加速度下的主阀芯偏移量

2）　主阀芯轴向与角速度矢异面垂直　电液伺服阀主阀芯轴向与角速度矢异面垂直布局时，如图 13.56b 所示。

(1) 主阀芯受力。如式(13.53)所示，主阀芯所受的牵连加速度为向心加速度 a_e，沿 x 轴的正方向。主阀芯运动的相对加速度 a_r 如式(13.55)所示，沿 y 轴方向，自身带正负号。主阀芯所受科里奥利加速度 a_C 如式(13.56)所示，沿 x 轴方向，自身带正负号。由 a_e 和 a_C 引起的主阀芯阀套间的附加摩擦阻力很小，假设可不计。

(2) 衔铁挡板受力。衔铁挡板组件所受的牵连加速度为向心加速度 a_e，和式(13.53)相同，沿 x 轴正向。衔铁挡板组件运动的相对加速度 a_r 如式(13.58)所示，由于 θ 很小($<5°$)，a_r 可看作沿 y 轴方向。衔铁挡板组件所受的科里奥利加速度 a_C 如式(13.59)所示，沿 x 轴方向。a_e 和 a_C 使衔铁挡板组件产生倾覆力矩，但不影响电液伺服阀性能。

(3) 电液伺服阀的数学模型。电液伺服阀主阀芯轴向与角速度矢异面垂直时的数学模型与理想环境下的数学模型相同，对匀速圆周运动式的离心环境不敏感，耐加速度能力较强。

3）主阀芯轴向与角速度矢平行　电液伺服阀主阀芯轴向与角速度矢平行布局时，如图 13.56c 所示。

(1) 主阀芯受力。主阀芯的牵连加速度为向心加速度 a_e，如式(13.53)所示，沿 x 轴正向。a_e 引起的主阀芯阀套间的附加摩擦阻力很小，假设可不计。主阀芯运动的相对加速度 a_r 如式(13.55)所示，沿 z 轴方向。主阀芯所受科里奥利加速度 a_C 为

$$a_C = 2\omega \frac{dx_r}{dt} \sin\beta$$

由于主阀芯运动方向与牵连运动的角速度矢同向或反向，即 $\beta = 0°$ 或 $\beta = 180°$，则

$$a_C = 0$$

(2) 衔铁挡板组件受力。衔铁挡板组件所受牵连加速度为向心加速度 a_e，和式(13.53)相同，沿 x 轴正向。a_e 引起的力由弹簧管来平衡，不产生作用于衔铁挡板组件的附加力(力矩)。衔铁挡板组件运动的相对加速度 a_r 如式(13.58)所示。由于 θ 很小($<5°$)，a_r 可看作沿 z 轴方向。衔铁挡板组件所受科里奥利加速度 a_C 为

$$a_C = 2\omega \frac{d\theta}{dt} d_e \sin\beta$$

同样由于 θ 很小($<5°$)，a_C 可看作沿 z 轴方向，与牵连运动的角速度矢同向或反向，即 $\beta = 0°$

或 $\beta = 180°$，则

$$a_C = 0$$

(3) 电液伺服阀的数学模型。主阀芯轴向与角速度矢平行布局时，电液伺服阀数学模型与理想环境下的数学模型相同，对匀速圆周运动式的离心环境不敏感，耐加速度能力较强。

13.3.2.2 离心环境为匀加速圆周运动的情况

牵连运动为匀加速圆周运动时，牵连加速度为切向、法向牵连加速度的矢量和，即

$$a_e = a_e^\tau + a_e^n$$

1) 主阀芯轴向与角速度矢同面垂直　电液伺服阀主阀芯轴向与角速度矢同面垂直布局，如图 13.56a 所示。

(1) 主阀芯受力。主阀芯所受的切向牵连加速度 a_e^τ 为

$$a_e^\tau = \alpha R \tag{13.64}$$

式中　α——角加速度(rad/s^2)，其方向沿 y 轴方向。

主阀芯所受法向牵连加速度 a_e^n 为

$$a_e^n = \left(\int_0^t \alpha \mathrm{d}t\right)^2 R \tag{13.65}$$

其方向沿 x 轴正向。a_e^n 产生作用于主阀芯的附加力为

$$F = m_v\left(\int_0^t \alpha \mathrm{d}t\right)^2 R \tag{13.66}$$

其方向沿 x 轴正向。

主阀芯运动的相对加速度 a_r 如式(13.55)所示，沿 x 轴方向。主阀芯所受的科里奥利加速度 a_C 为

$$a_C = 2\int_0^t \alpha \mathrm{d}t \frac{\mathrm{d}x_r}{\mathrm{d}t} \tag{13.67}$$

其方向沿 y 轴方向。由 a_e^τ 和 a_C 引起的主阀芯阀套间的附加摩擦阻力很小，假设可不计。

(2) 衔铁挡板组件受力。衔铁挡板组件所受的切向牵连加速度 a_e^τ 如式(13.64)所示，沿 y 轴方向。衔铁挡板组件所受法向牵连加速度 a_e^n 如式(13.65)所示，沿 x 轴正向。a_e^n 引起作用于衔铁挡板组件的附加偏转力矩为

$$T = m_a\left(\int_0^t \alpha \mathrm{d}t\right)^2 R d_e \tag{13.68}$$

衔铁挡板组件运动的相对加速度 a_r 如式(13.58)所示，由于 θ 很小($<5°$)，可看作沿 x 轴方向，自身带正负号。衔铁挡板组件所受科里奥利加速度 a_C 为

$$a_C = 2\int_0^t \alpha \mathrm{d}t \frac{\mathrm{d}\theta}{\mathrm{d}t} d_e \tag{13.69}$$

其方向沿 y 轴方向。a_e^τ 和 a_C 引发作用于衔铁挡板组件的倾覆力矩，但不影响电液伺服阀性能。

(3) 电液伺服阀的数学模型与特性。由式(13.66)、式(13.68)可得，离心环境为匀加速圆周运动且离心运动角速度矢与主阀芯方向同面垂直时，电液伺服阀数学模型为

$$T_d + m_a(\int_0^t \alpha dt)^2 R d_e = J_a \frac{d^2\theta}{dt^2} + B_a \frac{d\theta}{dt} + k_a\theta + T_L \tag{13.70}$$

$$\frac{dp_{LP}}{dt} = \frac{2\beta_e}{V_{0p}}(Q_{LP} - A_v \frac{dx_r}{dt}) \tag{13.71}$$

$$F_t = m_v \frac{d^2 x_r}{dt^2} + (B_v + B_{f0})\frac{dx_r}{dt} + k_{f0}x_r + F_i - m_v(\int_0^t \alpha dt)^2 R \tag{13.72}$$

$$F_i = k_f[(r+b)\theta + x_r] \tag{13.73}$$

以试验用某型电液伺服阀为例，空载工况（$p_s = 21$ MPa，$p_L = 0$）下，当离心半径 R 为 1 m，根据由式(13.70)～式(13.73)构成的离心环境下的电液伺服阀数学模型，在 MATLAB/Simulink 中建立仿真模型进行迭代计算，可得离心环境下电液伺服阀衔铁、挡板、主阀芯的偏移量如图 13.60～图 13.62 所示。由图可知，三处特征偏移量随时间增加以抛物线形式增大。离心角加速度越大，增长速度越快。该空间布局下的电液伺服阀对匀加速圆周运动式的离心环境非常敏感，耐加速度能力非常差。

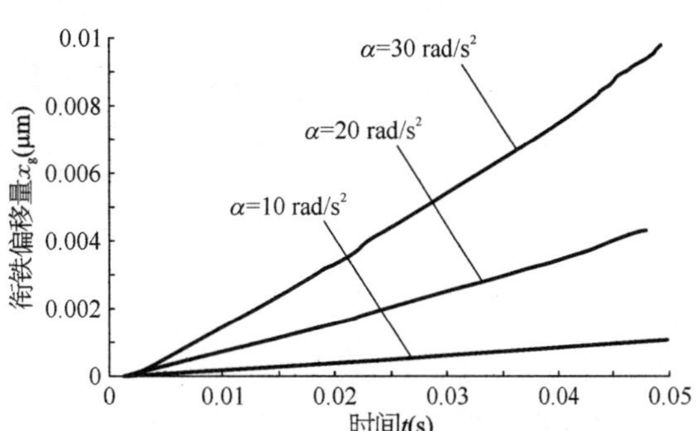

图 13.60　离心加速度下的衔铁偏移量

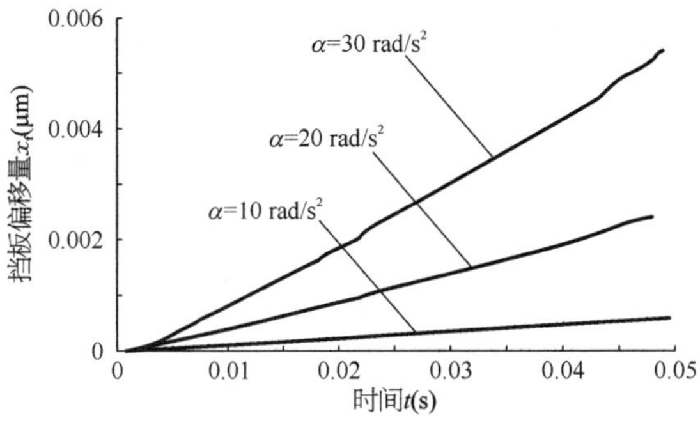

图 13.61　离心加速度下的挡板偏移量

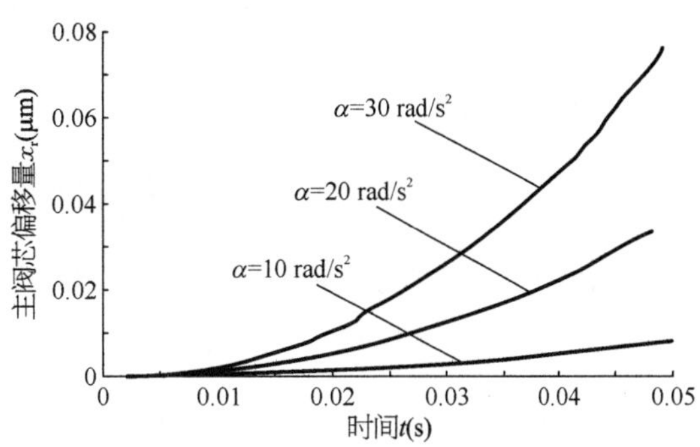

图 13.62　离心加速度下的阀芯偏移量

2）主阀芯轴向与角速度矢异面垂直　电液伺服阀的主阀芯轴向与角速度矢异面垂直布局时，如图 13.56b 所示。

(1) 主阀芯受力。主阀芯受到的切向牵连加速度 a_e^τ 如式(13.64)所示，沿 y 轴方向。α 为定值，则 $a_e^\tau = \alpha R = C$，C 为常数。a_e^τ 引起作用于主阀芯的附加力为

$$F = m_v C \tag{13.74}$$

其方向沿 y 轴方向。

主阀芯所受的法向牵连加速度 a_e^n 如式(13.65)所示，沿 x 轴正向。主阀芯运动的相对加速度 a_r 如式(13.55)所示，沿 y 轴方向。主阀芯所受科里奥利加速度 a_C 如式(13.67)所示，沿 x 轴方向。由 a_e^n 和 a_C 引起的主阀芯阀套间的附加摩擦阻力很小，假设可不计。

(2) 衔铁挡板组件受力。衔铁挡板组件所受切向牵连加速度 a_e^τ 如式(13.64)所示，沿 y 轴方向。a_e^τ 引起作用于衔铁挡板组件的附加偏转力矩为

$$T = m_a C d_e \tag{13.75}$$

衔铁挡板组件所受法向牵连加速度 a_e^n 如式(13.65)所示，沿 x 轴正向。衔铁挡板组件运动的相对加速度 a_r 如式(13.58)所示，由于 θ 很小(<5°)，可看作沿 y 轴方向。衔铁挡板组件所受科里奥利加速度 a_C 如式(13.69)所示，沿 x 轴方向。由 a_e^n 和 a_C 引发作用于衔铁挡板组件的倾覆力矩，但不影响电液伺服阀性能。

(3) 电液伺服阀的数学模型与特性。由式(13.74)、式(13.56)可得，电液伺服阀的主阀芯轴向与角速度矢异面垂直布局时的数学模型为

$$T_d + m_a C d_e = J_a \frac{d^2\theta}{dt^2} + B_a \frac{d\theta}{dt} + k_a\theta + T_L \tag{13.76}$$

$$\frac{dp_{LP}}{dt} = \frac{2\beta_e}{V_{0p}}\left(Q_{LP} - A_v \frac{dx_r}{dt}\right) \tag{13.77}$$

$$F_t = m_v \frac{d^2 x_r}{dt^2} + (B_v + B_{f0})\frac{dx_r}{dt} + k_{f0}x_r + F_i - m_v C \tag{13.78}$$

$$F_i = k_f[(r+b)\theta + x_r] \tag{13.79}$$

对比式(13.76)～式(13.79)与式(13.60)～式(13.63)可知，两者数学模型相同，可见两种离心环境与空间姿态下的电液伺服阀特性相同，具体静、动态特性参照上节。

3) 主阀芯轴向与角速度矢平行　电液伺服阀主阀芯轴向与角速度矢平行布局状态，如图13.56c所示。

(1) 主阀芯受力。主阀芯所受切向牵连加速度 a_e^τ 如式(13.64)所示，沿 y 轴方向。主阀芯所受法向牵连加速度 a_e^n 如式(13.65)所示，沿 x 轴正向。主阀芯运动的相对加速度 a_r 如式(13.55)所示，沿 z 轴方向。主阀芯所受科里奥利加速度 a_C 为

$$a_C = 2\int_0^t \alpha dt \frac{dx_r}{dt}\sin\beta$$

由于主阀芯运动方向与牵连运动的角速度同向或反向，即 $\beta = 0°$ 或 $\beta = 180°$，则

$$a_C = 0$$

此处由 a_e^τ 和 a_e^n 引起的主阀芯阀套间的附加摩擦阻力很小，假设可不计。

(2) 衔铁挡板组件受力。衔铁挡板组件所受的切向牵连加速度 a_e^τ 如式(13.64)所示，沿 y 轴方向。此处由 a_e^τ 引发作用于衔铁挡板组件的倾覆力矩，但不影响电液伺服阀性能。

衔铁挡板组件所受法向牵连加速度 a_e^n 如式(13.65)所示，沿 x 轴正向。此处 a_e^n 引发的力由弹簧管来平衡，不产生附加力(力矩)。

衔铁挡板组件运动的相对加速度 a_r 如式(13.58)所示，由于 θ 很小(<5°)，可看作沿 z 轴方向。衔铁挡板组件所受科里奥利加速度 a_C 为

$$a_C = 2\int_0^t \alpha dt \frac{d\theta}{dt} d_e \sin\beta$$

由于衔铁偏转角 θ 很小(<5°)，可看作沿 z 轴方向，与牵连运动的角速度同向或反向，即 $\beta = 0°$ 或 $\beta = 180°$，则

$$a_C = 0$$

(3) 电液伺服阀的数学模型。电液伺服阀主阀芯轴向与角速度矢平行时，其数学模型与理

想环境下的数学模型相同，对匀加速圆周运动式的离心环境不敏感，耐加速度能力较强。

13.3.3 试验案例结果及其分析

13.3.3.1 试验装置

试验装置包括 65 离心机、泵站、电液伺服阀信号控制台、某型号电液伺服阀、VSE 齿轮流量计(型号 VS0.1，精度±0.3%)、川仪 3036X－Y 笔录仪，以及相配套的夹具等，如图 13.63 和图 13.64 所示。

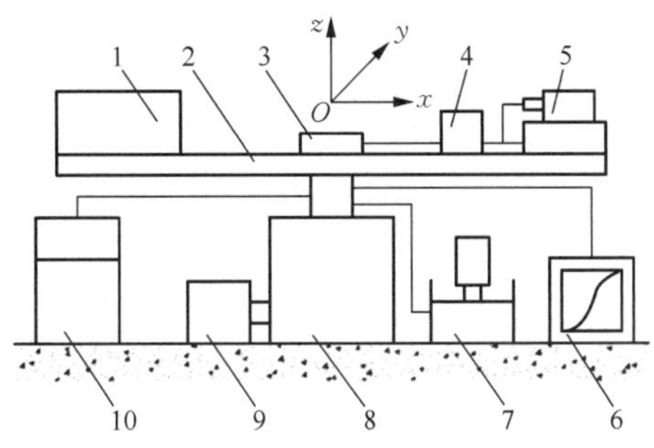

图 13.63 离心试验装置示意图

1—配重；2—离心机臂；3—回转接头；4—流量计；5—电液伺服阀；
6—X－Y 笔录仪；7—泵站；8—变速箱；9—电动机；10—电控台

(a)

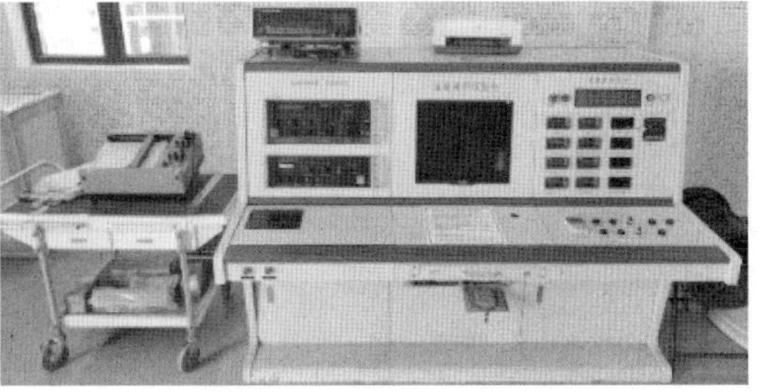

(b)

(c)

图 13.64 电液伺服阀试验台

(a) 被测电液伺服阀；(b) 电控台；(c) 泵站

13.3.3.2 试验方法及结果

试验按照中国航天工业总公司标准 QJ 2078A—1998《电液伺服阀试验方法》进行。定义电液伺服阀的主阀芯轴线为 x 轴，弹簧管轴线为 z 轴，垂直于上述两轴所定义平面的方向为 y 轴。将某型号电液伺服阀及夹具固定在离心机上，x 轴与离心机臂同向，泵站为离心机提供 21 MPa 液压油。离心测试前，测得该电液伺服阀空载流量曲线如图 13.65 所示。启动离心机，离心加速度达到 $6.875g$ 稳定后保持 15 min，期间测得电液伺服阀空载流量曲线如图 13.66 所示。而后关闭离心机，停稳后复测电液伺服阀空载流量曲线。

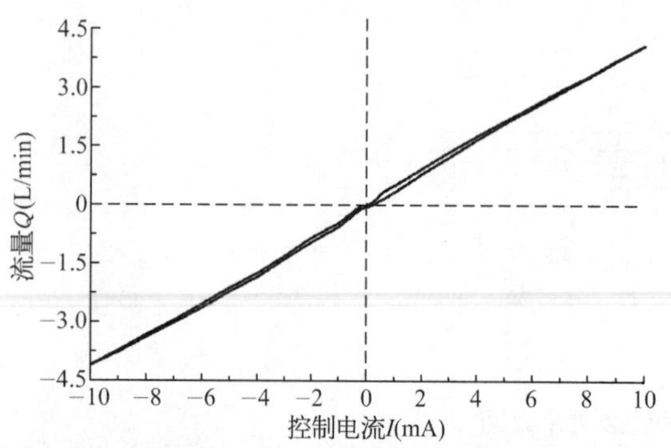

图 13.65 非离心环境下电液伺服阀空载试验流量曲线

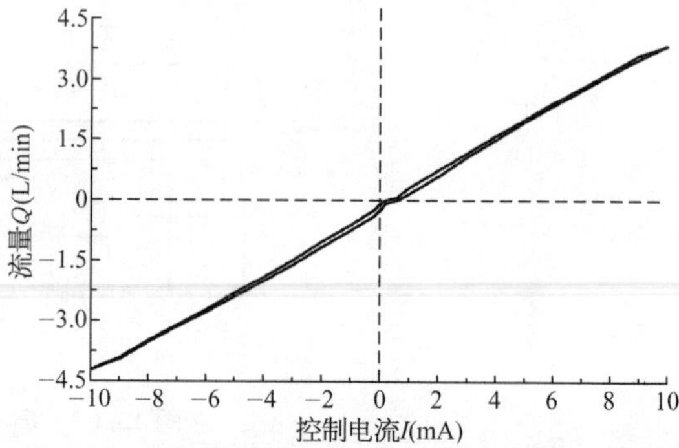

图 13.66 伺服阀主阀芯轴线与离心力同向时的试验流量曲线

调整电液伺服阀安装方向，离心加速度为 $1.25g$，重复上述步骤，分别考核 y 轴、z 轴，得试验流量曲线如图 13.67 和图 13.68 所示。

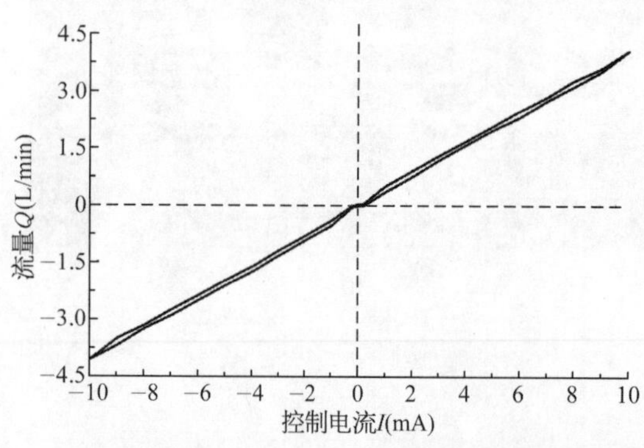

图 13.67 伺服阀 y 轴与离心机臂同向时的试验流量曲线

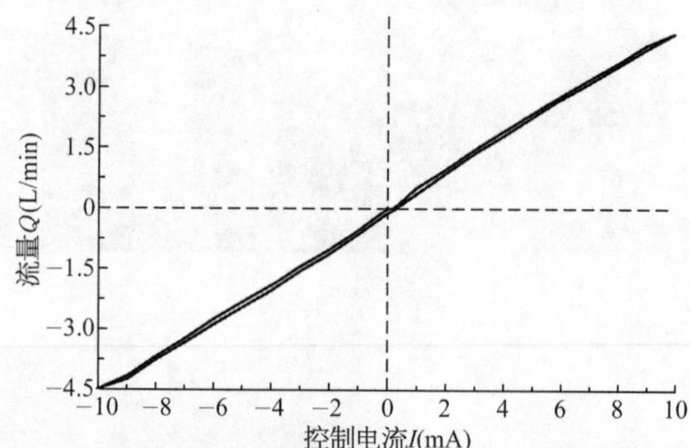

图 13.68 伺服阀弹簧管轴线与离心力同方向时的试验流量曲线

由图 13.65 和图 13.66 可知，当电液伺服阀主阀芯轴向与离心力同向时，恒定的离心加速度会引起电液伺服阀恒定的零漂，说明主阀芯偏移量与离心加速度成正比。

由图 13.66 可知，在控制电流为零时电液伺服阀的空载输出流量在电流正向增加时为 0.1 L/min，在电流反向下降时为 0.3 L/min，则其名义零位输出流量取两者平均值 0.2 L/min。

电液伺服阀滑阀部分为零开口四通滑阀，其空载输出流量为

$$Q_L = C_d w x_r \sqrt{p_s/\rho} \tag{13.80}$$

式中 Q_L——电液伺服阀空载输出流量(m^3/s)；

C_d——节流口流量系数，0.61；

w——主阀芯面积梯度，1.5×10^{-3} m。

则电液伺服阀主阀芯在离心加速度环境下的偏移量

$$x_r=\frac{Q_L}{C_d w\sqrt{p_s/\rho}}=23.18(\mu\text{m})$$

被测电液伺服阀主阀芯偏移量与离心加速度的对应数学关系为

$$x_r=\frac{23.18}{6\times9.8}=0.39a_e(\mu\text{m})$$

与稳态偏移量计算值基本一致，偏差为 7.69%。

对比图 13.65、图 13.67、图 13.68 可知，当电液伺服阀 y 轴、z 轴与离心力同向时，其零漂与理想环境下相同，说明电液伺服阀性能不受离心加速度影响。

对比图 13.65 与图 13.66～图 13.68 可发现，离心环境下的试验流量曲线滞环略大于理想环境下的滞环，这是由于主阀芯受到离心加速度的作用，阀芯与阀套之间产生的附加摩擦阻力所导致的。

(1) 电液伺服阀的工作特性受离心环境和自身空间姿态布局的影响。电液伺服阀的耐离心加速度能力由其自身空间布局姿态决定。

(2) 主阀芯轴向与角速度矢同面垂直布局时，电液伺服阀的耐离心加速度能力最差。离心环境为匀速圆周运动时，电液伺服阀的衔铁、挡板、主阀芯的稳态偏移量与离心加速度成正比。离心环境为匀加速圆周运动时，特征位移随时间呈抛物线形式增长，且离心角加速度越大，增长速度越快。

(3) 主阀芯轴向与角速度矢异面垂直布局时，电液伺服阀的耐离心加速度能力居中。离心环境为匀速圆周运动时，电液伺服阀特性不受影响。离心环境为匀加速圆周运动时，三处特征稳态偏移量与切向离心加速度成正比。

(4) 主阀芯轴向与角速度矢平行时，电液伺服阀的耐离心加速度能力最强。匀速和匀加速圆周运动式离心环境对电液伺服阀特性均无影响。电液伺服阀应尽可能按保持主阀芯轴向与角速度矢平行的状态进行布局。

13.4 振动、冲击、离心环境下电液伺服阀布局措施

针对导弹、火箭航天器的飞行振动、冲击、离心等工况，通过电液伺服阀数学模型计算和分析，得出以下主要理论结果和措施：

(1) 在阶跃加速度环境下，主阀芯、挡板、衔铁的稳定偏移量与加速度呈线性关系。在单位脉冲加速度环境下，短时间内(约 2.5 ms)主阀芯位移容易出现饱和，有可能引起系统的误动作；喷嘴与挡板容易发生接触现象；衔铁位移容易达到最大极限值。电液伺服阀的谐振频率处于 90～100 Hz，应避免在此种振动环境下工作或者采取一些特殊措施。

(2) 提出了在电液伺服阀设计时的制振措施，如降低衔铁挡板组件的质量、减小衔铁挡板组件质心与弹簧管旋转中心的距离以及增大弹簧管的刚度等关键措施。

(3) 当离心环境为匀速圆周运动，且主滑阀阀芯与离心运动角加速度矢同面垂直时，主滑阀阀芯、挡板、衔铁的稳定偏移量与离心加速度呈线性关系；主滑阀阀芯与离心运动角加速度矢异面垂直时，电液伺服阀特性不受离心加速度影响。当离心环境为匀加速圆周运动，且主滑阀阀芯

与离心运动角加速度矢同面垂直时，阀芯、衔铁、挡板的偏移量随时间的增加而持续增大直至饱和；主滑阀阀芯与离心运动角加速度矢异面垂直时，主滑阀阀芯、挡板、衔铁的稳定偏移量与切向牵连加速度呈线性关系。

(4) 电液伺服阀工程上采用主阀芯与离心运动角速度矢异面垂直的布置方式，最易于采取补偿措施来纠偏。离心环境下电液伺服阀将产生一定的零偏值，可以通过离心加速度传感器检测和反馈离心加速度信号进行电液伺服阀的零偏值校正。

参考文献

[1] 訚耀保，李长明，江金林. 三维离心环境下的电液伺服阀特性分析[J]. 机械工程学报，2015，51(2)：169－177.

[2] 訚耀保，张曦，李长明. 一维离心环境下电液伺服阀零偏值分析[J]. 中国机械工程，2012，23(10)：1142－1146.

[3] 訚耀保，张曦. 固定节流孔长度对双喷嘴挡板阀低温零位性能的影响[J]. 中国机械工程，2012，23(19)：2275－2279.

[4] 訚耀保，孟伟. 非对称喷嘴挡板式电液伺服阀特性分析[J]. 中国机械工程，2011，22(8)：957－960，970.

[5] 訚耀保，原佳阳，傅俊勇. 先导阀前腔串加阻尼孔的新型双级溢流阀特性分析[J]. 吉林大学学报，2016(1)：1－8.

[6] 刘洪宇，张晓琪，訚耀保. 振动环境下双级溢流阀的建模与分析[J]. 北京理工大学学报，2015，35(1)：13－18.

[7] 訚耀保，张丽，傅俊勇. 一种高压气动减压阀：ZL201110011195.6[P]. 2014－03－05.

[8] 訚耀保，孟伟. 喷嘴挡板伺服阀的喷嘴挡板间隙的一种间接测量方法：CN101694378A[P]. 2010－04－14.

[9] 訚耀保. 极端环境下的电液伺服控制理论及应用技术[M]. 上海：上海科学技术出版社，2012.

[10] 訚耀保. 极端环境下飞行器电液伺服阀特性研究[R]. 国家自然科学基金资助项目结题报告(50775161)，2011.1.20.

[11] 訚耀保. 液压产品几何参数、工艺方法与产品性能之间的映射关系研究[R]. 航空科学基金项目结题报告(20090738003)，2012.9.21.

[12] 訚耀保. 飞行器舵机系统关键基础理论研究[R]. 上海市浦江人才计划(A类)总结报告(06PJ14092)，2008.9.30.

[13] Yin Y B, Li C M, Zhou A G, et al. Research on characteristics of hydraulic servovalve under vibration environment [C] //Proceedings of the Seventh International Conference on Fluid Power Transmission and Control (ICFP 2009), April 7－10, 2009, Hangzhou. 2009: 917－921.

[14] 李长明. 振动环境下电液伺服阀特性研究[D]. 上海：同济大学硕士学位论文，2009.

[15] 孟伟. 电液伺服阀性能的关键技术研究[D]. 上海：同济大学硕士学位论文，2010.

[16] 王辉强. 射流管伺服阀射流放大器与阀体疲劳寿命分析[D]. 上海：同济大学硕士学位论文，2011.

[17] 张曦. 极限工况下电液伺服阀特性研究[D]. 上海：同济大学博士学位论文，2013.

[18] 张学忠. 导引头电液伺服阀离心零漂问题的理论分析与措施[J]. 制导与引信，1999(4)：44－48.

[19] 贺云波. 离心力作用下的电液伺服阀[J]. 西安交通大学学报，1999，33(5)：93－96.

[20] 任光融，张振华，周永强. 电液伺服阀制造工艺[M]. 北京：宇航出版社，1988.

[21] 哈尔滨工业大学理论力学教研组. 理论力学[M]. 北京：高等教育出版社，2002.

附录1　南京机电液压工程研究中心特殊电液伺服阀

附录1为南京机电液压工程研究中心制造的典型特殊应用场合下的电液伺服阀，包括FF、YF、SFF、YS系列电液伺服阀产品及其用途与功能、结构原理、特点、性能。

1.1　燃油介质电液伺服阀

1）用途与功能　燃油介质电液伺服阀主要用于地面燃气轮机、航空发动机等液压控制系统设备。其基本功能(流量阀)：阀压降为恒值时，输出与输入电信号成比例地控制流量。

2）结构原理(附图1.1～附图1.4)　永磁力矩马达、双喷嘴挡板、力反馈、两级电液伺服阀；永磁力矩马达、射流偏转板、力反馈、两级电液伺服阀；永磁力矩马达、射流管、力反馈、两级电液伺服阀。

3）特点

(1) 适用煤油为工作介质。

(2) 低供油压力下，具有高的动态响应和优异的静态性能。

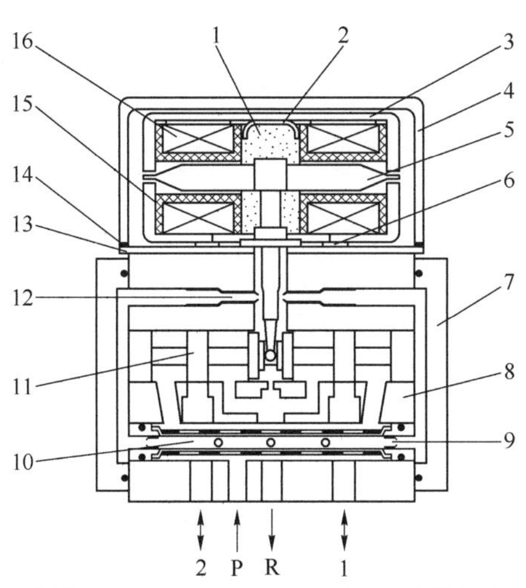

附图1.1　YX-27、30、31型喷嘴挡板型电液伺服阀原理图

1—磁钢；2—上弹性片；3—上导磁体；4—上盖；5—衔铁组件；6—调整垫片；7—端盖；8—壳体；9—节流孔；10—油滤；11—阀芯；12—喷嘴；13—隔板；14—密封垫；15—下导磁体；16—线圈

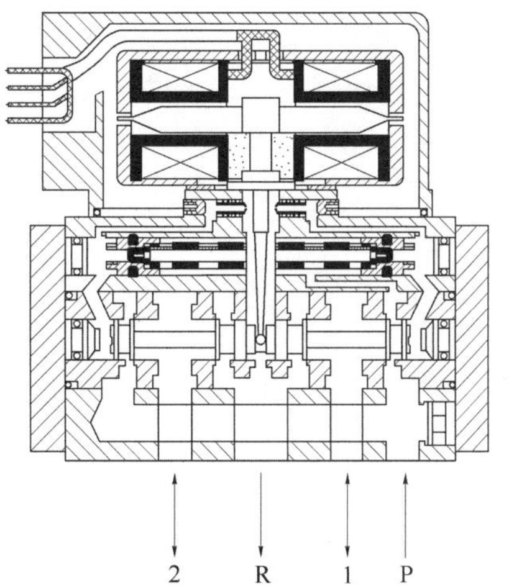

附图1.2　YX-28型喷嘴挡板型电液伺服阀原理图

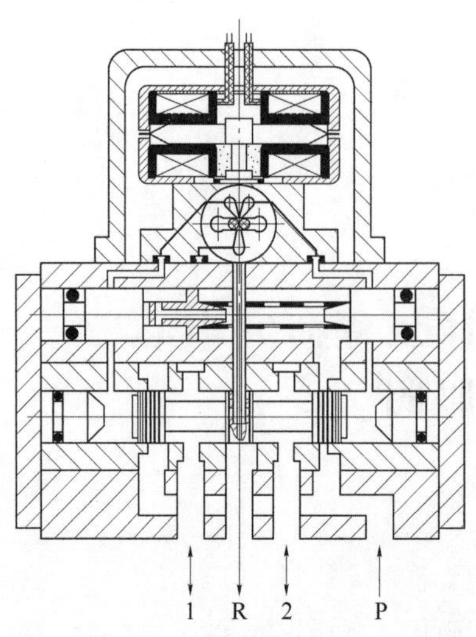

附图 1.3　YX-32 型射流偏转板式电液伺服阀原理图

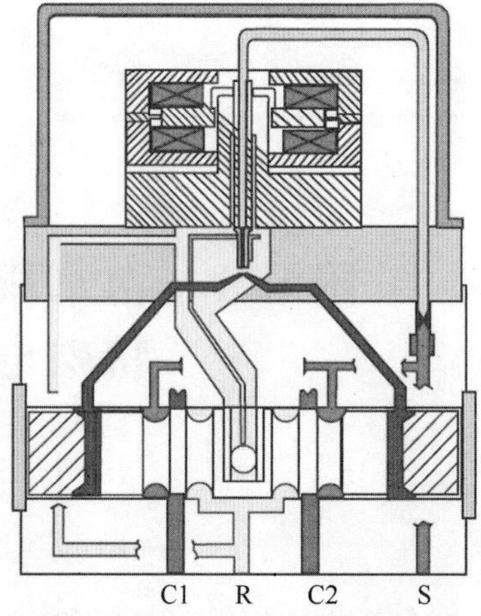

附图 1.4　SXX-31、32、33 型耐振射流管式电液伺服阀原理图

(3) 耐温范围宽，油液、环境温度可达－55～150 ℃、－55～220 ℃。

(4) 耐振动、冲击等苛刻环境。

(5) 零位稳定性好。

(6) 适应侧装和倒装。

(7) 具有预先偏置一定零偏值设计，在发动机数控系统掉电情况下，电液伺服阀能够按预先设计的输出功能使发动机处于安全状态，可提高发动机的可靠性。

(8) 前置级外罩具有耐压密封功能，可防止弹簧管破裂时燃油外泄。

(9) 部分产品采取非管状弹性元件设计，可以避免因管状弹性元件设计在力矩马达发生谐振或高振动量值情况下可能出现破裂漏油现象，进而提高产品使用可靠性。

(10) 适用压力范围宽(1.5～21 MPa)。

(11) 电气接口可内部走线或电接插件形式。

(12) 喷嘴挡板式和射流偏转板式产品结构紧凑、体积小。

(13) 射流偏转板式伺服阀相比喷嘴挡板式阀有较强抗污能力，相比射流管式伺服阀有较高零位稳定性和较小的加速度零偏。

4) 性能

额定压力：1.5～21 MPa

额定流量：0.4～90 L/min

控制信号：±10 mA、±40 mA、±64 mA、±310 mA 等

滞环：≤4%～6%

分辨率：≤1%～1.5%

线性度：＜7.5%

对称度：＜10%

重叠：－2.5%～2.5%

内漏：≤0.5～4.2 L/min

零偏：±2%、±4%、±10%、+25%、－50%等

幅频宽：≥50～100 Hz

相频宽：≥60～120 Hz

5）典型产品　典型产品型号：FX－801、FX－802、YX－21～YX－32(附图 1.5、附图 1.6)、SXX－22～SXX－27(附图 1.7)、SXX－30～SXX－34(附图 1.8、附图 1.9)等。

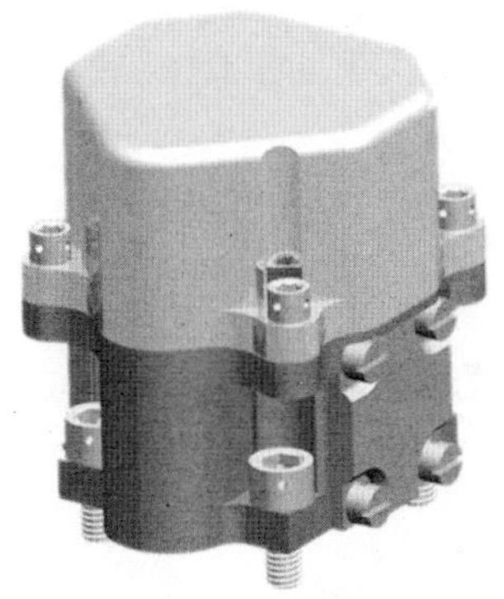

附图 1.5　YX－27、30、31 型双喷嘴挡板两级电液伺服阀

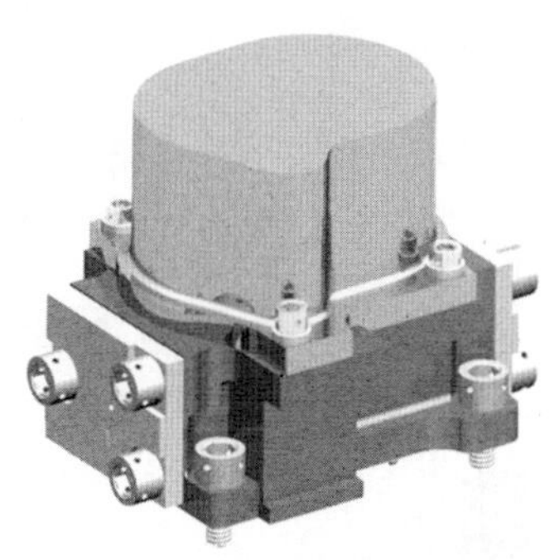

附图 1.6　YX－28 型双喷嘴挡板式两级电液伺服阀

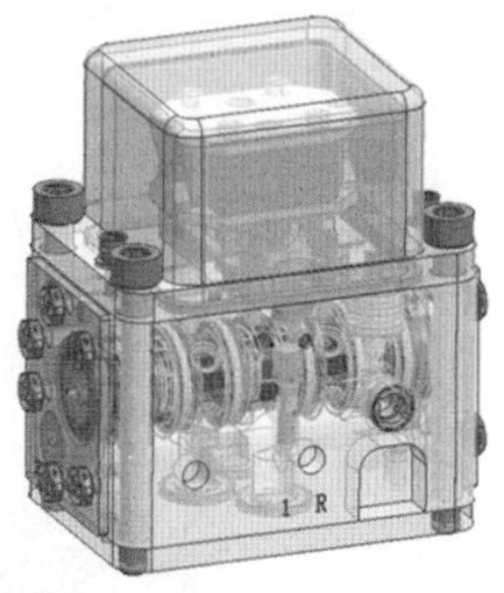

附图 1.7　SXX－25、26、27 型射流偏转板式电液伺服阀

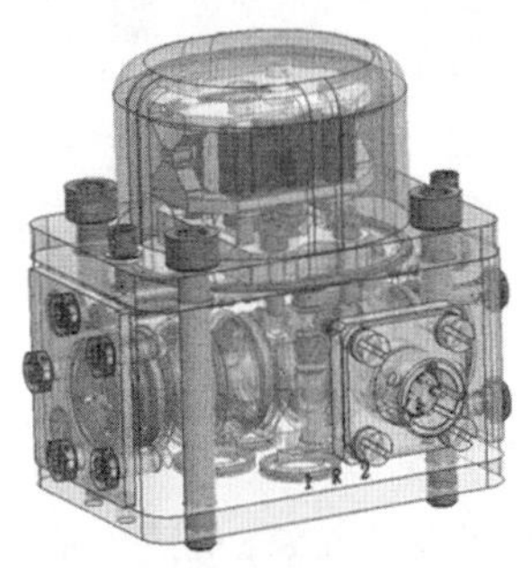

附图 1.8　YX－32，SXX－31 等型射流偏转板式电液伺服阀

附图 1.9　SXX－34 等型耐振射流管式电液伺服阀

1.2　磷酸酯介质电液伺服阀

1）用途与功能　磷酸酯介质电液伺服阀主要用于地面火力发电机、飞机等液压系统设备。其基本功能(流量阀)：阀压降为恒值时，输出与输入电信号成比例地控制流量。

2）结构原理　永磁力矩马达、双喷嘴挡板、力反馈、两级电液伺服阀；永磁力矩马达、射流偏转板、力反馈、两级电液伺服阀。

3）特点

(1) 适用磷酸酯液压油工作介质。

(2) 零位稳定性好。

(3) 结构紧凑、体积小。

(4) 电气接口可内部走线或电接插件形式。

4）性能

额定压力：21 MPa

额定流量：1～30 L/min

控制信号：±10 mA、±40 mA、±37 mA 等

滞环：≤4%
分辨率：≤1%
线性度：<7.5%
对称度：<10%
重叠：−2.5%～2.5%
内漏：≤0.5～2 L/min
零偏：±3%
幅频宽：≥100 Hz/50 Hz
相频宽：≥120 Hz/60 Hz

5）典型产品　典型产品型号：FF-102/TXX(附图1.10)、FF-106/TXX、FF-45X(附图1.11)等。

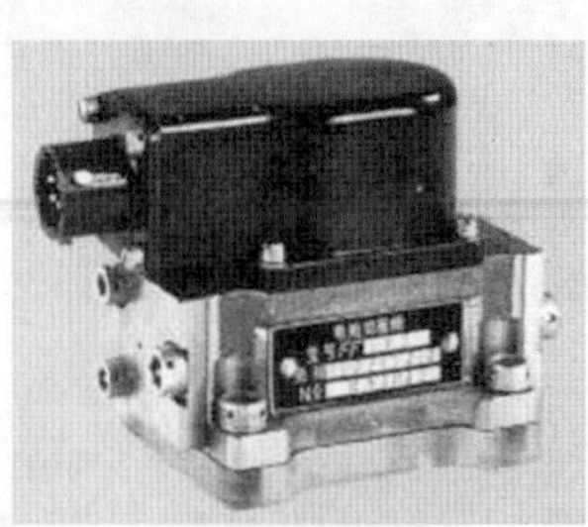

附图 1.10　FF-102/TXX 型双喷嘴挡板式两级电液伺服阀

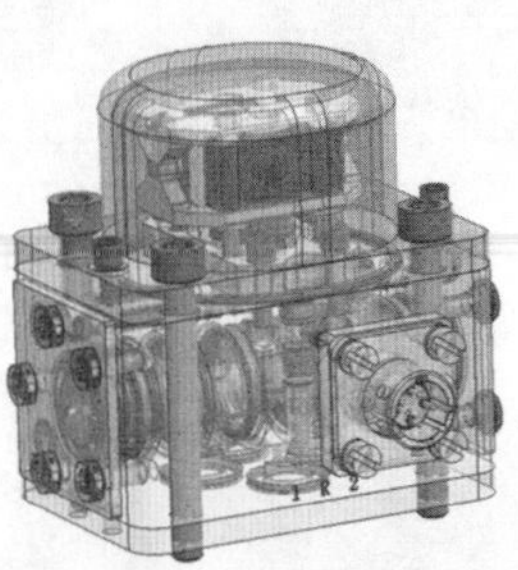

附图 1.11　FF-45X/T 型射流偏转板式两级电液伺服阀

1.3　高抗污能力电液伺服阀

1）用途与功能　高抗污能力电液伺服阀适用于地面液压系统、飞机液压系统等设备。基本功能：阀压降为恒值时，输出与输入电信号成比例地控制流量。

2）结构原理(附图1.12、附图1.13)　有限转角力矩马达、位置电反馈、单级直接驱动电液伺

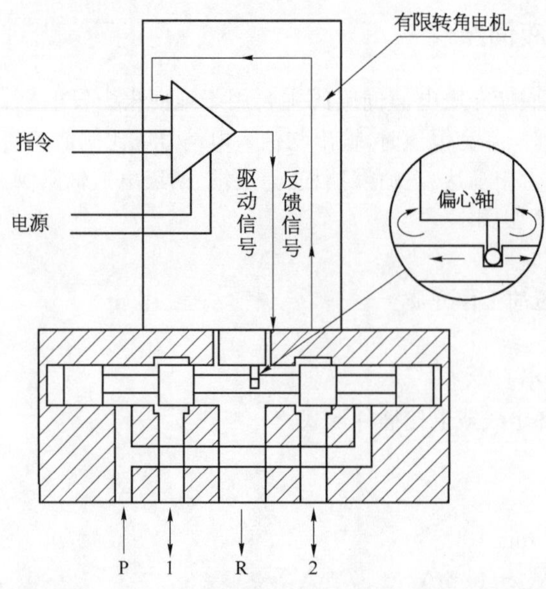

附图 1.12　XX-33、34 型旋转直接驱动电液流量伺服阀

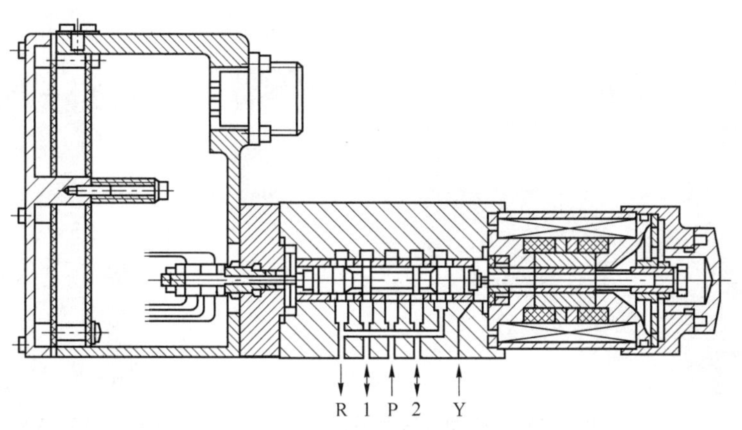

附图 1.13 FF-133、604 型直线直接驱动型电液流量伺服阀结构原理图

服阀；直线力马达、位置电反馈、单级直接驱动电液伺服阀。

3）特点

（1）无喷嘴挡板、射流管和接收器等前置放大级，突破了抗污能力较强的射流管和射流偏转板式伺服阀目前最大耐受 200 μm 固体污染颗粒尺寸的极限，实现伺服阀前置级抗工作液污染能力质的飞跃；低供油压力下（同时体积质量相当），旋转直接驱动电液伺服阀的阀芯驱动力远比射流管式、射流偏转板式、喷嘴挡板式阀高。

（2）低供油压下（1.5～100 MPa），具有高动态响应（XX-33、34 为110 Hz，FF-133 为 50 Hz）和优异的静态性能。

（3）零位泄漏小。

（4）耐振动、冲击等苛刻环境。

（5）零位稳定性好、性能稳定可靠。

4）性能

额定压力：21 MPa，可在 2～28 MPa 下工作

额定流量：13 L/min、25 L/min、40 L/min、100 L/min，可按需取 1～100 L/min

控制信号：5 V，±10 V，可按需取 10 mA、20 mA 等

滞环：≤2%

分辨率：≤0.8%

线性度：<7%

对称度：<10%

重叠：−2.5%～2.5%

内漏：<0.6 L/min/<0.65 L/min

幅频宽：≥110 Hz

相频宽：≥110 Hz

环境、油液使用温度：−55～120 ℃

质量：≤0.4 kg/0.55 kg(有监控、反馈用位移传感器，含电子控制器)

5）典型产品　典型产品型号：FF-133、FF-604（附图 1.14）、XX-33/T、XX-34/T（附图 1.15）、FF-6XX 等。

附图 1.14　FF-133、604 型直线直驱阀

附图 1.15　XX-33、34 型旋转直驱阀

1.4　防爆电液伺服阀

1）用途与功能　防爆电液伺服阀主要用于煤矿坑道、喷漆机器人等液压设备。基本功能（流量阀）：阀压降为恒值时，输出与输入电信号成比例地控制流量。

2）结构原理　永磁力矩马达、双喷嘴挡板、力反馈、两级电液伺服阀。

3）特点

（1）具备本质安全型技术防护功能（防护标志 iaⅡCT6），适用于易燃易爆环境。

（2）电接插件接线柱符合“爬电距离”要求。

（3）具有机械外调零功能。

4）性能

额定压力：21 MPa，可在 2～21 MPa 下工作

额定流量：9 L/min、12 L/min、37 L/min、40 L/min、75 L/min 等

控制信号：±10 mA、±30 mA

线圈电阻：400 Ω、1 000 Ω

滞环：≤4%

分辨率：≤0.5%

线性度：<7.5%

对称度：<10%

重叠：−2.5%～2.5%

内漏：≤1、2、2.4、4 L/min

零偏：±3%

幅频宽：≥50 Hz

相频宽：≥60 Hz

环境、油液使用温度：−10～40 ℃、−10～60 ℃

5）典型产品　典型产品型号：FF-115、FF-115A 等（附图 1.16）。

附图 1.16　FF-115(A)等型

1.5 水下用电液伺服阀

1）用途与功能　水下用电液伺服阀主要适用于耐外压环境，如水下机器人等液压设备。基本功能：阀压降为恒值时，输出与输入电信号成比例地控制流量。

2）结构原理　永磁力矩马达、双喷嘴挡板、力反馈、两级电液伺服阀；永磁力矩马达、射流偏转板、力反馈、两级电液伺服阀。

3）特点

（1）具有机械、电气外部密封性。

（2）伺服阀外表面耐外压可达 10 MPa。

（3）适合水下环境使用。

4）性能

工作介质：矿物质液压油

额定压力：21 MPa，可在 2～21 MPa 下工作

额定流量：30 L/min、10 L/min、60 L/min 等

控制信号：±40 mA、±10 mA

滞环：≤4%

分辨率：≤1%

线性度：<7.5%

对称度：<10%

重叠：−2.5%～2.5%

内漏：≤0.5+4%Q_n L/min、0.6+6%Q_n L/min

零偏：±3%

幅频宽：≥100 Hz、80 Hz

相频宽：≥120 Hz、100 Hz

环境、油液使用温度：−55～120 ℃/−55～120 ℃

5）典型产品　典型产品型号：FF-102/T003、FF-102/T025、FF-106/TXX、FF-45X 等（附图 1.17、附图 1.18）。

附图 1.17　FF-102/T003、T025、FF-106/TXX 型双喷嘴挡板式两级电液流量伺服阀

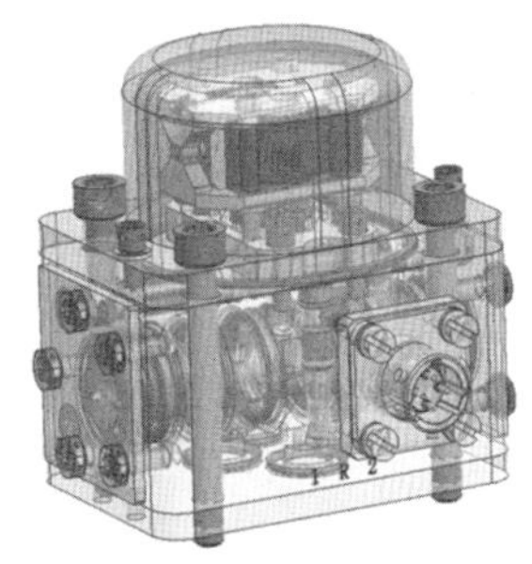

附图 1.18　FF-45X 型射流偏转板式两级电液流量伺服阀

1.6 高响应电液伺服阀

1) 用途与功能　高响应电液伺服阀主要适用于高响应液压系统，如轧机、液压振动台等液压设备。基本功能：阀压降为恒值时，输出与输入电信号成比例地控制流量。

2) 结构原理(附图 1.19、附图 1.20)　永磁力矩马达、双喷嘴挡板、力反馈、两级电液伺服阀。

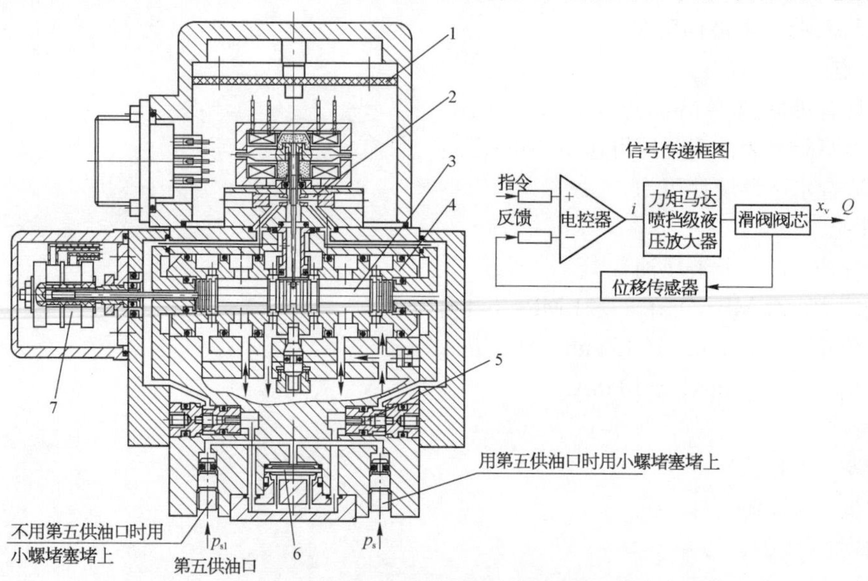

附图 1.19　FF－171 系列电反馈型电液流量伺服阀结构原理图
(差动变压器式位移传感器形式电反馈)

1—电控器；2—喷嘴；3—阀芯；4—阀套；5—固定节流孔；6—油滤；7—位移传感器

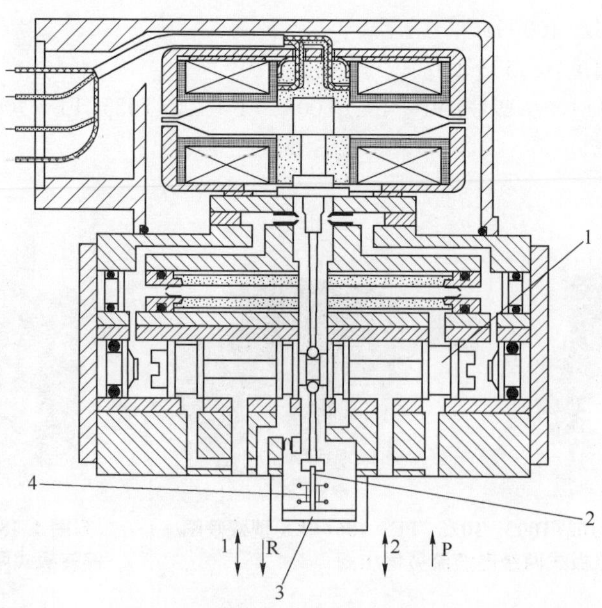

附图 1.20　FF－108 系列电反馈型电液流量伺服阀结构原理图
(弹性悬臂应变片式电反馈)

1—力反馈电液流量伺服阀；2—应变梁；3—位移传感器；4—半导体应变片

3）特点

（1）动态响应高。

（2）滞环小、分辨率高。

（3）具有机械外调零（FF－171）、电气调零（FF－171/FF－108）功能。

4）性能

额定压力：21 MPa，可在 2～21 MPa 下工作

额定流量：5～120 L/min 等

控制信号：±10 mA、±10 V

滞环：≤2%

分辨率：≤0.5%

线性度：<7.5%

对称度：<10%

重叠：－2.5%～2.5%

内漏：≤0.5＋4%Q_n L/min

零偏：±3%

幅频宽：≥150 Hz（FF－171）/200 Hz（FF－108）

相频宽：≥150 Hz（FF－171）/200 Hz（FF－108）

5）典型产品　典型产品型号：FF－171、FF－108（附图 1.21）。

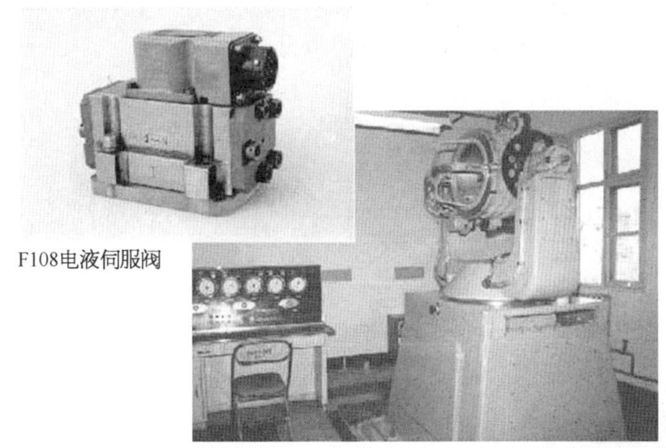
F108电液伺服阀

模拟飞机三轴旋转运动试验台

附图 1.21　FF－108 型喷嘴挡板式电反馈电液流量伺服阀及应用

1.7　压力-流量电液伺服阀

1）用途与功能　压力-流量电液伺服阀适用于负载刚度高、施力系统，如材料试验机、阀控马达等液压系统。基本功能：阀压降为恒值时，输出与输入电信号成比例地控制流量和压力。当伺服阀无负载时，伺服阀输出流量与输入信号成线性比例关系；当伺服阀负载流量为零时，伺服阀输出压力与输入信号呈线性比例关系。

2）结构原理（附图 1.22）　永磁力矩马达、双喷嘴挡板、压力反馈（阀芯力综合式）加力反馈、两级电液压力-流量伺服阀。

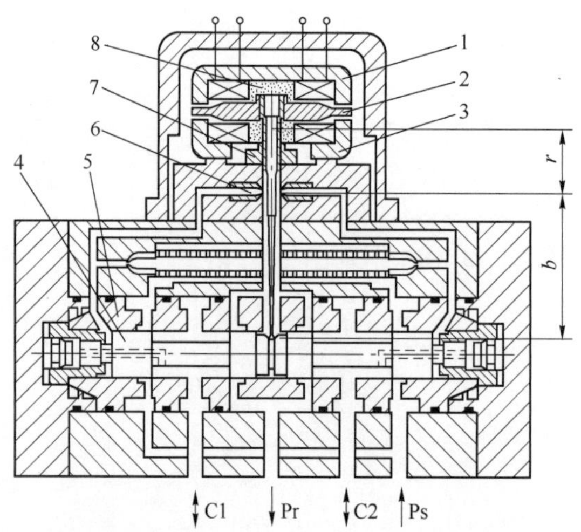

附图 1.22 FF-118 型双喷嘴挡板式双向输出两级电液压力-流量伺服阀结构原理图

1—上导磁体；2—衔铁组件；3—下导磁体；4—阀芯；5—阀套；6—喷嘴；7—弹簧管；8—磁铁

3）特点

（1）输出流量和压力与输入信号呈线性关系。

（2）根据电信号极性可双向输出控制流量和压力。

（3）有较高的流量-压力系数，负载刚度高的施力系统。

4）性能

供油压力：21 MPa，可在 2～28 MPa 下工作

额定压力：21 MPa

额定流量：30 L/min、50 L/min、63 L/min、100 L/min 等

控制信号：±40 mA

滞环：≤5％

分辨率：≤1％

线性度：<7.5％

对称度：<10％

重叠：－2.5％～2.5％

内漏：≤1.5＋4％Q_n L/min

零偏：±3％

幅频宽：≥50 Hz

相频宽：≥50 Hz

5）典型产品　典型产品型号：FF-118（附图 1.23）。

附图 1.23 FF-118 型喷嘴挡板式两级压力-流量电液伺服阀

1.8 压力电液伺服阀

1）用途与功能　压力电液伺服阀主要适用于地面燃气轮机、飞机机轮刹车、施力系统或静刚度大的系统等液压控制设备。基本功能：阀压降为恒值时，输出与输入电信号成比例地控制压力（单向或双向输出压力）。

2）结构原理（附图 1.24～附图 1.26） 永磁力矩马达、双喷嘴挡板、压力反馈（阀芯力综合式）、两级电液伺服阀；直线力马达、压力电反馈、单级直接驱动电液伺服阀。

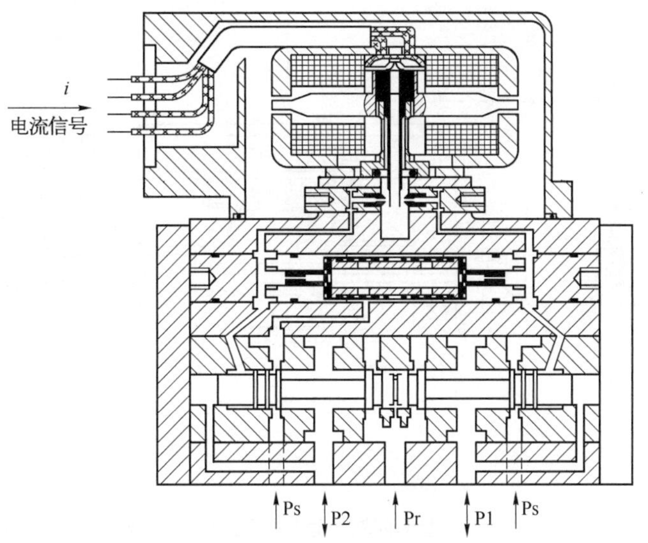

附图 1.24 FF－119 型双喷嘴挡板式双向输出两级压力电液伺服阀结构原理图

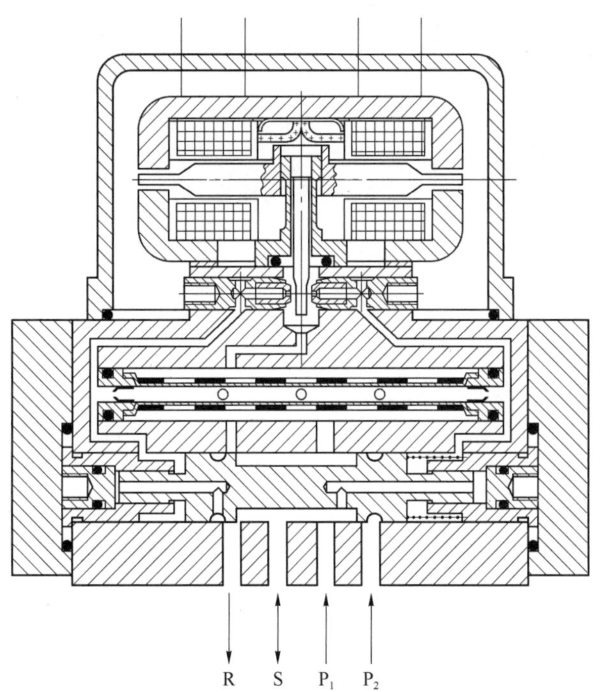

附图 1.25 FF－126 型单向输出两级压力电液伺服阀原理图

3）特点

(1) 输出压力与输入信号呈线性关系。

(2) 根据电信号极性可双向或单向输出压力。

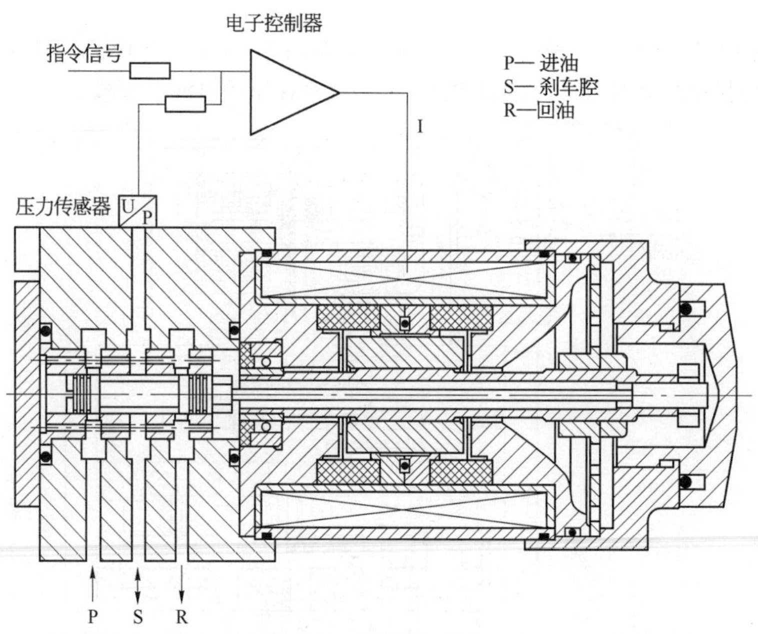

附图 1.26　FF-132(A)型单向输出直接驱动单级压力电液伺服阀原理图

(3) 输出压力范围宽(2～21 MPa)。

(4) 频率响应与负载容腔平方根成反比。

(5) 直接驱动单级压力电液伺服阀抗污能力强，在低压下动态响应高。

4) 性能

额定电流：7.5、10、15、28 mA 或 15、40 mA 等

额定供油压力：21 MPa

额定控制压力：8 MPa、10 MPa、21 MPa(单向输出)/21 MPa(双向输出)

线性度：≤7.5%

滞环：≤4%

分辨率：≤1%

内漏：≤0.8 L/min

死区/零偏：0.9～1.2 mA/±3%

频率响应、阶跃响应时间：≥15 Hz、17 Hz/≤100 ms/≥50 Hz

5) 典型产品　典型产品型号：FF-119、126 系列、FF-132 等(附图 1.27～附图 1.30)。

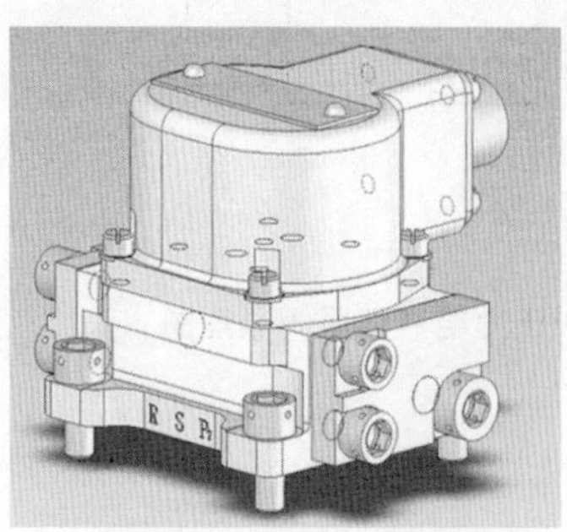

附图 1.27　126 系列喷嘴挡板两级压力电液伺服阀

附图 1.28　FF-132 型直线直驱压力电液伺服阀(带控制器)

附图 1.29　FF-119 型喷嘴挡板式两级压力电液伺服阀

附图 1.30　FF-132A 型直线直驱式压力电液伺服阀

1.9　特殊单级伺服阀

1) 用途与功能　特殊单级伺服阀适用于航空航天液压伺服系统或发动机数控系统、地面设备液压系统等。双喷嘴挡板式伺服阀基本功能：阀压降为恒值时，输出与输入电信号成比例地控制压力/流量(单向或双向输出压力/流量)。平板式/滑刀式伺服阀基本功能：阀压降为恒值时，输出与输入电信号成比例地控制流量(单向或双向输出压力/流量)。

2) 结构原理(附图 1.31～附图 1.39)　永磁力矩马达、双喷嘴挡板(挡板偏置、对中)、单级电液伺服阀；永磁力矩马达、平板滑阀(滑刀)式、单级电液伺服阀。

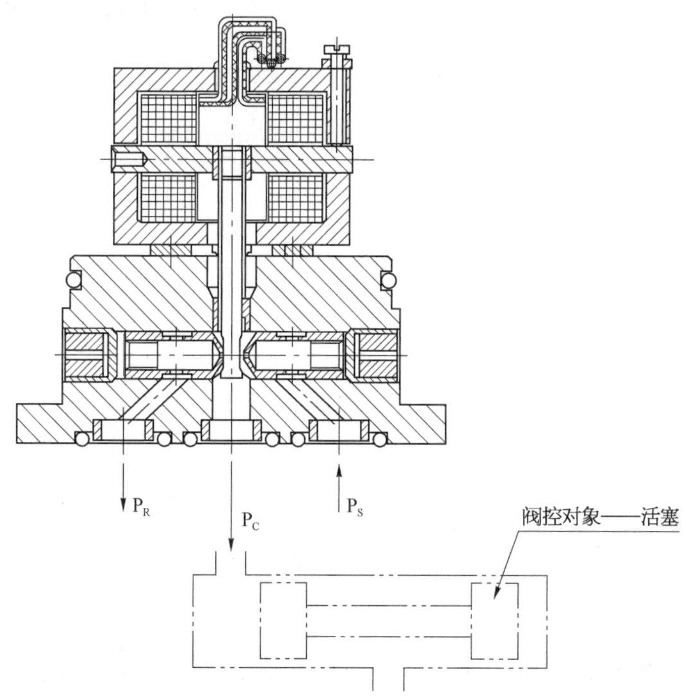

附图 1.31　SXX-19 型双喷嘴挡板式单级伺服阀原理图

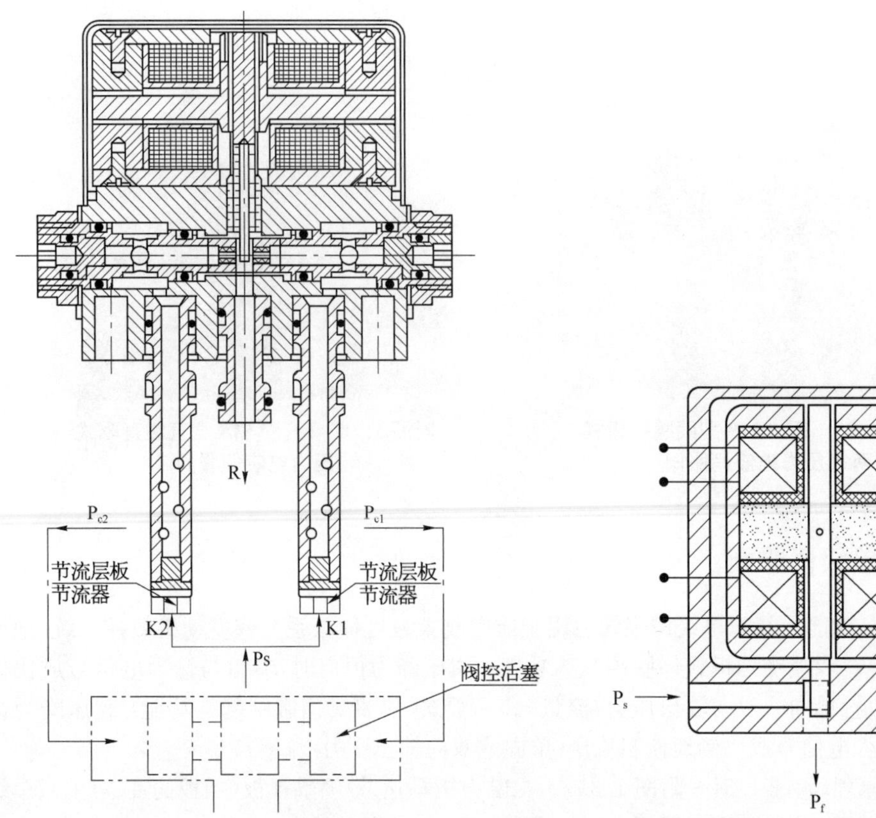

附图 1.32　SXX - 20 型双喷嘴挡板式单级伺服阀原理图

P_s
P_f

附图 1.33　SXX - 21 型力矩马达滑刀式计量单级伺服阀原理图

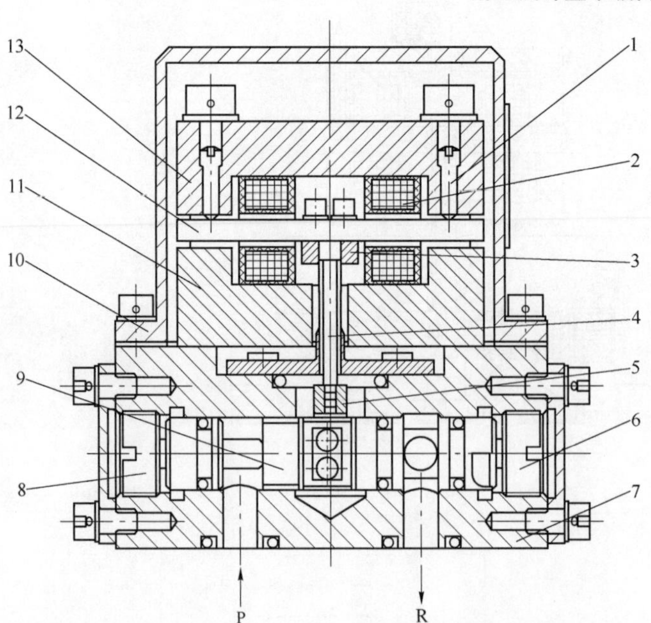

附图 1.34　XX - 28、125 型力矩马达平板单级伺服阀原理图

1—限位螺钉；2—线圈组件；3—弹簧管；4—摆杆；5—滑刀；6—右堵头；7—壳体；8—左堵头；9—阀芯；10—上盖；11—下导磁体；12—衔铁；13—上导磁体

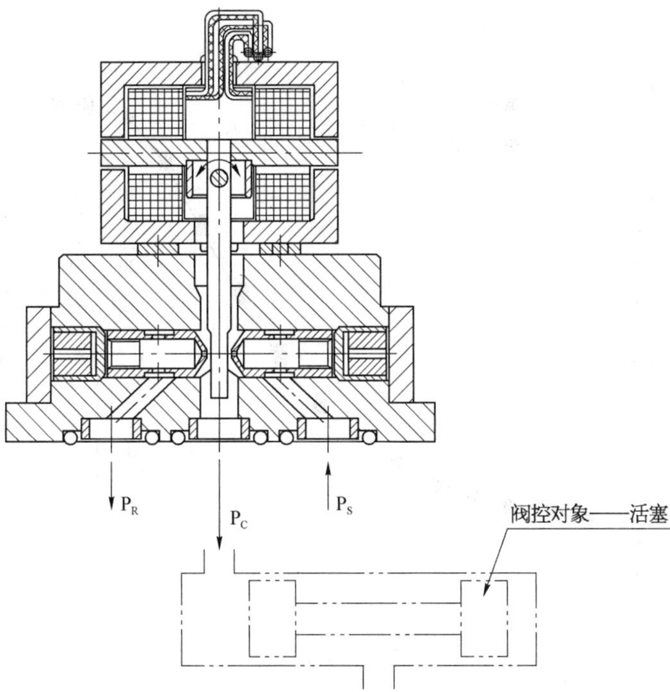

附图 1.35 SXX－29、33 型双喷嘴挡板式单级伺服阀原理图

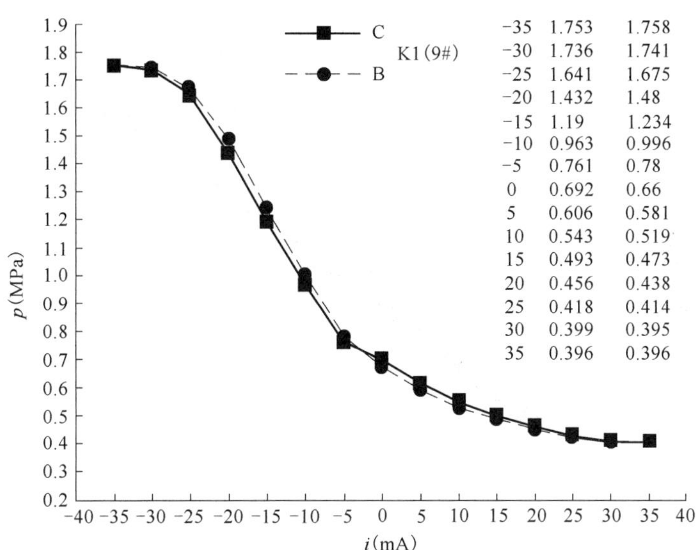

i(mA)	C	B
-35	1.753	1.758
-30	1.736	1.741
-25	1.641	1.675
-20	1.432	1.48
-15	1.19	1.234
-10	0.963	0.996
-5	0.761	0.78
0	0.692	0.66
5	0.606	0.581
10	0.543	0.519
15	0.493	0.473
20	0.456	0.438
25	0.418	0.414
30	0.399	0.395
35	0.396	0.396

附图 1.36 SXX－20 型伺服阀负载 P2 口输出性能数据曲线图

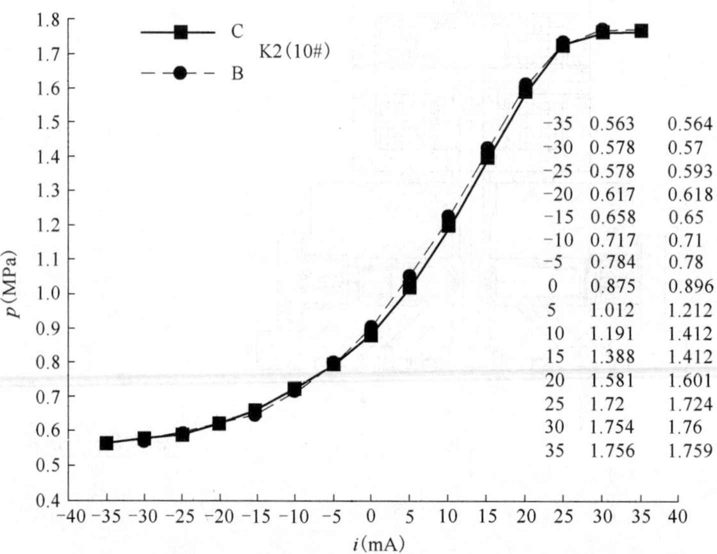

附图 1.37　SXX－20 型伺服阀负载 P1 口输出性能数据曲线图

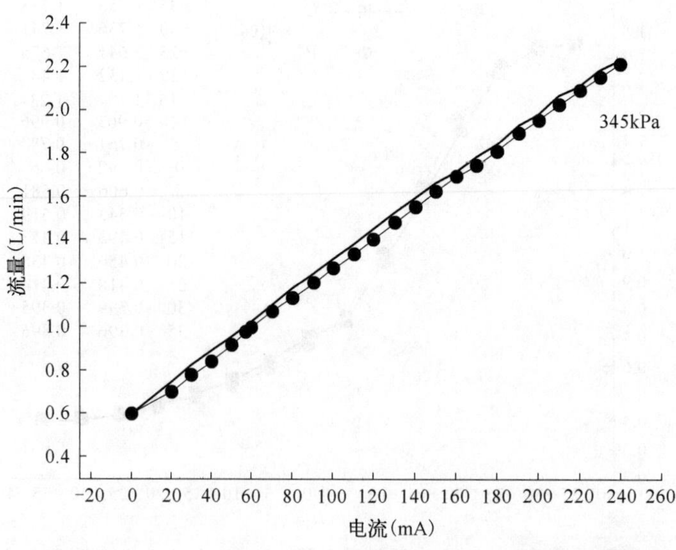

附图 1.38　XXX－21 型力矩马达计量阀负载输出性能数据曲线图

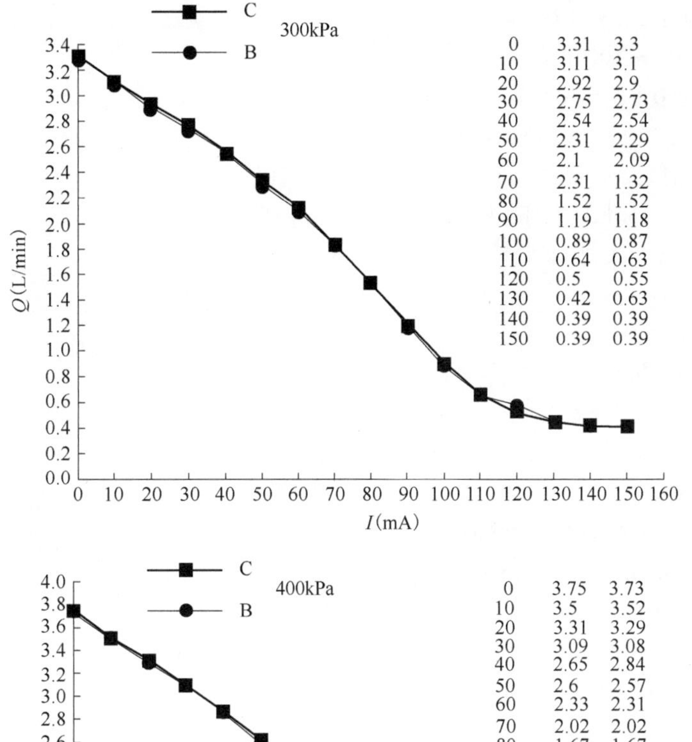

C
B
300kPa
0 3.31 3.3
10 3.11 3.1
20 2.92 2.9
30 2.75 2.73
40 2.54 2.54
50 2.31 2.29
60 2.1 2.09
70 2.31 1.32
80 1.52 1.52
90 1.19 1.18
100 0.89 0.87
110 0.64 0.63
120 0.5 0.55
130 0.42 0.63
140 0.39 0.39
150 0.39 0.39
Q(L/min)
I(mA)

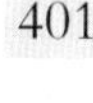

C
B
400kPa

I(mA)	C	B
0	3.75	3.73
10	3.5	3.52
20	3.31	3.29
30	3.09	3.08
40	2.65	2.84
50	2.6	2.57
60	2.33	2.31
70	2.02	2.02
80	1.67	1.67
90	1.32	1.3
100	0.94	0.94
110	0.75	0.71
120	0.55	0.55
130	0.47	0.47
140	0.44	0.44
150	0.43	0.43

Q(L/min)
I(mA)

附图 1.39 XXX-28、XX-125 型力矩马达计量阀负载输出性能数据曲线图

3）特点

(1) 适用煤油、液压油工作介质。

(2) 有较高的抗污能力。

(3) 耐温范围宽，油液、环境温度均可达−55～180 ℃。

(4) 耐振动、冲击等苛刻环境。

(5) 低供油压下，有较好的动态响应和优异的静态性能，零位稳定性好。

(6) 结构紧凑、体积小。

(7) 电气接口可内部走线或电接插件形式。

4）性能

XXX-19 型
额定供油压力：1.58 MPa
控制信号：+(0～100)mA
流量(0 mA、(60±5)mA 时)：0.42/min、0.13 L/min
压力增益：(0.03±0.003)MPa/mA
压力(30 mA 时)：(0.9±0.06)MPa
线性度(在 20～45 mA 之间考核)：≤4%
滞环(在 20～45 mA 之间考核)：≤4%
分辨率：≤0.8%
死区：≤15 mA
内漏：≤0.25 L/min
线圈电阻：140 Ω±14 Ω
阶跃响应：200 ms(信号增加)/100 ms(信号减小)
XXX-29、33 型
额定供油压力：1.8 MPa/5 MPa
控制信号：±52 mA/+100 mA
最大流量：1.22 L/min/1.5 L/min
压力增益(在 42～62 mA)：0.03 MPa/mA/0.163 MPa/mA
压力(30 mA 时)：(0.9±0.06)MPa
线性度(在 20～45 mA)：≤4%
(在 42～62 mA)：≤7.5%
滞环(在 20～45 mA)：≤6%
(在 42～62 mA)：≤6%
分辨率 ≤0.8%
死区：≤15 mA/40 mA
内漏：≤0.72 L/min/1.2 L/min
阶跃响应：160 ms(信号增加)、130 ms(信号减小)/
190 ms(信号增加)、160 ms(信号减小)
频率特性：20 Hz/45 Hz/15 Hz/30 Hz
零位压力：0.73/0.83(2 MPa)/—
SXX-20 型
额定压力：1.9 MPa
输入信号：±35 mA
质量：0.18 kg
环境、油液使用温度：−54～135 ℃，−45～125 ℃
XXX-21、21A 型
力矩马达驱动电流：0～250 mA
进口压力为 0.345 MPa，驱动电流为 0 mA 时，出口泄漏量不大于 0.15 L/min；
环境温度、介质温度：−54～121 ℃、−54～120 ℃。
XXX-28、XX-125 型
使用环境、介质温度：−40～60 ℃，−50～110 ℃

5) 典型产品　典型产品型号：XXX－19、－20、－21、－28、－29、－33，XX－125 系列等(附图 1.40～附图 1.44)。

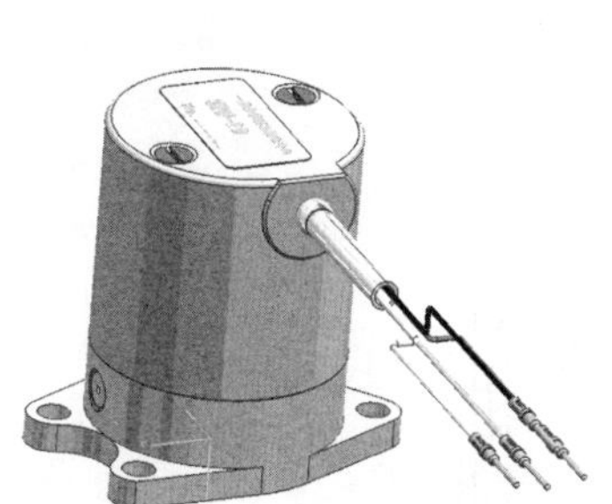

附图 1.40　XXX－19 型力矩马达双喷嘴挡板式单级伺服阀

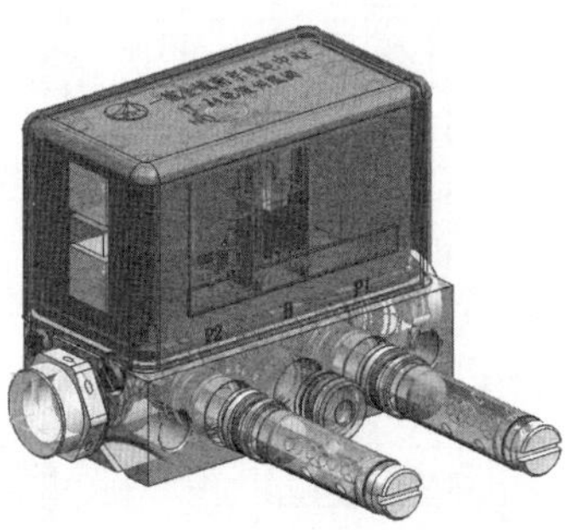

附图 1.41　XXX－20 型力矩马达双喷嘴挡板式单级伺服阀

附图 1.42　XXX－21、21A 型力矩马达平板计量阀

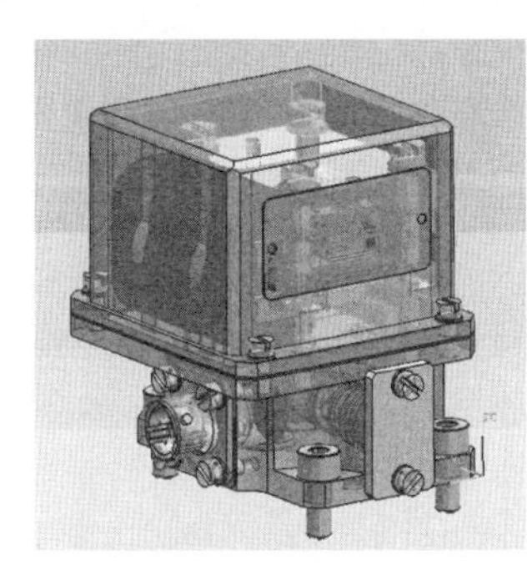

附图 1.43　XXX－28、XX－125 型力矩马达平板阀

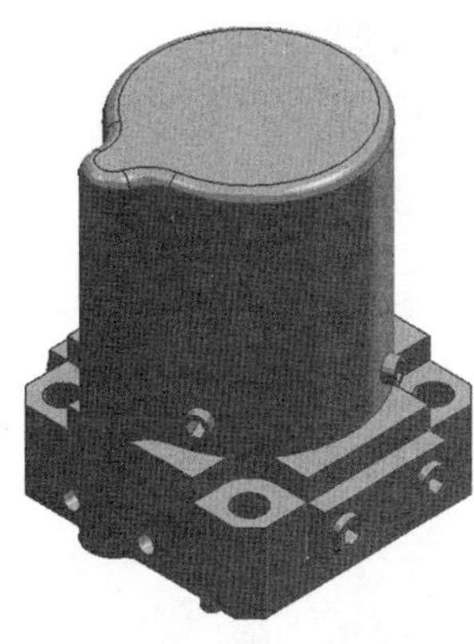

附图 1.44　XXX－29、33 型力矩马达双喷嘴挡板式单级伺服阀

1.10　余度电液伺服阀

1) 用途与功能　余度电液伺服阀适用于航空、航天要求可靠性高的液压伺服系统等。双喷嘴挡板式伺服阀基本功能：阀压降为恒值时，输出与输入电信号成比例地控制流量。直线直接驱动式伺服阀基本功能：阀压降为恒值时，单向输出与输入电信号成比例地控制压力。

2) 结构原理(附图 1.45、附图 1.46)　永磁力矩马达、双喷嘴挡板、力反馈(三力矩马达)、两级电液伺服阀；直线力马达、压力电反馈(两传感器、电子控制器)、单级直接驱动电液伺服阀。

3) 特点

喷嘴挡板式特点

(1) 力矩马达具有三余度功能，提高产品可靠性。

(2) 结构紧凑、体积小。

(3) 动态响应高。

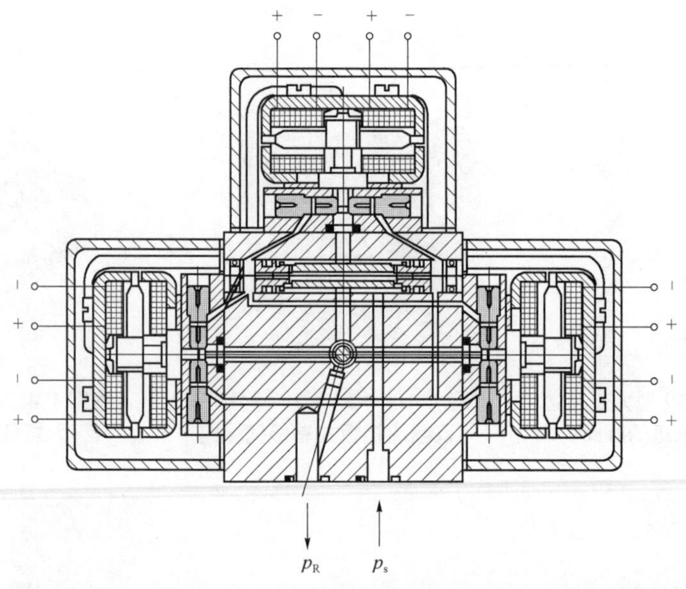

附图 1.45　FF－191 型三余度喷嘴挡板式两级电液流量伺服阀结构原理图

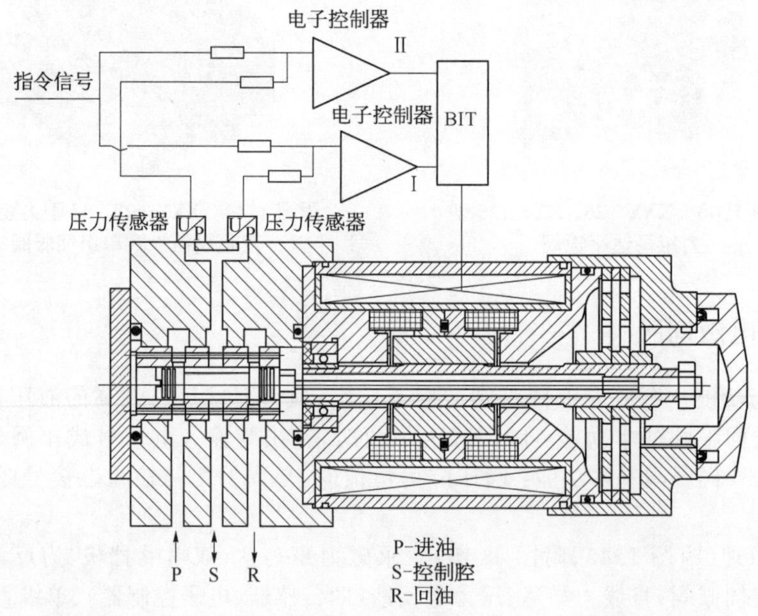

附图 1.46　YPDDV 型两余度直线直接驱动压力伺服阀结构原理图

直线直接驱动式特点

(1) 传感器、电子控制器具有双余度功能，提高产品可靠性。

(2) 结构紧凑。

(3) 动态响应高。

(4) 抗污能力强。

4）性能

喷嘴挡板式性能

额定压力：21 MPa

额定流量：0.4～16 L/min

控制信号：±10 mA、±40 mA 等

滞环：≤4%

分辨率：≤1%

线性度：<7.5%

对称度：<10%

重叠：−2.5%～2.5%

内漏：≤0.5～1.3 L/min

零偏：±3%

幅频宽：≥100 Hz

相频宽：≥120 Hz

直线直接驱动式性能

额定电流：7.5 mA

额定供油压力：$21.5^{+0.7}_{0}$ MPa

额定控制压力(额定电流为 7.5 mA)：8 MPa±0.2 MPa

线性度(不包括 1.5 MPa 压力以下，额定控制压力范围内)

滞环：≤4%

分辨率：≤1%

内漏：≤0.8 L/min

死区：0.9～1.2 mA

阶跃响应时间：≤100 ms

5）典型产品　典型产品型号：FF-191(附图 1.47)、YPDDV(附图 1.48)等。

附图 1.47　FF-191 型三余度喷嘴挡板式两级电液流量伺服阀

附图 1.48　YPDDV 型两余度直接驱动压力伺服阀

1.11 廉价电液伺服阀

1）用途与功能　廉价电液伺服阀适用于要求动态响应不高、成本低廉的工业液压系统，如矿山机械、道路工程机械、注塑机、压铸机等设备。基本功能：阀压降为恒值时，输出与输入电信号成比例地控制流量。

2）结构原理　永磁力矩马达、双喷嘴挡板、力反馈两级电液伺服阀。

3）特点

(1) 结构原理同喷嘴挡板式两级电液伺服阀，具有较好的静态性能。

(2) 具有机械外调零功能。

(3) 价格低廉。

4）性能

额定压力：21 MPa，可在 2～21 MPa 下工作

额定流量：10、20、40、60、80 L/min(7 MPa 下)

控制信号：±100 mA

滞环：≤4%

分辨率：≤1%

线性度：<7.5%

重叠：-2.5%～2.5%

内漏：≤3.5 L/min

零偏：±3%

幅频宽：≥17 Hz

相频宽：≥35 Hz

5）典型产品　典型产品型号：FF-191、YPDDV 系列等(附图 1.49)。

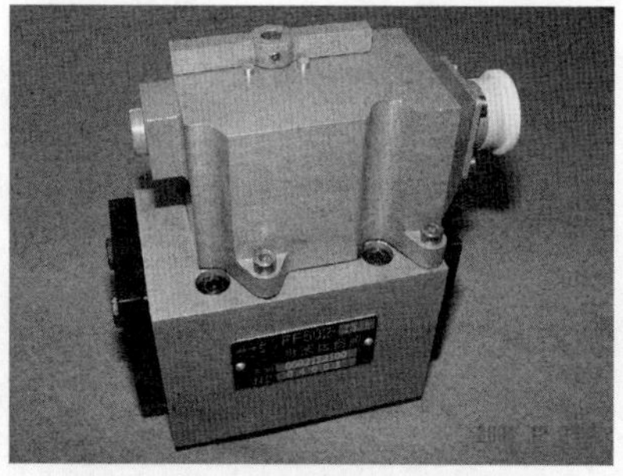

附图 1.49　FF-502 型喷嘴挡板式两级廉价电液流量伺服阀

1.12 耐高压电液伺服阀

1）用途与功能　耐高压电液伺服阀适用于高压液压源的液压系统，如飞机、坦克、冶金轧机等液压设备。基本功能：阀压降为恒值时，输出与输入电信号成比例地控制流量。

2）结构原理(附图 1.50)　永磁力矩马达、双喷嘴挡板、力反馈两级电液伺服阀。

3）特点

(1) 耐工作压力可达 32 MPa。

(2) 具有机械外调零功能。

4）性能

额定压力：28 MPa

额定流量：150 L/min、250 L/min、400 L/min 等

控制信号：±40 mA、±10 mA

零偏：≤±3%

幅频宽：≥30 Hz

相频宽：≥40 Hz

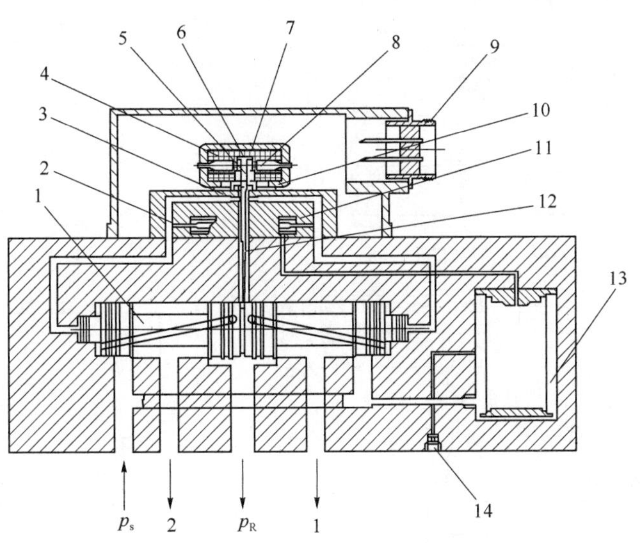

附图 1.50　FF－113A 型喷嘴挡板式两级电液流量伺服阀

1—阀芯；2—节流孔；3—喷嘴；4—线圈；5—挡板；6—磁钢；7—导磁体；8—弹簧管；9—插头座；10—调整垫片；11—油滤；12—反馈杆；13—可拆卸油滤；14—第五供油孔

5）典型产品　典型产品型号：FF－113A 系列(附图 1.51)等。

附图 1.51　FF－113A 系列喷嘴挡板式两级耐高压电液流量伺服阀

1.13　其他特殊电液伺服阀

1）用途与功能　其他特殊电液伺服阀主要适用于施力液压系统，如疲劳试验机、加载系统等液压设备。主要适用于伺服阀无输入时无流量输出(阀控执行机构无动作)场合，如阀控马达、阀控缸等液压设备。基本功能：阀压降为恒值时，输出与输入电信号成比例地控制流量。

2）结构原理(附图 1.52、附图 1.53)　永磁力矩马达、双喷嘴挡板、力反馈、两级电液流量伺服阀；永磁力矩马达、射流管、力反馈、两级电液流量伺服阀。

3）特点

(1) 较合适的压力增益或负重叠，适合加载伺服系统。

(2) 较合适的正重叠，适合加载伺服系统。

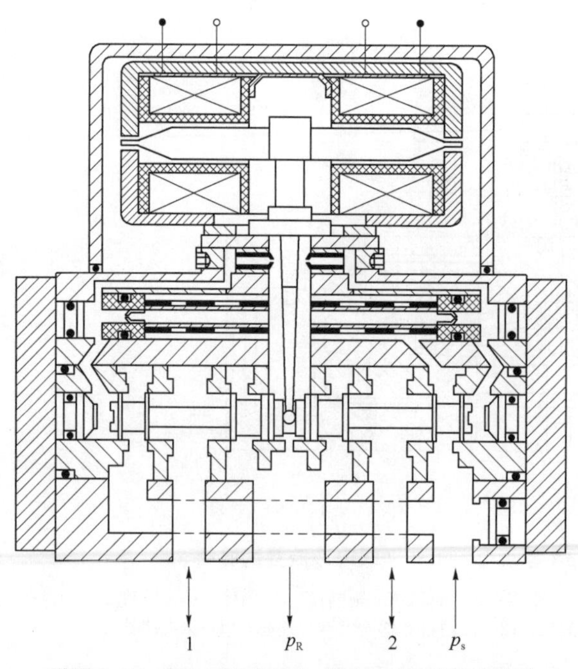

附图 1.52　FF－102/TXX、106/TXX 系列喷挡式电液流量伺服阀结构原理图

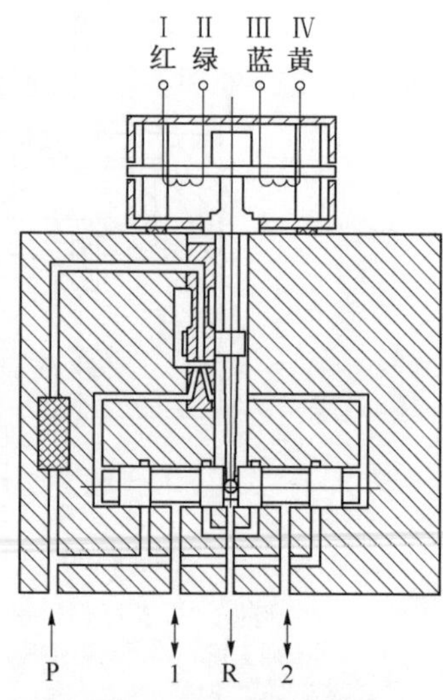

附图 1.53　129 型射流管式电液流量伺服阀结构原理图

(3) 动态响应较高、滞环小、分辨率高。

4) 性能

额定压力：21 MPa，可在 2～28 MPa 下工作

额定流量：5～100 L/min 等

控制信号：±10 mA、±15 mA、±40 mA 等

重叠：最小－3%，最大－80%

　　　最小＋5%，最大＋50%

零偏：≤±3%/±2%

幅频宽：≥40～120 Hz

相频宽：≥50～130 Hz

5) 典型产品　典型产品型号：FF－102/T444、T055、FF－106/TXX、XX－106B、129A(附图 1.54、附图 1.55)。

附图 1.54　FF－102/T444、T055、FF－106/TXX、XX－106B 型双喷嘴挡板式两级电液流量伺服阀

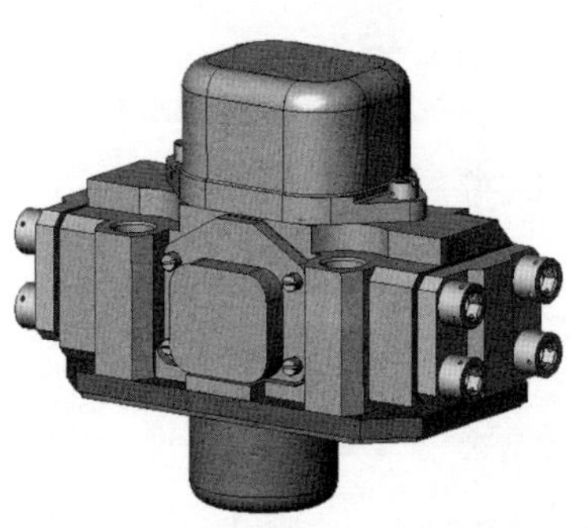

附图 1.55　129A 型射流管式电液流量伺服阀

1.14　零偏手动可调电液伺服阀

1）用途与功能　主要适用于地面液压系统，可应用于对阀零偏有特殊要求的场合。其基本功能：阀压降为恒值下，输出与输入电信号成比例的控制流量。

2）结构原理(附图 1.56)　永磁力矩马达、双喷嘴挡板、力反馈、两级电液流量伺服阀。

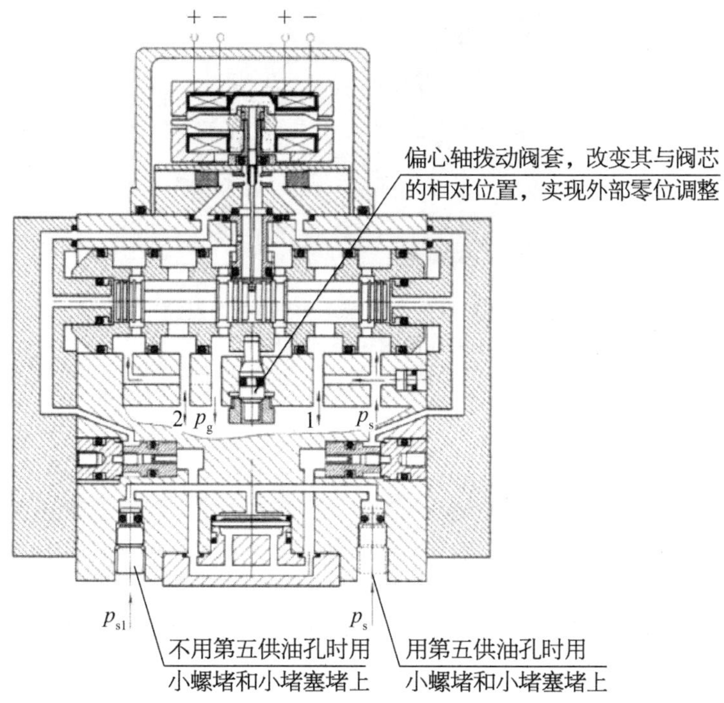
+ −
+ −
偏心轴拨动阀套，改变其与阀芯的相对位置，实现外部零位调整
2
p_g
1
p_s
p_{s1}
p_s
不用第五供油孔时用小螺堵和小堵塞堵上
用第五供油孔时用小螺堵和小堵塞堵上

附图 1.56　FF－131 双喷嘴-挡板力反馈电液流量控制伺服阀结构原理

3）特点

(1) 性能优良，动态响应高，工作稳定、可靠、寿命长。

(2) 模锻铝壳体。

(3) 机械零位调节，用户可根据需要手动调节零位。

(4) 油滤更换方便。

4）性能

额定压力：21 MPa，可在 2～28 MPa 下工作

额定流量：6.5～100 L/min 等

控制信号：±15 mA、±40 mA 等

工作温度：−30～+100 ℃

滞环：≤3%

分辨率：≤1%

零偏：≤±3%/±2%

幅频宽：≥50～100 Hz

相频宽：≥50～100 Hz

质量：1 kg

5）典型产品　典型产品型号：FF－131（附图 1.57）等。

附图 1.57　FF－131 双喷嘴-挡板力反馈电液流量控制伺服阀

1.15　大流量电液伺服阀

1）用途与功能　主要适用于高压断路器、液压支架、冲击试验机、锻造液压机等大流量或快速动作的液压设备。其基本功能：阀压降为恒值下，输出与输入电信号成比例的控制流量。

2）结构原理（附图 1.58）　永磁力矩马达、双喷嘴挡板、先导级力反馈、功率阀芯位置电反馈、三级电液流量伺服阀。

3）特点

（1）静态流量大，动态响应高。

（2）内部集成控制器，与 LVDT 等零部件构成伺服阀内部闭环控制。

（3）伺服阀输出线性好。

（4）高分辨率，低滞环。

（5）先导进回油可选择外控形式。

4）性能

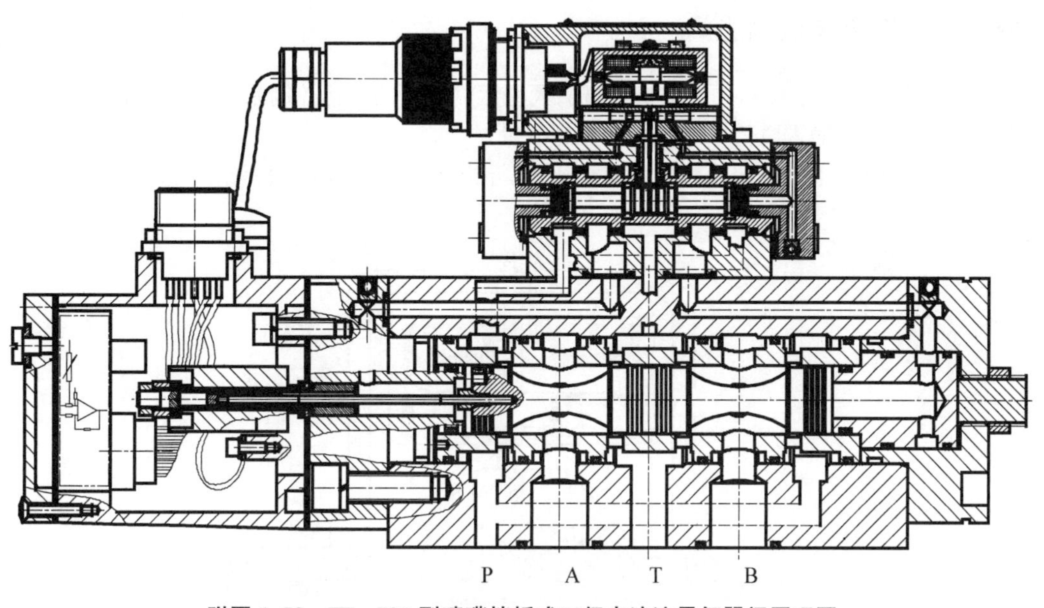

附图 1.58　FF-791 型喷嘴挡板式三级电液流量伺服阀原理图

额定压力：21 MPa，可在 2～31.5 MPa 下工作
额定流量：100/160/250 L/min 等
工作温度：－20～＋60 ℃
供电电压：15 V/24 V
滞环：≤0.5%
分辨率：≤0.2%
零偏：≤±3%
阶跃响应：3～10 ms
净重：≤13 kg
5）典型产品　典型产品型号：FF-791 系列（附图 1.59）等。

附图 1.59　FF-791 系列喷嘴挡板式三级电液流量伺服阀

1.16 偏导射流电液伺服阀

1）用途与功能　主要适用于军机、民机、大型运输机等的飞行控制系统。其基本功能：阀压降为恒值下，输出与输入电信号成比例的控制流量。

2）结构原理(附图 1.60)　永磁力矩马达、偏导板、力反馈、两级电液流量伺服阀。

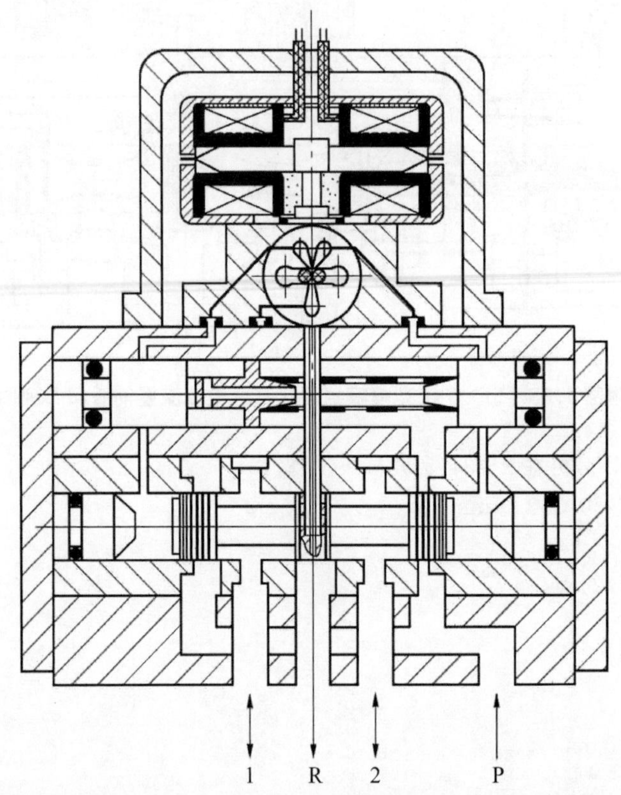

附图 1.60　FF-261 系列偏导射流电液流量控制伺服阀结构原理

3）特点

(1) 抗污染能力强。

(2) 与射流管伺服阀相比，不需要绕性供油管，消除了结构上可能出现的振动，工作可靠。

4）性能

额定压力：21 MPa，可在 2～28 MPa 下工作

额定流量：5～30 L/min 等

控制信号：±8 mA、±20 mA、±46 mA 等

工作温度：−55～+150 ℃

滞环：≤4%

分辨率：≤1%

零偏：≤±3% /±2%

幅频宽：≥80 Hz

相频宽：≥150 Hz

质量：1 kg

5）典型产品　典型产品型号：FF－261（附图 1.61）等。

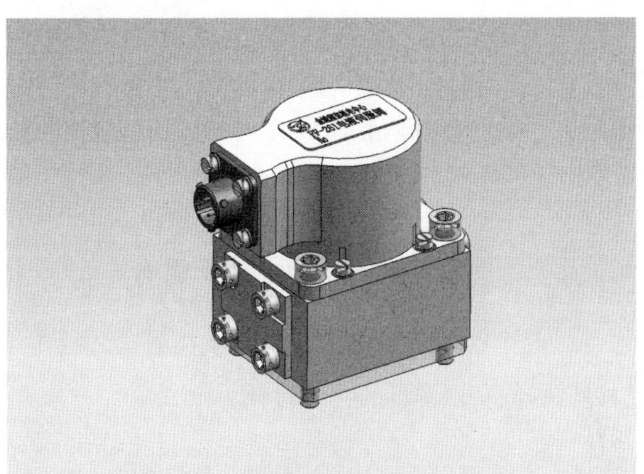

附图 1.61　FF－261 系列偏导射流电液流量控制伺服阀

附录 2　南京机电液压工程研究中心液压泵

附录 2 为南京机电液压工程研究中心制造的典型特殊应用场合下的液压泵。

2.1　液压泵 1

1) 用途与功能　某液压系统能源泵，可在开式油箱下吸油并工作，寿命可达 1 000 h 以上(附图 2.1)。

2) 特点

(1) 为恒压式变量柱塞泵，能实现排量的自动调节。

(2) 直轴式、内支承结构。

3) 性能

外形：306 mm × 134 mm × 125 mm

质量：6 kg

额定出口压力：18 MPa

排量：14.1 ml/r

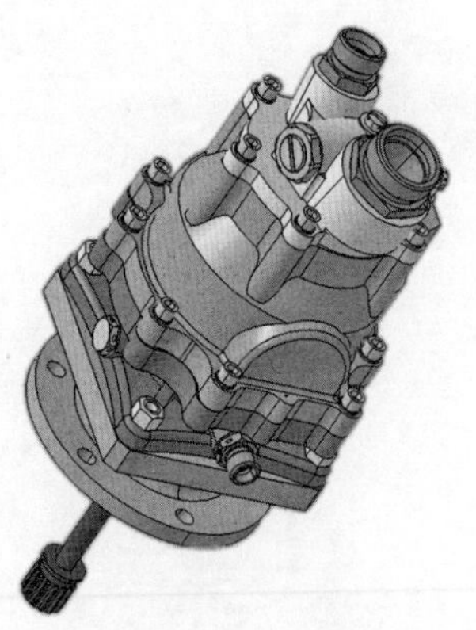

附图 2.1　液压泵 1

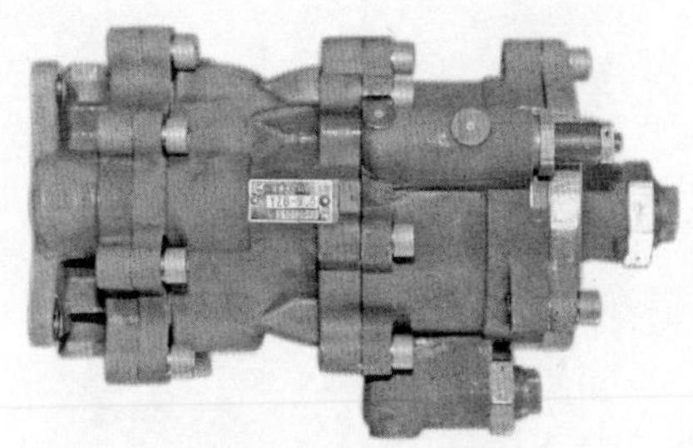

附图 2.2　液压泵 2

2.2　液压泵 2

1) 用途与功能　某液压系统能源泵，作为主液压泵，可在开式油箱下吸油并长期工作，寿命可达 1 500 h 以上(附图 2.2)。

2) 特点

(1) 采用了自增压结构，能适应较低的进口压力。

(2) 寿命较长。

3) 性能

外形：234 mm × 150 mm × 160 mm

质量：7.2 kg

额定出口压力：21 MPa
额定流量：35 L/min

2.3 液压泵 3

1）用途与功能　某液压系统能源泵，作为主液压泵，可在开式油箱下吸油并长期工作，集成设计有自增压叶轮，自吸性能极好，功率质量比高(附图 2.3)。

2）特点

(1) 自增压叶轮与导叶，产品耐负压能力强。

(2) 分油盖与壳体一体设计，轴向尺寸紧凑。

3）性能

外形：241 mm × 134 mm × 142 mm
质量：5 kg
额定出口压力：18 MPa
排量：5.8 ml/r

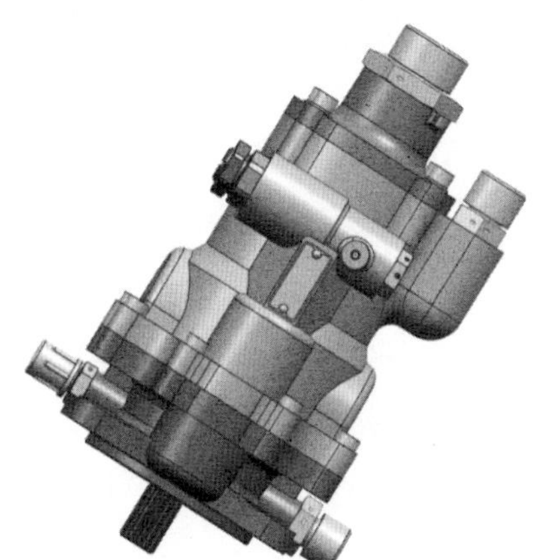

附图 2.3　液压泵 3

附图 2.4　液压泵 4

2.4 液压泵 4

1）用途与功能　某液压系统能源泵，作为主液压泵，需配套增压油箱使用，具有电磁卸荷、小功率启动功能，减轻发动机启动功率负荷(附图 2.4)。

2）特点

(1) 具有电磁卸荷功能。

(2) 直轴式恒压变量柱塞泵。

3）性能

外形：276 mm × 160 mm × 127 mm
质量：9 kg
额定出口压力：21 MPa
排量：20 ml/r